U0356052

『十二五』国家重点图书出版规划项目

中国近代建筑史

【第五卷】

浴火河山

——日本侵华时期及抗战之后的中国城市和建筑

赖德霖 伍江 徐苏斌 主编

中国建筑工业出版社

图书在版编目（CIP）数据

中国近代建筑史 第五卷 浴火河山——日本侵华时期及抗战之后的中国城市和建筑／赖德霖，伍江，徐苏斌主编．北京：中国建筑工业出版社，2016.6
ISBN 978-7-112-19225-0

Ⅰ．①中… Ⅱ．①赖…②伍…③徐… Ⅲ．①建筑史－中国－近代 Ⅳ．①TU-092.5

中国版本图书馆CIP数据核字（2016）第049858号

本书主要内容为日本侵华时期及抗战之后的中国城市和建筑。包括1931年以后东北和华北地区，以及抗战时期重庆、贵阳、南京、延安、上海和香港等地的建筑活动。此外还有抗战期间及之后中国建筑教育的发展，战后重建和对战后都市发展的进一步思考，以及1949年前后中国建筑师的移民等情况。在结语中，编者认为在中华人民共和国成立后，社会制度公有化、经济制度计划化、国家发展战略工业化以及意识形态宣传上均以苏联为追摹对象，影响到建筑生产力的组织方式、管理方式、建筑重点类型、建筑教育思想以及建筑美学。这一切转变标志着中国近代建筑史的结束，以及中国建筑发展一个新阶段的开始。本卷还包括“台湾地区近代建筑大事年表”和“国外关于中国近代建筑研究介绍”两部分附录。

丛书策划：王莉慧
责任编辑：王莉慧 李 鸽
陈海娇 徐 冉
书籍设计：付金红
责任校对：陈晶晶 刘 钰

中国近代建筑史 第五卷
浴火河山——日本侵华时期及抗战之后的中国城市和建筑
赖德霖 伍 江 徐苏斌 主编
*
中国建筑工业出版社出版、发行（北京西郊百万庄）
各地新华书店、建筑书店经销
北京嘉泰利德公司制版
北京雅昌艺术印刷有限公司印刷厂印刷
*
开本：880×1230毫米 1/16 印张：32 字数：751千字
2016年6月第一版 2016年6月第一次印刷
定价：148.00元
ISBN 978-7-112-19225-0
(26902)

“中国近代建筑史”丛书编委会名单

目　录

第五卷

第十五章

日本在中国大陆地区的建筑活动

第一节 “关东州”的城市规划：技术、法规及海滨城市意象[①]

“序”

日本在中国东北的建设活动，除了民间资本之外，主要的执行机构为“关东州”的民政部门、满铁公司以及后来成立的伪满洲国，三者均在建立之初就设立了建筑设计部门，因此本章首先在此概述相关的历史名词以及三者之间的职权关系。

1905年9月日俄签订《朴茨茅斯条约》，俄国将中国东北北纬50°以南，即长春以南的铁路、铁道附属地及附属事业（如抚顺煤矿等）权益转让给日本。同年12月，清朝政府被迫与日本签订《满洲善后条约》（又称《中日会议东三省事宜正约及附约》），[②]追认日本接收俄国在中国东北南部的既得权益。

日本得到的主要权益，特别与城市建设有关的条款为：

（1）“关东州”的租借权；

（2）长春至旅顺之间的铁道经营权和相关权利；

（3）安东（今丹东）与奉天之间的铁道经营权；

（4）在当时的盛京省（凤凰城、辽阳、铁岭等）、吉林省（宽城子、吉林、宁古塔等）、黑龙江省（齐齐哈尔、海拉尔等）共计16个城镇开埠。

“关东州”本是俄国修建中东铁路时独断命名的一个新地理名词。1898年俄国与清政府签订《中俄会订条约》（又称《旅大租地条约》、《中俄条约》），取得了今普兰店以南至青泥洼、旅顺的租借地，俄国把这个租借地命名为“关东州 Квантунская область”。俄国还把在青泥洼的新市区命名为“Дальний 达里尼”。[③]

日本政府沿用了俄国的租借地“关东州”之名，城市名也根据 Дальний 的发音定为大连。[④]1906年8月1日日本政府在旅顺设立“关东都督府”作为统治和管理“关东州”租借地的代理机构。都督由日本陆军大将或者中将担任。关东都督府由民政部与陆军部组成。1919年日本政府对关东都督府实行体制改革，分离民政与军政，民政部改为关东厅，军政改为关东军。

民政部管理关东州的行政，1906年在旅顺、大连、金州设置了民政署，关东都督府的行政

---

① 本节作者包慕萍。

② 关于清政府追认日俄《朴茨茅斯条约》内容为3条，中日之间正约12条，附约16条。满铁会编．满铁四十年史资料篇．吉川弘文馆，2007：371-377.

③ 英国舰队1860年进入辽东半岛时，中尉 J.Ward 在他测量的海图上记载着“Ta-Lien-whan Bay”，这是欧文对大连湾最早的记载。俄国规划大连时，俄国财政大臣维特（Witte）欲起新名，俄国科学院提供的备选名有两个，一是光荣之意的“斯拉威莎”，一是根据尼古拉二世取名为“斯威特尼古拉俄夫斯克”，财政大臣不喜欢这两个名字，最终选择了士兵们对此地的戏称“大连”（俄文意为“遥远”）。自：麻田雅文．中東鉄道と大連港の勃興：1898-1904年．スラブ研究，2008，(55).

④ 1905年2月11日日本占领军政府公告。

管辖对象只限于“关东州”的区域内，只有治安权（警察权）的管理范围为“关东州”及各地铁道附属地。1915 年 10 月大连与旅顺率先实行市制。

为了经营和管理铁道及其附属地，日本政府于 1906 年 11 月设立南满洲铁道株式会社（以下简称满铁）。“株式会社”即股份公司之意。公司创立资本为 2 亿日元，日本政府名义出资 1 亿日元，但用实物支付，把从俄国手中接收的铁路线、附属地以及抚顺、烟台[①]煤矿充为 1 亿日元的投资。[②]剩余部分通过出售2000万日元的股票及8000万日元满铁公司债券[③]从民间集资。[④]

从资本组成来看，满铁是半官半民的公司。但是，满铁最高负责人即总裁与副总裁由日本政府任命。所以，南满洲铁道株式会社实质上是日本在中国东北的国策机构。而且它的职权范围不仅限于铁道公司，还拥有经营矿山、港湾、钢铁厂、电业、煤气业、城市公共交通（电车和公共汽车、长途汽车）、海运业的权利。另外，满铁还有管辖铁道附属地的行政权[⑤]以及规划和建设附属地的权利。建设项目不仅限于铁路工程，还包括市政工程、医院、学校、公园等公共设施。

如上所述，“关东州”的城市建设由关东都督府和满铁分别主持。“关东州”内的金州、普兰店等城区的铁道用地属于满铁的管辖范围，其他属于关东都督府管辖。在大连，铁道用地、大连港和沙河口区属于满铁的管理范围。如果满铁需要利用以上以外的土地时，如铺设市内路面电车、修建水源地堤坝等，民用地则需要从用户手中征购土地，如果是关东都督府的官有地，则必须向关东都督府提出借用申请,需要得到关东都督府的批准。从行政属性上讲,在“关东州”，关东都督府要高于满铁，但是，满铁公司规模庞大，特别是技术人员资源丰富，所以，满铁在关东州，特别是大连的城市建设中实际上起着主导作用。

伪满洲国成立之后，上述两个机构随之改编。关东州仍然是日本的租借地，但是管辖机构进行了调整。首先，1934 年 12 月，关东州管理机构名称从关东厅改为关东局，并且把关东局从旅顺迁到新京（长春）。关东局下属设管理“关东州”民政的“关东州厅”，依然留在旅顺，这时它已经不掌握司法、邮政等权力。以往关东厅管辖满铁附属地的治安管理权——也就是兼管“关东州”以外的治安管理权也移交给伪满洲国。如上所述，1930 年代关东州的整体管理体制变化很大，但是关东州的城市建设属于民政，因此这些体制改组对城市建设的具体管理并没有很大影响。满铁把满铁附属地的行政权也就是治外法权于 1937 年 12 月移交伪满洲国，撤销了满铁附属地。因此，1938 年以后，各城市的原满铁附属地区域的城建事业变为伪满洲国的管辖范畴。但是，伪满洲国成立时，满铁的 160 名[⑥]正式职员——其中也包括建筑技术人员，被调充为政府机构要员，其后，类似的调动也一直在持续。因此，1938 年以后，满铁的城市建设

---

① 在本溪、抚顺之间，不是山东烟台。
② 南满洲鉄道株式会社十年史 . 大连 .1919：23.
③ 日语称“社债”，全部向欧美出售。
④ 西澤泰彦 . 満鉄「満洲」の巨人 . 東京：河出書房新社，2000：20–21.
⑤ 1906 年 8 月在日本发布创立满铁命令书中，第 4 条规定满铁兼管铁道及其附属事业，即可经营矿山、水运、电力、附属地的房地产业等。第 5 条规定满铁在附属地可以建造土木、教育、卫生设施。第 6 条规定满铁在日本政府的认可下可以向附属地居民征税。详细见《南满洲鉄道株式会社十年史》。
⑥ 西澤泰彦 . 図説大連都市物語 . 東京：河出書房新社，1999：108.

经验和方策通过间接方式影响着东北地区的城市建设。虽然交出了行政权，满铁却从伪满洲国接收了今东北北部及内蒙古东部的所有铁道经营权，满铁作为铁道公司的职能加强。此后，满铁建筑部门主要进行与本公司相关的建设活动。

日本学者越泽明于1970年代末率先开始研究日本在中国特别是中国东北的城市规划史，可以说开拓了这一研究领域。越泽主要著作有日文的《满洲国的首都计划》、[①]《哈尔滨的都市计划》，[②]他的东京大学都市工学专业的博士论文[③]于1986年在中国台湾地区翻译出版。[④]越泽的研究特点是详尽地搜集了此时期相关的日文资料，整理了各个城市的城市规划方案史料，奠定了这一领域的研究基础框架，这一贡献至今仍具有实效性。但是，越泽的研究也存在很大的局限性。其一，虽然详尽地搜集了各个城市规划的具体指标和数据，但对各个规划方案的特征分析以及历史意义的分析相对薄弱。其二，越泽研究的主要对象是当时如何编制了规划方案，对规划方案的实施状况以及具体的城市建设活动的涉及及分析还显不足。其三，越泽基本依赖日文资料，因此对中国各个城市的实情把握不够，更没有把这些规划实践放在中国城市规划史和建设史的角度上进行考察。

自1980年代末，日本学者西泽泰彦开始研究近代时期在中国东北活动的日本建筑组织及建筑师，成为这一研究领域的开拓者。西泽主要著作有《日本渡海建筑家：二十世纪前半叶在中国东北地区的建筑活动》、[⑤]《日本殖民地建筑论》。[⑥]他对在中国东北活动的日本建筑家的教育背景、设计经历及具体作品有深入及详尽的研究，并理清了满铁建筑课、民间建筑事务所等设计组织的建立过程及具体设计活动。为了分析建筑风格的演变，针对中国特有的建筑装饰现象，西泽还提出“中华巴洛克”的新名词。此外，西泽以图说的形式出版了一系列介绍日本建筑家在中国东北的城市建设活动的普及读物，[⑦]并一再重印，产生超出学界的普遍性社会影响。

越泽明和西泽泰彦的研究奠定了对中国东北的城市规划和建筑家以及建筑机构研究的坚实基础，读者可以从以上所提到的著作中获取相关知识。而本章第一、二节的内容主要集中在以往研究很少涉及的城市土地经营、城市商业区和住宅区开发，以及现代主义的城市公共设施及城市特色的建设活动上。

一、俄国制定的大连、旅顺的城市规划及其特点

大连和旅顺登上近代史舞台始于李鸿章的战略决策。担任清朝政府的军事顾问的德国人海

① 越沢明.滿洲国の首都計画.東京：日本経済評論社，1988.
② 越沢明.哈爾浜の都市計画.東京：総和社，1989.
③ 越沢明.滿洲の都市計画に関する歴史的研究.東京大学工学系研究科博士論文，1982.
④ 越泽明.满洲都市计划史之研究.黄世孟译.台北：台湾大学土木工程学研究所，1986.
⑤ 西澤泰彦.海を渡った日本人建築家：20世紀前半の中国東北地方における建築活動.東京：彰国社，1996.
⑥ 西澤泰彦.日本植民地建築論.名古屋：名古屋大学出版会，2008.
⑦ 西澤泰彦.図説「満洲」都市物語　ハルビン・大連・瀋陽・長春.東京：河出書房新社，1996；図説大連都市物語.東京：河出書房新社，1999；図説満鉄「満洲」の巨人.東京：河出書房新社，2000.

涅肯（Hainecken）选择柳树屯之地建设水师营。[①] 此时，在后来变为大连市区内的地方只有东、西青泥洼村和黑咀子村，[②] 三个村子住户合计不足 50 户。

俄国与清朝政府签订条约的一个月之后，就派遣陆海军将校及专业技术人员奔赴大连，调查水质、地理条件等，并在东清铁路公司工程师 C.И. 凯尔别茨的建议下，于 1899 年选择青泥洼之地建设商港市区。市区的预定范围东至老虎滩东口角，西至马兰河右岸，南至黑石礁，北至泡子崖，面积达 102 平方公里，在这里建设远东第一大商港。俄国政府将大连商港和城市建设全权委托给东清铁路公司，具体由总工程师萨哈罗夫[③] 监督负责。1902 年 5 月 17 日沙俄政府颁布敕令，指定大连为特别市，萨哈罗夫任市长，开始城市行政业务。俄国统治时期的城市建设还包括发电站、上水管道、电信电话设施。同时开始着手城市建设，市区建设预定地总面积达 54000 余亩（约 3602 公顷）。城市规划将市区分为 3 个区，即预计建设海滨浴场和海滨别墅区的老虎滩区、城市基础设施预定地的沙河口区和市街区。[④] 市街区又分欧洲区、中国区和行政区。中国区设在今西岗子之地，以市场为中心规划。欧洲区包括商业区、一般居住区和高级住宅区。各个区之间用公园分隔。[⑤] 欧洲区的城市道路规划以大小圆形广场与放射性大街组合，最大广场为尼古拉广场（今中山广场），直径达 210 余米。这是中国近代城市史中出现城市广场的开创之例。制定大连城市规划的建筑师为 K.Γ. 斯科利莫夫斯基和 K.И. 什捷姆波尔，斯科利莫夫斯基毕业于德国的一所高等技术学院，曾仔细地研究过法国和德国当时最新的城市规划手法（图 15–1–1）。[⑥]

俄国的大连规划最具特征的是交通组织利用广场为节点，使得这一欧洲城市的传统空间传入大连，成为中国近代城市规划史中的先例。另外一个突出的特点是设计了绿化景观大街。俄国的大连规划将道路分为四个等级，大街宽 84 英尺（约 25 米），街区之间的道路宽 63 英尺（约 19 米），街区内部小路宽 43 英尺（约 13 米，中央 4 米为车道）。所有道路都是中央设车道，两侧设步行道。一级大街的中央 8.5 米为车道，两侧各 9.4 米的土地免费借给相邻用户作庭院使用。而绿化景观大街宽度在 280 英尺以内（85 米以内），中央设偶数车道，两侧设人行道，相邻车道之间用行道树分隔，同时保证大街具有良好的眺望海景和港口的景观视线。这是仿照乌克兰南部黑海港口城市奥德萨（Одеса，ODESSA）的做法。[⑦] 奥德萨也是地形起伏较大的港口城市，与大连有地理景观上的相似点。在大连具体设计了两条绿化景观大街，其位置一条在今中山广场和民主广场之间的七一街和民意街的地块，一条在连接大连港和胜利桥的长江路。今七一街和民意街之间已经做了建设用地，两街之间的宽度其实就是俄国规划时的绿化景观大街的设计宽度，至今七一街和民意街呈 Y 字形在中山广场处交会，这个形状本身也是绿化景观大街原来

---

① 越泽明 . 满洲都市计划史之研究 . 黄世孟译 . 台北：台湾大学土木工程学研究所，1986：49.

② 东青泥洼村在东公园至旧松公园之间，只有 17 户人家。西青泥洼村在西公园一带，约 20 户人家。黑咀子村在行政区帆船码头附近，有 10 余户渔民住户。

③ Владимир Васильевич Сахаров 弗拉基米尔・瓦西里耶维奇・萨哈罗夫，生没年 1860–1904 年。根据克拉金著《哈尔滨——俄罗斯人心中的理想城市》（哈尔滨出版社，2007：158–159），萨哈罗夫在来大连之前，建设了符拉迪沃斯托克的港湾工程，具有丰富的建设经验。

④ 大連市史刊行会 . 大連市史 . 大連：1936：116–118，144–145.

⑤ 大連の市街及び港湾建設 . 满洲建築協会雑誌，1929，5（9）：7–64.

⑥ 克拉金 . 哈尔滨——俄罗斯人心中的理想城市 . 哈尔滨：哈尔滨出版社，2007：63.

⑦ 同④：116–117.

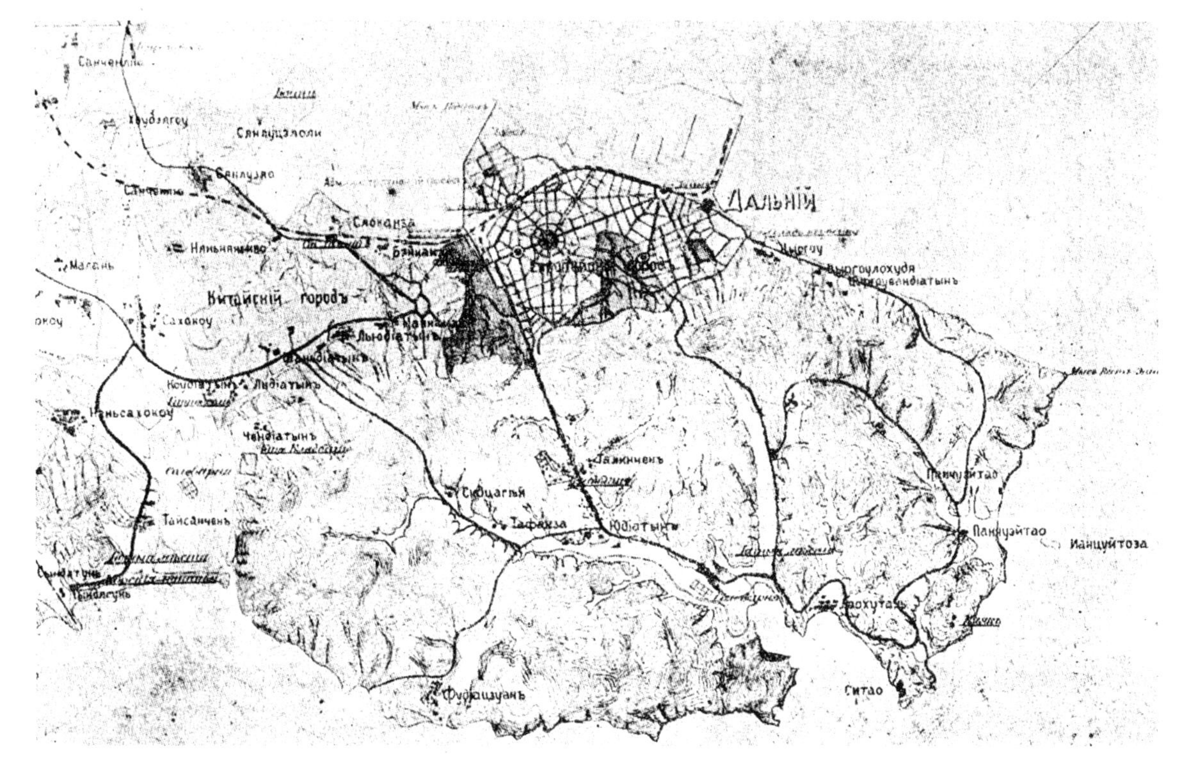

图 15-1-1　俄国时期的大连规划图
来源：满洲建筑协会杂志 .1925（9）：5.

的规划形状。

城市建设首先以在今胜利桥以北的行政区和火车站（今火车站以东）以及尼古拉大广场（今中山广场）率先进行。行政区里建设了市政厅、议会、港务局、警察署、消防队以及东清铁道公司职员住宅区等，1903 年基本建成。因为东清铁道公司聘请了两位德国建筑师进行设计，因此，行政区的建筑德国风格较浓，多用台阶式山花墙，半木构都铎式样建筑的木条很窄、间距大，这些都是德国建筑风格的特征。

欧洲区建设了银行、教堂、俄国医院（第一期满铁医院）、宾馆、商业学校和高级独立式住宅区等。建筑风格也基本是西洋古典主义样式。其中，受聘于东清铁路的德国建筑师 Г.Р. 尤恩汉德里[①] 在 1902 年设计了文艺复兴样式的大连宾馆。在码头附近，建设了码头宾馆，这栋建筑有俄罗斯风格的柱式和装饰。此外还在港口地带和沙河口区建设了发电站、上水管道、电信电话等城市公共设施。

俄国将大连的城市性质定为远东自由商业贸易港口城市，因此，港湾建设是重中之重。1899–1902 年的第一期工程建设了可以停留 25 艘 1000 吨轮船的码头及其附属设施。第二期工程计划将码头规模扩大到第一期的四倍，建设了长 115 米、宽 13.1 米的船坞，可以停泊 3000

① 1908 年正式取得俄国国籍。他在符拉迪沃斯托克工作了 24 年，1920 年代也在哈尔滨留下了许多作品（按：克拉金 . 哈尔滨——俄罗斯人心中的理想城市 . 哈尔滨：哈尔滨出版社，2007：179.）。

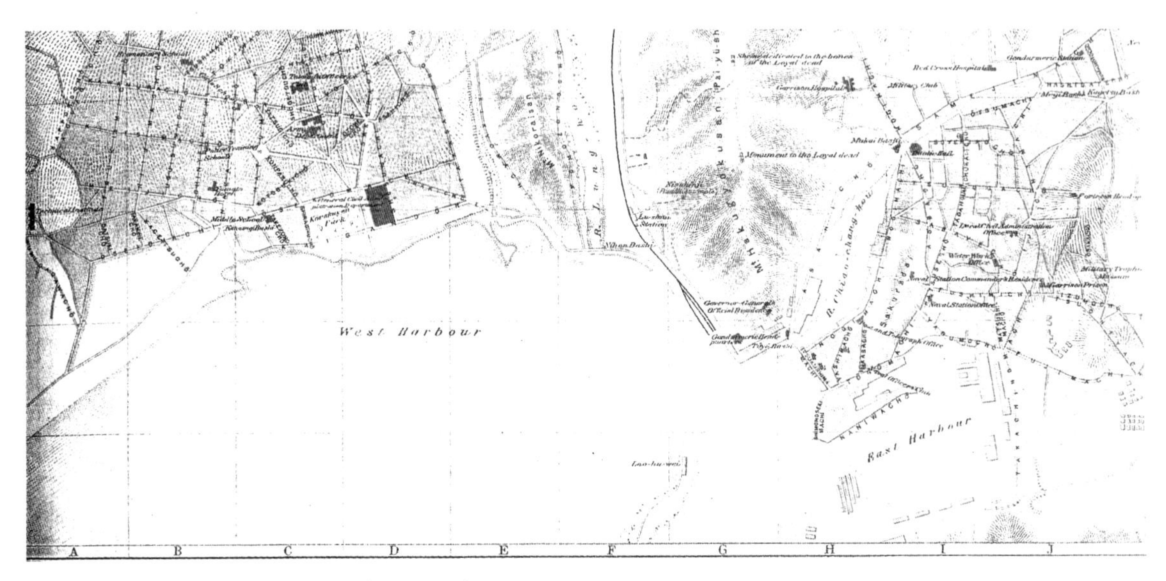

图 15-1-2　旅顺新区与旧区地图（局部），1913 年
来源：中川浩一编 . 近代アジア・アフリカ都市地图集成 . 东京：柏书房，1996：40.

吨级别的船舶。同时建设 18000 平方米的仓库建筑。[①] 俄国在码头和仓库建设中使用了钢筋混凝土结构。

因旅顺（英文名为 Port Arthur）是清朝北洋舰队的军港及营地所在地，因此俄国继续将旅顺定为军事区域，并开辟新区迅速营建。新区设在清朝时期的旧城区西面，与旧区之间有龙河、将军山、白玉山相隔，主要由临西港海面的桥梁连接新旧区的交通。龙河出海口处建有木结构、俄罗斯建筑风格的旅顺火车站，它是中东铁路最南端的终点站。

旅顺地形起伏大，新区（图 15-1-2）三面临山，一面临海，在临海处设计了公园（日占时期名为后乐园），公园里建有音乐厅。在公园临海两侧安置了高级宾馆，如俄国市营宾馆（日占时期的关东厅厅舍）以及学校，公园以北设放射状主街，尽端处设主要景观性建筑，如后来被日本关东州都督府陆军部使用的大楼。新区的新建筑以军队的官署建筑及疗养性建筑为主，道路两旁设置了宽大的绿化带，因此环境良好。而军事建筑如军营、仓库等都分散建在战略要害位置，如黄金山脚下、东港淡水湖岸上的俄国水雷营（图 15-1-3），在新区西尽端的海军营团（日占时期的旅顺工科大学）等。只有两处军用医院即陆军医院和红十字医院（图 15-1-4）以及俄国将军斯特茨塞尔的官邸设在旧区。俄国建造的军用建筑的特征是规模宏大，建筑立面采用相同构成单元反复使用。

1903 年 1 月 1 日大连人口达 41260 人，其中中国人市区人口 26439，市外人口 11321，合计 37760，俄国人口 3113，[②] 其他外国人 387 人。[③] 其中，成年女性只占总人口的五分之一，呈现明显的殖民地城市的特征。

① 満洲建築協会雑誌 . 1929，5（9）：4-5.
② 大连市区外还有俄国西伯利亚步兵第 12 连队 800 名士兵和 16 名将校。
③ 同①：10.

图 15-1-3　旅顺俄国水雷营
来源：[日] 大西守一. 满洲大观记念写真帖. 旅顺：东京堂，1921.

图 15-1-4　旅顺俄国红十字医院外观
来源：新光社编. 世界地理风俗大系（第一卷）. 东京：新光社，1930：101.

二、日本统治时期大连、旅顺规划与建设

（一）对俄国时期规划的调整

日本接收大连后，基本继承了俄国制定的大连城市规划以及大连港为自由港的方针，对俄国的规划进行了若干调整和进一步的完善。城市道路网基本保留了俄国的规划格局，绿化景观大街只保留了一条，即今民主广场与中山广场之间的道路（图 15-1-5）。1905-1918 年之间的主要调整为扩建城市西部，新建沙河口工厂区、划定游乐区（花柳区）。俄国时期虽然进行了城市基础设施的建设，但是没有设立工业区。日本时期选择了远离已建市区、位于西北方向的当时还是郊外的沙河口地区作为工业区，[①]1908 年首先在这里创建了生产火车车厢的满铁车辆工厂，以及以车辆工厂为核心的沙河口住宅区，1911 年竣工。另外，日本在 1905 年的初期规划中，把分散在城市各处的劳工住所集中动迁到原俄国时期规划的中国人街区，也就是西岗子附

① 沙河口区于 1925 年归入大连市区。

图 15-1-5 大连大广场及绿化景观大道（注：左下角 Y 形空地为绿化景观大街预留地）
来源：新光社编 . 世界地理风俗大系（第一卷）. 东京：新光社，1930：135.

近，这个位置距离工业区很近，便于工厂获得劳动力，形成了中国劳工的居住区。1905 年制定了公娼制度，1906 年指定“蓬坂街”（今解放街和观象街之间的武昌街）为日本人游乐区（娼馆、妓楼区），中国人游乐区设在西岗子。并在 1907–1908 年强制动迁在其他街区已建娼馆，集中在以上两个游乐区。1921 年，西岗子的中国人居住区建造了面积达 4 公顷的露天市场。这里除了商店之外，市场内建有剧院、妓楼、饮食店，每天顾客超过 1 万人次。

为了取缔影响市容的低矮、简陋的临时性建筑，1905 年 4 月 1 日日本占领军政府公布了《大连市房屋营造之暂定管理规则》，具体内容包括对建筑高度（根据所在街道等级有最低及最高高度限制）、防火、卫生、美观的要求。起草人为建筑师前田松韵，前田 1904 年毕业于东京帝国大学建筑学专业，是关东都督府第一位建筑技师。①

自 1906 年起，关东州都督府开始出租官有地，临时建筑的租赁年限为 7 年，永久建筑的租赁年限为 20 年。② 租赁地块一般面阔 9~14.5 米（5~8 间），深 18~27.3 米（10~15 间）。③ 各地块根据其相邻道路的等级而确定土地的租赁价位。

第一次世界大战结束后经济恢复景气，1919 年大连总人口突破 10 万，是 10 年前的两倍。人口剧增带来诸多城市问题，对俄国时期规划的修修补补式调整已经不能满足当时的需要。因此，关东厅于 1919 年推出大连扩大规划方案，扩建面积约 616 公顷（1866500 坪）。④ 此规划方案的最大特征就是使用了当时日本也未见前例的分区规划。⑤ 俄国时期的城市分区以人种和阶层为主要分区要素，而 1919 年的规划以城区功能以及提高效率为分区依据，重新划分了住宅区、商住混合区、工厂区以及公园和游步区。城市南部高燥之地即南山和白云山处为住宅区，面积达 212.6 公顷（644300 坪）。新指定的混合区基本为俄国规划的欧洲区的范围，但是不分国籍

① 西澤泰彦 . 海を渡った日本人建築家　20 世紀前半の中国東北地方における建築活動 . 東京：彰国社，1996：18–22.
② 1928 年以后改为无论建筑建造形态如何，租赁契约一律定为两年，到期 3 个月前商谈续约事宜。
③ 大連の市街及び港湾建設 . 満洲建築協会雑誌，1925（9）：12–13.
④ 同③：14–16.
⑤ 越泽明著 . 满洲都市计划史之研究 . 黄世孟译 . 台北：台湾大学土木工程学研究所，1986：67.

和人种，商业业者都可以在此经商和居住。这个区包括中央公园（今劳动公园）在内，面积达239.6公顷（726150坪）。工厂区为中国人居住区西岗子、沙河口区以及马兰河对岸到台子山之间的地区，面积达67.8公顷（205600坪）。[①]公园和游步区划定马兰河以南的海滨区域，具体为星浦（今星海公园附近）、小平岛以及从市内通往这些地区的干道两侧，总面积达25公顷（76200坪）。

重新分区的同时，新区的道路网规划道路等级分化更加详细。从俄国时期的4个道路等级增加到7个。新设特级道路，宽45.5米（25间[②]），此外一级道路宽32.7米，[③]二级25.5米，三级18.2米，四级14.5米，五级在5.5~10.9米之间，六级道路宽不足5.5米。[④]可见，新规划中的高等级道路比俄国规划的同等道路宽，还设计了俄国规划时所没有的街区内部道路。这样宽阔的道路在当时的日本也没有先例。被誉为日本近代城市规划鼻祖的“东京市区改正计划”（芳川方案，1884年）提出过一等（有两种规格）至五等的道路规划，其一等（两种）至三等道路宽度分别是15、12、10、8间，[⑤]即最宽道路为27.3米（1889年通过的实施方案调整得更加窄小），远远小于大连的道路宽度。但是，大连加大道路宽度的规划调整，并不是为了建造殖民城市的壮丽景观，比起俄国时期道路规划注重景观效果的做法，日本时期的道路规划更重视交通效率以及土地地块的分划规模是否利于之后的土地利用和经营。宽阔的街道规划重要的目的之一是能让满洲地方特有的载货马车交通通畅。此外，还设有通往火车站和港口的载货马车专用道路，路面强度设计也以载货马车使用为前提。五级、六级道路的出现，意味着俄国时期规划的大地块之细分化，而且尽管地块规模小，但尽量保证各地块都临街。

1918年关东都督府开始实行官有地公开拍卖制度，而这样小规模、便于个人和中小公司租赁和购买的地块划分方式是城市土地经营和保证税收的技术性基础。所以，看似简单的道路宽度调整，实际上其后有很多长远打算，而且，之后的实践也证明了这些决策的正确性。

为了保证规划切实地实施，关东厅于1919年6月公布了《大连市建筑规则》，吸收了1905年的暂行建筑规则的优点，进一步完善了管理内容，主要起草人为土木工程师仓冢良夫（1904年毕业于东京帝国大学）。因仓冢主管城市规划、市政工程，因此这个规则虽然命名为建筑规则，其实很多内容针对城市规划。但是，在建筑方面，特别出台了一个新制度即主任技术者制度，这主要是针对建筑设计与施工负责人的一种资格，具有这样资格的人在设计图和施工图上签字才能施工。一级主任技术者必须有大学毕业或者同等学历。二级必须接受过中等程度的建筑教育。没有学历者，根据工作年限以及资格考试合格才行。[⑥]主任技术者制度的实施对保证建筑施工质量起到特有的功效。

① 大連の市街及び港湾建設．滿洲建築協会雜誌，1925（9）：14.
② 当时日本使用“尺惯法”，即用尺（30.3厘米）、“间”（6尺，1.818米）为长度单位。一间为一张榻榻米的长度。自1923年10月满铁公司开始使用米制。
③ 自一级至四级道路宽度分别为18、14、10、8“间”，五级宽度在3~6“间”，六级宽度则不足3“间”。
④ 大連の市街及び港湾建設．滿洲建築協会雜誌，1925（9）：17.
⑤ 藤森照信．明治の東京計画．東京：岩波書店，1990：133.
⑥ 西澤泰彦．海を渡った日本人建築家．東京：彰国社，1996.

（二）城市基础设施、扩大规划及规划法的实施

日本对俄国的城市建设的继承有以下四种方式：

其一，建筑保持原样，更改用途。如设在行政区（今胜利桥以北）的大连特别市市政厅建筑改作满铁公司本部继续使用。

其二，建筑用途不变，根据日本人的需要进行改建。如将东清铁路公司建造的住宅改造为适于日本人使用的住宅。这个过程看似简单，往往被忽视，实际上它的意义重大。因为日本建筑师在来到满洲之前，可以说完全没有在寒冷地域建造建筑的知识。日本唯一的寒冷地域北海道也是明治以后新开拓的地区。所以，改建俄国建筑是日本借助建筑实体向俄国学习寒冷地域的建筑技术的重要过程。从砖承重墙结构的细部做法，到如何避免因永冻土层位浅而造成建筑基础冻裂的做法，以及建筑室内保温取暖的设施技术，都从俄国留下的建筑实体寻找合理的做法，并进一步改进。

其三，迅速扩建俄国建造的城市基础设施。欠缺的项目，新立项增建。关东都督府（后来的关东厅）1906 年开动了三大工程，全部是城市基础设施，具体是城市道路工程、上水道工程和下水道工程。[①] 三大工程于 1914 年全部竣工。俄国于 1902 年建成的火力发电厂（日本时期名为浜町发电所）是中国东北地区第一个发电厂，但是当时只能给船坞工厂和大连行政区供电。满铁于 1907 年大规模地扩建此厂，并于同年 10 月开始向市民供电。[②] 此外，满铁在大连站以北选地 1.58 公顷，新建煤气厂，招聘德国技师做技术指导。地址选在车站和北部海岸之间，是为了方便煤气厂原料抚顺煤的装卸，1910 年开始供给煤气。城市交通建设不仅限于道路工程：1907 年开始修建路面有轨电车，1909 年开通了大连港码头与西岗子之间的路面电车，1910 年电车路线延长到星浦（今星海公园）。

其四，进一步开拓城市对外交通。大连港已经有可以利用西伯利亚铁路与欧洲相连的交通优势。因此，日本统治时期加强大连港的国际航线成为主要目标之一。俄国时期已经开通了大连至烟台的航线，为了吸引山东劳工，从山东到大连可以免费上船。1908 年，满铁开始经营航运公司，致力扩大航路。1908 年 8 月大连—上海之间的定期航线开通。1910 年起，满铁在大连港把上海航运与铁道连接起来，下船以后可以直接换乘铁路特快列车，一直可以乘坐到欧洲。而且，对船舶客运站进行了立体分流，一层为火车站，二层为船舶客运码头，在同一栋建筑内做到客船与铁路的换乘。为了通过海运与欧洲联系，1913 年大连港又与广州、香港通航。因俄国建造的两个码头的岸墙呈倾斜与台阶状，不能停靠巨大船舶，1920 年满铁新建的第三码头竣工，可以停靠两万吨级轮船。1922 年满铁又把大连所有航运经营权都移交给子公司大连汽船公司。1923 年开始增建第四码头，并使用了钢筋混凝土沉箱基础（caisson）。1924 年对已有钢筋混凝土结构的仓库进行改建，增建 2 楼可容纳 5000 人的候船大厅（图 15-1-6）及半圆形门厅，

---

① 大連市編 . 大連市史 . 大連：大連市役所，1936.
② 満洲に於ける電気事業（一 ~ 四）. 満洲日日新聞，1937-8-7~8-11.

图 15-1-6　大连港候船厅内景（左）
来源：满洲建筑协会杂志 .1924（5）：卷首.
图 15-1-7　1920 年代大连港全景（下）
来源：南满洲铁道株式会社第二次十年史 . 大连：南满洲铁道株式会社，1928：484.

成为新码头，并沿用至今。从 1908 年至 1936 年，满铁投资大连港的总建设费用近 8 亿日元，[①] 是建设满铁附属地的城市建设费总额的 4 倍，[②] 可见大连港是满铁建设事业中最重要的对象（图 15-1-7）。这些建设也收到了实际的功效。1920 年代末，中国港口总贸易额第一位为上海港，大连港超过广州港，与天津港并列第二。

1919年的大连扩大规划中，工业区仅占总扩大用地的10%。而大连人口在1926年超过20万，1933 年突破 30 万，1940 年突破 65 万，人口增长最大的部分是劳工，从侧面反映了大连工业的急剧发展的状态。因此，关东厅于 1930 年开始进行城市基础状况的科学调查，于 1934 年公布了以常盘桥（原动物园处）为中心、半径 16 公里的区域为新都市计划区域，面积达 417 平方公里。此规划的新内容为开发甘井子和周水子工业区、中国人劳工住宅区。继 1919 年 6 月公布的大连市建筑规则之后，1938 年关东厅公布了第一部正式的城市规划法《关东州州计划令》，

① 此处的货币单位为 1930 年代的货币值。
② 西澤泰彦 . 図説満鉄「満洲」の巨人 . 東京：河出書房新社：52.

以保证关东州规划依法执行，[①] 法规中规定了建筑必须符合所在用地的用途区域性质；提出“建筑线”概念，即规定了建筑高度以及从道路后退距离的具体要求；提出建筑容积率的具体指标；设定“景观地区”，对景观、风致地区的建设加以控制。此法为中国东北最早例，并领先于日本。

（三）海滨城市特色的营造

“关东州”三面邻海，风光明媚，而且在严寒的东北地区气候相对温和，从风景和气候方面来看，很适合作为疗养、休闲之地。日占时期东北城市规划的一个独特之处就是发挥了这样的地方特色，即在规划中强化海滨城市特色，利用海景建设疗养、休闲公共设施，如建设海滨浴场、疗养建筑、大众游乐园等。此外，由于日本民众喜好温泉，因此满铁在附属地开发建设了今营口鲅鱼圈熊岳镇里的熊岳城温泉、丹东五龙背镇的五龙背温泉和鞍山千山的汤岗子温泉，当时并称三大温泉。此外，在今辽宁兴城建设了温泉旅馆，在今内蒙古的巴林右旗、扎兰屯建设了避暑度假区。

除了以上常设设施以外，大连市政府为了突出大连商港特性，1925 年主办了大连劝业博览会，1933 年举办了满洲大博览会。

1. 大众娱乐设施与博览会

（1）海水浴场、高尔夫球场与游乐园

俄国制定的大连规划中，已有在海岸地区建设海滨浴场及海滨别墅的计划。日本接收大连之后，并没有立即着手这方面的建设。1909 年 5 月满铁的总裁及上层职员集体去大连黑石礁附近的小台子山打猎，发现此处风光明媚，满铁上层在现场当即决定建设海滨浴场，海岸命名为“星浦”[②]（今星海公园），并命令打猎时同行的满铁建筑课建筑师小野木孝治以及太田毅进行规划设计。建设海滨浴场的初衷在于增加大连自由商港的吸引力，通过营造避暑胜地之名胜吸引欧美的观光、休假游客。因此，在第一期规划的现场勘察阶段，特意邀请在大连的英国及美国领事同行，并接受了他们提出使用当地建筑材料、突出海滨特色的建议。[③]

星浦海岸线东西长达 1 公里，细沙海岸宽达 40 米，海底缓慢地由浅变深，是建设海滨浴场的良好场地。但是也对海底作了一些改良建设。如挖除岸边海底尖锐的碎石，全面更换为鹅卵石。第一期规划用地共 24.8 公顷。当时星浦是中国渔户的渔业场，满铁强行征购了 12 公顷民用地，其他土地从关东都督府借用。

第一期规划工程主要为造园，以及建设海水浴场的基本设施。从 1909 年 7 月开工，按照

① 伊藤鉀太郎．関東州州計画と関東州州計画令施行規則について．満洲建築雜誌，1940（3）：18-30.

② 日语名为“星ヶ浦”。根据小野木孝治的回忆，此名为当时关东都督大岛义昌大将根据当地海面的黑石礁是落下的陨石的传说而命名。之后，园内的海岸和半岛名都使用了当时满铁公司高层官员的名字来命名。

③ 小野木孝治．星ヶ浦追憶．満洲建築協会雜誌，1932，12（10）：1-6.

规划整理土地，花费巨资建设与市区的联络道路以及游园内道路，种草植树。造园的重点地段在“霞之岛”，此处北依台子山，海面对景亦颇富变化，利用地形倾斜的自然景观，种植了树木、花卉、灌木、草坪，以及网球场、凉亭和厕所等一般公园设施，并在园内设计了可以回游散步的小径以及小桥。为了使树木迅速成林，主要树种特意选择了生长迅速的洋槐、杨树、柏杨等，并选用栽种了4、5年的树苗，配合松树、樱花、杏树以及其他灌木，使得园景很快出现了郁郁葱葱的效果。

初期的建筑项目主要为星浦大和宾馆本馆，以及供出租使用的木结构别墅，5栋为洋风式，3栋为和风式。同时在海岸边建造了数栋更衣室和厕所，以及可租用的船只和游艇。服务性设施有料理店、茶馆、小卖店等。1909年10月星浦满铁大和宾馆本馆开业，提供台球室、酒吧等娱乐性服务，1910年附设的餐厅和大堂也竣工。1911年大连市内的路面电车也从沙河口延长到星浦游园正门。

与预想的结果相反，海滨浴场的建设并没有使欧美游客剧增，由于路面电车交通方便，反而导致大连市内一般居民蜂拥而来。因此，满铁立即修正了建设方针，开始针对一般市民的需求规划和建设第二期至第五期工程。1913–1914年进行第二期工程，借用大和宾馆北面台子山的78.1公顷官有地，在这块倾斜高地上建设高尔夫球场以及满铁公司下属的果树园（为62.8公顷）。[①] 在海滨度假宾馆中附设高尔夫球场的创举，无论在近代的中国还是日本都属于最早实例。此外，在第一期别墅群东面，新建21栋（38户）别墅。这一期工程还增建了网球场，以及向一般公众开放的各种运动器具，增建免费更衣室、厕所、凉亭、跳水台、小卖店等。[②]

1925年进行了第三期工程。因当时的“高尔夫球热”，首先扩建了高尔夫球场，把原来的9洞扩建为18洞标准球场。同时，在台山溪岸新建大和宾馆分馆，此宾馆定位为经济实惠型，使得中等收入的顾客能够在夏季长期使用。同期还在游园的最东端兴建了11栋小型别墅。它的选址也同样考虑到消费人群的经济水平，特意选择了离旅大干线道路和路面电车站都不远的位置。

三期工程里，增建了一个新建筑类型，即水族馆。它是1925年举行的大连劝业博览会场地里的水族馆，博览会结束后移筑到星浦游园，继续开业使用，这也是中国第一个水族馆（图15–1–8），具有装饰艺术风格。

1928年再次扩大12公顷用地。这一次的增改建工程以大众性设施为主，建设了东海岸游步道（散步道）、运动场、草坪广场、海滨游乐场。在海岸最西端建设“国泽”[③] 半岛胜景之地，在其中设置喷泉、雕像等。1930年第五期工程扩建面积达21.9公顷，并把已建的全部设施，包括果树园在内向大众开放，使得星浦游园成为名副其实的海滨游乐公共场所（图15–1–9）。

---

① 编集部．星ヶ浦遊園の沿革と其の施設．滿洲建築協会雜誌，1932，12（10）：9.
② 南滿洲鉄道株式会社第三次十年史．大連：南滿洲鉄道株式会社，1938：2135.
③ 以当时满铁副总裁国泽新兵卫的名字命名，国泽也是提议建设星浦游园最初的决策人。

图 15-1-8　大连水族馆外观（左）
来源：满洲建筑协会杂志 .1925（9）.
图 15-1-9　星浦游园规划方案鸟瞰图（下）
来源：满洲建筑协会杂志 .1932（10）.

如上所述，从 1909-1936 年，几经扩建，星浦游园成为总占地面积约 170 公顷[①]的大型现代海滨疗养地以及游乐场所。游园分 5 个区域，第一个区域为大众区，在游园的最东端，建有供大众使用的经济型宾馆，11 栋每栋约 80 平方米的小型出租别墅，以及完全免费向大众开放的运动场、草坪广场等。第二个区域为高级区，是本着初期面向欧美顾客层的方针发展起来的区域。它的位置在游园的中部，也是游园的制高点，前面为开阔的草坪和海景，是游园内眺望景观最好的位置。这里以矗立在高坡上的大和宾馆本馆（共三栋楼）为核心（图 15-1-10），它的东面有 23 栋高级别墅，西面有 9 栋高级别墅。满铁总裁的别墅也在这一区域，位于大和宾馆的东边。第三个区域为“霞之半岛”[②]观海地带，这里是重点造园之处，设有迂回曲折的散步小径，以及纪念性雕像、喷泉等。第四个区域为海滨浴场，中间有“霞之半岛”伸出去，半岛东侧海岸名为“曙光之滨”；西侧海岸能够观赏到晚霞，因称“黄昏之滨”。水族馆也在这一区域内。这里是全面向大众开放的区域，有 15 栋更衣休息室、5 栋淋浴室、24 栋厕所、16 栋小卖店，以及秋千、滑梯、旋转塔等 16 处游玩器具。[③]第五个区域是高尔夫球场地带，地处台子山高地，有良好的眺望海景的景观，总占地面积达 108 公顷，有 24 个 18 洞标准场地，当时堪称亚洲第一。高尔夫球场采用俱乐部会员制经营方法。

① 南満洲鉄道株式会社第三次十年史 . 大連：南満洲鉄道株式会社，1938：2136.
② 今设有大连圣亚海洋世界的位置。
③ 編集部 . 星ヶ浦遊園の沿革と其の施設 . 満洲建築協会雑誌，1932，12（10）：17.

图 15-1-10　星浦游园大和宾馆外观
来源：南满洲铁道株式会社第三次十年史. 大连：南满洲铁道株式会社，1938：192.

图 15-1-11　大连电气游园
来源：南满洲铁道株式会社第三十年略史. 大连：南满洲铁道株式会社，1937：466.

满铁最初构想星浦游园规划时，并没有为公众提供健康的海滨游玩场地的近代化思想，其出发点反而是殖民地城市常见的发展经济的观念。但是，满铁根据社会发展趋势，在增改建时及时地把星浦游园的发展方向从“欧美游客本位”调整到“大众本位”，因此在今日大连星海公园里，1915 年建成了近代中国第一个高尔夫球场，1925 年又建造了中国第一个水族馆。在 1920 年代，这里成为近代中国第一个大规模的兼度假、游乐和海水浴的多功能现代大众游乐空间。

此外，满铁还创建了夏家河子海水浴场。这里的海底浅远，沙粒均匀细腻，海水温度高，很适宜游泳初学者、妇女、儿童使用。满铁在海岸边建设了更衣室、淋浴室以及供住宿人使用的经济型宾馆、出租别墅等。其中，综合性主要建筑称为水明馆。

其实，大连的第一个现代化、大众化游园并不是星浦游园，而是位于市内 1909 年开设的“电气游园”（电动游乐场）（图 15-1-11）。满铁在建设市内有轨电车时，利用剩余电力建设了电气铁道的附属事业“电气游园”。此处为高岗之地，从这里可以眺望西岗子、大连湾和大黑山（大和尚山）。高岗原本是石头山，满铁投资绿化，并在里面建设了动物园、花园、温室、射击场、保龄球馆、电动旋转木马、旱冰场，以及演艺馆、简易图书馆、饮茶店、中国料理店登瀛阁等。

其中，最具人气的是电动旋转木马。夜间全园有灯光照明，还上映皮影戏。1913 年，电气游园面积达 8.26 公顷，植树 16000 余株，并合并了旁边的日本桥苗圃。[①] 此外，满铁扩建了俄国占领时期在行政区设立的北公园，增建了滑冰场、网球场、射箭场、机械体操场和小型动物园。

（2）大连劝业博览会与大满洲博览会

大连于 1915 年实行市制，在 10 周年之际，大连市政府以促进贸易发展为目的，在关东厅和满铁的协助下，举办了大连劝业博览会，这是东北地区的第一个博览会。会场（图 15-1-12）设在当时的西公园（今劳动公园）与电气游园。会期设在 8-9 月，共 40 天。博览会除了主会场展馆以外，按照出品公司的不同，各自设馆，如满铁馆、古河馆、福昌馆等。除了朝鲜馆为传统大屋顶式样以外，各馆建筑外观都是对装饰艺术新建筑风格的模仿，对巴黎最新流行的追随可谓迅速。[②] 从博览会的展览内容和节目安排来看，主办方出于教育目的的内容较少，这方面只有城市发展图纸和人口、贸易的统计数字展览，以此向市民介绍大连市的建设发展历史。更多的内容以促进市民消费和大众娱乐为主题。例如，在美术馆一角布置的建筑展览里，大连郊外土地会社展出 6 套郊外住宅的设计图，为中产阶层的市民提供了在大连郊外购买土地、建造住宅的参考信息。其他百货店、建材店等也配合这个题目展出家具，以及美国制造的最新厨卫用具、玻璃、石材、马赛克、面砖等最新产品样品。而南满洲工业专门学校的学生制作了建筑顶棚、内外墙面等各种模型。

1920 年代，大连大众娱乐场所和大众化城市空间得到很大发展。在这样的社会背景下，1925 年举办的大连劝业博览会的大众娱乐性也非常突出。博览会中设置了令大众新奇的水族馆、海女[③]馆（有实际潜水表演），以及热闹的马戏团、杂技馆和演唱京剧、放映皮影戏的演艺馆。而且，博览会会场设有夜间照明，夜间也游人不断。会展期间，大连市政府频繁地举办各种节目，如烟花大会、化装舞会、摔跤大会、奖品抽选会等。40 天会期总入场人数近 80 万，[④] 是当时大连市总人口的 4 倍。

1933 年大连市政府再次主办大满洲博览会。场地设在大连白云山麓可以眺望海景的地方，占地面积达 116 公顷（35 万坪），主展馆共五栋，分馆有机械馆、贸易馆、建筑馆、卫生教育馆等七栋。特设馆共 24 栋，其中 14 栋为东京馆、大阪馆、京都馆等日本各地方场馆，其他为日本大公司的展馆、现代技术馆，如电气普及馆、瓦斯馆等，以及宣传农业的满洲农园。大众娱乐设施有音乐堂、演艺馆、马戏团、露天剧场、娱乐场等。会场按照各馆的属性归类分区，如主馆区、日本地方特设馆区、大众游乐区和农园区，布局方正规整。展馆的建筑形式以简洁的现代式为主流，突出的实例是东京馆（图 15-1-13）。与 1925 年博览会相比，1933 年的规模更大、内容更多，但是两者之间更大的不同在于主办目的。1925 年是大连从军政转为民政、成立大连市政府的 10 周年，因此市民意识高涨，会场的展览内容和游乐活动以市民为主。而

① 南满洲鉄道株式会社十年史 . 大連 . 1919：761.
② 被称为“艺术装饰派博览会”的巴黎万国博览会的会期为 1925 年 4 月 -11 月。
③ 以潜水的方式捕获鱼、贝、水草的渔民。二战前养殖珍珠时需要海女潜水采集贝壳并植入沙子再放入海中。
④ 大連市役所 . 大連勧業博覧会誌 . 大連：大連勧業博覧会協讃会，1926：431.

图 15-1-12　大连劝业博览会全景
来源：满洲建筑协会杂志 .1925（9）.

图 15-1-13　东京馆外观
来源：满洲建筑协会杂志 .1933（7）.

1933 年是伪满洲国建立的第二年，因此增加了宣传伪满洲国的内容，还特设了“土俗馆”（展示汉族及少数民族的风俗用具及住宅）和国防馆。面向大众的娱乐活动也以国防馆及伪满洲国的宣传为主，最终入场人数合计 47 万，远远不及 1925 年的人气。

2. 温泉城及卫生、疗养建筑

（1）熊岳城

关东州和满铁附属地的城市规划，根据城市所在的地理位置或者产业性质，创造了海滨城市和工矿城市的特性，此外，还有一种城市类型，即温泉城，熊岳城就是此类城市的典型。

在熊岳城南部的熊岳城河，河底有自然温泉喷出，水质为碱性，治疗效果颇佳。此外，熊岳城周围土壤适于开发农业，距离熊岳城 2 里远的渤海湾又是优良的黄花鱼渔场。因此，满铁在附属地规划初期，确定了熊岳城的性质为温泉城和农业试点城市。

熊岳城的满铁附属地面积达 446.85 公顷（1351733 坪）。1907 年在车站西侧规划了附属地，如同其他附属地一样，在这里建造满铁社宅区以及学校、公园、墓地和火葬场等基本所需的建筑，城市主要道路于1912年完成。为了方便温泉交通，1912年修建了从熊岳城火车站直达温泉的轻便铁路，之后设立公共汽车交通。这样，无论是铁路还是公共汽车，都可以通往温泉。1917年，满铁建设了向一般公众开放的公共温泉浴场。[①]1924年又以温泉场地为核心增建公园和温泉治疗场。1931年建设了热矿泥温泉和温水游泳池。[②]至此成长为满铁首屈一指的温泉城，并与鞍山千山汤岗子并称为东北南部地区两大温泉城，也是满铁附属地小学校夏天集体游学的热点之一。

熊岳城附属地火车站的东部用地被指定为农事试验场用地。熊岳城农事试验场最初以培养满铁铁路沿线树苗和试验性种植各种瓜果蔬菜为主要目的。1913年熊岳城农事试验场被指定为公主岭农事试验场的分场，开始园艺、养蚕业、种子业、林业等各种试验种植项目。农事试验场总占地面积达49.87公顷，其中，果树、蔬菜、花卉试验用地为5.55公顷，一般农作物试验用地为14.55公顷，树苗及树种标本园用地为11.85公顷，桑树试验用地为1.58公顷，万家岭养蚕蛹用地为11.19公顷，[③]其他为建筑物及道路等用地。中华人民共和国成立后对熊岳城农事试验场进行了改造，留存至今的熊岳城植物园只是原来的树种标本园的一部分。但是，满铁附属地规划的温泉城和农业试验点的城市特性延续至今。

（2）卫生、疗养建筑

为了杜绝传染病，加强城市卫生，1918年关东厅及满铁决定建立卫生研究所，在大连市沙河口下虾町[④]选址建设卫生研究所，1925年12月竣工（主馆一栋，附属建筑如实验室及观测所等共13栋）。1926年正式开业，研究猩红热、肠炎防疫以及住宅卫生等事项，并生产疫苗。

同时，1926年满铁制定了建设现代化疗养院的计划。1929年聘请医学博士远藤繁清就任疗养院院长，由他主持选址及筹备工作。[⑤]建筑师也齐头并进地做准备工作。首先，满铁工事课课长铃木正雄[⑥]参考欧美最新疗养建筑，在《满洲建筑协会杂志》上分三次连载，总结了疗养院建筑设计原理与方法。[⑦]另一位满铁工事课建筑师平野绿在1930年翻译了法国杂志*L'Architecte*[⑧]里刊登的1928年设计、建于法国阿尔卑斯山山麓的普兰涅疗养院（Sanatorium de Plaine-Joux-Mons-Blanc）。[⑨]此建筑无论是平面还是造型设计（图15-1-14）都采用了纯粹的现代主义风格，堪称当时世界最先进的疗养院而备受瞩目。其造型特别突出之处为摩登的锯齿型外观，这是把相邻病房作45°角交接，并在凹进部位安置阳台的设计手法。这个独特造型出于功能要求，为了使病房内能够得到最大日照率，而且病人可以在病房前的阳台做日光浴，是合理的功能与造型的完美结合。

---

① 南满洲鉄道株式会社第二次十年史．大連：南満洲鉄道株式会社，1928：1114-1115.
② 南満洲鉄道株式会社第三次十年史．大連：南満洲鉄道株式会社，1938：2135，2109.
③ 同①：829-830.
④ 同①：1239-1240.
⑤ 根据《満洲建築協会雑誌》(1932,12(9):34-48.)可知,1926年计划建造疗养院,远藤繁清于1929年就任院长进行选址及筹备工作。
⑥ 1911年毕业于东京高等工业学校（今东京工业大学前身）建筑专业。
⑦ 鈴木正雄．療養所建築計画に就いて（其一）．満洲建築協会雑誌，1930，10（1）：1-8；其二，1930，10（3）：1-8；其三，1930，10（4）：10-13.
⑧ Victor Berger.*Le Sanatorium de Plaine-Joux-Mons-Blanc a Passy*（*Haute-Savoie*）.Paris，1929，6（8）：57-67.
⑨ 満洲建築協会雑誌，1930，10（1）：9-18.

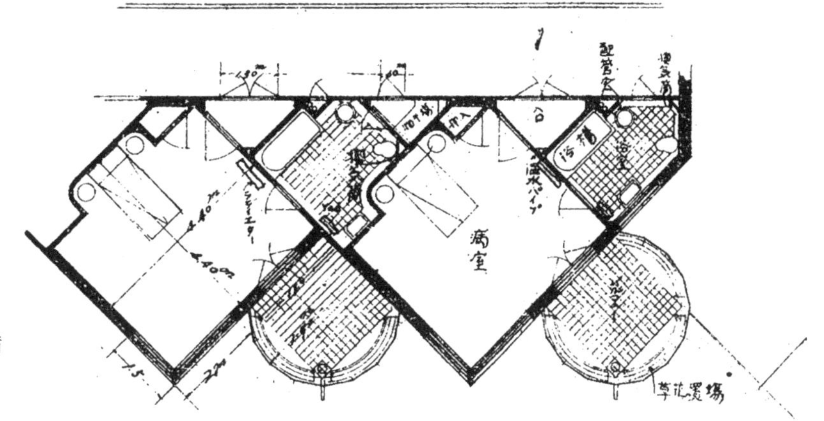

图 15-1-14　法国普兰涅疗养院病房平面
来源：满洲建筑协会杂志 .1930（1）.

图 15-1-15　大连小平岛疗养院外观
来源：满洲建筑协会杂志 .1932（9）.

新疗养院命名为南满洲保养院，建于大连西郊外的小平岛上，总占地面积为 10 公顷，总建筑面积为 7025 平方米，有 106 个床位，[①]1930 年 11 月开始施工，1932 年 5 月竣工（图 15-1-15）。[②] 从南满洲保养院的平面和外观上可以直观地看出，其功能设置及造型都参考了法国的普兰涅疗养院。它也在一层设置了大面积的露台（terac），并设计了大玻璃落地窗的娱乐室、谈话室、花卉室。病房也做成 45 度角倾斜的布局，一侧出挑阳台。因为重视室内采光及换气功能，病房采用了独立楼栋以及单廊形式，结构为钢筋混凝土框架结构，砖隔断墙。日本于 1887 年在镰仓海滨建造了第一座结核疗养院，而南满洲保养院是中国东北地区最早的近代化疗养院。不仅如此，1932 年竣工的南满洲保养院，亦可称为中国近代建筑史中最早的现代主义代表作之一。

① 遠藤繁清述 . サナトリウムの概念と南満洲保養院 . 満洲建築協会雑誌，1932，12（9）: 34-48.
② 地方部残務整理委員会编 . 満鉄附属地経営沿革全史 総論之部　附属地経営ノ発達（五）衛生施設 . 大連 : 南満洲鐵道株式會社，1939.

第二节 沈阳近代化建设进程中的日本因素 ①

日本觊觎中国广袤的领土由来已久。1894年的甲午之战、1905年的日俄战争、1931年的“九一八”事变、伪满洲国的成立、1937年的卢沟桥事变等一系列由日本操作的历史事件，无一不是其征服大陆、进而称霸亚洲乃至世界战略的体现。自日俄战争之后，日本就已大规模地进入了沈阳,将从俄国手中夺得的沈阳“铁路用地”扩大为与当时沈阳老城区面积几乎相近的“满铁附属地”，并进行了近30年的建筑活动。1931年“九一八”事变和伪满洲国成立，更使得它全面地侵占了包括沈阳在内的东北全域，并将此作为日本领土的扩充部分。将沈阳定位为伪满洲国的工业基地，第一次形成了覆盖全市规模的《奉天都邑计划》。按此规划，将具有相对独立性的各城市板块相互并合，对城市空间和城市设施进行了整合、扩展与完善，从而加快了沈阳城和沈阳建筑的近代化步伐，扩展了近代化的范畴。这一时期沈阳城市建设的发展，缘于日本侵占中国、强化自我的利益，客观上构成了沈阳城市与建筑近代化阶段性进程的一部分。

一、满铁附属地——沈阳最初的近代化城区 ②

满铁附属地是继沈阳老城区之后最早建成的一个“城市板块”。在沈阳商埠地开辟之前，二者被一片荒地隔离，构成了沈阳新、旧两个区域。由于它们的管理主体分别为中国地方政府和日本南满洲铁道株式会社，二者各自为政，相互之间的交流受到限制。

1906年日俄战争结束以后，日本接管满铁附属地。在尽力扩大城区范围的同时，又对它进行了全面的规划与建设。这个被要求为高起点的规划目标是在空地上开拓新城区，由于政治和地理因素的障碍很小，因而给规划师提供了足以充分施展才华的空间。由毕业于欧洲的设计师主持，将西方近代城市规划思想应用于沈阳满铁附属的建设实践，使它成为沈阳最早出现的近代化城区。

(一) 从俄占“铁路用地”到日占“满铁附属地”

近代，外国势力侵夺中国利益的一个重要领域在于铁路，通过殖民输入与物质输出手段，在取得对铁路运输、沿线资源与物产等巨大利益的基础上，也对铁路沿线的土地空间进行了

① 本节作者陈伯超、沈欣荣、哈静、刘思铎、付雅楠、吴鹏、高笑赢。

② 本节主要参考文献：金士宣，徐文述．中国铁路发展史．北京：中国铁道出版社，1986：40；苏崇民．满铁史．北京：中华书局，1990：366-369；孙鸿金，曲晓范．近代沈阳城市发展与社会变迁（1898-1945）．东北师范大学博士学位论文，2012：48，169；李百浩．满铁附属地的城市规划历程及其特征分析．同济大学学报（人文・社会科学版），1997（1）：91-96；胥琳．近代沈阳满铁附属地城市与建筑的现代化进程．建筑与文化，2013（10）：55-57；曹洪涛，刘金声．中国近现代城市的发展（第三版）．北京：中国城市出版社，1998：359；李晓宇．沈阳太原街地区近代城市建设史研究（1898-1948年）// 城市规划和科学发展——2009中国城市规划年会论文集．天津：天津科学技术出版社，2009；王湘，包慕萍．沈阳满铁社宅单体建筑的空间构成．沈阳建筑工程学院学报，1997（3）：231-236；高介华．中国近代城市规划与文化．武汉：湖北教育出版社，2008：58.

掠夺与侵占。

1. 俄占“铁路用地”（1898-1905年）

19世纪末，清政府与俄国先后签订的三个条约，即1896年6月的《中俄密约》、1898年3月的《旅大租地条约》和1898年4月的《续订旅大租地条约》，允许俄国修筑中东铁路和南满支路，同时出让旅顺和大连的租借权。条约还赋予俄国在两条铁路沿线的筑路、采矿和工商业等权利。其中俄方在条约中含混地提出在铁路沿线割取铁路用地，并由俄国人组织地方政权进行管理，中方抗议无果。这样，在中国东北历史上出现了外国人在铁路沿线一定区域内拥有行政、驻军、司法、采矿、贸易减免税等特权的铁路用地。

中东铁路和南满支路兴建之初，俄国就以筑路为名，自行强占土地，并预定了占地指标："中东铁路北部干线每站平均占地3000俄亩（1俄亩约为1.09公顷），南满支路每站平均占地600俄亩。据东省铁路管理局自称：在它所占地亩中，线路和建筑物只占用了21%，其余土地，均作他用。"[①] 为了管理这些土地，沙俄在东省铁路管理局内设有专门的地亩处，凡铁路界内的租放地亩、征收捐税、开辟道路、规划户居等事均归其管辖。

1898年，随同南满支路的修建，俄国人进入沈阳，并划出老城西郊约6平方公里的土地为“铁路用地”。1899年又在沈阳西塔附近建成“谋克顿”（Mukden）火车站（位于今沈阳站北货场），并开始了在沈阳铁路用地的建设。1903年7月24日，中东铁路和南满支路全线通车后，俄国人开始在大连及哈尔滨等城市建设官署、事务所、店铺、旅馆、住宅等建筑，但在沈阳所建则相对较少。除火车站和停车场等铁路用地的基本设施建设之外，其他建设仅有在西塔附近用又祭奠日俄战争阵亡的俄国官兵的俄式“洋葱头”造型的东正教堂（1909年），铁路大街及俄国人公共墓地等公共设施。此外，在沈阳外城与火车站联系道路之地，原称为“十间房”处也有俄国人的修筑活动。不过总体而言，俄国人在沈阳的建筑活动不多，规模也不大。

2. 日占“满铁附属地”（1905-1945年）

1905年日俄战争后，日本凭据《朴茨茅斯条约》接管了长春以南的南满支路，改称为“南满铁路”。并将铁路沿线占用的铁路用地改称“南满铁路附属地”，简称“满铁附属地”（图15-2-1）。这些满铁附属地包括早期从俄国接管的南满支路及营口线、旅顺线等支线的铁路用地，后来陆续修建的安奉铁路干线及支线的铁路用地，还包括后期强占的城镇、市街以及抚顺、鞍山矿区等大片用地。

日本从俄国手中接管的沈阳“铁路用地”，是以当时的谋克顿火车站为中心的一片不规则四边形土地，东侧到西塔东，南到今北二马路，北部和西部则以铁路为屏障，总面积约6平方

① 金士宣，徐文述．中国铁路发展史．北京：中国铁道出版社，1986：40.

图 15-2-1　奉天附属地平面图
来源：沈阳市和平区人民政府地方志编纂办公室编．和平区志．沈阳出版社，1989.

公里。此后，日本人又通过强占、永租、购买等各种手段将其铁路附属地向南扩张。到 1926 年满铁附属地面积已经增加到 10.44 平方公里，满铁并购买了奉天满铁附属地东南方毗邻地带约 1.72 平方公里，将附属地继续向南扩展。[①]“九一八”事变日本占据沈阳，将原商埠地的预备界纳入附属地范围。1935 年后又陆续占用了铁西近 18 平方公里的土地[②]归满铁所管辖。

沈阳（奉天）的“满铁附属地”受满铁奉天地方事务所的独立管理，日本在附属地内的军事占据得到强化，司法和警察体制完全独立于中国。“满铁附属地”以服务南满铁路、安奉铁路为由，进行了大规模的市街规划和建设活动。1931 年东北沦陷后，日本以满铁附属地为基地，继续把规划和建设的活动扩展到整个沈阳市区的范围，直到 1945 年日本投降。

（二）日本设计师的规划理念与设计

日本设计师在沈阳近代城市的规划史上留下了重要的一页。首先是早期对他们占据的满铁附属地所作的规划，以及此后随着满铁附属地空间扩张进一步形成的接续性规划；其次是东北沦陷以后，由伪满洲国出面、日本人掌控和设计的《奉天都邑计划》（图 15-2-2），是覆盖了沈阳全部市域范围的规划。这些规划服务于日本对中国东北殖民侵占的基本目的，但在规划思想和设计方面却带来了欧洲近代的先进理念。

① 苏崇民．满铁史．北京：中华书局，1990：366-369. 转引自：孙鸿金，曲晓范．近代沈阳城市发展与社会变迁（1898-1945 年）．东北师范大学博士学位论文，2012：46.
② 孙鸿金，曲晓范．近代沈阳城市发展与社会变迁（1898-1945 年）．东北师范大学博士学位论文，2012：169.

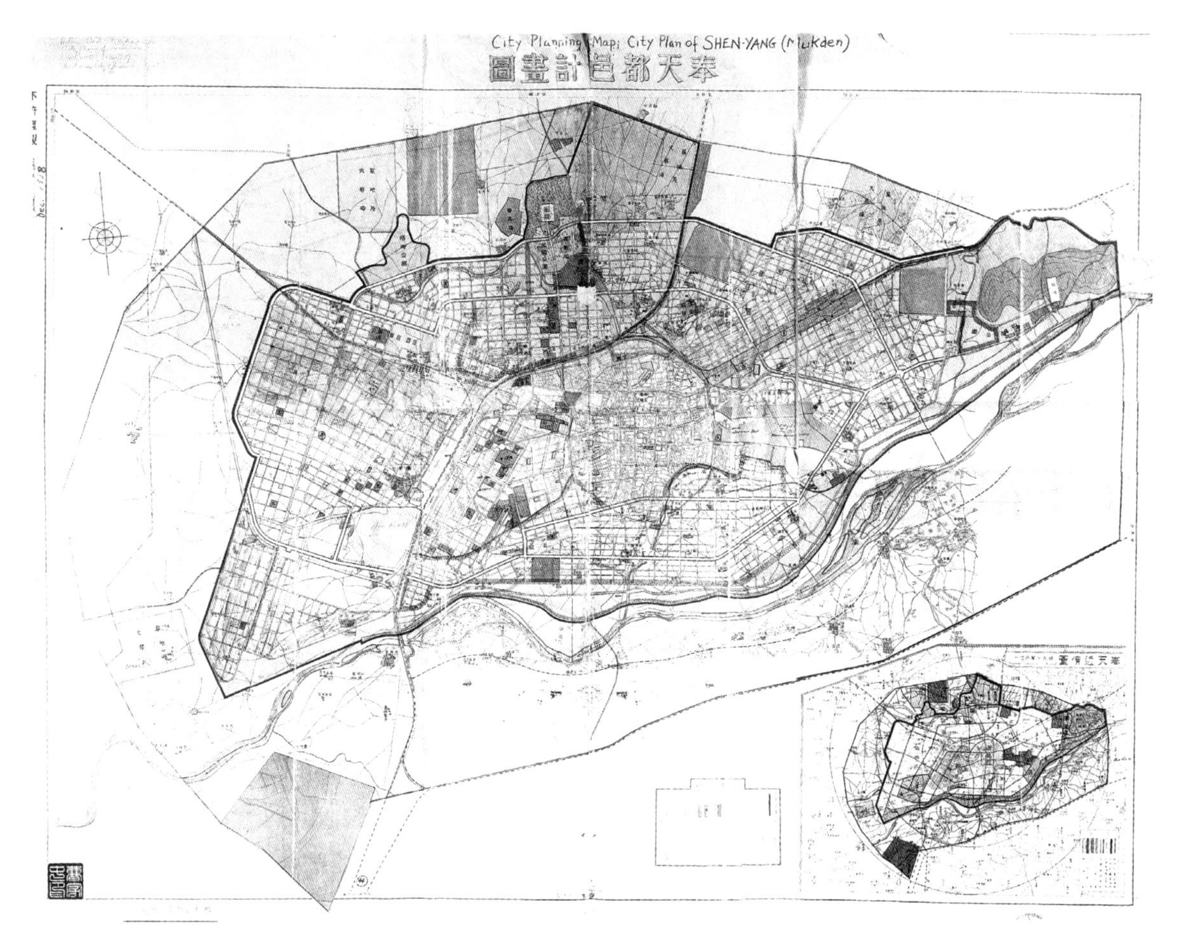

图 15-2-2　奉天都邑计划图

来源：孙鸿金．近代沈阳城市发展与社会变迁（1898–1945 年）．沈阳东北大学博士学位论文，2012.

“满铁”运营伊始，便将铁路沿线附属地的城市规划作为重点工作。从 1907 年起，“满铁”对奉天（今沈阳）、长春、辽阳等满铁附属地进行实地测量、确定界线、制定城市规划方案（图 15-2-3）。至 1923 年 3 月止，“满铁”共完成了大小附属地的规划方案 140 个，除 21 个外，其余均获采用。①

沈阳满铁附属地的规划方案形成于 1908 年。此后又制定了扩大市街建设的规划。此外还在 1907 年 9 月制定了《附属地居住者规约》；又在 1919 年制定了《附属地建筑规则》，根据卫生、防火和美观等方面的需要，对附属地建筑的高度、面积、结构等作了详细规定。②

满铁附属地的规划和建设由满铁地方部直接负责，规划理念源自日本设计师以欧洲巴洛克形式主义与功能主义为规划的基本范型，即以广场为核心点，以放射式道路加棋盘式街区为格局的城市空间体系。强化形式构图，用城市规划的物质形态来表达殖民者的统治意志和政治理

① 李百浩．满铁附属地的城市规划历程及其特征分析．同济大学学报（人文・社会科学版），1997，8（1）：91–96.
② 同①。

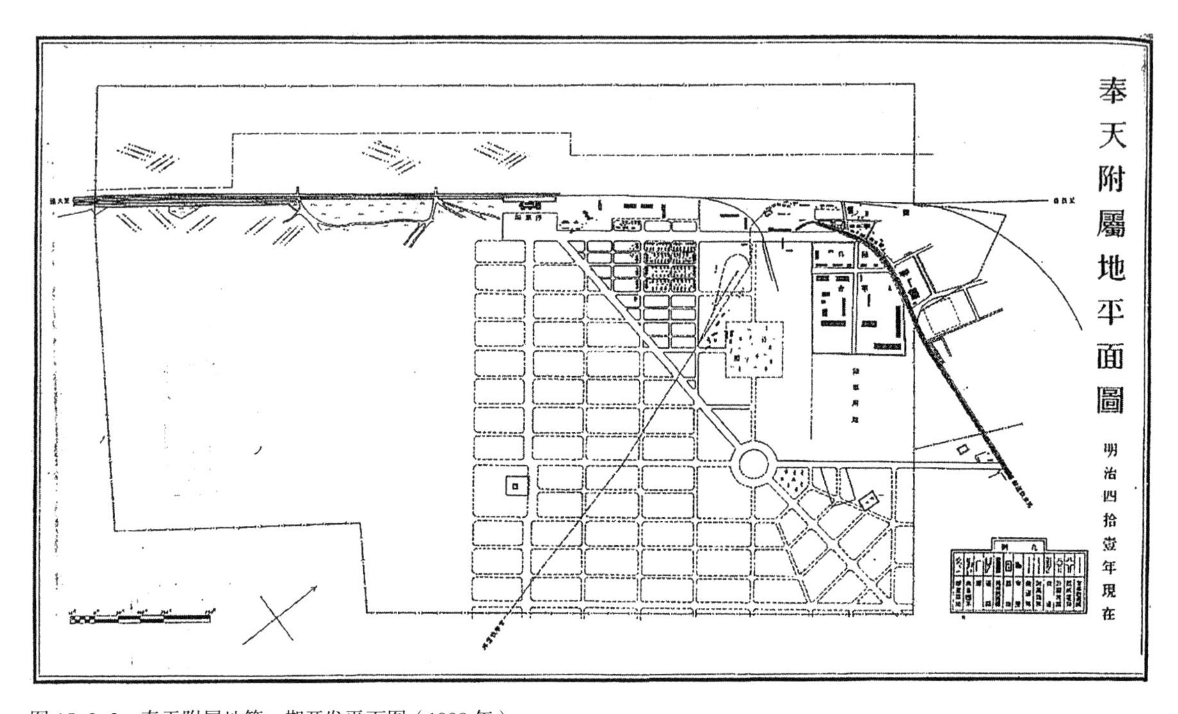

图 15-2-3　奉天附属地第一期开发平面图（1908 年）
来源：[日] 菊池秋四郎，中岛一郎 . 奉天二十年史 . 奉天二十年史刊行会，1926.

想，这正是满铁附属地作为殖民城市建设的需要。

规划的制定者和执行者的殖民思想对规划方案起了很大的作用。时任土木科长的加藤与之吉是规划的主要担当者，“满铁”总裁后藤新平也曾直接参与。二人在同时期设计和参与指导的长春附属地规划格局与沈阳（奉天）几乎一样。满铁附属地规划与俄国规划的最大区别就在于俄国追求壮丽，满铁追求经济性、功能性。

全面性的规划和建设体现了殖民统治的政治侵略目的。后藤新平认为殖民地的行政计划要全面发展农业、工业、卫生、教育、交通、警察等诸项，才可以在生存竞争中获得保全及全面的胜利。因此在规划方案中对城市功能进行分区的设置，并建造了各种功能类型的建筑，以服务于南满铁路和安奉铁路的运营，也充分满足日本政府向中国东北拓殖政策的需要，推行日本殖民制度，排除中国行政权，保证满铁附属地成为日本控制东北地区以及掠取利益的基地，保证其长期和不断扩充的政治统治。

（1）土地利用分区与满铁附属地的用地构成

满铁附属地采用了城市新区规划的方法，在进行城市建设之初对交通情况、地势现状、保证铁路用地和殖民地统治所必需的官用土地等方面进行了详尽的调查和土地利用分析。在 1908 年的规划中就出现了“土地利用分区”的观念，这为土地利用的控制和城市规划设计提供了重要的前提，在当时的规划理念和方法中也是极为先进的。

在满铁附属地规划中，按照西方近代的功能分区手法，将市街用地划分为：住宅区、商业区、工业区、公共设施区以及公园绿地区等。并对各功能分区进行了现代规划方法中功能合理性的布局定位。[①] 具体分区原则及分布如下：

①住宅区：选择适宜居住和临近商业区的地段进行相对集中布置。以生活方便，尽可能远离工厂等产生污染和干扰的地方为目标，铁路东侧的住宅区集中地布置于附属地的南侧地段。

②商业区：主要分布在铁路以东车站邻近地带的沿街处，形成了以具有"沈阳银座"之称的春日町（今太原街）为主，另有荻町（今南京南街）、加茂町（今南京北街）构成的繁华商业街区；并在此基础上又辅助以零散商业点散布于住宅区，以便于生活为主要目的所形成的商住混合区，共同构成了两个层级的商业布点格局。

③工业区："九一八"事变日本占据沈阳之前，日资在沈阳工业投入的规模不大，将早期建成的少量工厂设于铁路西侧。一方面得以依托南满铁路和安奉铁路的便利交通条件，又与铁路东侧附属地的生活区域既邻近又相离——方便管理又避开相互间的干扰；另一方面又扩大了满铁附属地的范围，为后期将铁西开辟为宏大的工业区留下了伏笔。

④公共设施区：近代建筑功能日趋专一化，而类型越发多样化的办公、银行、事务所、会社、医院、邮局、电影院、警察署、商店、饭店等公共建筑，一般设置于主要干道两侧的街区周边，如同西方各街坊沿街道布置建筑的方式，交通便利且有利于城市景观。

⑤公园绿地区：公园和绿地的建设在满铁附属地内受到重视。近代概念的公园开始较为普遍地出现在附属地内，并呈均匀分布。除了供人们游玩、休憩的城市公园，还有街心广场、街头绿地以及道路绿化等设施。1910 年起，奉天满铁附属地占地 4.2 万平方米的春日公园（今已不存在）开始建设。至 1926 年，附属地内建成综合性公园三个，总占地面积为 30 万平方米，其中最大的为千代田公园（今中山公园），占地面积 20 万平方米。

（2）放射式道路与棋盘式街区结合的规划格局

1908 年，日本人将原俄人所建的谋克顿火车站作为货场保留，在其南部设计并建造了新车站——奉天驿（今沈阳站）。奉天驿面东坐落在铁路东侧，前面为一个大广场，广场东界是一条平行于南北向铁路的铁路大街（今胜利大街）。早期规划的三条放射形干道从奉天驿发出，主轴线中心道路千代田通（今中华路）垂直于铁路，其余两条道路——向东北方向发射的浪速通（今中山路）和东南方向发射的平安通（今民主路）——均与千代田通呈 45° 的夹角。三条放射形主干道使奉天驿成为街道景观视线的焦点。

市区内多条道路的交会处都设置圆形广场作为城市的空间节点。于是，满铁附属地形成了以车站（奉天驿）、广场（奉天驿广场、浪速广场、平安广场）为中心，采用"平行、垂直、斜交"为主要处理手法，以"放射式道路与棋盘式街区"相结合为平面构图特色的的规划格局（图 15-2-4），创造出一个秩序严谨而规模宏伟的城市空间体系。这个规划明显反映出古典主义规划追求纯粹几何结构和数学关系、强调轴线和主从关系的审美理念。

① 李百浩．日本在中国的占领地的城市规划历史研究．同济大学，1997（7）：134-141.

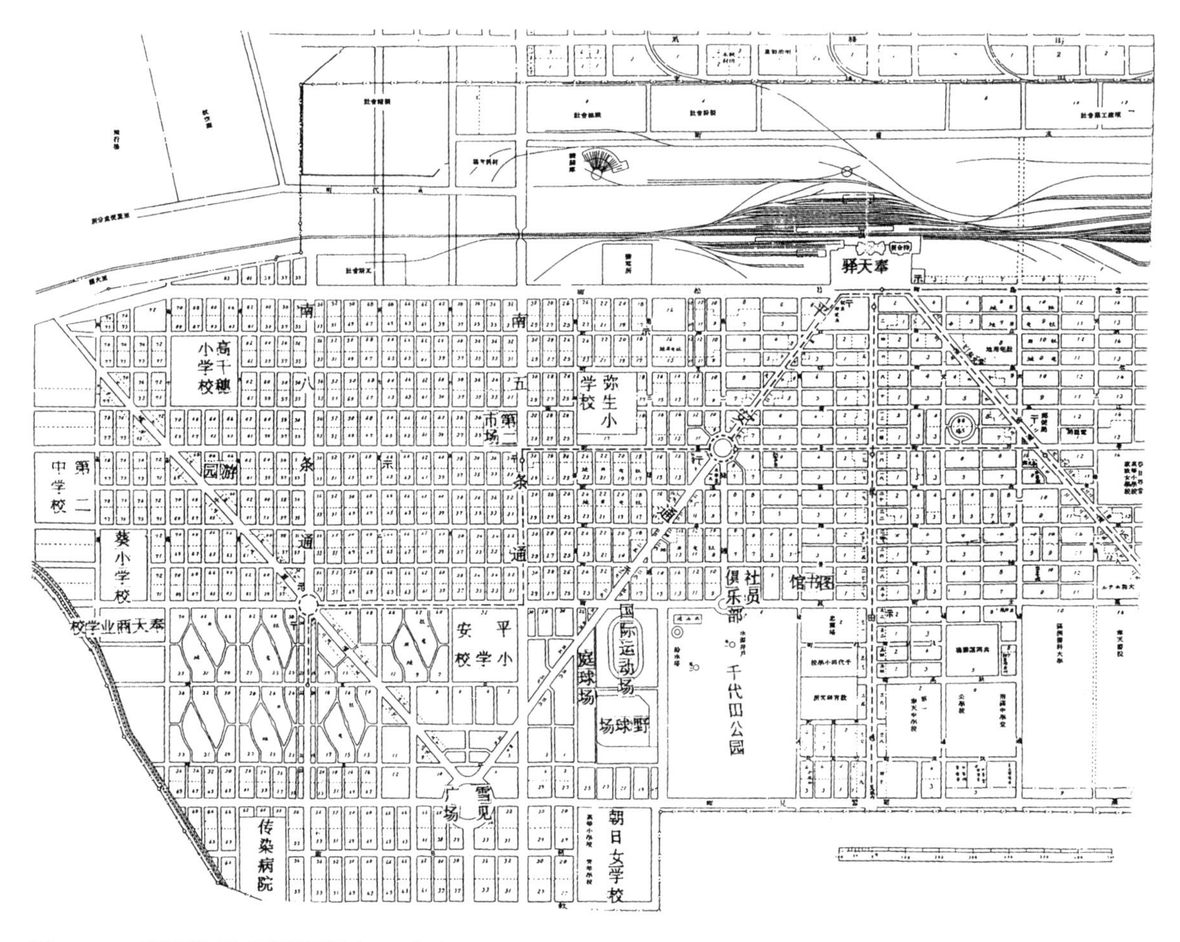

图 15-2-4　奉天附属地规划平面图（1929 年）
来源：沈阳市和平区人民政府地方志编纂办公室编 . 和平区志 . 沈阳：沈阳出版社，1989.

满铁附属地的规划建设全部由日本人主持，因此其规划方案充分体现了日本近代规划思想。放射式道路和棋盘式街区叠加形成了城市的道路秩序。这种模式体现出沿袭西方城市方格网道路街区的规划特征，但在尺度上却遵循日本许多城市中所采用的以“町”为标准 60 米 ×110 米的小尺度路网结构，以增加街区临街面，便于商业运作，为日后的经济开发打下了基础。传统日本城市的道路密度较世界同期其他大城市要高，却与当时西方最新的规划思想特别是与美国纽约小街区风格的规划类似。这种布局方式也更有利于高效利用城市土地，便于交通的组织疏散和统一铺设管线。街道命名直接采用了“町”和“通”的概念，这是日本在其殖民地城市规划中的常用手法。

棋盘式的街区布局以铁路走向作为参照，为取得与铁道线的平行关系，满铁附属地的街路系统和街坊布置都与正南北向形成了一个角度，这种棋盘式的街区系统沿用至今。

附属地安置了大量的公共、民用与居住建筑，居住方式与建筑风格均在很大程度上保留了日本的传统特色，也反映出对西式文化影响的积极吸纳和结合本地条件的适应性调整。

（3）道路系统建设

满铁附属地道路系统的建设大体可以分为两个阶段：第一个阶段是从 1909 年到 1917 年，

主要完成了市街规划中放射性主干道沈阳大街（1919年改称千代田通，今中华路）以及大街以北地区的支线马路修建工作。1910年,以块石铺路的沈阳大街修建完成,全长1400米,宽36米。之后该大街与商埠地十一纬路及老城大西关大街相连接，成为沟通满铁附属地与老城区的干道。1912年到1914年间修筑了市街规划中的两条斜向干道，即东北走向、长2公里、宽27米的大斜街（1919年改称昭德大街，又叫浪速通，今中山路），东南走向的南斜街（1919年改称平安通,今民主路）。1912年至1917年又修建了与三条干线相交叉、与铁路方向平行的中央大街（今南京街）、协和大街（今和平大街）、西四道街（今太原街）三条南北向的干道。由此构成了一个纵向、横向、斜向道路相互连接的道路网络。在这个大网络之中，又修建完成了沟通商业区、住宅区的支线马路。

第二个阶段是从1918年到1931年，主要完成了沈阳大街（1919年改称千代田通，今中华路）以南地区的支线马路修建以及附属地道路路面修整工作。为了提高道路路面质量,1927年，对满铁附属地内浪速通（今中山路）、千代田通（今中华路）、平安通（今民主路）进行了修整，全部铺装碎石路面并铺洒沥青，修筑排水沟，道路两旁栽种行道树，成为附属地内最早的沥青马路。到1931年年末，满铁附属地内东西向和斜向的道路（当时称“通”）已有25条，南北向的道路（当时称“町”）已有36条，[①]基本形成了棋盘格状街路网。

满铁附属地规划对沈阳城市发展的影响主要体现在两方面：一是扩大了城市的空间格局，促进了城市化和近代化的发展；二是引进西方先进规划理念，形成有特色的城市空间格局与合理的功能分区。

首先，按照日本的拓殖计划，将中国东北作为其国土的延展，着力经营沈阳满铁附属地建设，同时不断侵占和拓建市街用地，客观上给沈阳城市的空间范围与格局带来了相应的发展。到1945年光复，沈阳建成区面积已由“九一八”事变时的40万平方公里增加到115平方公里[②]（图15-2-5）。日本首先在沈阳“满铁附属地”内推进近代化的建设步伐，并不断拓展附属地的城市空间，进而通过《奉天都邑计划》的实施，对整个沈阳城市的道路和市政设施进行开发和改建。使沈阳的城市环境得到改善，城市面貌得到改观，客观上促进了经济与人口增长，以及文化、教育和商业的迅速发展。

其次，从规划的角度来看，沈阳满铁附属地规划及其实施受到西方先进规划理论的影响：对城市空间进行了明确、合理的功能分区；在用地布局中强调交通、工作、居住与游憩等城市功能；根据邻里单位规划思想，以小学为居住组团的核心，以商业和居住业态混合创造便利的生活条件，以道路为组团四界进行居住区的配置与布局；按照田园城市理论，构建环城绿带、公共绿植、公园绿地和宅院绿化的层级式绿网结构；以及在以奉天驿为中心的路网格局中，结合西方古典主义城市的规划方法，注重城市空间构图，强调轴线、节点塑造等城市设计元素，形成了不同于中国传统城市的空间格局。

① 胥琳．近代沈阳满铁附属地城市与建筑的现代化进程．建筑与文化，2013（10）：55-57.
② 曹洪涛，刘金声．中国近现代城市的发展（第三版）．北京：中国城市出版社，1998：359.

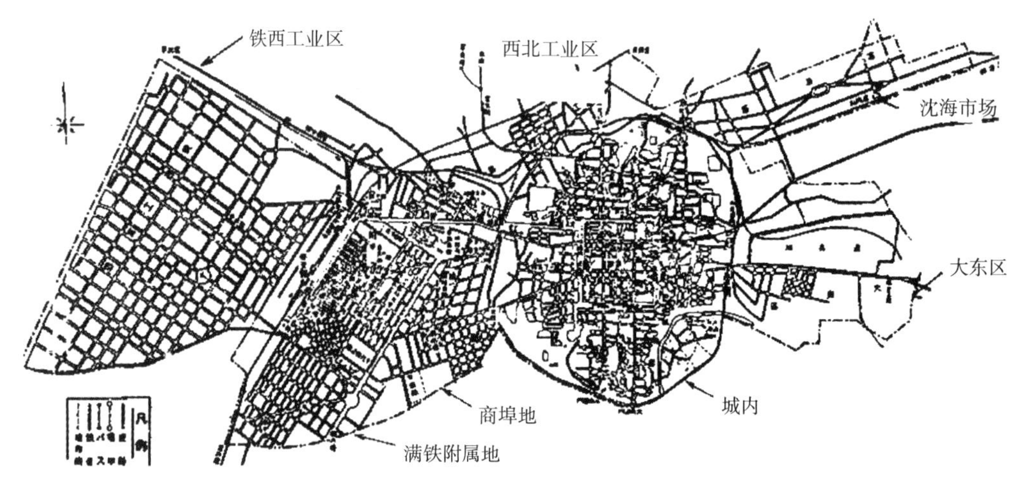

图 15-2-5　沈阳市街全图（1937 年）
来源：[日] 越泽明著 . 殖民地满洲的都市计划 .1978.

但也不可否认，“满铁附属地”作为老城区之外最早出现的城市板块，独立的规划、建设和管理，为此后形成的诸城市板块之间的协同发展设置了障碍，暴露出殖民地城市发展的某些典型缺点。第一为满足附属地内日本人不断增长的社会生活要求，并吸引更多的日本人来此，沈阳满铁附属地建设采用了甚至比日本当时国内更高的城市规划和建设标准。由于管理上的独立性与封闭型，附属地近代化建设的先期发展，对沈阳市内的其他板块缺少影响力和带动力，拉开了与老城区和其他城市板块环境设施的建设水平和质量差距。虽然 1931 年以后，日本在整个沈阳范围进行了一定的改造与整合，仍然存在城市发展的不均衡性。第二，附属地的放射式加方格式的路网格局规划为顺应铁路形成斜向的角度，自成体系，并没有考虑与老城区等其他城市板块“正南－正北”式的传统城市格局的关系，造成沈阳如今因历史形成的板块式格局对城市空间拓展所造成的先天不足，以及给交通路网相互衔接与城市现代化建设所带来的一些障碍。

（三）满铁附属地城市空间与建筑节点

1. 城市广场

基于规划控制下的城市广场对于满铁附属地城市空间的基本构架和完整性起到重要的作用，既有连接城市空间和集散的功能，也有出于城市街道景观的考虑。道路节点处的圆形广场和放射形道路格局，是满铁附属地对巴洛克式的城市设计思想体现的一个重要方面。它又是附属地中具有重要职能的公共建筑汇集地，周边的建筑代表了当时设计的最高水平。

（1）奉天驿广场（今沈阳站站前广场）

奉天驿广场是满铁附属地城市空间最为重要的一个空间节点，位于三条放射形主干道的尽端，沿奉天驿车站建筑展开的长方形广场，主要用作站前人流的疏散和统帅城市格局的作用

图 15-2-6 奉天驿广场
来源：陈伯超主编. 沈阳历史建筑印迹. 北京：中国建筑工业出版社，2016.

（图 15-2-6）。

1909 年，受日本政府扶持的“满铁”在原来俄国人所建的谋克顿小站南面建设新站“奉天驿”（今沈阳站，和平区胜利南街 2 号）。奉天驿与隔路相望的共同事务所、贷事务所奉天铁路公安段共同围合成了站前广场。奉天驿位于广场西侧并面向广场，广场东侧是平行于铁道线、南北走向的铁路大街（今胜利大街）。奉天驿作为原点，又从这里发射出三条城市的主要道路——千代田通（指向正东）、浪速通（指向东北）、平安通（指向东南）。各条道路的汇聚点奉天驿成为满铁附属地的中心，统帅着整个满铁附属地的城市格局。

奉天驿与共同事务所、贷事务所奉天铁路公安段三座建筑物建筑风格均为“辰野式”的折中主义形式。一致的建筑形式使得整座广场风格特色突出，色彩与空间构图完整。奉天驿广场迄今已有一百年的历史，它是南满铁路沿线保存最为完好、风格最鲜明的城市空间节点和历史建筑群。

（2）浪速广场（曾称大广场、浪速广场，今中山广场）

浪速广场是四条主要城市干道——浪速通、北四条通、富士町（南）、加茂町（北）的会聚点，平面呈圆形，直径 135 米，1913 年始建，因其是当时日本在满铁附属地内所建规模最大的广场，所以又称大广场（图 15-2-7）。广场平面呈圆环形，半径 65 米，广场中央为一圆形环岛，最初设有日俄奉天大会战纪念碑（1945 年日本投降后被拆除）。广场及其周围建筑历经 20 余年，至 1937 年最终建成。这些建筑包括大和宾馆、东洋拓殖株式会社奉天支店、横滨正金银行奉天支店、奉天警察署、朝鲜银行奉天支店、满铁医院（已不存）和三井洋行大楼。虽然由于建造时间前后相差近 20 年，这些建筑风格各异，但它们以广场为中心的布局方式以及近似的体量和比例，共同构成了浪速广场整体和谐的空间。

（3）平安广场（今民主广场）

平安广场 1922 年建成（图 15-2-8）。它是平安通、南二条通、青叶町三条主干道的交会点，广场尺度虽不及浪速广场，但因同为附属地斜向道路系统的一个交会处，因而也是城市空间中

图 15-2-7　浪速广场（20 世纪 30 年代后期）
来源：陈伯超主编 . 沈阳历史建筑印迹 . 北京：中国建筑工业出版社，2016.

图 15-2-8　平安广场
来源：陈伯超主编 . 沈阳历史建筑印迹 . 北京：中国建筑工业出版社，2016.

图 15-2-9　春日町
来源：陈伯超主编 . 沈阳历史建筑印迹 . 北京：中国建筑工业出版社，2016.

一个重要的节点。它靠近满铁社宅区，广场周围围绕的是商业和文化类建筑，其中平安座是最重要的一座建筑。这些建筑统一采用了现代主义风格，尺度接近，围合感强。广场中央设圆形花园，形成与浪速广场（大广场）同样类型的“环岛式广场”。

2. 沈阳“银座”——春日町（今太原街）

春日町是近代沈阳满铁附属地内发展起来最重要的商业街区（图 15-2-9）。它位于满铁附属地的核心区，与奉天驿火车站正对的千代田通呈垂直布局，距火车站不足 1 公里。

这条街在日俄战争前名西四条街，是依托于南满洲铁路的便利交通，由火车站带动起来的站前自由贸易活动区域。起初街上仅有十余家油盐杂货店铺，1905年后，随着满铁附属地的开发建设，大量日本及朝鲜移民迁入，西四条街地区的商业贸易活动逐渐繁荣。1919年“满铁”将附属地内的街道、广场和公园等重新命名，将西四条街的街道名称改为“春日町”，直到1945年改为现名“太原街”。

随着1908年制定的满铁附属地新市街计划的推进，陆续修建了以奉天驿为中心的附属地街路格局框架。1912年，修建大斜街（1919年改称浪速通，今中山路），并拓建西四条街成长750米、宽20米的石块路面。①南端从千代田通开始，北端到北四条通处的奉天公园结束，自此，春日町商业街的格局正式形成。

1930年代满铁军政官吏和商贾以及满铁社宅在春日町附近大量兴建，日侨纷纷来到这块商业宝地开商店、办洋行、建市场、设银行，形成了密集的商业街区。到1941年，太原街一带的商号共有119家。但除印度的大降洋行、苏联的秋林公司和若路陶拉文具店，以及中国的中和福茶庄和老精华眼镜行，其余均为日本商号。②春日町上的商业种类包括：金银首饰、毛织品洋杂货业、文具日用品、银行证券等几十个行业，商业贸易在1940年代初达到顶峰，成为与沈阳老城四平街（今中街）并肩的另一大商业中心。

春日町及其附近的主要日建建筑有规模较大的七福屋百货店（1906年，今维康大药房）、大和屋百货店（今太原街新华书店处）、中古时装店（后老联营，今中兴商业大厦处）、几久屋（后和平商场，今新世界百货太原南街店处）、奉天邮便局（1915年，今沈阳市邮政局）和满洲银行，还有结合功能形成的圆圈形造型特点的春日町菜市场（俗称“和平圈楼”、后和平副食品商场）等。

（四）满铁社宅规划与建设

1. 满铁社宅规划

自1906年“满铁”接管和建设“南满洲铁道附属地”以来，便开始了由会社兴建，租给会社职员使用的住宅建设活动，这些住宅简称“满铁社宅”。1931年后，移民和定居沈阳的日侨人数激增，住宅需求量也骤长。迫于严重的房荒，主持满铁附属地建设的满铁会社及其下属的铁路总局在沈阳（奉天）进行了住宅成片开发活动。满铁社宅由“满铁”建筑课设计，满洲兴业会社施工，是具有日本和风式文化特色与西方赖特式风格的住宅建筑。

（1）规划用地

满铁附属地最早的住宅建筑活动集中于北部，即俄国人建成的“谋克顿”火车站（今沈阳站北货场）与老城之间（今市府大路与西塔之间）。1909年后，满铁社宅为适应奉天驿（今沈阳

① 李晓宇．沈阳太原街地区近代城市建设史研究（1898–1948年）// 中国城市规划协会编．城市规划和科学发展——2009中国城市规划年会论文集．天津：天津科学技术出版社，2009.
② 同①。

站）的建设和城市发展，沿着奉天驿向南发展到宫岛町（今胜利大街）、江岛町（今兰州街北段）一带，采用日式木屋的建筑方式。在1920年的扩大市街规划中，制定铁路以东的北部为商业区，南部为住宅区。满铁社员住宅区建设中心转向红梅町（今昆明南街）、藤浪町（今天津南街）、稻叶町（今同泽南街）。① 1926年后，满铁附属地进一步向东南扩展。20世纪30年代的大片住宅建设就集中在这块城市空地与部分原农场用地上，总面积达400公顷。② 满铁社宅用地范围西临火车站前的若松町（今胜利大街），东面是商埠地（今振兴街和砂阳路），南到南十条通（今南十马路），北至南三条通（今南三马路），紧接当时最大的千代田公园（今中山公园），并通过青叶町（今太原南街）与北部的商业中心春日町（今太原街）直接相连，有便利的交通和商业条件。

（2）邻里单位的规划思想

20世纪30年代正值国际现代建筑思潮兴起之际，以大规模新城区建设为前提条件的沈阳满铁附属地规划方案，直接运用具有前卫性的现代规划理论和住宅的标准化设计与施工；另一方面，“满铁”建筑课的日本建筑师多为中青年，深受新思想与新理论的感召，满铁社宅成为日本建筑师将当时最先进的建筑理论和设计方法付诸实践的试验地（图15-2-10）。满铁社宅规划遵循了1920年代末由美国社会学家及建筑师克拉伦斯·佩里（Clarence A.Perry），提出的“邻里单位”（Neighbourhood Unit）思想，主张扩大原来较小的住宅街坊，以城市干道包围区域为基本单位，其中布置住宅建筑和日常需要的各项公共服务设施以及绿地，创造舒适、怡人的居住环境理论。“从中国与日本近代城市规划历程相比来看，30年代沈阳满铁社宅的现代开发活

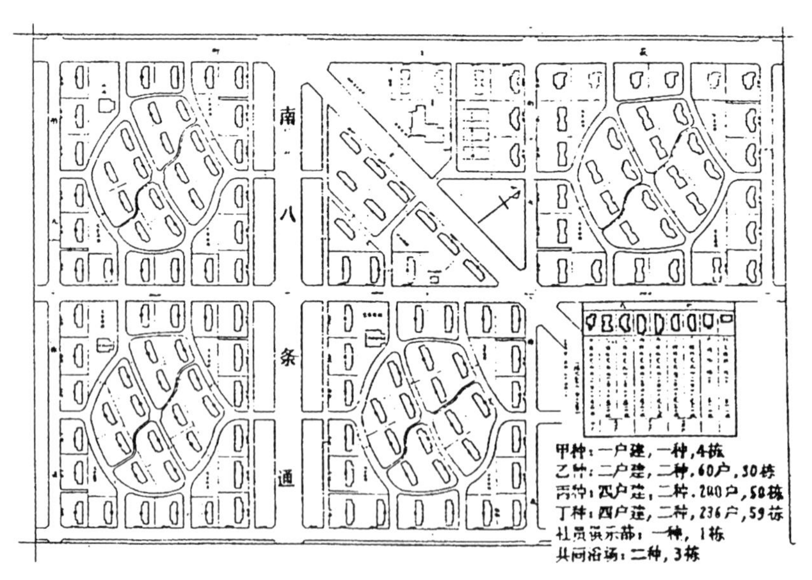

图15-2-10　奉天满铁代用社宅配置图（1933年）

来源：辽宁省档案馆藏.满洲建筑杂志.1936（5）.

① 孙鸿金，曲晓范.近代沈阳城市发展与社会变迁（1898-1945年）.东北师范大学博士学位论文，2012：48.

② 包慕萍，沈欣荣.30年代沈阳“满铁”社宅的现代规划//汪坦，张复合编.第五次中国近代建筑史研讨会论文集.北京：中国建筑工业出版社，1998.

动无论在中国还是日本近代规划史中都是具有前卫性的实践。”①

邻里单位的公共设施：按照“邻里单位”的规划思想，各居住组团以学校为辐射服务的核心。在沈阳的满铁社宅区内均匀地布置多所中小学校，例如：平安小学校（今铁路中学）、高千穗小学校（今101中学）、蔡寻常小学校、弥生小学校、朝日女子学校，以及第二中学、青年学校、商业学校等。社区活动的中心集中于圆形广场——平安广场（今民主广场）、朝日广场（今和平广场），广场周围设有日常生活必需的公共设施，包括邮局、商店、警察局等；在住宅区的北部及东南边界处，设运动场（今市体育场）与医院（今传染病院）等大型公共设施；日常生活必需的小型商业服务设施沿边界道路南五条通（今南五马路）、荻町（今南京南街）、高千穗通（今新华路）设置；同时，邻里单位内还设有公共浴室及社员俱乐部等。在社宅区的北部及东南边界处，设有奉天国际运动场与妇人医院等大型公共设施。

邻里单位的公园与绿地：满铁规划对绿化非常重视，在附属地的主要道路两旁设置行道树；附属地内设有春日公园、千代田公园、体育公园作为绿化核心；邻里内的住宅都设有庭院，满足充分的日照通风和庭院绿化，建筑密度很低。

邻里单位的街坊、道路与外部环境：邻里单位以主要交通道路为四界，用地内部由6~8米宽的道路划分出街坊，每个街坊面积约为100米×100米。街坊形状呈正交网格状，十分规矩。但街坊内的道路格局、走向以及朝向则要求布置自由，斜向与正向的小路相互交错，院落形式灵活，建筑的排列方式也各不相同。于是形成了一种在规整的大框架控制下灵活的街坊单元空间的组合模式，创造出一种丰富而规整的愉悦感。社宅均以庭院围合，分为独栋式住宅和2~4户的联排式集合住宅组合方式，庭院的形状因围合道路的格局而不同。住宅朝向主要以东南向居多，其次是西南向和南向，朝向控制在南偏东或南偏西32度范围内，朝向虽不完全一致，但设计充分地考虑和满足了寒冷地区建筑对朝向的严格要求。庭院大门的空间位置也因建筑与道路的不同关系而各不相同，街巷景观十分丰富。

2. 满铁社宅建筑单体

（1）建筑外观

满铁社宅一改日式木构的传统建筑形式，采用适应东北气候特点的墙体承重结构，以独栋式或联排式集合住宅为主，此外还有独身公寓和居住大院等少量形式的满铁社宅（图15-2-11）。建筑多为2层，体量根据室内功能空间的需要进行自然的跌落变化。外观多为简洁的现代主义风格，采用平缓的坡屋顶，墙身施以素水泥抹面或水泥拉毛等。窗户或有窗套，仅在有些建筑的门廊处做瓷砖或线脚的装饰。建筑从布局、建筑外观到室内空间等各方面，都体现了现代设计思想中重视功能的设计方法，是典型的现代主义风格。

① 包慕萍，沈欣荣．30年代沈阳“满铁”社宅的现代规划 // 汪坦，张复合编．第五次中国近代建筑史研讨会论文集．北京：中国建筑工业出版社，1998：114-124.

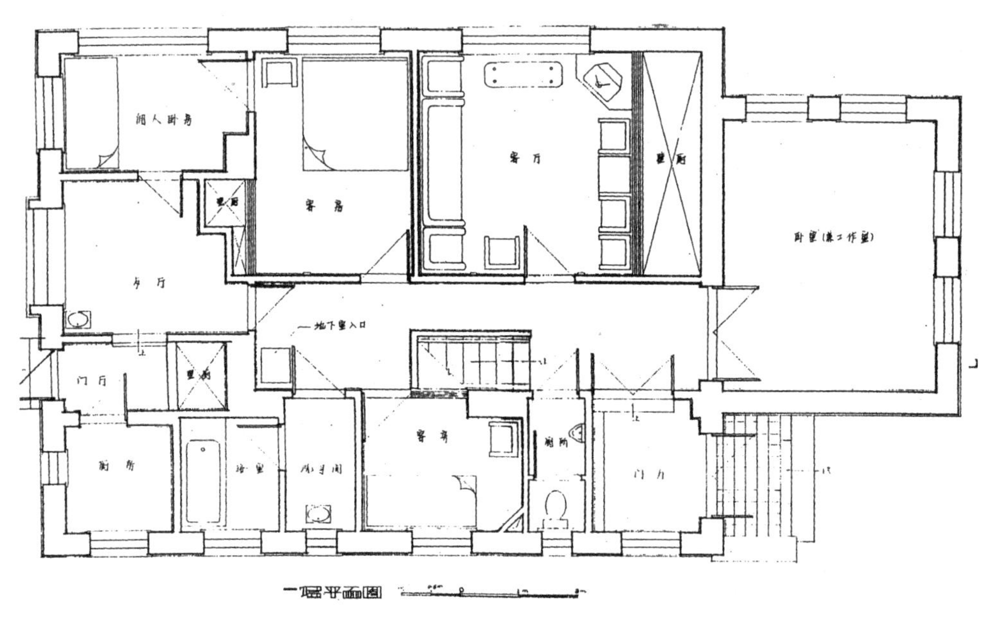

图 15-2-11　特甲型满铁社宅（中兴四巷 1 号章宅，已拆除）
来源：沈阳建筑大学建筑测绘报告 .

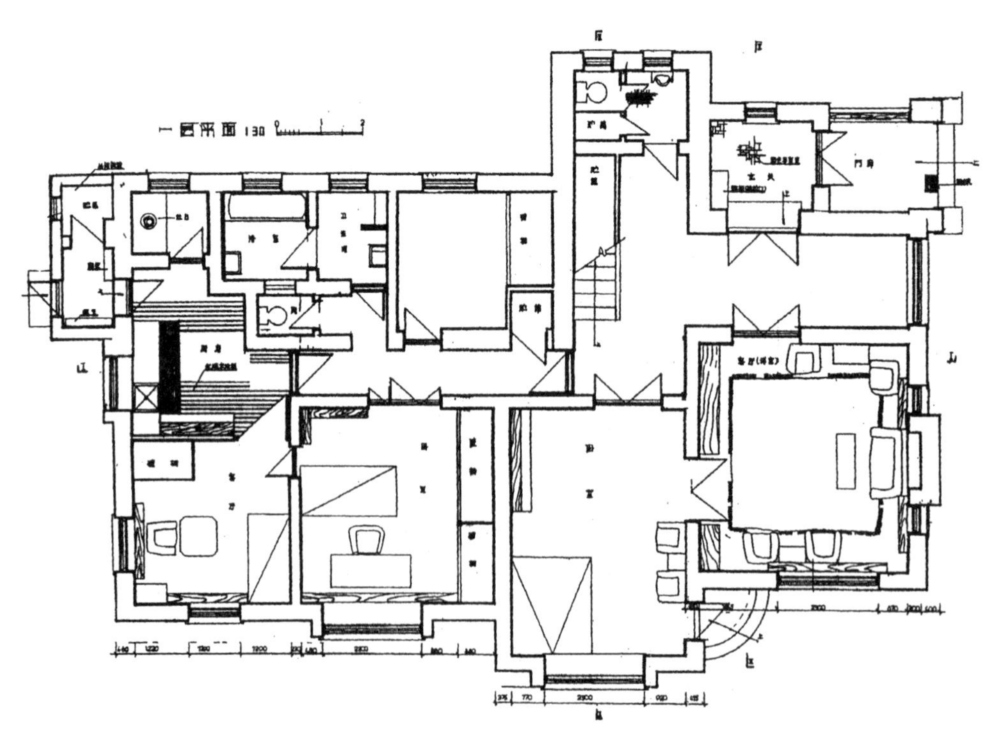

图 15-2-12　特甲型满铁社宅（新华路 1 号胡宅，已拆除）
来源：沈阳建筑大学建筑测绘报告 .

（2）建筑内部空间特点

满铁社宅建筑内部空间布局遵照现代建筑设计理论与方法，平面布局集中紧凑，根据功能需求将起居室、卧室等主要使用空间布置在南向，窗洞也相应较大；北向主要布置辅助房间，如厕浴、厨房等。住宅外部以厚重的实墙体围护，封闭性较强。而内部空间则非常流畅，除外墙与室内必需的承重墙之外，其余的墙体均采用木板条墙。多数房间仍旧采用日式的格子推拉门，有的可以取下，使室内空间更加连通开敞。因满铁社宅是为日本人使用的，因此内部空间显示出适合日本生活习惯的日式空间特点（图 15-2-12），例如“和室”空间、玄关空间、“床之间”、神龛（神棚）、榻榻米等。同时，也受到西方现代思想的影响，出现“洋室”空间和“和室”空间并存于一个建筑中的“和洋折中”的现象，形成了传统与现代的融合。作为接待用客厅的“洋室”空间，多置于从玄关进入的空间处，室内地面以地砖或者地板装修。空间较大而高敞，有很多住宅以形式多样的假壁炉方式点缀“洋室”空间，不设烟道。“和室”空间是日式住宅所特有的空间形式。其空间形状较之洋室低矮，推拉格门木板墙，白色为基调的四壁和顶棚，地面铺置榻榻米等，完全是和风建筑的特征。房间中常设有“床之间”，即半凹的壁龛，其内悬挂字画或插花。多数满铁社宅还都设有面积约 5~6 平方米的“玄关”空间，即一个是由室外进入室内的过渡性空间，既符合日本人进门脱鞋的生活习惯，也符合现代建筑内外空间过渡的需求和防风防寒的功能要求。

（3）建筑保温防寒措施

日本本土为湿润的海洋性气候，而沈阳为干燥的大陆性气候。为了适应这一气候特点，满铁社宅融合多种文化，进行防寒措施的探索和改进，形成了适应东北当地气候环境并具有日式特点的“满铁社宅”。在设计方面，满铁社宅采用紧凑的平面布局，设置双层进户门、开辟玄关空间隔绝冷空气；在构造做法上，将外墙加厚并将红砖进行密实处理，以及大量地使用了空心砖等方法；还在住宅的地板下设有半人高的空间，用来布置管道并便于维修，也起到了一定的防寒隔潮的效果；在采暖方式上，结合了俄国和北方当地满族民居的采暖防寒技术，以锅炉、俄式壁炉和地炕三种方式为主。俄式壁炉是日本人向俄国人学习而来的采暖方式，采用角形和夹墙形（夹在两墙中间）。其中角形散热好、效率高，放在屋内的一角不影响室内空间的使用和家具的摆放。夹墙形保温性能最好，且能两室共用。[①] 满族民居建筑中的地炕与日本人席地而坐、卧的起居习惯相符，因此在日本侵入东北后沿袭和继承了这种采暖方式，将地炕作为解决室内采暖最有效的方法。

（4）满铁社宅标准化

满铁社宅的建筑单体设计也运用了标准化的设计方法，包括住宅类型的标准化和建筑构件的标准化。

“满铁”根据职员的职务及收入的高低确定为特甲、甲、乙、丙、丁五种标准住宅类型。[②] 特甲、

① 朱松，吕海平．沈阳近代满铁社宅的防寒措施．沈阳建筑工程学院学报，1997，13（3）：237-242.
② 王湘，包慕萍．沈阳满铁社宅单体建筑的空间构成．沈阳建筑工程学院学报，1997，13（3）：231-236.

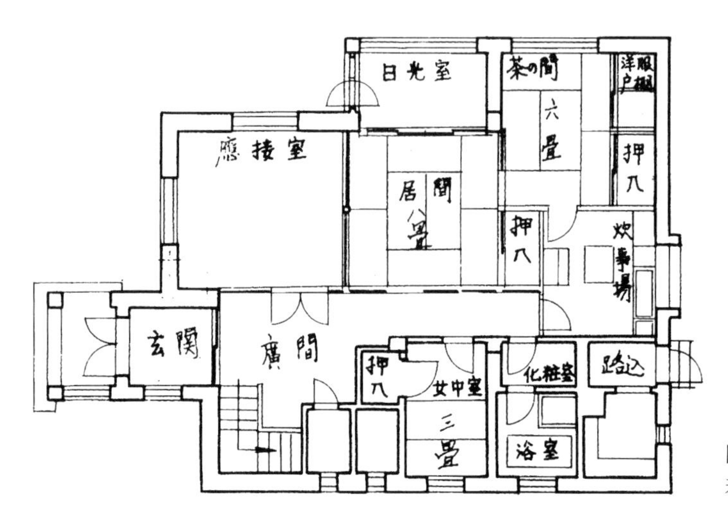

图 15-2-13　甲 11 型一户用一层平面
来源：沈阳建筑大学沈阳建筑大学建筑测绘报告 .

甲为一户用独栋式高级住宅，特甲型供最高级别的社长等居住（图 15-2-13）；乙型为两户用双联式住宅，丙、丁为四户集合式住宅，供一般职员使用。为了避免标准化的硬性规定影响住宅的适用性，同种等级的标准型住宅面积大致相同，又根据家庭人口组成而设有不同的格局和型号。除等级区别外，住宅标准化的目的还包括节省设计和施工时间、降低造价，在短期内为大量来华的日本移民提供居住空间。

满铁社宅按照类型区别设计，在满足建筑构件标准化和生产与施工批量化要求的同时，还兼顾了不同类型住宅造型的多样性。每个住宅组团都有多种类型进行组合，使得建筑群的风格在统一中又有变化。

二、铁西工业区[①]

沈阳建筑的近代化主要体现在三个方面：一是建筑的西洋化和本土化，其中的西洋化既包括对欧洲即时建筑的时尚性引进，也包括对西洋古典建筑的追忆性导入；二是中国传统建筑的西化与变异；三是建筑的现代主义转型——这一点尤其体现在铁西规划与建筑之中。

20 世纪初期，现代城市规划思想在世界范围内影响着城市的规划建设，也深深地影响着沈阳及铁西工业区的规划。在 1900 年以后至二战结束前的这一段时间里，城市规划领域出现了分散主义、工业城市、集中主义和功能主义等主张，构成了现代城市规划的主要内容。这些理论的提出旨在解决当时一些尖锐的城市矛盾，但它们的意义却不仅局限于旧城改造，而更突出地体现在新的城市建设之中。铁西工业区的规划设计者就将这些现代城市规划的思想付诸这个新工业区规划的总体和局部。

① 本小节主要参考文献：王骏 . 行政主体视野下的沈阳近代城市规划发展研究 . 武汉：武汉理工大学博士学位论文，2013：111-115；胥琳 . 沈阳城市与建筑的现代化进程（1898-1945 年）. 杭州：浙江大学硕士学位论文，2014：132-137；张艳锋 . 沈阳铁西老工业区建筑的改造再利用研究 . 沈阳：沈阳建筑大学硕士学位论文，2014：85-115.

伪满洲国政府公布的《满洲国经济建设纲要》把奉天（今沈阳）定位为东北最大的经济都市和工业基地。这是因为，东北沦陷之前沈阳就已是东北最大的经济都市，民族工业发展迅速，工业基础强大。这是日本看中沈阳的重要前提。为筹划进一步侵占中国更广阔的疆土，最便捷、易行的途径就是将中国东北作为他们的根据地，利用当地条件，支撑并实现侵华野心。发展沈阳工业就成为其积累经济实力、攫取军需资源、推行殖民政策的重要战略，也成为制定沈阳城市规划的重要目标。

1. 沈阳近代初期日本及外资工业向铁西区的扩张

日俄战争之后，日本率先在沈阳投资发展工业，其他国家企业紧随其后，也纷纷前来建公司，办工厂，形成了多源头的工业发展势头。尽管如此，在1931年以前，沈阳外资企业的规模和水平都不及当地的民族工业。外资工业主要分布在商埠地、满铁附属地以及后期建成的铁西工业区之中。①

日商除集中于满铁附属地投资沈阳工业之外，还一直伺机突破附属地的疆界，到铁路以西（简称“铁西”）的区域开发建厂。

从1913年到1931年“九一八”事变前，日本在铁西陆续开设了制糖、制麻、制陶、纺织、砖瓦、木材加工等28家日资企业，其中投资超过百万日元的就有11家，一些工业门类，在当时的东北乃至全国同行业中，都处于领先地位。这些工业生产的工业产品，多是为了满足关东军、“满铁”和日本在华机构的需要；而且厂址的选择基本上没有进行规划，因此没有形成完整的工业区，但这些近代工业的创办，在客观上为日后日本在铁西大规模建厂奠定了一定的基础。

1931年之后，随着沈阳城市的建设和人口的增加，原有城区内土地逐渐饱和，新的工厂和企业建设只能选择城外区域。铁西区因地理位置优越、自然资源良好、铁路运输便捷、与满铁附属地联系方便，且有着先期日资的投入，因而成为工业用地的首选。1933年3月1日伪满当局发布《满洲经济建设纲要》，指定奉天西侧为奉天西工业区，东至长大铁路，西到大则官屯（今卫工街），南至浑河，北到皇姑区，面积为420万坪（合13.91平方公里）。1934年奉天都市计划委员会第一次会议将铁西地区正式纳入大奉天都市计划之中。

2. 铁西工业发展的两个阶段

1931年“九一八”事变之后，东北沦陷，开始了伪满14年的统治，沈阳工业完全变成“殖民工业”。大体可以分为两个阶段：

第一阶段：1931–1937年“七七”事变。日本全面垄断了沈阳经济命脉，推行“经济统治”政策，建立起殖民工业体系。

① 石其金．沈阳市建筑业志．北京：中国建筑工业出版社，1992：409–433.

1931年“九一八”事变后，为把东北变为日本侵略战争的战略物资供应基地，沈阳作为东北最大的政治、经济、文化中心城市，理所当然地成为日本实现所谓“日满经济一体化”的重点地区。加大投入开始了铁西工业区的规划与建设，大规模的铁西工厂群建设进入起步阶段。

第二阶段：1937–1945年日本投降。进入所谓“战时经济时期”，对沈阳进行全面掠夺，铁西城区建设大规模展开，工业进入快速、畸形发展时期。

日军于1937年7月7日发动了全面的侵华战争，原幻想以速战速决的方式灭亡中国，但遭到中国军民的顽强抵抗，使日军陷入“持久战”的泥潭。日本的国力、财力都难以维持这场战争的耗费，不得不采取了“战时经济体制”。

1936年和1941年由日本军部和关东军分两次推出“满洲开发五年计划”，使沈阳经济全面纳入为支撑战争需要的体系。为加速掠夺战争资源，虽令沈阳的工矿业发展速度惊人，却呈现出畸形发展的经济状态，产业结构比例严重失调。

1937年为迎合战争需要，成立了“满洲重工业开发株式会社”（“满业”），重点发展供战争需要的采掘业、钢铁业和汽车、飞机制造业。改变了此前全面依靠“满铁”一家以国家资本作为投资主体的“一业一公司制”，以日本财团资本为投资主体的“满业”的引进，使得三井、三菱、住友、大仓财团等纷纷来铁西建厂或设分支机构，转而形成了由“满铁”和“满业”分工合作的“一业一公司与一业多公司并存”的体制。

在铁西工业区，1936年日资投入4.5亿日元，1941年增加到6亿日元。截止到1939年铁西已建有日资企业189家，1940年达233家，1941年达423家。拥有金属、机械工具、化学、纺织、食品、电器、酿造、玻璃等多个门类，其中机械、金属、化工类工业发展较晚，但成为后期的支柱产业。“满洲矿业开发奉天制炼所”（今冶炼厂）、“满洲电线”（今电缆厂）、“满洲住友金属工业”（今重型机器厂）、“满洲机器”（今机床一厂）、“协和工业”（今机床三厂）、“东洋轮胎”（今橡胶四厂）等企业在当时的中国均居领先地位。

3. 奉天都邑计划与铁西工业区建设

1932–1938年，由日本人完成了“大奉天都邑计划”，这是立足于伪满洲国整体利益对沈阳城市的全面规划。伪满洲国把长春定位为政治、行政和居住中心，而将沈阳定位为工业中心。它以现代主义的规划特征，将沈阳铁路以西的部分集中计划用作工业发展新区。这种在当时具有前卫性的现代主义规划设计与开发模式，为日本的战时经济带来了巨大的掠夺性效益。

《大奉天都邑计划》编制时，市区人口70.1万人，用地约60平方公里。规划期为15年（1938–1953年），规划区域面积到1953年时要达到400平方公里。[①]《大奉天都邑计划》重点规划了工业区之外，还对城市给水排水、污水等市政设施、学校、公园、市场等公共设施进行了详细的规划布局。

① 佐佐木孝三郎．奉天经济三十年史．沈阳：奉天商工公会，1940：247．转引自：孙鸿金．近代沈阳城市发展与社会变迁（1898–1945年）．吉林：东北师范大学，2012.

日本《大奉天都邑计划》在日军占据东北后占有极为重要的地位。在1938至1945年间，扩大了“满铁附属地”的范围，完成了一些新市区和市政建设：铁西工业区基本建成；将商埠地预备界划入满铁附属地并完成了该地域作为满铁社宅区的建设；皇姑区、北陵区一些主要街道也建成；市区内基本全部通电；除皇姑、北陵外，基本覆盖了电车线路；扩建北陵飞机场和航空工业；兴建大北监狱；改造兵工厂等。到1945年日本战败撤离沈阳，致使这一计划最终未能完全实现。

兴建铁西工业新区是《大奉天都邑计划》的重点，是体现沈阳作为工业中心城市经济纲要的重要项目。铁西工业区是体现沈阳作为工业中心城市建设的重要项目。日本视“奉天作满洲之心脏，铁西则为奉天之心脏”，全力将铁西区打造成海外最大的工业基地。1938年1月1日，沈阳市公布了《奉天市区条例》，将铁西工业区正式划为铁西区，与其他10个区同时划为市辖行政区的一部分，面积已达18平方公里，同时着手编制区域发展规划（大奉天都邑计划的重要组成部分）。

铁西工业区的规划是通过两期实现的。第一期规划是1932–1937年间设计实施的。1937–1941年是铁西工业区规划建设的第二阶段。1937年日本发动了全面侵华战争。日本财阀随之进入东北市场。由于投资状况与发展政策的改变，使沈阳铁西区的第二期发展远远超出了第一期。

（1）功能分区

铁西工业区规划的最显著特点就是多层次的、严格的功能分区——这是现代主义规划思想最基本的主张，也是现代主义规划作用于沈阳铁西建设中的重要特征。

首先，将新建工业区设于铁路西侧，用铁路将它与城市街区分隔开，避免相互之间的影响与干扰，尽管给生活、交通等带来诸多不便，但这在当时的科技与生产水平下，确是统筹解决一系列城市矛盾的最好办法。

其次，在铁西工业区中又一次以功能分区为原则，构筑了“南宅北厂”的格局（图15–2–14）——即原附属地“南五条通”经南两洞桥穿越铁路，延伸至铁西，形成铁西区的东西向干道南五马路（今建设大路）。以此干道为界限，其南为住宅区，以北为工业区。居于中央的南北向干道为中央街，它与南五马路的交点是圆形的铁西广场。重要的金融机构及警察署等环广场而建。

再次，分别于南、北两片区域内，仍按功能分区的原则，布置各种设施和不同功能类型的建筑。南部生活区，规划住宅、公园、运动场、学校及市场等。其中日本在南五马路东南应昌街与励望街两处建设住宅，为日本人居住区域，各种设施比较齐全。而西南部地段则营建租给中国工人居住的简陋房屋，体现了极为严重的民族歧视与殖民特点。北部为集中的工厂区。在南五马路东北地区主要为1937年前日资建厂的集中区域，食品酿造、金属加工、纺织等轻、重工业工厂等混合建于该地区。西北地区则主要为1937–1945年由日本国内以大阪财团资本家为主进行重点建设与扩张的重化工地区，主要以金属加工、机械制造、化学工业等重化工厂为主。

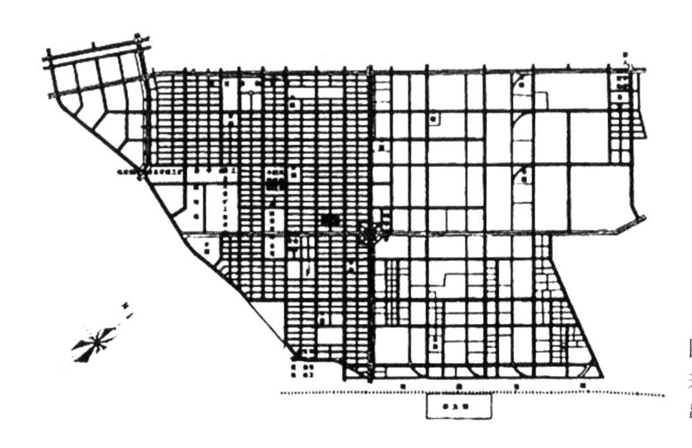

图 15-2-14　铁西区南宅北厂格局
来源：陈伯超主编．沈阳城市建筑图说．北京：机械工业出版社，2011.

（2）道路系统规划

依据《大奉天都邑计划》，奉天的道路系统主要分为 3 个层次。其中有 1 条国道：经过铁西工业区并通往辽中的国道；2 条环线：全市 4 条环状干线中的 2 条经过铁西，使铁西与其他地区连接，但该规划并未得到实施；市街道路采取了方格网的道路系统，垂直于铁路的东西向道路 24 条，平行于铁路的南北向道路 14 条，街路宽度为 18~27 米。为方便货物车辆通行，工业区道路的宽度比附属地内道路尺度大。规划的道路通畅，土地利用率高。只是在实施中，部分街路被工厂区所占用而未能贯通。南部由于是生活区，为满足土地建设的需要，因此增加了辅助街路，其宽度为 8~12 米。

铁西区的街路与附属地的街路完全平行，实际上都是随铁路走向所形成，在结果上又是附属地路网的延伸和扩建，如东西向的中央路、北二马路、建设大路、南六马路、南十马路等，是附属地沈阳大街、北二马路、南五马路、南六马路、南七马路的延长线；南北向的街路，与附属地南北向的街道平行。到 1938 年末，铁西区主要街路已经有 35 条，这些街路纵横交错，构成格状路网。

（3）公园绿地规划

铁西工业区计划建设公园 12 处，苗圃 2 处，占地 0.36 平方公里；同时划出 5 块绿地，在南五马路以南规划绿化地带，以此将工业区与生活区分隔。也在生活区居民密集的道路两侧建设绿化带。然而由于工厂区的优先建设，最终只完成了 4 处公园的修建，计划中的绿化带也并未实现。在南五马路与嘉应大街交叉处的圆形广场得以建成。

在规划编制的过程中，该区域的实际建设即已启动。1934 年 6 月，根据日本建筑师制成《西工业区平面图》，在东起安福街（今第二纺织厂西侧马路），西至嘉应街（今兴华大街），南起南五马路（今建设大路），北至中央路（今北三马路）这一区域内，用地约为 3.12 平方公里内计划建成 46 家工厂，至 1937 年这一计划基本实现，多数工厂陆续投入生产。1934 年 11 月，伪满政府又将沈阳县揽军屯、大小黄桂屯、烟粉屯、路官屯、牛心屯和熊家岗子等一带土地 8.25 平方公里划入市区，作为西工业区用地。1935 年 3 月，满洲铁路株式会社与伪奉天市公署在铁西广场设立“奉天工业土地股份有限公司”，负责铁西工业区规划建设和土地征购，全权经营铁西工业区。为实现日本财团与伪满政府拟订的开发铁西工业区的第一个“五年计划”，满铁与伪满政府第一期共同出资伪币350万元，在铁西强行收买了民地324万坪。工厂及其附属设施建设全面铺开，铁西工业区“南宅北厂”的城区构架和规划建设的主体内容得以基本实现。

4. 基于现代主义的铁西工业区规划与建设

近代沈阳的开发建设在不同的区域范围内形成不同类型的规划。但是，由于整个城市被划分为若干区片，政权各属，只能是局部区域的规划。从整个城市角度来看，它们之间是孤立的，处于割裂状态。1932~1938年伪满洲国制定的“大奉天都邑计划”第一次针对沈阳整个城市范围形成了总体规划，是沈阳近代规划史上一个重要实例。

这一时期也是欧美近代城市规划形成与发展的成熟期，其理论在世界范围内得到传播与应用，几乎所有的欧美近代城市规划理论都被介绍到了日本，大批规划技术人员追随西方学术思潮，带着不同的学术理念、经验技术纷纷来到中国参与规划与建筑活动，为占据地主要城市制定了一系列的都市规划，使得中国成为日本进行欧美近代城市规划理论实践的试验场。同时，日本是最早也是唯一应用正宗的欧美近代城市规划原理来进行殖民地建设的国家。日本人在规划中运用较多的包括当时在欧美盛行的以田园城市、卫星城为代表的分散主义城市规划理论。

由于战争的加剧，这一规划只在铁西新工业区的建设及今和平区小住宅群的开发中较为彻底地体现了原规划意图，特别是铁西工业区的建设实践更进一步地诠释了现代主义的规划特征。

（1）铁西工业区与老城区的分离体现了“现代城市分散主义”的思想

铁西工业区的选址目标在于谋求优越的地理位置、便捷的铁路运输和良好的自然资源等优越条件。由于大东—西北工业区、商埠地等城市板块环绕老城区成为沈阳城区的重要组成部分，且脱出了满铁的管理范围，从伪满洲国的整体构想出发，令新建工业区的选址最好毗邻满铁附属地，以便统一管理和进行扩张。同时，又通过将铁西工业区从沈阳业已形成的城市街区中分离出去，使大规模的机器生产与城市生活形成相对独立的区域，避免了城市过于集中，体现了现代城市“分散主义”的规划主张。

（2）南宅北厂的布局体现了“现代城市功能分区”的思想

20世纪10年代，城区规划的思想在欧美城市规划实践中出现，从20世纪20年代开始，功能分区理论也被逐步应用到沈阳的规划建设上，这一分区理论也影响了这些城区的结构形态。沈阳铁西工业区的规划，采用现代城市“功能分区”的规划手法进行建设。它包括了工业区与城市街区、工业区内的生产区与生活区，以及在此区间按不同性质进一步区划的三级分区设计。在与沈阳城市街区隔铁道而建的工业新区中，形成了南宅北厂的空间布局，北部为工业用地，南部为居住用地，中部为公共设施用地。又分别在工业用地和居住用地中继续以功能分区为基础，采用将用地再详细地划分为不同工业类型、工业服务及铁路用地，以及划分为居住、商业、办公等功用不同的用地方式。1944年按这一规划初步建成。

（3）铁路对城市结构布局的影响体现了现代城市的交通运输方式

历史上的城市，在最初选址建设的时候，出于对交通与运输的考虑，往往与河流密切相关。而在近代，沈阳则依靠铁路的建设得到迅速发展。由于铁路运量大、成本低，铁路很快成为沈阳这类内陆城市交通运输最重要的方式，再辅助以公路和河道运输共同构成了城市的运输网络。

从《铁西工业区市街略图》显示，日本利用南满铁路为依托修建了数条铁路专用线，在用地内平行延伸，直达各大型工厂之内。从而形成了公路、铁路共同作用的交通网络，最大程度地保证了工业原料、器材和产品运输的便捷性。与此同时，也可以看到，铁西区被铁路围箍，形成了铁路自然封闭区，区际间只靠两条东西主干道：南五马路和北二马路，通过南北两洞铁路跨道桥才能通行。南北间只能在铁西区内通行，向北到皇姑区板块几乎没有一条车行通道。由于区内工厂专用铁路线较多，造成市区路口交通的严重堵塞。

（4）发生在铁西建筑中的现代主义转型

在沈阳建筑近代化的进程中，主要借助日本建筑师之手导入的现代主义思潮逐渐地出现在沈阳的不同城区板块之中。最先是在全方位由日本人建设的满铁附属地，再从这里辐射到较后形成的大东—西北民族工业区等其他城市板块之中。特别是在工业建筑及其附属设施建筑中对现代主义设计手法的应用最多，现代主义转型的现象表现得也最为敏感。而伴随着铁西工业区的开发建设，无论是在规划层面还是在建筑层面上，现代主义都得到了空前的推广和普及。

铁西工业区建设是日本侵华战争急迫需求的产物，如何缩短建设周期和限定投资显然是设计者必须面对的挑战。于 1927 年建成的东三省兵工厂车间等许多早期厂房在接受现代结构技术的同时，仍以西洋装饰点缀建筑内外观的做法不同，铁西的绝大多数厂房，完全根据生产性质、生产程序和生产工艺的要求，真正反映了对满足功能、体现技术和摒弃装饰的现代主义建筑主张（图 15-2-15）。

三、沈阳近代的日本建筑师及其设计实践①

无论说建筑作品的数量还是对近代沈阳建筑发展的影响，日本建筑师的作用都不容忽视，甚至说发挥了很大的作用。这是那个特定的历史时期所造就的特殊结果。

与中国大部分地区不同，20 世纪早期沈阳刮起的西洋风并非来自西洋人的直接引进与推广，

① 本小节主要参考文献：西澤泰彦．关于日本人在中国东北地区建筑活动之研究．华中建筑，1987（2）：90-96；西澤泰彦．草创期的满铁建筑课．华中建筑，1988（3）：102-104；西澤泰彦．伪满洲国的建筑机构 // 汪坦，张复合主编．第四次中国近代建筑史研究讨论会论文集．北京：中国建筑工业出版社，1993：158-165；西澤泰彦．海を渡った日本人建築家．東京：彰国社，1996；［日］满史会编．满洲开发四十年史（上、下卷）．王文石等译．辽宁省档案馆，1987；铁玉钦．古城沈阳留真集．沈阳：沈阳出版社，1993；沈阳市建筑志编纂委员会．沈阳市建筑志．北京：中国建筑工业出版社，1994；刘迎初，吕亿环．沈阳百年（1900-1999 年）．沈阳：沈阳出版社，1999；许芳．沈阳旧影．北京：人民美术出版社，2000；马秋芬．老沈阳．南京：江苏美术出版社，2001；沙永杰．“西化”的历程——中日建筑近代化过程比较研究．上海：上海科学技术出版社，2001；张志强．近代辽宁城市史．沈阳：吉林文史出版社，2002；张伟，胡玉海．沈阳三百年史．沈阳：辽宁大学出版社，2004；李海清．中国建筑现代转型．南京：东南大学出版社，2006；邓庆坦．中国近、现代建筑历史整合的可行性研究．天津：天津大学博士学位论文，2003；宋卫忠．中国近代建筑文化研究．北京：北京师范大学博士论文．年代不详：83-106.

图 15-2-15　铁西工业区街景与厂房
来源：老明信片

顶替他们的是来自东瀛的日本建筑师。

负责满铁附属地建设的是南满洲铁道株式会社下辖的满铁建筑课，很多被派来中国的日本建筑师是有着西方建筑教育背景的中青年建筑师。他们将西方正在盛行的“折中式”和“现代式”建筑风格引入中国的同时，也在积极适应新的地域和文化条件。

（一）日本建筑师与建筑设计机构

最初进入沈阳的日本土木建筑技术人员主要是从事俄国东清铁路建设施工的技术人员。日俄战争爆发后，日本建筑师从多个渠道进入沈阳。根据其隶属关系的不同，这些建筑师大致可以分为两类：一是日本官方所属建筑师，其中包括日本在沈阳最大的官方机构满铁所属部门的建筑师、日本关东都督府所属建筑师以及伪满洲国所属建筑师；二是自主开业的日本民间建筑师。

1. 满铁所属建筑师及其作品[①]

1907 年，满铁总部从东京迁到大连，设置满铁建筑组织总务部土木课建筑系（简称满铁建筑系）。满铁建筑系是拥有较强实力的满铁最初的建筑组织，之后，成为满铁建筑组织的母体

① 辽宁省档案馆藏 . 满铁的使命及其事业 . 年代不详 .

组织，1908 年 12 月组织改革的时候独立成为“课”的单位。作为负责“关于房屋建筑修理事项”的组织，称为总务部技术局建筑课。此后，尽管建筑课反复经历了体制和名称的变化，但直到满铁消失为止，它作为满铁建筑营缮单位的基本性质从未改变。以建筑课作为母体组织，在满铁被称为“本公司建筑课”，在公司外一般被称为“满铁建筑课”。

（1）满铁建筑机构建筑师

1906–1920 年是满铁的初创期，其间沈阳满铁建筑的设计工作全都是由设在大连的满铁本社的建筑课所承担，这时满铁设计主要由四位毕业于东京帝国大学建筑科的日本第二代建筑师负责，其中小野木孝治担任课长。[①]

小野木孝治（1874–1932 年）1899 年大学毕业之后成为海军技师，1902 年接受台湾总督府委托去台湾，翌年正式成为台湾总督府技师，在民政长官后藤新平手下工作，承担了多项政府工程。1906 年后藤就任满铁总裁后，小野木转任满铁技师，并从 1914 年 9 月至 1923 年 4 月退休担任课长，领导了该课的业务。

太田毅（1876–1911 年），于 1901 年大学毕业成为司法省技师，1905 年时兼任大藏省监时建筑局技师，1907 年身兼上述二职并就任满铁的技师。他为了疗养身体于 1910 年回到日本，翌年病殁，所以在中国东北地方的活动仅仅三年而已。然而他在沈阳留下数件重要作品，其中包括大和宾馆（现大连宾馆）到奉天驿。同时由于他的妹妹与小野木结婚，二人成为姻亲。

横井谦介（1878–1942 年），1905 年大学毕业后隶属于住友监时建筑部，后来由于和后藤新平的私人关系（后藤新平曾经是横井谦介父亲的寄宿学生，所以后藤与横井关系亲近），1907 年 3 月成为满铁的技师，担任该职直到 1920 年 5 月退休为止。在这期间，从 1913 年 1 月至翌年 10 月为止，曾由满铁派遣至欧美留学。

市田菊治郎（1880–1963 年），大学毕业后并未在日本国内就职，1907 年 3 月接任满铁委托之职，翌年 6 月成为满铁技师，直至 1920 年 3 月退休。1925 年 2 月他再次回到满铁，担任满铁建筑课的课长直到 1931 年。

从设计沈阳铁路总局图书馆开始，满铁一些中、小规模的建筑才放手交由日本人在各地开设的地方事务所设计。这时由日本来沈阳的大量建筑师，有的加入了个人事务所，但大部分首先还是选择满铁官方建筑机构。特别是“九一八”事变以后，他们迎来了建筑活动的鼎盛期。其中较著名的有狩谷忠磨、植木茂、太田宗太郎、相贺兼介、平野绿，以及笼田定宪、小林广治和高松丈夫等。[②]

狩谷忠磨 1914 年毕业于早稻田大学后入满铁。1919 年离开满铁，在大连开设狩谷建筑事务所。1926 年再次加入满铁。1933 年 3 月在满铁铁路总局任建筑系主任。1939 年进入大连满洲不动产。

① 西泽泰彦 . 草创期的满铁建筑课 . 华中建筑，1988（03）.
② 据：西澤泰彦 . 海 を 渡った 日本人 建築家 . 東京：彰国社，1996. 整理。

植木茂1914年毕业于东京帝国大学。1915年在青岛守备军经理部，1918年加入满铁。1920年转入满铁京城管理局。1925年4月任朝鲜总督府铁道技师，1925年5月再次加入满铁，1929年3月任满铁大连工务事务所长。1932年4月任满铁本社工事课长,1937年4月离开满铁，暂时回国。1937年12月任奉天东亚土木企业顾问。

太田宗太郎（1885–1959年）本名吉田宗太郎，太田毅殁后，进入太田家作养子，改名太田宗太郎。1905年工手学校毕业,在警视厅当技师。1907年3月进入满铁。1910年8月离开满铁，9月到美国哥伦比亚大学读预科，1915年9月进入同一大学建筑科，1917年6月哥伦比亚大学毕业。1921年9月同校研究生毕业，成绩优异，欧洲考察留学一年。1924年1月任职小野木横井市田共同建筑事务所。1929年4月再次回到满铁，1937年1月在满铁大连工事事务所。1937年4月任满铁本社工事课长。1937年12月任满铁大连工事事务所长。1938年9月任满铁中国北部事务局建筑课长。1939年4月在华北交通工务局任建筑课长。1941年4月离开华北交通，加入奉天上木组。1945年1月离开上木组，1948年回国。

相贺兼介（1889–1945年）1907年4月加入满铁，1911年4月入学到东京高等工业学校建筑科选科，1913年3月毕业。1913年4月回到满铁，1920年3月离开满铁。1920年6月入大连横井建筑事务所。1925年再次进入满铁，1932年8月离开满铁。1932年9月任伪满洲国国都建设局建筑科长，1933年3月任伪满洲国总务厅需用处营缮科长。1935年11月在伪满洲国营缮需品局营缮处任设计科长兼工事科长，1938年7月辞职，加入满铁奉天工事事务所。1941年离开满铁，成为第一住宅会社代表。1943年加入大连福高组任建筑部长，1945年2月回国，回国不久去世。

平野绿（1899–1994年）1924年毕业于京都大学。1924年4月进入满铁公司，1934年2月在满铁东京支社任临时建筑系主任。1936年5月在满铁大连工事事务所任建筑系主任。1938年10月离开满铁。1938年11月加入东边道开发公司任建筑课长，1941年9月离开东边道开发公司，再次加入满铁，1942年10月在满铁铁道总局任建筑课长。1946年9月回国。

笼田定宪1911年毕业于东京高等工业学校后在满铁任职直至1917年，1920年加入铁路总局工务科，1922年再次回到满铁。

小林广治1913年毕业于东京高等工业学校。1922–1926年在满铁任职。

高松丈夫1917年毕业于东京高等工业学校，1919–1921年在满铁任职，1928–1933年在铁路总局工务科任职。

（2）满铁在沈阳的建筑活动与建筑作品

满铁是当时日本侵略中国东北的先行机关，满铁建筑课的活动也因此不单是设计铁路相关设施而已，也设计了港湾设施、各地方事务所、学校、医院、图书馆、旅馆、矿山相关设施、工厂、公司宿舍等各类建筑物。特别是早期它成为中国东北地方十分庞大的建筑设计组织。满铁建筑师在沈阳的建筑作品，受注目之作颇多（表15–2–1）。

满铁建筑师在沈阳的作品 表 15-2-1

原建筑名称	现建筑名称	设计人
奉天驿	沈阳站	太田毅
满洲医科大学讲堂	中国医科大学大礼堂	
满洲医科大学附属医院本馆	中国医科大学附属第一医院	
南满医学堂本馆	中国医科大学基础二楼	
满洲医科大学大典纪念馆	中国医科大学校部办公室	
满铁铁道总局舍	辽宁省人民政府太原街 2 号办公楼	狩谷忠磨
满铁铁道总局本馆	沈阳铁路局	
满铁大连医院奉天分院本馆	沈阳铁路公安局	
满铁奉天图书馆	沈阳铁路局图书馆	笼田定宪、小林广治
满铁奉天社员俱乐部	沈阳铁路局游艺厅	岩崎善次、长仓不二夫
满铁奉天公所	沈阳市图书馆	荒木清三（顾问）
满铁奉天共同事务所		太田毅
满铁奉天贷事务所		太田毅
奉天公学堂	和平大街第一小学	小野木孝治
满铁奉天代用住宅（甲、乙、丙、丁）		
满洲教育专门学校	沈阳市育才学校	
奉天中学校	沈阳市第 39 中学	高松丈夫
铁路职工独立式住宅、满铁社员住宅		
葵寻常小学	沈阳市第 124 中学	
朝日高等女子学校	中国共产党辽宁省委员会	
奉天第八小学	中国共产党辽宁省委员会	
奉天平安小学校		
满铁消费组合奉天青叶町配给所	沈阳铁路分局招待所	平野绿、山田俊男
奉天小学校		
奉天高等女学校	沈阳市第 20 中学	
千代田公园给水塔	中山公园水塔	

1）交通建筑

满铁投资建设的第一个高等级火车站是奉天驿（图 15-2-16）。该站楼由满铁建筑课设计师太田毅设计，1908 年始建，1910 年竣工，是当时有“满铁五大站”之称的满铁主要车站站房之一，并且是其中最大的。建筑样式是以东京站（1914 年竣工）为代表的，当时称之为“辰野式”的自由古典主义样式（free-classic style），占地 1273 平方米，建筑面积 1785 平方米，砖混结构，1910 年 7 月 2 日建成。新站舍建筑共二层，一楼为候车室，二楼同东京站一样，附设了旅馆。站舍候车室正门内为高二层通顶正厅，设有直上式宽大楼梯，楼上楼下可直达站台。厅内设有服务台、小卖部、理发室、洗漱室、公厕等设施。室内墙面为砂灰抹光、地面、楼梯为水磨石饰面。公厕、洗漱室前面、地面为白色瓷砖与马赛克饰面。站舍正中屋顶为大半圆形铁皮穹顶，四周有 12 个圆窗，穹顶为深绿色。正门入口处上方为三角形山花，中间镶有时钟。

图 15-2-16　奉天驿
来源：陈伯超主编．沈阳历史建筑印迹．北京：中国建筑工业出版社，2016.

图 15-2-17　满铁铁道总局舍
来源：陈伯超主编．沈阳历史建筑印迹．北京：中国建筑工业出版社，2016.

站房两翼角楼屋顶各有一小半圆形穹顶，亦深绿色，四周有浮雕瓶形栏杆围成女儿墙，每面正中间各有一圆窗。整个站舍上部三角形山花，与挑檐相连，全部为带齿檐口，挑檐下部有灰白装饰线与直角方额窗口凹进贴脸相连，再向下有多种造型灰线装饰，外墙体为红砖勾缝清水罩面。整个建筑造型庄重典雅，比例协调，暗红色墙面、灰白色装饰线与深绿色屋顶，形成鲜明色彩，具有东洋与西欧建筑风格相结合的特点，其建筑施工与艺术达到当时日本国内的先进水平。奉天驿与另外两栋与其相对的“辰野式”建筑物，即原满铁奉天共同事务所和原满铁奉天贷事务所（均在 1912 年竣工，由太田毅设计），形成了站前广场。至此，奉天驿广场成为满铁附属地内最重要的交通与景观节点。

2）办公建筑

满铁铁道总局舍[①]（图 15-2-17）及其辅馆皆为近世东洋风建筑。这种平面左右对称、中部前凸，立面强调中部高起的建筑造型，本是 1930 年代日本官厅建筑中常见的形式，在这里只是简化掉了原来的大屋顶而形成“无冠的帝冠式建筑”，并成为沈阳日建官厅类建筑的代表样式。总局舍大楼的中部塔楼和檐下都运用了具有中国传统建筑形式特点的处理手法。然而，在平面上，两者则有所不同：先期完工的辅馆（今辽宁省人民政府太原街 2 号办公楼）的左右两翼在背面向后伸出，而总局舍本馆（今沈阳铁路局）的左右两翼则在正面向前伸出。

满铁铁道总满铁奉天公所[②]（图 15-2-18）是满铁利用原清政府给朝鲜使节所设的“高丽馆”改建而成。原“高丽馆”是四合院式的平房，1923-1924 年间，满铁在保留内院和附属建筑的基础上又新建了主楼。因为它处于老城内故宫建筑群东侧不足一公里的地段上，主楼模仿沈阳故宫采用了中国传统式样，并聘请当时住在北京的建筑师荒木清三作为顾问。这栋建筑物是“九一八”事变之前满铁建筑课所设计的少数中国式样的建筑物之一。该组建筑坐东朝西，占地面积 4100 平方米，建筑面积为 3000 平方米，平面为封闭的四合院式，钢筋混凝土结构，绿脊黄琉璃瓦屋顶。正对入口的主体建筑为二层，中间天井的南北两侧为单层拱券柱廊，其屋顶

① 辽宁省档案馆藏．铁道总局本馆工事概要．
② 辽宁省档案馆藏．奉天市厅舍新筑工事概要．

图 15-2-18　满铁奉天公所
来源：陈伯超主编 . 沈阳历史建筑印迹 . 北京：中国建筑工业出版社，2016.

图 15-2-19　奉天满铁医院
来源：陈伯超主编 . 沈阳历史建筑印迹 . 北京：中国建筑工业出版社，2016.

是露天阳台，主体建筑的一层延续两侧的拱券柱廊，屋顶则用山花以突出主楼。主体建筑正门两侧各有一座四角攒尖亭式建筑，亦为绿脊黄琉璃屋顶。整组建筑为钢筋混凝土结构，水刷石装饰墙面及斗栱，虽使用的是现代材料和现代技术，但整体感觉为中国传统的建筑风格，并与相距不远的沈阳故宫建筑群相互辉映，建筑空间的处理以及中西建筑手法的融合使用等方面，是 20 世纪 20 年代典型的实例之一。

3）医疗建筑

1905 年以后，伴随着医疗手段和技术器械的发展，医疗各专业领域间的配合日趋紧密，医院建筑呈现向“块组式”紧凑布置的发展趋向，从而使医院建筑的高层化成为可能。到 1920 年代，就出现了大连医院本馆那样的“块组式”多层医院建筑。满洲医科大学亦是一栋“块组式”多层医院建筑。奉天满铁医院（图 15-2-19）始建于 1908 年，它是面对沈阳最大的广场——中山广场的建筑群中最早建成的。正面中央和两翼雄伟、壮观。它是满铁在各地所建医院建筑的代表作。最早兴建的医院本馆，只有诊室和办公部分，不设住院部。以在正立面上左右对称地设置一对阶梯状山墙（stepped gable）为主要意匠，被称之为“满铁医院式”。与这栋医院本馆同时竣工的有三栋住院楼。当时的医院建筑设计中流行“分割式”平面布置（pavilion style），就是外来患者就诊部门同住院病人住院处分设在不同的建筑物中，因此这医院设计也如此。立面造型独特，主楼正立面两侧、山墙以及两翼建筑的端头都设有阶梯状山墙。入口前廊三面都开半圆形拱券。除此之外，正立面的三个圆形花窗，檐口的条形花纹以及坡屋顶上小三角形老虎窗，都为这栋建筑增加了独特魅力。满铁奉天医院在 20 世纪 20 年代是中国东北地区最先进的医院建筑。

4）文教建筑

满铁奉天图书馆（图 15-2-20）是满铁所建为数甚少的西班牙式建筑之一。设计人为当时满铁奉天工务事务所所属的笼田定宪和小林广治。1921 年 12 月竣工。该建筑采用了从美国购置的钢制书架和磨砂玻璃楼板。平面采用对称规整的平面布局形式，轴线南北向贯穿。建筑的主要部分平面形状也沿此方向呈阶梯状布置。其主入口位于南侧，门庭、走廊沿中庭环绕。门厅两侧各有一个 2 层的楼梯间。供图书馆用的空间部分分布在东侧；轴线向北是图书馆的书库部分，通过沿轴线的一走廊与建筑主体联系。书库 4 层。平面亦是沿轴线对称的规整矩形。室

图 15-2-20　满铁图书馆
来源：陈伯超主编 . 沈阳历史建筑印迹 . 北京：中国建筑工业出版社，2016.

图 15-2-21　奉天公学堂
来源：陈伯超主编 . 沈阳历史建筑印迹 . 北京：中国建筑工业出版社，2016.

外有通向地下室的楼梯。立面上总体比较低矮，且分布较广，但正立面有两塔。楼式的楼梯间则打破了这种单调，在高度上增添了变化。造型为西班牙式，形体组合简单，但仍有一些线脚的处理。在门窗上有很多变化。

满铁建筑课小野木孝治设计的奉天公学堂（图 15-2-21），该建筑规模为 2 层，砖木结构。于 1918 年 6 月竣工。该建筑立面成中轴对称，入口通过四根方形壁柱，既突出了主入口，又制造了阴影效果，丰富了建筑立面。

5）休闲娱乐建筑

满铁奉天社员俱乐部，由满铁地方部建筑课岩崎善次与长仓不二夫设计，“吉川组单位”施工。长仓不二夫还曾设计了满铁大连社员俱乐部。奉天社员俱乐部建筑规模为地上 2 层，地下 1 层，砖混结构。竣工时已包括有礼堂、柔道场、剑道场、食堂、阅览室等的综合性设施，后期又有所扩建。日本国内在各地所建的称之为“武德殿”的武道场（柔道场和剑道场），当时都采用日本传统建筑的样式作为设计意匠，但原满铁奉天社员俱乐部的柔道场和剑道场部分却没有这么做，而是同礼堂等部分的外观一致。日本国内的“武德殿”一般采用木结构或钢筋混凝土结构，以同日本传统的建筑样式相对应，但这座建筑的“武德殿”则采用了砖结构。

6）商业建筑

钢筋混凝土结构最先被引进并应用到沈阳的公共建筑类型，就是百货商店。当小空间、小门脸的杂货店、零售店不能再满足商业形式和社会生活的发展需要，要求提供足够大的空间以满足综合性商业行为之时，恰恰是钢筋混凝土为百货商店的出现提供了条件。当沈阳的第一座钢筋混凝土结构的百货商店——满毛百货店之后，越来越多的百货店建筑出现了。其中七福屋百货店就是其中的代表性建筑。

七福屋百货店（图 15-2-22）1906 年建造，是沈阳最早的百货商店该店于 1934 年重新翻修，1940 年改名为三中井百货店。建筑采用钢筋混凝土框架结构，地上原有 5 层，地下 1 层，该建筑平面轮廓随道路斜交的基地而呈梯形，正入口设在东侧锐角转角处。建筑立面处理采用古典三段式的设计手法，三段之间用石带装饰作横向联系。檐口部分装饰较多的方形饰物，并用方形仿柱式装饰构件作竖向划分。屋身仿古典柱式的装饰壁柱则是檐部竖向划分的延续，

图 15-2-22　七福屋西侧外观
来源：陈伯超主编 . 沈阳城市建筑图说 . 北京：机械工业出版社，2011.

上有竖条状纹饰。条形窗三个为一组填补在竖向装饰壁柱之间，基座用石材饰面，加强了建筑的稳定感。

2. 关东都督府与伪满洲国建筑机构及所属建筑师

（1）关东都督府建筑机构及建筑师

日俄战争结束后，日本于 1906 年 9 月 1 日在旅顺设立了关东都督府，其下再设民政部和陆军部，分别负责行政与军事。1919 年 8 月 4 日，两个部门独立，民政部变为关东厅，陆军部变为关东军。

土木课属民政部，当时设有土木、营缮、计理三系。营缮系属于建筑部门。但关东都督府的管辖权不仅限于关东州，而且也负责铁路附属地的警察和邮政事业，因而土木课的业务范围也扩展到了铁路附属地（表 15-2-2）。

关东都督府重要的建筑师有前田松韵和松室重光。前田松韵，1880 年出生于京都，1904 年毕业于东京帝国大学建筑学科，之后成为满洲军仓库的雇员。在 1904 年 9 月渡海至大连，1905 年 1 月受任大连军政署技师，并历任关东州民政署技师、关东都督府技师之职。负责营缮系，是日本人在中国东北地区活动最初期的建筑师之一，在 1907 年 10 月被任命为东京高等工业学校教授而归国。1908 年 3 月到关东都督府就任。松室重光 1897 年毕业于东京帝国大学建筑学科，历任京都府技师（1898-1904 年）、九州铁道技师（1905-1908 年），于 1908 年 3 月就任关东都督府技师之职。1917 年就任土木课长，1922 年退职。

关东都督府建筑机构的演变示意[1]　　表 15-2-2

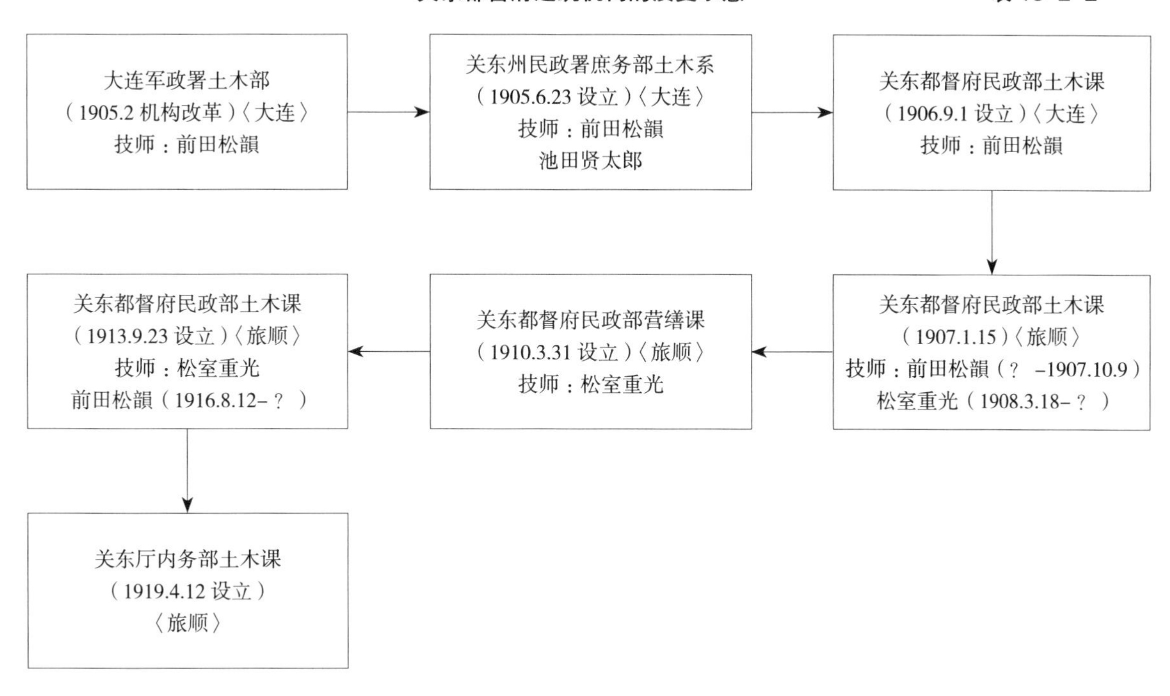

关东都督府在沈阳的建筑作品主要有奉天警察署、奉天自动电话交换局和奉天邮便局。

奉天警察署（现沈阳市公安局）始建于 1926 年（图 15-2-23），是关东厅土木课设计，钢筋混凝土结构，建筑规模为地上三层，地下一层。四壁用红色机制砖砌筑，墙基础牢固，造型雄伟庄重。正面中央高起并向前突出，入口前设车道雨棚，这是当时的官厅建筑常用的手法。但这栋建筑仍有不同于日本国内的官厅建筑之处：由于地段面对圆形广场，平面呈弧形前凸的扇形。墙体为砖。楼板为钢梁上架拱形铁板再浇筑混凝土（防火楼板）。这亦可作为中国东北地区引入钢筋混凝土结构进程中的又一实例。

奉天自动电话交换局（现沈阳电信局供应处）（图 15-4-24）始建于 1927 年，1928 年 10 月 10 日竣工，为 3 层钢筋混凝土结构。建筑竖向上呈三段式，窗间墙向上延伸、凸出山墙顶的做法显系借鉴了哥特建筑的意向，既增强了立面的韵律和动感，也强化了建筑外观的挺拔效果。

奉天邮便局（现沈阳市邮政局）（图 15-4-25）始建于 1914 年，1915 年 6 月竣工。建筑为 2 层，砖石结构。由关东都督府通信管理局工务课和关东都督府民政部土木课设计，加藤洋行施工。该建筑沿两条街成折角，交会处和建筑的端点的顶部设绿色宝顶装饰，建筑整体协调统一。

（2）伪满洲国的建筑机构及作品

1932 年 3 月 1 日伪满洲国成立；同月 9 日《满洲国组织法》与官制公布。据此官制，成立了最初的建筑机构“国务院总务厅需用处营缮课”（简称“需用处营缮课”），由满铁建筑课招聘技师相贺兼介为主任。又据同年 6 月 18 日公布的《国务院总务厅需用处分股规程》，营缮科再细分为主管建筑设计的企划股，主管现场监督的接涉股。其中企划股所掌事项包括测量事项、

① 据：西澤泰彦. 海 を 渡った 日本人 建築家. 東京：彰国社，1996：29. 绘制。

图 15-2-23　奉天警察署
来源：陈伯超主编. 沈阳历史建筑印迹. 北京：中国建筑工业出版社，2016.

图 15-2-24　奉天自动电话交换局
来源：陈伯超主编. 沈阳城市建筑图说. 北京：机械工业出版社，2011.

图 15-2-25　奉天邮便局旧址
来源：陈伯超主编. 沈阳历史建筑印迹. 北京：中国建筑工业出版社，2016.

图 15-2-26　奉天中央电话电报局
来源：陈伯超主编. 沈阳历史建筑印迹. 北京：中国建筑工业出版社，2016.

图 15-2-27　奉天市政公署办公楼
来源：陈伯超主编. 沈阳历史建筑印迹. 北京：中国建筑工业出版社，2016.

图 15-2-28　奉天伪满洲国造币厂主楼
来源：辽宁省档案馆藏. 满洲建筑杂志.

设计、绘画、原图保管、营缮计划，以及残废材料之移用计划等；接涉股所掌事项包括建筑工程、修缮工程、暖房及卫生等工程、电灯电力工程、各项零星杂工、装置电话手续、监督工程、已完工程之交割，以及发给劳工薪资等。

官制公布三个月后，机构细部的规程也陆续制定，有关人事于 1932 年 6 月 1 日以后依序发布，但此机构内既无技师，亦无技士，因此并不健全。并且，在设立之初，需用处营缮科的工作主要是维修专门用为伪满洲国政府官厅或所属机构职员宿舍的既存建筑物，没有设计新建筑物的活动。

伪满洲国建筑机构在沈阳的设计作品有奉天电报电话局、奉天市政公署，以及奉天伪满洲国造币厂等。

奉天电报电话局（现沈阳市电信局长途电话分局）（图 15-2-26）始建于 1936 年 11 月 29 日。该建筑为地上 3 层，地下 1 层，钢筋混凝土结构。建筑两边的交会处设计成圆角。立面上局部延伸 7 层塔楼，既满足功能需要，又统领建筑，使整体均衡。

奉天市政公署办公楼（现沈阳市人民政府）（图 15-2-27）始建于 1937 年 12 月。建筑总平面为方周边形，呈天井配置，坐西朝东，东面为主楼，南、北两面为侧楼，西面为副楼，除东面主楼上建有三层塔楼外，该建筑规模为地上 3 层，地下 1 层。东面主楼正中为门厅，上部塔楼顶有圆形时钟面向东方，北侧楼建有礼堂，跨度 15.2 米，长 32 米。该办公楼外装修为褚石色釉面砖饰面。主楼门厅及室内楼梯为天然大理石贴面，走廊全部为水磨石地面。门窗为木制门单层钢窗，楼内水暖电气设备齐全。办公室为木制地板，室内天棚及墙面为白灰饰面。全楼为平屋顶，女儿墙，卷材防水屋面。该办公楼体量大，外观雄伟，建筑设计和施工水平较高，是当时堪称沈阳一流的办公建筑。

奉天伪满洲国造币厂主楼[①]（现沈阳造币厂）（图 15-2-28）为日伪时期建成的 2 层建筑。立面中部突出，窗间装饰比例适当，富有韵律，具有现代建筑的风格。建筑一二层设有单外廊，主入口设有门厅。南北向，中轴对称，平面规整。

3. 独立开业的建筑师与其建筑事务所

（1）“银行建筑专家”中村与资平事务所

中村与资平[②]（1880-1963 年），1905 年 7 月毕业于东京帝国大学建筑学科，之后进入辰野葛西事务所，负责第一银行京城支店的设计与现场监工，因此于 1908 年渡海至朝鲜，1912 年在朝鲜汉城开设中村建筑事务所，1917 年为了朝新银行大连支店的设计施工，在大连开设事务所及工事部。在朝鲜半岛以及中国东北地区，以设计银行建筑、公共建筑为中心，有“银行建筑专家”之称。在沈阳的建筑作品有朝鲜银行奉天支店所建的银行建筑，即朝鲜银行奉天支店和奉天公会堂。

中村与资平在日本国内和中国东北地区设计的银行建筑，均为正面有列柱或壁柱的西洋古典式，在朝鲜半岛的作品则还有分离派、自由古典主义等样式。

朝鲜银行奉天支店（图 15-2-29）在浪速广场东北面。平面呈倒八字形，两翼指向广场圆心。建筑主立面对称、均衡，体现着古典设计原则，中央部位设有六根爱奥尼巨柱式的凹门廊，女儿墙屋檐之上设有小山花，为突出主入口，把主入口上部女儿墙升高，并作三角形山花重檐形檐口，两边设颈瓶连接。墙面全部由白色面砖贴饰。在建筑转角处都作了曲线处理。立面在材料上运用了当时盛行的白色釉面砖。在材料上形成了砂浆饰面与釉面砖饰面的粗细对比。建

① 满建志谱图 .1934.
② 西澤泰彦 . 海 を 渡った 日本人 建築家 . 東京：彰国社，1996：166.

图 15-2-29　朝鲜银行奉天支店（作者自摄）

图 15-2-30　横滨正金银行奉天支店
来源：陈伯超主编．沈阳历史建筑印迹．北京：中国建筑工业出版社，2016.

筑为砖混结构，砖墙承重，木制密肋梁承托楼板，地上 2 层，地下 1 层。一层以对外营业为主，营业大厅布置在建筑正中，是通高两层的中庭，在二层大厅周围设过廊，大厅室内用石雕雕刻的藻井图案，内二层为办公区。由于建筑平面呈八字形，所以内部有的房间平面呈梯形，建筑师利用这一特点设计出富有趣味的空间，如在二层经理室中利用不规则特性，设计了茶室，把本不方正的空间，划分成方正的空间。在建筑中设置了两部楼梯，皆为水磨石面。建筑的入口根据功能需要为三个，主入口面对中山广场，主要引导办理业务的顾客人流，其他两个分别面向南京北街和中山路，为内部人员办公入口和外来办事人员入口。

1922 年中村与资平关闭了汉城事务所，又将大连事务所交由所员宗像主一继承经营，自己回到日本东京开设了中村工务所。此后他的作品几乎全在日本国内。

宗像主一 1918 年毕业于东京帝国大学建筑系，继承了中村与资平在大连开设的大连事务所，成立宗像建筑事务所。在沈阳设计了横滨正金银行奉天支店（图 15-2-30），该建筑是面向中山广场的建筑物中门面最窄的。除壁柱和正面中央檐部的徽章外，装饰很少，属于分离派作品。将平面为圆形简化为矩形的简洁壁柱和红白两种颜色更显建筑的美感。平面布局上中庭三面设回廊，采光面积增大，营业大厅明亮。在内部装修上融入了东方审美意趣，体现了沈阳建筑深沉厚重的地域特征。该建筑地上 2 层，地下 1 层，立面柱头不是采用惯例中的“涡卷”和“忍冬草”，而是将几何图案抽象简练出装饰符号。这栋建筑为砖墙体、钢筋混凝土楼板和楼梯的混合结构。其柱、梁、楼板已经采用钢筋混凝土，可以看作在东亚导入钢筋混凝土的进程之一例。

（2）共同建筑事务所（表 15-2-3）

“小野木　横井　青木共同建筑事务所”是由几位从满铁走出来的建筑师成立的个人事务所，并在沈阳注册。由于早期在满铁的经历使得他们具有获取项目的更多机会和经验，在这座城市留下了一些很有特点的作品。

1920 年从满铁退职的横井谦介和 1923 年 12 月也由满铁退职的小野木孝治和青木菊次郎，一同成立了三人的共同建筑事务所（通称共同建筑事务所）。该事务所于 1925 年 2 月因青木复职满铁之故，改成为“小野木横井共同建筑事务所”，后来由于小野木健康欠佳，于 1930 年 12 月解散。它是日本人在中国东北地区最大的私人建筑事务所。

共同建筑事务所在沈阳的建筑作品　　表 15-2-3

设计时间（年）	设计作品
1924	奉天教育专门学校第一期工程
1924	奉天大和宾馆
1925	奉天教育专门学校第 2 期工程
1926	奉天中学校寄宿舍
1926	奉天教育专门学校寄宿舍
1926	奉天教育专门学校第 3 期工程
1926	奉天小学校
1926	奉天日本旅馆增建工程
1927	八千代生命奉天支店
1928	奉天神社
1928	教育专门学校附属小学和讲堂
1929	奉天医院病房楼

横井谦介是 20 世纪前半叶在中国东北地区有代表性的日本建筑师。他 1905 年毕业于东京帝国大学建筑学科，1920 年从满铁辞职设立横井建筑事务所，1923 年并入“小野木 横井 青木共同建筑事务所”，1930 年解散后继续持续设计活动。横井是满铁本社建筑课开创初期 4 位毕业于东京帝国大学建筑学科的科班建筑师之一。到 1942 年病殁为止，他的建筑家生涯大半在中国东北地区度过。他设计的原满洲日日新闻奉天支社（图 15-2-31）由福昌公司施工，1937 年竣工，是沈阳现代建筑的代表。该建筑位于道路交叉口，转角处设有塔楼，为都市景观增添了不少风采。塔楼、二层的圆窗、整栋建筑的均衡关系，都使人看到表现派的影响。

太田宗太郎（1885-1959 年）和相贺兼介曾与横井谦介在共同事务所工作。太田于 1929 年进入满铁，1937 年任满铁课长。在沈阳的代表建筑作品除接替太田毅完成的奉天驿设计之外，还有奉天大和宾馆（1927 年设计，1929 年竣工，与横井谦介共同设计）等著名作品。奉天大和宾馆（图 15-2-32）是作为满铁直接经营的宾馆建造的。为了吸引和满足日本人和西方人所需的高标准生活服务要求而设置，满铁曾邀请四家事务所参加设计竞赛。最后，小野木·横井共同建筑事务所以第一名而获设计权，交由横井谦介与太田宗太郎设计。大和宾馆代表了 1920 年代沈阳大型饭店的设计水平。这是一栋钢筋混凝土结构的四层建筑物，设有带乐池的宴会厅和台球室等，是沈阳外侨的一个社交场所。主要意匠为模仿 19 世纪末 20 世纪初美国的商业建筑、办公建筑中常用的连续拱券处理方式。从外观上看，其正面有连续拱券，三、四层逐层后退，而两端八角形平面的楼梯间向前凸出，从而强调出建筑物的轮廓，体现着古典浪漫主义的风格。

相贺兼介曾在横井建筑事务所（1920-1923 年）、共同建筑事务所（1923-1930 年）工作再回到满铁（1930 年）任职。曾任该“官厅营缮组织”的国都建设局建筑科主任。作为该组织主任活动的期间虽短，然而是支撑该组织草创时期的建筑师。他的大半时间都是在中国东北地区活动，是典型的海外建筑师。1907 年于工手学校毕业后直到 1909 年隶属于满铁，之后进入东京高等工业学校就读，1913 年毕业后复归于满铁建筑课。

图 15-2-31　满洲日日新闻奉天支社

来源：沈阳市城市建设档案馆，沈阳市房产档案馆编著 . 沈阳近现代建筑 .

图 15-2-32　奉天大和宾馆

来源：陈伯超主编 . 沈阳历史建筑印迹 . 北京：中国建筑工业出版社，2016.

（3）“东北领事馆建筑家”三桥四郎

辛亥革命前在中国东北开设的 13 所日本领事馆中，建有新馆舍的只有吉林、奉天、长春和牛庄四馆。它们的建筑均为一个设计，即当时在东京主持一家个人事务所的建筑师三桥四郎（1867–1915 年）。三桥在 1910 年代末又设计了铁岭、辽阳、珲春、哈尔滨、齐齐哈尔等五馆馆舍，所以堪称“东北领事馆建筑师”。①

三桥四郎，1893 年毕业于工部大学校造家学科（东京帝国大学建筑学科的前身），1908 年在东京建立三桥四郎事务所，日俄战争后，到中国东北设计和监理奉天、长春、牛庄、吉林的日本领事馆工程。

由于三桥四郎在先期开工的吉林日本领事馆项目的设计实绩得到了公认，日本外务省把奉天日本总领事馆设计委托给他。工程由大连的加藤洋行工程部承包，高冈又一郎施工，1912 年 8 月 30 日竣工（图 15-2-33）。

（4）“日本财团系统的建筑事务所”长谷部・竹腰建筑事务所

大阪的长谷部・竹腰建筑事务所是一个由满洲电线株式会社出资的住友财团系统的建筑事务所。长谷部锐吉，1909 年毕业于东京帝国大学建筑学科；竹腰建造，1912 年毕业于东京帝国大学建筑学科。在沈阳的代表作为工业建筑满洲电线株式会社（图 15-2-34）。1937 年以后，日本国内的设计任务锐减，多数建筑事务所为开辟业务纷纷迁往中国，开设分所、办事处，争取项目委托。长谷部・竹腰建筑事务所在完成满洲电线株式会社设计以后，在沈阳设立了满洲建筑事务所。②

（5）独立开业的建筑师与其建筑事务所从业特点

在沈阳独立开业的建筑师在组建个人事务所之前，或曾在官方建筑机构工作多年，或曾在其他殖民城市从事过建筑设计，大都拥有丰富的工作经验。这些建筑师大多具有专攻的建筑类

① 陈伯超，张复合，村松伸，西泽泰彦 . 中国近代建筑总览沈阳篇 . 北京：中国建筑工业出版社，1995：28.

② 同①：26.

图 15-2-33　奉天日本总领事馆
来源：陈伯超主编．沈阳城市建筑图说．北京：机械工业出版社，2011.

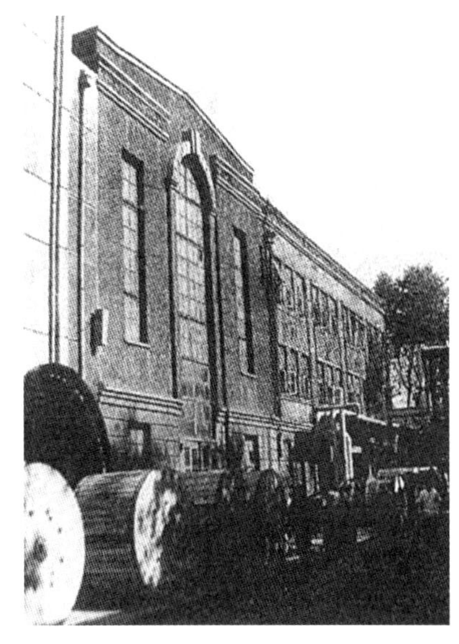

图 15-2-34　满洲电线株式会社奉天工厂
来源：沈阳市城市建设档案馆，沈阳市房产档案馆编著．沈阳近现代建筑．

型，他们的设计作品也呈现出明显的设计风格倾向。另一个重要的特点即独立开业建筑师的创造力和突破性更强，可能由于建筑事务所承担项目的甲方多为日本财阀，所以在设计过程中建筑师受到的约束较小，为建筑师提供了较为宽余的创作空间，所以在沈阳的近代作品中体现了他们对现代建筑风格的尝试与创新。

（6）日建建筑形态类型归纳

沈阳满铁附属地内由日本人直接进行设计和建造、长达 40 余年的大量建设活动，大多呈现出折中式风格和现代主义的倾向。受到欧洲先进建筑理论和设计风格影响的日本建筑师在霸权的庇护下，一方面通过“转译”“欧式建筑”，使得满铁附属地的建筑形态呈现出单一性的特征；另一方面，日本建筑师又通过对“欧式”建筑风格的理解、综合和再设计，创造出一批具有多种风格特点的新的折中主义建筑形式——“辰野式”、“无冠的帝冠式”等，在一定程度上改变了沈阳原有的建筑轮廓，形成了不同于沈阳老城的城市建筑景观。

1）辰野式

“辰野式”是近代出现在日本的一种折中主义建筑风格，由日本建筑师辰野金吾创造。辰野金吾 1879 年毕业于康德尔任教的工部大学校（今东京大学），接受过欧式建筑教育的影响。1890 年代至 20 世纪初期，他将自己逐渐谙熟的折中主义手法应用到英国维多利亚时代的安妮女王复兴风格与具有荷兰特色的建筑上面，采用红砖清水墙加白色线条的处理方式。在这个基础上，将街角象征的山墙改造为有纪念性的塔楼，屋顶用圆顶或塔楼装饰，经过简化与加工创造出一种令人称赞的形式。日本建筑界将辰野的这种创造命名为“辰野 - 安妮女王样式”或者“辰野式”。1908 年他的学生太田毅和吉田宗太郎主持设计奉天驿及车站广场旁的两栋建筑——共同事务所、贷事务所奉天铁路公安段与奉天铁路事务所（1912 年，今沈阳饭店责任有限公司与沈阳铁路宾馆）（图 15-2-35）。作为辰野的弟子，他们在老师设计日本东京站的几乎同时设

图 15-2-35　共同事务所、贷事务所奉天铁路公安段与奉天铁路事务所
来源：陈伯超主编 . 沈阳历史建筑印记 . 北京：中国建筑工业出版社 .

图 15-2-36　奉天邮便局
来源：陈伯超主编 . 沈阳城市建筑图说 . 北京：机械工业出版社，2011.

计了奉天驿及其广场上的这组新建筑。奉天驿成为辰野式输出到沈阳的第一例，也是此后沈阳出现的一批辰野式风格建筑的代表。此外，沈阳满铁附属地内辰野式风格的建筑还有奉天日本总领事馆、奉天邮便局（今沈阳市邮政局），以及悦来栈（今沈阳医药大厦）等。

由三桥四郎设计的奉天日本总领事馆是沈阳辰野式建筑的又一实例。它包括有本馆及附属建筑。建筑师把 2 层砖结构的本馆设置在用地正门入口的正面，并以本馆为中心，周围设置厅舍和办公室，另外还设有官舍、监狱、佣人宿舍和车库等，将厅舍、办公室和本馆并列连接在一起。本馆是总领事和领事的官邸，一层有接待室和餐厅，二层是总领事、领事以及家属的私人用房。三桥在本馆的设计中对中国东北气候条件给予了考虑。如这里冬季人在室内的时间较长，所以连接门厅、接待室、食堂的外廊都较宽，便于使用者在室内散步。外观设计采用辰野式，红砖墙上加白色线脚，上覆绿色屋顶。在建筑的正中央附有三角形檐饰。砖石结构，西欧式风格，柱头多为仿多立克式，主楼绿色铁瓦顶，花岗石基础，正门建雨棚，左侧建圆形尖顶塔楼。

奉天邮便局（图 15-2-36）由担任关东都督府民政部土木课的松室重光设计，加藤洋行施工。该建筑位于奉天驿不远的浪速通，建筑面积约 2000 平方米，2 层砖木结构，红砖砌筑墙体。平面形式是带有两翼的一字形，底层与檐口部分有白色的装饰带及白色石条构件，墨绿色铁皮坡屋面，屋顶转折翼角楼上各覆一个铁皮半圆穹顶。立面为纵五段横三段的造型，主入口上方的水平檐口被一个半圆形的拱券所打破，处理手法与日本“唐破风”檐口造型异曲同工。门窗没有装饰复杂的石刻线脚，整体风格十分简洁而庄重。

2）无冠的帝冠式

“帝冠式”建筑，是指 20 世纪 30 年代在日本出现的一种“和洋混合”式建筑风格，主要特点是建筑主体墙身为欧式建筑风格（主要指钢筋混凝土结构），屋顶为日本传统官厅式建筑采用的坡屋顶式样，如同戴上一顶冠帽，所以被称为“帝冠式”。通常出现在官方的建筑中，表现其帝国统治的权力特点。在日本东京、中国长春和台北等地的办公建筑中多有出现。近代沈阳的建筑中，出现的一种类似的“帝冠式”建筑，平面和立面形式都按帝冠式的模式，只是屋顶的“帝冠”并不存在，代替以较小披檐或者具有传统装饰细部的东方传统做法。这种“无

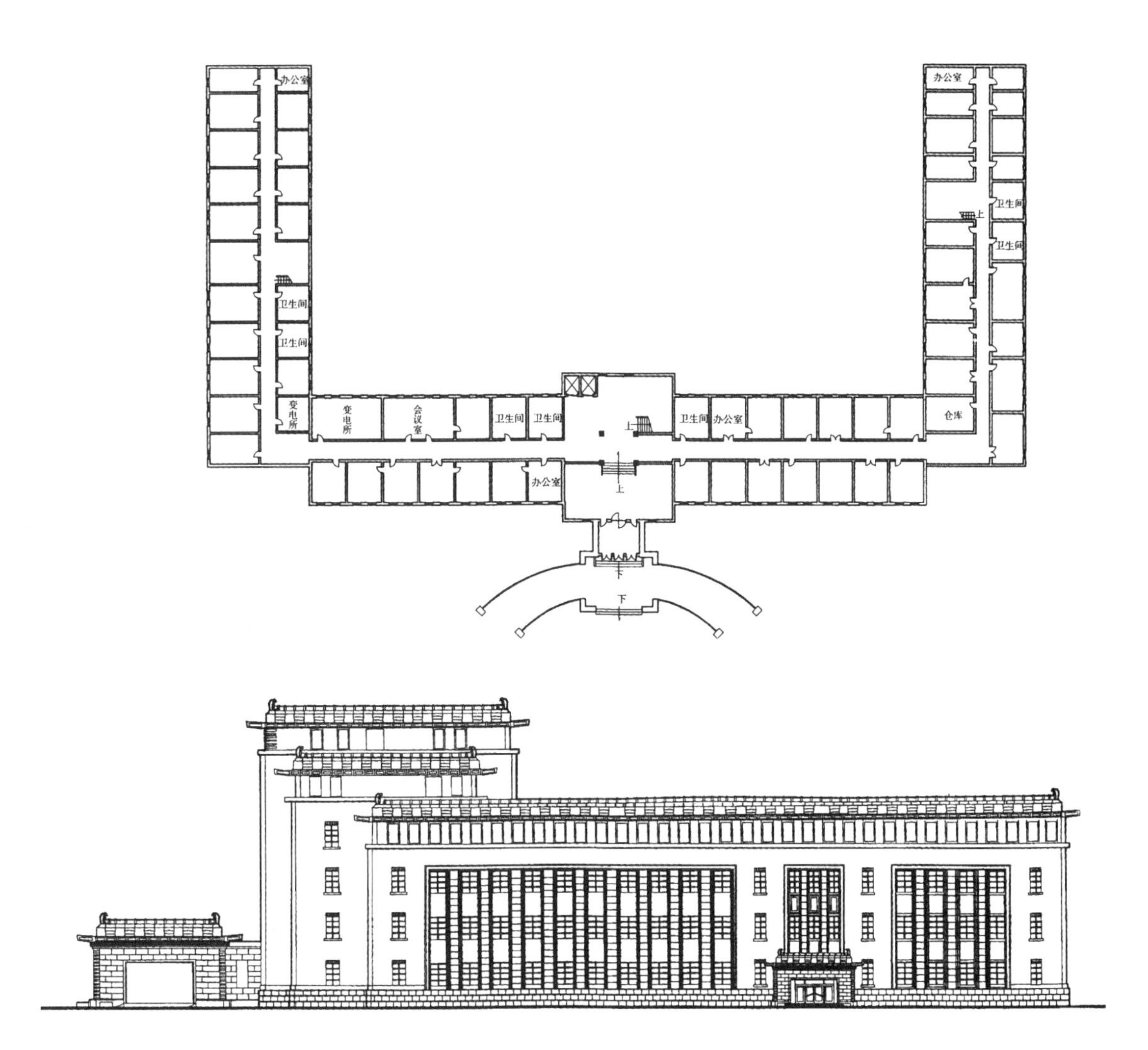

图 15-2-37　南满铁道株式会社办公楼附馆
来源：陈伯超主编 . 沈阳城市建筑图说 . 北京：机械工业出版社，2011.

冠的帝冠式”建筑成为沈阳日建官厅类建筑的典型式样。沈阳满铁附属地中的奉天铁道总局办公楼（主馆 1938 年，附馆 1936）、奉天市政公署办公楼（1937 年）、奉天警察署（1929 年）等建筑就是这种风格。

南满铁道株式会社办公楼（图 15-2-37）包括主馆（奉天铁道总局舍，今沈阳铁路管理局）和附馆（今辽宁省人民政府太原街 2 号办公楼）。尤其是附馆，由满铁铁道总局工务处狩谷忠磨设计，福昌公司施工，总面积达到 16581 平方米，是当时的大型建筑之一。中部平面前凸，

图 15-2-38　奉天市政公署办公楼
来源：陈伯超主编 . 沈阳历史建筑印迹 . 北京：中国建筑工业出版社，2016.

图 15-2-39　奉天警察署
来源：陈伯超主编 . 沈阳城市建筑图说 . 北京：机械工业出版社，2011.

立面以高起的主体衬托着塔楼强调主入口部分的体量感，两侧则以舒展的水平构图作为主体部分的衬托。同时又运用了很多东方建筑特色的装饰细部。例如塔楼和檐下都运用了传统的符号装饰，有收束的檐部以及用混凝土做出的带有鸱尾的小屋檐，都运用了传统与现代结合的手法。主馆由满业电业株式会社工务部建筑事务所设计，大西工务所施工，也是"无冠的帝冠式"建筑形态，虽比附馆规模更大，但立面设计却更为简洁。

奉天市政公署办公楼（1937 年，今沈阳市政府办公楼）（图 15-2-38）由奉天市政公署工务处建筑科设计。是一种"无冠的帝冠式"建筑，大体量，外观雄伟壮观。对称式立面设计，正中上部设有塔楼，楼顶有圆形塔楼面向东方。正中部分高耸，两侧平缓舒展，造型简洁，性格严肃庄重。

奉天警察署（今沈阳市公安局）（图 15-2-39）位于浪速通广场西侧，1929 年建。日本近代官厅式风格与西洋古典风格的结合，面向广场的主立面造型对称，主入口部分以前凸的平面、高起的立面和壮观的室外大台阶加以强调，立面由中心向两侧渐次降低，形成中心感，强势地突出了建筑的气势。窗户采用竖向布置，横向仍用不同材料装饰出三段式构图特点。

3）其他古典主义和折中主义风格

尽管日本建筑师有意识地引进欧洲的古典主义形式，也包括新古典主义等对欧洲经典建筑风格的复兴与摹写等具有欧洲典型文化特征和样板意义的建筑形式，但是，经日本建筑师之手"传递"而来的"西洋式建筑"，大多会蕴含着由于设计者的主观因素而注入的折中内涵。

这里所谓的"其他古典主义和折中主义风格"包括模仿法国古典主义的朝鲜银行奉天支店（今华夏银行）（图 15-2-40），东洋拓殖株式会社奉天支店（今沈阳市总工会），仿西班牙式建筑风格的满洲铁道株式会社奉天图书馆（今沈阳铁路局图书馆），以及结合中国传统风格的南满洲铁道株式会社奉天公所（今沈阳市少儿图书馆）等一类建筑。

满洲中央银行千代田支行（今亨得利名表中心）（图 15-2-41）建于 1928 年，位于满铁附属地千代田通一个十字路口的交角。外轮廓随街道路口呈弧形转折，正入口设在弧形正中，构图为横向五段，纵向三段，立面中间部分运用了爱奥尼柱式，顶部多重檐口，整个建筑厚重稳健。

日本南满洲铁道株式会社奉天公所（今沈阳市少儿图书馆）（图 15-2-42），1923 年在旧公

图 15-2-40　朝鲜银行奉天支店
来源：陈伯超主编．沈阳城市建筑图说．北京：机械工业出版社，2011.

图 15-2-41　满洲中央银行千代田支行
来源：陈伯超主编．沈阳城市建筑图说．北京：机械工业出版社，2011.

图 15-2-42　日本南满洲铁道株式会社奉天公所
来源：陈伯超主编．沈阳历史建筑印迹．北京：中国建筑工业出版社，2016.

所原址重建，占地 4100 平方米，建筑面积 3000 平方米，是沈阳日建建筑形态比较特殊的一例。因为选址在老城内临近沈阳故宫的区域，建筑屋顶采用中式黄琉璃绿剪边曲面顶以与环境协调。墙身虽用现代材料和样式，却以混凝土仿制斗栱等中国传统建筑构件作为点缀。该建筑由满铁建筑课荒水清三设计，细川组施工。

4）现代主义倾向

19 世纪末，奥地利首都维也纳的一批艺术家、建筑家和设计师声称要与传统的美学观决裂，与正统的学院派艺术分道扬镳，主张功能第一、装饰第二的设计原则，采用简单的几何形态，以少数曲线点缀装饰效果，故自称“分离派”。20 世纪 20 年代，日本建筑师将分离派风格带进沈阳，代表建筑物包括：横滨正金银行奉天支店（1925 年，今中国工商银行中山广场支行）（图 15-2-43）、平安座（今沈阳市文化宫）、三井洋行大楼（1937 年，今招商银行）及一些工业建筑（图 15-2-44）等。

三井洋行大楼（今招商银行）（图 15-2-45）由日本东京建筑事务所的松田军平设计。地上 4 层地下 1 层钢筋混凝土结构。整座建筑外观没有一点装饰，显得朴素简洁，仅外饰面一层为灰白色水刷石，上面 3 层为深褐色瓷砖。建于 1937 年，是浪速广场（原称大广场，今中山广场）上最后建成的一栋建筑。

图 15-2-43　横滨正金银行奉天支店
来源：陈伯超主编 . 沈阳城市建筑图说 . 北京：机械工业出版社，2011.

图 15-2-44　现代主义式样的工业建筑
来源：陈伯超主编 . 沈阳历史建筑印迹 . 北京：中国建筑工业出版社，2016.

图 15-2-45　三井洋行大楼
来源：陈伯超主编 . 沈阳城市建筑图说 . 北京：机械工业出版社，2011.

图 15-2-46　平安座
来源：陈伯超主编 . 沈阳历史建筑印迹 . 北京：中国建筑工业出版社，2016.

平安座（今沈阳市文化宫）（图 15-2-46）是当时奉天规模最大的影剧院建筑和最高建筑。由日本人投资兴建，1937 年设计，1940 年 10 月竣工，1941 年投入使用。建筑占地 1702 平方米，建筑面积为 9610 平方米，观众厅席位 2300 个。地上主体 6 层（局部 4 层、8 层），地下 1 层，钢筋混凝土结构。造型简洁无装饰，为现代主义风格的建筑。体量为巨大的船型，建筑主入口设置在船头处，内部设计也试图营造军舰内部的空间形式，多为狭窄的走廊、甲板式空间等。建筑中心部位设置了一个筒形拔风天井，通风效果甚佳。建筑外饰绿色马赛克，是近代后期日本设计师多用的装饰手法，代表了近代沈阳满铁附属地功能主义建筑类型的较高水平。

第三节　满铁附属地居住区与住宅标准化设计的先驱：抚顺[①]

1907 年 4 月 1 日，满铁公司从日本政府接收了满洲南部铁路沿线的铁道附属地，经过测量核实土地总面积达 182.44 平方公里（55285944 坪）。[②] 这是满铁管辖的附属地土地的基数，之

① 本节作者包慕萍。
② 南满洲鉄道株式会社十年史 . 大連 . 1919：755-756.

后的年月，因为诸多城市均有扩建规划，购买土地，因此，实质上满铁附属地也在不断扩大。

铁道附属地的土地往往沿着铁道线划定，因此，多数附属地呈顺着铁道线的纵长形状。俄国把投资倾注在大连与旅顺的规划与建设中，其他铁道附属地建筑寥寥，街道为碎石路或者土路，并且未来得及设排水沟。满铁在 1907 年首先选择了奉天（沈阳）、抚顺、长春、铁岭、辽阳、海城、大石桥、熊岳、瓦房店、安东（今丹东）、营口等 15 个城市制定了附属地规划。其规划方针为便于附属地经营，以工商业为核心，建设便利、清洁的现代文明都市，把文明、技术当作殖民统治的利器。规划方案根据用途，把附属地用地划分为住宅区、商业区（或商住混合区）、粮栈区和工业区。城市规划分区中设粮栈区是比较特异的现象，这也从侧面反映了满铁打算以铁道运输、出口东北农作物作为经营重点的策略。此外，在满铁附属地设置了面积大小各异的公园，并于 1910 年聘请了日本农商务省山林局的白泽林学博士进行了基本设计。①

基于满铁的追求实效的规划方针，道路规划摒弃了俄国追求景观效果的巴洛克式圆形广场加放射状干线的方法，采用了更功能化的矩形道路网。只有奉天、长春、抚顺等规模较大附属地才把满铁火车站前的干线街道做成了放射状道路。附属地的最宽道路为 36.4 米（20 “间”），与当时的东京一级道路同宽。宽度在 14.5 米（8 “间”）以上街道全部设计为车道加步行道的形式，两侧设排水沟，并在人行道侧种植杨树等行道树。街区内小路宽 2.7~5.5 米（1.5~3 “间”），为压实土路，其他级别的道路均为柏油路。柏油路是满铁研制开发的铺路工法，在已有的碎石压实道路施工方法的基础上，再在路面洒煤焦油（coal tar），1910 年大连率先铺设了柏油路，②效果良好，其后在各满铁附属地推广。

满铁附属地的初期规划的方针为高效率地管理和经营附属地，1907 年就发布了“附属地居住者规约”。与伪满洲国时期的城市规划以及南京的首都规划等后期的规划相比，满铁附属地规划的实用性、功能性特征更强。在 1920–1930 年代的长春或者南京的规划中，为了突出政治性景观意义，城市的实际功能往往退而次之。而在满铁附属地的初期规划中，情况正好相反。满铁共 17 任总裁中，有 14 位是铁道、土木等技术专业人士或者实业家。和政治家相比，他们容易采纳技术性、科学性、便于经营的合理性提案。第一任满铁总裁后藤新平积极参与了满铁附属地初期规划，奠定了以技术和科学发展城市的基础。后藤本是医生，在台湾出任总督府民政长官时就注重城市卫生政策，在满铁附属地的初期规划中，也强调城市卫生工程，因此首先执行的大规模工程为水源地工程以及上水道、下水道、火葬场和墓地建设。各地满铁附属地的共同景观之一就是矗立在公园或者街角的水塔，目前很多已经被各个城市指定为文物，这些水塔就是满铁附属地的上水设施。

从满铁附属地的周围环境来看，它又可分为三类。第一类建在原有城市的郊外，如附属地中规模最大的奉天以及长春。这类城市除了满铁附属地内部规划以外，还需要考虑与旧城的联

---

① 南滿洲鉄道株式会社十年史．大連．1919：757.

② 俄国时期在大连铺设的道路采用了石灰质碎石浇水压实的方法（Macadam），建成后遇连续晴天则尘土飞扬，遇连续雨天则泥泞不堪。偶因前往大连港装载豆油的马车翻车后，路面反而变得平整结实。受到启发的满铁土木技术人员研发了用抚顺煤矿无处存放的副产品煤焦油做道路粘结剂的柏油路做法。但此法只适用于干燥、寒冷的东北地区，不适用于高温多湿的地区。

系。另一类是在荒野中完全新建的以火车站为中心的新城区，如四平街、公主岭等。第三类是工矿城市，如 1907 年归满铁管辖、经营的抚顺煤矿，1917 年创建的钢铁城市鞍山和为鞍山钢铁厂提供铁矿原料的本溪湖。

满铁经营的两个重点城市为大连和抚顺。最先进的文化设施、娱乐设施首先在大连试点建设，而最先进的城市基础设施、近代居住建筑以及新城建设则往往在抚顺最先实施。抚顺的实践往往成为其他附属地的建设典范。实际上，抚顺的千金寨附属地是满铁第一期规划建设的范例，而抚顺新城区永安台的规划则是满铁主持的最后一个城市规划，其后，满铁的附属地行政权（包括城市建设）移交伪满洲国。抚顺一前一后的两个城市规划正好反映了满铁附属地规划和经营思想的变迁。因此，本节以抚顺作为满铁附属地的代表实例加以介绍。

一、满铁初期规划范例：抚顺千金寨附属地

清朝时期的抚顺城依山面水，城址在浑河北，高尔山山脚下。而抚顺煤矿埋藏在浑河以南的丘陵地带，因此，无论是清朝时期的中国人开采的矿区，还是俄国建设的矿区，都在浑河以南，与旧抚顺城相隔甚远。

1905 年，日本野战铁道提理部从俄国手中接管抚顺煤矿，两年后转由满铁会社管理及经营。1907 年以后，满铁致力于以抚顺煤矿为主的工业开发，特别是 1920 年代，附属地从千金寨全部搬迁到永安台，进行了大规模的土木建设事业，同时先后建造了第一、第二、第三发电厂、制油厂、煤气厂等现代大规模工厂，抚顺一跃成长为东北地区继奉天（沈阳）之后的第二大工业城市。

满铁在抚顺的附属地，最初位于千金寨。这是因为满铁接收抚顺之前，日本野战铁道提理部已经选择千金寨为市街区，并建设了若干建筑。满铁于 1907 年上半年完成了抚顺千金寨附属地规划，附属地总面积达 99.5 公顷（301532 坪），地形顺铁路线呈东西向带状，东西长约 1820 米，南北长约 540 米。附属地东面有中国人居住的旧城区。

满铁本社建筑课编制了千金寨规划，主要负责人为当时的课长小野木孝治及其手下的太田毅、横井谦介、市田菊治郎以及抚顺煤矿营缮课课长弓削鹿治郎。建筑施工由冈田时太郎经营的冈田工务所和大仓组、高冈组承担。[①] 这三个私营施工公司因施工质量高，在以后的几十年间，一直是满铁建筑项目的主要承包商。

道路规划以方格网为基本骨架，与铁道线垂直道路共 15 条，[②] 道路名以“某某町”命名。火车站前设圆形广场，从广场向北延伸的南北大街“本町”为最宽阔的道路，宽 36.4 米（20“间”），

① 原正五郎等 . 新撫順の市街計画と其の建築 . 滿洲建築協会雜誌，1933（4）：6.

② 1909 年左右的千金寨附属地地图。详见：池上重康等 . 南滿洲鉄道株式会社撫順炭鉱千金寨新市街の形成 // 日本建築学会大会梗概集 F. 東京：日本建築学会，2012：105.

它的对景处设计了面积达 1.45 公顷（4400 坪）的本町公园。另外有 5 条主要街道，宽 21.8 米（12“间”）。平行于铁道线的东西向大街共 7 条，临铁道线大街名为“一条通”，即第一大街之意，依次按照数字顺序命名，直到“七条通”。一条、三条、五条为主要街道，宽 21.8 米（12“间”）。无论东西、南北，其余道路宽均为 14.5 米（8“间”）。[①] 这样，基本街区形状为矩形，面积大约在 7920~12540 平方米之间，其间再用宽 5.5 米（3“间”）的街区内小路作十字街，之后再划分每一栋建筑地块。一块地的规模在 165~198 平方米之间，以此地块作为建房或者租赁的基本单位。

因矿区均在矿井附近，远离千金寨附属地市街地，所以千金寨附属地基本用途为居住，分满铁社宅区和一般租赁住宅区两类。满铁社宅区规划在附属地东部尽端，在社宅区中心设计了直径达 100 米的圆形大和公园，与大和公园相连的南北、东南、东北向的三条大街的对面均设半圆形广场。规划之初，公园总面积达 2.9 公顷（8676 坪），用两个公园营造了东部和西部的两个中心。东部社宅区以大和公园为中心，西部以联系车站和本町公园的干道为中心。其他附属地规划一般只有一个中心，即火车站，这是千金寨初期规划的特别之处。

1907 年规划在东部预留了 17.5 公顷（53163 坪）的社宅用地，1910 年代因社员人口激增，出现住宅严重不足状况，因无处追加社宅用地，导致中止原规划的本町公园建设，改为社宅用地。作为补救措施，扩建了大和公园，使其总面积达近 5 万平方米。公园里集中了千金寨的主要公共建筑，如公会堂、[②] 修武馆、本愿寺。同时，把大和公园东南对面、邻铁道的广场改建为见附公园，在公园周围设置了宾馆、俱乐部、医院等公共设施，形成新的市街中心。原来的西部中心本町公园在 1910 年代末彻底消失。

千金寨附属地还建设了与居住建筑配套的公共建筑，如学校、医院、邮局、公会堂、公共澡堂等，这些建筑类型也是其他附属地中必建建筑。在住宅方面，开创了满铁公司按照住宅户型分等级进行分配的先河。千金寨满铁社宅从甲种到巳种共 6 类，全部由满铁建设，并分配给相应级别的职员。甲种为有上层官职的家庭使用。其中，矿长和副矿长住宅为豪华的独立式，即今日俗称的别墅式住宅。两户联排的独户住宅也属于甲种。乙种为高级职员使用，为两层一栋四户的形式。甲、乙种住宅配备有浴缸的浴室，这类住宅有单独使用的小锅炉，随时可供热水。丙、丁种为中级职员使用，2 层砖木结构，为 8 户或 12 户共用外廊（flat 式）的集合住宅。戊、巳种为中国矿工宿舍，一层砖木结构。1910 年代的矿工多为单身，因此寝室为通长大炕，另设厨房、饭厅。端头的三间为家族型房间，供管理矿工的中国小把头使用。

当然，针对不同的等级，住宅面积不等。标准户型建筑面积最大者在 150~300 平方米之间，最小者除了厨卫之外，有 3 帖、[③]6 帖房间各一。戊种以上的各级社宅从 1907 年建设初期就配有电灯、自来水管道、煤气炉灶、抽水马桶厕所及集中供暖的暖气。

---

① 南滿洲鉄道株式會社撫順炭坑編．撫順炭坑．大連：南滿洲鉄道株式會社撫順炭坑，1909.
② 满铁附属地常设的建筑类型，内部有大礼堂等，可以开会、放映电影、做舞台演出等。
③ 日本住宅使用“榻榻米”为面积单位，沿用至今。一帖即一张榻榻米，宽 900 厘米、长 1800 厘米。

至 1924 年，千金寨发展为有 6000 多户，47200 人口的城区。[①] 虽然满铁把千金寨作为满铁附属地的城市建设典范，花费巨资加以规划和建设，但是，在 1910 年代后期，满铁勘测出千金寨市街地下有丰富的浅煤层，因此决定不惜代价拆除千金寨，移地建城，把原千金寨所在地划为露天煤矿的开发对象。因此，1924 年之后，开始拆迁千金寨，搬往新区，1928 年搬迁工程完毕，千金寨附属地不复存在。但是，千金寨附属地东侧是中国人居住区，千金寨附属地变成露天煤矿区以后，因为采煤导致地基沉降，严重影响了中国人居住区的建筑安全，导致之后中国居民与满铁之间多年的房产赔偿纠纷。从这里也反映了满铁虽然使用了现代化技术进行城市开发，但是也不能摆脱它的殖民开发的性质。

二、满铁集大成规划实例：抚顺永安台附属地

1919 年末，满铁公布了抚顺“大露天煤矿计划”，宣布千金寨城区将成为露天煤矿开采区，整个城区必须搬迁到新城区。新城址选在千金寨东北方向的高地，并命名为“永安台市街”。1924 年至 1928 年间，基本完成了从千金寨搬迁到永安台的一大工程。[②] 永安台新附属地规划是满铁主持的最后一个城市规划，此后，规划由伪满洲国相关机构主持，永安台规划也就变成满铁 20 年来城市规划实践的集大成者。

永安台附属地规划方案编制流程与其他附属地稍有不同。首先，满铁从日本国内聘请了东京大学教授、规划家佐野利器为“市街计划”顾问，同时聘请京都大学教授大井清一为“水道计划”（城市上下水规划）顾问。根据顾问提出的大体方针，具体方案由满铁建筑课课长小野木孝治和有美国留学经验的小野武雄、抚顺煤矿土木课职员德国人阿杜拉和理黑塔、原正五郎、松江升六个人同时进行方案设计，1922 年 2 月 6 个人分别提出方案，4 月再次邀请佐野教授审评，提出修改意见，最后由抚顺煤矿土木课课长佐藤应次郎汇总，于 1923 年 10 月正式公布。

永安台规划区域总面积达 1125.7 公顷，分居住、商业和工业三大用途，再详细地可分为住宅区用地（295.5 公顷）、商业区（206.2 公顷）、混合区（53.2 公顷）、公共用地（96.7 公顷）、公园用地（215.2 公顷）、风纪区（15.1 公顷）、铁道区（79 公顷）、粮栈区（52.8 公顷）和特别区（110 公顷）。[③] 这里比较特殊的是其他附属地少见的风纪区和特别区设置。风纪区即为花柳游乐区（名为欢乐园），集中设在混合区的西端。特别区为火葬场、墓地、守备队等特殊设施地区。

一般来说，满铁附属地的土地、道路划分使用一个完整明确的几何构图手法，而永安台附

① 新撫順の市街計画と其の建築．満洲建築協会雑誌，1933（4）：6.
② 同①：2–3.
③ 同①：11.

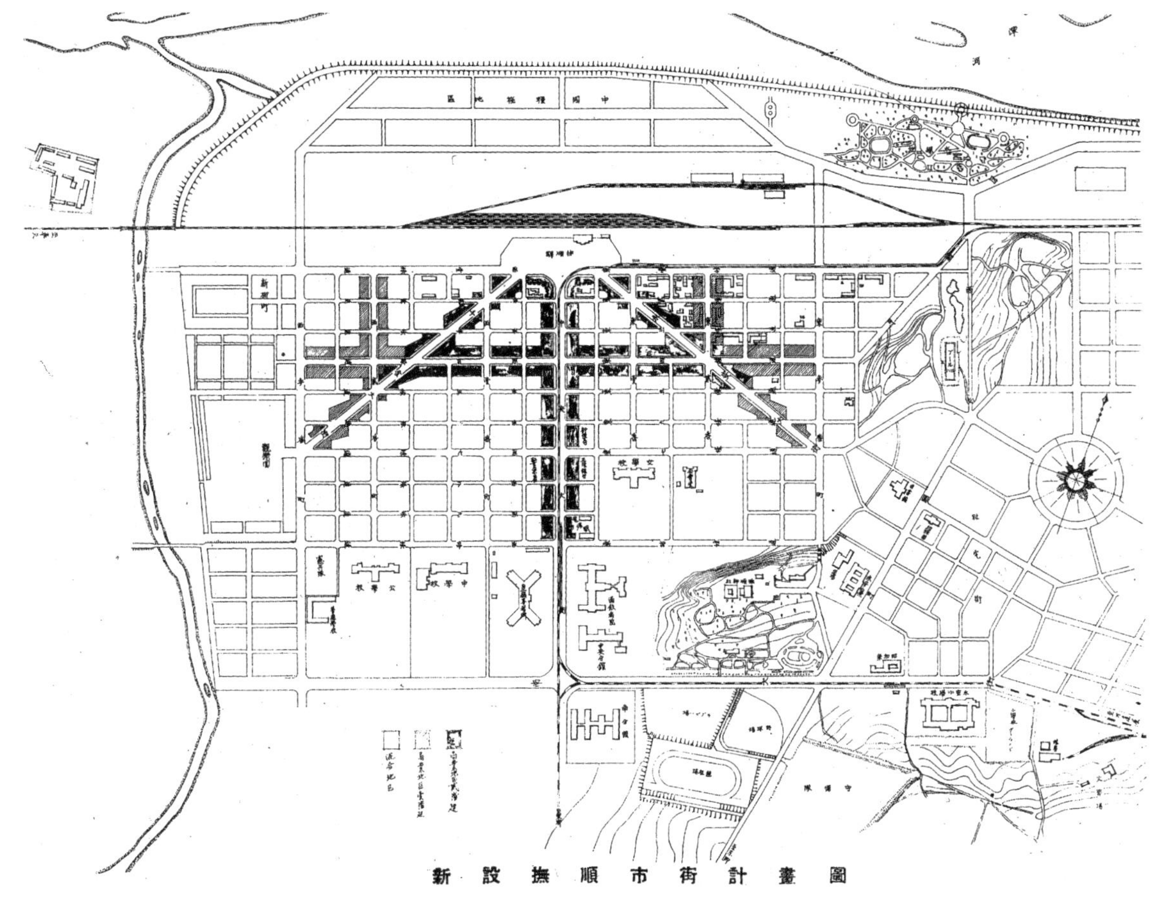

图 15-3-1　抚顺永安台规划图（注：建筑规程规定大街两侧涂黑处必须为 2 层建筑，斜线处为一层建筑，其他街道不作规定）
来源：满洲建筑协会杂志 .1933（4）.

属地规划明显地存在两种手法，规划者自称一种为“井形对角线式”，另一种为“蜘蛛网状”（图 15-3-1）。前者即以火车站为中心设计与铁路线平行的矩形街区，再加放射状干线的手法。这是满铁大规模附属地常用的规划方法，奉天、长春、鞍山都采用了此类道路网。后一种则是俄国大连规划手法的沿用，即圆形广场加放射状干线道路的做法。两种手法并用，或许与大连、抚顺两地建筑师参与规划设计有关。

满铁附属地道路因等级不同，宽度在 5~36 米之间，原则上住宅区和商业区的道路在 5 米以上，工业区和粮栈区的道路在 11 米以上，道路必须设排水沟和种植行道树。同时，根据东北特有的荷重马车而特别设计了石头路面的荷重马车专用道路。① 这是因为 2 头到 8 头马拉的载重马车，它们的荷重能达到 1~3 吨，使用普通道路会导致路面遭受严重破坏。

在站前（今抚顺南站）的商业区，道路宽度为 7~27 米五种。东西大路平行铁道线，从沿铁道线的第一条大路开始依次向南设一条至十条通（今一路至十路）。其中，一条、四条、八条、十条通为主要街道，比其他东西向道路宽。放射状干线道路以站前广场为起点，分别为中央大街、

① 南滿洲鉄道株式会社第二次十年史 . 大連：南滿洲鉄道株式会社，1928：1107.

图 15-3-2　抚顺永安台南台区集合住宅街景
来源：南满洲铁道株式会社第二次十年史．大连：南满洲铁道株式会社，1928：676.

东南向的千金大街和西南向、通往永安台住宅区的永安大街。在中央大街的东西两边各设 7 条南北向直街，因此，站前商业区的土地地块分割均等。并且在规划之初就把长 10 米、宽 11 米的地块作为土地租赁的标准单位。①

“蜘蛛网状”道路主要在住宅区实施。其实，千金寨的满铁社宅区就是以大和公园为中心，三个方向设置放射状道路，算是此种手法在抚顺的初期应用。而且，永安台住宅区地处高岗，地面坡度陡峻，比起方格网道路，“蜘蛛网状”更容易顺应地形。永安台住宅区里的住宅全部是满铁社宅，非满铁社员的住宅分散地建在混合区。住宅区的中心为直径百米的圆形广场（包括道路在内），从广场发出 7 条放射状道路。道路分 6 个等级，宽度在 11~36 米之间，比以上满铁附属地一般性规格高一个等级。而且，住宅区道路无论哪种等级都设置车道、绿化带以及水泥砖铺设的步行道。广场周围地段设置特甲以及甲、乙型高级社宅，多为独立式住宅。住宅区的南部，当地称南台的地方最先开始建设，多为丙、丁型中层职员使用的集合住宅（图 15-3-2）。丙、丁型住宅内没有配备浴室，因此初期按照 120 户设一座公共澡堂进行了规划，但是实际建设时大约 60 户就设有一座公共澡堂。以上所有类型的住宅均配设自来水、电灯、暖气以及煤气管道。暖气采用集中供暖方式，暖气与澡堂均是 24 小时供热。集中供暖方式在 1919

① 新撫順の市街計画と其の建築．満洲建築協会雑誌，1933（4）：12–13.

年满铁建设大型集合住宅时才开始尝试,但是还是两、三栋楼共用一处锅炉房。在永安台住宅区,南北两座锅炉房向区域内所有住宅供给暖气，这是满铁第一次采用大规模集中供暖方式，在近代中国也属于开拓性先例。又因为各家各户都使用煤气管道，所以永安台住宅区只有两个锅炉烟囱。这在烟囱林立的东北地区为罕见的景象。可见，抚顺永安台住宅区设备齐全，在当时的满铁附属地也首屈一指。

特别值得一提的是永安台住宅区在规划当时已经有创造社区活动中心的意识。在千金寨时,住宅区圆形广场还是展示公共建筑的“展台”，而永安台住宅区的中央圆形广场被规划为绿化中心以及社区中心。广场的一侧设置了“消费组合”（商店）和幼儿园，广场中的一部分用地配备了儿童户外游玩器具（如秋千、滑梯、高低杠等）。中央部分夏季用作小型棒球场，冬季改为滑冰场及冰球场，并且夜间有电灯照明，这也是考虑到东北地区冬季天黑较早的对策。住宅区的四周安置了小学校、图书馆等。这些做法都对以后满铁附属地的住宅区规划产生了很大的影响。

为了保证永安台规划顺利地实施，抚顺附属地的直接管理者——满铁抚顺煤矿公司制定了“建筑规程”。规程的管辖对象为附属地内所有建筑，正文共46条，内容包括建筑增改建及竣工时所必需的申请手续（需事先提出申请以及交付相关图纸）；根据道路等级分别规定两侧建筑的容积率（包括建筑从红线后退的具体尺寸）；对防火、卫生、结构安全都作了相当详细的规定；最后提出对建筑景观的控制条件。抚顺的这一建筑规程是满铁附属地在规划之初就配套出台建筑规章的第一先例，并为1938年关东厅公布的“关东州州计划令”提供了可供参考的实践经验。

三、矿区新城：居住区建设与标准化住宅设计

（一）新屯居住区

煤矿是抚顺的中心产业，因此，除了以火车站为核心的市街区以外，分散在南部丘陵地带的矿井采煤附近也形成许多小城区，本文把它们统称为矿区新城。它们之所以可以称之为新城，是因为在这些区域的建设项目不仅是住宅，还有相应配套的市政设施、文化设施，而且基本是新建地区，因此本文称之为矿区新城。① 永安台市街区与矿区新城之间通过火车进行交通联系。这样空间分散又通过火车等交通连接为一体的城区空间结构，在满铁经营的其他矿山城市及工业城市如本溪和鞍山也可以看到，抚顺可以称为其中的典型。

抚顺采煤矿井呈带状分布在城区南部的山丘上，最早的矿井为东乡与大山。所以，这里在

① 与二战以后世界风行的在大城市郊区建设 new town 不是一个概念，本文中的新城人口规模不大。

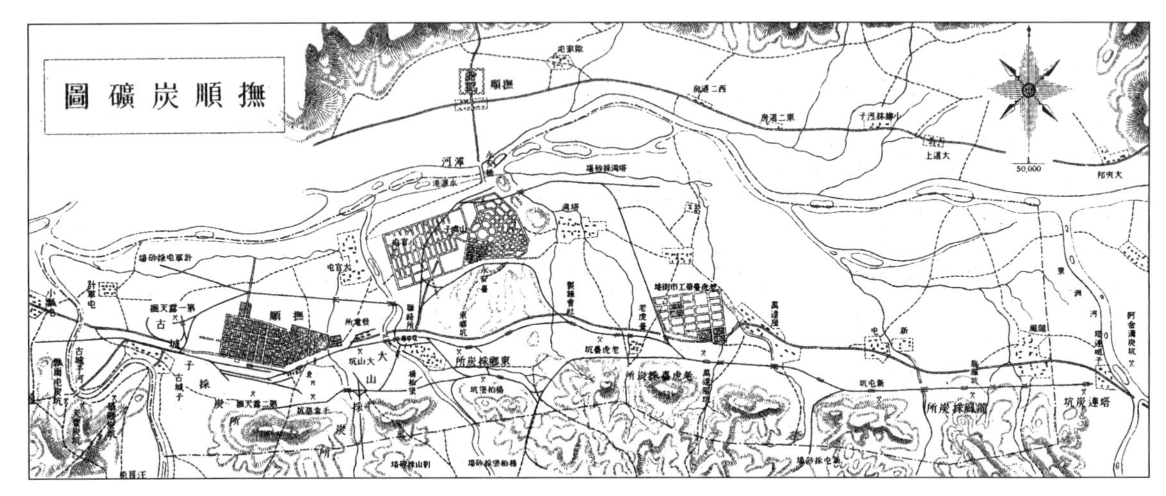

图 15-3-3　抚顺城区与矿井分布图
来源：满洲建筑协会杂志 .1933（4）.

1907 年便形成了矿井居住区。如大山矿区 1910 年代建造了 21 栋日本职员住宅，为砖结构社宅，其中甲种 3 栋 5 户、乙种 2 栋 8 户、丙种 3 栋 14 户、戊种 11 栋 69 户。此外还有木结构俱乐部 1 栋、砖结构宿舍 2 栋、砖结构公共澡堂（浴场）1 栋。中国矿工使用的建筑有 60 栋砖结构住宅，3 栋公共澡堂（浴场），以及食堂、厨房、商店各一栋。① 但是，1910 年代的矿区因为人口规模较小，建筑功能单一，还不能称之为一个城区。

1919 年大露天煤矿计划公布之后，城市西部的大山、东乡、老虎台、万达屋、古城子矿井继续扩建，同时新开发了东部地区。1918 年满铁开挖新屯矿井及龙凤矿井，1920 年又收购了处于城市最东端的搭连矿井，形成了东部新屯、龙凤、搭连矿井（图 15-3-3）的采矿区，同时这些矿井地区都建设了新城区。其中，龙凤矿区规模最大，但是满铁把新屯区作为样板城区进行建设，所以，新屯区更具有城市史和建筑史上的意义。

满铁于 1917 年测量了从永安台到万达屋矿井、新屯矿井、龙凤矿井和搭连矿井区所需要的铁路用地。② 1918 年收购了新屯矿井用地和社宅地所需土地，共计 464.58 公顷。③ 矿区新城的空间构成有相同的两个特点，第一，中国矿工居住区与一般满铁职员住宅区分别设置，矿工居住区就近设在矿井周围，一般职员住宅区设在远离矿井的位置。第二，各矿区新城都设有铁道，与位于永安台市街地的抚顺火车站相连。当时的新屯区与永安台城区之间乘火车需要半个小时。矿井附近除了矿工住宅以外，还建设了公共澡堂、俱乐部、大食堂等。④ 此外，还设有采矿事务所，机械、木工、修理所需的工厂，仓库等管理及生产设施。

现在的抚顺市新屯东街和西街是当时新屯矿区的满铁一般社员居住区，日本人占人口的大多数。新屯本是清朝时期附近村落的名字，1918 年满铁在新屯村南方约 700 米的山麓北坡开挖

① 南滿洲鉄道株式会社第二次十年史 . 大連：南滿洲鉄道株式会社，1928：573–574.
② 南滿洲鉄道株式会社二十年略史 . 大連：南滿洲鉄道株式会社，1927：188–189.
③ 同①：643.
④ 南滿洲鉄道株式会社撫順炭礦編 . 炭礦読本 . 撫順：南滿洲鉄道株式会社撫順炭礦，1937：462.

了斜矿井，命名为新屯矿井，矿区因此得名。而清朝时期的新屯村落因东露天煤矿开发而消失，所以建设在河谷地带的新屯矿区新城的日本人居住区成为今日抚顺东洲区新屯街的前身。

新屯日本人居住区以新屯河为界线，其东称新屯东街，其西称新屯西街。新屯新区从西街的北部、新屯火车站附近开始建设。第一期建筑物为 13 栋砖木结构住宅。其中，乙种 1 栋共 8 户，丙种 4 栋共 20 户，丁种 7 栋共 48 户，宿舍 1 栋。此外有砖木结构华工住宅 25 栋。① 这些住宅坐落在今新屯第五中学校（旧日本人小学校）南侧，也就是现在新屯西街最北侧的地方。

明显地，比起永安台的满铁职员住宅，矿区职员住宅的等级低，没有特甲、甲级高级住宅，乙种也只有一栋。而中等级别的住宅合计 11 栋 68 户。大量地建设满铁中级社宅变成矿区新城的特征之一，这个条件也造就了之后矿区新城走向现代主义建筑实践。

1922–1924 年新屯人口剧增，因此住宅用地也相应向南扩展。1928 年创建了抚顺新屯寻常小学校（今第五中学）。② 根据出生在新屯的日本人回忆录 ③ 可知小学校里还附设了幼儿园。新城中的商店除了满铁直营的食品、日用品配给所和小卖店以外，还有一家中国人经营的肉店。

1930 年代，新屯居住区再次向南扩展，并建设了当时东北地区设施最完备的 2~3 层外廊式混凝土楼板的平屋顶集合住宅 30 余栋。住宅楼呈行列式布局，前后预留宽大的空地作为绿地，并设置了儿童游玩器具。住宅户型有 5 种。每个户型都有门厅、厨房、厕所（抽水马桶式），此外再配面积不等的房间。最小户型除了以上基本功能房间外，有 4.5 帖（1 帖即 1 张榻榻米）（7.29 平方米）和 6 帖（9.72 平方米）两个房间。面积虽然小，但是门厅、窗户、储藏空间和壁橱等设计有很高的创新性和完成度。

新屯西街的社员俱乐部、保健所以及共同浴场、消费组合（商店）都设在住宅区的中心位置（图 15–3–4），成为社区中心，可见新屯区比永安台住宅区更注重社区中心的营造。居住区的西侧山丘被开发为新屯公园，面积约 39 公顷，④ 成为当时抚顺最大规模的公园。又由于新屯通过满铁铁道与东北各大城市相连，新屯公园又兼备自然与近代化的设备，成为奉天（沈阳）小学生远足旅行的第一候选地。⑤

1935–1939 年之间，新屯住宅区再次向南以及向河东地区扩展。此时的河西住宅楼栋从外廊式改为单元式。河东区住宅以 2 层纵向分隔户型的联排式住宅为主。可能由于 1938 年 1 月伪满洲国开始实行物资管制的原因，新屯东街住宅与新屯西街相比，明显地压低了建筑造价。但是，在设计水平方面，这些住宅楼的结构、户型平面以及预制家具（碗柜、壁橱等）设计程度都比 1930 年代前后建造的住宅更加完善。河东住宅与河西区一样住宅楼采取了行列式布局，

① 南满洲鉄道株式会社第二次十年史 . 大連：南满洲鉄道株式会社，1928：651–652。
② 関東庁告示第百四十八号、昭和 3 年（1928 年）官報第 577 号。
③ 葛原恂 . 負けてたまるか—埋もれた小さな昭和史 . 東京：文芸社，2002.
④ 鉄附属地経営沿革全史 下巻 . 東京：龍渓書舎，1977：1002.
⑤ 满鉄地方部学務課編 . 新屯聚落要録 . 研究要報，1934（2）.

图 15-3-4　新屯居住区复原平面图（D 为集中供暖的锅炉房）
来源：据包慕萍 2010–2013 年实地调研绘制

但是有一个特别之处，那就是楼栋以庭院为中心，前后楼栋住宅户型呈镜像相反地对称布局。庭院绿化环境良好，且配有儿童游玩器具，这里成为居民交流的场所。这是以往未见的创造社区交流中心的新设计手法。

无论是河西还是河东，新屯矿区新城的显著特色是居住区规划中突出社区中心，以及住宅形式为现代主义风格的集合住宅为主。这不仅表现在外观上，住宅楼的结构从以往的砖木结构进化为砖混结构，并采用了混凝土结构的平屋顶。住宅户型彻底地从功能出发，不仅采用了标准化平面布局，而且室内建造了预制碗橱（可在餐厅和厨房两面开启）、储藏壁橱（分存放西服、和服、棉被等多种壁橱）、鞋柜、锅台、储藏间（放煤炭等），设主次两个出口，并且主入口为“亲子门”（一大一小的双扇门），在外廊设有共用垃圾道等。使得即使是最小面积的住户，居住功

图 15-3-5 抚顺新屯西街丁种集合住宅外观（摄于 2012 年）

能也非常全面。而且，新屯居住区全部采用了当时满铁最先进的集中供暖方式，成为此后满铁附属地采暖工程的样板。

新屯集合住宅采用了当时最先进的砖混结构，多为 3 层，每层有 6 户到 9 户，因此楼栋很长。在抚顺永安台南大街（今东富平路）清水砖墙的集合住宅亦是一层 9 户，住宅楼长达 97 米。这些住宅楼都采用了混凝土板的平屋顶以及水平舒展的外廊，与高耸的垂直体块的楼梯间纵横交错，创造出简洁、摩登的建筑外观（图 15-3-5）。而二战以前，日本矿区住宅基本为木结构，且“以木结构平房建筑为主，在夕张、三池、高岛等地出现部分 2 层建筑”。[①]1916 年在长崎县端岛[②]建造的 4 层（之后增建为 7 层）矿山住宅，它是日本最早的钢筋混凝土结构的集合住宅，[③]也被誉为日本集合住宅的鼻祖，楼内共有 80 户，楼栋为外廊式。一户总面积约 18 平方米，除了附属用房以外，只有一间 6“帖”的房间，共用厕所在走廊一端。因为以往没有钢筋混凝土结构平屋顶的施工经验，屋顶未作排水设计，导致使用时出现严重的漏雨现象。所以，与同时期的日本矿区住宅相比，从户型构成、建筑结构的成熟度以及住宅区规模上，新屯地区的集合住宅都处于领先地位。

此外，把新屯东街的住宅实例与 1941 年发行的《满洲国规格型住宅设计图集》[④]的设计事例进行对比，就会发现两者有很多相似之处。因此也肯定了伪满洲国住宅规格化事业继承了满铁的住宅标准化设计体系。

在行政和经济的中心之地的满铁社宅居住区，如大连和奉天（沈阳），以高等级的住宅为主。即使在抚顺永安台也不例外。但是作为生产地的矿区新城，因为下级职员多，住宅户型以丁型和丙型为主，这反而促成了满铁使用领先于时代的开发和设计手法，在矿区新城实现了现代主

① 駒木定正．北海道における炭鉱住宅の研究（8）鉱夫宿舎の建築に関する調査報告 // 日本建築学会北海道支部研究報告集．札幌：1991：64.
② 日本三菱公司从 1890 年代开始开采端岛煤矿，1974 年关闭，变为空城。
③ 阿久井喜孝．軍艦島実測調査資料集：大正・昭和初期の近代建築群の実証的研究．東京：東京電機大学出版局，1984.
④ 建築局住宅規格委員会编．滿洲國規格型住宅設計圖集．新京，1941.

义的住宅区规划与住宅设计。这在中国和日本的近代城市住宅史上都具有重要的意义。

（二）满铁标准化住宅设计体系

1907 年满铁创立时接收的铁路沿线附属地住宅合计 1446 栋，面积达 38878 平方米。当然，这样的住宅数量完全不足使用。[①] 因此，满铁在创业之初就把社宅建设作为一项重要事业。新建满铁社宅，无论其所在地在附属地哪里，都由满铁建筑课设计，施工则委托当地的技术过硬的施工公司。

满铁于 1908 年在大连、奉天、长春新建社宅时就对住宅户型进行了甲、乙、丙、丁种的分类。此时还不是设计上的标准化，只是区分住宅面积的大小，以便分配。满铁规定住宅规格根据职员的工龄、工资水准以及家庭成员人数确定相应等级。[②] 具体规定随时代不同有所变化。如 1920 年时的规定为特甲住宅为课长以上（包括课长）级别使用，并且月工资在 250 日元[③] 以上；甲、乙种住宅使用者月工资水准为 100~150 日元；丙种住宅使用者月工资水准不足 100 日元。丁种住宅供雇佣职员使用。[④] 丁种以上的社宅铺设自来水管道，乙种以上（包括乙种）住宅内设有专用浴室。

自 1912 年始，满铁确立了住宅标准化设计体系。各级别住宅必备门厅、厨房、厕所（抽水马桶式）、储藏空间，不同之处在于房间数。建筑面积以一张榻榻米即 1“帖”（1.62 平方米）为计算单位，房间大小都用“帖”来表示。用 1928 年标准举例来说，甲种住宅除了厨、厕、卫以外，另外有六个房间，为 8 + 8 + 6 + 6 + 3 “帖”，外加一个 16.5 平方米的洋式客厅；乙种住宅的房间数为 8 + 8 + 6 + 4.5“帖”；丙种为 8 + 6 + 4.5“帖”；丁种为 6 + 4.5 + 4.5“帖”；独身宿舍为 6 “帖”。[⑤] 同种标准的户型又可以设计成不同的平面布局。在新屯户数最多的为丁种户型，300 余户丁种户型有两种平面，而 100 余户的丙种户型有 3 种平面。[⑥]

从 1910 年代到 1920 年代，满铁社宅各种类型的平面标准出现时代性变化。总的趋势是高级别住宅户型面积缩小，从 350 平方米降低到 150~200 平方米左右（图 15-3-6），而中、低级别住宅户型的最小标准平面从“六三型（6 + 3 帖）”扩大为“六四半型（6 + 4.5 帖）”（图 15-3-7）。[⑦] 甲、乙种高级住宅中还保留着客厅里的“床之间”（见甲种平面），这是挂轴画、书法、摆插花、体现主人修养的装饰性空间，是日本武士传统住宅礼仪空间的简化了的做法。但是，在丙、丁种住宅中，为了接待客人的装饰性空间完全消失，平面布局以家庭生活为中心，安排了足够的储藏空间，厨房宽大的双层窗户之间设计成了餐具架。这些变化体现了满铁公司

① 南滿洲鉄道株式会社第二次十年史 . 大連：南滿洲鉄道株式会社，1928：157.
② 南滿洲鉄道株式会社撫順炭礦編 . 炭礦読本 . 撫順 .1937：410-411.
③ 1920 年日本首相的月工资大约为 1000 日元，国会议员约 250 日元，公立小学老师第一年的月工资约为 50 日元。
④ 南滿洲鉄道株式会社第二次十年史 . 大連：南滿洲鉄道株式会社，1928：158.
⑤ 滿鉄の建築と技術人 . 東京：滿鉄建築会，1976：120.
⑥ 根据包慕萍 2010-2013 年间对新屯住宅的实地调查及建筑测绘。
⑦ 滿史会編 . 滿洲開発四十年史 . 補巻：滿洲開発四十年史刊行会，1965：313.

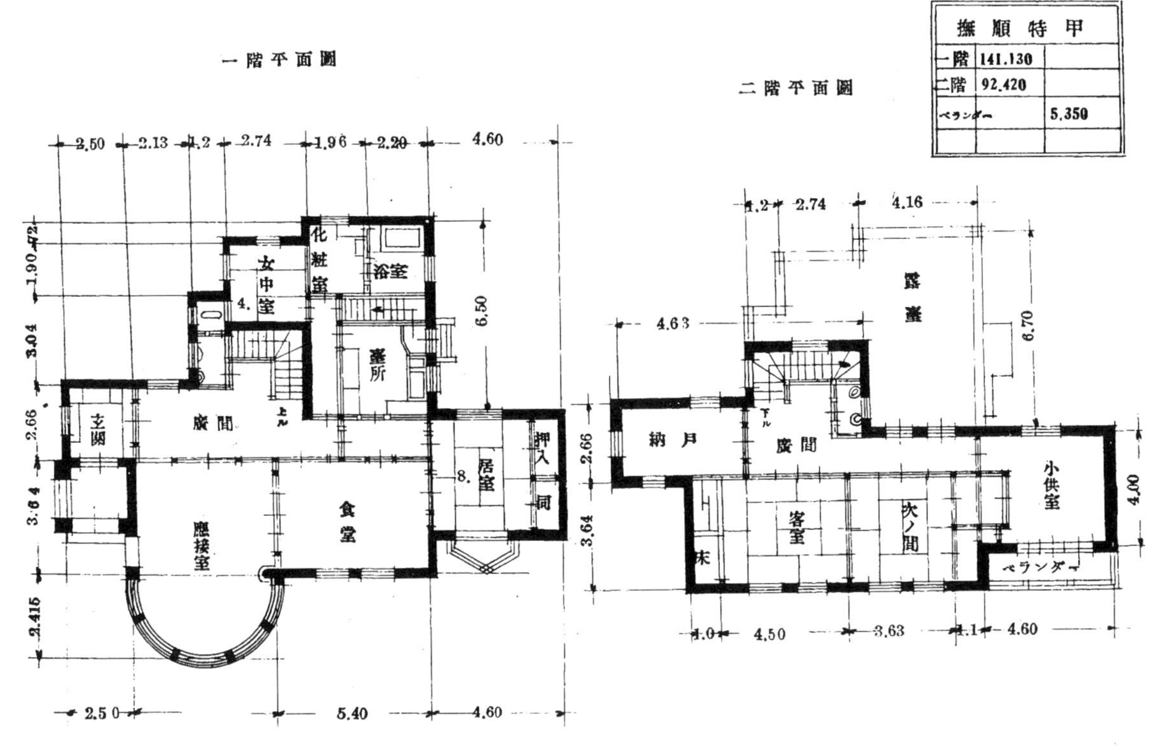

图 15-3-6　抚顺特甲住宅平面（单位：米）
来源：满铁标准社宅平面图 .

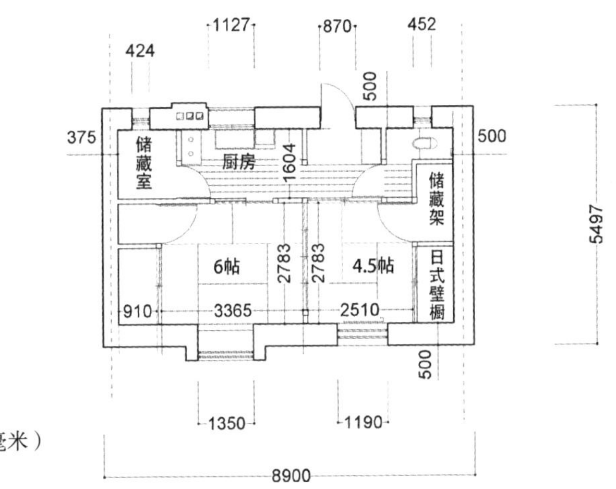

图 15-3-7　抚顺新屯西街丁种户型（单位：毫米）
来源：作者 2012 年实测

住宅福利规则中削弱特权、增大中产阶层的倾向，这也是对日本人职员大正时代（1912–1926 年）民主思想高涨的一种回应，当然，这些举措只限定在职员范围，并没有波及全社会。1926 年满铁发行的《满铁标准社宅平面图》刊登了 1912–1926 年间满铁在各地实际施工了的各等级的住宅平面，其中抚顺的实例最多。①

① 南满洲鉄道庶務部社会課编 . 满鉄標準社宅平面図 . 大連 . 1926.

满铁住宅的标准化设计不仅体现在户型平面上，还体现在楼型组合上。特甲、甲、乙为高级住宅，多为独立式住宅。而丙、丁型则多组合为集合住宅。满铁建设的最早的集合住宅为1907年太田毅设计、1908年竣工的大连近江町社宅，它位于大连市南山北坡（今延安路东、华昌街南），高两层，采用了英国平层式（flat）集合住宅的平面构成，即一户里的居室、寝室、厨房等所有房间都在同一层，甲种为4户一栋。① 甲、乙、丙等级合计28栋244户。大连近江町住宅无论在中国还是日本都属于最早的集合住宅的实例。1917年从纽约留学8年的小野武雄进入满铁建筑课，小野木孝治课长指示小野武雄进行集合住宅设计，这是满铁开始大规模地建设集合住宅的开端。② 1917年小野武雄设计了鞍山集合住宅，1918年竣工。这是满铁第一次建设大规模的集合住宅。此时共建设了3层84户（一层14户）住宅楼2栋及2层24户住宅4栋（一层12户）。接着，小野武雄设计了大连关东馆，1919年竣工。此馆为4层砖混结构，共约70户，无论从平面构成还是外观都属于美国公寓式住宅，外观为西班牙殖民地风格。同是小野武雄设计的大连南山寮（1920年竣工）、奉天（沈阳）青云寮（1921年竣工）、长春常盘町乙种集合住宅先后落成。③ 小野武雄在设计之前曾对欧美的集合住宅进行了系统性研究，④ 论文连续两次在日本建筑学会杂志《建筑杂志》发表。文中提及美国芝加哥最新颖apartment的实例以及欧美最新的居住区土地划分方法。当时日本还没有集合住宅组成的住宅区，所以满铁社宅的集合住宅建设可以说是小野武雄带来的美国公寓式住宅（apartment）的影响。因此至1920年代末，满铁的集合住宅建设经验也趋于成熟，为之后满铁利用标准户型组合成形式各异的集合住宅提供了技术上的可能性。

住宅楼栋的形式，除了特甲和甲种为独立式以外（有些地区乙种亦为独立式），其他有联排式、外廊式、联排与外廊混合式以及单元式。楼栋外墙又有面砖饰面、清水砖墙、水泥抹面以及混合使用等组合方式。而且，门廊、装饰性窗户、室内装修的设计等都进行了标准化。但是，为了避免雷同，同一种标准又设计了几种形式，如门廊的门柱有5~6种造型及细部做法。可见，满铁住宅的标准化设计不仅局限于平面上，建筑的门廊、门柱、装饰性窗户、墙体饰面等都有标准化设计。因此，在组合住宅楼时，能够达到风貌统一且变化多端，避免了标准化带来的千篇一律的负面影响，使得大规模开发的集合式住宅区也能营造生动活泼的外观和环境。在建筑风格方面，1920年代末至1930年代初满铁社宅的丙种、丁种住宅楼的组合方式完全走向摩登的现代主义风格。从1912年开始体系化的满铁社宅标准化设计在满铁附属地全境实施，一直延续到1937年行政权移交伪满洲国为止。满铁的住宅标准化设计体系在近代中国或者日本都属于先驱性实践。

---

① 大連市南満州鐵道株式會社近江町社宅.建築雑誌，1909，23（276）：612.
② 小野武雄.小野木孝治氏と事共.満洲建築協会雑誌，1933（2）：71-73.
③ 満鉄の建築と技術人.東京：満鉄建築会，1976.
④ 小野武雄.アパートメントハウスを論ず.建築雑誌，1918，32（379）：406-432；小野 武雄.アパートメントハウスを論ず.建築雑誌，1918，32（381）：481-516.

第四节 现代主义城市开发与殖民性空间的矛盾共存：大连[①]

自1920年始，无论满铁附属地还是关东州的城市建设，都出现了明显的追求功能合理的现代主义开发倾向。而其首要条件就是建筑设计人必须具有现代主义建筑思想。在中国东北居住的日本建筑师追随世界最新潮建筑思想的途径有三种，其一，去欧美留学；其二，关注建筑媒体介绍的最新动向，包括国际杂志及日本国内杂志；其三，关注中国其他城市建设的最新动向。首先，满铁为了促进技术人员的深造，自创立初期就制定了派遣技术职员公费游学欧美的制度。满铁建筑课的诸多建筑师都利用过这个制度。因此，虽然满铁建筑课职员基本在日本接受了建筑教育，但是大多数都有在欧美的学习经历。直接接触欧美建筑界的经历使得满铁的设计者们能积极、迅速地接受欧美最新的城市规划及建筑思想。从1921年创刊的《满洲建筑协会杂志》（后更名为《满洲建筑杂志》）里，可以得知会员留学欧美的情况。同时，杂志每一期都刊登当时世界最新颖建筑案例，建筑类型也囊括办公楼、车站、市政厅、医院、音乐厅、疗养建筑、住宅等多种。

日本建筑师虽然人在中国，但他们同时也是日本建筑学会会员，当然随时关注着日本建筑媒体与实践的最新动向。美国建筑师赖特1917年为了设计帝国饭店来到东京，饭店于1919年开工，1923年竣工。并在竣工2个月后遭遇关东大地震而毫无损伤，加深了建筑师对现代主义建筑技术的仰慕。1929年日本《国际建筑》杂志在第5、第6期连续两期出版了勒·柯布西耶的作品专辑，再一次在日本掀起了现代主义建筑热潮。另外，许多建筑师因为接受了当时属于左翼的现代主义思想，在日本国内遭受排挤甚至有被逮捕的危险，于是他们选择到中国的东北来寻找可以大显身手的新天地。

这些日本建筑师对中国的建筑发展状况的了解和关心，往往集中在上海、青岛、哈尔滨、天津等有外国租界地的城市以及首都北京。当然，这是出自横向比较的目的，例如满铁建设大连医院时，就把当时使用了最先进技术的北京协和医院作为竞争对象。在《满洲建筑协会杂志》中常常有对这些城市的视察报告，从城市设施到住宅政策等，记录得非常详细。

如上所述，具有现代主义思想的建筑师促成了满铁附属地以及关东州的城市建设率先采用现代主义建设开发方法或者建筑风格。但是，即使城市开发采用了现代主义建筑思想及以现代科学技术为本的城市基础设施建设，也不能抹杀殖民城市的不平等性，反而由于不同城区之间的城市基础设施或者建筑本身的技术性含量的高低区别，强化了城市空间的不平等性。

另一方面，1930年代日本在中国东北的城市建设中出现了与现代主义思想背道而驰的建筑表现形式，即追求从建筑外观造型和装饰上表达某种象征意义的建筑风格。这种风潮在日本也在1930–1940年间风行，被后人称为“帝冠式”。“帝冠式”的词源来自下田菊太郎1918年提交的日本国会议事堂竞赛方案，并自称这种西洋式建筑体量加日本式屋顶为“帝冠合并式”。

---

① 本节作者包慕萍。

这个方案立刻遭到日本建筑界多位论客的批判，伊东忠太批判这种“燕尾服上扣着日本帽”不伦不类的设计为国耻。[①]但是，由于1930年代日本走向军国主义的时代背景，这种样式又应运而生。在日本“帝冠式”代表作——名古屋市厅舍（1933年竣工）和军人会馆（东京，1934年竣工）先后建成。随着日本对中国东北殖民统治的强化，特别是伪满洲国成立之后，“帝冠式”开始出现，1937年卢沟桥事变之后进一步加剧。

一、现代城市商业区开发模式的创造——大连连锁商店街的规划设计与空间构成

日本从俄国手中接收的铁道附属地，其所在位置有三种。第一种附设在清朝地方中心城市的附近，如沈阳；第二种在小村庄或者小城镇附近，如大连的青泥洼村、长春的长春厅；第三种建在毫无村落的铁路沿线，以车站为中心建设新城。俄国撤离时，虽然有若干建筑物遗留，但是，无论是否有村庄或者城镇的依托，总体上，满铁附属地在建筑物寥寥无几的一片旷野上发展起来。因为这样的环境条件，迅速地建造一定规模的街景是满铁附属地第一位建设目标。

不仅是满铁附属地，上海、天津、青岛、哈尔滨等在中国其他城市的租界或者铁道附属地也存在着同样的问题——如何使空旷的郊外地区迅速城市化。虽然问题类同，但满铁附属地的开发背景条件，比起后者更为不足。首先，两者之间的投资量与建设量不同。上海、天津等租界有欧美各国包括日本在内的多方投资，投资分头并进，促成城市化景观迅速形成。反之，满铁附属地的建设投资只有日本一方，存在着投资上的弱势。与同是一国占领的青岛和哈尔滨相比，它们的特点是投资相对地集中在一个城市。满铁附属地不仅投资量少，而且必须顾及从大连到奉天、长春的沿线所有附属地，造成投资的分散。投资量较少以及建设面积广大，这是满铁附属地开发建设的背景条件之一。

中国内地城镇与关外城镇历史背景的差异也不容忽视。如上海、天津、武汉等城市与关外城市如沈阳、长春、大连、哈尔滨等历史背景不同。内地城市本来具有大规模的城市人口，或者如上海，原来是府下属县城，但在近距离相邻省份，人口分布非常稠密。这是保证资本与劳动力集中的优越条件。因此，在上海、天津等城市，中国商人特别是买办商人在租界的投资也不容忽视。而关外的东北，历史上地广人稀，中国人的商业资本也在17世纪以后由内地移民，特别是山西、山东商人逐渐积累而成，远不及内地雄厚。劳动力也是从远方的内地“下关东”而来。

在投资量小、建设分布面广，原有城市资源稀薄、人口稀少的条件下，如何迅速地形成近代化街区是关东州和满铁面临的城市建设的核心问题。在大连采取一个开发方式，即把小规模的个人资本集中起来，统一开发建设。如把小卖业商人集中在一起，统一建设2~3层商住兼用

① 伊東忠太．論叢・随想・漫筆．東京：龍吟社，1937：97-101. 关于“帝冠式”概念详见：包慕萍著．伊东忠太的建筑论与中国调查 // 张复合主编．中国近代建筑研究与保护 八．清华大学出版社，2012.

Shophouse[①] 形式的街屋，一层设为商店，二层为住宅，以联栋方式沿街布局。大连连锁商店街开发就是此类规划和建设的著名实例。这种开发不仅在大连，在奉天（沈阳）、安东（丹东）、鞍山、抚顺、长春的附属地都有实践。另一种是开设官营市场，市场的开发费用由关东厅或者满铁出资，之后租赁给小卖业店主，使得小卖业在城市中形成一定商业规模以及具有集客力的城市空间。

（一）大连商业建筑类型及其空间构成

大连的商业建筑按照投资、开发的方式可以分为以下四种。第一种为专用私营建筑，无论规模大小，独自投资建设，独自使用。如百货店[②]三越吴服店大连分店，1912 年始建，三越公司投资建造并供本公司使用。它是大连最早的百货店。1927 年开始改建第二代新楼，中村宗像建筑事务所设计。结构为砖结构和混凝土楼板的混合结构，共 3 层。一、二层为商场，三层为餐厅和宴会厅，电梯可通屋顶花园。

第二种为投资建设由一家公司承担，建成之后，除了本公司使用以外，部分空间出租。志岐组大楼就是此种实例。它于 1921 年竣工，3 层钢筋混凝土结构（塔屋 5 层）。临街一层为店铺，二、三层为住宅。部分住宅供本公司职员使用，店铺与部分住宅出租。1927 年竣工的浪速大楼也是本公司拥有产权，部分空间出租。浪速大楼的功能更为综合。它是钢筋混凝土结构建筑，地上 5 层，地下 1 层。地下一层设大餐厅，临街一层为店铺，二、三层为职员居室和办公用房，四、五层为宾馆客房，平屋顶上面设屋顶花园。浪速大楼可谓 1920 年代大连综合性商业建筑的代表性实例之一。浪速大楼因所在街道为“浪速”（今大连天津街、保安街）而得名。满铁附属地里被命名为“浪速通”[③]的一般都是商业街。“浪速 Naniwa”是日本大阪商业区地名，在近代以前，相比曾是首都的京都以及江户时代以来的首都东京，大阪一直以商都著称，所以在满铁附属地“浪速通”成了商业街的代名词。除了“浪速通”以外，在海外日本人居住区中，商业街常常被命名为银座，毫无疑问，这是模仿了东京最繁华的商业街银座，如上海虹口区日本人集住区的商店街就叫银座。

第三种方法是开设官营市场，集中小卖业，使其形成一定规模。市场建筑由满铁或者大连市政府投资建设，满铁委托一部分店铺作直销店铺，更多空间出租给小卖商人，意在保证日常生活用品供应能够保持一定规模及持续性。官营市场首先在大连设立，之后，在奉天（1916 年）、长春（1917 年）、抚顺（1918 年）等地陆续创建，[④]成为一种独特的、为个人小资本提供经营空间的官设市场建筑类型。从 1936 年大连新建的山县通（今人民路）官营市场实例来看，第三

---

① 关于近代 Shophouse 的起源还没有定论。一种说法是源于 1823 年在拉夫鲁斯指导下的新加坡规划中的 Shophouse。在这个规划中，根据华人的店铺传统空间，临街的建筑设计成一层为店铺，二层为住宅的纵向为一个单位的单元空间，并把这个单元空间通过共用间隔墙的形式，联排成长栋建筑，这就是店铺兼住宅的建筑类型 Shophouse。在东南亚华人区和中国各地对 Shophouse 的称呼各不相同，如店屋、街屋、市房、铺面楼等。本文暂且使用“街屋”一词。关于新加坡的规划，详细请参见：村松伸著 . 东亚建筑世界二百年 . 包慕萍译（第一章，建筑文化圈的和缓重构）.// 建筑史论文集（第 16 辑）清华大学出版社，2002：238-255.

② 日本本土的三越吴服店从 1904 年开始改名为“百货店”，虽然从经营实体上未必是日本第一家百货店，但它是日本第一家正式命名为百货店的商店。

③ “通”即街之意，“大通”为大街。

④ 南満洲鉄道株式会社第二次十年史 . 大連：南満洲鉄道株式会社，1928：946-948.

种开发方式的空间构成也很独特。一层为市场，共设 26 家店铺，有屋顶采光。各店铺通过后面的单跑楼梯通向二层住宅，共有两室住宅 22 户。三层住宅独立于市场空间，可以从端头的楼梯间直接上下，共有单间住宅 45 户（图 15-4-1）。无论从功能组合还是平面及外观设计上，这个官营市场兼住宅建筑都堪称现代主义作品。

第四种方法是连锁商店街的建设。这也是集小资本为规模化资本的一种城市商业建筑开发方式。与官营市场不同，投资者为个人商店，满铁为赞助方，在批租土地申请时给予了协助。并且，这里的“连锁”并不是指当今意义的同一个公司下面的同类分店，而是指小卖业主联合起来，形成无论是资本还是店铺街景都一体化的情形。就沿街店铺而言，它与遍布东南亚及中

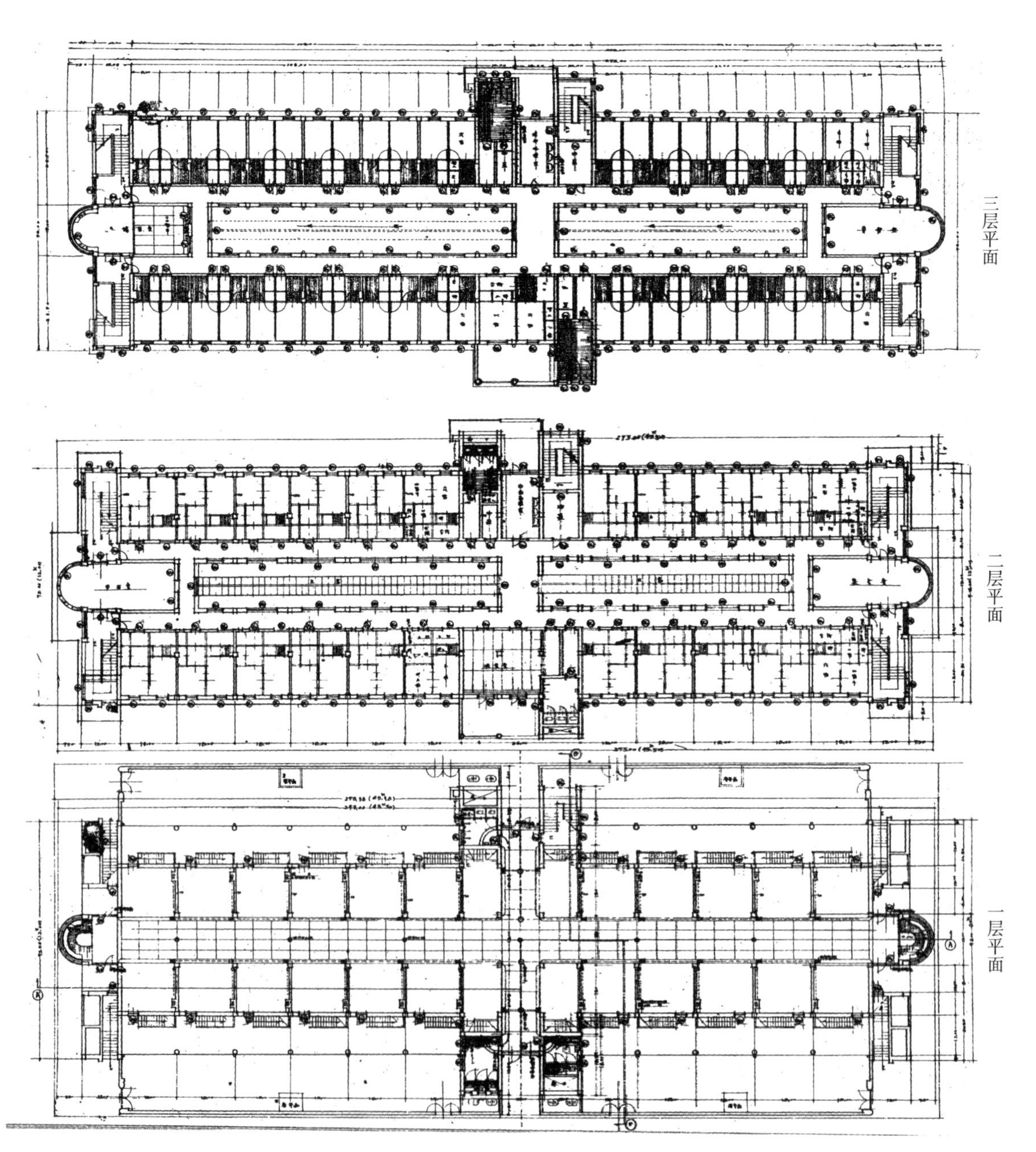

图 15-4-1　大连市官营市场平面图
来源：满洲建筑杂志 . 1936（7）.

国南方各地的 Shophouse 式的开发方式类似。但是，它比其他 Shophouse 的开发更综合以及更现代。19 世纪初新加坡街屋开发把传统商店个体的建设行为变成统一建设方式，街屋建成之后再出租或出售，即转变为近代式土地经营方式。但是，这样的开发还仅仅限于临街的店铺建筑，同一街坊（Block）内部仍然是各自自行建设。而大连连锁商店街的统一开发，不仅仅针对沿街建筑，而是对整个地块综合性开发，它象征着城市近代化综合性开发的历史开端。这些特点具体表现在由建筑师统一设计，并且附设复合功能的公共建筑。除了店铺、住宅以外，还有可出租的公寓住宅，可供居住及办公的铺面房，此外，连锁商店街中还设计了电影院、公共浴池、大饭店、咖啡店、酒吧等娱乐、休闲功能建筑，甚至附设了长途汽车站，开拓了现代综合性商业区开发模式。

以上四种开发方式，前两种开发方式在世界各地普遍存在。如果以建筑空间构成分类，第一种和第二种开发方式的商业建筑并无根本区别，都是根据资本规模建设一栋单体建筑。后两种开发方式是在关东州和满铁附属地出现的比较独特的开发方式。为什么在日本侵占的大连出现了连锁商店街这种独特的开发方式？它的开发模式来自于哪里？如何取得开发的土地以及资本？它们有怎样的空间构成？在下一小节对这些问题作一解答。

（二）大连连锁商店街的综合开发模式

从 20 世纪初到 1920 年代，大连小商店店主大多靠租赁店铺营业。但是房租昂贵，小卖业的盈利往往被房租抵消，所剩无几。特别是第一次世界大战结束的 1918 年左右，大连经济形势好转，房租高涨，房价甚至比东京和大阪还要高一倍多。因此，小卖业盈利微薄的困境进一步加剧。

不仅是小卖业，也不仅是在大连，这一时期，关东州、满铁附属地甚至日本本土都存在着住宅不足的问题。为了解决这一社会问题，日本政府于 1921 年出台了《住宅组合法》。[①] 这个法律的目的是鼓励中产阶层自力更生建造私人住宅，为此，国家提供 15 年至 20 年的长期低利率贷款。但是它资助的对象不是个人，必须是团体，以此增强信用。所谓的团体就是希望建造私人住宅的人们所结成的一个“组合”。[②] 另外,这个政策不资助以出租盈利为目的的住宅建设，它的根本目标是协助个人建设自己家庭使用的住宅。合法地成立“组合”之后,就可以以“组合”的名义申请建设用地以及低利率贷款。[③] 关东州马上追随日本本土的做法，从 1922 年开始实施《住宅组合法》。

利用这个制度，1922 年大连浪速通以及附近盘城町（今天津街西段）的 40 余家商铺自发地联合起来，协商合资建设统一的商店街，并于 1923 年创立了正式的“建设资金积金组

① 大正 10 年法律第 66 号，1921 年 4 月 12 日公布。
② 日语“组合”的意思是以某种共同利益通过契约结成的共同事业体。虽然有些文章中翻译为“合作社”，但是由于两者的内涵不尽相同，因此使用了原有词汇。
③ 杉山貴久，昌子住江．住宅組合に関する基礎的研究 // 土木計画学研究講演集．2000，23（1）：147-150.

合”。[①] 所有加入了组合的店铺必须从每天的盈利额中上缴一部分资金，作为将来建设资金的存款额。而建设预备用地选中了关东厅管下的木材场，小卖商人组合从 1922 年开始多次向关东厅提交请愿书，恳求把这块土地出售给小卖商人组合以作为新商店街的建设用地使用。

另一方面，满铁在大连城市规划中，本来就把浪速通及其附近街区规定为商业区，在长远计划中还打算在浪速通北面新建火车站，因此非常支持小卖商人们的自发建设运动。满铁打算配合商人们的活动，建造一个新的商业中心区，因此在提供建设土地方面，给予了积极的支持。预定建设用地如果按照正常土地价格出售，即使关东厅同意把土地卖给小卖商人组合，商人们积攒的建设积金也远远不够。在满铁的促成下，关东厅终于在 6 年后的 1928 年同意把其管辖的木材场无偿借给小卖商人组合以作为建设用地，同时满铁也把与关东厅木材场相邻的、满铁所有的苗圃无偿借给小卖商人组合，这样得到了土地面积为 2.95 公顷的建设用地。

得到批租土地之前即 1922 年以来，小卖商人组合就与满铁积极配合，共同商讨商店建设计划。小卖商人的初衷是拥有自己有房地产权的店铺和住宅，而商店街的整体如何规划，业种不同的店铺如何设计，商业区的市政设施如何配置，这些已经超出商人们的能力所及。于是，关于商店经营方面，由满铁出面邀请了东京著名商店经营研究家清水正巳作为“满铁委托大连连锁商店顾问”。[②] 清水正巳是当时日本商店经营杂志《商店界》的总编。《商店界》于 1920 年创刊，以清水正巳为首，面向日本的商店经营者和实业家积极地介绍欧美的广告（包括橱窗布局）方式、顾客服务方式、百货店、连锁店等经营方法。[③] 他本人在 1921 年实地考察了美国商业之后，出版了《美国的商店与日本的商店》。[④] 来大连当顾问之前，清水已经出版了 6 册关于商店经营的专著。[⑤] 由于清水熟知美国综合性商业开发模式，所以他提出了对大连连锁商店街进行具有复合性商业功能的开发建议。不仅建设商店，还附设了电影院、公共浴池、大饭店（中华料理店），这是小卖商人们原来没有的经营项目，因此新设的三项经营项目由小卖商人组合合资投资，共同经营。此时，“建设资金积金组合”改组为“连锁商店合资会社”，成员已经达到 87 名。[⑥] 各成员要出两份积金，一份为自家店铺的建设资金，另一份为连锁商店街共同财产出资，按照每月交款的方式积累资金。[⑦]

清水正巳对橱窗布置、店铺布局、顾客行为方式的研究成果也反映在大连连锁商店街中。清水对设计人宗像主一的店铺建筑设计进行了非常详细的专业指导。[⑧] 因此，虽然连锁商店街在外观上很统一，但是在每一个店铺的平面布局、橱窗位置、入口流线、店铺立面等方面各有特色，顾及到了因业种不同对空间的不同需求。在 1926 年，清水正巳以大连连锁商店街为对象，

---

① 原文为“建设资金积立组合”。

② 滿洲建築協会雜誌 . 1929（6）.

③ 商店界 . 1924（2）：42–43. 另外，清水正巳在战后日本也是积极推行郊外大型超市、连锁店等现代化商业经营方式的核心人物。

④ 清水正巳 . 米國の商店と日本の商店 . 東京：白羊社，1921.

⑤ 清水正巳 . 現代式経営と店員の使ひ方 . 東京：佐藤出版部，1919；洋品雑貨店繁昌策 . 東京：白羊社，1922；實例商賣繁榮策 . 東京：白羊社，1923；賣出しと商略（4 版）. 東京：商店叢書刊行會，1925；等等。

⑥ 長永義正，大連商店会 . 昭和 10 年（1935 年）7 月調査—大連市における営業分布に関する調査 . 大連：大連商工会議所，1936：66–79.

⑦ 1931 年后，由于店主依然希望个人持有店铺产权，各店铺买断店铺产权，而“连锁商店合资会社”再次改组为“连锁商店株式会社（即股份公司）”，专项经营共同财产即电影院、公共浴池和中华料理店。

⑧ 宗像主一 . 大連連鎖商店の設計について . 滿洲建築協会雜誌，1931（1）：1–9.

在大连出版了《商店经营法改善方针》一书。[①]

当时在大连开设建筑事务所的宗像主一承担了大连连锁商店街的建筑设计。宗像于1919年在东京帝国大学（今东京大学）建筑学科毕业。之后直接进入大连的中村建筑事务所工作。中村与资平在1917年3月创办了中村建筑事务所大连分所，第一个作品是朝鲜银行委托设计的大连支店，其后的主要作品有奉天公会堂（1919年施工），开原公会堂（1920年竣工）以及朝鲜银行长春支店（1920年竣工）等。1921年3月中村自费去欧美游学，1922年归国后把事务所本部从朝鲜的汉城迁回日本，并于同年4月把大连分所转让给宗像，此后宗像改事务所名称为中村宗像建筑事务所。[②] 开始独立主持事务所时，宗像只是一名刚毕业三年的新手，在巨大组织满铁建筑课称霸的满洲建筑界，主持民间事务所的他可谓是无名之辈。但是这个事务所擅长设计银行及商业建筑，由其独立设计的横滨正金银行奉天支店（1925年竣工）使建筑师宗像主一本人名声大振，而大连连锁商店街的设计是显示其实力的又一力作。连锁商店街于1928年6月开始施工，1929年11月大部分完工，1929年12月开业。[③]

（三）连锁商店街的建筑功能及空间构成

连锁商店街建设地块东临大连河（今青泥街），西临电气游园（今友好街），北临今长江路，南邻今中山广场的10条放射性主干道之一中山路，当时这条大街有路面电车站和公共汽车站，交通便利。连锁商店街基地总长东西约250米，南北约160米（图15-4-2）。

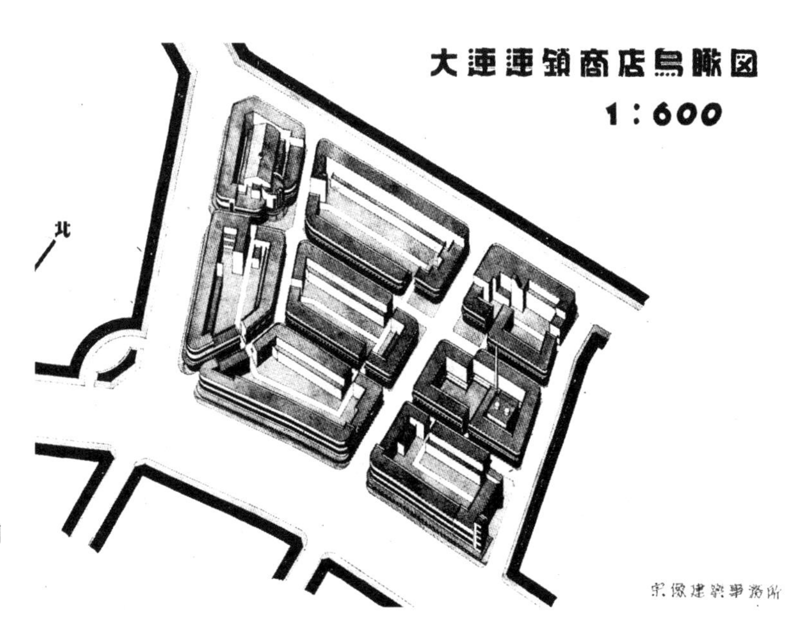

图15-4-2 大连连锁商店街鸟瞰图
（宗像主一，1928–1929年）
来源：满洲建筑协会杂志.1931（1）.

① 清水正巳講述.商店經營法改善の指針として.大連：南滿洲鐵道株式會社，1926.
② 西澤泰彦.東アジアの日本人建築家：世紀末から日中戦争.東京：柏書房，2011：110–111.
③ 1930年10月全部工程竣工。根据：大连连锁商店建筑工事概要.大连：满洲建筑协会杂志，1931（1）.

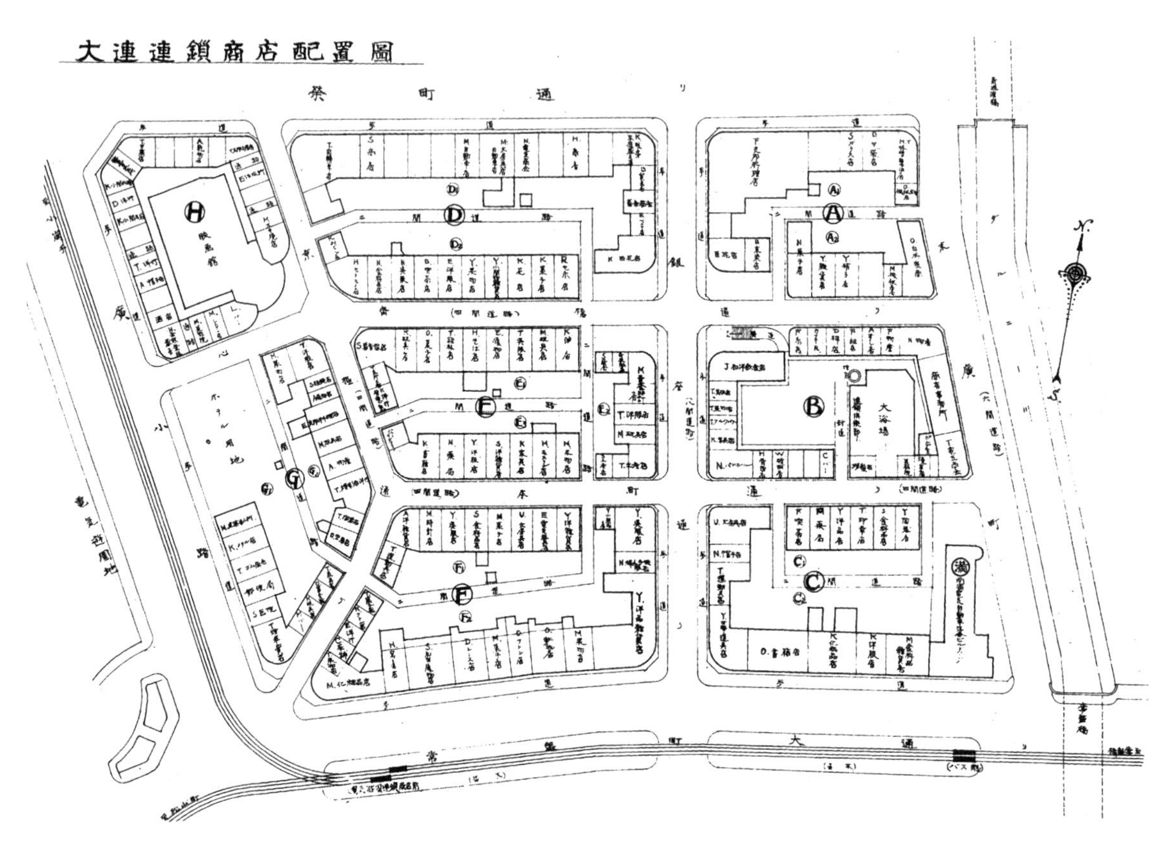

图 15-4-3　大连连锁商店街总平面
来源：满洲建筑协会杂志 .1931（1）.

在连锁商店街基地中，关东厅木材场与满铁苗圃之间的原有南北向小路被设计成街区内部的中心街道，命名为银座通，街道也最宽，达到 14.5 米（8“间”），并且街道两侧都设有大挑檐的步行道。除了银座主街，另外设计了三条道路把连锁商店街划分为 8 个区域，三条街道的宽度均为 7.3 米（4 间）。各区用 A、B、C 命名，从东北角开始为 A 区，依次向南、向西排列，最后的 H 区在西北角（图 15-4-3）。为了便于分辨街道的方向，南北向三条新街的名称都是东京的繁华街名称，如广小路、末广町、[①] 银座，只有一条是京都的繁华街名即京极通。而东西向的两条街道使用了大阪繁华街的名称即心斋桥通和本町通。从 A—H 的每一个区域再用宽度为 3.6 米（2 间）的小路分隔为两到三个部分，亦即每一个区域中有两到三栋建筑。每一栋建筑按照 A1，A2 或者 E1，E2，E3 的方式命名。与城市主要干道相邻的建筑设计为 3 层，其他为 2 层。店铺按照竖向分户，即从一层到顶层为一家所有。

连锁商店街总共有 200 家店铺，商店的经营内容也应有尽有，如洋服店、和服店、鞋帽店、文具店、瓷器店、贵金属（金、银等）店、乐器店、钟表店、药店、米店、烟酒店、美容店、化妆品店、咖啡店、酒吧等，另外还有邮局和医院。为了使店铺平面布局能够满足不同功能需

① 以上为东京上野的商业街名。

求的商店，通过召开店主参与的座谈会，[①] 让店主提供了自己所需要的平面形式，之后又有专家清水正巳的指导，经过多方面的协商，宗像主一把一般规模的店铺定为开间 7.3 米（4 间）、进深 12.7 米（7 间），这种规模的店铺占绝大多数。[②] 另外，为了适应不同行业需要，设计了比标准规模更小或者更大的店铺。如 B 区、H 区和 C1 栋主要布置小规模店铺，店铺面宽为 4.5~5.5 米（2.5~3 间）、进深为 9 米（5 间）。在各区的转角处以及 C2、F2、G1 栋里设计了最大规模的店铺，店铺面宽达到 9~10.9 米（5~6 间），而且这里的店铺都是 3 层并设有地下室，无论是平面还是纵向都是最大规模。[③]

各店铺的平面布局原则是临街一层为铺面，后部设厨房和厕所以及通向二层住宅的内楼梯。二层住宅是供店主使用的家庭住宅，标准大小为两室一厅，即有 6 帖（9.72 平方米）和 8 帖（12.96 平方米）两个房间和一个厅（广间）。有 3 层的店铺，把第三层的房间当作预备房间，根据需要可做居住、工房或者仓库使用。

（四）城市设计与城市效应

1. 连锁商店街的城市设计

虽然连锁商店街的单元设计以店铺为主，但是商店街的功能并不是单一的小商店联合体，而具有更宏观的商业功能组合和城市性设计。首先，与店铺相同的空间单元也可以作为办公用房使用。设计人宗像主一本人在连锁商店街落成以后就把事务所搬到了 G 区。不仅如此，连锁商店街的 H 区三层还设计了 16 套供出租使用的公寓住宅。

除了单体建筑设计以外，连锁商店街在处理与周围城市街区的空间关系时还尝试了城市设计的手法。连锁商店街的挑廊步行街正是从这个角度出发而诞生的构想。在连锁商店街临城市干线道路的街面，考虑到过宽的街道不能集聚人流，为了解决这个问题，在临城市干线的商店街面全部设置了出挑屋檐，其下形成遮阳避雨、风雪无阻的舒适的步行道，以此吸引客流。而且出挑屋檐很深，宽度达到 3~4 米。同时，为了解决因大出挑造成采光不足的弊端，又在挑檐棚顶按照一定间隔设置了 1 米见方、镶嵌特殊玻璃的天窗。特殊玻璃是宗像主一设计的棱镜玻璃（prism glasses），以便使光线能够曲折反射到店铺内部（图 15-4-4）。南满洲玻璃公司承制了棱镜玻璃生产。而且，为了营造商业气氛，有些店铺的挑檐天窗使用了彩色玻璃。

实际上，当时的大连建筑法规不允许建造如此大出挑的挑檐，[④] 通过设计人宗像主一的交涉，解释这是促进商店街繁荣和美化城市景观的必要措施，最后得到了例外的许可。建成后取得了非常良好的效果。

连锁商店街的西侧是电气游园（电动游乐场），因此，另一个城市设计的举措就是利用地

① 商店建築座談会記 . 滿洲建築協会雜誌，1929，9（6）：122.
② 宗像主一 . 大連連鎖商店の設計に就いて . 滿洲建築協会雜誌，1931，11（1）：1–9.
③ 大連連鎖商店建築工事概要 . 滿洲建築協会雜誌，1931，11（1）：10–14.
④ 不仅限于大连，关东厅和满铁制定的建筑法规中，普遍有防震要求，建筑高度也不得超过 30 米。

图 15-4-4　大连连锁商店街步行街（左）
来源：满洲建筑协会杂志 .1931（1）.
图 15-4-5　从连锁商店街通往电动游园的地下道入口（右）
来源：满洲建筑协会杂志 .1931（1）.

下通道把两者连接在一起。地下通道设在心斋桥街道的西端，从这里可以直接进入西侧的电动游乐场（图 15-4-5）。

连锁商店街的另一个城市设计是 B 区、C 区与 C 区东侧满铁新建的汽车站的空间关系处理。首先，B 区和 C 区所在位置紧邻大连河，原本是低洼地。所以，利用原有低洼地形，因地制宜地把 B 区和 C 区的中庭设计为下降 4 米的下沉广场，并且两者通过地下通道连接。B 区的下沉中庭成为地下一层店铺的集散广场，而 C 区的地下室主要是仓库，下沉中庭留给 C 区东侧的长途汽车站做人流疏散。

在大连连锁商店街中，对三大公共建筑即电影院、大饭店和公共浴池以及长途汽车站的综合开发，保证了商业新区的聚客能力。这正是大连连锁商店街从城市功能角度进行商业开发的成功之处，也是它最具有时代前卫性之处。

电影院安排在 H 区店铺围绕的中庭里，总建筑面积达 2209 平方米，最大可容纳 1200 人。根据相邻街道名，把电影院命名为常盘座[①]（亦称常盘馆）。电影院地上 3 层、地下 1 层，观众席设在一、二层，根据“大连连锁商店建筑工事概要”，按照通常的座位排列方式，一层为 609 座，二层为 256 座，另外有贵宾席等特殊座席 80 个，合计 945 座。在更换座位排列方式的情况下可容纳 1200 人。地下室有音乐控制室、解说室、浴室、电机房、仓库等（图 15-4-6）。一、二层都设有宽大的休息厅，里面设有四个小卖店。

常盘座虽然名为电影院，但在一层舞台前面设有下沉乐池，实际具备了影剧院的综合功能。建成以后，也确实在这里上演过各种剧目。在大连，虽然在 1890 年代就有中国人实业家纪凤台建造的中国剧场，以及 1908 年竣工、冈田时太郎设计的歌舞伎座（日本剧场），但是近代化

① 日语中“座”意思为剧场，如歌舞伎座。

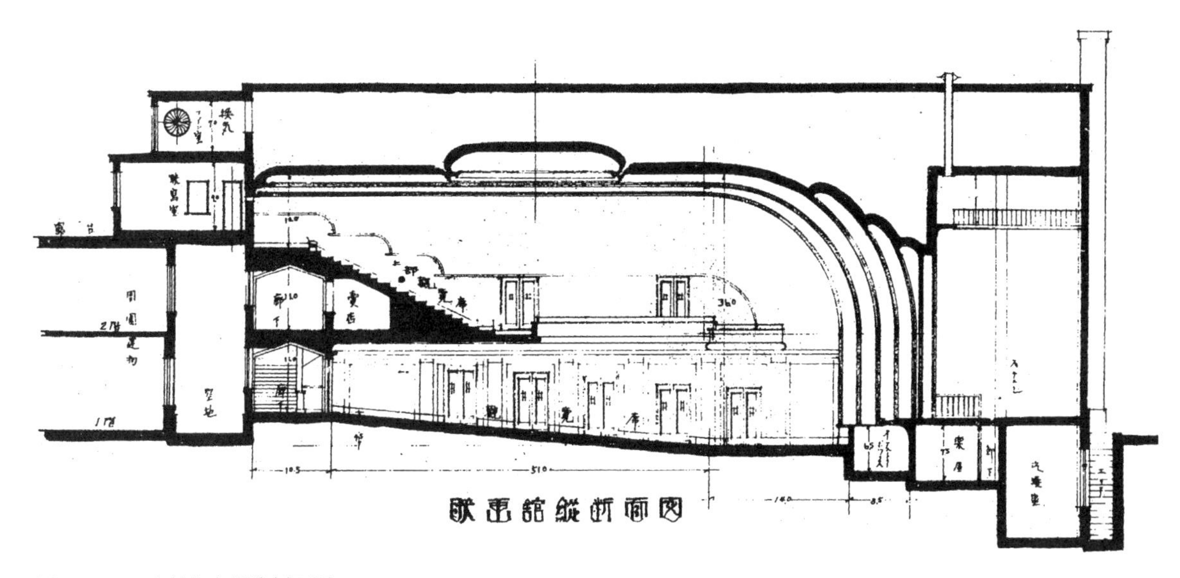

图 15-4-6　连锁街电影院剖面图
来源：满洲建筑协会杂志 . 1931（1）.

观演厅直到 1927 年才出现，它是大连协和会馆里的多功能大厅，有 1085 个座席，但它还不是专业的影剧院。因此两年后竣工的常盘座可以说是大连第一座现代化的影剧院。[①]

连锁商店街里另一个大型公共建筑是中华料理店。它设在 A 区的西北角，共 3 层外加一层夹层，总建筑面积达 1967 平方米。一层餐厅以散客为对象，有大、中，小三种规模的餐厅，并设有外卖部，二、三层为中规模餐厅，但餐厅间的分隔墙做成了可动式，可以根据需要开放为大宴会厅，另外还设有和式雅间。附属用房除了必备的厨房、仓库、配膳用电梯间等，还特别设计了职工宿舍和供职工们使用的澡堂和洗衣房。

浴池是连锁商店街里另一个大型公共设施。连锁商店街的店铺，除了根据个别店铺的特殊要求单设了浴室和温室以外，一般的店铺兼住宅建筑里没有浴室。因此，在 B 区里安排了一天可容纳 1000 人次的公共浴池。这里除了有男女浴池以外，还把大人浴槽的三分之一用安全扶手隔开，做成浅水池，供儿童使用。浴槽中央为喷水塔，以此混合冷热水。浴室的内部装修使用了瓷砖和马赛克。此外，还设计了 6 个可供家族单独使用的小浴室。大浴池的楼上是职工住宅。

最后一个公共设施是汽车站。它设在 C 区东侧，是大连开往金州、旅顺的长途汽车站，由满铁下属的南满洲电业株式会社投资建设。虽然出资方不是连锁商店街的商人们，但是，为了增强连锁商店街商业中心的功能而特意选择这一地块统一建设，把汽车站与连锁商店街作为一个整体进行了规划与设计。

2. 综合商业区的环境设备设计

连锁商店街的现代化商业街区综合开发取得了成功。近代建筑技术以及设备技术是促使

① 中华人民共和国成立后也作为影剧院使用。

它走向成功的重要条件之一。如果没有技术的支撑，所有规划与设计只能是纸上蜃楼，或者是虽可完工，但不能长期良性循环运转。连锁商店街在建筑技术方面，使用了当时国际上最先进的技术。首先，建筑结构采用了钢筋混凝土框架结构，楼板和平屋顶均为钢筋混凝土结构，填充墙使用了空心砖，外墙贴面砖。在店铺内部，完全不设柱子，大店铺用井字梁支撑楼板。这项工程的建筑结构的难点是电影院。首先，观众厅的梁的跨度达到20米。而比这个大跨度更具有技术含量的是桩基处理。电影院的位置处于原来的低洼地，人工填埋的地基地耐力不够，所以打入了130根直径为420毫米的基桩。这项特殊施工由日本著名的桩基施工公司东洋Conpresol株式会社[①]承担。

在冬季寒冷的东北地区，建筑供暖系统是又一巨大的基础设施工程。满铁认为供暖设施的近代化程度标志着城市文明程度，所以在20世纪初，直接学习俄国人留下的"宾其卡"（壁炉）供热做法，在1910年代在城市中开始使用蒸汽采暖供热系统。大连连锁商店街的供暖设施委托德国人技师梅耶（J. V. Mayer）设计。

梅耶于1929年4月接到设计委托，而完工期限是当年的11月。这是为了赶上当年12月开业计划。梅耶本人讲这样短促的时间，一般来说，只够设计一幢建筑面积500平方米的独立式住宅的供暖系统。而连锁商店街总建筑面积达38000平方米，不仅有店铺，而且有电影院、公共浴池这样的大型公共建筑，而且建筑群分8个区，设计难度很大。当时，以小规模的建筑群为单位，各自单独设置锅炉的做法最为普遍。可是，梅耶考虑到连锁商店街将来会变为市中心，8个区各自单独设置供暖系统，就意味着会出现八个烟囱林立的局面，不利于城市美观与空气卫生。因此，尽管有热损失，梅耶采用了集中供暖的方式，把热水锅炉安排在B区公共浴池的地下室大厅，通过地下管道向各区供暖。并且，梅耶巧妙地利用原有地形东低西高的落差，配合地势设计了供水循环管道，加之日本大仓组等施工单位的精确施工技术，使得供暖系统非常成功。[②]

连锁商店街电气设计委托了本街的中村电气工业所。中村设计了从南满洲电气株式会社的天川发电所及滨町发电所两处送电系统，出故障时，另一处马上可以替换送电，解除停电的后顾之忧。除了店铺等室内照明以及电影院的特殊照明之外，还设计了室外照明的路灯系统。并根据各条街道的特性，安排了不同照度及形式的路灯。[③]

3. 建成后的城市效应

在满铁附属地的其他城市如奉天、鞍山、丹东、抚顺等虽然也有连锁商店街，但是把店铺与城市化公共设施合为一体进行开发的只有大连。这一新商业中心的开发，其最具现代意义的举措就是一同建设了电影院、大型中华料理店、汽车站等公共建筑。通过这些设施达到了聚集

① 大连港各种建筑物的海水中的基础、长春满铁附属地水塔也由这个公司施工。二战后与其他公司合并改组成立了新公司，至今仍走在日本桩基础施工技术的前列。
② J. V. Mayer. 大連連鎖商店中央暖房装置に就いて . 滿洲建築協会雜誌，1931，1：15-18.
③ 中村備男 . 連鎖商店電気設備ニ就イテ . 滿洲建築協会雜誌，1931，1：19-20.

图 15-4-7　三越百货店外观
来源：满洲建筑杂志 . 1937（12）.

客流的效果，使得新开发的商店街能够迅速地成长为有人气的新中心。而且，这里不仅有长途汽车站，路面电车、公交汽车在连锁商店街四周的街道上也有几个停靠站，为来往顾客提供了必要的城市公共交通手段。这种开发手法，即使对今天，也依然具有启发意义。

连锁商店街的综合开发不仅有利于它本身，而且对大连的城市商业发展起到了积极的推动作用。首先，连锁街综合性开发使得这里变成凝聚其他商业设施的磁场。最著名的一例就是大连最高级的百货店——日本三越百货公司大连分店从原来的山县通（今人民路）迁移到连锁街南干线道路的对面，建筑面积比第二代百货店扩大了三倍，达 7363 平方米，地下 1 层，地上 5 层，1937 年竣工（图 15-4-7）。[①] 在功能上也如连锁街一样，不仅有百货销售功能，还在三层增设了 300 席位的大餐厅，在五层新设了可容纳 300 人的观演厅，在这里可以演剧、放电影。在塔楼顶层设有瞭望台，平屋顶上有当时在日本本土百货店流行的屋顶花园。[②] 如同连锁街一样，商业建筑不仅有购物功能，还集游乐和休闲功能为一体，这种开发方式成为 1930 年代的主流。

另一个搬到连锁商店街附近的大型公共建筑是大连新火车站。大连的旧火车站是 1907 年建造的木结构临时性火车站，靠近今胜利桥附近北侧，而且车站的出入口朝向北部原俄国人规划的行政区（日占时期称俄国区）。这是因为在 1907 年，只有铁道以北的街区已经建设成型，线路以南还是一片野地。之后，满铁虽有新建计划，但都未能实现，导致三十年间大连都没能够建造新车站。另外一个远因是对当时的外国人来说，大连港客运码头才是从海上踏入东北的第一个“正入口”，所以大连火车站没能受到如同其他城市那样的重视。但是，到了 1930 年代，大连市的主要市区在铁道线路以南及以西发展，而木结构的火车站还是 1907 年时的旧状，与城市发展需求相悖。

① 西村大冢联络建筑事务所设计，高冈组施工。
② 满洲建築雑誌 .1937，17（12）：卷首 .

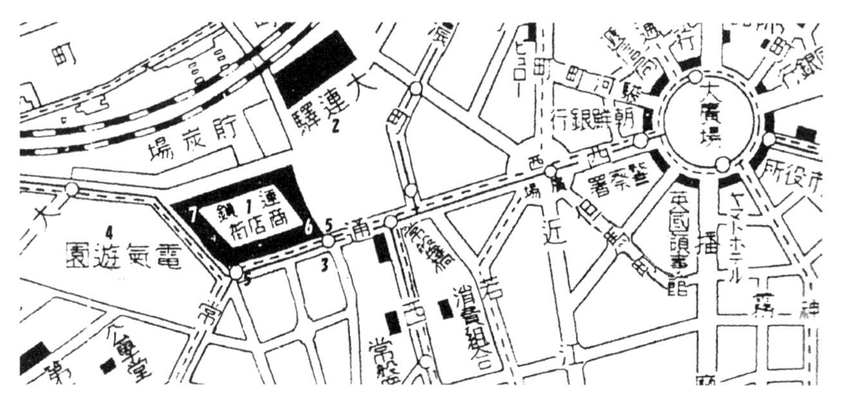

图 15-4-8　大连连锁商店街附近地图
来源：底图为大连市街图，引自：中国商工地图集成．柏书房，1938：18. 图中文字及数字为作者加注，分别为：1- 连锁商店街；2- 大连火车站；3- 三越百货店；4- 电气游园；5- 路面电车站；6- 长途汽车站；7 - 常盘座电影院．

图 15-4-9　连锁商店街 F 栋外观
来源：满洲建筑协会杂志．1931（1）．

新火车站从原来的位置向西移动了一公里，建于连锁商店街的北面。由当时满铁建筑课太田宗太郎设计，于 1937 年 5 月竣工，总建筑面积达 14000 平方米。1911 年竣工的满铁奉天站（今沈阳南站）与东京火车站非常相似，这是因为东京站设计人辰野金吾是奉天站设计人太田毅的老师，两建筑的设计时间也在同一时期，更具体地说，太田毅采用了英国安妮女王风格的"辰野版"。[①] 不过东京站因为规模巨大竣工时间比奉天站晚。而大连新车站与东京上野站在外观上颇为相像。上野站由日本铁道部设计，1932 年 4 月竣工。比起上野站，大连站的乘客流线立体分流设计更为现代，这里把出发（候车）大厅设在二层，到达大厅设在一层，这是交通建筑，特别是在机场设计中使用的分流方法，二战之后才普及，因此大连新火车站的流线设计非常前卫。大连站候车大厅宽 71.5 米，深 22 米，面积为 1500 平方米，最多可容纳 2000 人，是东京上野站大厅的两倍半。另外，大连候车大厅的最大柱间距达 36 米，所以它的结构设计也非常超前。

大连火车站的迁移，使得连锁商店街成为名副其实的站前商业街（图 15-4-8）。它们与三越百货店、常盘座电影院、长途汽车站等一起构成了大连市内大型综合商业区（图 15-4-9）。

① 西泽泰彦．日本殖民地建筑论．名古屋：名古屋大学出版社，2008.

二、大连轨道交通与郊外住宅开发

（一）大连市内轨道交通建设

大连近代时期的市内轨道交通，日语文献中称“电气铁道”，俗称路面电车。1908 年满铁制定了全长 21 公里的有轨电车建设规划。1909 年 5 月开始建设轨道宽 1.435 米的标准轨道路线，以及制造路面电车车辆。1909 年 9 月 25 日，从城市东端的港口码头（今大连港码头）到西端的“伏见台”长约 3.2 公里的电车开通，东西线路面电车开始正式营业。[①] 在同一天，满铁建设的大连电气游园也开业，其位置在“伏见台”，因此，此后站名改称电气游园站（1980 年代的大连动物园）。大连路面电车的车辆比日本国内的大，一辆车的定员为 72 人，开两个门，一半为上等坐席，一半为一般席位。

1910 年东西线延长到中国人街区西岗子以及工厂区的沙河口。1911 年再次延长到海滨疗养地星浦（今星海公园）。直至 1925 年，路面电车分别延长到南部的黑石礁以及老虎滩。到了 1926 年，市内轨道交通建成 9 条路线，全长达 67 公里（图 15-4-10）。同年，满铁成立了下属

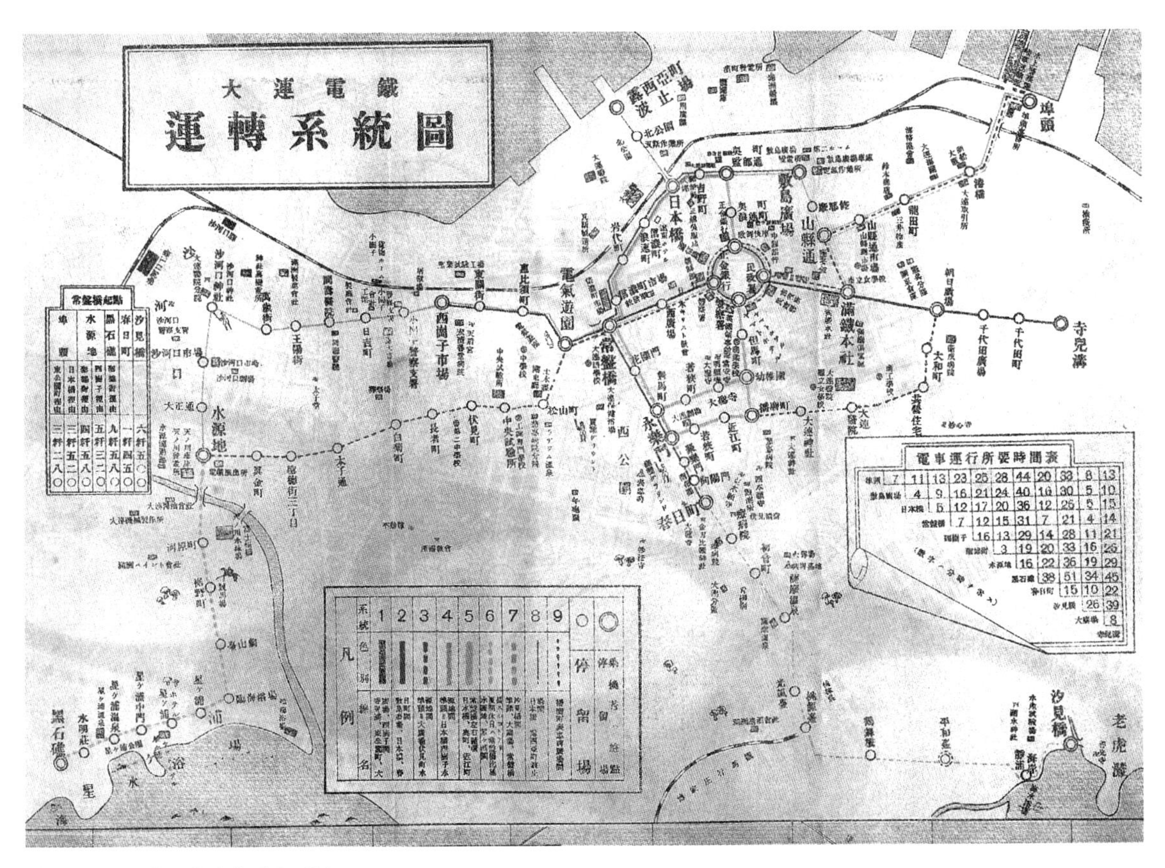

图 15-4-10　大连市内轨道交通图

来源：南满洲铁道株式会社发行 . 大连市街图，1925.

① 大連の市街及び港湾建設 . 満洲建築協会雑誌，1929（5）：49-52.

公司“南满洲电气株式会社”，管理城市供电以及轨道交通。这个公司在1928年开始经营市内公共汽车交通系统。[1] 1931年路面电车增加到11条路线，有129辆电车车辆，中日籍公司职员各半，合计约1250人。1930–1940年代，无论是路面电车路线网在城市的覆盖面，还是电车线的总长度，大连的轨道交通堪称近代中国最发达城市之一，与同时代的日本大都市相比也毫不逊色。当然，完备的城市交通网也不能抵消其殖民城市的性质。例如，大连路面电车采取了一些活跃市民近代化生活的经营方式，如在夏天增加“乘凉电车”临时路线，方便大众夏日去海滨游玩。但是与此同时，在码头到“大正广场”（今沙河口）之间设置了劳工专用线，车辆为橘色，区别于普通的绿色车辆，普通车价为5分钱，劳工车价为3分钱。

大连轨道交通建设对城市发展起到很大的引导作用。在轨道交通之前，流行于中国各大城市的人力车是大连城市交通的主要手段。但是，由于大连的自然地形起伏多变，人力车的运送能力大打折扣。可以想象，没有电车交通的话，城市建设规模必定局限在市中心极其狭小的区域内。1920年代，大连轨道交通路线翻山越岭，延伸到今星海公园、黑石礁、傅家庄、老虎滩，连接了南山北面的市中心区和南山南面的观海、休闲的海滨区域，为开发南山以及南山以南的郊外住宅区提供了必要的交通条件。

（二）1920年代“田园城市”思想影响下的大连郊外住宅开发

第一次世界大战结束以后，经济复苏，大连人口激增，出现严重的房荒现象。在这样的社会背景下，关东厅于1918年公布了官有地拍卖规则。在此规则之前，官有地只可以租赁，不能买卖。1919年8月追加了“关东厅确认某项土地买卖有益于公共、公益或者保护产业之目的的话，可以根据需要签约卖地”[2] 的条款。这就为民间住宅开发商获得土地大开了绿灯。之后，活跃在大连的民间房地产公司如大连郊外土地株式会社、星浦土地建物会社、中央土地株式会社都是根据这一条款购买了开发住宅区的用地。此外，大连市也利用这一制度进行了南山麓的住宅开发。

大连市政府最先着手郊外住宅开发，1921年开辟了南山麓市营住宅区（今大连七七街南、五五路西）。当时此地叫谭家屯，在大连市区外，属于关东厅管辖之地。大连市政府借用了约3200余坪（约1.1公顷）土地作为第一期工程用地。1922年计划建造甲种住宅（建筑面积约90平方米）10户、乙种（建筑面积约79平方米）20户、丙种（建筑面积约67平方米）50户、丁种（建筑面积约46平方米）80户，单身住宅（建筑面积约16.5平方米）30户，[3] 公共澡堂一处。建设市营住宅的目的是为了扶助中层居民，因此住宅面积比同等级的满铁社宅小，规格也比满铁社宅低。

---

① 1933年，电气事业与市内交通事业分离，新成立“大连都市交通株式会社”专营大连的轨道交通及公共汽车事业。
② 大連の市街及び港湾建設．滿洲建築協会雜誌，1929（5）：13.
③ 大連市役所．大連市営住宅に就いて．滿洲建築協会雜誌，1922，7：32–42.

1922年满铁大连社员成立了“大连共荣住宅组合”。所谓的“住宅组合”指组员共同出资，向日本国内的银行申请低息住宅贷款，之后购买土地，自主建房的方式。满铁社员的“住宅组合”由满铁公司做担保人，因此贷款和借地都非常顺利，是“住宅组合”中的佼佼者。1922年7月“共荣住宅组合”向关东厅申请土地，借到南山麓大连市营土地东侧（今大连七七街南、五五路东、望海街北）约6.6公顷（2万坪）的土地。之后在满铁公司内召集愿意自主建房社员报名，第一期建设了135栋独立式花园住宅，设计者是从满铁建筑课独立出去的横井谦介的横井建筑事务所。[①]为了第一期工程，横井事务所迅速地提出了各种规模的60种方案，通过与组合成员的协调，最后确定了20种方案为实施案。在这里也充分运用了满铁社宅的标准化设计的经验，方案分A、B、C三种，均为两层。宅基占地面积A为330平方米（100坪）、B为297平方米（90坪），C为264平方米（80坪）。在21世纪的今天，日本大城市中产阶层的独立式住宅位于市中心的宅基地一般在20坪、位于郊区的一般在60坪左右，可见当时大连共荣住宅组合的住宅规模之大。为了预留宅基里的花园部分，设计总原则为一层建筑面积必须控制在基地面积的三分之一内，因此A、B、C种住宅一层建筑面积分别为115.5平方米（35坪）、99平方米（30坪）、82.5平方米（25坪）。而总建筑面积分别为A种165平方米（50坪）、B种148.5平方米（45坪）及C种132平方米。A种住宅平面一层布局为洋式客厅18帖（29平方米）、起居室16帖（26平方米）、洋式房间一间8帖及厨房等附属用房，二层有起居室14.5帖、客房16帖（附设家具）、厨房及餐厅13帖（附壁橱）、佛堂3帖以及佣人房间。B种和C种平面基本构成与A种相同，只是房间面积略小。

各栋住宅外观为简洁的西洋楼。为了避免135栋独立式住宅外观雷同，建筑师再次运用了满铁时代的设计经验，通过变换门廊、窗户细部增加组合类型，或者根据朝向反转平面等方式增加平面种类，或者根据用户要求增建子女房间、温室（日光室）等，因此A种有6种、B种有8种、C种有4种平面。利用18种平面，再根据环境进行不同方式的组合，使得135栋住宅建筑的景观既统一又富有变化。

根据设计人横井谦介的自述，大连共荣住宅组合的住宅区开发受到了两种思潮的影响。一个是1918年在日本召开“生活改善展览会”之后流行起来的“生活改善运动”，亦即主张摈弃传统和式生活中的“不良”习惯，最根本地表现在改榻榻米式生活为西洋式使用桌椅的生活。这一运动也涉及建筑界，兴起“住宅改良运动”。1920年日本文部省组织了“生活改善同盟会”，其下分住宅、服装、礼仪等分会。住宅改善委员会于1920年发表了住宅改善方针，具体内容为①摈弃跪坐的生活方式，室内改用桌椅；②摒弃住宅以接待客人的客厅为本位的格局，改为以家庭生活为本位；③住宅设备要做到实用便利；④庭园要有实用性；⑤设置实用性家具；⑥奖励集合住宅与田园都市建设。[②]

共荣住宅组合的住宅平面虽然依然保留了一些和式房间，但是使用桌椅家具的洋式房间比

① 横井謙介．大連共栄住宅組合新築工事概要．滿洲建築協会雜誌，1922，7：52-67.
② 内田青藏等．図説近代日本住宅史．東京：鹿島出版社，2007：56-57.

例增大。特别是在厨房设计上彻底体现了功能性，浴室、卫生间与厨房使用了最新的陶器、面砖、人造石等产品。上下水、煤气、供电设施一应俱全。另一方面，建筑外观追求简洁实用。

另一个是"田园城市"思想及设计手法的影响。共荣住宅组合的住宅区除了住宅以外，还设置了俱乐部、邮局、消防所、派出所、公共澡堂、杂货店等以及公园、网球场、大弓场，并在公园设置了儿童游艺设施。而且，当时离住宅区数百米远的地方，关东厅已经有建设小学的计划。住宅区设计人横井谦介撰文说明"如同欧美田园城市的中心一般都设小教堂一样，住宅区中心布置了俱乐部，还附设了钟楼。里面也有可作为结婚典礼使用的大空间"。在介绍住宅外观设计时，横井提到"建筑外观和色彩的组合如同田园城市朴次茅斯市（Portsmouth）那样，要讲究整体的统一"，①反映了设计者最开始就是以田园城市的理念为基准设计了此住宅区。②大连共荣住宅组合住宅区于1922年7月开工，同年12月竣工，因此在近代中国也是田园城市实践的先例。根据20年后的一项住宅调查统计，这一区域70%是宅基地面积在100~200坪（330~660平方米）以上的高级住宅，83%是2层砖混结构的住宅。③可见，这一区域直到1940年代仍然保持着开发当初的特征，发展为拥有个性的成熟住宅区。

另一个专门开发郊外住宅的房地产公司是大连郊外土地株式会社。此公司于1920年3月设立，资本金为2000万日元，从关东厅特价购买了老虎滩岭前屯一带④264公顷（80万坪）的丘陵地带用于住宅开发（图15-4-11）。这里离市中心区仅20分钟的电车距离，周围绿化环境优良，并可以眺望老虎滩海景，是郊外住宅的良好选地。住宅类型以独立式小住宅楼为主，出售方式也分单独出售土地和建房以后出售的两种方式。只购买土地的住户，自主寻找设计和施工公司建造住宅。后者为郊外土地株式会社建造住宅，把土地和住宅产权全部出售给住户，购房资金可以按照月付的方式分期支付，因此也不至于给住户带来太大的经济负担，这种经济合理的经营方法也推动了郊外居住区的迅速发展。第一期工程共90栋，1922年春开工。90栋住宅的宅基面积合计为3.8公顷（11574坪），一层建筑面积合计为12174平方米。⑤各户宅基地面积基本在100~250坪（330~825平方米）之间（图15-4-12）。两年后已有350户独立式住宅建成入住。此后一直持续建设。1931年大连郊外土地株式会社再次扩大了50公顷用地，开发建设于1933年完工。⑥大连郊外土地株式会社的建筑使得市区至老虎滩的路面电车沿线两侧形成大连著名的以独立式西洋楼为主、风光明媚的"田园城市"风景。

为了达到开发"田园城市"的目标，大连郊外土地株式会社对住户提出了若干景观要求，例如，要求住宅外观能体现郊外氛围，重视景观美并强调与周围环境协调。大连郊外土地株式会社在建设初期就以青岛、上海西郊为比较对象。同时，因日本国内"生活改善运动"的影响，

① 横井謙介．大連共栄住宅組合新築工事概要．満洲建築協会雜誌，1922，7：52-67. 按：作者没有具体提及是美国还是英国的Portsmouth市。
② 横井谦介的自宅也建在此处。1942年，横井谦介在大连逝世。
③ 伊藤浦等．大連市内住宅地の統計調査．満洲建築雜誌，1942，9：21-27.
④ 今大连胜利东路以南的解放路两侧，直至老虎滩。
⑤ 大連郊外土地株式会社．大連郊外住宅の経営に就いて．満洲建築協会雜誌，1922，7：41-45.
⑥ 大連市史刊行会．大連市史．大連：1936：656-827.

图 15-4-11　大连郊外住宅分布图（局部）（上）
来源：京都大学图书馆，资料 ID：200004096509.

图 15-4-12　大连郊外住宅外观（右）
来源：城始编 . 郊外住宅实施图聚 . 大连 .1914.

一半以上的住户要求外观是西洋式或者准西洋式住宅楼。为了保障文明、现代的生活质量，要求各住户无论使用和式房间还是西式房间，室内一定要达到采光、通风、换气以及卫生等基本功能要求。各户的住宅平面也体现了以家族为本位的设计思想，而且，很多住宅设置了整体厨房用具（system kitchen）。虽然大部分起居方式仍然是和、洋混合，但是以前以和式为主，郊外住宅转变为以洋式为主。因此，当时的满洲和日本都称大连的郊外住宅为“郊外文化住宅”，这是当时日本本国流行的概念，也是住宅改良运动的目标，即通过住宅的改革，推进现代“文明”（西洋式）生活方式的普及。

1924年小野木孝治对这一郊外居住区进行了评论。他提到“与日本近年来都市郊外住宅蓬勃发展的潮流保持同步，大连的几个公司选择了老虎滩、星浦一带风光宜人之地进行郊外住宅开发，如今，白厦彩瓦点缀在丘陵绿树之间，田园城市的轮廓已现雏形。而且，这里已经具备经营文明生活的必备条件，有电车交通之便，且电气、电话、煤气、上水配备齐全，仅下水道工程预计今年年底完工。”①

日本最早的田园城市开发案例之一为“洗足田园城市”，②1922年6月第一期工程完工。这里是实业家涩泽荣一在1918年创立的田园城市株式会社开发的郊外高级住宅区。正如小野木评论的那样，大连与日本同步进行了郊外住宅区的开发，并且运用了田园城市的理论。但是，也与日本以及其他国家一样，在田园城市理论的实践中，已经不再顾及霍华德提出的职住一体的理念。住户们虽然居住在郊外，但是工作场所仍在市区，把原来职住一体化的田园城市的概念转变成环境优美、绿化良好的“花园城市”的现实。

三、现代性与殖民性：建筑表现的两极分化

科学性、高效率开发城市以及产业的前提是技术人员的培养与技术者组织的建设。1912年满铁开设南满洲工业学校，以培养中级技术人员为目的，设有土木、建筑、电气、机械、采矿5个专业，学制4年，学生有日本人、中国人和朝鲜人。毕业生大多数进入满铁公司，从事建设事业。此校1922年改编为南满洲工业专门学校，③提高了教育目标，以培养高级技术人才为主。此时设有建筑学科，并设有中文课，以毕业后在中国工作为前提。建筑史学者村田治郎（中国建筑史）、伊藤清造（沈阳故宫、福陵等研究）、冈大路（中国园林史）都在此校任教。1920年满洲建筑协会创立，1908年就来到旅顺的建筑师松室重光任第一届会长。第二年月刊《满洲建筑协会杂志》（后更名为《满洲建筑杂志》）创刊，一直延续到1944年。杂志主要刊登满洲以及国际最新建筑作品，同时介绍欧美最新动向，以及建筑结构、材料、设备、灾害等最新研究。针对中国的研究有中国建筑史研究以及对中国主要租界城市如上海、天津、青岛、哈尔滨的考察报告。技术人员的培养以及近代建筑界的形成都为科学合理的城市建设奠定了基础。

虽然城市基础设施和城市住宅建设采取了现代化、科学化的开发方法，但因城市居民的国籍和阶层不同，导致他们对这些开发成果的受益程度也不同。使用现代主义的开发手段，虽然从物质空间上建设了城市基础设施以及绿地、博物馆、图书馆等公益设施，但并不能造就现代主义所追求的人人平等、机会均等的社会。这就是殖民统治不能摆脱的矛盾的两面性。日本在中国东北开展的建筑活动中，现代性与殖民性的两极分化尤为明显，并体现在建筑表象上，如

① 城始 编.郊外住宅実施図聚.大連：满洲建筑协会，1914.
② 今东京目黑区、品川区、大田区交界处的高级住宅区。
③ 今大连理工大学的前身。

1925年举办的大连劝业博览会就是这种倾向的具体例子。主会场的大多数建筑都是摩登简洁的现代风格（参见前节海滨浴场水族馆），但是朝鲜馆为复古式的大屋顶建筑。

（一）民间建筑师与公共建筑及最新建筑技术的实践

1920年代，日本民间建筑师开始在中国东北活跃。在这里，满铁建筑课基本垄断了满铁公司的建设工作，而关东厅以及伪满洲国建筑机构的建筑人员主要承担了官署建筑以及与之相关的工程。民间建筑师则主要承接民间业主委托的建筑工程，如银行、百货店、剧场、电影院、宾馆、办公楼及住宅等。民间建筑师除了从日本新来者以外，以往满铁建筑课的有些职员也退出满铁，独立建立个人事务所，如1920年横井谦介辞去满铁职务，开设了横井建筑事务所。一直是满铁建筑课负责人的小野木孝治也于1923年辞职，并与横井谦介、市田菊治郎开设了共同事务所。①

民间建筑师的登场，促进了建筑设计方法以及建筑风格的多样化。如1920–1921年大连民间公司圣德会开发的圣德街②1000户住宅，其中的8栋40户2层联排式住宅包括墙体在内，完全采用了钢筋混凝土结构，成为中国东北最早的现代主义住宅楼实例。③圣德会④是大连日本建筑匠人组织，圣德街也是为了向圣德会会员提供集中居住的街区，于1917年拟定建造计划。⑤因此，在圣德街的建设中采用了匠人们熟知的最快捷以及最经济的施工方法，早于科班出身的建筑师走在了时代的前列。⑥

东北地区公共建筑中最早的大规模钢筋混凝土框架结构建筑为大连满铁医院，地上6层，地下1层，面积达3万平方米，1925年3月竣工。美国富勒公司施工，并使用了机械化施工方法。而且，大连满铁医院也不是一枝独秀，1920年代末至1930年代，东北地区大规模建筑特别是公共建筑基本采用钢筋混凝土框架结构或者钢结构。⑦如1927年设计、1929年竣工的奉天大和宾馆（共同事务所设计、清水组施工），1929年4月开工、同年11月竣工的大连埠头第10号仓库。此仓库矗立在海水之上，建筑基础施工难度极大，而且建筑规模巨大，虽然只有4层但总建筑面积达26000平方米。⑧因此，建筑采用钢筋混凝土框架结构（图15–4–13），墙壁也使用了混凝土板墙（图15–4–14），缩短了工期。横井谦介设计的辽东饭店（今大连饭店）于1930年竣工，也是钢筋混凝土框架结构，主体高6层，一层为百货店，以上各层为高级宾馆，属于现代综合楼的先例之一。常年居住在大连的德国人建筑家威廉·瓦伦（Wilhelm Wallen）1920年代的设计作品多

---

① 西澤泰彦．海を渡った日本人建築家．東京：彰国社，1996：172.
② 池内新八郎．回顧二十有五年．満洲建築協会雑誌，1928，1：62–66.
③ 日本建築学会．建築雑誌.1921，35（415）：277–281.
④ 1914年组建的同业组织，因把圣德太子作为职业神而得名。负责人是满洲土木建筑协会理事池内新八郎。池内新八郎1905年来到东北，承建过军用仓库以及关东都督府、抚顺煤矿的众多建设工程。
⑤ 圣德会于1917年计划建造会员居住区。1918年从关东都督府取得了特批的郊外土地，同时从日本大藏省获得了住宅组合法公布之前的低利率住宅贷款，据池内新八郎所言这是日本低利率住宅贷款第一号。
⑥ 圣德街1919年正要付诸施工之时，大连市建筑规则颁布。规则中规定施工项目如果没有东京帝国大学出身的建筑师签字不得施工。圣德会没有这种资格的成员，因此工程搁置。3个月后公布了条件放宽了的改订规则才得以实现。
⑦ 大連市公会堂懸賞競技入選図案設計説明書．満洲建築雑誌，1938，12：1–8.
⑧ 大連埠頭構内第十号倉庫．満洲建築雑誌，1930，8：巻首．

图 15-4-13　大连埠头 10 号仓库一层内部（满铁大连铁道事务所设计，高冈久留工务所施工）
来源：满洲建筑协会杂志 . 1930（8）.

图 15-4-14　大连埠头 10 号仓库外观
来源：满洲建筑协会杂志 . 1930（8）.

图 15-4-15　大连金城银行外观（威廉・瓦伦设计，福井高梨组施工）
来源：满洲建筑杂志 . 1935（9）.

图 15-4-16　大连会馆舞厅大厦外观（东建筑事务所设计，藤川组施工）
来源：满洲建筑杂志 . 1939（2）.

图 15-4-17　大连下村邸外观（鹫冢诚一设计，清水组施工，1938 年竣工）
来源：满洲建筑杂志 . 1938（8）.

图 15-4-18　旅顺龙王塘水源地堤坝
来源：新光社编 . 世界地理风俗大系（第一卷）. 东京：新光社，1930：163.

用西洋历史样式，但是30年代的作品转变为彻底的现代主义，代表作为1935年6月竣工的大连金城银行[①]（图15-4-15），地上3层，地下1层，钢筋混凝土框架结构。今为大连银行，现状已增建了一层。大连初音町142号公寓是利用现代化结构实现快速施工的又一实例。此住宅由谷口建筑事务所设计，民本组施工建造。公寓高5层，不仅结构框架为钢筋混凝土结构，内外墙体也全部是混凝土板，总建筑面积约1000平方米，1935年9月开工，[②]两个月后工程就全部完成。

1938年，因形式与体量的乖戾而著称的伪满洲国交通部大楼竣工的前一个月，造型简洁现代的新京（长春）宝山百货店竣工（山田工务所设计及施工），[③]后一个月，摩登的藤川大楼在大连落成（谷口素绿设计，坂井组施工）。[④]1939年使用了大面积玻璃窗以及玻璃方砖墙的大连会馆舞厅大厦竣工（图15-4-16）。[⑤]

除了居住在东北的日本建筑师以外，1930年代以后，日本国内的建筑师也越来越多地承建东北地区的建筑工程项目。如人在东京的建筑家鹫冢诚一设计了大连白兰庄公寓，1936年竣工（鹫冢诚一建筑事务所设计，清水组施工，1936年），其为地上3层、地下1层的钢筋混凝土框架结构，简洁的体量配以自由开窗的立面。鹫冢还设计了大连下村邸（清水组施工，1938年竣工），[⑥]它完全是国际式的白盒子造型，角窗为客厅带来充足的光线，而厨房设备从预制家具到抽油烟机一应俱全，从外到内体现了现代主义的精髓（图15-4-17）。

1910–1920年代，钢筋混凝土结构技术主要在中国东北的港湾建筑、城市基础设施、工业建筑中尝试运用。1920年开工、1924年竣工的旅顺龙王塘水源地（图15-4-18）使用了堤坝工程特有的重力粗石混凝土结构，[⑦]并翻山越岭地埋设了45公里长的大铁管引水至大连市内的龙冈净水厂。1927年，大连大西山水源地堤坝开始施工。大西山水源地位于西马兰河上游滦家屯。为了增加城市供水总量，关东厅制定了一天供水12000吨、为期8年的扩建计划，1927年8月开工，1933年部分工程完成，此处的堤坝也使用了重力式混凝土结构。1930年代在东北地区钢筋混凝土结构进入推广普及使用阶段。《满洲建筑杂志》也于1935年以临时增刊的方式，出版了介绍寒冷天气下混凝土施工方法的研究报告书。

建筑技术的进步不仅表现在建筑结构方面，建筑材料也与结构同步，走向革新。如对砖、瓦、面砖、水泥、砂浆、屋架结构的研究不断地得到深化。以面砖为例，陶艺家小森忍[⑧]在京都陶瓷器试验所工作了10年以后，于1921年在大连满铁窑业试验工厂内开设小森陶瓷器研究所。最初，小森研究中国古代陶瓷器的烧制方法，其后，他尝试用中国古代的陶瓷釉药烧制建筑面砖，取得成功，1924年1月进行了试验品展览，得到广泛的好评，决定开始批量生产。小森面砖的品牌名为陶雅堂面砖。当时满铁的大和宾馆等许多重要的公共建筑中都使用了陶雅堂面砖。

---

① 大連金城銀行．満洲建築雑誌，1935，9：巻首．
② 大連のアパート工事概要．満洲建築雑誌，1935，12：巻首．
③ 宝山デパート．満洲建築雑誌，1938，1：巻首．
④ 藤川ビル．満洲建築雑誌，1938，3：巻首．
⑤ ダンスホール大連会館．満洲建築雑誌，1939，2：巻首．
⑥ 大連市月見ヶ丘下村氏邸．満洲建築雑誌，1938，8：巻首．
⑦ 大連の市街及び港湾建設．満洲建築協会雑誌，1929（5）：34-38.
⑧ 小森忍，1889年生于大阪，1910年进入京都陶瓷器试验所。1961年在北海道开设北斗窑，1962年去世。

1928年小森在大连台山自宅庭院中建造茶室，命名为苇席庵。在这里，他尝试改革茶室的传统做法，把茶室设计成类似西洋式客厅一样的空间。他设计的茶室改为可以穿鞋入室，把榻榻米房间改为桌椅空间。而墙壁、地面包括匾额以及其上的仿元代钧窑的书法，全部是小森忍自己烧制的各种大小、形状、颜色不同的面砖，[①] 是一个崭新的尝试。

日本民间建筑师在中国东北的建筑实践，虽然没有明星式建筑师活动的知名度高，但是不属于政府机构以及满铁公司的他们才是推动中国东北地区建筑走向现代主义发展道路的主力。

（二）日本现代主义建筑家在满洲的实践：前川国男和土浦龟城

1930年代，在日本无法施展才华的日本现代主义建筑家，来到中国东北寻找实践的机会。勒·柯布西耶的日本弟子前川国男（1905–1986年）就是其中一位。1930年前川投标名古屋市厅舍（市府大楼）设计竞赛，他的"国际式"应征作品败给了"帝冠式"方案。然而，1937年在鞍山昭和制钢所方案竞赛的150个应征方案中，前川获得了一等奖和三等奖。[②] 二等奖获得者为大连的田岛胜雄，三等二席为新京（长春）的牧之濑昌。选外佳作有五个方案，应选人来自大连、大阪和东京。这些方案基本上都是现代主义风格的作品，一等当选的前川国男为最佳。前川的鞍山昭和制钢所方案（图15–4–19）中使用了从勒·柯布西耶那里学来的单元平面设计手法以及板柱结构体系。

1938年6月大连市公开了大连市公会堂建筑设计竞赛（建筑图案竞技）要求，同年11月评选揭晓。在120个应征方案中，前川再次获得一等奖。[③] 二等和三等方案也全部是东京和大阪的投标者，选外佳作方案来自大连、东京和大阪。大连市在招标时提出的条件是需要有能容纳2500人的礼堂兼剧场的大空间，以及可供800人同时用餐的大宴会厅，建筑高度大约为3层，并要求设置电梯。此外，建筑预定基地为中央公园一角的坡地，南高北低，前后高差3米。基地北邻33米宽的城市干道，南为纪念碑山丘，因此大连市要求南北两面的立面均为正面。[④] 前川把大礼堂和宴会厅划为两个独立的功能区（图15–4–20），中间布置了勒·柯布西耶提倡的架空柱廊（Pilotis），把两个区连接在一起，而通透的架空柱廊把北面商业街的繁华和南面山景连为一体，满足了南北两个立面均为正面的要求。

1942年，年仅37岁的前川为监理其事务所设计的满洲飞机发动厂，在沈阳设立分所，有三位所员长驻沈阳，1945年8月撤离。其间，前川事务所设计了新京南湖住宅地规划（1937–1940年）、奉天森永商店改建方案（1941年）、满洲飞机育成工宿舍（1942年）、满洲航空附属花园街社宅（1943年）及附属医院计划案（1944年）等。[⑤]

① 陶雅堂生．葦蓆の記．滿洲建築雜誌，1928，3：卷首，11–13.
② 昭和製鋼所懸賞入選図案．滿洲建築雜誌，1937，8：卷首．
③ 懸賞大連市公会堂建築設計図案入選発表．滿洲建築雜誌，1938，11：4.
④ 菊池武之介．大連市公会堂設計図案懸賞募集に就いて．滿洲建築雜誌，1938，12：9–10.
⑤ 前川國男作品集Ⅱ．東京：美術出版社，1990：82–89.

图 15-4-19　前川国男的鞍山昭和制钢所一等奖方案
来源：满洲建筑杂志 . 1937（8）.

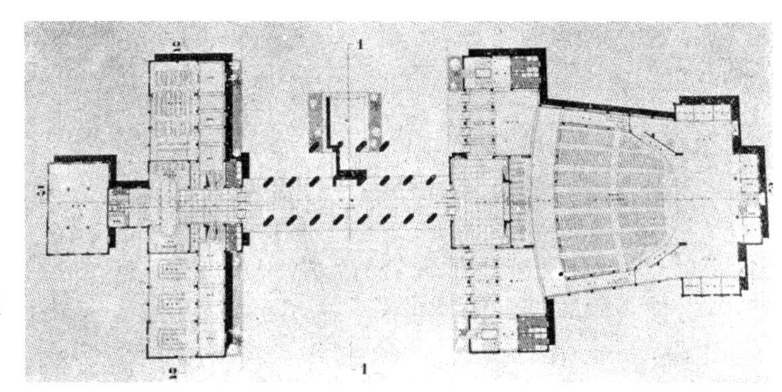

图 15-4-20　前川国男大连市公会堂一等奖方案（一层平面）
来源：满洲建筑杂志 . 1938（12）.

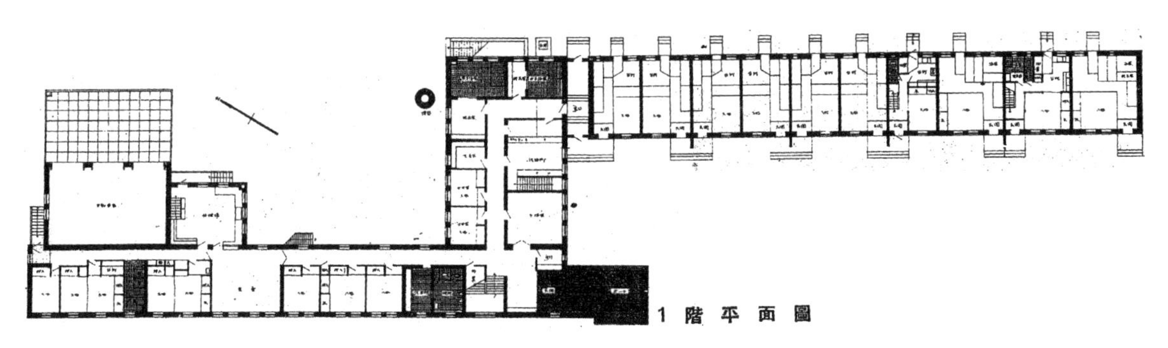

图 15-4-21　新京（长春）富锦寮一层平面（土浦龟城设计）
来源：满洲建筑杂志 . 1941（9）.

日本另一位现代主义建筑家土浦龟城（1897–1996 年）于 1939 年在长春设立土浦龟城建筑事务所，1943 年事务所迁回东京。土浦是美国建筑大师赖特的弟子，在东京的土浦龟城自宅被日本建筑史家誉为现代主义杰作。土浦的建筑活动主要在长春和吉林，大多数设计项目来自满洲重工业公司的委托，有迎宾馆、福利设施等多种建筑类型以及住宅区规划，如安东（丹东）及吉林住宅区规划。建筑设计案例如 1941 年竣工，位于新京（长春）富锦路 1515 号的富锦寮。[①] 此建筑体量水平伸展，客厅、楼梯间大厅、食堂等宿舍舍员共享的空间占一层总建筑面积的一半（图 15-4-21），体现了赖特的以起居室为核心的住宅设计思想。但是，土浦在长春和吉林进行建筑活动期间，因为战争时期的物资管制，钢材和木材以及混凝土材料都遭到严重的统制，因此虽然平面很摩登，但因缺乏材料，建筑外观以及屋顶结构等没能实现土浦构想的理想造型。

① 某会社「富錦寮」. 滿洲建築雜誌，1941，9：卷首 .

（三）官署建筑与城市景观设计

在中国东北，将中国、朝鲜或者日本的历史建筑样式与现代功能要求相结合的设计尝试以1931年为界限可以分为前后两个阶段。在第一阶段，与中国内地也有广泛实践的例子类似，设计者主动创造，试想通过现代与历史样式的调和寻找地域性的建筑表现。如1923年竣工的满铁建筑课设计、满铁经营的吉林东洋医院，诊所设在平面中央位置，其上为中国式的重檐攒尖屋顶，而病房布置在放射状的四翼，使得各病房也有良好的日照和通风环境。而1931年之后，因为日本殖民统治的深化，特别是伪满洲国建立以后，中、日、西洋的历史样式与现代功能混合的建筑样式变成了官方指定的建筑形式。因此，官署建筑——伪满洲国政府机构的八大部建筑，或者其他与殖民统治密切相关的建筑类型，如"建国忠灵庙"等，官方对这些建筑样式有各种具体的要求。指定官署建筑的建筑形式一定要有中国传统要素，应是统治者试图通过建筑外观的形式上的类似性，来获得被殖民者的认同。

伪满洲国政府建筑项目在设计方案之时，政治家们甚至是关东军上层官僚都有可能参与方案评审，这些上层人物对建筑设计的指示往往与设计者本人的设计意图相悖。如设计了新京（长春）中央法衙的牧野正巳就是日本现代主义建筑家。1930年10月，牧野与山口文象、前川国男等在东京创立新兴建筑家联盟，这是共产党的文化组织，在举行成立仪式时警察闯入会场，遭到逮捕。牧野是明治功臣大久保利通的孙子因而被释放，之后来到伪满洲国。[①] 他设计中央法衙时，对当时伪满洲国境内的法院实例进行了调查以及系统性统计，调查对象遍及东北，从丹东、大连到奉天、长春、哈尔滨以及更北。[②] 牧野通过对各个案例的功能分析，总结出法院建筑的功能配置图，之后进行设计。其设计过程完全遵循了现代主义设计方法。设计方案中，在平面正中央布置了高3层、自然天光照射的共享中庭，可以说它是隐藏在厚重的城堡式外观后的现代主义空间。伪满洲国皇宫同德殿也是类似的实例，在仿古的琉璃瓦屋顶之下，室内中庭宴会大厅空间非常现代。

官方意图的影响都局限在官方建筑上。所以，即使是在1931年以后，满铁公司或者民间建筑依然坚持现代主义的建设方向。此外，虽然是伪满洲国政府相关设施，建筑规模庞大、功能要求高的公共建筑的形式也基本采用了现代主义风格。1939年9月"满洲体育保健协会"公布了新京、奉天（图15-4-22）、抚顺、大连、哈尔滨、齐齐哈尔、牡丹江7个城市的体育馆、综合竞技场、医疗保健所、娱乐设施（电影院等）设计方案，[③] 集中地体现了现代主义倾向。

虽然伪满洲国时期的官署建筑就单体建筑而言，少有秀作，但是这一时期的官署建筑有一个突出的设计特色即具有城市空间、景观设计意识。伪满洲国的八大部集中地设置在一起，形成了"官厅街"。而1936年设计的关东州厅厅舍（今大连市人民政府大楼）的前面设计了矩

---

① 藤森照信．近代建築のアジア（第2卷）．東京：柏書房，2014：35.
② 牧野正巳．滿洲国法衙庁舍設計要項．滿洲建築雜誌，1938，6：1-23.
③ 中山克己．七都市の体育館施設に就いて．滿洲建築雜誌，1939，9：18-19.

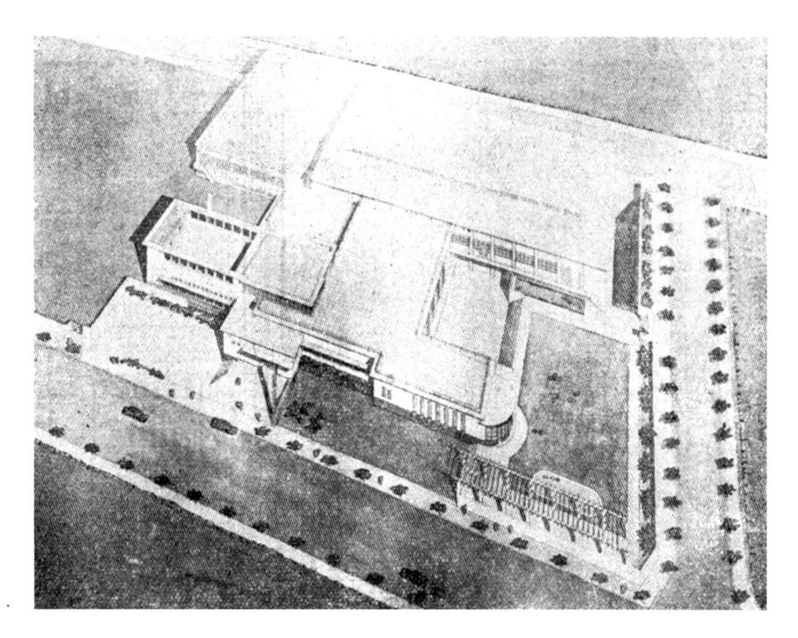

图 15-4-22 奉天体育馆方案
来源：满洲建筑杂志 . 1939（9）.

形广场，广场的左右布置了地方法院与高等法院，形成了市政广场。因其城市景观设计的成功，至今仍然保持着市政中心的空间性质。

无论是官方建筑还是民间建筑，从以上实例介绍可以看出，近代时期的东北地区最高的大楼也在 10 层以下。这是因为满铁附属地和关东厅颁布的建筑规程都对建筑高度进行了限制，即不得超过 30 米。日本是地震多发国家，特别是 1923 年东京刚刚经历了关东大地震，因此日本人在中国东北的建筑规程保持原样，也把建筑高度限定在 30 米以下。这样的法规造成了大规模建筑只能向水平向发展，造成很多办公楼的体量巨大臃肿，特别是伪满洲国时期的办公楼及官署建筑。反过来说，因为建筑高度的限制，近代东北地区建筑发展的成就不表现在高层或超高层建筑上，而是表现在城市综合开发策划的严密性、高效性和实用性。就建筑单体而言，其现代性体现在建筑技术的革新、近代式的设计组织以及有法可依的施工管理制度。

第五节　伪满洲国及其“首都”新京[①]

一、近代长春的城市演变进程

长春原属内蒙古郭尔罗斯前旗，1791 年郭尔罗斯王召华北农民去该地垦荒，形成了最初的聚落。1799 年，总户达 3300 户；1800 年，设长春厅于长春堡；1825 年，将长春北移 17 公里，即现在的位置；1865 年，建造城墙。

① 本节作者莫畏。

在近代中国的城市发展史上，长春是个极为特殊的城市。“九一八”事变之前，长春是俄国北满铁路与日本南满铁路的分界城市，由四个行政体分别管辖的四个市区组成。直至1932年成为伪满洲国的“首都”。

1931年以前的长春由老城、中东铁路附属地、满铁附属地和商埠地四个街区构成。

（一）城市的源起——老城

清嘉庆五年五月十七日（1800年7月8日），清政府在郭尔罗斯前旗东南一个叫长春堡的流民定居点设治“长春厅”，治所称新立城。是仅有几处衙署的小土城，道光五年（1825年）长春厅治地向北迁移治至伊通河西岸的宽城子。同治四年（1865年），修建简易木板城墙，城内面积约7平方公里。光绪十五年（1889年），长春撤厅升府，至光绪二十三年（1897年），简易木板城墙逐渐被夯土和砖墙代替（图15-5-1）。

长春的旧城先有自然形成的道路和房舍，后修城墙，但十分简陋。当时城内的布局，南北走向的主要大街，南段叫南大街，北段叫北大街，是老城内的南北主干线。东北走向有南关街、东头道街和西头道街、东二道街和西二道街、东三道街和西三道街、东四道街和西四道街。长春府设在西四道街。

（二）近代文明的注入——中东铁路附属地

1898年中东铁路哈长段和长大段开工，翌年在长春老城的西北建宽城子火车站（图15-5-2）。站区占地5.53平方公里，俄国自铁路通车之日起享有80年使用权。铁路沿线用地通称“铁路附属地”，领土主权属于中国，但由俄国管理（图15-5-3）。

宽城子附属地的规划呈简单的方格网形，其最终建设区域仅1平方公里，主要有车站及附属设施、铁路员工宿舍、学校、俱乐部、兵营、小教堂等建筑及水塔，站前有小广场，区内有两条东西向的街道。宽城子附属地的建设给长春带来了近代的工业技术和城市文明，其标志是自来水、电灯、电动工具、楼房等现代设施和结构，以及红砖、水泥、钢筋、水泥、混凝土等

图15-5-1　长春县公署
来源：于维联主编．长春近代建筑．长春出版社，2001.

图15-5-2　宽城子站舍
来源：于维联主编．长春近代建筑．长春出版社，2001.

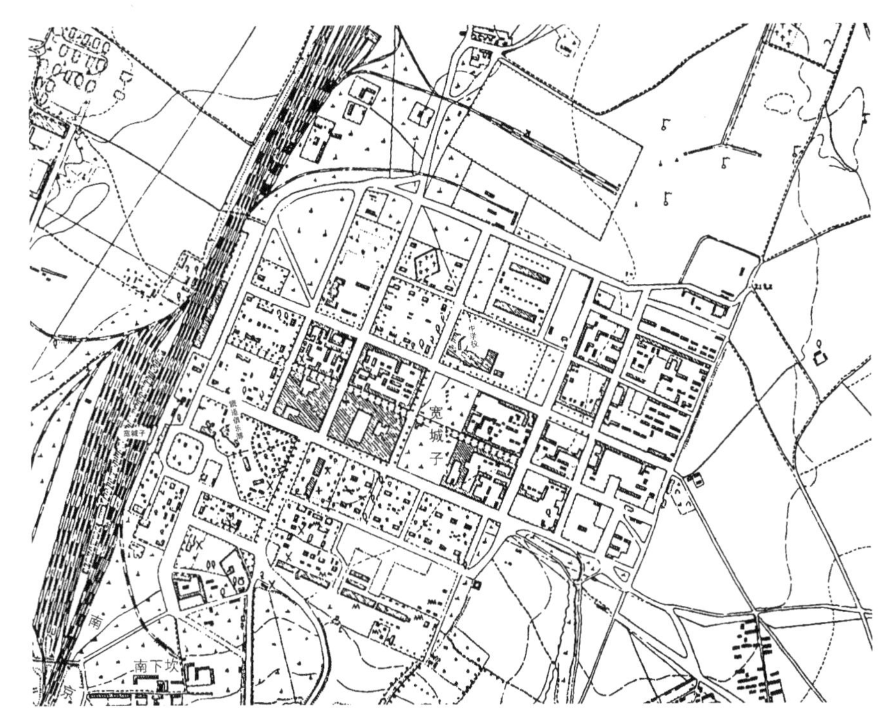

图 15-5-3　1935 年宽城子站区总平面图
来源：于维联主编．长春近代建筑．长春出版社，2001.

现代建筑材料。

附属地内的建筑形式多沿用俄国本土西伯利亚严寒地区的建筑形式，厚重的砖墙，铁皮屋顶等，使该区建筑极富异国特色。

（三）“新京”规划的预演——满铁附属地

1905 年在日俄战争中获胜后，日本获得了中东铁路长春宽城子车站至旅顺口之间的铁路干线和所有支线。后者改称这“南满洲铁路”，由日方设立的“南满洲铁道株式会社”（简称满铁）负责经营。1906 年 8 月俄方又将孟家屯火车站以南铁路段交给日方，为解决孟家屯站与宽城子站之间的联运，1907 年 6 月满铁在宽城子站西南约 2 公里的地方建造了西宽城子临时火车站，成为南满铁路北部起端站，并先后购买了约 6.76 平方公里的土地，1935 年将宽城子铁路附属地划入长春南满铁路附属地，面积达到 12.29 平方公里。南满长春铁路附属地是满铁附属地中唯一一个由满铁自行选址规划的附属地，其火车站命名为长春站，1907 年开始货运和客运（图 15-5-4）。

长春满铁附属地位于宽城子附属地和旧城之间。被后人称为“日本近代城市规划之父”的后藤新平（1857-1929）时任满铁总裁，亲自参与了附属地的规划制定。规划中导入了分区制度，在用地上分为居住、商业、工业、粮栈、商住混合、公园、公共设施及其他用地。道路系统则是以车站为中心的放射形与矩形路网结构，在站前建设了一个半径 91 米的圆形大广场（图 15-5-5，图 15-5-6）。长春火车站新候车大楼由市田菊治郎、平泽仪平主持设计，1914 年竣工。

附属地内其他比较重要的公共建筑还有位于火车站东南、1909 年竣工投入使用的长春大和

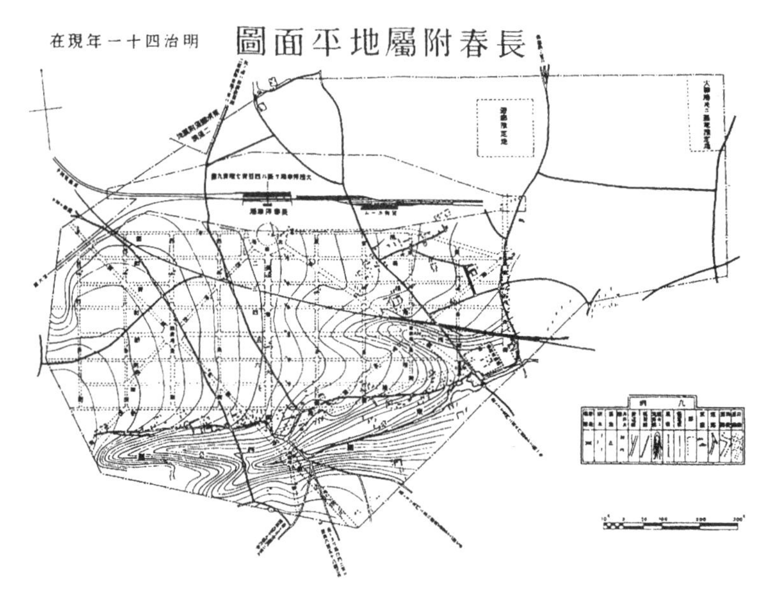

图 15-5-4　长春满铁附属地规划图（1908 年）
来源：于维联主编．长春近代建筑．长春出版社，2001.

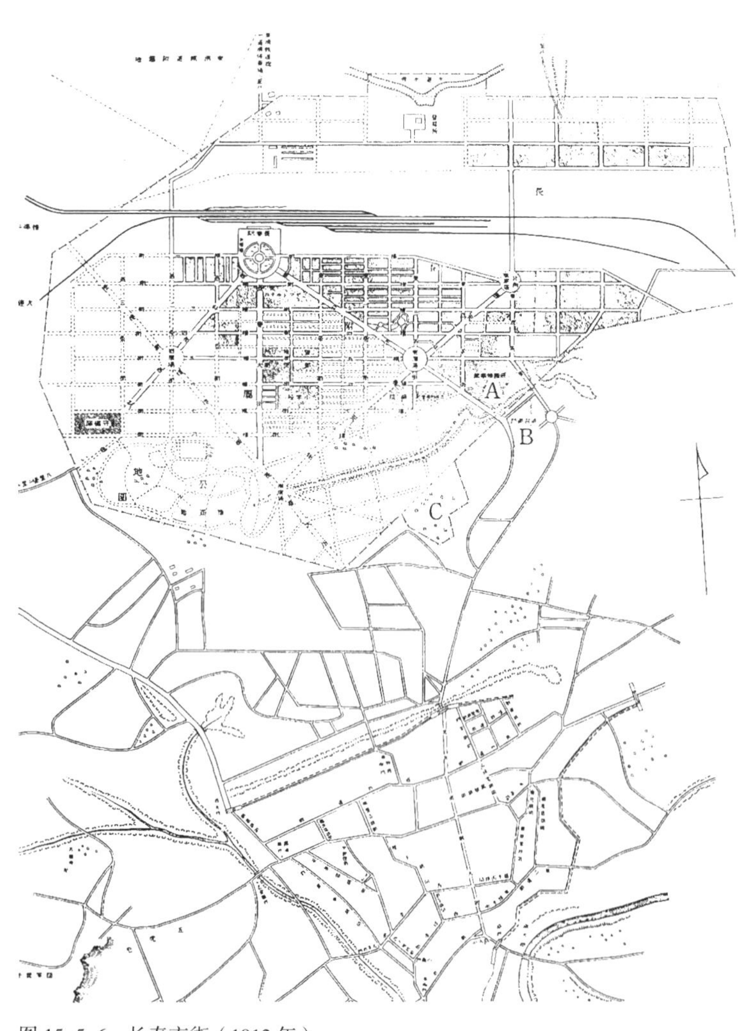

图 15-5-6　长春市街（1912 年）
来源：越沢明．中国东北都市计划史．黄世孟译．台北：大佳出版社，1989.

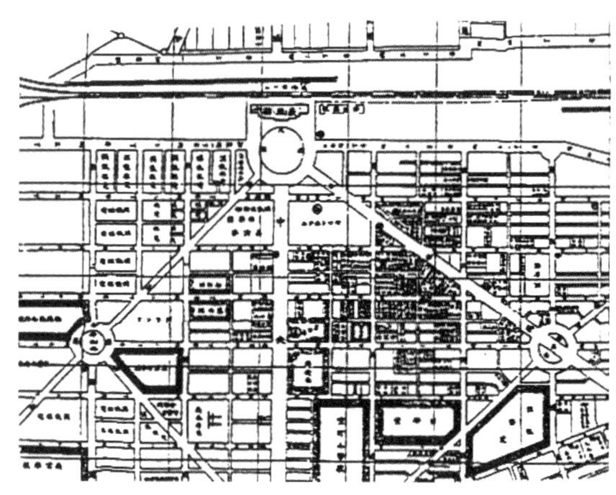

图 15-5-5　满铁附属地市区中心图（1922 年）
来源：李百浩．日本在中国侵占地的城市规划历史研究．同济大学博士学位论文，1997.

图 15-5-7　长春大和旅馆
来源：于维联主编．长春近代建筑．长春出版社，2001.

图 15-5-8　日本驻长春领事馆新馆
来源：李立夫主编．伪满洲国旧影．吉林美术出版社，2001.

图 15-5-9　“新京”满铁地方事务所
来源：李立夫主编．伪满洲国旧影．吉林美术出版社，2001.

旅馆（市田菊治郎和平泽仪平设计）（图 15-5-7）；1912 年竣工投入使用的“辰野式”日本驻长春领事馆新馆（三桥四郎设计）（图 15-5-8）。还有由横井谦介、市田菊治郎、平泽仪平设计的满铁长春地方事务所（1910 年，图 15-5-9），以及满铁长春医院（1911 年）等。

（四）被动的开放——商埠地

1905 年 12 月 22 日清政府与日本签订《中日东三省事宜条约》，包括长春在内的 16 个城镇被迫开放。

长春商埠地于 1907 年修建道台衙署，1909 年聘请英国工程师邓芝伟（音译）主持商埠地街区规划。受到满铁附属地的影响，规划以圆形广场和斜向放射形道路为主。商埠地是长春人自行规划、建设与管理的第一块城区，最初范围包括后来的满铁附属地的部分地带，实际上其中大量土地被满铁附属地和日本当局抢占，人们通常把满铁附属地和老城之间的近 4 平方公里范围称之为商埠地（图 15-5-10）。

商埠地的建设发展极为缓慢，没有自来水，缺少绿化和消防措施，道路泥泞不堪。比较重要的建筑仅有道台衙署、俄国领事馆等。

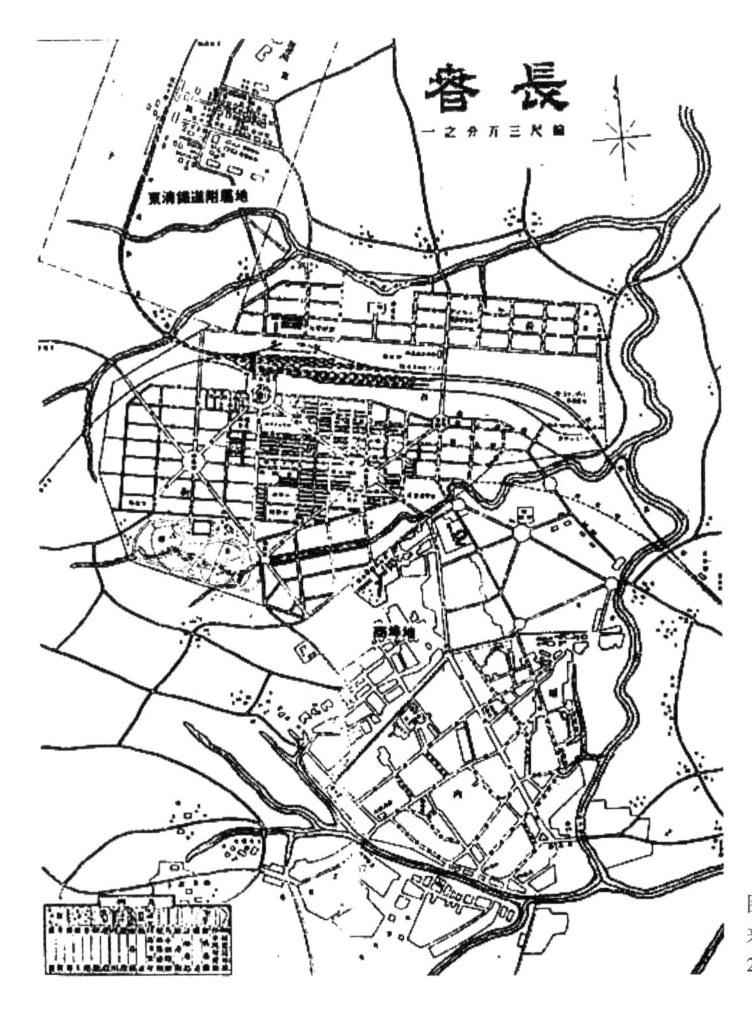

图 15-5-10　长春市街图（1917 年）
来源：于维联主编 . 长春近代建筑 . 长春出版社，2001.

二、近代长春“新京”时期的城市规划

（一）“首都”的选址与规划的制定

1932 年 1 月 22 日，关东军参谋长三宅光治主持召开所谓“建国幕僚会议”。2 月下旬，在关东军的导演下召开“建国会议”，并发表通电，宣布东北成立独立的新国家——“满洲国”（Manchukuo），以清逊帝溥仪“执政”。当时的中华民国政府坚决否认满洲独立，并向日本提出强烈抗议。同样，国际联盟也在 1933 年 2 月 24 日通过报告书，指明东北三省主权属于中华民国；日本违反国际联盟的盟约占取中国领土并使之独立；“九一八”事变中日军行动并非自卫；满洲国是日本参谋本部指导组织的，其存在是因为日本军队的存在，满洲国不是出自民族自决的运动。正因为如此，在中国的现代史中，“满洲国”一直被视为日本帝国主义者扶持的一个伪政权，称作“伪满洲国”。

3 月 10 日，伪满洲国国务院发布第一号布告，正式宣布“奠都”长春。随后发布的第二号布告中将长春改名为“新京”（Hsingking）。

在“九一八”事变时，长春的人口只有约 13 万，地域范围包括长春老城、满铁附属地、中东铁路宽城子附属地和商埠地，而当时东北的政治中心奉天和北满重镇哈尔滨等城市人口已达 50 万。相比之下，长春无论在人口、面积还是社会经济发展等方面，规模都很小。日本殖民者选择长春作为首都也曾引起在东北的日本人的争议，因为奉天一直是在东北的日本人的活动中心，关东军司令部也设在奉天。1932 年 3 月在沈阳的日本人曾向关东军司令部陈情，请求重新考虑建都在长春之事。

日本侵略者选择长春作为其傀儡政权的“首都”，主要理由有三：（1）在政治上，奉天和哈尔滨原系中国东北奉系政权和俄国经营的政治中心，不能忽略其原有的旧势力的影响。而长春是新建“首都”，也有利于政治宣传。（2）在经济上，长春是地方城市，地价便宜，有利于收购土地，实行城市规划。（3）在地理位置上，奉天偏南，哈尔滨偏北，吉林远离南满铁路和中东铁路，交通不便。长春地处东北中心，与东北各地距离适中，交通便利。此外，还有一个因素是，满铁在长春满铁附属地进行了多年的经营，城市规划和设施已经有了一定的基础（图 15-5-11）。

1931 年 12 月，关东军为研究对东北地区的殖民统治问题，设置关东军统治部。1932 年 2 月改称特务部。1932 年 1 月，关东军委托满铁成立“满铁经济调查会”，以便在满蒙地区进行各种调查，同时在对城市规划与研究方面对军部予以咨询协助。1932 年 3 月 29 日，在关东军司令部的指导下，满铁经济调查会开始长春“都市规划”的立案工作。1932 年 4 月 11 日，伪满洲国设立“国都建设局”，伪国都建设局也开始了立案调查工作。

在关东军特务部的主持下，1932 年 8 月 18 日至 1932 年 11 月 17 日，关东军特务部、满铁经济调查会、伪满洲国国都建设局三方人员共召开了四次联席会议，[①] 对“新京”的城市规模和

① ［日］經濟調查會編．新京都市建設方案．1935-9.

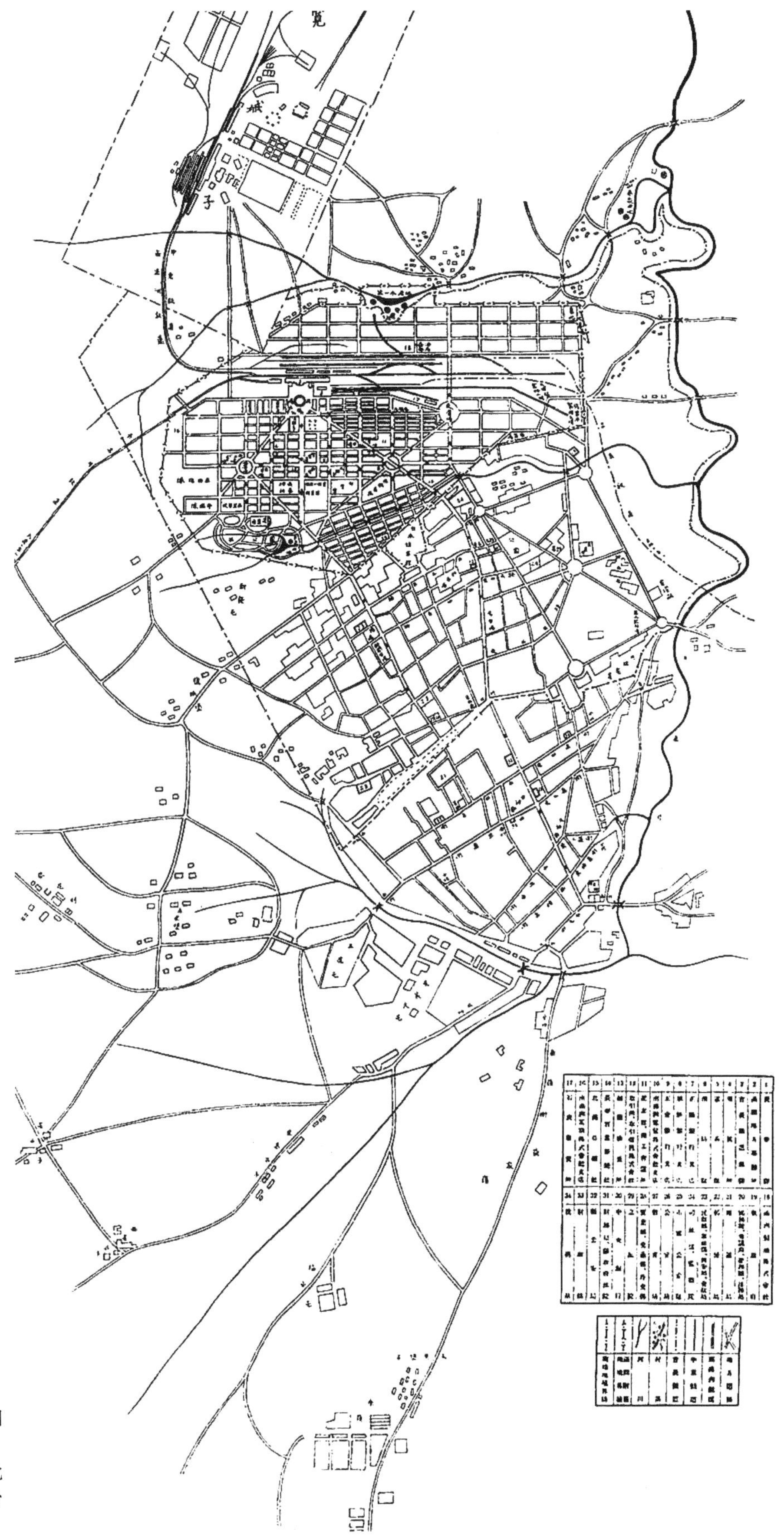

图 15-5-11　伪满洲国成立初期的长春市区图
来源：越沢明．中国东北都市计划史．黄世孟译．台北：大佳出版社，1989.

建设位置等方面达成了一致，即按未来 20 年内 50 万人口，100 平方公里的城市规模，以五年的建设周期进行规划设计；新建市区位于旧城南侧。也确定了市中心、火车站和工业区的位置，道路宽度和建筑物分布与限高等。市中心和购物中心位于大同广场一带，工业区设在城市的东北方下风侧。

争议的焦点在于伪执政府机关（即“帝宫”，由于当时溥仪还没称帝，故称执政）的位置和朝向问题。最初，满铁经济调查会提出了三个预选方案，即第一、第二、第三方案，考察与协商之后，又提出了第四方案的甲乙两个修正案。在第三次联席会议上，对伪国都建设局方案和满铁经济调查会第四方案（甲）进行了讨论，最后决定以满铁经济研究会第四方案（甲）为基准，参照伪国都建设局方案修改的方案。在旧城区以西的杏花村建造临时伪执政府，以后在南岭或大房身台地中选取一个，建设永久的大规模的伪执政府和行政办公机构。听取伪国都建设局意见，“帝宫”采取正南方位（图 15-5-12）。

（二）伪满洲国“新京”城市规划的主要内容

1.“都城”性质

“新京”首先是作为一个殖民地城市而出现的，它不仅是一个重要的城市，而且是伪满洲国政治、行政、经济、文化教育等中心，是作为首都的城市规划。在城市规划中，日本侵略者将长春定位为“对内昭明民心，对外震扬国威”的军政中心。在规划城市功能区域时，重点突出了以“帝宫”和关东军司令部为首的官署设施的地位。在城市规划的六大区域中，官署占据了新建城区的核心位置。

“新京”的规划建设受到了欧洲巴洛克城市的强烈影响，这种形式上的引入蕴涵着意识形态层面上的认同。巴洛克的城市形态吸收了文艺复兴时期理想城市的思想，有着明确的设计目标和完整的规划体系，集中反映了当时的几何美学。整齐的、具有强烈秩序感的城市轴线系统，宽阔笔直的大街串起若干个豪华壮阔的城市广场，几条放射形大道通向巨大的交通节点，形成城市景观的高潮，它产生的直接的动因是君主专制的政权表达其统治权威的需要。巴洛克城市设计这种豪华铺张以及壮观的城市构图对大多数统治者们有着很大的吸引力，致使这种风格总是和集中性的政权联系在一起，不仅催生了法国的古典主义，几个世纪后它还受到某些新兴极权国家统治者如墨索里尼和希特勒的青睐，而且也成为殖民主义的有效工具——他们建造起风格壮丽的新城，以显示“文明”的殖民者与“落后”的当地人旧秩序之间的差别。

“新京”规划时期的日本，正处于军国主义高涨的时代，城市规划与主要建筑设计有着直接服务于法西斯组织的使用和宣传目的，风格上不可避免地受到法西斯主义的影响。“新京”的规划思想与风格，在借鉴当时最流行和最前沿的规划思想理论的同时，作为新规划的“都城”，在意识形态上也时刻不忘作为殖民者显示“先进”与“文明”的工具。

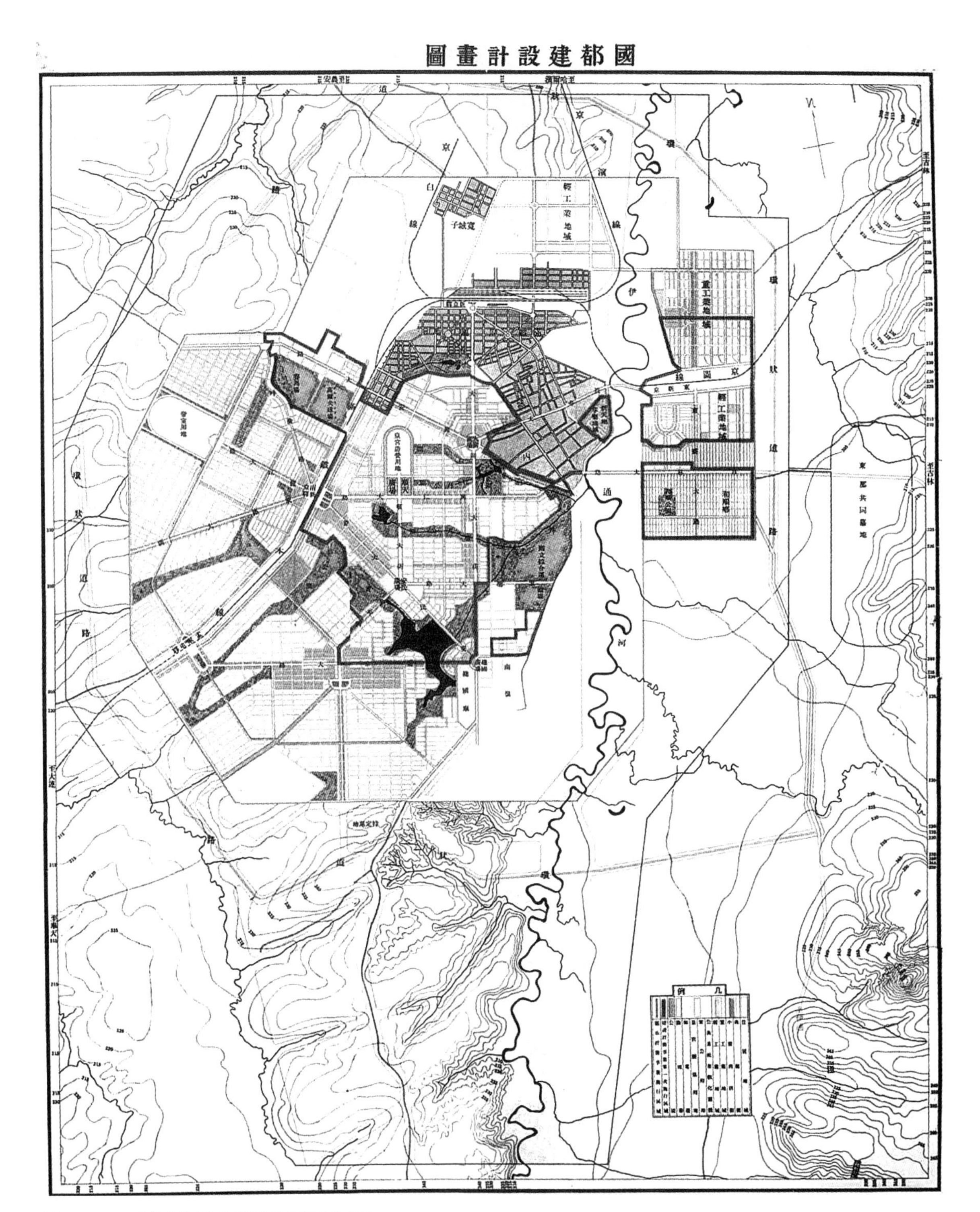

图 15-5-12 “新京”城市规划图（实施方案）
来源：于维联主编．长春近代建筑．长春出版社，2001.

2. 规模的定位

（1）**用地规模** 伪国都建设区域以长春站以南高台子附近为中心，南起高家店附近的丘陵地带约 10.5 公里，东至石碑岭约 6.5 公里，西到小隋家窝棚约 7 公里，西北至苏家营子，东北到金钱堡约 8.5 公里，占地约 200 平方公里的区域。1932 年 12 月，确定 100 平方公里城市规划范围，即国都建设规划范围或特别市政范围。另外 100 平方公里作为城市建设的区域，即市区规划范围。100 平方公里城市建设范围之外是绿化带，南北约 21 公里，东西约 17 公里的范围。

（2）**人口规模** "满洲国国都建设规划概要"中，规划城市人口规模为：在现状的 15 万人的基础上，按人口年增长率 6% 计算，在未来 20 年内可容纳 50 万人。

3. 分区的理念

规划设置城市中心和若干次城市中心：从顺天广场沿顺天大街至安民广场为政治、行政中心，大同广场周围为经济中心，盛京广场为市民中心，新设新京南站为交通中心，由车站设若干主要城市干道联系以上各中心，以后将南岭作为文化教育中心。以南长春火车站新京站为城市门户，规划设跨中东铁路的双侧广场，向四周放射近 10 条干道，并将至孟家屯站的铁路改为地下。城市用地向西部和南部发展。

"新京"市区规划用地由附属地、商埠地、老城、新规划用地四部分组成。按功能要求分为两大类，共十种。第一类为政府机关用地及公用地，包括行政及公建用地、道路广场用地和市政设施用地、绿化用地和军事用地。第二类为民用地，包括居住用地、商业用地、工业用地、非建设用地、备用地（图 15–5–13）。

4. 新理论的试验场

"新京"城市规划的时代，正是欧美近现代城市规划形成与发展的成熟期，并在世界范围内传播和应用，日本的城市规划也深受影响。这一时期，日本军国主义的对外侵略政策，导致国内经济萧条，基本上无任何城市规划和建筑活动，所以大批规划技术人员包括日本当时的优秀的城市规划和建筑的专家，都到东北来参与规划和建筑活动，担任了规划方面的顾问。"新京"的规划活动，可以看作是日本近代规划学术活动的一个侧面，东北已经变成了日本近代城市规划活动的试验场，是日本城市规划活动的理论源泉。1939 年 10 月，在日本工作文化联盟主办的大陆建筑座谈会上，坂仓准三说"长春对于建筑师来说，如同一个活生生的试验场，不但可以在实地试验，还能够将所有的问题摆在桌子上来讨论。"佐藤武夫甚至说："现在在大陆实行的城市规划才是真正的城市规划"。[①]

"新京"规划，力图以现代规划理论为指导，运用的欧美近代城市规划理论主要为，功能主义和工业城市规划理论，以及邻里单位的居住规划理论、柯布西耶的集中主义规划理论、卫

① ［日］大陸建築座談會 . 現代建築 8 號，1940.

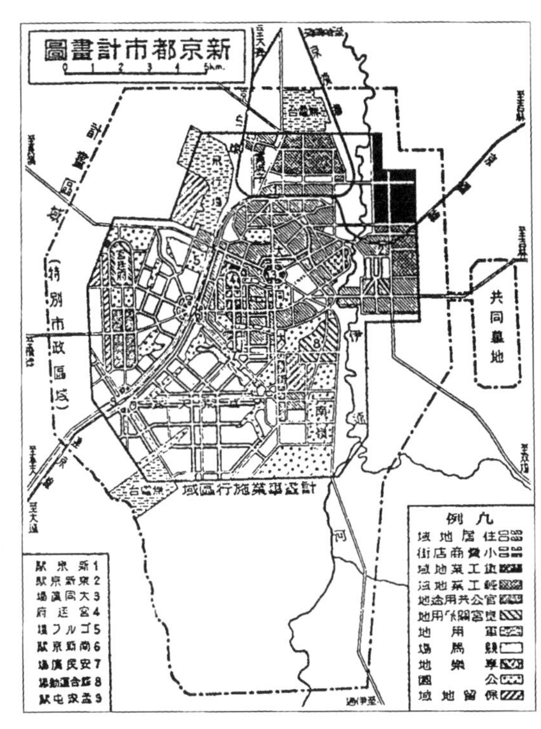

图 15-5-13 “新京”城市规划用地分区图
来源：越沢明．中国东北都市计划史．黄世孟译．台北：大佳出版社，1989.

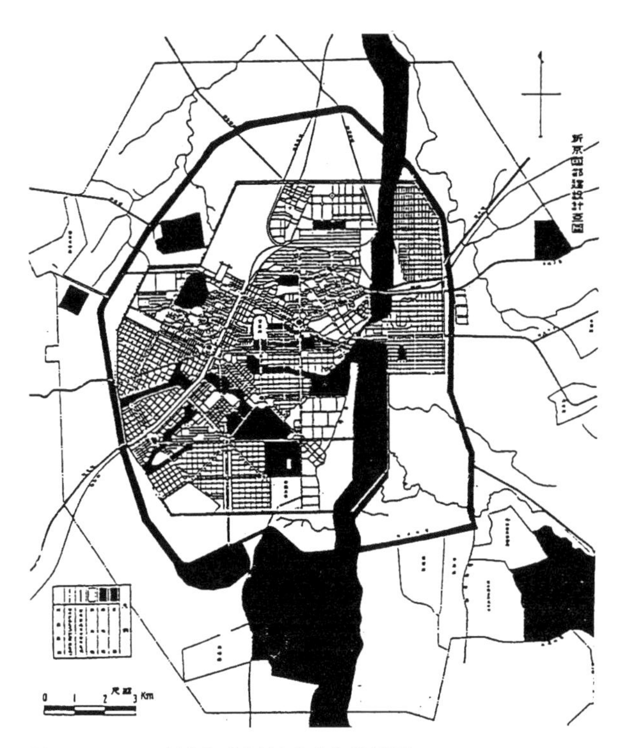

图 15-5-14 “新京”公园绿地系统规划图
来源：李百浩．日本在中国侵占地的城市规划历史研究．同济大学博士学位论文，1997：213.

星城规划理论、绿带规划理论及区域规划理论等等。在城市规划的法规与制度上，则是以日本的《城市规划法》和《市街地建筑法》为原型。从区域上确定长春为“首都”，鞍山、抚顺作为工业城市，是参考了日本东京作为首都，大阪及北九州为工业基地的日本国土规划模式。

“新京”规划同时还在一定程度上受到了中国传统城市营造理论的影响。虽然“新京”是由日本规划的，但出于殖民统治的需要，日本人不得不把伪执政府（“帝宫”）放在最中心的位置，同时，在几次争论之后，“帝宫”依旧设置在轴线的中心，采取了中国传统坐北朝南的形式，并在中轴线的两侧设置行政办公机构。

完整的城市规划制度，是“新京”近代城市规划的一个主要特征。也是近代城市规划和建设的主要特征。

1933 年 4 月公布《国都建设规划法》及其施行规则；在日本国内的《都市规划法》和《市街地建筑物法》基础上，修改形成伪满洲国的《都市规划法》(1938 年 1 月，《国都建设规划法》的修改，使“新京特别市”也适用于《都市规划法》)，《都市规划法》于 1936 年 6 月公布，其实施细则于 1937 年 12 月公布。后来，又先后公布了《都市规划法建筑细则》、《修正都市规划法》及其施行细则等。这些城市规划及建筑法规，其内容涉及总体规划、土地经营、建筑形态控制、绿地区制度等等，加上殖民统治的强压政策，从而保证了城市规划的顺利进行。伪满洲国城市规划制度的某些条款和技术指标甚至成为二战后日本修订城市规划法的主要参考范例（图 15-5-14）。

（三）伪满洲国“新京”城市规划的实施过程

伪满洲国时期长春市的建设和规划，大致可以分为三个阶段：（1）1932 年 3 月 -1937 年 12 月，第一期建设计划；（2）1938 年 1 月 -1941 年 12 月，第二期建设计划；（3）1941 年以后，百万人口大城市规划。

1. 第一期建设计划

1932 年“新京”城市规划完成后，12 月 5 日，完成计划区域为 100 平方公里的伪国都建设计划概要和事业预算案。12 月 27 日，提请以东京帝国大学教授，城市规划及建筑学专家佐野利器为首的伪国都建设咨询委员会进行专家咨询。

1933 年 1 月 24 日，伪国都建设计划与预算案得到伪国务总理的批准。第一个建设计划原定 5 年，即 1932 年 3 月 -1937 年 6 月，实施区域为 20 平方公里。后延期半年，实施区域也变更为 21.4 平方公里（图 15-5-15）。

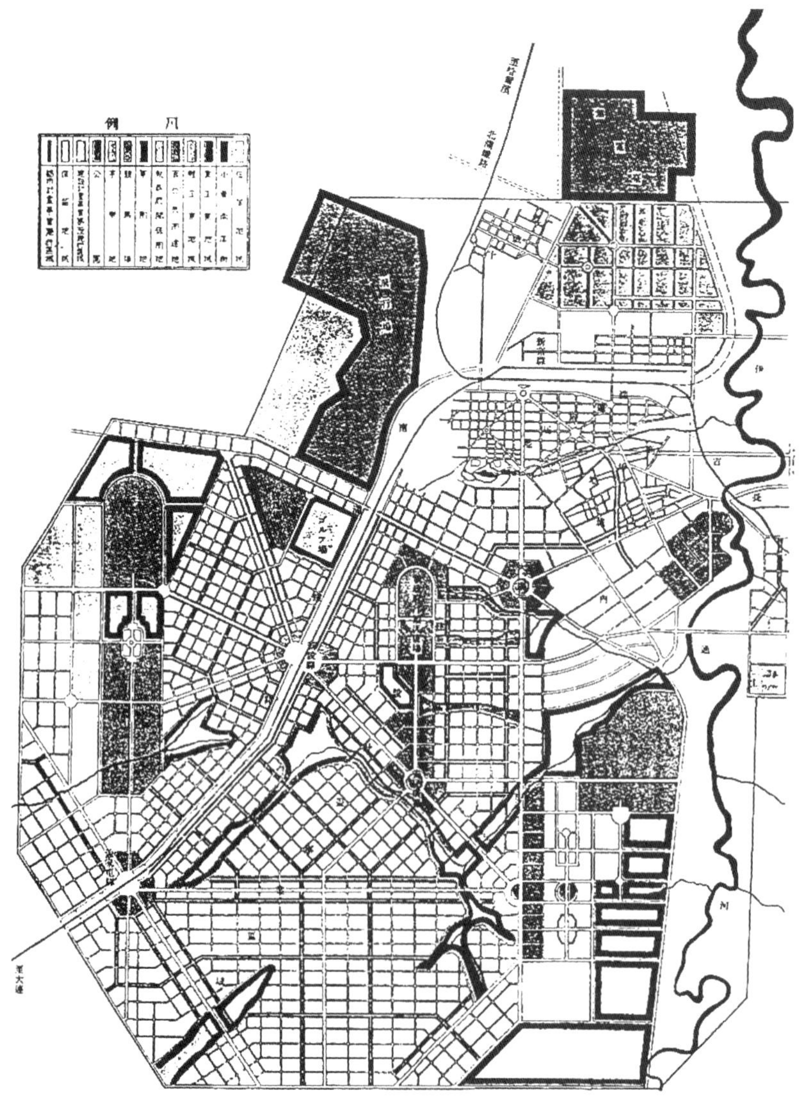

图 15-5-15　伪国都建设计划第一期执行区域图

来源：于维联主编．长春近代建筑．长春出版社，2001.

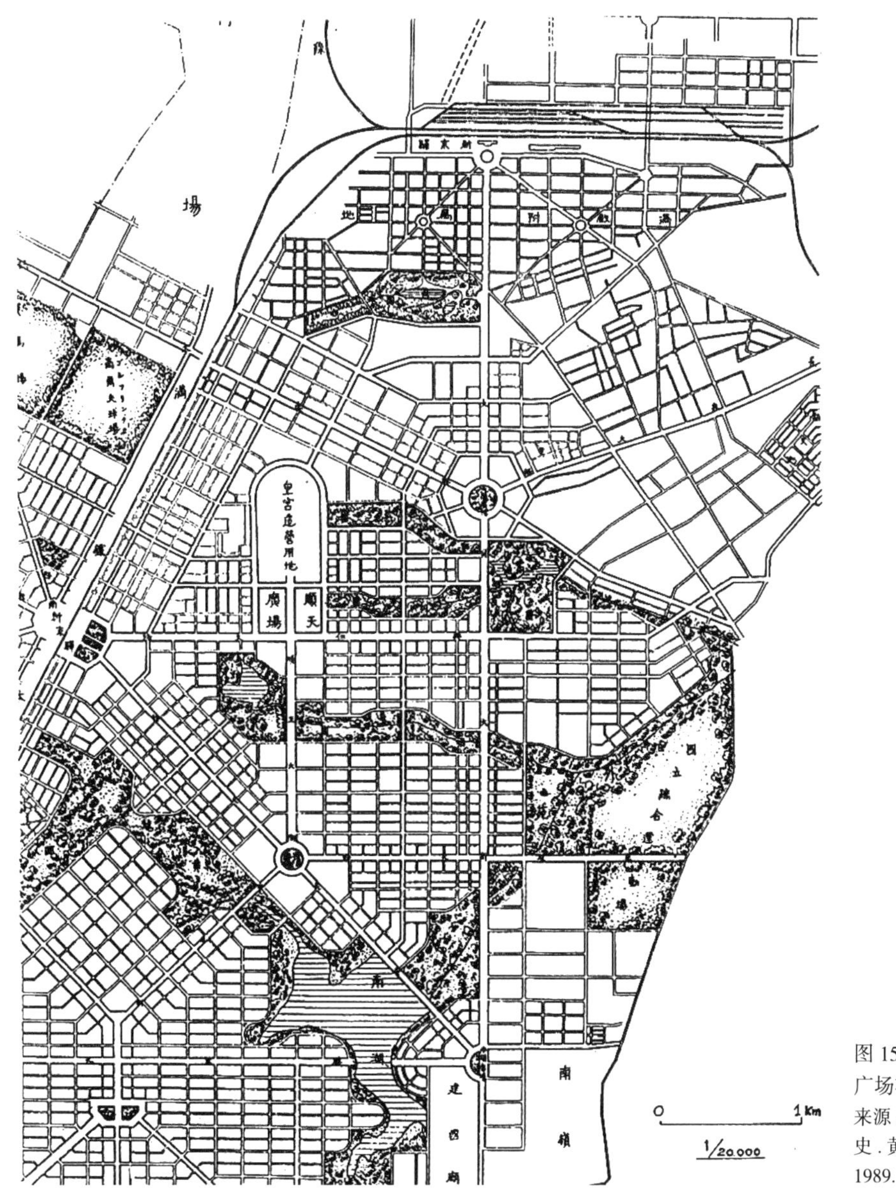

图 15-5-16 “新京”道路网与广场布局图

来源：越沢明．中国东北都市计划史．黄世孟译．台北：大佳出版社，1989.

在第一期建设计划中，对“新京”用地进行了精确的测量；规划上采用用地分区政策，并运用土地经营方式获得建设资金；就近在城郊设置砖瓦生产和石材加工厂满足大量性城市建设的要求。

“新京”的道路网规划采取了综合放射式、环形、矩形等各种道路模式的长处，形成了集放射环形与矩形结合的综合式道路网。依据城市干道结构，在各个主要交叉口设置大广场，使各个功能中心分散在城市各处：[1] 如城市中心——大同广场；政治中心——安民广场、顺天广场；文教中心——南岭广场；交通中心——南新京车站（将来作为中央车站）（图 15-5-16）。

① ［日］國務院統計處．第一次滿洲國年表．1932：594-595；［日］新京特別市長官房編．國都新京．1940.

图 15-5-17　大同广场的景观
来源：李重 . 伪满洲国明信片研究（个人印刷）.

图 15-5-18　南广场
来源：李重 . 伪满洲国明信片研究（个人印刷）.

广场直径较大，其中大同广场直径（含道路）达 300 米，安民广场也有 244 米，其中央部分作为公园（图 15-5-17, 图 15-5-18）。[①] 道路则依照功能分为主干道、次干道、支路，共三级。

伪国都建设局顾问佐野利器试图推行卫生城市的概念，在他的强烈要求和不懈努力下，“新京”在全规划区域内，实行冲水式厕所，这在当时的东北甚至亚洲都是极为先进的。

下水道采用污水与雨水分流方式，设计使雨水流入市内公园内的人工湖。人工湖同时兼做游憩使用。污水排放于伊通河中。利用原来的地形，将新市区用地内的河流、低地等全部规划为公园绿地，市区内的几条伊通河支流，变成带状公园。沿伊通河与环状道路也规划为绿化地带，与市区内绿地共同形成公园绿地系统。[②]

至 1937 年 12 月，伪满洲国累计投入 3400 万伪币作为城市建设特别预算，第一期规划范围内 21.4 平方公里内的干线道路、主要公园、上下水道、主要公共建筑物等城市基本设施按期完工，第一期国都建设到此结束。

① ［日］滿洲建築協會雜誌 .
② ［日］滿鐵鐵路總局旅客課编 . 新京觀光指南 . 1940；［日］三浦一著 . 新京概況 . 新京商工公會發行 . 1939.

图 15-5-19　安民广场
来源：[日] 滿洲國政府國務院國都建設局 . 國都大新京 . 新京 . 1933.

2. 第二期建设计划

第二期建设计划的主要目的是强化伪满洲国政权所需要的“政治性建设”。第二期建设计划原定为 3 年，实际 4 年，即 1938 年 1 月至 1941 年 12 月。建设区域以充实一期的区域为主，新增加了一些工程和市政设施。

第二期建设计划的重点在于伪满皇宫的建设和南岭文化区的建设，其主要内容为改造综合运动场、设立动植物园、设立协和广场及大学。此外还进行了住宅的搬迁与建设，并扩充整治了“新京”的全部公园绿地，完成了 14 处公园建设（图 15-5-19）。[①]

由于太平洋战争和中国抗日战争的爆发，直接导致城市建设资金匮乏和物资供应紧张，1938 年提出的新京站—大同大街—顺天大街—新京南站的长达 13 公里的第一期地铁建设计划未能实施。[②]

3. 百万人口大城市规划

由于“新京”人口激增，至 1941 年已突破 50 万人，1942 年达到 65.5 万人，超出了当时的城市规划的规模，已往的城市规划不再适用，1941 年临时国都建设局制定了新的规划方案，并于 1942 年 2 月通过政府审议，确定适合的人口为 100 万，市区用地面积扩大至外环道路附近，外围为绿化地带。绿化地带的设置可以阻止市区向外无限扩张，当以后人口再增加时，可以在绿化地带外建设卫星城（图 15-5-20，图 15-5-21）。

新规划方案延续以往规划特征，在土地经营、公园绿地系统 、市政设施建设等方面，继承了原有规划的主要特点，同时扩大了工业区范围。新规划还全面改变了铁西区的形态，废止了大房身的宫殿规划，并设置了南北与东西方向的干线道路，并建设人工湖——西湖。但随着 1945 年日本的战败和伪满洲国的覆灭，这个城市规划基本未获实施。

---

① ［日］新京特別市公署，滿洲事情案内所編 . 新京的概觀 . 1936 年 ;［日］滿洲建築協會雜誌 .
② ［日］新京市公署調查課編 . 國都新京 . 1938.

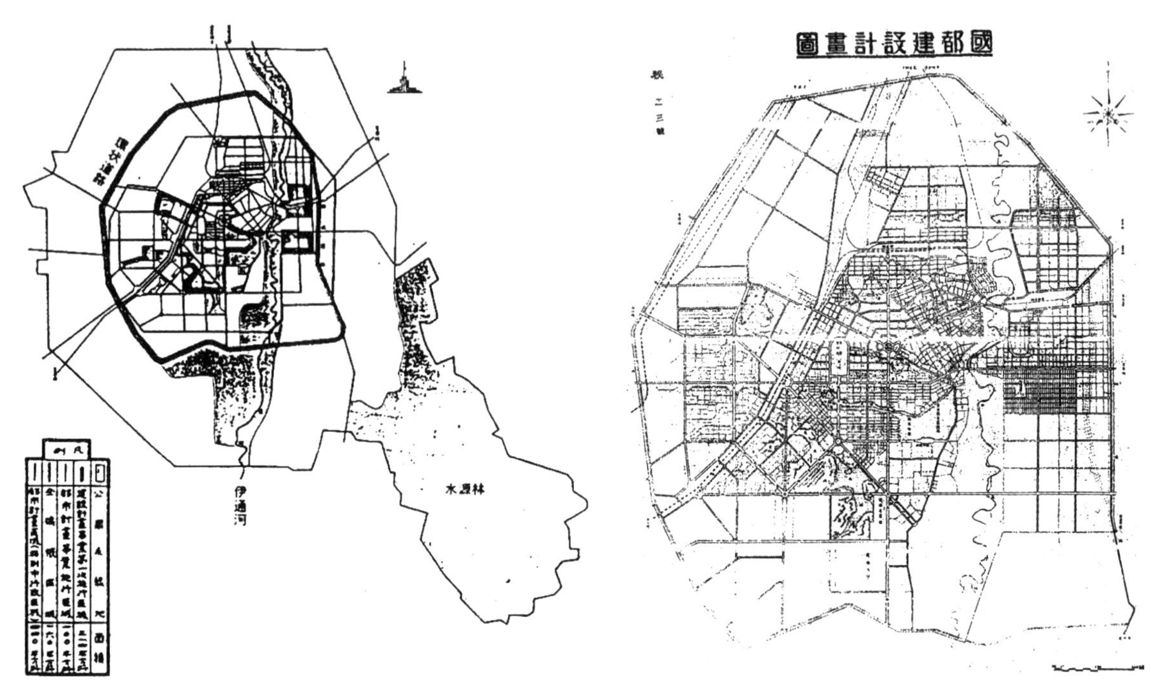

图 15-5-20　伪国都建设规划范围图
来源：李百浩．日本在中国侵占地的城市规划历史研究．同济大学博士学位论文，1997：224.

图 15-5-21　伪国都末期建设规划图（1942 年 2 月）
来源：越沢明．中国东北都市计划史．黄世孟译．台北：大佳出版社，1989.

三、近代长春“新京”时期的建筑类型

（一）统治中心——伪满皇宫建筑

1. 伪满临时皇宫

1932 年 3 月 1 日，清逊帝溥仪在日本扶持下，建立了“满洲国”，领土包括关东洲之外的辽、吉、黑三省全境，以及内蒙古东部和热河省（今河北承德市）。溥仪初任“执政”，1934 年 3 月 1 日又称帝，改国号为“满洲帝国”。

由于时间仓促，溥仪最初将原吉黑榷运局作为执政官邸，进行修缮、粉刷，于同年 4 月 3 日迁入，又将原榷业局所属盐业公司作为执政府。当时的主要建筑有溥仪的寝宫缉熙楼和溥仪的办公楼勤民楼等。1934 年“满洲国”改为“满洲帝国”后执政府变成了“皇宫”。同年秋又在勤民楼北修建怀远楼，供奉清室列祖列宗牌位。同时对原主体建筑进行了较大规模的修缮，其中主要包括伪皇宫正门——莱熏门、勤民楼、缉熙楼等。1936–1938 年，“临时宫殿”同德殿建成。1938 年，东花园初步落成，内有花坛、假山、游泳池等建筑设施。同年对勤民楼进行了维修，翻建中和门，增加了外廊。1939 年，在同德殿东南约 30 米处，修建了钢筋混凝土结构的防空地下室，其上方加建假山。1940 年，嘉乐殿落成，它是伪满宫廷举行大型宴会的场所。1940 年，溥仪二次访日并迎回日本天皇的“始祖”天照大神。在同德殿东南方建造了“建国神庙”。

伪满临时皇宫的主要建筑：

（1）**同德殿**　从1936年开始，在宫内府东侧原吉黑榷运局盐仓位置上出资40万伪币修建了同德殿，钢筋混凝土结构，建筑局宫廷营造科设计，日本清水组负责施工，大约在1938年末竣工。同德殿是一座集办公、娱乐和住宿一体化的新式宫殿（图15-5-22，图15-5-23）。

图15-5-22　伪满皇宫同德殿及其瓦当图案（作者自摄）

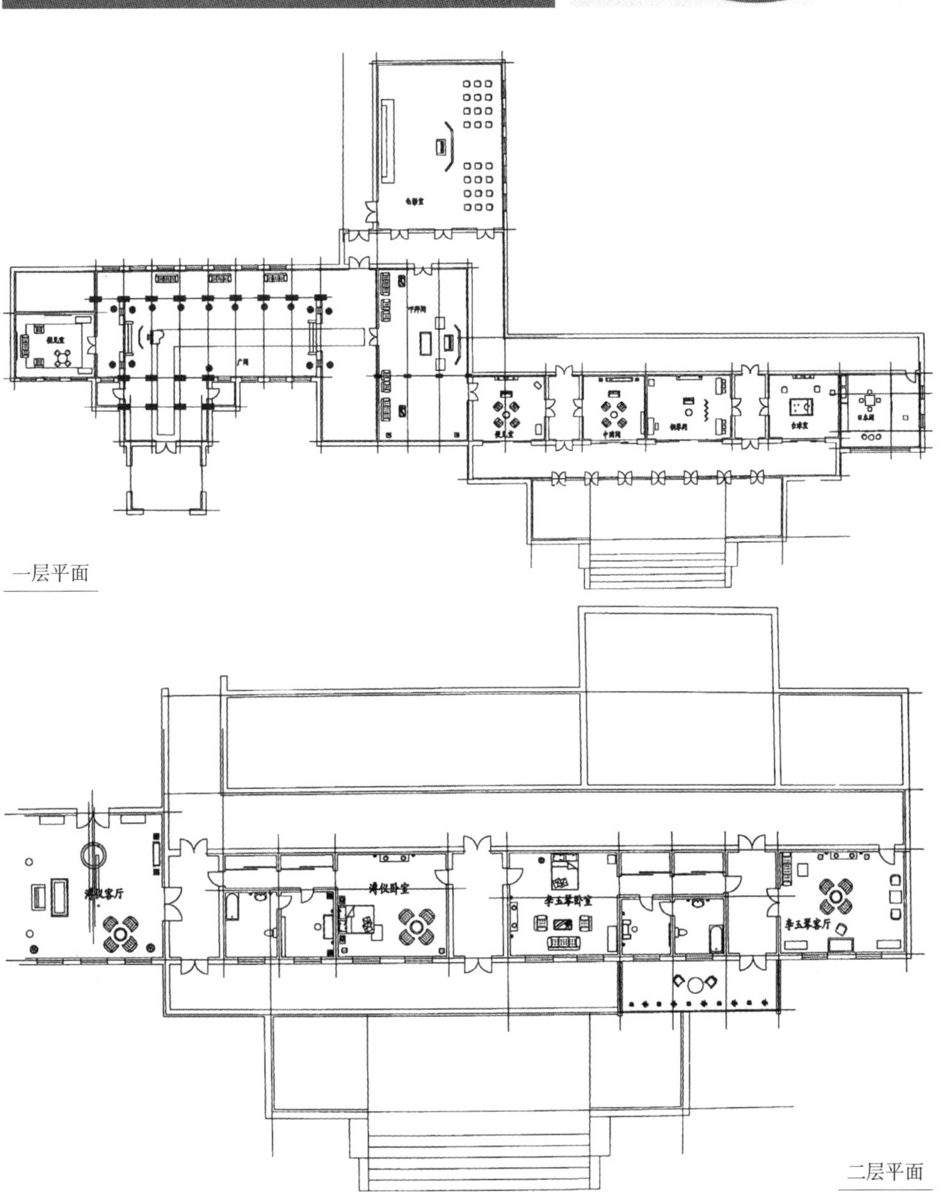

图15-5-23　同德殿平面图
来源：于维联主编．长春近代建筑．长春出版社，2001.

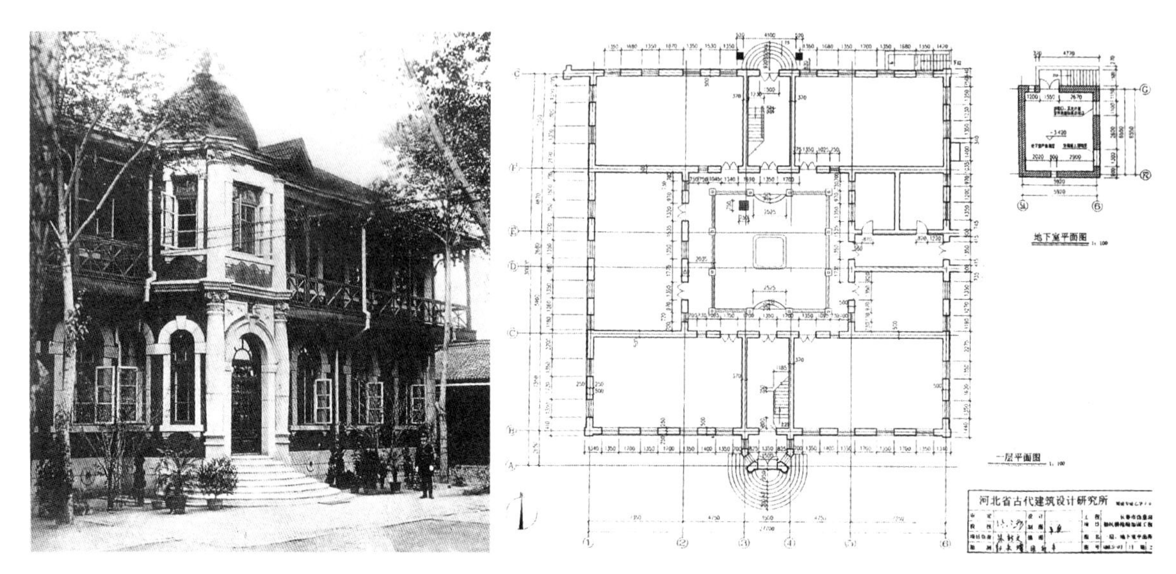

图 15-5-24　伪满皇宫勤民楼
来源：李立夫主编 . 伪满洲国旧影 . 吉林美术出版社，2001.

同德殿为长方形二层建筑，米黄色面砖，金色琉璃瓦顶，垂脊的兽头为龙头造型。坡屋顶形式为中国传统庑殿顶，是整个伪满皇宫中唯一不对称的建筑，同时也是长春历史上第一个也是唯一一个庑殿顶的建筑。该建筑通过一道长廊与勤民楼、嘉乐殿相连。一楼是溥仪处理政务和娱乐的场所，主要有广间、候见室、叩拜间、便见室、中国间、钢琴室、台球间、日本间、电影厅等。同德殿正门入口处的二层共享空间称广间，是溥仪举行家宴的场所。二楼是伪满皇帝及后妃的居住区。

该建筑殖民色彩明显，为了要表示出伪满洲国是“中日合璧”，“日满同德同心”，瓦当和滴水上都烧有“一德一心”的字样。

（2）**勤民楼**　勤民楼原为吉黑榷运局办公楼。是一幢建于 1905 年以前的老式砖木结构的二层建筑，占地面积 1296 平方米。二层有木结构平台。是溥仪处理政务和举行典礼的场所（图 15-5-24）。

（3）**“建国神庙”**　“建国神庙”位于内廷东院御花园的东南角处，占地 1540 平方米，在 1940 年伪满洲国“皇帝”溥仪出访日本出席日本纪元 2600 年庆典之际兴建。据日本史书记载，以第一代天皇——神武天皇——即位的年份为纪元，1940 年相当于纪元 2600 年。在这一年，日本政府为了所谓“发扬国威”，举行了纪元 2600 年的庆典。在此次访日中，溥仪参拜了伊势神宫，并接受了日本的三种神器之一的“神镜”，作为“建国神庙”的供奉物。因此，“建国神庙”具有了伊势神宫海外别宫的性质。与新“帝宫”一样，“建国神庙”由时任建筑局第二工务处营造科科长的葛冈正男负责。设计建造获得日本内务省神社局的协助，角南隆设计，社寺建筑专家鱼津弘吉[①] 也参与了设计。奠基仪式于 1940 年 3 月 9 日举行，仅两个月 19 天即告竣工，7

① 鱼津弘吉（1898–1982 年），是专门进行社寺建筑设计和施工的高级木工，其代表作品有永平寺大光明藏等。

图 15-5-25　伪满洲国帝宫正门
来源：李重．伪满洲国明信片研究（个人印刷）.

月 15 日溥仪回国后举行了镇座仪式。[①]

"建国神庙"造型仿日本伊势神宫的"神明造"。建筑面积近 200 平方米。庙内地面为错层式，每层间隔 0.5 米，第一层为"拜殿"，第二层为"祝词舍"，第三层为"本殿"，庙内还有"祭器库"和"神馔所"。在主庙北侧还专门为天照大神建有 50 平方米的防空地下室。1945 年 8 月 11 日，溥仪仓惶出逃。"建国神庙"被日本关东军纵火烧毁，仅余基石。

日本在朝鲜半岛、中国台湾、南洋群岛等其他殖民地也建造了神社。这些神社就是殖民与归化的象征。"建国神庙"的建造表明伪满洲国也被纳入了日本帝国扩张和侵占的版图。

（4）**东御花园**　东御花园，由日本园林师佐滕昌设计，融中国北方园林特色和日本园林风格于一体。始建于 1938 年，与同德殿同时落成。占地面积 11100 余平方米，是伪满皇宫中最大的园林。

（5）**门**　伪满皇宫外廷共有七座门（图 15-5-25）。即莱熏门、保康门、乌居门、禁卫门、含宏门、福华门、体乾门。伪满皇宫内廷宫门很多，重要的有兴运门和迎辉门。

伪满皇宫与我国历史上封建帝王的宫殿截然不同，它不是一个经过精心设计的完整的宫殿建筑，它不像北京故宫一样布局严整，等级分明。它不具备我国古代建筑艺术的独特风格。而是一个中西合璧、古今杂陈的混合建筑群。从建筑时间和建筑形式上反映了不同时期的建筑风格。

2."帝宫"（未建成）

由于"新京"的城市规划和城市建设，是以建设伪满洲国"首都"为目的，"帝宫"规划设计就显得十分重要。《新京规划说明书》中明确表示新建"帝宫""应成为国民理想的元首居城"，是"新京"规划的核心。

早在"新京"城市规划的早期，就由于"帝宫"的选址和规划引起过争论，[②] 国都建设局坚持宫殿应朝南，"帝宫"前设置道路轴线，配置行政办公建筑——这是传统中国都城设计的常用规划方法。而满铁经济调查会考虑地形地势，设计方案"帝宫"建筑不朝南。最终的规划批

① ［日］西澤泰彦．海を渡った的日本建筑家．彰國社，1996.
② 详见本节之二。

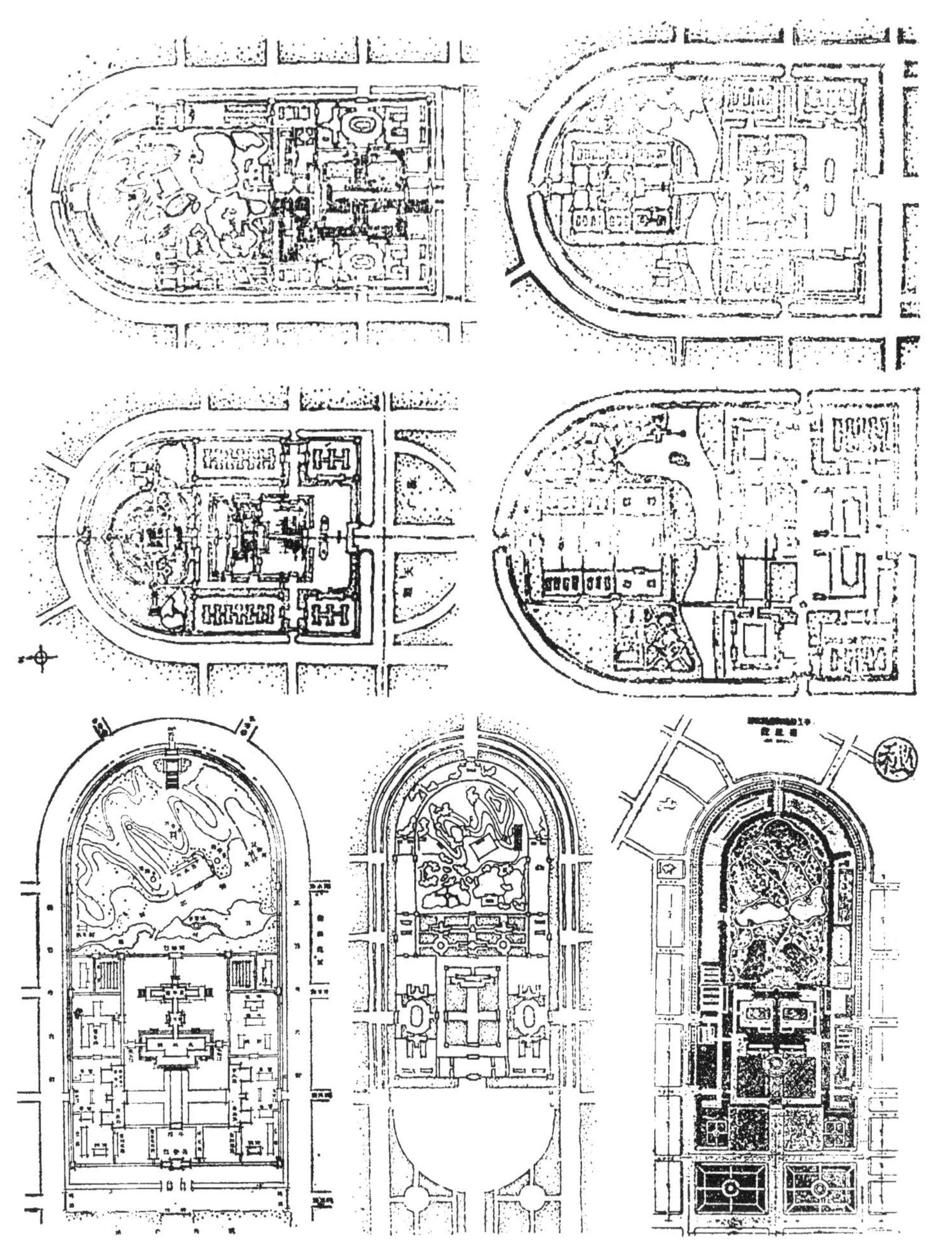

图 15-5-26　伪满洲国“帝宫”规划方案图
来源：[日]新京商工公會編. 新京の概況(建国 10 周年纪念发刊). 1942.

准方案为“帝宫”选择在杏花村位置，采用正南向方位，门前设置广场，正门前大路两边设置伪满洲国行政办公机构。“帝宫”占地约 26 公顷，1933 年再增拨 8.9 公顷。

“帝宫”设在新建城市当中，城市的中心结构以大同广场为中心呈向外放射状，大同大街穿过大同广场形成城市最主要纵向中心道路，“帝宫”位置在大同广场西侧，门前形成顺天广场与顺天大街，顺天大街与大同大街平行。

在中国传统都城规划当中，皇宫的中轴线与城市的中轴线重合，全城左右对称来强调居中的皇宫，虽然“帝宫”的轴线不与城市中轴线重合，但仍然借鉴了中国传统宫殿的设计规划思想。“帝宫”地势较高，正面朝南，呈严格的中轴线左右对称布局，门前设置广场等，同时，考虑到现代城市的特性，“帝宫”所选位置与铁路和城市干道联系方便，与市中心距离也较为理想。

“帝宫”的规划先后提出有二十余个方案。总图设计由当时在伪国都建设局工作的中国建筑师彭野主持。设计参考了中国传统宫殿建筑的建筑布局、建筑造型和空间处理方式，同时也借鉴了中国传统的造园手法（图 15-5-26）。[1]

“帝宫”平面严格突出中轴线，中轴线上的主要建筑为午门、太和殿、御书房、重华门、翊坤门、御花园等，在规划设计中，有的方案设有御花园，形成比较狭长的总平面；另一类不设御花园，南北距离较短。“帝宫”的左右两侧分设警备、总务办公等服务机构，还设置了太庙和佛堂；宫墙外设有护城河；正门前设顺天广场。宫殿区占地约 1.6 公顷，东西和南北各长约 400 米，与中国传统宫殿对比，占地面积较小。

“帝宫”于 1938 年 9 月 10 日动工，由于战争再加上资金、建材和劳动力的不足，这个工程在 1934 年 1 月 11 日便中止了。

（二）统治核心——官署建筑

“新京”与国内其他同时期近代城市不同，它是为所谓的“新国家”的新“首都”而规划建设的，其行政办公建筑成为这个城市最重要的标志性建筑。从 1932 年 7 月至 1941 年 9 月，伪满洲国共建造了 14 座政府行政办公建筑，称之为“厅舍”（表 15-5-1）。

伪满洲国政府行政办公建筑 14 厅舍表　　　　表 15-5-1

	名称	地址
第一厅舍	伪国都建设局—伪文教部—伪新京特别市公署	大同广场南侧大同大街
第二厅舍	伪司法部、伪外交部—伪首都警察厅	大同广场南侧大同大街
第三厅舍	伪经济部—伪建设局—伪营缮需品局—伪国民勤劳部	大同大街
第四厅舍	伪国务院	顺天大街
第五厅舍	伪交通部—伪民生部—伪厚生部	顺天大街
第六厅舍	伪司法部	顺天大街
第七厅舍	伪蒙政部—伪内务局—伪水利电力局—伪需品局	大同大街
第八厅舍	伪交通部	顺天大街
第九厅舍	伪治安部—伪军事部	顺天大街
第十厅舍	伪经济部	顺天大街
第十一厅舍	伪兴农部	至圣大路
第十二厅舍	伪开拓总局	至圣大路
第十三厅舍	吉黑榷运署—伪发明特需局—伪禁烟总局	大同大街
第十四厅舍	伪祭祀府	顺天大街

注：厅舍次序和建设时间次序并不完全重合，有些厅舍名称和位置发生过变化。

① ［日］臨時國都建設局編．國都建設紀念典志．1938.

1. 第一厅舍

行政办公建筑的建设从伪满洲国的第一和第二厅舍开始。两座建筑由当时伪国都建设局建设课长相贺兼介亲自主持设计，并提出了两个方案。二者都试图引入中国传统风格，产生一种东西方交织的新样式，“外形表现出中国式，再加上近代的风味而构成”。[①]

第一厅舍位于当时已经规划的大同广场以南，大同大街的东侧。施工单位是福井高梨组，1932 年 7 月开工。建成后先作为临时国都建设局，早期与伪满文教部共享，后又成为“新京”特别市公署办公楼。

第一厅舍建筑面积 5131 平方米，由横向建筑主体中间设置竖向塔楼构成，主体部分高 2 层，塔楼高 4 层，28 米，整体构图横竖对比，与日本同时期和东北其他城市同时期建筑相类似。设计者在设计中注明该建筑是“满洲式”，其中所谓中国传统风格，主要体现在诸如室外女儿墙处和室内梁柱连接间的斗栱造型装饰等（图 15-5-27）。

2. 第二厅舍

几乎同时开始建设的第二厅舍与第一厅舍相对，位于大同广场以南，大同大街的西侧。第二厅舍原为伪满司法部，司法部迁往顺天大街后，改为伪满首都警察厅（图 15-5-28~图 15-5-30）。

与第一厅舍相似，第二厅舍也是横向建筑中间设置竖向塔楼，塔楼顶部呈中国式的四角攒尖顶。主体二层的建筑檐部加有绿色琉璃瓦檐口，檐口下有斗栱装饰。建筑上共有 5 个四角攒尖的亭子造型，建筑前面的门卫室亦有左右对称两个四角攒尖亭子造型。第二厅舍被认为是“满洲式”建筑的第一个代表作，对其后的行政办公建筑设计有着较大的影响。

3. 伪满洲国国务院

在这些“厅舍”建筑当中，最重要的当属第四厅舍，即伪满洲国国务院总务厅和参议府的合署办公楼。该建筑位于顺天大街最北端，靠近顺天广场与“帝宫”，与第九厅舍伪治安部相对。

1933 年 3 月，伪国务院成立了“官衙建筑委员会”，成员主要由政府各部门要员组成，负责对行政机构办公建筑进行设计审查。1934 年初，由当时主管建设的伪总务厅长主持设计师遴选工作，并对伪满洲国国务院设计方案进行审查，经反复比较，最终选定石井达郎的方案。

石井本人曾考察过北京故宫，对中国传统建筑了解较深，有利于在建筑中体现中国建筑风格。不过在实际设计中，伪国务院主要的模仿对象是日本国会议事堂，显示出伪满洲国政体与日本的关联。

该建筑由大林组负责施工，1934 年 7 月 19 日开始动工兴建，1936 年 11 月竣工，总建筑面积 20085 平方米，在行政办公建筑中面积最大；钢筋混凝土结构，主体部分 4 层，有 1.5 层

---

① 于维联主编 . 长春近代建筑 . 长春出版社，2001.

图 15-5-27　第一厅舍
来源：[日] 新京特别市公署調查科編纂 . 國都新京 . 1930.

图 15-5-28　第二厅舍门廊及中央塔楼
来源：李立夫主编 . 伪满洲国旧影 . 吉林美术出版社，2001.

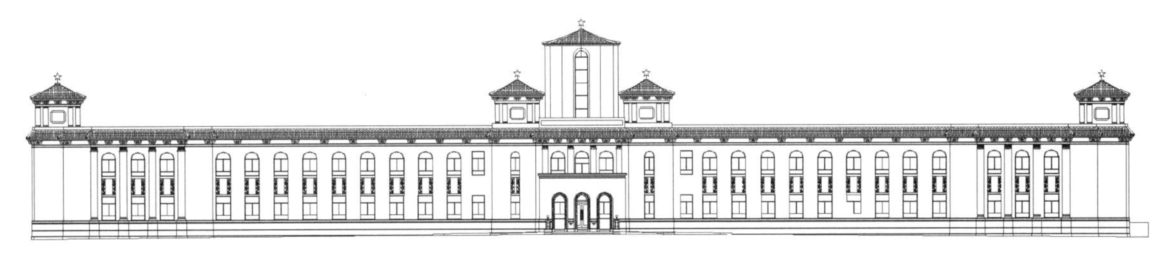

图 15-5-29　第二厅舍旧址正立面测绘图
来源：吉林建筑大学测绘图 .

图 15-5-30　第二厅舍局部和室内
来源：[日] 滿洲建築協會雜誌 .

的地下室，中间塔楼 6 层，总高 48.8 米，为当时“新京”最高建筑。工程造价达 250 万伪币，也是行政办公建筑中造价最高者，仅次于伪满洲中央银行。可见该建筑之重要。

建筑沿用了当时行政办公建筑中应用塔楼的设计方式，在当时的《满洲建筑杂志》上标注其风格为“满洲式”。中间 6 层高的塔楼屋顶采用中国传统的重檐四角攒尖顶形式，屋脊为向下的凹曲线。塔楼的墙体为实墙面，四面墙面都饰有 4 个多立克柱式作为装饰。入口处同样是多立克式的柱廊。建筑外墙用棕褐色瓷砖贴面，屋顶用咖啡色琉璃瓦（图 15-5-31~图 15-5-33）。

图 15-5-31　伪国务院
来源：于维联主编. 长春近代建筑. 长春出版社，2001.

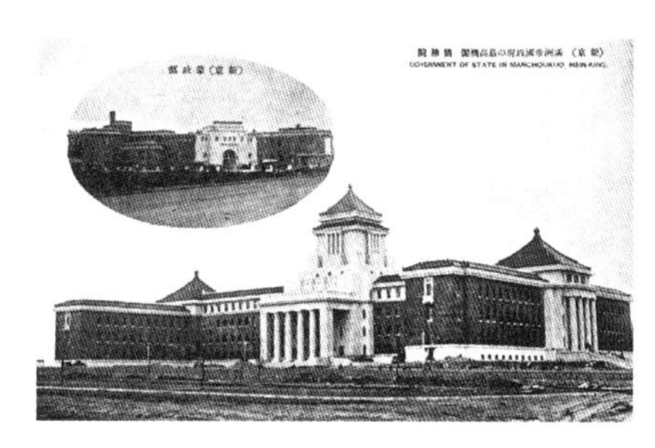

图 15-5-32　国务院和蒙政部
来源：李重. 伪满洲国明信片研究（个人印刷）.

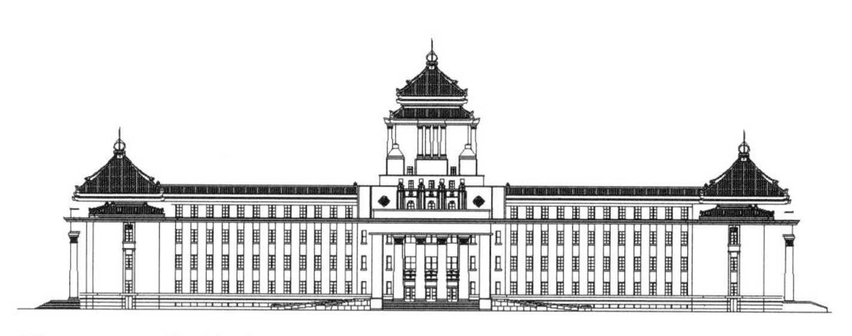

图 15-5-33　伪国务院旧址西立面测绘图
来源：吉林建筑大学测绘图.

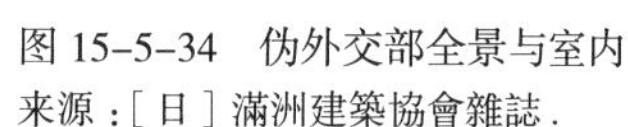

图 15-5-34　伪外交部全景与室内
来源：[日]滿洲建築協會雜誌.

4. 伪外交部

在伪满洲国“新京”的行政办公建筑当中，伪外交部是唯一一个引入西方投资的特例。该建筑由法国布罗萨德·矛平（Brossard-Mopin）公司负责设计与施工，工程用款由法国经济发展协会提供有偿贷款。1933 年动工，1934 年竣工。

伪外交部大楼位于兴亚大街和大庆路交会处的东南角，东临规划中的“御花园”，是靠近“帝宫”的行政办公建筑。该建筑采用钢筋混凝土与砖木混合结构，地上 2 层，地下 1 层，平面布局灵活，各部分体块组合复杂，为表现东方建筑特征，建筑师在细部设计上运用了栏杆、六边形窗户、月亮门、雀替等中国传统元素。建筑的北侧次要入口，有圆拱形的门洞和两侧向内倾斜的墙体，及上面的局部装饰，都受到日本近代建筑的影响。南侧地下室有 3 个玻璃采光窗，用铸铁做网格骨架，上面镶有厚重的倒立锥形彩色玻璃，可以承受来往行人踩踏，夜间也可方便室外地面照明（图 15-5-34）。

5. 伪中央法衙

位于安民广场东侧的伪中央法衙是“新京”行政办公建筑中比较成熟的作品，它位于顺天大街伪政府办公建筑中最南端、安民广场东侧。当时亦称为“合同法衙”，是审判与检察机关公用的衙署。楼内有伪满最高法院、最高监察厅、“新京”高等法院、高等监察厅、地方法院、地方检察厅等。该建筑占地104000平方米，建筑面积14800平方米，工程造价84.87万元，1936年6月动工兴建。建筑设有1.5层地下室，地上3层，中部主体塔楼局部5层。由牧野正己设计，伪营缮需品局监理，高冈组施工。

法衙建筑风格为“满洲式”。建筑中部主体塔楼顶部用中式四角攒尖顶，内部有4层高中厅，四周有回廊。建筑立面上窗洞较小，体积感很强。平面上各体块之间与各立面之间以弧线形作为转折，外墙用黄褐色面砖贴面，曲线处面砖也加工为弧形。屋顶和女儿墙采用深褐色琉璃瓦，再次强调了建筑的曲线。建筑入口处设有圆形喷水池。整栋建筑没有用惯常的柱式表现，但借助曲线，其外观造型依然显得十分雄浑庄严（图15-5-35）。

6. 日本关东军司令部

还有一栋建筑由于它的规模和使用者而地位重要不可忽视，这就是位于大同大街和新发路交会处的西北角的关东军司令部。该建筑背靠满铁附属地，是由长春车站进入大同大街市区后看见的第一座建筑，它与关东局一起是新市区的门户。关东军司令部是日本在中国东北的最高权力机构，该建筑也是日本关东军在长春庞大的建筑群的核心（图15-5-36）。1941年以后，

图15-5-35　伪中央法衙全景与室内
来源：[日]滿洲建築協會雜誌.

图15-5-36　关东军司令部入口
来源：李立夫主编. 伪满洲国旧影. 吉林美术出版社，2001.

改称“日本关东军总司令部”，该楼还是由关东军司令官兼任大使的日本驻伪满洲国大使馆，牌子挂在面对大同大街的东门上。正门上塔楼中央悬挂金色“菊花章”（日本皇室徽章）。

关东军司令部大楼占地 75600 平方米，主体部分地上 3 层，两翼局部 4 层，半地下室 1 层，中间塔楼部分 5 层。总建筑面积 13424 平方米，其中半地下室 3277 平方米，一层 3228 平方米，二层和三层各 3016 平方米，四层 718 平方米，五层 169 平方米，建筑总高 31.50 米，工程造价 170 万元，共有房间 221 间。该建筑由关东军经理部负责设计，建筑和围墙大门由大林组负责施工。整个工程共分三部分：第一期基础工程，1932 年 8 月动工，1933 年 3 月竣工；第二期主体工程，1933 年 4 月动工，1934 年 3 月竣工；第三期内部装饰工程，1934 年动工，同年 8 月竣工。

由于设计和建造的时间较早，该建筑的设计曾对伪满洲国国务院的设计产生影响。该建筑的风格样式，日本人标注为“近世式东洋风”，[①] 实质上与日本同时期的帝冠式极为相似。

建筑的中部和两翼设有塔楼，塔楼屋顶形式较为复杂，形式与日本名古屋传统城门样式相似，屋顶采用黑色筒瓦，与塔楼的白色墙面形成强烈对比，塔楼以下主体部分外墙用棕黄色面砖贴面。整个建筑的样式与帝冠式一样，极力表现日本传统文化的影响，并无中国的特色，所以也未被标注为“满洲式”。

1945 年 8 月 15 日，日本宣布无条件投降。8 月 22 日关东军司令部按照苏军的命令从大楼迁出，同时摘去“菊花章”。大楼随后成为苏军驻东北总司令部。

伪满洲国“新京”的其他主要官署建筑见表 15-5-2。

伪满洲国“新京”其他主要官署建筑　　表 15-5-2

序号	图片	简介
1		第三厅舍：伪经济部 第三厅舍位于大同大街与吉林大街交会处的东南角，与第七厅舍伪蒙政部隔大同大街相对，南临第十三厅舍伪吉黑榷运局。第三厅舍始建时是伪经济部，后曾用作伪建筑局、伪营缮需品局、伪国民勤劳部办公地点。该建筑总建筑面积 5310 平方米，建筑主体 2 层，中间部分 3 层，钢筋混凝土框架结构。入口朝西，建筑呈直线形，中间部分后侧有较大的空间，被利用为食堂和会议室
2		第六厅舍——伪司法部 伪司法部位于顺天大街中段东侧，与第十厅舍伪经济部隔顺天大街相对。司法部成立之初暂设在华俄道胜银行长春支行大楼，又曾迁至第二厅舍办公，第六厅舍建成后迁入。该建筑设计由相贺兼介主持。相贺以该设计方案参加伪国务院的设计竞标，最终由于伪国务院选定石井达郎的方案，该方案落选，后用作司法部的设计方案。伪司法部 1936 年建成使用，总建筑面积 5200 平方米，工程造价约 43 万元伪币。该建筑主体地面 3 层，中间塔楼 6 层，砖混结构，局部框架。主体建筑有绿色琉璃瓦檐口装饰，塔楼和入口处及入口两边同样绿色琉璃瓦攒尖顶，墙体为棕色

① ［日］大島大平輯. 土木關係法令輯綴. 滿洲土木建築業協會，1940.

续表

序号	图片	简介
3		第十三厅舍——伪吉黑榷运局 位置在大同大街中段东侧，在第三厅舍南侧。是由于伪满执政府（伪满皇宫）占用吉黑榷运局旧址，而为其新建的办公楼。该建筑规模不大，是十四个厅舍中面积较小的一个。后撤销伪吉黑榷运局，改归伪满禁烟总局。该建筑于1934年建成，建筑共2层，砖混结构局部框架。外墙深褐色面砖，紫褐色琉璃檐口，建筑基部有石材贴面装饰。入口为塔司干柱式支撑的中国式平顶琉璃檐装饰。现已拆除
4		第八厅舍——伪交通部 位于顺天大街南部西侧。伪交通部成立于1932年3月，1938年迁入新落成的办公楼内办公，伪满洲国邮政总局也曾一度在此楼内办公。该建筑设计及监理为伪满洲国营缮需品局营缮处。1936年8月18日动工兴建，1937年12月10日完工，施工单位为长谷川组。工程造价44.67万元伪币。伪交通部占地18464平方米，总建筑面积8056平方米，总高27米。主体部分地上3层，地下1层，局部（中间部分）4层。该建筑外墙为深紫褐色面砖，主体部分檐部有凸起的石材装饰，并有小的垛口。中间部分呈传统建筑山墙形式，黑色琉璃瓦屋顶并有雕刻精致的悬鱼造型石材贴饰。建筑的两翼端部有突出的窗套和阳台装饰，入口有抱鼓石等
5		第九厅舍——伪治安部 伪治安部位于顺天大街最北端，与伪国务院隔顺天大街相对，又处于兴仁大路和顺天大街的丁字路口，所以位置十分重要。伪治安部多次改名，1932年4月，成立时称“军政部”，是统辖伪满洲国军队的首脑机关，1937年7月，因军警合一，改称“治安部”。1943年4月，军警分开，改称“军事部”。占地面积33850平方米，建筑面积4.7万平方米，该建筑于1936年8月31日动工兴建，1938年10月31日竣工。该建筑设计及监理为伪满洲国营缮需品局营缮处，大林组负责施工。工程造价约110.19万元伪币。建筑主体部分地上四层，局部五层，有一层半地下室。 该建筑平面呈三角形，在转角位置设置入口，入口朝向丁字路口。其中建筑在兴仁大路一侧与伪国务院一齐
6		第十厅舍——伪经济部 该建筑位于顺天大街中段西侧，在伪军事部与交通部之间。伪满经济部前身为伪满财政部，1937年改称“经济部”。该建筑1937年7月17日动工兴建，1939年7月31日竣工。该建筑设计及监理为伪满洲国营缮需品局营缮处，清水组负责施工。工程造价77.4万元伪币。该建筑占地面积29778平方米，总建筑面积10254平方米，总高26.51米。建筑主体部分地上4层，局部5层，有半地下室1层，两翼部分3层。钢筋混凝土框架结构
7		第十一厅舍——伪兴农部 伪兴农部位于至圣大路。1932年成立之初称“实业部”，1937年改名为“产业部”，1940年6月改称“兴农部”。1943年迁入新落成的办公楼内办公。伪兴农部建筑面积9871平方米，钢混结构，主体部分地面2层，现已拆除
8		第七厅舍——伪兴安总局（伪蒙政部） 位于大同大街和兴仁大路交会处广场的西南角，隔兴仁大街与伪红十字会相对。蒙政部设立于1934年12月，原名“兴安总局”，后改为“蒙政部”，下设劝业司、民政司和总务司，1937年5月撤销。以后使用这座建筑的有伪满官用需品局（即伪满营缮需品局）、水电建设局等。蒙政部平面呈L形，两翼对称。地面3层，地下1层，坡屋顶，钢筋混凝土框架结构。转角处为主入口，主入口正面有4个装饰壁柱直至屋顶三角形山花。坡屋顶的交脊处有中国传统屋脊样式装饰。建筑中后部有方形小塔楼。现已拆除

续表

序号	图片	简介
9		第十四厅舍——祭祀府 位于顺天大街东侧，伪国务院南侧，有部分功能是为伪国务院服务的。是伪满洲国建设的最后一栋行政办公建筑。该建筑1941年4月9日动工，1942年7月15日竣工。伪国务院建设局第一工务科负责设计和监理，长谷川组负责施工。总建筑面积6021平方米，1层建筑面积2993平方米，二层建筑面积3028平方米。建筑平面呈“山”字形，入口在二层，利用了地势的高低差，两层砖混结构，铁板瓦，无其他的屋檐装饰。现已拆除
10		伪文教部 位于至圣大路，是在伪满洲国机关办公楼中规模较小的，伪文教部成立于1932年7月15日，1937年曾一度撤销，并入伪民生部，1943年4月恢复，并迁入新办公大楼。现已拆除
11		第五厅舍——伪民生部 位于大同大街。1932年成立之初为“民政部”，1937年改称“民生部”，1945年3月改称“厚生部”。建筑主体2层，地下1层。第五厅舍与第三厅舍，采用了相似的外立面建筑图纸
12		日本关东军宪兵司令部（关东局） 位于大同大街和新发路交会处东北角。日本关东宪兵司令部于1933年迁到“新京”，办公地点先在当时中央通，后于1935年7月迁入此建筑中。建筑建成之初，由关东军司令部、关东局与关东宪兵司令部合用，后由关东局独家使用。该建筑占地3万平方米，总建筑面积1.2万平方米，1932年动工兴建，1933年建成使用。地上2层，设有1层半地下室。该建筑造型十分简洁，没有任何传统样式的外加装饰。外墙棕黄色瓷砖贴面，檐口处有水平线条
13		“新京”警备司令部（“新京”第一中学校） 位于兴安大路，建于1933–1934年间，在新京警备司令部撤销以后，改为“新京第一中学校”
14		日本海军武官府 位于汉口大街，西广场东南隅，原名“驻满日本海军司令部”，1938年11月15日改称“日本海军驻满武官府”，是日本海军省派驻中国东北的机关，主要为协调日本海军与日本关东军之间的关系，搜集苏联远东海军情报。现已拆除。现已拆除
15		日本驻伪满洲国大使馆 位于朝日通（现上海路30号），该建筑1912年建成，1932年12月在此设置日本驻伪满洲国总领事馆，占地面积约2万平方米。现已拆除

（三）“新京”建筑“满洲式”风格的形成

日本扶持的伪满洲国成立后，出于政治目的，提出了“（日、朝、满、蒙、汉）五族协和”、“新满洲、新国家、新形象”的政治口号，企图借此笼络人心，达到长期侵占中国东北的目的。所谓“满洲式”建筑的思想就建立在这个政治基础之上，具体体现为在设计中使用中国和日本传统建筑的构图、构件和细部做法等。1932年秋，受关东军的委托，日本著名建筑家佐野利器对于“新京”的城市规划提出了一份建议书，其中第9项对建筑样式做了如下建议：“任何一个官衙建筑，其内容应该求便利为原则，同时兼重外形和实质，更应该常以满洲的气氛为基准。”[①]“满洲式”建筑，正是以行政办公建筑为主要载体，意图体现其“五族协和”“新国家”的“满洲的气氛”，而形成的建筑样式。在当时的《满洲建筑杂志》上，伪满“新京”的行政办公建筑，大多标有建筑样式为“满洲式”字样。

由于当时的政治历史原因，“新京”的行政办公建筑是在段时间内大量建设而成的，时间集中在1932年至1936年之间，并主要集中在顺天大街等行政区域地段。时间上的集中建设，地点上的集中设置，是当时的行政办公建筑建设的主要特点之一。

为了顺应当时的政治需要，大量行政办公建筑的突击建设，在设计实际上是很仓促的，是带有明显政治意图的设计。由于时间的紧张，并没有认真探讨建筑形式的内涵和理念，殖民政治的标签式设计痕迹比较明显。

关于官衙建筑“满洲式”的探索是从最早的官衙建筑——第一厅舍、第二厅舍开始的。第一和第二厅舍的设计，从1932年5月6日开始，6月工程竞标已经结束。相贺兼介在担任伪国都建设局技术处建筑科长的同时，在时间的紧迫与匆忙中进行方案的设计，设计的理念和出发点完全是殖民政治性的。由于第一和第二厅舍是伪满洲国行政办公建筑中最早的建筑，伪国都建设局和军方给以高度的关注，尤其是在建筑形式上的政治要求是排在首位的，但是并没有具体的建议，也没有可以参考借鉴的先例。这给相贺的设计带来了极大困惑。

在相贺自己的文章中，可以看出他的为难：“开始设计的时候，笔者最感到苦恼的是必须尽快完成这项设计任务，而这栋建筑又是“建国”以来最早的首都行政办公建筑，在表现形式上责任重大”，“请教前辈，他们也没有具体的指导，只好本人亲自完成两三个草案，交由局长在国务院会议上讨论”。[②]

最后，相贺的设计方案被原封不动地采用了，但相贺对自己的设计并没有信心，由于时间的紧迫，细节也没有详细的推敲。第一和第二厅舍风格迥异，对于它们设置在大同广场上的相邻地点，相贺也认为以后会“发生问题”，实际上后来这样布置确实产生了矛盾，也遭到了佐野利器的批评。

---

① ［日］建設局住宅規格委員會．滿洲國規格型住宅工事內譯書（第一號）．1942.
② ［日］城始編．郊外住宅圖聚．滿洲建築協會．

在设计中，设计师首次尝试把中国的传统建筑因素融合到设计中来，力图创造一种“新国家”的新样式，即所谓的“满洲式”。

第一厅舍“试图将整体的新样式在内部与东方式交织而成”，在具体设计中，设计师并没有成熟的设计理念与设计手法，只是在室内装饰中添加了一些中国传统建筑的符号式构件，如斗栱等；外部设计中，女儿墙处有“东方式”的凸起的装饰物。作为对“满洲式”建筑的初期探索，设计师显然还没有找到合适与成熟的表现手法与做法，设计意图表达也显得很牵强（参见本节图 15-5-27）。

相贺在第二厅舍的设计中希望表达“外形上表现出中国式，再加上近代的风味而构成”的设计意图，其设计理念是“中国固有形式”的殖民地式翻版。设计中的中间塔楼部分采用传统的四角攒尖屋顶，塔楼两边有两个高度降低的“小亭子”，也建在二层的屋顶上，同样四角攒尖顶，用来均衡立面构图，同时也强调“中国式”因素。建筑的主体部分有绿色的琉璃瓦檐口，檐下有斗栱样构件装饰。在第二厅舍建成以后，获得了日本人和伪满洲国行政官吏方面的好评，“满洲式”建筑在摸索中终于找到了一个路径，这种中间有中式小亭子或塔楼的设计手法，因此被推广至后来的其他行政建筑中，成为“满洲式”建筑的主要特征之一。第二厅舍也由此成为“满洲式”建筑风格的雏形和第一个代表作品（参见本节图 15-5-28）。

这种所谓“满洲式”的建筑样式和风格，在后来的第五厅舍伪满洲国国务院设计中已经成熟，并达到了建筑设计的高峰。

这些“满洲式”建筑中，较为重要的有伪国务院厅舍（参见本节图 15-5-31）。伪国务院是伪满洲国政府的中枢，其新厅舍位于顺天大街的北端。顺天大街在首都建设计划中被确定为最大的政府部门集中地，伪国务院的所在地是顺天大街的起点，是离皇帝溥仪的新宫殿最近的地方。在总结了第一和第二厅舍的经验与教训的基础上，由当时主管建设的伪总务厅长亲自主持，对伪国务院的设计进行征集评审，最后选定的是石井达郎的方案。石井的方案明显模仿了日本国会议事堂的设计构思，因此在殖民政治上得到日本侵略者的认可。同时由于石井对中国传统建筑有着较深入的了解，是诠释“满洲式”建筑最好的设计师人选。

石井将中日传统建筑的因素和近代欧美建筑的形式结合在一起，中间塔楼屋顶用四角攒尖重檐顶，基于传统的做法，坡屋面是向下凹曲线，比例恰当。塔楼为实墙面，每侧外面都装饰有 4 根塔司干柱式。入口门廊同样采用塔司干柱式。因为构造设计过分地强调了安全性，预算大幅度超标。伪国务院作为伪满洲国政府厅舍总占地面积最大的建筑物，于 1934 年 7 月 1 日动工兴建，工期持续了 3 年 4 个月，于 1936 年 11 月 20 日竣工。[①]

“满洲式”的官衙建筑中最后一栋是第十四厅舍——伪满洲国国务院别馆。该建筑占地面积 6000 余平方米，利用了地势的高低差，两层砖混结构，铁板瓦，无其他的屋檐装饰。该建筑 1941 年 4 月 9 日开工，次年 7 月 15 日竣工。在所有立在顺天大街的官衙建筑中，是唯一一

① ［日］满洲国政府公报 . 九十四号 . 1933-2-16：1-2.

个不含传统风格装饰的建筑，也是唯一的砖混结构建筑。[①] 显然是由于太平洋战争爆发以后，伪满洲国财政紧张而致。至此，所谓“满洲式”建筑黯然收场。

总之，所谓“满洲式”建筑是日本侵略者突出殖民政治意义出发点、强加给当地的，侵略者一厢情愿的要用这个“新”的、极不成熟的、带有强烈政治目的建筑样式，作为当地的建筑风格代表，并冠以“满洲式”字样。设计的本身已经超出了艺术与技术的范畴，推行政治意图强烈的殖民的建筑设计观念。而由于时间仓促，并没有形成完整的体系与理念，实际上是延续了日本近代官厅式建筑中的“帝冠式”思想，是日本本土“帝冠式”的殖民地版本。在设计中体现出复古主义和折中主义的倾向，是由西方古典主义的屋身加上中国式（或日本式）的大屋顶拼凑而成，其主要的取向是在殖民地推行殖民政治。

（四）新类型登场——一般性公共建筑

伴随着“新京”城市建设活动的展开，除了官署建筑之外，大批新类型建筑开始登场。这其中有银行、办公楼、商场、影剧场、各种娱乐性会馆、俱乐部、电影制片厂、学校、医院、体育场馆等等。“新京”的这些公共建筑，区别于其行政办公建筑，建筑风格很少受到带有政治意味的“满洲式”的影响，它们的建筑风格呈现多元形态。在材料和结构上，钢混和钢结构以及钢制屋架已经得到应用，电梯等设备也开始出现在一些建筑中。这些建筑的新类型的出现，新材料、新技术的应用，对于这座城市的基础建设有着推动意义。

受关东军的委托，日本近代著名建筑家佐野利器在1932年秋对于“新京”的城市规划提出了一份建议书，其中第9项对建筑样式做了如下建议：“商店住宅等一般建筑的样式，最好能够多富有变化，并能顺其自然。”[②]

佐野本人早在其入东京帝国大学读书的时候，就对以样式为主的设计感到不满，任教后极力主张以工学为主发展建筑学科。佐野的思想影响了日本一代建筑师，使得日本近代建筑走向重视技术发展的道路。佐野在设计方面的成就并不突出，但明显表现出功能主义思想，并都采用新结构和新技术。关于“新京”的建筑设计，佐野明确的提出“官衙建筑……更应该常以满洲的气氛为基准”,推行“满洲式”。但在官衙建筑之外,佐野则认为要“富于变化”,“顺其自然”。跟随着佐野，其拥护者和学生也纷纷来到满洲，在他们的建筑设计实践活动中不可避免地受到佐野的影响。

1. 伪满洲中央银行

在这些建筑当中，较为重要的是位于大同大街、大同广场西北部的伪满洲中央银行，它是当时最重要的建筑之一，也是当时建造时间最长、造价最高的建筑。以坚固和设备完善著称。

① ［日］相賀兼介．建國前後的回憶．滿洲建築雜誌，1942，22（10）：5-14.
② 爱新觉罗·溥仪．我的前半生．北京：群众出版社，1964.

图 15-5-37　伪满中央银行
来源：李重 . 伪满洲国明信片研究（个人印刷）.

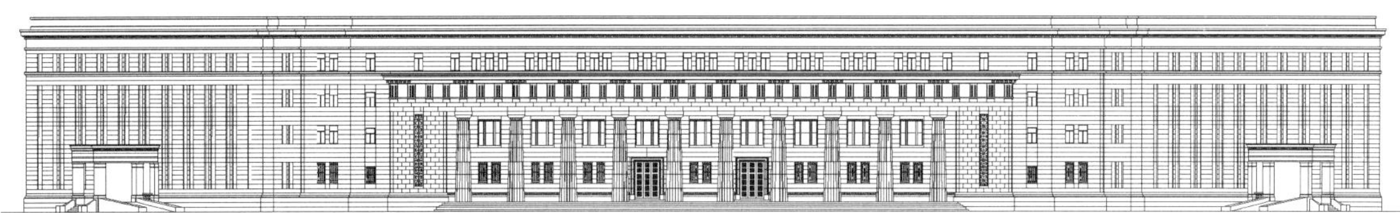

图 15-5-38　伪满中央银行旧址正立面测绘图
来源：吉林建筑大学测绘图 .

是日本侵略者为显示其雄厚的财力、物力，也是为了代表“新京”的城市形象而建造的。

该建筑由西村好时建筑设计事务所设计，伪满洲中央银行营缮科监理，大林组负责施工，1934 年 4 月动工，1938 年 3 月竣工。总建筑面积为 26075 平方米，主体高 21.5 米，总高 27.5 米，室内外高差达 1.5 米，工程造价达 600 万元伪币。该建筑是当时“新京”唯一的钢 – 混凝土结构建筑，主体结构以钢结构为框架，然后再浇筑混凝土，钢结构与混凝土共同受力，这样比普通钢筋混凝土更加坚固。由于其坚固，并有 3 层地下室，该建筑在后来的战争期间曾作为军事堡垒。

设计师西村好时是当时银行建筑设计的专家，在日本曾担任第一银行建筑科长，从事该总行、分行的设计，并担任过台湾银行的设计工作。西村将日本内地银行的古典主义建筑形式引入到该银行建筑设计中。该建筑的设计带有西村一贯的古典风格，与西村在日本和中国台湾的银行设计极为相似，可以说西村在设计时并没有考虑地方的特色和地域的差别。该建筑最主要特征是主立面有 10 根直径达 2 米的多立克柱式，这些柱式粗大挺拔，细节简化。

该建筑室内入口设有高大的门厅，内有 28 根大理石贴面的塔司干柱式支撑屋顶，大厅中部还有巨大的拱形钢结构玻璃天窗（图 15-5-37，图 15-5-38）。

2. 三中井百货商店

商业建筑中较有代表性的是三中井百货商店。它位于大同大街与丰乐路交会处西北角，北靠康德会馆，西临丰乐剧场，是日本丰井财团百货业的分店。1935 年 12 月 31 日开工，1936 年 12 月 31 日竣工。工程造价 70 万元伪币，建筑面积约 2000 平方米，由清水组负责施工。同宝山洋行一道，是当时最大百货商店。现已被拆除。

该建筑地面 4 层，有观景平台。建筑的转角呈弧线形，外墙灰白色，造型简洁。顶部檐口部

图 15-5-39　大同大街上的三中井百货商店
来源：李重. 伪满洲国明信片研究（个人印刷）.

分有凸出的横线条装饰。"新京"的很多一般性公共建筑都有这种简洁的设计倾向（图 15-5-39）。

3. 伪满洲中央银行俱乐部

在"新京"的一般性公共建筑当中，日本著名设计师远藤新（1889-1951）的作品伪满洲中央银行俱乐部在建成之初便获得好评。远藤新 1914 年毕业于东京大学。1916 年底美国建筑大师赖特获邀到日本设计东京帝国饭店，远藤新追随学习。1918 年他又随赖特到塔里埃森继续学习。1919 年回国后他向日本引介了赖特的草原风格建筑。

伪满洲中央银行俱乐部位于成后路与白山公园之间，是伪满中央银行的招待所和集会场所，也是银行职员休闲、娱乐、聚会的场所。俱乐部占地面积约 10 万平方米，有棒球、网球、篮球等体育场地和客房、宴会厅等设施。主体建筑是一座东西狭长的 2 层楼。除餐厅之外，还有酒吧、棋室、弹子球室、阅览室、花厅、演出大厅等多种休憩游玩的场所。楼旁有鱼池、水塘和绿地；东邻伪中央银行体育馆；北面设有宽阔的高级网球场，与伪中央银行总裁官邸隔街相望；南侧是花树成丛的白山公园。从地理位置上看，其位于市中心，环境宽敞幽静。建筑面积 1960 平方米，工程造价 16 万元伪币，地面 2 层，1935 年 2 月建成。

俱乐部平面细长，充分利用了岗地的地势，在南侧用 70 余米的长廊和建筑围合成一个带游泳池的内向性空间庭院。建筑平缓的屋面，横向舒展的体量，以及室内外间柔顺的过渡，明显受到赖特草原风格建筑的影响。该设计曾获得伪满洲国都建设局评选的"民间建筑优秀奖"（图 15-5-40）。

4. 伪满洲电信电话株式会社

伪满洲电信电话株式会社位于大同大街大同广场西侧。会社原设在大连，1935 年 1 月迁来"新京"，是中国东北地区电报、电话与广播的中枢。该建筑 1935 年竣工，总建筑面积 17800 平方米，造价 139 万元伪币，设计者为岩田敬二郎。该栋建筑处于城市的中心位置，体量较大，造价也十分高昂，在当时"新京"的公共建筑中比较有代表性（图 15-5-41~ 图 15-5-43）。

建筑的局部塔楼为平屋顶形式，和建筑主体一样，檐部为白色，带有城墙小垛口式的装饰，

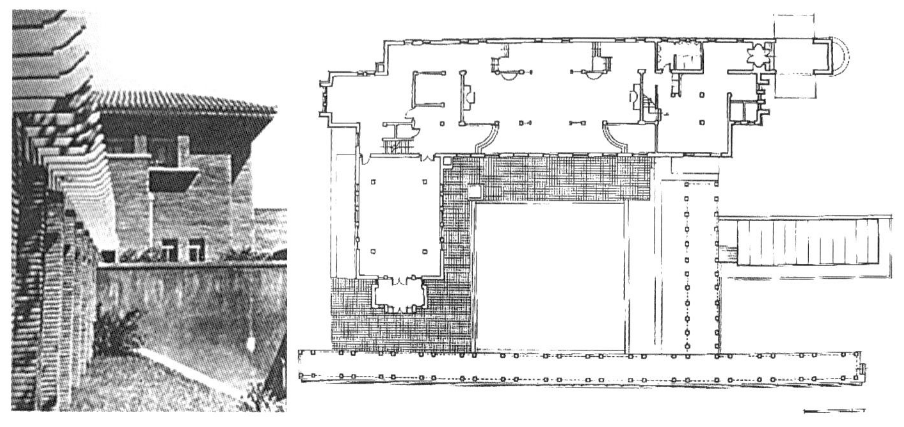

图 15-5-40　伪满中央银行俱乐部入口与平面
来源：[日] 滿洲建築協會雜誌．

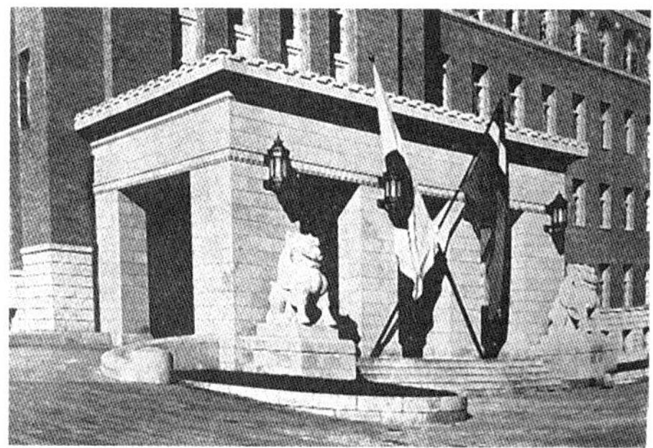

图 15-5-41　伪满洲电信电话株式会社局部和室内
来源：[日] 滿洲建築協會雜誌．

图 15-5-42　从伪满洲中央银行一侧看伪满洲电信电话株式会社
来源：[日] 滿洲建築協會雜誌．

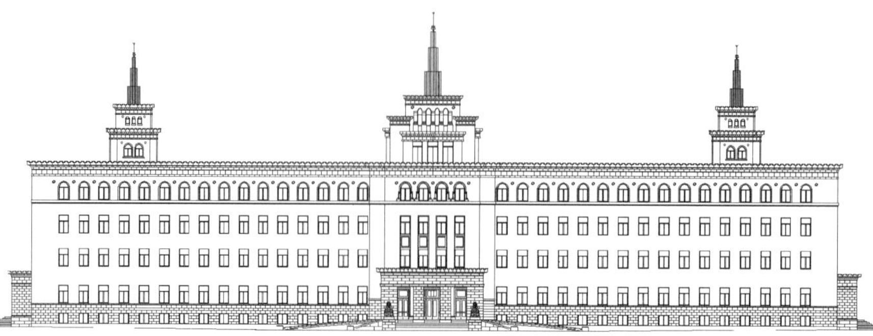

图 15-5-43　伪满洲电信电话株式会社旧址正立面测绘图
来源：吉林建筑大学测绘图．

挑檐下还有挑梁头样的装饰物。塔楼的立面上开有 4 个城门式拱形洞口，建筑外墙为浅棕黄色面砖贴面，入口处为石材贴面，两侧有花岗石麒麟雕像。该建筑不同于其他公共建筑，既没有欧式的柱式，也没有中式的坡屋顶，简洁方正，开窗均匀。就连其入口处的麒麟雕像，也做切面式处理，既简洁利落，与建筑风格相称，又显得刚劲有力。该建筑与古典样式的伪满中央银行遥遥相对，使大同广场上的建筑更加丰富多样。

5. 丰乐剧场

“新京”的影剧院的设计中比较有代表性的是位于当时的商业街丰乐路与呼伦路交会处东北角的丰乐剧场，当时丰乐剧场的西侧为建国饭店，附近还有蒙特卡罗舞厅。

该建筑地面 3 层，建筑面积 3800 平方米，1935 年 10 月建成开业，工程造价 35 万元伪币。观众厅内有固定座椅 1124 个，其中楼座 392 个，池座 732 个，观众厅两侧及楼座的前排都设有包厢，全部座椅均为牛皮软包，是当时最豪华的剧场。剧院装备有当时最新式的辛普克莱牌放映机，也可以放映电影。

丰乐剧场的设计在室内和室外都呈现丰富而优美的曲线形式，仿佛是一架正在演奏的庞大乐器，再现出流动的音乐效果（图 15-5-44，图 15-5-45）。

6. 大同学院

位于大同大街的大同学院，成立于 1932 年 7 月，是培养伪满洲国官吏的特殊学校。学生主要来源于政伪各部门任职一年以上的委任官、各大学毕业生、留日学生、日本各大学毕业生。培训半年或一年后分配到各机关充任官吏。

大同学院占地面积 66000 平方米，主楼地面 2 层，中间有塔楼，总建筑面积 31581 平方米，工程造价 155 万元伪币。建筑总体上呈对称式布局，但是塔楼的位置设置在中间偏右侧，塔楼屋顶样式繁复，屋脊设有兽饰。整栋建筑立面装饰复杂，屋顶坡度平缓，主体建筑转角处的局部有横线条装饰，入口处有三角山花纹样。该建筑已被拆除（图 15-5-46）。

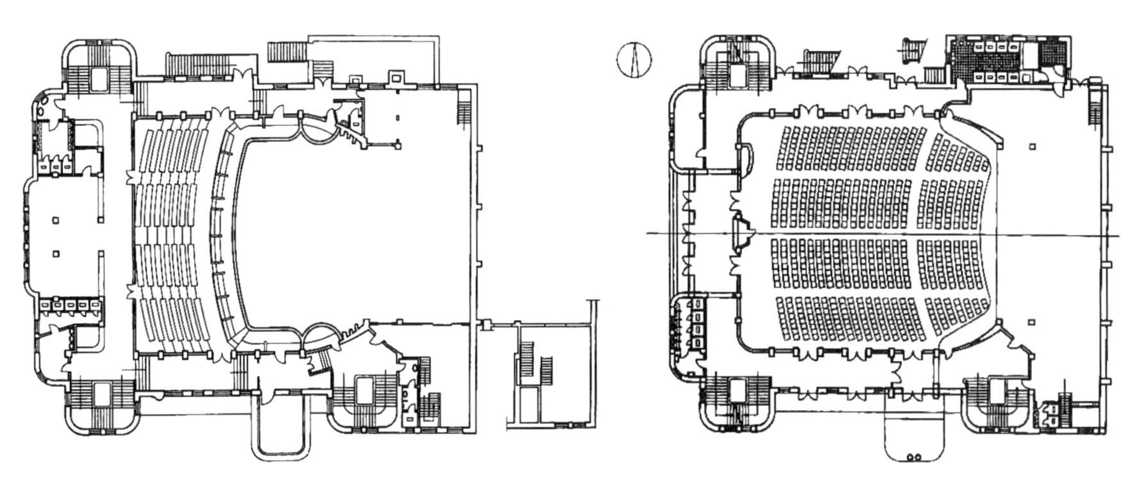

图 15-5-44　丰乐剧场平面
来源：于维联主编 . 长春近代建筑 . 长春出版社，2001.

图 15-5-45　丰乐剧场
来源：[日] 滿洲建築協會雜誌 .

图 15-5-46　大同学院全景
来源：李重 . 伪满洲国明信片研究（个人印刷）.

伪满洲国“新京”其他一般性公共建筑见表 15-5-3。

伪满洲国“新京”其他一般性公共建筑　　表 15-5-3

序号	图片	简介
1		伪满洲国通信社“新京”本社（伪满弘报协会） 位于大同大街，成立于 1932 年 2 月 1 日，是日本为了控制舆论导向，在“一国一社”的政策下建立的。该机构控制伪满洲国的一切新闻报道，包括报纸、电台和国际通信网。伪满弘报协会也在此建筑内办公。1937 年 10 月动工修建，建成于 1938 年 11 月 18 日。建筑面积 1300 平方米
2		宝山洋行 位于新发路与八岛通交会处西侧，地形呈锐角。1932 年日本人在这里开设火柴厂，后投资兴建百货洋行。1938 年建成营业，主体建筑地面 5 层，地下 1 层，局部 7 层，有屋顶花园。整个建筑强调竖线条装饰，在转角处设置塔楼。与 1934 年 9 月建成的日本东京共同建筑株式会社大楼极为相似

续表

序号	图片	简介
3		伪满洲国单身俱乐部（大同自治会馆） 建于当时的新发屯，在延后建设的关东军司令部对面。是集住宿、餐饮、娱乐为一体的综合性建筑。后改名为大同自治会馆。由伪满国务院国都建设局设计监督，清水组施工。1932 年 7 月 11 日动工，1933 年 5 月 30 日竣工。总建筑面积 5210.84 平方米，地上 3 层，局部有 1 层地下室。一层面积 2475.86 平方米，二层 1714.82 平方米，三层 652.48 平方米，工程造价 27.2 万元伪币。另外大门及院内道路 0.8 万元伪币，室内家具 2.1 万元伪币
4		日满军人会馆 原名“日本东京军人会馆”，后改名“新京日满军人会馆”，对“日本关东军”和伪满洲国军开放。1935 年 6 月开始建造，同年的 12 月完工。楼里面既有宾馆，也有可供游戏、餐饮、娱乐的场所
5		伪满洲映画协会株式会社 位于洪熙街，伪满映画协会设立于 1937 年 8 月 21 日，为股份制企业，注册资金 500 万元伪币。建筑于 1937 年 11 月 6 日开工，1939 年 10 月 28 日竣工。设计者为中山克己，清水组施工。该建筑占地面积 17412.25 平方米，建筑面积近 2 万平方米，其中本馆建筑面积 4804 平方米，其中建筑还包括摄影棚、道具场、车库等
6		“新京”邮政管理局 位于大同大街北段，1937 年动工修建，1938 年竣工。工程造价 38 万余元伪币
7		伪满洲电信电话株式会社 位于大同大街大同广场西侧。会社原设在大连，1935 年 1 月迁来“新京”。是中国东北地区电报、电话与广播的中枢。占地面积 9000 平方米，总建筑面积 17800 平方米，地上 3 层，地下 1 层，局部塔楼 6 层。1934 年 3 月动工，1935 年竣工。除主楼外，还包括营业大楼等附属建筑。设计者为岩田敬二郎
8		三菱康德会馆 位于大同大街 301 地块，处于商业金融中心区，是该区域标志性建筑。该建筑主要是为日本各财团来满人员提供食宿、交通、邮电、游乐的场所，是以出租为业的综合办公楼。占地面积 6380 平方米，总建筑面积 8898 平方米，地上 4 层，地下 1 层。地下室和一层面积各为 1748 平方米，二至四层各 1718 平方米，塔楼 248 平方米，建筑主体部分高 20 米，总高 38 米，是该区域内最高建筑。钢筋混凝土框架结构。1933 年 11 月 25 日动工兴建，1935 年 6 月 5 日竣工，工程造价 63.7 万元伪币。由日本三菱财团投资，三菱合资会社地所课设计监理，大林组负责施工。1935 年 9 月在西北侧增建二期工程，二期建筑面积 11100 平方米，地上 4 层，地下 1 层，工程造价 85.9 万元伪币

续表

序号	图片	简介
9		大兴会社（伪满洲兴业银行） 位于大同大街与新发广场交会处东南角。隔新发路与关东局相对。1936年12月1日，伪满洲国公布“满洲兴业银行法”，据此成立“满洲兴业银行”，其总部设在该建筑内。总建筑面积10649平方米，地上4层。1935年6月27日动工，1936年10月31日竣工。由伪满洲国中央银行营缮科设计与监理，高冈组施工
10		日本毛织会社 位于大同大街康德会馆北侧，与康德会馆隔北安路相对。总建筑面积4600平方米，地上4层。1935年12月11日开工，1936年12月10日竣工。建筑一层为商店，二层是事务所，三层以上是宿舍
11		大德会社 位于日本毛织会社北侧，与大兴会社隔大同大街相对，总建筑面积4900平方米，地上4层，有1层半地下室。工程造价27.3万元伪币，由伪营缮需品局负责设计和监理。1936年6月动工兴建，1937年竣工
12		东洋拓植会社“新京”支店（伪满洲重工业开发株式会社） 位于大同大街东侧，南临大同广场。建筑面积8429平方米，地上4层，有1层半地下室。钢筋混凝土框架结构，建筑内有两部电梯。1937年5月7日动工兴建，1938年8月20日竣工。东京池田忠治建筑事务所设计和监理，福昌公司工事部负责施工。工程造价100万元伪币。建筑一层为东拓“新京”营业厅、办公室、会议室，二层至四层为信贷室，地下为变电室、仓库、值班室、娱乐室、食堂、厨房
13		海上会馆 位于大同大街302-304号。是日本企业驻伪满“新京”办事处，有多个企业的办事处在此楼内办公。占地面积6380平方米，建筑面积20577平方米，地上5层，地下1层，总高38米，钢筋混凝土框架结构。东京木下建筑事务所设计，大林组负责施工。1937年5月15日动工，1938年11月30日竣工。工程造价120万元伪币
14		伪满洲炭矿株式会社 位于兴仁大路北侧，红十字会西侧。是当时面积较大的公司办公建筑。总建筑面积12767平方米，地下1层，地上4层，局部5层。钢筋混凝土框架结构，设有一部电梯。1938年6月29日动工，1939年12月22日竣工。工程造价180万元伪币
15		伪满洲电业株式会社白梅会馆 位于顺天区通化路201号和东光路202号。总建筑面积3053平方米，地上2层，地下1层，工程造价100万元伪币。伪满洲电业株式会所建筑课与福昌公司协作设计，福昌公司负责施工。建筑一层设有大讲堂、门厅、酒场、俱乐部、会议室、办公室、食堂、厨房，二层为放映室、卫生间、浴室，地下为商店、仓库

续表

序号	图片	简介
16	 	湖西会馆 建于当时南湖西岸。是集餐饮、读书、娱乐、放映、酒廊等供游人休憩的公园设施。总建筑面积 411.33 平方米，1940 年 9 月动工，1941 年 8 月竣工。由市公署建筑科主持设计，设计者为福永祥良，竹中组施工
17		伪满洲国协和会 位于大同大街，是伪满协和会中央本部。伪满洲国协和会前身叫“满洲协和党”，成立于 1932 年 5 月，1932 年 7 月协和党解散，成立伪满洲国协和会，1936 年改名“满洲帝国协和会”。占地面积 8749 平方米，建筑面积 7955 平方米
18	 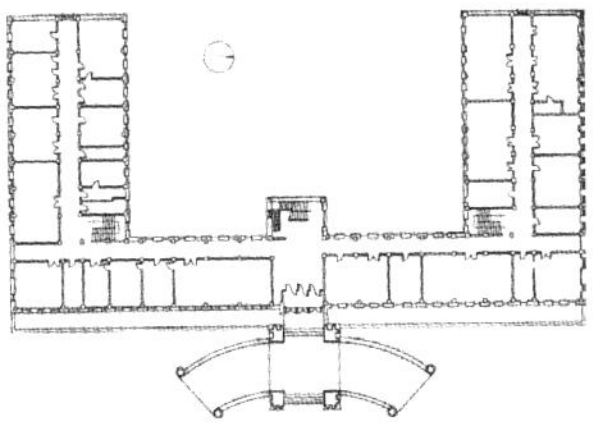	大陆科学院 位于大同大街西侧。是伪满洲国一个综合的科学研究机构。设有总务科、院长研究室以及 14 个研究室、4 个实验室和 1 个分院。始建于 1937 年，1938 年建成使用，占地面积 25 万平方米。主楼建筑面积 15460 平方米，工程造价 86.4 万元伪币，地上 3 层。在大陆科学院内相继建有厂房、实验室、仓库等
19		建国大学 位于大同大街（现人民大街 121 号），由伪总理大臣张景惠任校长。建成于 1938 年 5 月，5 月 2 日举行开学典礼。建国学院主楼 2 层，还有几栋附属建筑，总建筑面积 21608 平方米，伪营缮需品局设计，三田组施工。工程造价 147 万元伪币
20		“新京”医科大学 位于至圣大路和大同大街交会处（现人民大街 110 号），该校 1935 年从吉林市迁入长春，临时校址在千早医院。称“新京”医学校，1938 年 5 月升格为“新京”医科大学，学制为 4 年。新京医科大学校舍于 1939 年建成，建筑面积 7476 平方米，工程造价 75 万元伪币
21		“新京”法政大学 位于大同大街，学制本科 4 年，特专科 3 年。1939 年成立，建筑面积 4271 平方米，工程造价 47.5 万元伪币
22		“新京”敷岛女子学校（长春高等女学校） 位于当时的八岛通，已拆除

续表

序号	图片	简介
23		伪满中央警察学校 位于南岭，伪满中央警察学校1936年正式建立，学生分本科、特别科、研究科三种，至1940年毕业约1万人，被充实到各个警察机构。该校区建于1934年，1935年7月1期工程竣工，此后多次扩建加建，总占地面积58486平方米，建筑面积11045平方米，工程造价48.6万元伪币。为两层建筑
24		西广场小学校 位于西广场，占地面积4202.34坪，建筑面积1952.44坪，其中地下层114.00坪，1层1952.44坪，2层1483.70坪，3层652.20坪。1931年11月8日竣工。满铁工事科设计，第一期施工大仓土木，第二期施工高冈组，第三期施工大同组，第四期施工大同组，第五期施工志岐组，第六期施工大仓土木（1坪=3.3平方米）
25		“新京”特别市第一医院（“新京”市立医院） 位于平治街与平治三胡同交会处的西北角。隶属新京特别市公署。占地面积1.2万平方米，总建筑面积8780平方米，地上5层，地下1层，是当时“新京”规模最大的医院。1935年8月21日开工，1936年9月15日竣工。建筑造型受到大连满铁医院影响
26		“新京”市立中央大街保健所 位于大同大街北端，已拆除
27		伪中央观象台 位于至圣大路与南岭大街交会处东北角，是当时向公众开放的建筑物，负责天气预测预报。该建筑规模很小，建筑面积2143平方米，地下1层，地上3层。工程造价12.9万元伪币，伪营缮需品局设计监理，三田组施工
28		伪“新京”世界红十字会满洲总会 位于大同大街与兴仁大路交会处西北角，隔兴仁大路与伪蒙政部相对。背靠牡丹公园。占地1.4万平方米，院落建有围墙，入口大门为单檐歇山顶单层建筑。主体建筑3层，建筑中部屋顶之上有个六角攒尖顶中式亭子，已拆除
29		伪满洲国赤十字社 位于现在的北安路23号，1938年10月设立
30		“新京”消防队 位于二马路与永长路交会处，建于20世纪30年代初期，当地俗称“望火楼”，已被拆除

（五）流行趣味——官邸与住宅建筑

1. 居住区规划和住宅

早在规划的初期，为了满足日本人移民的居住需求，日本人居住区和住宅的规划与建设就成为"新京"城市建设的重要内容。[①] 住宅的类型与建设方式主要有3种：（1）公房式：一般为殖民政府、国策公司及军队职员住宅，称为"官舍"或"社宅"。（2）自建式：一般称为"民间建筑"。（3）集团式：一般为一个单位，如公司、团体、住宅开发公司（如满洲房产株式会社）等，统一建设，进行出租或出售，多以集合住宅为主（图15-5-47，图15-5-48）。

"新京"也是伪满洲国最先引入邻里单位居住区规划理论的城市。"邻里单位"（Neighbourhood Unit）的住区规划理论，最早由美国社会学家及建筑师佩里（Clarence A. Perry）在1929年提出，

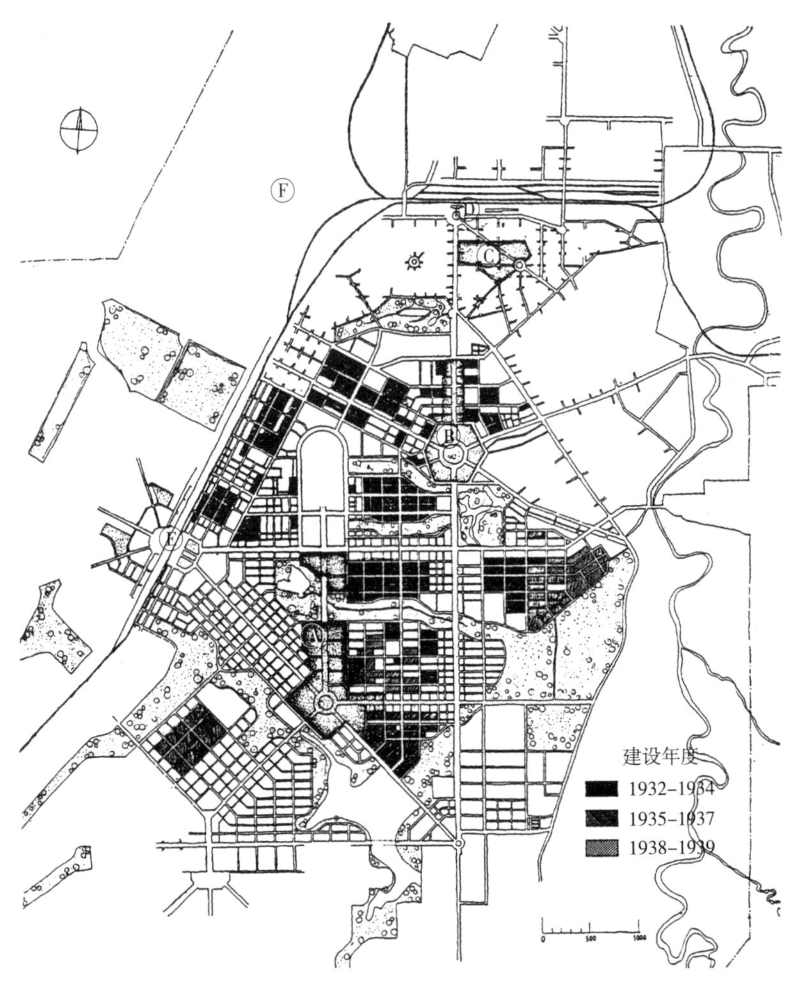

A 政治中心；B 经济中心；C 慰安中心；D 新京站；E 新京南站；F 航空港

图15-5-47 "新京"集合住宅建设阶段图

来源：李百浩．日本在中国侵占地的城市规划历史研究．同济大学博士学位论文，1997：206.

① 沈燕．长春伪满遗址大观．吉林摄影出版社，2002；范世奇．长春市区总体规划与建筑风貌．东北师范大学出版社，1993；［日］近藤信宜著．滿洲住宅圖聚．滿洲建築協會，1938；［日］建設局住宅規格委員會．滿洲國規格型滿系住宅設計圖集．滿洲國通信社，1942.

图 15-5-48　集合住宅 A 号外观
来源：[日] 満洲建築協會雜誌.

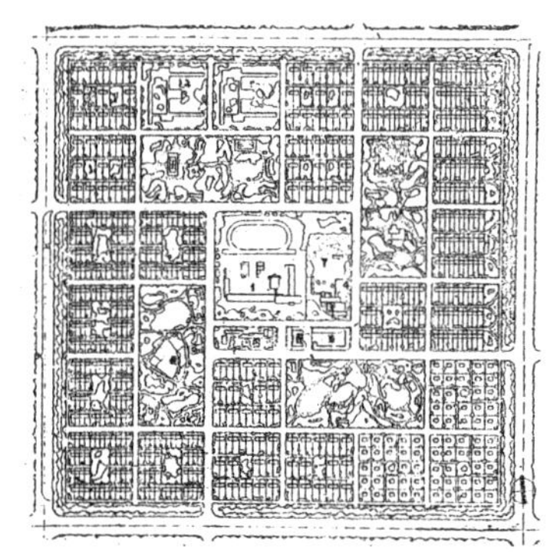

图 15-5-49　秀岛的邻里单位标准设计方案
来源：李百浩. 日本在中国侵占地的城市规划历史研究. 同济大学博士学位论文，1997：229.

通常是指由干线道路所围绕的社区，其标准为一个学校、1 万人口、1 平方公里面积。“新京”邻里单位居住区规划的主要制订者是伪满洲国交通部都邑规划司技佐秀岛乾，他提出了邻里单位的概念和目标；并根据生活方式、职业类别、在城市中位置的不同与规模，提出了邻里单位的居住形态与类型；根据干线道路、用地分区、建筑形态控制、防空及绿地等规划因素，以不影响城市交通为主要条件，确定了住区的规模与用地平衡；利用居住区道路、公共设施与公共绿地，形成集团住区—邻保住区—单位住区的居住区规划结构。一个邻里单位由 4 个邻保住区组成，一个邻保住区由 6 个单位居住区组成（图 15-5-49）。

“新京”的邻里单位标准为 6000 人，户数为 1500 户（平均每户 4 人），用地面积 1.2 公里 × 1.44 公里，此外居住区周围的 100 米作为带状绿地或商业用地，住宅用地占 60%，人均 100 平方米，区内及至干线道路的交通距离为步行 7~10 分钟，至地铁的最大距离为 15~10 分钟，小学校规模为 18 班或 24 班（按照 164 儿童 /1000 人口比例计算）。

住宅共分 5 级，1 级 750 户，每户标准面积 30 平方米，3 层集合式住宅；2 级 350 户，每户标准面积 45 平方米，3 层半集合式住宅；3 级 225 户，每户标准面积 60 平方米，2 层独立式住宅；4 级 150 户，每户标准面积 80 平方米，2 层独立式住宅；5 级 75 户，每户标准面积 100 平方米，单层独立式住宅。

公共设施分 2 级，第 1 级为学校、主妇会馆、保健院、供销合作社、公共绿地、综合运动场、住宅管理事务所、区公署、派出所、邮电局等，集中布置于中央广场周围。第 2 级为幼儿园、小运动场、管理所、污物处理所等，根据最佳服务半径或合适距离分别布置于 4 处（图 15-5-50）。

1934 年“新京”在中心地带开始按规划建设第一个邻里单位居住区，规划设计由秀岛主持，至 1914 年建成。“新京”的邻里单位住区设计服务的对象主要是在伪满洲国居住的日本人，对改善当地人的生活环境没有帮助，再次体现了日本侵略者站在殖民者角度的城市规划与居住设计的特性（图 15-5-51~ 图 15-5-56）。

值得提及的是，除远藤新外，日本现代建筑的先驱者如坂仓准三（1904-1969 年）、前川国男（1905-1986 年）以及丹下健三（1913-2005 年），也都在长春留下足迹。坂仓更曾参与“新京”的住宅规划和设计。他是柯布西耶的学生，1939 年来到长春，受当时伪满政府的委托，做了南

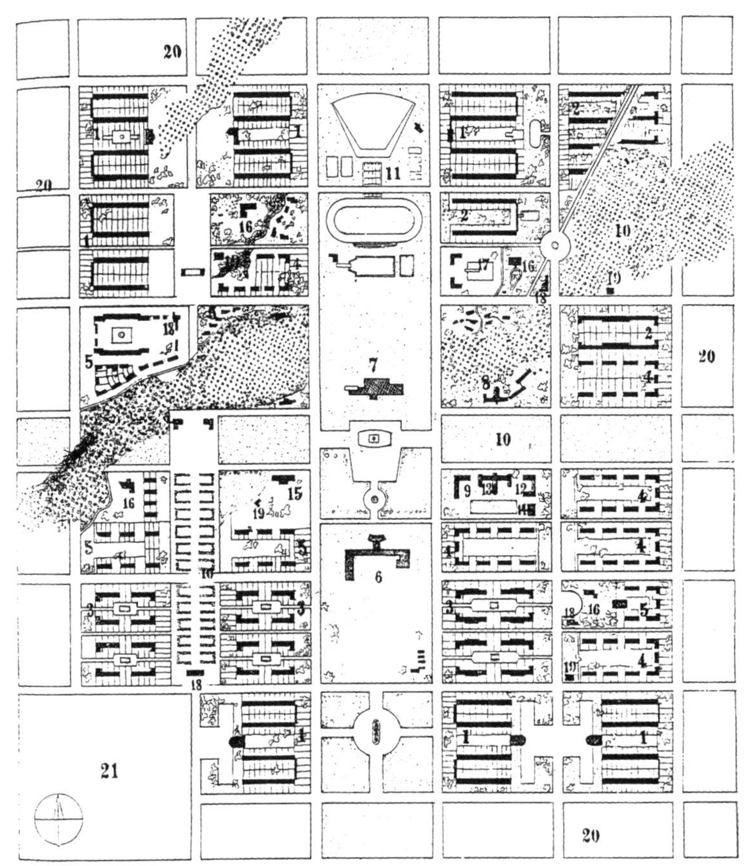

1. A级住宅　2. B级住宅　3. C级住宅　4. D级住宅　5. E级住宅　6. 小学校　7. 主妇会馆　8. 保健院　9. 供销合作社　10. 公共绿地　11. 综合运动场　12. 住宅管理事务所　13. 区公署　14. 派出所　15. 邮电局　16. 幼儿园　17. 小运动场　18. 住宅管理所　19. 集中供热所　20. 商业用地或绿地带　21. 公共设施预留地

图 15-5-50 “新京”的标准邻里单位规划设想方案

来源：李百浩. 日本在中国侵占地的城市规划历史研究. 同济大学博士学位论文，1997：227.

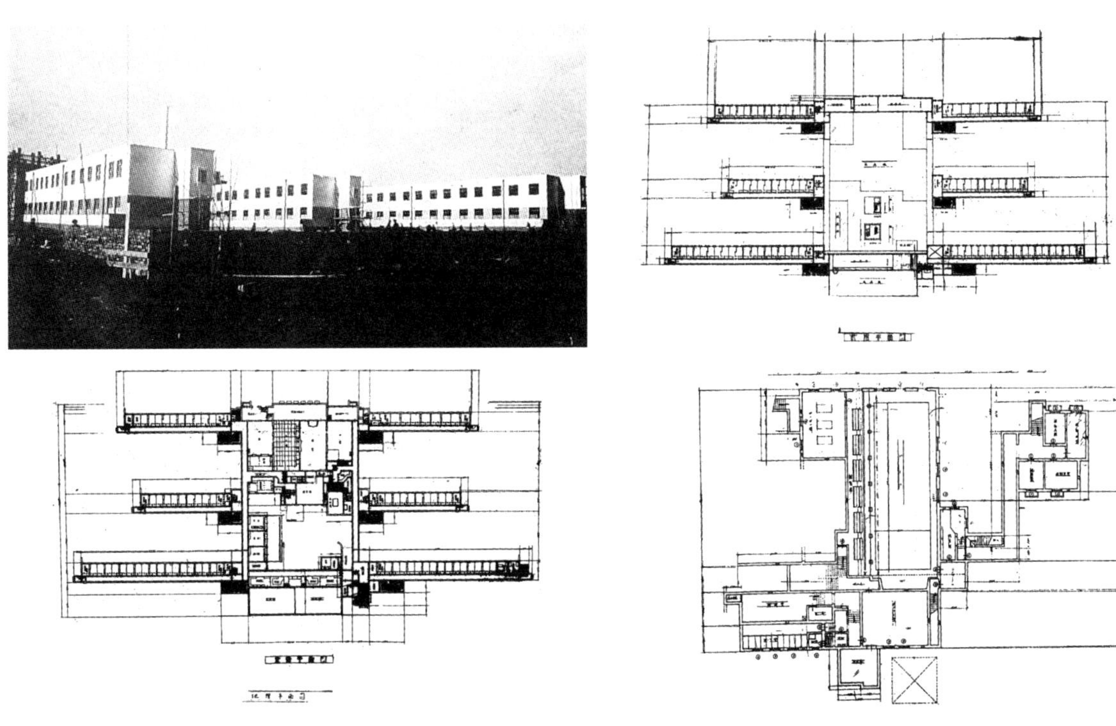

图 15-5-51　满洲电业有限公司单身宿舍

来源：[日] 满洲建築協會雜誌.

图 15-5-52　满洲电信电话株式会社宿舍外观
来源：[日] 滿洲建築協會雜誌 .

图 15-5-53　仁义路上的伪满洲国政府代用官舍
来源：于维联主编 . 长春近代建筑 . 长春出版社，2001.

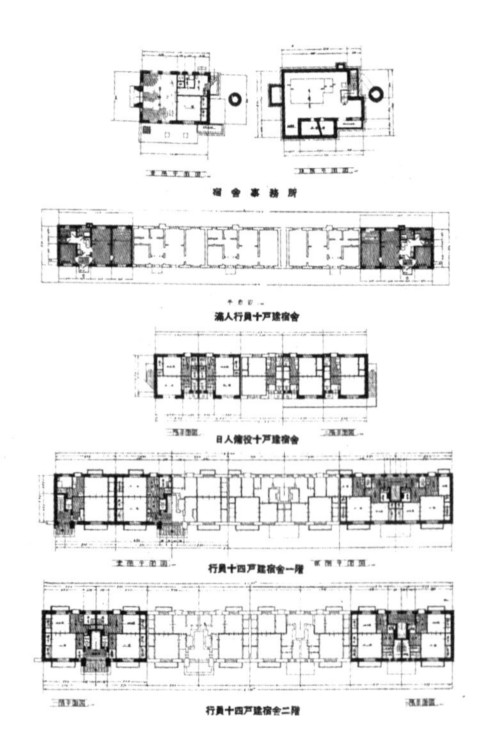

图 15-5-54　伪满洲中央银行集合宿舍
来源：[日] 滿洲建築協會雜誌 .

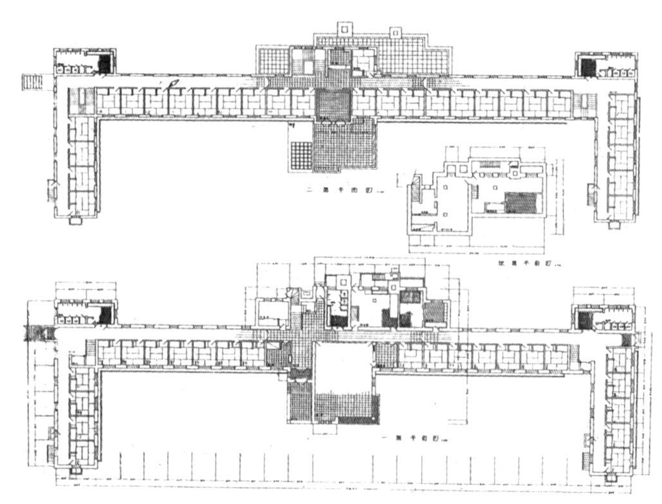

图 15-5-55　伪满洲中央银行单身宿舍
来源：[日] 滿洲建築協會雜誌 .

图 15-5-56 “新京”白山住宅
来源：[日] 滿洲建築協會雜誌.

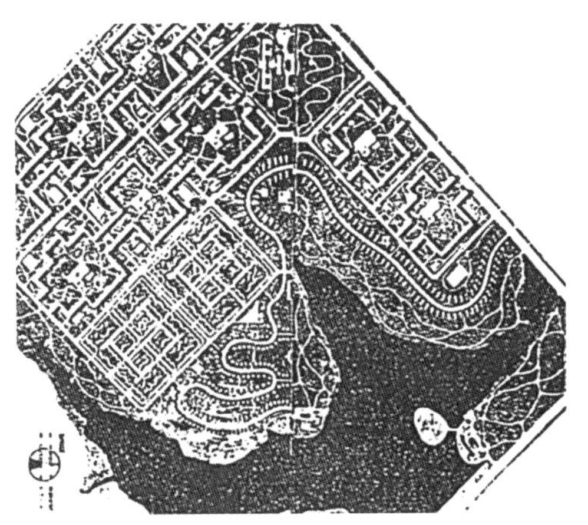

图 15-5-57 新京南湖住区规划方案
来源：李百浩. 日本在中国侵占地的城市规划历史研究. 同济大学博士学位论文，1997.

图 15-5-58 关东军司令官官邸入口
来源：李立夫主编. 伪满洲国旧影. 吉林美术出版社，2001.

湖住宅规划（图 15-5-57）。该方案是集合办公建筑、公寓楼，独栋住宅的综合体，高层住宅采用架空模式，明显是受到了柯布西耶的影响。事实上，坂仓本人当时正在柯布西耶的事务所里工作，而 26 岁的丹下健三也参与了这项设计。

2. 重要官邸建筑

（1）关东军司令官邸

在“新京”的官邸建筑中，最重要的应该是关东军司令官官邸和伪满洲国总理大臣官邸。其中关东军司令官官邸位于关东军司令部西侧，背靠西公园，主入口朝西。占地 10 万平方米，建筑面积 3000 平方米，地上 2 层，地下 1 层，局部 4 层，是长春有史以来规模最大的官邸建筑。始建于 1933 年，由关东军经理部设计监理，清水组施工。官邸北面还建有卫队营房（图 15-5-58，图 15-5-59）。

关东军司令官官邸建筑采用罗曼式（Romanesque）风格，局部和细部装饰则采用日本风格。外墙施用当时流行的有竖向条纹并质感粗糙的棕黄色面砖和地产的石材，利用面砖的色差和光

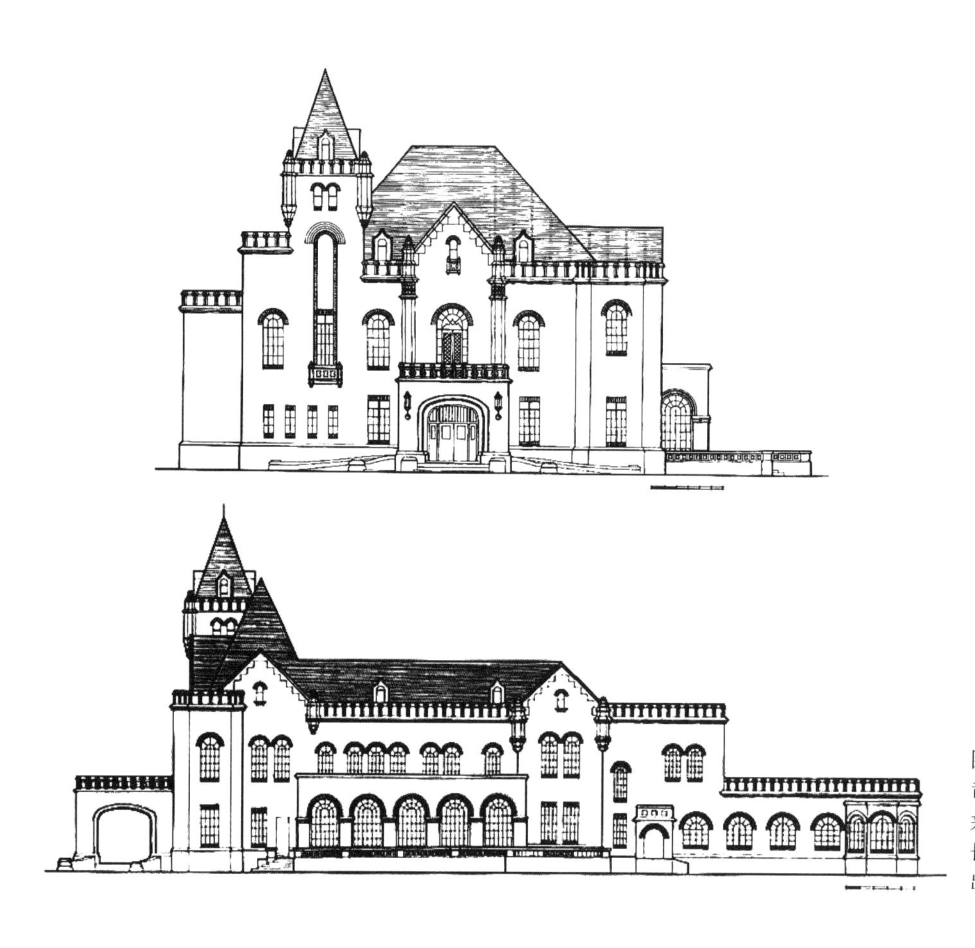

图 15-5-59　关东军司令官邸立面图
来源：于维联主编．长春近代建筑．长春出版社，2001.

影变化使建筑看起来丰富精致，黑色的铁皮尖顶使得建筑轮廓自由灵活。整座建筑既有欧洲城堡的雄劲，又不失庄园别墅的浪漫。

建筑内部大厅高度有两层空间，楼梯位于正中，直上二层，二层的四周有环廊。室内房间有指挥室、接待室、大小餐厅、厨房、台球室、会议室以及生活起居用房。

（2）伪满洲国总理大臣官邸

伪总理大臣官邸位于西万寿街（现西民主大街 3 号），伪外交部南侧。是为第二任伪总理大臣张景惠设计建造的。是在关东军司令官邸之后第二大官邸建筑。占地约 2 万平方米，主楼建筑面积 1790 平方米。1936 年动工，1937 年落成。工程造价 14.7 万元伪币。该建筑地上 2 层，地下 1 层。一层为大型会议室、前厅、接待室、餐饮等服务用房，二层为张景惠的办公及家属生活区。另外有两栋“秘书官”住房及附属建筑。官邸内有花园，设凉亭、水池等园林小品。该建筑西南还有两栋秘书官住宅及附属建筑。

整个建筑竖向以尖顶的塔楼为制高点，两侧配以横向伸展的空间。建筑的外墙和屋顶颜色相近，都是棕红色，使建筑的整体感非常强。屋顶的坡度较陡，且屋面有向下的凹曲线，使主入口处呈现山墙的三角山花状。门厅两层通高，四周有环廊（图 15-5-60）。

建筑中大量采用琉璃构件，细部非常精美，如屋顶和山墙交接处，屋脊处，外墙窗套处等等。另外建筑的一些细节，如入口两侧窗户的金属防护栏和壁灯设计都极其用心。壁灯的平面呈正方形，顶部采用建筑攒尖顶的形式，壁灯四柱是龙的变形。

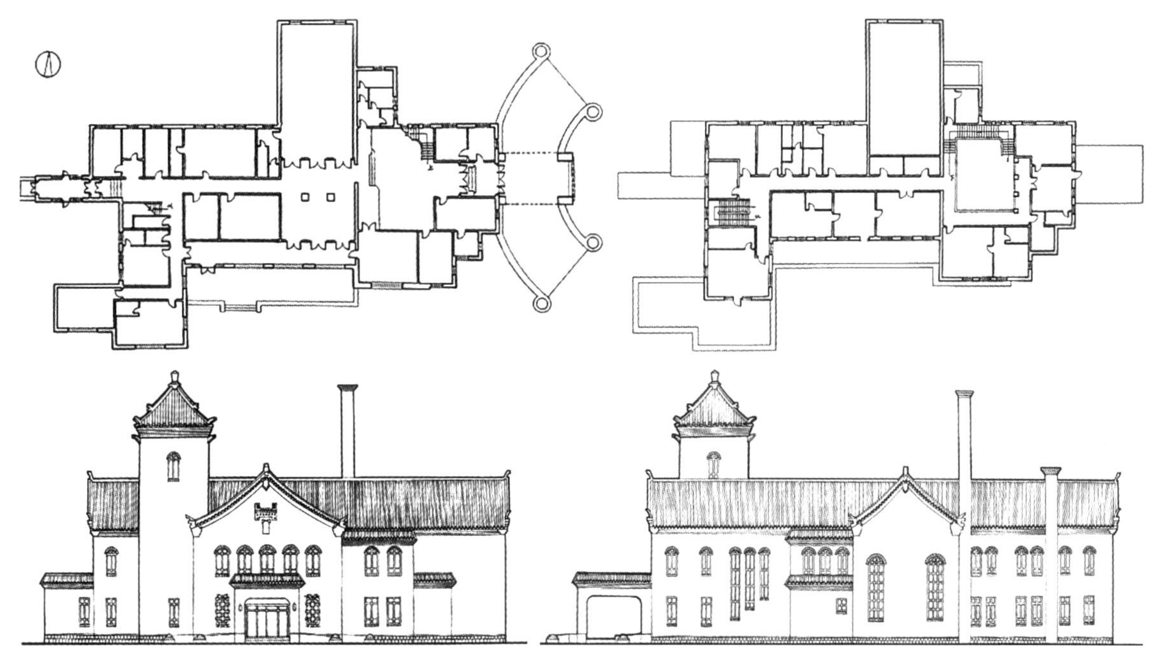

图 15-5-60 伪满洲国总理大臣官邸平、立面
来源：于维联主编．长春近代建筑．长春出版社，2001.

（3）伪满洲中央银行总裁、副总裁和理事官邸

在“新京”的官邸与小住宅建设中，伪满洲中央银行邀请赖特的弟子、日本著名建筑师远藤新为其总裁、副总裁和理事设计官邸。远藤的到来及其设计，把草原住宅风格引入“新京”。

这些官邸都位于成后路，其中伪满洲中央银行总裁官邸在银行占地面积与建筑面积最大。该建筑总建筑面积 1076 平方米，地面 2 层，局部设有地下室。其中，一层为 744 平方米，二层为 211 平方米。入口门廊形式与上述伪满洲中央银行俱乐部十分相似，呈半封闭形，出口为半圆形拱门。该建筑充分体现了草原风格，强调舒展的水平线条，平缓的坡屋顶，向四面伸展的平面，并将外墙的饰面材料引入室内通廊和门庭，把室内装饰视为建筑设计的一部分。

伪满中央银行副总裁官邸和理事官邸在总裁官邸附近。前者面积 731.53 平方米，同样是 2 层，有局部地下室。后者共 3 栋，每栋建筑面积 472.63 平方米。这几栋官邸建筑面积较小，平面向四外伸展，更好地与自然相融合，也更充分地展现了草原住宅的风格特点。远藤设计的这几栋官邸建筑采用典型的赖特式十字平面，屋面平缓，体形舒展，室内外装饰风格协调一致，深得草原式风格的精髓。除风格相近，它们外饰面的材料也基本一致。建筑外墙用浅棕黄色的横向窄条面砖，砖的质感粗糙无光泽，符合草原风格的质朴气息。面砖厚度极厚，断面几乎呈正方形，面砖间的勾缝很宽，并深深凹入，强调其横向的水平线条处理。建筑勒脚部分采用地产的砂岩石，屋顶也用地产的板瓦，显然远藤在设计的时候对当地的材料进行了充分的调研，在尊重地方传统与材料的同时，使草原风格尽量与当地的环境协调一致（图 15-5-61~图 15-5-65）。

建筑的室内布置分西式和日式两种，卧室多为日本式。

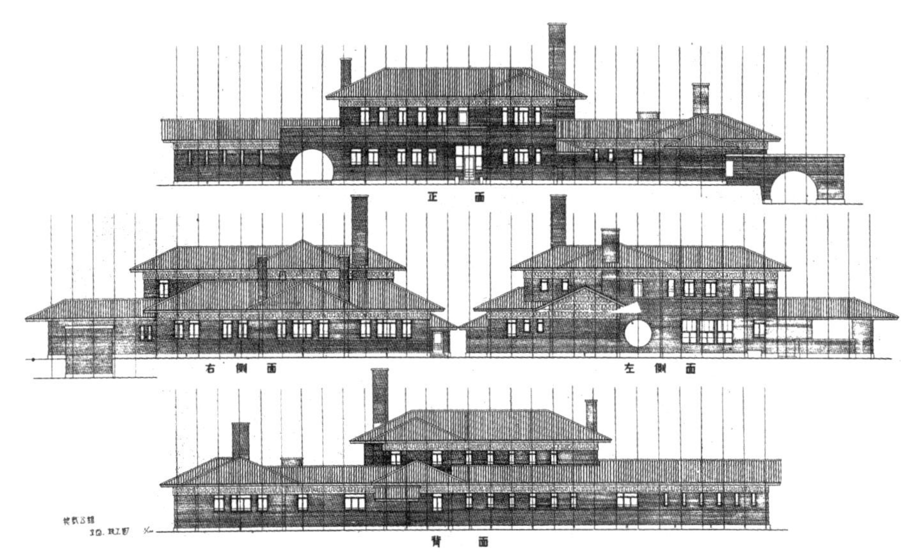

图 15-5-61 伪满洲中央银行总裁官邸立面图
来源：[日]滿洲建築協會雜誌.

图 15-5-62 伪满洲中央银行总裁官邸室内
来源：[日]滿洲建築協會雜誌.

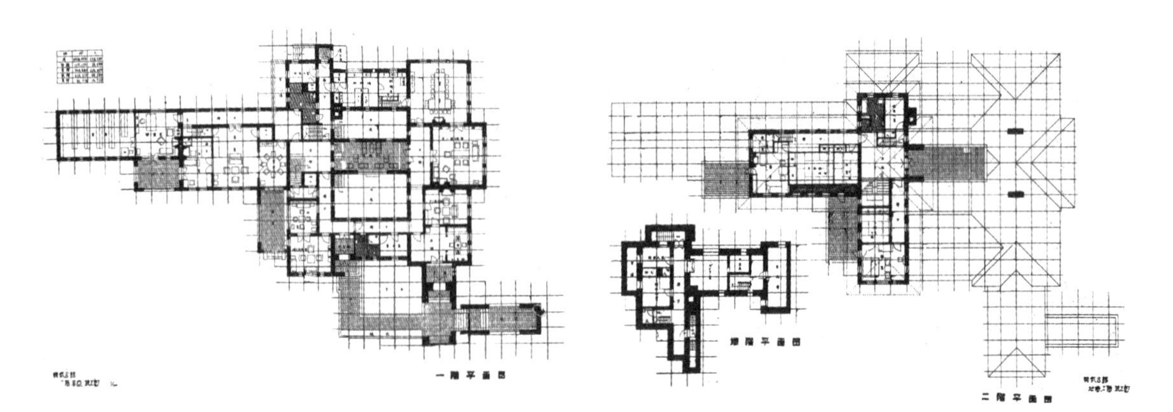

图 15-5-63 伪满洲中央银行总裁官邸平面图
来源：[日]滿洲建築協會雜誌.

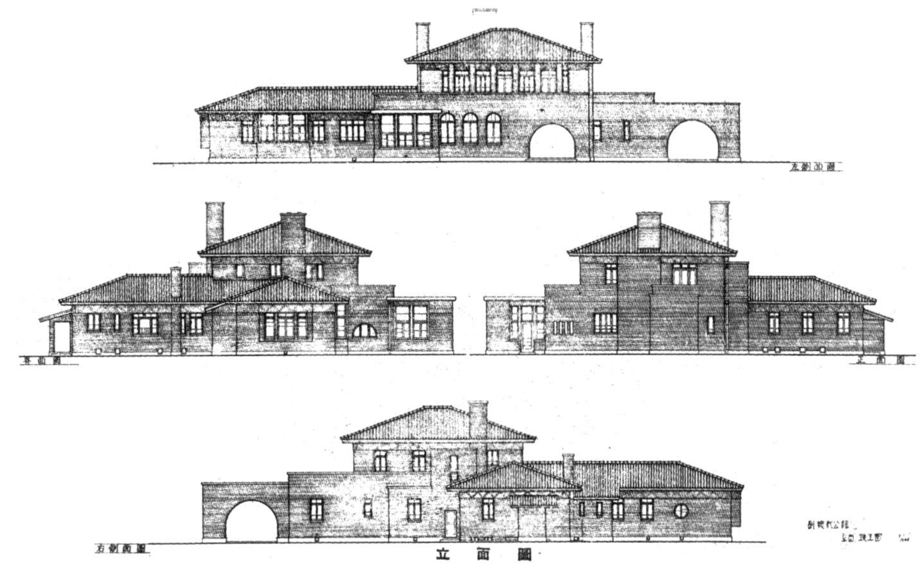

图 15-5-64　伪满洲中央银行副总裁官邸立面图
来源 :[日] 滿洲建築協會雜誌 .

图 15-5-65　伪满洲中央银行副总裁官邸室内
来源 :[日] 滿洲建築協會雜誌 .

3. 知名小住宅

在 1936 年 2 月进行的“国都”优良建筑评选中，有一批小住宅建筑获得了“优秀奖”，这其中比较有代表性的是熙光路 701 号住宅（丁鉴修氏邸）和东顺治路 304 号住宅（原口氏邸）的设计。丁鉴修氏邸建筑面积 802.5 平方米，地面 3 层有地下室，1937 年 1 月建成，设计师黑岩正夫（图 15-5-66）。

该建筑的体量在自建式住宅中是比较大的。它没有采用小住宅惯常采用的坡屋顶方式，造型比较简洁，平面为几何矩形与圆形的组合。其建筑的东侧设有圆弧形的大厅。室内卧室为日式榻榻米式。

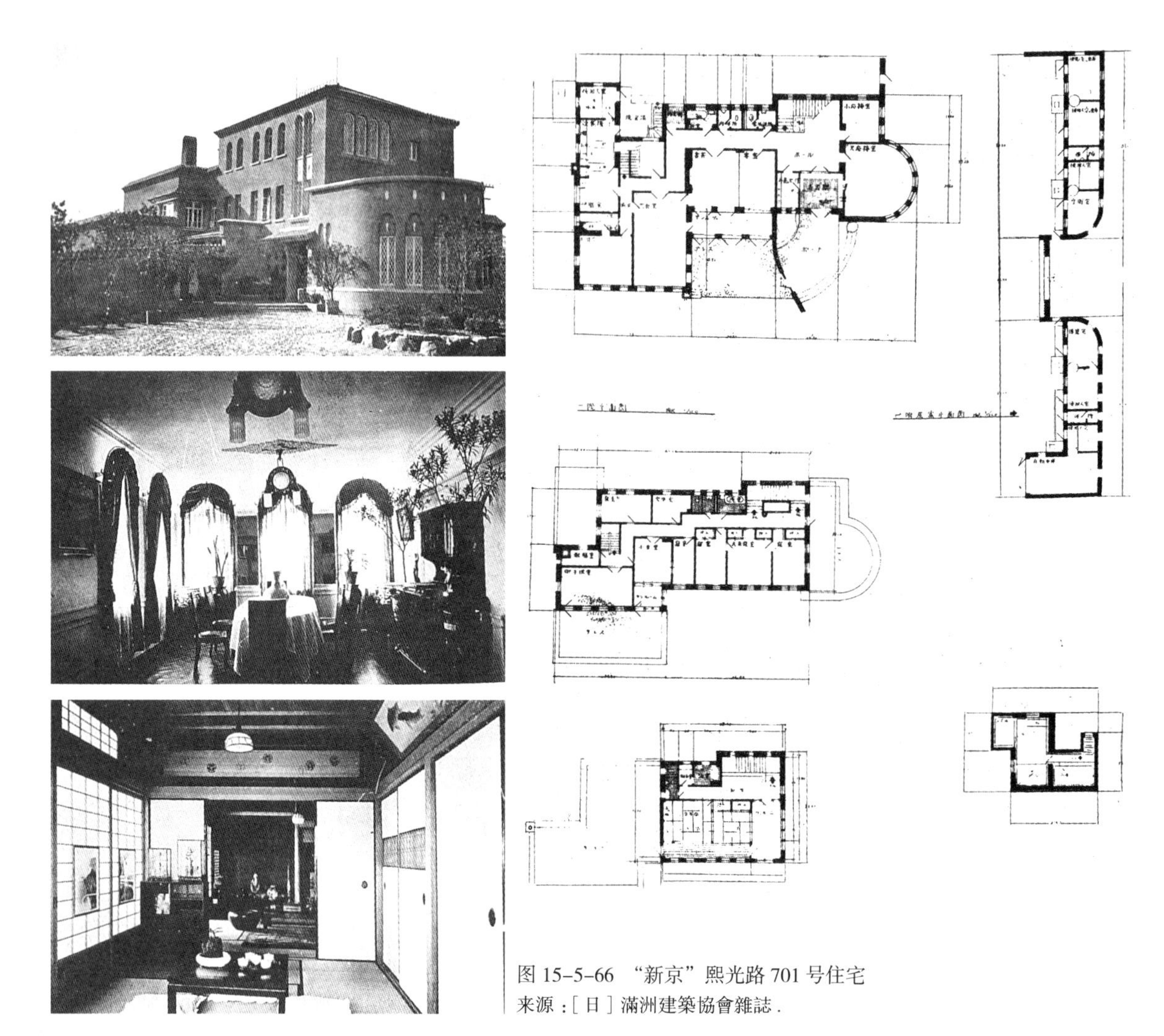

图 15-5-66 “新京”熙光路 701 号住宅
来源：[日] 滿洲建築協會雜誌 .

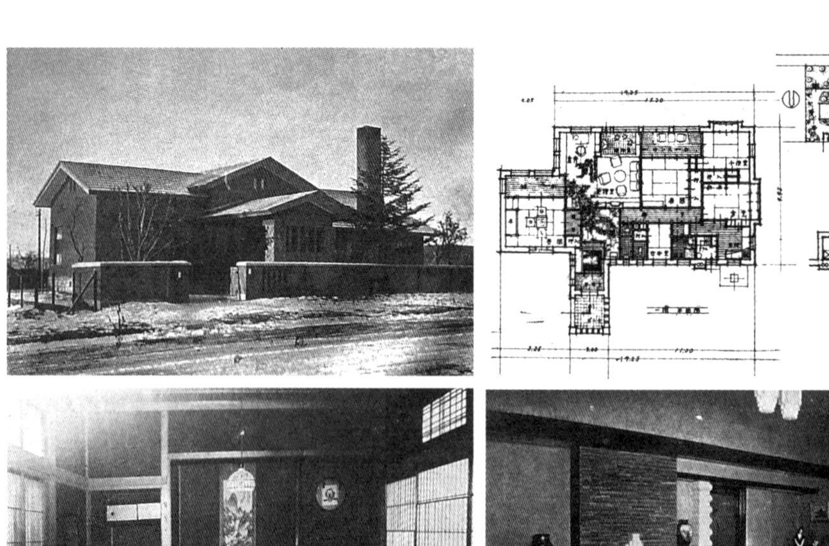

图 15-5-67 东顺治路 304 号住宅
来源：[日] 滿洲建築協會雜誌 .

东顺治路304号住宅（原口氏邸）占地面积1116.4平方米，建筑面积188.5平方米，设计师村越市太郎。同样作为国都优良建设奖的得主，该建筑与丁宅完全不同风格。这也显示了当时小住宅设计风格的多样性。原口氏邸面积不大，在坡屋顶的十字相交处作为入口，迭落的坡顶探出作为门廊。虽然其平面有十字形布置，也做坡顶处理，但并无草原式住宅的格调，整体简洁利落，大面积的实墙面和竖向的小窗洞形成对比。而室内布置同样是西式和日式混杂（图15-5-67）。

伪满洲国“新京”其他重要官邸与小住宅见表15-5-4。

伪满洲国“新京”其他重要官邸与小住宅 表15-5-4

序号	图片	简介
1		伪满洲国国务院总务厅长官邸 位于西万寿路西侧，伪满总理大臣官邸的南侧。建筑面积718平方米，1934年建成，地上2层，局部有地下室。工程造价6万元伪币。由三田组负责施工
2		关东军参谋长官邸 位于新发屯，由关东军经理部设计监理，清水组施工
3		关东局局长官邸 在西郊
4		伪满洲中央银行总裁官邸 位于成后路，总建筑面积1076平方米，一层744平方米，二层211平方米。该建筑地面2层，局部设有地下室。该建筑现已被拆除。远藤新设计，大林组施工

续表

序号	图片	简介
5		伪满洲中央银行副总裁官邸 位于成后路，总建筑面积 731.53 平方米，其中一层 496.71 平方米，二层 144.37 平方米，局部地下室 90.45 平方米。平面呈十字形。远藤新设计，大林组施工
6		伪满洲中央银行理事官邸 位于成后路，理事官邸共三栋，每栋建筑面积 472.63 平方米，其中一层 316.80 平方米，二层 93.33 平方米，局部地下室 62.50 平方米。远藤新设计，大林组施工
7		满洲电信电话株式会社科长住宅 占地面积 566 平方米，建筑面积 220 平方米，其中一层 150.5 平方米，二层 66.3 平方米。满洲电信电话株式会社设计，高冈组施工
8		熙光路 701 号住宅（丁鉴修氏邸） 建筑面积 802.5 平方米，地下 236.3 平方米，一层 447.7 平方米，二层 225.5 平方米，三层 110.7 平方米。1935 年 2 月动工，1937 年 1 月建成。设计师黑岩正夫，清水组施工。1936 年 2 月 26 日，该建筑获得“国都优良建筑”优秀奖
9		东朝阳路 206 号住宅（难波氏邸） 占地面积 958 平方米，建筑面积 154.0 平方米，其中一层 107.0 平方米，二层 47.1 平方米，1935 年 6 月兴建，1935 年 11 月建成。设计师桑原英治，田中工务所施工。1936 年 2 月 26 日，该建筑获得“国都优良建筑”优秀奖
10		东朝阳胡同 408 号住宅 占地面积 1024.2 平方米，建筑面积 265.2 平方米，其中一层 206.6 平方米，二层 58.6 平方米。1936 年 8 月开工，1936 年 11 月建成。设计师青山忠雄，佐野与一郎施工

续表

序号	图片	简介
11		成后路102号住宅（直木氏邸） 占地面积1766.9平方米，建筑面积251.9平方米，1934年9月开工，1935年2月建成。设计师平井勇马，大林组施工。1936年2月26日，该建筑获得“国都优良建筑”优秀奖
12		惠民路404号住宅 占地面积1247.2平方米，建筑面积198.3平方米，其中一层144.4平方米，二层53.9平方米。设计师西村清马，井上三治施工
13		山吹町2丁目13番地住宅 占地面积344.9平方米，建筑面积189.8平方米，其中地下层22.5平方米，一层126平方米，二层41.3平方米。1936年6月开工，1936年8月建成。益田工务所设计并施工
14		东顺治路304号住宅（原口氏邸） 占地面积1116.4平方米，建筑面积188.5平方米。1935年6月开工，1935年10月建成。设计师村越市太郎，田中工务所施工。1936年2月26日，该建筑获得“国都优良建筑”优秀奖
15		元寿胡同508号住宅 占地面积599平方米，建筑面积160坪，其中地下层13.2平方米，一层149.2平方米，阁楼23.7平方米。设计师村越市太郎，田中工务所施工
16		室町1丁目28番地住宅 占地面积363平方米，建筑面积118.4平方米，1935年5月开工，1935年8月建成。益田工务所设计并施工

（六）殖民教化——宗教与纪念性建筑

在伪满洲国存在的14年中，思想文化统治政策随着关东军的殖民统治的加强和军事侵略的升级而不断改变和进一步强化。虽然日本把伪满洲国标榜为“独立的王道国家”。但日本侵略者为了消除东北人民的反日、抗日的仇恨心理，向东北人民极力灌输“建国精神”以及“王道乐土”、“民族协和”等殖民统治思想，同时强调伪满洲国是日本建立“皇道联邦”大帝国的一员，日本是伪满洲国的“盟邦”。伪满洲国还明确规定将奉祀天照大神作为伪满的国家宗教。

1937年“七・七”事变，日本发动全面侵华战争以后，日本国内开始实行全面战时体制，伪满洲国作为日本发动侵略战争的军事基地也逐渐向战时体制转变。此时，日满之间所谓的“一德一心”、“日满不可分”之关系也进一步升级为“日满一体”、“日满一体化”。

在这种背景下，“新京”建筑了一批宗教与纪念性建筑，比较有代表性的有忠灵塔、“建国忠灵庙”、神武殿等，这批建筑采用了仿古或复古的建筑手法，仿照日本或中国的传统建筑风格。虽然这种做法并非当时建筑的主流，不仅数量不多，类型也较单一，但其目的是为了祭祀侵华亡灵，并把日本的宗教信仰强加于中国，宣示日本的文化和政治象征在被侵占土地上的存在，是以建筑的语汇强调伪满洲国的殖民地性质。

1. 忠灵塔

忠灵塔位于新发路和北安路交会处北侧岗地上，是为纪念在战争中战死的日本人而建。忠灵塔在当时日本国内和中国东北各地都有兴建，“新京”忠灵塔是在中国东北这类建筑中规模最大，高度最高的。忠灵塔不仅有纪念碑，还设有祭祀空间，是典型的日本侵略中国的殖民地建筑。整个占地35000平方米，对面有带状绿地，称忠灵塔外苑。1934年11月建成。塔身钢筋混凝土结构，总高38.6米。塔前有占地3万余平方米的集会广场，塔身面向东南（即朝向日本）。1952年拆除。

忠灵塔设计方案以设计竞赛方式募集，东京、千叶、横滨、新京、静冈等地的建筑师参与了方案的投标设计，其中横滨的设计师雪野元吉获得一等奖而被选中。方案中塔顶呈重檐四角攒尖顶，表面贴花岗岩，塔身下有巨大方形基座，四面设有台阶。基座正面开三个门洞，门洞尺寸相同；其他三面各开一个门洞。塔身呈正方形，向上有收分。塔身和基座相交处有三层琉璃屋檐过渡（图15-5-68）。

2.“建国忠灵庙”

“建国忠灵庙”位于大同大街南端西侧，建国广场南部。是专门祭祀为伪满洲国所谓“尽忠殉职”的日满文武官吏及其他人员所建。每年有固定的祭祀活动20次，还有临时增设的祭祀活动。

“建国忠灵庙”初名“护国庙”，是一个与日本靖国神社相当的宗教设施，用于供奉在“九一八”事变（满洲事变）之后死亡的关东军士兵及伪满洲国士兵亡灵。建筑的内部、主殿和1934年设计竞赛中中选的新京忠灵塔（一等奖，雪野元吉）的塔身酷似，而从拜殿开始以及其他的建筑物及其配置，则是将日本的神社建筑作了变形。拜殿等建筑物的屋檐和柱头使用

图 15-5-68　忠灵塔
来源：李重．伪满洲国明信片研究（个人印刷）．

了中国建筑的元素。

设计由相贺兼介来具体完成，他的设计参照了对东洋建筑有详细研究的冈大路[①]和村田治郎[②]的设计方案。[③]

整个建筑占地面积 46.6 万平方米，是当时占地面积最大的一组建筑。1936 年 9 月 5 日动工，1940 年 9 月 18 日，即“九一八”事变纪念日竣工。总投资 160 万元伪币，由伪国务院建设局负责设计和监理，三田组负责施工，是“新京”时期统治者最为重视的建筑之一。

建筑群最初利用狭长地段，采用传统的南北中轴线对称式布局，正面朝南。后来改为面向未来的“帝宫”，并背对日本本土，即东南方向。整个建筑组群分为外庭和内庭两个部分，其中外庭包括前门、参道、昭忠桥、庙务所、纪念馆，内庭是建筑群的核心空间，包括两侧中门、洗手所、神门（内门）、东西配殿、回廊、四座角楼、拜殿（祭殿）、灵殿。

参道全长 600 余米，前门高 13 米，参道的东侧有庙务所和参拜纪念馆，南侧水池上建有昭忠桥，桥长 30 米，宽 17 米，过桥后就是中门。

中门和内门之间有庭院，进入内门为内庭，里面为“建国忠灵庙”的最重要建筑“拜殿”（祭殿），拜殿宽 38 米，高 19.7 米，面积 905 平方米。拜殿后面是方形的灵殿，用于摆放死者的灵位（图 15-5-69~ 图 15-5-72）。

3. 神武殿

神武殿位于大同大街西侧，牡丹公园园内北侧，东顺治路路南，是为纪念日本纪元 2600 年所建，并供日人习武和祭祀神话中日本第一代天皇——神武天皇——的场所。与忠灵塔、“建国忠灵庙”一样，它的平面布置也朝向日本所在的东南方。

神武殿采用白色外墙黑色陶瓦，造型为日本传统寝殿建筑风格，总建筑面积 5245 平方米，其中一层 2829 平方米，建筑总高 22.4 米。钢筋混凝土结构，大殿屋顶采用钢屋架。伪满洲帝

① 冈大路（1889–1962 年），1912 年毕业于东京帝国大学建筑学专业，任满铁本社建筑科科长，并在南满洲工业专门学校教设计。1935 年开始出任校长，在中国东北各地调查中国的古建筑及庭园。著有《中国宫苑园林史考》。
② 村田治郎（1895–1985 年），1923 年毕业于东京帝国大学建筑学专业。从当年到 1937 年在南满洲工业专门学校任教授，发表了《东洋建筑史系统史论》，反映了中国、朝鲜、日本的各建筑的系统分类及相互关系，此前，在中国东北进行中国东北的古建筑调查。1937–1958 年任京都大学教授，这期间著有《中国的佛塔》一书。
③ 满洲国政府第一厅舍工事概要．满洲建筑杂志，1942，23（12）．

图 15-5-69 “建国忠灵庙”灵殿
来源：于维联主编 . 长春近代建筑 . 长春出版社，2001.

图 15-5-70 “建国忠灵庙”神门正面
来源：于维联主编 . 长春近代建筑 . 长春出版社，2001.

图 15-5-71 “建国忠灵庙”祭殿
来源：李立夫主编 . 伪满洲国旧影 . 吉林美术出版社，2001.

图 15-5-72 “建国忠灵庙”内院横剖面图
来源：于维联主编 . 长春近代建筑 . 长春出版社，2001.

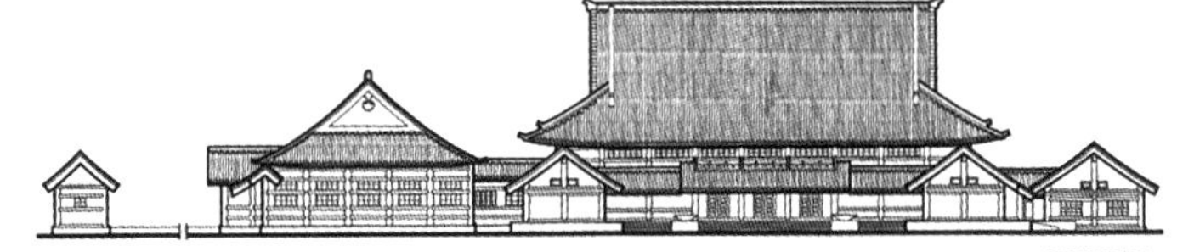

图 15-5-73 神武殿（左）
来源：李立夫主编 . 伪满洲国旧影 . 吉林美术出版社，2001.
图 15-5-74 神武殿立面图（右）
来源：于维联主编 . 长春近代建筑 . 长春出版社，2001.

国武道会技师宫地二郎设计和监理，满洲竹中工务店负责建筑施工，满洲电业株式会社负责电气施工，三机工业株式会社负责采暖、卫生及通风。工程造价 140 万元伪币，1939 年 9 月 25 日开工，1940 年 10 月 31 日竣工（图 15-5-73，图 15-5-74）。

伪满洲国“新京”其他宗教与纪念性建筑见表 15-5-5。

伪满洲国“新京”其他宗教与纪念性建筑 **表 15-5-5**

序号	图片	简介
1		护国般若寺 位于大同广场东北侧，长春大街以北。该寺原址在西四马路，称“般若寺”，1931 年实施伪国都建设计划时拆除。1932 年在现地址重建，改称“护国般若寺”。占地面积 1.37 万平方米，院落 78.9 米 ×174 米，建筑面积 2700 平方米，伪国都建设局负责设计和监理，四先公司负责施工。 该寺属于中国传统寺庙建筑，沿用了中国传统寺庙的庭院式布局形式，并参考了北方寺院的习惯做法。主要建筑沿中轴线布置，依次为：山门—天王殿—大雄宝殿—三圣殿（藏经楼）—地藏殿。全寺最主要建筑大雄宝殿为五开间建筑，面阔 18 米，进深 12.9 米，殿前有抱厦

续表

序号	图片	简介
2		南岭战迹纪念碑 日本人为纪念当年进攻长春南岭而阵亡的日本军人，在南岭设立一座战迹纪念碑，高度和体量都不大，由毛石和水泥砂浆砌筑而成。由于它们强烈伤害了中国人民的感情，已被拆除
3		宽城子战迹纪念碑 日本人为纪念当年进攻长春宽城子而阵亡的日本军人，在宽城子设立的一座战迹纪念碑，已被拆除
4	 	“新京”神社 位于大同大街北段路西，火车站南500米处。原长春神社，1932年更名为“新京神社”。从1915年始建开始，至1945年不断由日本人捐资增建。南北约100米，东西约·200米，占地约2公顷。1915年10月开工建设，1916年11月完工。1929年翻修改建，1935年修了院墙和鸟居门。正殿坐西朝东，建筑面积约500平方米，占地面积约10000平方米，偏殿坐北朝南，建筑面积976平方米，占地面积10000平方米。正殿和偏殿均为砖木结构，紫铜屋盖，日本传统风格样式
5		帝都建设塔 位于新发广场，已被拆除
6		帝政纪念塔 已被拆除

第六节　呼和浩特、大同及长春的城市规划比较[①]

1907–1945年间，日本人编制的中国占据地城市规划以1932年伪满洲国成立，以及1937年满铁将附属地的行政权移交给伪满洲国为界限，可以划分为前后两个阶段。前后两个阶段在城市规划编制范围、规划技术人员来源以及政治、军事干预方面存在很大的不同。首先，1932年以前的规划，除了关东州以外，满铁附属地的规划范围限于附属地内，与附近原有城区处于相对独立区域，两者之间的关系割断大于联系，附属地规划基本不考虑原有城市的历史传统和城市特性。而1932年以后，伪满洲国全面占据东北，规划编制范围扩大到城市以及"国土"全域。1937年日本全面发动侵华战争以后，在新占据地的规划也是针对城市全域，因此，这一时期的规划不得不考虑原有城市的历史传统和城市特色。反过来说，这些因素开始对城市规划编制发挥影响。其次，1932年以后的规划技术人员来源多样化，前期以满铁建筑课、土木课技术人员为主，因此，虽然同时编制了十几或者上百的规划方案，但是基本方法和方针保持不变。而后期的规划技术人员，可以分为满铁、伪满洲国和日本国内新派遣的技术人员以及特别聘请的日本国内大学教授、规划专家等。规划技术人员不同的来源，导致他们采用不同的规划手法，如道路系统、地块划分和居住区规划等等存在很大不同。最后，后期的规划在策划阶段，来自政治和军务方面的干预增强。在规划定案的过程中，伪满洲国、兴亚院、[②]占据地傀儡政权官员甚至是关东军上层等都有参与的机会。因此，1932年以前的规划重视功能性、合理性，以此促进经济发展，提高效率，客观上促进了日本对中国经济和资源的掠夺。1932年以后的规划重点之一是强化在占据地的殖民统治的正统性，因此需要顾及被占据地的当地政治家的意见，在城市建设中表现为开始利用中国传统建筑样式或者中轴线对称等表达统治意志的城市空间意匠。

1937年以后的日本新占据地城市如包头、呼和浩特、大同、张家口等与东北各城市有很多不同之处。例如，东北各大城市中，只有沈阳是前清的首都，满族的皇室建筑文化及八旗式城市文化积累深厚。而长春、大连等城市都属于关外的地方城市典型，城市主要人口从内地移民而来。而大同自北魏以来就是历代古都，城市中有丰厚的古建筑文化遗产。张家口和呼和浩特以及包头是历史上中、蒙、俄国之间进行贸易的枢纽城市。进而，呼和浩特是1572年阿拉坦汗[③]创建的都城，之后一直是蒙古文化以及藏传佛教的中心城市。鉴于以上诸多不同，本节以新占据地呼和浩特和大同为对象，分析它们不同的历史和文化背景对日本拟定殖民地城市规划的影响，明确两个城市规划技术人员的来源，再通过两者与伪满洲国首都新京（长春）的比较，

① 本节作者包慕萍。
② 日本政府于1938年12月设立的国家机构，由此机构统筹管理中国占据地的政务和建设事业。
③ 阿拉坦汗（1507–1585年）是北元中兴之汗达延汗的孙子，为当时蒙古右翼汗，驻牧土默特草原。于1572年建造呼和浩特城。明朝以汉名归化城称呼。1578年，阿拉坦汗于青海湖岸会见西藏索南嘉措高僧，在此次会见中，阿拉坦汗任命索南嘉措为3世达赖喇嘛，从此开始了达赖喇嘛的转轮制度。之后，阿拉坦汗在呼和浩特创建大召，呼和浩特成长为蒙古地域的佛教中心。

阐明日本人编制的中国城市规划的时代变化。[①]

日本在新占据地首先设置了傀儡政权，之后进行傀儡政权中心城市的规划。具体来说，日军于 1937 年 9 月占据了今河北北部、山西北部及内蒙古中西部，并于 1937 年 10 月先后设立傀儡政权“察南自治政府”、“晋北自治政府”和“蒙古联盟自治政府”。[②]“察南自治政府”管辖察哈尔省[③]南部 10 县计 16400 平方公里的土地，首府设在张家口；“晋北自治政府”，管辖晋北 13 个县计 23800 平方公里，首府设在大同；“蒙古联盟自治政府”管辖察哈尔省大部以及绥远省全境，计 466600 平方公里，首府设在今呼和浩特，当时的音译汉字为“厚和豪特”。[④] 1939 年三政府合并为“蒙古联合自治政府”，首都定为张家口，简称“蒙疆政权”。1938 年，当时的“蒙疆政权”对境内城市人口超过 10 万的大城市即张家口、大同、呼和浩特、包头同时进行了城市规划。这一时期的大同规划非常著名，然而张家口和呼和浩特的规划，只有越泽明在他的东京大学博士论文“满洲城市规划的历史性研究”[⑤]中，以及同论文在台湾地区出版的中文版《满洲都市计划史之研究》[⑥]中稍有涉及。[⑦]而本节将结合笔者发现的呼和浩特规划原始档案图纸，详述呼和浩特规划内容，对规划方案的立案技术人员的地域之间的流动作一分析，以技术人员的来源及城市特性的异同为比较重点，对呼和浩特、大同以及长春三个城市的规划手法和理念作一比较。

一、民国时期的呼和浩特

1912 年清朝统治的结束，意味着清朝时期的边疆政治体制，即本部和藩部的统治关系崩溃，城市空间结构也随之改变。关于呼和浩特清朝时期的城市空间结构特征，详见笔者的既往研究。[⑧]下面就呼和浩特民国时期的城市空间结构变化作一概略性总结。

首先，清朝时期呼和浩特的城市结构与本部及藩部的统治关系完全对应，可以说是这种政治关系的物化空间。具体来说，就是根据“蒙、满、汉分治”的原则，蒙古人的政府设在阿拉坦汗创建的呼和浩特城内；1723 年开始允许汉人有限制地向内蒙古移民，管辖汉人、回

---

① 本节主要内容为包慕萍东京大学博士学位论文的一部分，即：モンゴル地域フフホトにおける都市と建築に関する歴史的研究（1723–1959 年）. 東京：東京大学大学院工学系研究科建築学専攻博士学位論文，2003. 另中文论文详见：殖民地时期的城市规划与技术人员的流动：呼和浩特、长春、大同的城市规划比较 // 张复合主编 . 中国近代建筑研究与保护（六）. 北京：清华大学出版社，2008：561–570.

② 蒙疆年鑑 . 張家口：蒙疆新聞社，1941：12–16.

③ 察哈尔为蒙古部落的名称，16 世纪以后的蒙古大汗都出身于察哈尔部。其地理位置在今内蒙古锡林郭勒盟南部及西南部。1914 年中华民国把清朝时期的内蒙古分割为三个行政区，即西部的绥远特别省、中部的察哈尔特别省、东部的热河特别省。

④ 呼和浩特在不同的历史时期分别有不同的名称。今呼和浩特旧城汉字名称为归化城，今新城为 1737 年清朝新建八旗城，称绥远城。两个城区在民国政府的 1913 年合并为归绥县,1928 年设归绥市。1937 年由“蒙古自治政府”改回历史上的蒙古名 Hohhot（青城之意）。1945 年光复后，再改回“归绥市”。1954 年内蒙古自治区首府从乌兰浩特迁到呼和浩特，此时恢复了阿拉坦汗创建时命名的“呼和浩特”（Hohhot）。本文除了历史文献标题仍使用历史名词以外，为了避免行文混乱，统一称呼和浩特。

⑤ 越沢明 . 満洲の都市計画に関する歴史的研究 . 東京大学都市工学博士学位論文，1982.

⑥ 越泽明 . 满洲都市计划史之研究 . 台北：台湾大学土木工程学研究都市计划研究室，1986.

⑦ 文中，越泽明对张家口规划的文字介绍非常简短，但是附有大比例的规划图纸。对呼和浩特规划只有规划概要介绍，没有图纸。

⑧ 包慕萍等 . 1727–1862 年呼和浩特（归化城）的城市空间构造 // 中国近代建筑研究与保护 2. 北京：清华大学出版社，2001：188–200.

民的移民政府“归化城厅”另设在城外西河的外围岸边；1737年，清朝工部在呼和浩特城东北方向约3公里的地方，新建造了满洲八旗城，命名为绥远城，十字街的中央处设立了绥远将军衙门。至此，呼和浩特的蒙、汉、回、满族的民族分治城市空间结构得以形成。需要注意的是，以上三个管理不同民族的行政机构并不是三权鼎立，而是存在着上下之分。即绥远城的满洲衙门的级别最高，之后是当地的蒙古世袭政权，而归化城厅是管理从内地移民而来的汉人和回民的事务性机构，隶属山西。这个政府机构只管理从山西、河北、西北等地来到内蒙古的移民，除了管理移民以外，对当地没有管理权限。因此，它的衙门在城外大西河外边，和它政治上的边缘性相辅。[①]三个政权中，绥远将军是清朝派来的最高指挥官，全域各族的重要事项由满洲将军裁断，买卖城[②]的税收也上交于此。旅蒙商到蒙古草原、俄国边境做买卖的许可证龙票（路票、路照）也在这里签发。由于这样的政治统治构造，导致城市空间也因此分别形成蒙古人、满洲人、汉人、回族的集聚区，由这些多民族的街区共同构成分居共存式的城市空间结构。

民国时期新的边疆体制没有确立之前，因为内蒙古西部地区紧邻山西，在1912–1937年之间，内蒙古西部实际上处于山西军阀阎锡山的间接控制之下。阎锡山制定的“山西省政府十年规划”中的口号是“工业山西，农业绥远”，把呼和浩特地区作为山西的农业供给地。在这一阶段，呼和浩特政府没有做过放眼全城范围的城市规划，只是进行了个别公共建筑的建设，例如，在1910年代，铺设了连接归化城（俗称旧城、买卖城）和绥远城（俗称新城、八旗城）的东西向斜线干线道路，称大马路（今中山路）。1914年，开放面积为39平方里（约9.75平方公里）两城之间的空地为商埠地，但是城区并没有因此发生很大的发展。1921年，北京与呼和浩特之间的火车开通，车站设在归化城和绥远城之间，距离两城各约4公里。因为火车站的建设，新建从大马路中央向北延伸到火车站的干线道路，称为北马路（今锡林郭勒北路），形成了双城之间的丁字干线道路（图15–6–1）。

在1912–1937年之间，在大马路及北马路两侧建设了比利时圣母圣心会公医院（1923年，今呼和浩特市医院）、图书馆、绥远毛织厂等近代化设施。1930年，取代清朝以来在归化城北面，位于回民区西河沿的马市，在归化城和绥远城之间的大马路南侧建造了竞马场，每年举办一次赛马会和售马交流会。[③]1931年，当时的绥远省政府征收了原蒙古土默特旗官产的先农坛[④]地皮，建设了呼和浩特的第一个近代公园，名为龙泉公园。[⑤]傅作义从1931年末开始担任绥远省主席，对植树有特别的关注，这一时期的城市绿化成果很大。

① 有些教科书中，把归化城厅衙门误认为是管理呼和浩特全境的政权机构，写到“从1723年开始呼和浩特归山西管理”，为错误认识。

② 在阿拉坦汗建造的呼和浩特城郭南，形成了汉人商业移民们的街区，称为买卖城（Mon.Namahot）。清朝时期在内蒙以及外蒙的汉人居住区，都称为买卖城。

③ 邢野，王慧琴编．呼和浩特千年大事．托克托：托克托县印刷厂，1991：61.

④ 清朝统治时期，内蒙古为藩部，在满洲八旗的将军管辖之下，有独立的蒙古都统政府，呼和浩特的蒙古都统政府管辖土默特旗。先农坛的土地，原为蒙古人的牧场，有山岗和水池。于1720年代允许汉人移民土默特草原之时，土默特蒙古都统创建先农坛，与清朝皇帝在北京祭祀先农坛的同时，土默特都统政府全体官员也身着蟒袍朝服举行祭祀仪式。

⑤ 中华人民共和国成立后改称人民公园，今改称青城公园。

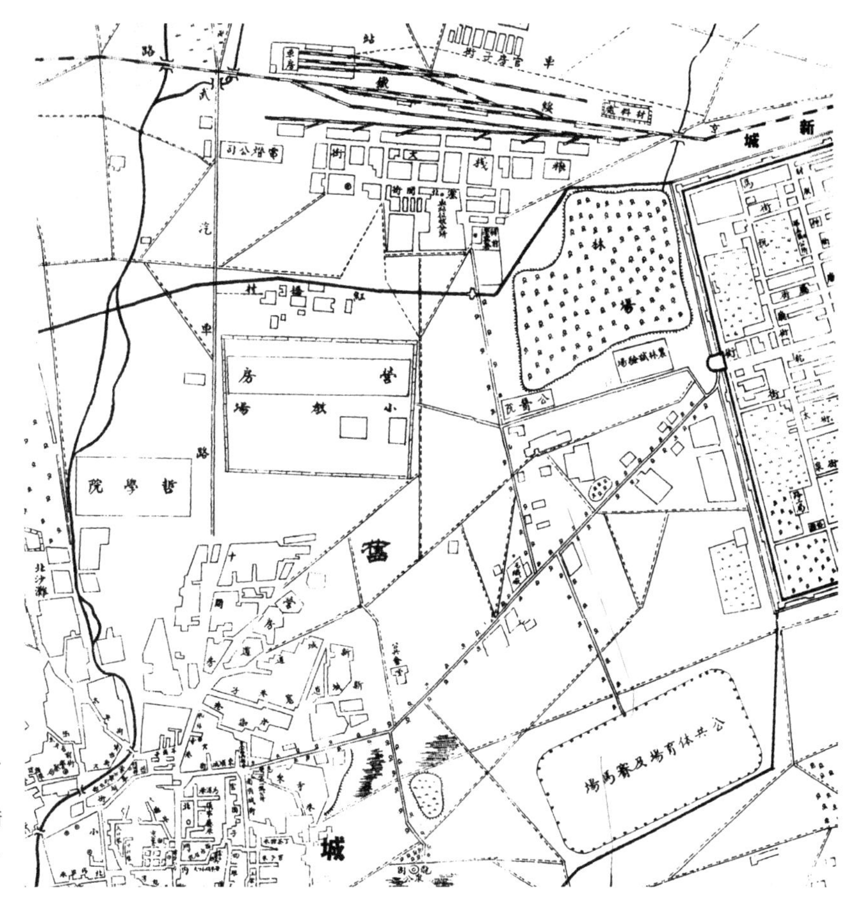

图 15-6-1 火车站和归化城、绥远城的位置关系
来源：厚和市公署暫時管轄市街図．東京大学東洋文化研究所蔵，資料 ID2000541071，1940.

二、“蒙疆”城市规划技术人员的来源及城市建设机构的成立

日本在殖民地政权还没有正式确立的时候，就开始着手新的城市规划编制准备工作。具体来说，一是向新占据的“蒙疆”地区派遣技术人员，二是建立城市规划的管理和实施机构。技术人员的派遣分临时出差和长期居住两类，主要来源为当时的伪满洲国和日本本国的技术人员。根据越泽明的研究可知，在日军占据呼和浩特一个月前即 1937 年 9 月，关东军就已经向伪满洲国提出派遣城市规划技术人员的申请。① 根据这个申请，伪满洲国国都建设局的土木科长伊地知网彦被派遣到“蒙疆”，1937 年 9 月至 12 月在当地实地调查了“蒙疆”的三大城市即张家口、大同和呼和浩特，1938 年 5 月从长春（新京）向“蒙疆”政府提出了三个城市的规划方案。②

另一方面，为了城市规划的实施和监督，有必要成立建设机构，因此，从伪满洲国派遣了很多来到“蒙疆”长期居住的技术人员。但是，这些专家差不多都是道路专业的专家，来自伪满洲国国都建设局以外的部门。③ 由这些人员在张家口、大同、呼和浩特组建了交通部，其下

① 据越泽明博士论文 426 页：“1937 年 9 月，在新京国都建设竣工祝贺典礼上，关东军向伪满洲国政府提出派遣法律和技术专家各一名的申请，于是在同年 9 月至 12 月之间，派遣了山菅正诚和伊地知网彦。”
② 关于伊地知网彦规划“蒙疆”三城市的设计过程，越泽明在 1970 年代与其本人通过书信的方式调查清楚。
③ らくだ会编．高原千里：内蒙古回顧録．東京：らくだ会本部，1973.

设交通局或处，再下设置土木科和建筑科。[①] 另外特别开设了“都市计划局”，以此机构制定城市规划和监督规划的实施。[②] 并且，1938 年 5 月 10 日，“察南自治政府”颁布了“都市计划法案”。[③]

为了建立“蒙疆”交通部，1937 年 8 月，伪满洲国交通部派遣了土木专家帆足万州男[④] 为要员来到张家口，随行者有土木技师和翻译计两人。[⑤] 之后，技术人员增加到 7 人。他们于 1937 年 11 月为了制定“蒙疆地域道路建设计划方案”，到大同、呼和浩特、包头市等地实地调查，于 12 月在张家口完成了交通规划方案。到了实施阶段的 1939 年，又从伪满洲国派来土木技术人员 20 名、从日本的内务省派来 30 名，[⑥] 合计 50 名土木技术人员。由这些人组建了张家口、大同和呼和浩特的土木科，另外设置了直辖性质的建设处。

1939 年，蒙古联合自治政府的政务院属下的交通局制定了城市规划，并着手实施。交通局具体由总务科、路政科、邮电科、建设科构成。在 1941 年 1 月 1 号“蒙疆政府”发布的第 7 号政令中，我们可以明确地理解交通局的职责。[⑦] 下面仅将与城市规划相关的建设科条例摘录如下。

第 13 条　建设科具有以下职能。

1. 管理道路、河川及公共水系等事项。

2. 道路建设、改良以及维修管理等事项。

3. 河川的改良、维修等事项。

4. 道路、河川以及其他土木工程的指挥、监督等事项。

5. 关于土木工程的施工情况的管理。

6. 都邑计划及都邑计划事业的相关事项。

7. 与都邑计划事业的实施相关项目。

8. 上下水排水事项。

9. 都邑计划委员会的相关事宜。

10. 建造飞机场及承担其维修责任。

11. 观象事宜。

12. 删减（去年制定的规则）。

13. 通过交通总局长的认可，为了掌管直辖工程的实施和管理，特设了道路建设处和都邑计划处，两处各设处长、技正和事务官等职。

从以上第 6、7、9、13 项政令内容来看，交通局建设科掌管着城市规划的策定和实施权限。

1939 年 2 月，张家口的城市规划干线道路工程开工，3 月张家口的“察南政府城市规划委员会”征购了城市规划第二阶段的土地。在同年 5 月，确定了 40 万人口规模的大同城市规划。

---

① 其后机构改组，将土木科和建筑科合并，称建设科。
② 厚和特别市编 . 厚和特別市概況 . 厚和：厚和特別市公署，1939.
③ 南滿洲鉄道株式会社調査部 . 蒙疆政府公文集 . 大連 . 1939：212-215. 東京大学大学院人文社会系研究科文学部図書室蔵 .
④ 帆足万州男毕业于熊本高等工业学校（今熊本大学工学部）的机械专业，26 岁进入伪满洲国民政部，之后转职到交通部任技佐等职。
⑤ 帆足万洲男 . 蒙古政府初期の道路建設事業 // らくだ会编 . 高原千里：内蒙古回顧録 . 東京：らくだ会本部，1973：181-182.
⑥ 同⑤：183.
⑦ 蒙疆年鑑 . 張家口：蒙疆新聞社，1944：118-119.

三、“厚和都市计划第一期计划案”

如前所述，根据越泽明的研究可知，伊地知网彦于1937年开始编制呼和浩特、大同和张家口的城市规划方案，1938年5月完成并提交蒙疆政府。[①] 根据笔者的文献调查得知，一个月后的1938年6月，“厚和都市计划委员会”成立，德王[②] 任委员长。1939年，第一次规划方案定案。《蒙疆年鉴》中公布的规划概要[③] 如下。

1. “厚和特别市第一期计划”为20年规划，人口5万，总工费1600万元。

2. 在连接新城、旧城和火车站的T字形干线道路的交叉点设计圆形广场，广场周围指定为商业街。其中，面向广场的两处基地指定为日本领事馆和满蒙毛织厂用地。

3. 大马路宽40米，两侧设商业街，沿街建筑的后面定为住宅区。

4. 北马路从车站开始向竞马场西边延伸，扩建为幅宽50米的大干线。这条干线在市区南端岔开，变成通向包头的“厚包道路”，街道两侧预定发展为商业繁华街。

5. 沿新城（绥远城）西城墙根儿设置长4公里的绿化带；另外，与旧盟公署和前河沿平行的城市北部设置宽200~300米的人工植树绿化带。此外，在市内数十处设计小公园、儿童、学童使用的运动场、游玩场地。在龙泉公园设置可以进行各种比赛的综合运动场。

6. 大马路公会堂后面规定为娱乐区，如（东京的）浅草六区那样集中电影院、各种剧场。并且，将原旧城（归化城）的平康里妓院动迁到此处。

7. 车站西侧150多万平方米的土地定为建造各种工厂的工业地带。

8. 距离钟楼西北方向约1500米的什拉门更[④] 村处集中建设回民居住区，在区中心建造清真寺。其南，设置蒙古人和汉人的集中居住区。在回民居住区的东边，建造大面积的共同墓地。

把以上概要与笔者在呼和浩特市城市建设档案馆发现的日本殖民时期的“厚和特别市都市计划第一期区域平面图”（图15-6-2）的城市规划原始图纸（1 ∶ 10000）以及1990年代绘制的呼和浩特城市地图（1 ∶ 10000）进行详细对照，可以更加确切地理解概要的具体内容。概要里的大马路与北马路的交叉口即今中山路与锡林郭勒路相交路口，它是规划方案中的环状交通广场即大广场所在地。广场西南角基地建有日本领事馆，新中国成立后移用为呼和浩特市政府大楼，2000年市府大楼搬迁到东郊新区，此地旧有建筑全部拆除，改建为商业楼盘。大马路公会堂后面即今民族商场北侧，的确发展为电影院、剧场和商店集聚的商业娱乐区。[⑤] 概要里

---

① 越泽明东京大学博士论文426–427页内容概要为:（1937年）9月到12月，山菅正诚（后来担任了奉天副市长）、伊地知网彦（当时为国都建设局土木科长）被派遣到蒙疆。蒙疆政府委托伊地知网彦制定三大主要都市（张家口、大同、绥远）的城市规划方案。在实地调查时，使用了德王的专用飞机，与德王和李守信就规划方案交换了意见。年末，伊地知网彦返回新京，设计城市规划方案。（中略），制定规划方案时，以关东军命令满洲航空会社制作的1 ∶ 10000的航空照片地图做底图，动员国都建设局的部下把这张图放大成1 ∶ 3000的平面图。之后，又让手下的菅原文哉技士、藤岛司技士帮忙，连日赶图，最后于1938年5月通过关东军向蒙疆政府提交了规划方案。提交之后，关东军和蒙疆政府都没有跟国都建设局联系过，但是，张家口和绥远（厚和）以伊地知网彦的方案为基础方案，制定并实施了之后的城市规划。

② 全称德穆楚克栋鲁布，为成吉思汗第31世孙，即成吉思汗黄金家族的王族。1902年生于内蒙古锡林郭勒盟苏尼特右旗，1966年于呼和浩特市去世。关于他的事迹详见：扎奇斯钦著．我所知道的德王和当时的内蒙古．北京：中国文史出版社，2005.

③ 厚和都市計画 // 蒙疆年鑑．張家口：蒙疆新聞社，1941：261.

④ 蒙古语地名。

⑤ 此区在2002年以后经大规模改建，原存近代建筑全部拆除。

提到的钟楼，即当时呼和浩特旧城的北城楼。什拉门更地名现存，根据什拉门更的现存位置，可推测规划里新设的蒙古人集聚区和回民集聚区的具体位置。再有，今呼和浩特赛马场之北、平行于新城北墙有一条宽 200 多米的绿化带。现有绿化带位置与宽度与第一期规划方案概要里提及的城市北部绿化带位置完全吻合。

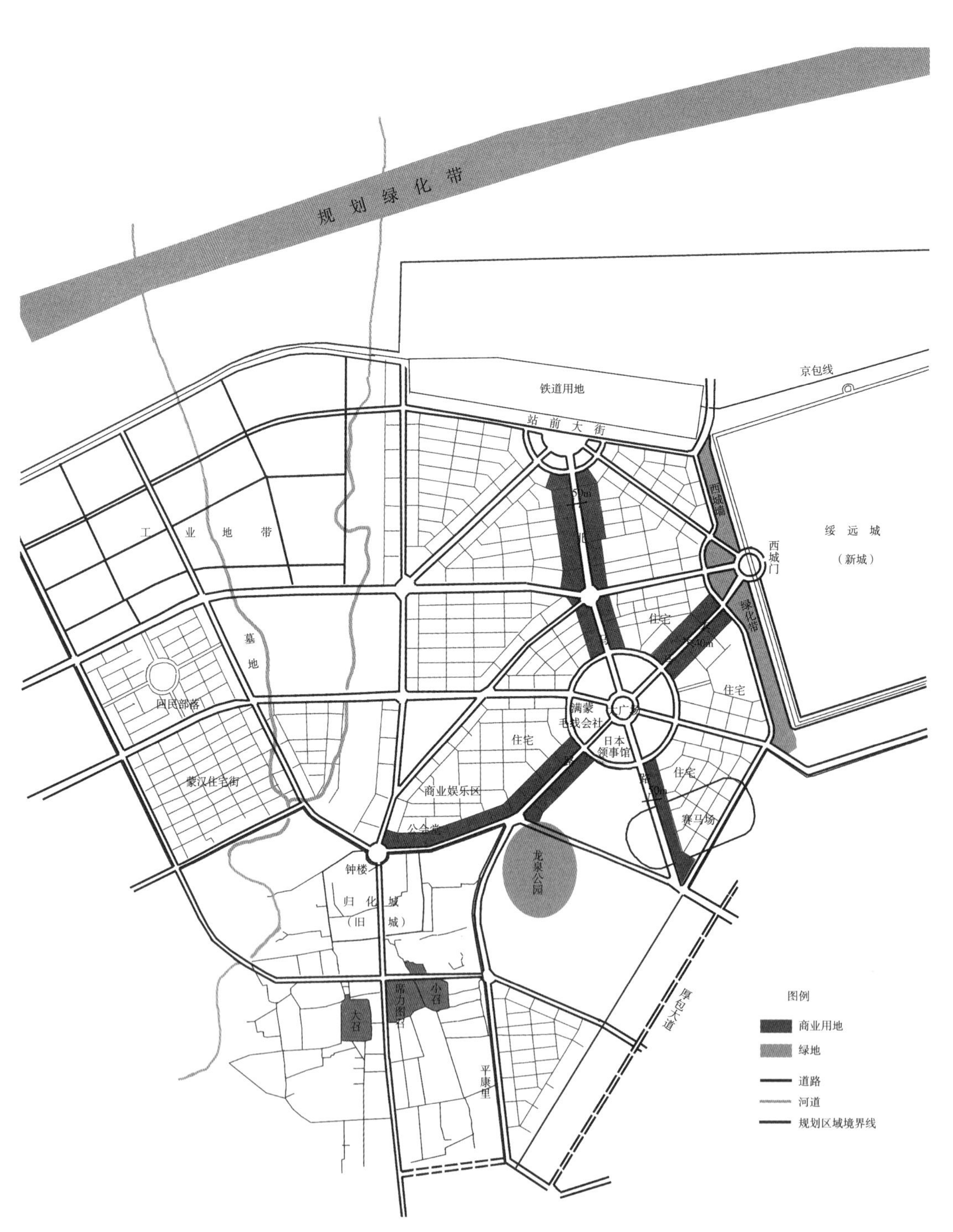

图 15-6-2 厚和特别市都市计划第一期区域平面图（比例尺 1 ： 10000）

来源：笔者根据呼和浩特城市建设档案馆藏原始图及《蒙疆年鉴》刊登的规划概要绘制

以上第一期规划方案中，规划区域很明显地绕开了旧城和新城区，规划用地主要使用了车站和新、旧城之间现存建筑比较少的地段。从图纸上看，新的道路网直接画在既存建筑之上，如道路网直接覆盖在大马路南端的竞马场、北马路东侧的麻花板等板升村落上。按照规划，大马路和北马路街道两侧预计发展为繁华的商业街，但是，解放前在大马路北侧略有商业设施，北马路则没能形成繁华的商业街。

这份原始规划蓝图没有设计者名以及制作日期的记载。它是否是伊地知网彦提交的规划方案？把呼和浩特的规划方案和伊地知网彦参与设计的长春“新京首都计划”作一比较，可以发现许多共同之处。例如，规划都以圆形广场为核心，采用了对称的几何放射状干线道路网。街区土地划分成矩形地块，并设置了广大的绿地和宽阔的绿化带。根据伊地知氏的回忆，德王和李守信[①]对规划提出了分设不同民族居住区域的意见，以及设置家畜贸易市场等意见。因此，这份规划图是1938年伊地知网彦编制的规划方案的可能性很大。而设置民族分区居住、设立家畜市场的建议来自于多民族共处的社会现实和以畜牧产品贸易为主要经济基础的内蒙古地区的城市特殊性，使得新的城市规划对清代以来的城市特性有所继承。

“厚和特别市都市计划第一期计划案”于1940年开始实施，到1945年日本殖民统治结束为止，具体工程完成了环状大广场的一部分街道和面向大广场的日本总领事馆、满蒙纤维股份有限公司的工厂（即解放后呼和浩特的第四毛纺厂）等。

四、呼和浩特、大同与长春的城市规划方案比较

在“蒙疆政权”殖民统治下，除了呼和浩特及大同以外，张家口和包头也同时制定了规划方案。关于包头规划，日文文献有概要介绍，但是至今还没有发现当时的规划图纸。日文文献有关于张家口规划的概要及规划图纸。但是，由于张家口的城市用地十分特殊，市区是东西两座大山夹峙的狭长地带，市区中央是南北向的宽大河床。因此，张家口的城市规划因为用地和地形的限制，其特殊性更多地来自于自然条件的制约，而不是规划师的构想，因此在此不作为比较对象。本小节通过比较呼和浩特、大同和长春三城市的规划方案的相似点与不同点，阐明三者之间有着什么样的由来、特征和三者之间的继承关系。以此分析殖民地统治下的技术组织与技术人员的流动对规划设计的具体影响。

（一）长春和大同的规划技术人员

“新京”的第一期规划是1932–1937年；第二期是1938–1941年。从以上的时间段来看，

① 李守信1892年出生于内蒙古卓索图盟土默特旗蒙古人地主家庭。1921年参加张作霖的奉系军队，1937年任蒙疆政府的蒙古军总司令。其回忆录见：内蒙古文史资料（第十辑）. 呼和浩特：内蒙古人民出版社，1983：122–138.

对呼和浩特的规划发挥影响作用的是第一期方案。因此，在这里主要概要地说明一下第一期方案。满铁经济调查会在正式的城市规划机构还没有建立之前，即1932年3月首次制定了“新京都市计划案”。一个月后，伪满洲国设置了直属国务院的“国都建设局”，开始着手规划的前期调查和研究。到了同年的11月，把两处的方案折中以后形成最后的执行方案，细部设计由“国都建设局”担任。从这个立案过程可以看出，长春方案是满铁和伪满洲国国都建设局两方面的规划方法融为一体的具体表现，即当地殖民地规划知识体系融为同一个派系的代表性方案。

“国都建设局”下面分设总务处（庶务科，计划科，土地科）和技术处（土木科，水利道路科，建筑科）。后来设计了1938年呼和浩特规划方案的设计人伊地知网彦任土木科科长。他于1921年毕业于日本仙台高等工业学校，曾任日本东京府技师，参与了日本第一京浜国道的建设之后，来到“国都建设局”上任。在“新京首都规划”时，他担任道路规划设计，根据伊地知本人的回忆，在第一期规划中，他对干线道路的规划最为用心。第一期规划结尾时，他被派到“蒙疆”，因此在这里他沿用长春的规划手法也是很自然的事。长春和呼和浩特的道路规划特征都是放射状干线道路加方格网，在交通汇流之处设圆形广场。在这里，道路是规划的主角，即便是广场，也以交通环岛的功能为主，可以说它是特殊形式的道路。两者均为面向广场布置重要公共建筑，干线道路两侧规定为商业用地。规划以道路或者街为限定要素，还没有类似“社区”的“区”、“街区”概念。在这一方面，长春和呼和浩特的规划特征完全相同，而大同则完全不同。

关于大同规划，虽然1938年5月伊地知网彦已经向“蒙疆政府”提交了规划方案。但是，一个月后即1938年6月，“晋北自治政府”又单独出面和东京大学（旧称东京帝国大学）教授、规划专家内田祥三联系，聘请他做大同规划。1938年9月，内田详三带领3名助手一起来到大同。三名助手之一是关野贞之子关野克，[①] 另一名是当时东京大学的副教授高山英华，以及当时在东京大学读硕士的内田祥三之子内田祥文。他们在大同滞留3个星期，第一周作实地调查，后两周制定了方案和规划法规，方案主要由内田制定，助手们一同制图，经济方面的计算由高山英华担任，法规都由内田祥三亲自起草。[②] 这个方案被当局采用。[③]

由于大同规划运用了当时国际上的最新规划思想及手法，因此备受瞩目，受到多方的研究。李百浩对大同规划的总体方案及技术指标、德国学者卡罗拉·海因（Carola Hein）对大同规划思想及手法的来源做了较为详细的介绍和分析。[④] 此小节只提及与呼和浩特和长春规划比较有关的部分。首先，大同规划用地避开旧城区，选择城郭西郊外空地较多的区域为新城区。这么做的目的，一是为了避免新城区破坏旧城。内田提到旧城里有上、下华严寺、善化寺等古建筑，他说，“就建筑史来说，我是外行，也不知道这些寺庙是什么年代建造的，但是，如果在日本的话，

---

① 关野克，东京大学建筑学科毕业，调查当时任东京美术学校（今东京艺术大学）讲师，后来继承父业在东京大学生产技术研究所的前身第二工学部任建筑史教授，主要从事日本建筑史的研究，特别对古建筑修复以及建筑文化修复制度的建设贡献突出。

② 内田祥三于1918年就发表过题为“都市计划与建筑法规”的论文，详见：内田祥三.都市计划与建筑法规.建築雑誌，1918，32（378）：33-38.

③ 内田祥三.蒙疆地方の新しい都市計画に就て.東京：善隣協會，1939年4月号：29.

④ 李百浩.日本侵占时期的大同城市规划//张复合主编.中国近代建筑研究与保护（一）.北京：清华大学出版社，1999：271-281；卡罗拉·海因.从几个殖民地城市看日本城市规划思想的演变//张复合主编.中国近代建筑研究与保护（一）.北京：清华大学出版社，1999：282-287.

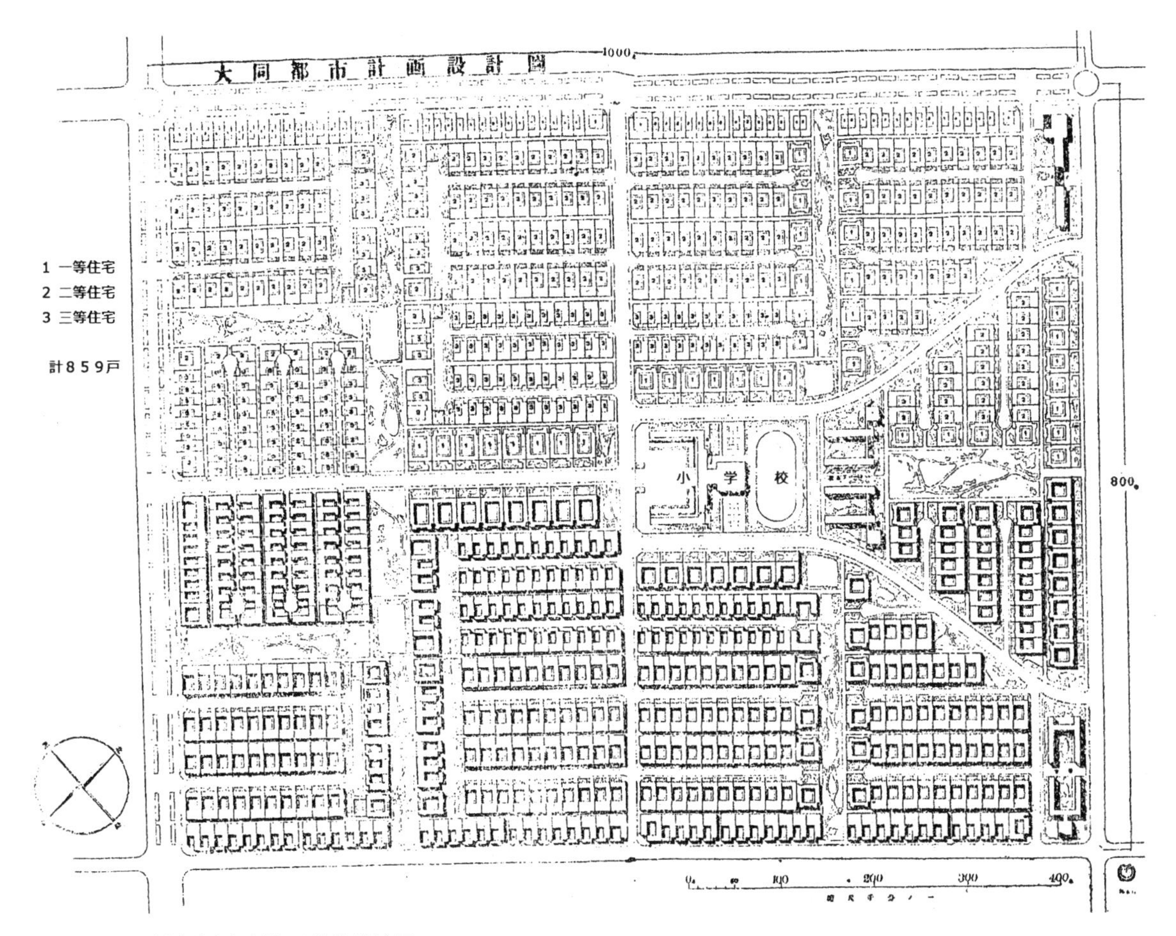

图 15-6-3 大同城市规划邻里单位设计图
来源：内田祥三 . 大同の都市計画案に就て（1）. 建築雑誌，1939，53（656）：164.

肯定属于国宝级的木构建筑，在不大的旧城区中有很多”，① 因此，内田首先确定了避开老城区的方针。再者，空地地价便宜，土地使用自由度大，因此可以按照自己的理想自由地划分街区，不受即存道路或街区的制约。新规划方案以大同老城区的南北中心轴线为起始点，在城墙的外围西侧环绕而成，新区的整体走向是半弧状，干线道路均为近似抛物线形，但是每一个街区的形状基本上保持近似方形。

只从规划平面形式上，就可以看出它采用了与长春和呼和浩特规划完全不同的规划方法和理念。首先，大同规划运用了当时前卫的卫星城市理论。离城区 10 公里处的御河附近的工业区和西面的煤矿区被设计成两个卫星城市。居住区域以住宅区为单元进行规划，并运用了当时还属前卫的邻里单位概念（图 15-6-3）。一个邻里单位呈 1000 米 ×800 米的方形，在中心地设立小学，周围布置现代式的四合院式住宅。在城市规划阶段就系统地设计居住区布局以及住宅单体——这种设计深度为 1907 年以来日本开始编制中国占据地城市规划中的第一例。并且，对邻里单位区域内的单体住宅，内田认为不能照搬日本的住宅，而采用了大同的四合院住宅空

① 内田祥三 . 大同の都市計画案に就て（1）. 建築雑誌，1939，53（656）：156.

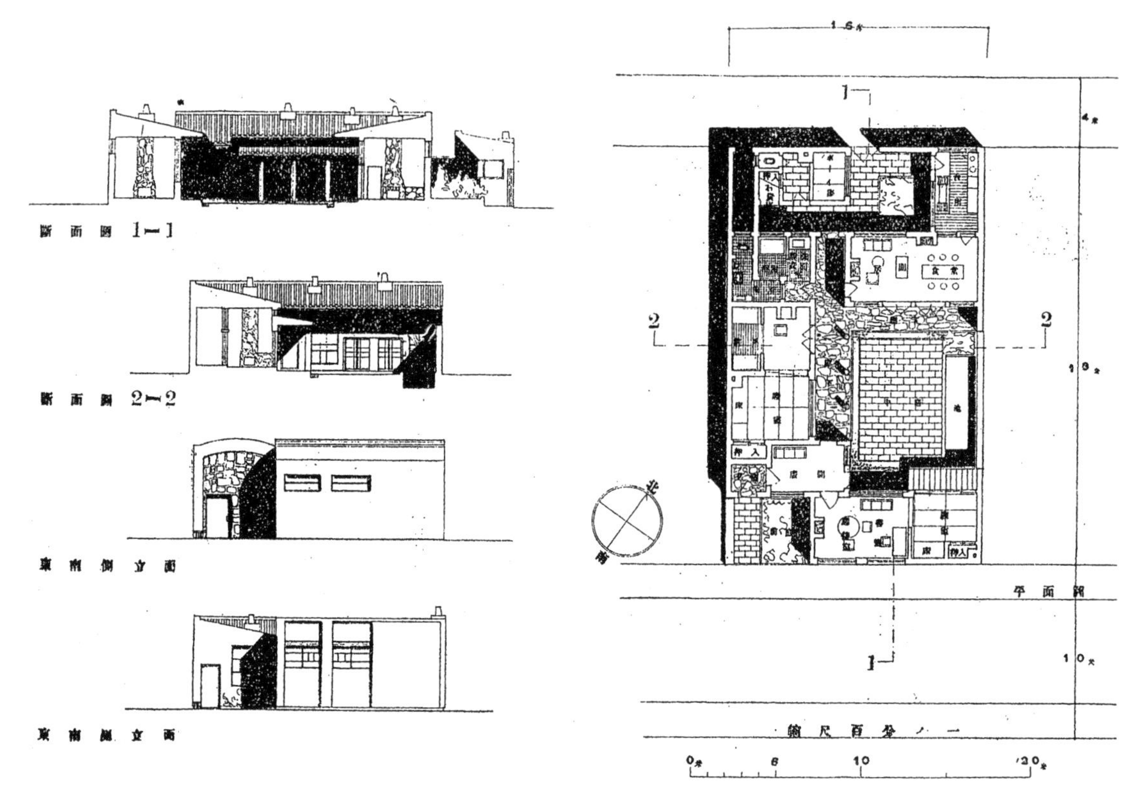

图 15-6-4　大同城市规划三等住宅设计图
来源：内田祥三．大同の都市計画案に就て（2）．建築雑誌，1939，53（657）：171.

间模式。由建筑史专业的关野克测绘了大同的传统四合院住宅之后，内田祥文进行了现代式四合院住宅设计，分一、二、三等不同等级（图 15-6-4）。内田认为各地域传统住宅都是在顺应当地的气候和风土而形成的，因此不仅利用了四合院的空间模式，连室内的供暖方式也采用了炕的形式。但是，内田也根据现代建筑技术条件以及日本人的居住习惯进行了若干改良。在建筑技术上，内田认为当地传统的土坯墙强度不够，因此，砌墙砖改用烧制砖，并采用了英国式实墙砌法。住宅大小分 3 个等级，平均一户的宅基地规定为 150 坪（495 平方米）。内田注意到第一次世界大战后欧美推进的住宅建设中，郊外独立式住宅的宅基地面积一般都是 150 坪，虽然这个面积比起日本本国的住宅过大，但是实地考察了大同四合院时有 150 坪、200 坪甚至更大的住宅，因此他认为这个大小是符合当地居住习惯的尺度。根据笔者的研究，呼和浩特满洲八旗城绥远城按照官位等级供给住宅用地大小，中级将校的宅基地面积为 7.4 分（约 494 平方米），比 150 坪只少 1 平方米。呼和浩特八旗城士兵（马甲）住宅用地面积为 3.3 分（约 220 平方米），可见 150 坪住宅对当地中国人来说，属于中上水平。

（二）三个城市规划方案的比较

在本小节中，笔者就以下四点对呼和浩特、大同和长春规划作一比较。首先对三个城市的近代以前的城市历史特征作一概括，以此明确各规划的历史基础。其二，对新规划与旧城的平面关系作一分析。其三，对规划理论和手法做一横向比较。其四，新规划如何对待当地的城市历史，分析新规划对以往的城市特征作了如何处理。

就城市的历史发展过程而言，长春的历史与呼和浩特属于一类，即它们都属于长城以外的游牧地域。在1800年建立管理关内移民的长春厅以前，长春本是成吉思汗之弟哈巴图哈萨尔后裔们的驻牧之地。这个部落在前清天命九年（1624年）归附清朝，因建制改革，后来改称哲里木盟（现通辽市）郭尔罗斯前旗，当时由世袭第七代辅国公恭格喇布坦管辖其地。[①] 所不同的是，呼和浩特当时已经成为内蒙古的政治、宗教（藏传佛教）和经济中心地，而郭尔罗斯前旗只是地方王爷管辖之地。1800年建立的长春厅和呼和浩特的归化城厅属于同一个性质，都是管理关内移民的"二府衙门"。长春宽城子在19世纪成为旅蒙商的贸易据点，[②] 这一城市性质也与呼和浩特相似。因为两城市原来处于游牧地域，所以其共同特征是城市人口不多，多民族人口杂居，商业移民主要来自山西。城区的周围是牧场或移民新开垦的农地，建筑密度稀疏，这为后来大规模的城市规划提供了很大的自由度。另外，两城市的平面构成也很相似。老城区和车站之间有清朝自主开放的商埠地。只是呼和浩特因铁道开设较晚，车站前还没有形成一定规模的街市；而长春因日本的占据而形成了满铁附属地规划区。属于另一类型的大同位于农耕地域与游牧地域接壤之地，曾为北魏、辽、金时期的都城，因此传统建筑遗迹众多。规整的旧城结构和众多的历史建筑遗产使得新的规划不得不绕开旧城，对规划方案起到了制约的作用。

在新规划与旧城的关系方面，大同和呼和浩特避开了旧城区。而长春规划则把旧城区也包括了进去。城市中最大的广场就设在与旧城交界的地方。并且，新规划的干线道路都与旧城的道路连通。这样，使得以往的长春旧城的核心功能消失，使它的城区地位降低到普通的街区，从而突出新建皇宫的政治中心地位。西泽泰彦也有同样的看法。[③] 同时，西泽泰彦也指出，如果伪满洲国的首都选在沈阳，无论规划怎么做，也达不到封锁旧城核心地位的目的。说到底，长春在近代之前并非政治中心，而是一个主要由移民构成的城镇，当时吉林省最高的指挥官吉林将军设在吉林城，而不是长春。它的这个地方级别的城市性质也是它被选为"首都"的要因之一，进一步地，新的"首都规划"将旧城镇的道路网也化解在新规划路网中。相反，拥有清朝在内蒙古西部最大统治权的绥远将军的衙门设在呼和浩特八旗城（绥远城），后来的山西军阀或者是"蒙疆政权"主席德王都把原来的将军衙门作为自己的官厅。呼和浩特和大同的新规划在避开旧城区的同时，都试图建构一个新的政治中心。大同是在西城门外规划了一个新中心，而呼和浩特在圆形大广场周围安排了日本领事馆等重要建筑，虽然解放后呼和浩特市政府沿用日本领事馆建筑，但是这个广场并没有演变成新的政治中心。呼和浩特的圆形广场在1945年

---

① 包文汉，奇・朝克图整理．蒙古回部王公表传（第一辑）．呼和浩特：内蒙古大学出版社，1998：11-12.

② 陸軍参謀本部．中國地志15满洲（盛京省、吉林省、黒竜江省）．東京：国会刊行会，1889.

③ ［日］西泽泰彦．"满洲"都市物语——哈尔滨，大连，沈阳，长春．河出书房新社，2006（增补版）：110. "首都建设的政治意图就是封住既有的中国势力，规划有意识地消灭长春城，把新宫殿安排在辅助城市轴线上。对关东军司令部来说，伪满洲国的首都规划不仅起到装点国家的作用，对封锁中国势力的方面也可以说是成功了。"

前只实现了一半，解放后在它和火车站之间新建了矩形的城市广场即新华广场，这里成长为呼和浩特的中心广场。

对呼和浩特、大同和长春的规划手法作一比较的话，它们之间的异同如表 15-6-1 所示。首先，长春和呼和浩特属于一个系统，大同则为另一类。其相同或不同的根本原因在于规划立案者的背景。长春规划的立案人之一伊地知网彦编制了呼和浩特规划，因此两者属于一个系统是理所当然的结果。其特征是继承了满铁时期的方格网加放射状干线、在交叉处设圆形广场的道路系统的手法，并对这一手法作了若干改善，比如说去掉因道路交叉而产生的锐角地段，力图每个地块都呈直角或钝角。可以说，这是长期居住在殖民地的技术人员们的知识体系。而大同方案因为是东京大学教授编制的方案，不受或者较少受到日本殖民地规划实践的影响，而是把当时在日本吸收的欧美最新城市规划理论付诸实践。内田本人在谈大同规划时，仅泛指运用了最近的欧美新理论，而越泽明则具体指出大同规划的邻里单位模仿了美国底特律的郊外住宅规划。[①] 的确，底特律的郊外邻里单位的规划方案于 1933 年在日本杂志《都市公论》（第 16 卷 6 号）中早有介绍。

从新规划对当地城市历史的关注方面来看，呼和浩特规划注意到了多民族共居的现状，特意规划出蒙古人和回民的集聚居住区。在长春和呼和浩特的规划中，都注意到畜牧经济的需求，在城市中设计了牲畜市场，并在个别干线道路中特设骑马道路。而大同规划则注意到了古迹保护，因为当时大同还没有文物保护规范，所以内田祥三在规划法规中特设了古建筑保护条款。另外，如前所述，住宅没有使用长春那种多层集合住宅形式，而是采用了当地的四合院形式，设计了独立式住宅。而且，从四合院的屋顶都是单坡顶的特征来看，他们的确是直接从大同四合院住宅里吸取了这一空间构成的手法，而不是从书籍上照搬而来的传统形式。这一点从住宅的基地尺寸上也能看得出来，3 个等级的住宅地基面宽分别为 25 米、17 米、15 米，进深为 40 米、35 米、18 米。从笔者近年对山西商人住宅测绘的结果来看，这些都是当地常用的地块尺寸。

当然，从日本国内来的设计人员和殖民地技术人员的规划方法，也不能说完全没有一点关联。从整体上来说无论置身于何处，他们最大的共同榜样都是欧美的最新规划理论。例如，两者都设计了源于田园城市理论的庞大绿化带。再有，日本国内的建筑、规划杂志时而也介绍殖民地的规划。因此两者之间也会共用一种手法。如大同和长春的住宅地后面都设了 4 米宽的道路，作为供填埋服务管线以及输出垃圾等辅助道路。内田在大同规划结束回国的时候路过长春，看到住宅后的备用道路已经被居民违章增建的房子占用，因此还忧虑大同规划实施以后是否也会发生同样的问题。

在日本的殖民地规划存在着当地技术人员和宗主国技术人员的两个群体。不同的经历，决定着其运用的规划知识体系的不同。从宗主国来的技术人员，首先，其知识反映了本国的学界知识体系，当然也反映了当时宗主国吸收欧美规划理论的进程。两者不同之处在于，殖民地的

① 越沢明 . 満洲の都市計画に関する歴史的研究 . 東京大学都市工学博士学位論文，1982：273–274.

工作人员比起国内人员有更多的规划实践经验，对当地状况和条件的理解也较为深入。而日本国内的技术人员与当地社会没有直接的接触，因此不可能使其技术当地化。这一点在一开始就表现出来。比如大同规划中运用了卫星城市的理念，但是在当时的“晋北自治政府”的中文布告中，把卫星城市写作“附属都市”。①

当地技术者们的规划知识体系，是从俄国做的大连规划开始，一直到伪满洲国的“新京首都规划”为止积累而成。当然，这些技术人员也有直接去欧美视察、学习的经历。另外，他们长期在现场，对现实状况把握比较准确。并且，和他们一起工作的中国人也随之吸收了他们的技术，在解放后成长为新生的中国人规划技术力量。1950 年代的呼和浩特规划就是在“长春国都规划局”工作过的中国人主持下进行，间接地继承了 1938 年的方案。

呼和浩特、大同、长春规划方案比较　　表 15-6-1

	长春（新京）	大同	呼和浩特（厚和豪特）
	1932 年第一期方案	1938 年内田祥三方案	1938 年伊地知网彦方案
道路系统	道路系统由放射状、环状和方格网组合而成。干线道路宽 60~20 米，辅助道路为 18~10 米，小路为 5~4 米。道路面积占市区面积的 21%	新市区的干线道路为弧线状。不使用圆形广场。运用了卫星城市、邻里单位的近代城市规划概念。邻里单位的具体手法来自美国底特律的郊外规划	与长春方案相似，干线道路为 50 米至 20 米。道路面积占市区面积的 22%
	与公园连接的干线道路设计成景观大道，特设骑马道，60 米宽的干线道路中央设计了宽 16 米的“游步道”（绿化景观散步道）	新市区的中央干线道路宽 66 米，中心部分设 20 米宽的绿化带，道路外侧左右设 1.5 米的植树带。其他干线为 45 米至 55 米。邻里单位内道路最宽 20 米，最窄 6 米	伊地知在最初的方案中，把干线道路定为 100 米，两侧设计了骑马道，修正方案把道路宽减到 40 米到 50 米，取消了骑马道
分区	商业大致为沿街式，分小卖区和商业设施区。工业区分轻工业区和重工业区。另外旧城区为混合区	以卫星城市和邻里单位来区分工业区和住宅区。商业区设在新市区中心和旧城南区，其他沿干线道路布置	商业同长春，沿干线道路设商业设施。分工业区和住宅区。住宅区特别设计了蒙古族和回族居住区
广场	在重要的交叉点设置了大广场，圆形广场计 9 处，最大的广场直径为 300 米	不设圆形广场，取而代之的是在邻里单位的中心设公共建筑和学校	同长春案，圆形广场计 7 处，最大广场直径 180 米
住宅地	放射状道路与干线道路等交接形成的矩形地块为住宅地，设 1 至 4 等宅地。住宅专用地内禁止建造商业和工业建筑	近 1 公里的方形地块为邻里单位用地。住宅分 3 个等级。住宅区也以田园城市为目标，特设绿化带	划分了住宅区，但是规划方案没有深化到具体的住宅单体
绿化	小河、低湿地段等都被设计成公园，环形道路的周围设计了绿带，此外特设了宽阔的放射状绿化带	在新市区中心外围和弧线干道的外围设置了绿化带，并把大同原来就有的杨树也包括到绿化带里	在城市的北面设了宽 200 米的绿化带，另外沿着八旗城的西城墙设绿化带
特色	规定了畜牧业专用的区域以及骑马道	新区住宅的原型为大同的四合院，扩大了前院。客厅、卧室、书房、厨房、餐厅等围绕着院子布置	特设牲畜市场和骑马道以及民族居住区

① 内田祥三．大同の都市計画案に就て（2）．建築雑誌，1939，53（657）:165. 标题为“关于大同都市建设之件”，具体内容如下：“……全市面积 480 平方公里以上为大同都市计划区域在大同市之西方计划能拥有人口 20 万之新市街并建设附属都市如炭矿都市及工业都市是也。”

第七节　日本侵占下的华北都市规划和建设[1]

日本对于中国的城市规划以越泽明的研究为早，主要侧重东北城市的研究。过去对于日本对华北的规划的研究主要侧重于北京，而且主要以1941年的《北京都市计划大纲》为核心，关于西郊建设方面还有待进一步探讨。[2]本节从华北整体角度出发，尽可能利用中日双方的资料考察城市规划和实施事业，同时着重挖掘了北京规划形成过程中的一些新的史料。

一、华北都市规划五年计划的背景和内容

（一）华北产业开发的背景

1937年卢沟桥事变以后华北的地位变得十分重要，不仅是从作战的意义，而且从经济开发和建设的意义上也十分重要。

在1938年战争的长期化趋势越来越明显，日本在战争初期“速战速决”战略被迫改变，同时也放弃了“洗劫”式的掠夺方式，提出了“开发重于封锁”、“建设重于破坏”的口号，实行“经济开发”的策略。同年6月，日本内阁制定《华北产业开发第一次五年计划》，该计划主要产业发展目标为：a交通：恢复原有各项交通，新建、扩建铁路和港口，延长汽车运输线路；b发电：增加火力及水力发电量，满足电力需求；c矿产冶金：扩大铁矿、煤矿的矿产资源的开采，增强矿石冶炼能力和煤炭液化能力；d盐及化工方面：扩大盐田面积，增加纯碱和烧碱产量。这个计划在1940年再次出台。

和产业开发配套的华北的建设是保证铁路、公路、水路交通线的修复和改良，还有防洪的需要。城市作为大本营在战争中意义重大。

当时负责华北城市规划的建设总署都市计划科科长盐原三郎在《都市计划　华北的点线》中写到当时华北都市规划的特殊性：[3]

1. 将华北从被压榨的状态中解脱出来，华北作为国土的核心地，特别是兵站基地相适应的都市建设十分重要。

2. 面临确保社会治安、避难市民的回归、地方有产阶级向城市迁移、伴随产业复兴的人口集中等问题，另外伴随日军的推进日本人明显增加（表15-7-1，表15-7-2），因此面临了住宅

---

① 本节作者天津大学中国文化遗产保护国际研究中心。

② 越沢明．日本占領下の北京都市計画（1937-1945年）// 第五回日本土木史研究発表会論文集．1985：265-276；李百浩．日本在中国的占领地城市规划历史研究．上海：同济大学博士学位论文，1997；李百浩，郭建．近代中国日本侵占地城市规划范型的历史研究，城市规划汇刊，2003（04）；薛春莹．北京近代城市规划研究．武汉：武汉理工大学硕士学位论文，2003：54等；孙冬虎，王均．八年沦陷时期的北平城市规划及其实施．中国历史地理论丛，2000（3）；徐蘇斌．中国における都市·建築の近代化と日本．东京：东京大学博士学位论文，2005；王亚男．1900-1949年北京的城市规划与建设研究．北京：北京大学博士学位论文，2007；王宏宇．塘沽近代城市规划建设史探究．天津大学硕士学位论文，2011；陈双辰．古都之承——1928-1949年北平城市规划发展与古城保护的博弈．天津大学硕士学位论文，2013.

③ 塩原三郎．都市計画——華北の点線（私家版）．1971：83-86.

不足、租金高涨、患病者增加、不能接待家人等生活问题、社会问题、国际问题，因此亟待建设解决上述问题的都市规划。

华北主要都市日本人居留增加状况　单位：人　　表 15-7-1

	1937.7	1939.6	1940.6	1941.6
北京	4024	32357	61228	85188
天津	11407	39776	49264	52922
塘沽	376	1022	2184	2775
济南	2054	9957	16785	19518
石门	0	5805	12573	13140
太原	32	6032	12810	15577

来源：塩原三郎 . 都市計画——華北の点線（私家版）. 1971：85.

华北主要都市居留状况表　　表 15-7-2

都市	户数（户）	人口（人）
北京	28592	79137
丰台	603	1609
保定	641	1885
石门	3075	12602
彰德	779	1847
新乡	726	4031
天津	12994	50073
塘沽	739	2526
唐山	1074	2827
山海关	813	2257
太原	5636	13615
临汾	1391	2039
长治	137	842
济南	7665	18816
德州	455	1368
青岛	9869	34195
烟台	796	1737
开封	1763	6759
归德	316	1423
海州	194	795
徐州	2353	6637

来源：1941 年 4 月 1 日，日本外务省调查。转引自：塩原三郎 . 都市計画——華北の点線（私家版），1971：85.

3. 伴随着华北对物资的需求，工厂急速增加，为了便于控制设定工业分区和混合分区，健全城市发展，与此对应的住宅、商业等各种用地的设定也是当务之急。

4. 作为都市的动脉，铁路、水路、干线道路、航空设施都不完备，需要继续建设，而且也要考虑将来的规划发展。

战时在节约资金、资材、劳力方面都很有效果。

5. 都市的上水道、下水道和排水设施不足，保健卫生、市区防护方面都很重要。

6. 根据都市防护和都市构成设定市区化区域，其周围设置绿化地带，另外市区内部系统地设定绿地也很重要。

一般古城都有城墙和壕沟，并设置城门作为防护设施，绿地取代城墙作为防护设施。

（二）华北都市调查和大纲制定

1938–1939 年华北的重要城市如北京、天津、济南、石家庄（在日本侵占后改称石门）、太原、徐州、青岛等都市的规划急速推进。都市计划的目标也从应急处理到发展对策，政治的都市到产业的都市建设。1938 年 6 月开始调查，1938 年末确定了北京、天津、济南、太原、石门（石家庄）、徐州的都市规划大纲，并确定了各个都市第一期五年事业计划。1939 年决定了新乡、青岛、连云港（海州）、保定的都市规划大纲，在天津的都市计划大纲的基础进一步完成了塘沽市区的规划大纲。

华北都市规划从 1938 年后期开始到 1939 年确定。各个年度调查的情况如表 15–7–3 所示。

从 1938 年后期开始到 1939 年规划调查、大纲制定和完成时间表　　表 15–7–3

	1938 年							1939 年											
	6 月	7 月	8 月	9 月	10 月	11 月	12 月	1 月	2 月	3 月	4 月	5 月	6 月	7 月	8 月	9 月	10 月	11 月	12 月
北京	·	·	·	·	○	○	◎			·	·	·	·	·	·	○	·		
天津	·	○	·	·	·	○	◎	·		·			·		○	○			○
塘沽	·	·	·	·	·	·	·			○				○	◎				
济南	○	◎		·	·				·		·	·					·		
徐州		·	·	○	◎	·			·			·					·		
太原		·	○	·	◎				·			·			·			·	○
石门		·	○	○	◎				○	○		·	·				·	·	
新乡											·	◎							
青岛		·						·	·	○	○	◎							
连云港													·			·	○		

注：· 为调查研究；○为计划案、事业案推进；◎为大纲决定。来源：塩原三郎 . 都市計画——華北の点線（私家版），1971：6.

从表 15–7–3 中可以看到北京、天津和塘沽是调查密度最高的城市，北京、天津（包括塘沽）、济南、石家庄、太原、徐州是较早进行调查和规划的城市。

在制定大纲之前进行了调查，盐原三郎作为华北规划的主要人物参加了主要城市的调查，在《都市设计　华北的点线》中他描述了调查情况。其中以《徐州都市规划报告书》为例详细说明调查内容。[①] 这个报告书是为了进行都市规划的报告，撰写于 1938 年 9 月，从中可以看到调查内容。

在该调查报告中包括了“出差的日程”、“业务的要领”、“实施视察的要领”、“建设规划案”、“建设事业规划案”、“紧急处理案”。出差的日程包括了调查日程内每一天的调查内容；业务的要领记录了以特务机关为核心和当地治安维持会进行规划方针商议的情况。实施视察的要领包括了记录实地考察的情况，例如地形、交通、官署、学校、医院、工厂等分布情况；建设规划案包括都市规划范围、街市规划范围、各种设施的规划，为详细规划进行铺垫；建设事业规划案包括实施事业的预算；紧急处理案说明了这个规划主要应该进行哪些重点指导。

华北都市计划大纲制定是根据华北战时的特殊情况，这些规划者来自日本城市规划第一线，有比较丰富的经验，因此在较短时间内进行调查和确立大纲。大纲的确定以都市的治安、交通、卫生等重要设施建设为基准，以新市区建设、重要设施设置、分区的设置以及考虑将来的规划顺利发展为目的。大纲决定主要由日本的中国北部方面军特务部、兴亚院华北联络部以及华北政务委员会建设总署为主推进。

华北都市规划大纲有相对统一的格式，根据这个格式各个城市根据规划的重点有所调整：[②]

一　方针

二　要领

1 都市规划区域和规划人口、街市规划区域、新街市规划

2 分区（专用住宅、住宅、商业、混合、工业等）

3 地区（绿地、风景地、美观地）

4 交通设施（道路、铁路、水路、飞机场）

5 上、下水道设施

6 其他公共设施（公园、运动场、广场、墓地、赛马场、市场、屠宰场等）

7 都市防护设施

8 保留地

华北规划首先选择重点城市。第一，华北城市分类。第一类是北京、天津（包括塘沽）、济南、石家庄、太原，都是拟定进行全面规划的城市，说明这五个城市的重要性。五个城市中又以北京、天津（包括塘沽）为华北地区最重要的城市。第二类城市是重点放在治安和卫生方面的城市。第三类是提出规划指导和建议的城市。这样的分级使得对城市的投资和规划有重点进行。

第二，经费的使用种类：土地由伪政府征收，日本方面出资建设。而出资建设的部分又分为一般会计事业和特殊会计事业。一般会计事业主要是基础设施建设，街道与广场、排水路线

① 塩原三郎．都市計画——華北の点線（私家版）．1971：16–25.

② 同①：87；塩原三郎．中國北部都市建設概論．都市公論，1944，(27)：8–19.

是费用消耗最主要的地方，其次是下水道、防护设施、上水道补助。特殊会计事业中主要包括了上水道和市区的建设，这样就把负担最重的市区建设费用分解。

第三，投资比重按照城市分类：第一类城市的投资最多。一般会计事业中，北京为1460万日元，天津为1630万日元。特殊会计事业中，北京为1845万日元，天津为2000万日元。其次是济南、太原、石家庄。北京和天津比较，在一般会计事业费中天津比较多的是河底隧道，五年计划占600万日元，实际上并没有修建河底隧道，而1939年发生洪灾，修筑堤防使用了较多的费用。北京一般会计事业费中没有河底隧道这一项，但是实际上北京的一般会计事业费包括了文物保护费用，这是天津没有的（见后表）。

这个五年事业规划推进了北京、天津、济南、太原、石门、徐州的道路干线、排水路线的建设。同时着手北京、天津、济南、石门的市区建设。促进了北京文物整理事业。[①]

（三）华北都市第一期五年建设事业的实施

对照预算都市事业的实施情况如何?

一般来说都市建设事业根据其特殊性由建设总署实施，实际上有军队以及军队指挥下的其他机关实施的公路、上下水道、都市防护设施，也有建设总署内的公路、航空、水路、防水堤等各项事业，也有地方市县建设的公路、上下水道事业。这些事业所需要的费用是个庞大的数字。

建设总署从1939–1941年的都市建设事业分为一般会计事业和特殊会计事业。

1. 一般会计事业

（1）干线街道事业

干线街道的设置、铺装的目的是促进重要城市的治安、交通和新市区建设。在北京、天津（附塘沽）、济南、太原、石门、新乡、徐州、海州重点实施。

（2）下水干线事业以及排水路线事业

下水干线事业以及排水路线事业的目的是便于市区内以及周边排水。实施的城市有北京、天津、济南、太原、石门、徐州各个城市。特别是石门建设了围绕市区规划区域的沟渠，对都市治安起到维护作用。

（3）防水堤事业

防水堤的建设的目的是为了防洪。实施的城市有天津（包括塘沽）、石门。天津（包括塘沽）1939年发生大洪水，连续两年进行了防洪堤建设。在石门市区的西部在城市和山麓地区之间建设了防洪堤。

---

① 塩原三郎. 都市計画——華北の点線（私家版）. 1971：5.

一般会计事业投资（除文物整理事业） 单位：万日元　　　　表 15-7-4

	1939	1940	1941	合计
北京	400	1045	560	2005
天津（附塘沽）	150	2400 *220	740 *90	3290 *310
济南	550	115 *30	300 *20	960 *50
太原	150	190 *35	200	540 *35
石门	150	200	150 *20	500 *20
新乡	—	30	—	30
计	1400	3980 *285	1950 *130	7330 *415
徐州	100	335	150	585
海州	—	50	50	100
计	100	385	200	685
合计	1500	4365 *285	2150 *130	8015 *415

* 从预备费追加额。

来源：塩原三郎．都市計画——華北の点線（私家版）．1971：90.

从一般事业投资（表 15-7-4）来看，北京和济南 1939 年投资力度较大。济南是日本占据地，对日本继续发展建设比较有利，北京是华北的中心，因此这两个城市调查最早，投资也最早。天津（包括塘沽）是日本在华北建设投资最多的城市，特别是 1940 年在 2400 万日元的基础上又追加 220 万日元，一方面可见日本把天津建设放在华北建设的重点，另外也有 1939 年洪水后对基础设施的投资加大这个特殊原因。总投资力度其次是北京。

一般会计事业的另外一个重点是文物整理事业。这是为了保护北京的著名古代建筑物从 1938 年每年持续投资的事业。这个事业是继续事变之前旧都文物整理委员会的工作。其中核心人物是建设总署都市局局长林是镇。林是镇在旧都文物整理委员会是担任唯一的技正工作，在担任都市局局长之后都市局继续将重点放在文物整理事业上，这和他的努力不无关系（表 15-7-5）。

文物整理事业投资和修理项目　　　　表 15-7-5

	工程费（万日元）	工程项目（主要的工程）
1938 年	28	天坛、五塔寺、碧云寺、玉泉山、国子监、中南海紫光阁、孔庙、天宁寺
1939 年	35	国子监、大高殿、故宫两花园、颐和园、雍和宫、武庙、景山万春亭、历史博物馆端门和午门、天坛、孔庙、先农坛、牛街清真寺、东华门、西华门
1940 年	134	午门、故宫陈列所弘义、颐和园、大高殿、钟楼、鼓楼、庆王府、故宫博物院、瑞应寺、天宁寺、国子监、中南海勤政殿
1941 年	37	妙应寺、景山、中南海迎春堂、钟楼、鼓楼、故宫、太和殿、颐和园、庆王府、极乐寺

来源：塩原三郎．都市計画——華北の点線（私家版）．1971：91.

2. 特别会计事业

特别会计事业实施的项目有为了解决北京、天津（包括塘沽）、济南、石门四个城市的住宅问题的新市区建设和北京的以轻工业开发为目的的新市区建设。

在太原和徐州进行的新市区建设最初预定进行，但是没有着手。在新乡由特务机关指导县公署进行了新市区建设，建设总署也协力进行。

特别会计事业第一期 1939 年是第一年度，到 1941 年进行情况如表 15–7–6 所示。

特别会计事业新市区建设事业费 单位：千日元 表 15–7–6

	区域面积（平方公里）	1939 年度	1940 年度	1941 年度	合计	第一期五年计划事业费
北京西郊	136	400	5450	2456	8306	17032
北京东郊	3	112.5	642	544	1289.5	2600
计	16.6	512.5	6092	3000	9604.5	19632
天津特三区附塘沽	3	317.5	4354	2200	6871.5	12200
济南南郊	1	25	711	800	1536	1220
石门西郊	1	212	212	320	758	600
合计	21.6	1067	11382	6320	18770	33652

来源：塩原三郎 . 都市計画——華北の点線（私家版）. 1971：92.

总结起来第一期的规划目标是对应华北新建设的进展确保治安、复兴产业，以此确保财政基础，资金、资材等最小限使用。

这样的都市建设的实施主要以建设总署和地方省公署协力进行，在这个过程中期待随着政治力量的逐渐加强和地方机关的不断完善由地方公署实施。

新市区建设的要领是首先将新市区用地全部收买，整备土地进行区划整理、整备街道、公园、上下水道设施、防护设施等，将这些费用平均摊到建成的住宅地中，从土地租用者支付的租金中偿还。土地租用时有土地租用规则，新市区地的土地租用日本人和中国人没有区别。本方法代替以往的永租权。[①]

华北规划的执行者为建设总署。

1937 年 12 月以王克敏为首成立了伪中华民国临时政府（1940 年 3 月改为伪华北政务委员会），日本的中国北部方面军试图在华北建立第二个伪满洲国。这个时期特务机关已经不能全部负责，城市规划工作也逐渐由临时政府建设总署承担。1938 年 4 月 1 日临时政府下面设置了建设总署。北京规划以及以后的规划也就逐渐转交建设总署。建设总署的技术职务基本是由日本人负责。

① 塩原三郎 . 都市計画——華北の点線（私家版）. 1971：107.

伪建设总署设署长、副署长和技监。署长殷同，技监是三浦七郎。三浦毕业于东京帝国大学工学部，毕业后直接到内务省任职，1937 年任下关土木出张所所长。1938 年任建设总署第一任技监。以后陆续任兴亚院技术部长，华北交通理事、港湾总局长、塘沽新港港湾局长。1945 年 3 月逝于北京。

在《建设总署都市局二十七年度工作概要》中说明了都市局设置的目的：①

“都市为国家发展政治、军事、经济、文化、产业上最重要的之根据地”，“非常时期尤赖有政府直辖机关能发挥一切技能者以为之统制。各地市公署在理想中虽足认为统制机关，但建设事业头绪繁杂，性质不同，各有其自相连络之系统，且重要建设如悉由地方自身财力办理则负担过重，成有不及。故应由国家中央机关、地方机关及法人团体分工合作以办理之。本署为指导协助全国建设事业机关兼为实施机关对于各都市建设事业特设置都市局，下分技术、事务二科目掌其事”。

都市局的局长是中国人林是镇，参事是日本人山崎桂一。

林是镇 1917 年毕业于东京高等工业学校建筑科，回国后历任京都市政公所技术员、设计科主任、技师等职，办理都市建设工程；1928 年起，历任北平特别市政府工务局技正、第二、三科科长，办理工程设计事项，并兼任市政府中山公园中同纪念堂设计委员、市政府工料查验委员会委员等职；1931 年 9 月，兼任北平大学艺术学院建筑系讲师；1933 年 1 月，参加中国营造学社，开始研究中国古代建筑；1935 年 2 月，调任北平文物整理实施事务处技正，办理北平文物整理修缮工程；1936 年 5 月，该处改隶南京旧都文物整理委员会，更名为旧都文物整理实施事务处，仍任技正；1937–1945 年抗日战争期间北平沦陷之后，曾历任伪建设总署都市局局长、伪工务总署都市计划局局长，曾主持策划实施北平古建筑修缮保护项目以及北平故宫及中轴线古建筑测绘；抗战胜利后，被国民党军统系统稽查处检举扣押；1949 年中华人民共和国成立后，历任北京市都市计划委员会委员、北京市人民政府建设局顾问等职直至退休；1950 年任北京市建设局顾问；1951 年林是镇参加了第一次城墙、牌楼修缮工程技术研讨会。他对北京城市建设和保护做出过重要贡献。

山崎桂一（1902 年生）1938 年 6 月 1 日到任。② 担任北京市西郊新市街建设办事处副处长。③

这个时期有大批的日本技师来华。每年人数都有变化。以 1938 年伪建设总署创建之初都市局为例，都市局下设庶务科（中文档案记载为“事务科”）和技术科。庶务科科长由中国人担当。技术科科长由日本人盐原三郎担任。科长下有技正两名，中、日各一名。技正之下再设技士，中、日各两名。建设总署下面还有各个地方工程局，如北京工程局、天津工程局等。

---

① 建设总署都市局二十七年度工作概要 .1939：1.

② 5 华北政务委员会建设总署及工务总署 1// 外务省外交史料馆 . 建设总署职员录 . 1939/01.

③ 9 华北政务委员会建设总署及工务总署 5// 外务省外交史料馆 . 建设总署职员录 . 1939/08.

二、各个城市的规划大纲推进

（一）北京的都市规划

1937年占领北京后，日本特务机构就开始北京规划，后移交临时政府，城市规划工作也逐渐由临时政府伪建设总署承担。1941年3月，伪建设总署正式公布了《北京都市计划概要》[1]（中文建设总署，日文兴亚院）。该文共分为四编，分别是：北京市概要、都市计划纲要、都市建设事业、关系诸规，其中"北京市概要"即是介绍北京的沿革、区位、气候、人口等现状基础资料，"都市计划纲要"包括总方针、都市计划区域、新市区计划等，"都市建设事业"分为两个方面，分别是建设的总方针和要领实施，"关系诸规"则包含众多与建设相关的文件（例如建筑管制的相应规则、土地使用的规则、公共服务设施的规划设计等）。

城市建设发展的总方针：

计划大纲对北京城市性质的定义是："为政治军事中心地，更因城内文物建筑林立，郊外名胜古迹甚多，可使成为特殊之观光都市。"计划中紧接着提出了"现在"政府机关主体均设于城内，规划在老城的西郊一带开辟新区，作为政府的行政办公单元，相应地配套建设军事、住宅、交通、产业等功能。指出"在新旧两市街间须有紧密联络之交通设施，使成一气，以充分发挥其机能"。这是最早关于在明清北京老城西侧开辟新市区并兼顾行政职能的发展规划（图15-7-1）。

大纲还提出可以将北京建设成为具有一定商业性质的城市。在老城的东南郊外布置城市的工业功能单元，并对工业的性质加以限定；大规模或特殊类的工厂则应建在通县一带。关于人口规模，大纲指出现状城市人口为150万人，预测20年后可达到250万人。

城市建设发展的要领：

1. 都市计划范围

计划大纲首先划定了规划区的范围，大体是"以正阳门为中心，东西北三面约三十公里、南约二十公里，即东至通州迤东五公里，南至南苑土垒之南界，西南至良乡附近，西至永定河迤西六公里，西北至沙河镇，北至汤山东北，包括孙河镇"。由此可见，计划大纲拟定的规划范围是考虑较为长远发展的。

2. 街市规划区域及新街市规划

1）街市规划区域：街市规划区域为内城外城城墙四周至城外绿地带中间之土地，西郊规划中之新街市，东郊规划中之工业地，并通县及其南面新设之工业地。

① 原文全文参见：建设总署北京市建设工程局编印．北京都市计划大纲（中日双文对照版）．北京市档案馆馆藏档案，J017-001-02478. 同时该文全文还被摘录在：六 北平都市计划大纲旧案之（一）// 北平市工务局编．北平市都市计划设计资料集（第一集）．1947：60-66.

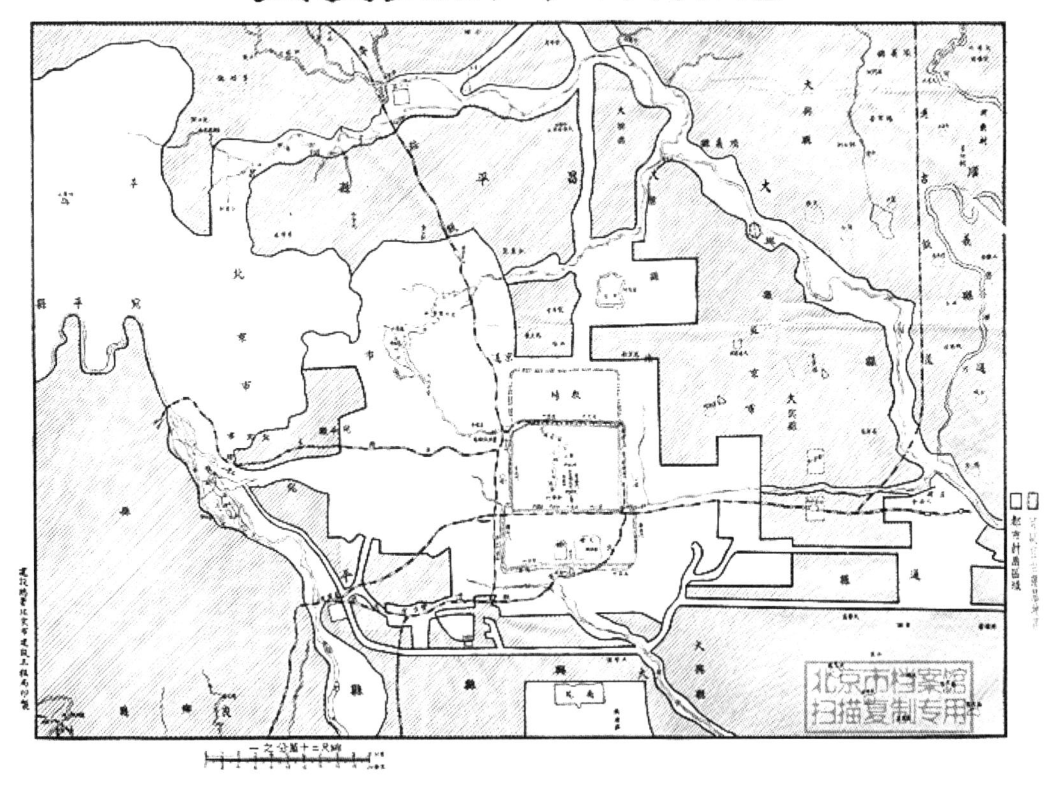

图 15-7-1 “北京都市规划要图”中都市计划区域范围示意
来源：北京市档案馆。图中留白区域为“都市计划区域”，本图为“建设总署北京市建设工程局”印制。

2）新街市规划：距城之四周距城墙一公里至三公里处设置绿化带，在绿化带与城墙之间规划住宅地，并一部分商业地。至其他发展拟使郊外成为卫生都市而规划之。

……

（子）西郊新市街：本新街市东距墙约四公里，西至八宝山，南至现在京汉线附近，北至西郊飞机场。

（丑）东郊新街市：在外城广渠门迤东由一点五公里至三公里之间设置工场地，并于东面添辟铁路新站。线路旁拟规划一般街市，东为工场地。

（寅）通县工场地：在通县街市之南规划之。

3. 分区制

分区制即是指按照不同的用地功能对城市进行分区。在规划范围内(包括老城与新城)，做好各类用地（居住、商业、工业、混合等）的布局与分区。

1）高级住宅区（原计划大纲中名为“高级纯粹住宅地”），主要包括：

①城内：主要是指各条城市干道之间围合的区域，并除去道路两旁的带状地带。例如：朝阳门大街、东四北大街、东直门大街之间；王府井大街、东四南北大街、崇文门大街之

间；交道口东街、鼓楼东大街以南地段等。②西郊新城：一、中央商街背后之一部分；二、接近东郊绿地带；三、与沿水路公园及西郊公园运动场接近部分。

2）一般居住区包括：

①城内：一、内城南、西、北三面与城墙接近的地区；二、外城迤南方、西北方、东北方各地区为主；三、城之周围发展地。②西郊新城：一、新站东西沿铁路地区；二、东部南北路线商业地之背后地。③东郊新城：以长安街延长线两侧为主。

3）商业区是指以商业为主，并能与居住功能混合的用地，包括：

①城内：分为商业“块体”和商业“线体”，商业“块体”包括：一、崇文门大街、西观音寺胡同、朝阳门大街之间；二、阜成门大街、丰盛胡同、羊市大街之间；三、正阳门大街、东珠市口、北羊市口、柳树井大街之间；四、正阳门大街、粉房琉璃街、先农坛、魏染胡同、西河沿东口之间。商业“线体”是指沿城内主要道路的线性商业区。②西郊新城：包括新站北方、南方、站前道路两侧的商业块体区域与沿主要道路各段的线性商业区。③东郊新城：包括通县新站与广渠门外旧站的附近。

4）混合区是指小工业仓库与居住商业混合的地区，包括：

①城内：外城东南部，并于城之周围沿铁路线酌情设置数处。②西郊新城：新站附近线路两侧及东北部铁路沿线。③东郊新城：设于铁路沿线。

5）工业区规划于东郊及通县。临近外城东侧的工业区为有一定限定要求的工业，即类似于当今的一二类工业用地；东部远郊的通县则规划布置危害性较大的有一定安全隐患的工业用地，即类似于当今的三类工业用地。

4. 地区制

大纲中规定的地区制是指划分出“绿地区、风景地区、美观地区，视土地状况及将来情况适宜配置之”。

1）“绿地区系规定都市保安卫生上区域，使农耕地、森林山地、原野、牧场河岸地等永不街市化而保存之。在城外拟指定城墙周围，环状路线两侧，西郊新街市周围，西山一带，颐和园附近及颐和园与城墙之间。此外拟沿城北汤山环周道路规划之。”

2）“风景地区为故宫名胜古迹等所在地及其他山明水秀之地，又将来因植树及其他设施可以促进幽美之地区亦属之。”

城内主要包括以故宫、三海、景山为中心的皇城，城墙的城门与各处早先的坛庙周围；城外则有颐和园一带、八大处一带等。

3）“美观地区为该地区内建筑物及其他设施应严加统制，用以增进美观之地区。在城内拟以正阳门至天安门间之两旁长安街、崇文门大街、王府井大街、东安门大街、西单北大街、宣武门大街、西安门大街及正阳门大街沿路指定为本地区。在新街市拟就主要街道广场等主要部分指定之。”

5. 交通设施

分为道路、铁路、运河、飞机场四个部分。

1）道路

①道路体系规划。城内将各城门之东西或南北方向街道规划为主干道，并“参酌现状而规划之”。城外则是自内、外城城墙上的部分城门[①]向外放射形成主干道，长安街贯通内城后，向外延伸的路线也为主干道；老城四周设三条环路，在离城墙最近的环路为宽大的林荫道，其两旁设置绿地。西郊新区以铁路新站往北的公园道路为中心，东西分别并置二、三条主干道，南北干道则是自西直、阜成、广安三门向西的三条延伸线。东郊新区以环路、长安街东延伸线、自广渠门向东延伸线为干道。除此之外，关于城市的对外交通道路，大纲还规划了自城外东南隅干道通向天津的高速车道路；西山、万寿山、玉泉山附近规划观光道路，与新旧市区相联系。②道路宽度的规定。城市所有主干道宽度均在35米以上；长安街西侧与东侧延长线分别为80米与60米；老城四周，两旁布置绿化带的林荫道环路宽度为140米；通往天津的高速路宽50米；其他一般城市道路拟定15米至25米。

2）铁路。大纲强调：“铁路务以利用现状为原则”。

①废弃京汉铁路外城外跑马场附近向西南曲折的路段，改于正西方向，并在西郊新区内设置为高架式新线，在市区中心设置有中央车站。②北宁铁路与京汉铁路沿前三门城墙部分改为高架式，并于前门互相衔接。③沿内城东面、北面城墙的铁路亦改为高架式。④自东便门站经外城东南及永定门站至丰台的全线铁路移于城外，于永定门东南设调车场，丰台站定为旅客列车编成站。⑤京津线旅客列车自东便门站经过通县工厂地，南折曲向廊坊等抵达天津。⑥再度规划津沽线铁路与京津铁路相衔接，由门头沟至丰台的铁路线路。⑦为货物出入便利，在永定门外、东便门外、广安门外、西直门外、门头沟线上的八里庄、西郊新中央车站等处规划货场。同时指出了前门车站与新中央车站均是客运站，货运列车不经过此两处车站，经调车场出入。

3）运河。大纲指出了京津间货物运输计划以运河为主体，以能拖带五百吨以上货船两艘为准。在通县、北京东南部、丰台东南部三处拟设置卸货场。

4）飞机场。除充分利用现有南苑、西苑机场外，另在北苑规划建设一座机场，在东郊一带预留未来建设机场的用地。

6. 上下水道

1）上水道。各新街市的给水以深井水为水源，于各新街市附近开辟深井。一切给水设施均埋设地下，充分考虑备战的需求。

2）下水道。拟采用合流制，最终排入通县运河。

7. 其他公共设施

1）公园运动场

①整理老城中原有的公园，将老城中保存的名胜古迹辟为传统式样的公园，“以保存

① 内城城墙上包括朝阳、东直、安定、德胜、西直、阜成各门，不包括崇文、正阳、宣武三门；外城城墙上包括广渠、左安、永定、右安、广安各门。

国家固有风范”。西郊新区的大公园包括：新区广场南侧至老城以西的绿化带区域、新区西侧神社、忠灵塔建筑[①]预留地带、八宝山等处；各街市还需配置小公园。②在西郊新区的北侧，老城城墙的西侧，规划一处运动场，在西郊新区的南侧规划建设多样综合的运动场，各街市还需配置小运动场。

2）广场。除了在道路交叉口处设置外，也考虑在道路的一侧结合公园设置。

3）墓地。大纲指出墓地的设置尊重个人习惯，但不能建设个人大墓地。于郊外各方面配置。

4）跑马场。在西直门外设置一处面积约 1 平方公里的跑马场。

5）中央卸货市场、屠宰场。考虑新旧城区之便利，将中央卸货市场规划于广安门外。在永定门、西直门、东便门的城门外各规划预留屠宰场。

8. 都市防护设施（略）[②]

9. 保留地

即是指未来城市发展的预留建设用地（略）。

1937 年特务机构制定的《北京都市计划大纲假案》（临时案）（1937 年 12 月 26 日）明确说明了建设西郊是为了军事目的，[③]新的规划虽然删除了相关说明，但是还是可以看出其继承了临时案的特点。此外，1941 年的方案提出了新的规划理念和北京规划结合，例如分区制、[④]地区制、卫星城、[⑤]邻里单位[⑥]等和国际接轨的理念。

地区制最早见于日本 1919 年《市街地建筑物法》。它的导入保证了北京城市绿地（绿地区）、名胜古迹（风致地区）和街道景观（美观地区）的保护。

北平市工务局编《北平市都市计划设计资料集（第一集）》中有“北平市东西郊新市区概况”，这是 1946 年的调查，从中可以看到西郊新街市的建设进展：[⑦]

1939 年伪建设总署成立了北京市西郊新街市建设办事处，自 1939 年 7 月至 1940 年 1 月办理西郊新街市初步事业。1940 年 2 月至 1941 年 12 月北京市建设工程局接管办理西郊建设事业。1942 年 1 月至 1945 年 8 月由北京市建设工程局西郊施工所负责西郊建设事业。

至 1946 年已经征收土地面积为 14.7 平方公里，有契约 2537 件，计 3986 户。已放领土地

① 神社、忠灵塔是当时日军拟在北平西郊新区以西建设的祭奠战死的日军的纪念性建筑，这些建筑在随后的建设工程中未予实施，日军在其他占领城市亦曾建设过此类建筑，如长春、沈阳就曾建有神社和忠灵塔，哈尔滨、锦州等曾建有忠灵塔。

② 在原文中，该条目仅有：“本设施拟分公共用及私人用统治规划之，俾防空及其他防卫阵得以完成。”

③ 北京特務機関. 北京都市計画大綱假案. 1937-12-26，C11111480900.

④ 分区制（zone，zoning）日文译为地域制，创始于德国，1869 年德国北部将住宅从有害的工厂区分离出来制定了营业法，1892 年德国针对柏林郊外住宅制定了建筑令，以后地域制影响了整个欧洲，1916 年在美国也实施了地域制。日本 1919 年导入地域制，制定了“都市规划法・市街地建筑物法”，日本虽然较早导入这些新的规划理论，但是迟迟没有顺利实施。中国是在 20 世纪 20 年代介绍进来的。较早的见于 1925 年《东方杂志》第 22 卷第 11 号张锐的“城市设计”，介绍了城市设计的概念、欧美的城市设计、实施方法、要点、分区、社会问题等，其中有“城市之分区”一节，介绍了分区问题。

⑤ 雷蒙德・昂温（Unwin）于 1922 年著述了《卫星城市的建设》（*The Building of Satellite Towns*）一书，正式提出了卫星城市的概念。是指：位于大城市附近，在生产、经济和文化生活等方面受中心城市的吸引而发展起来的城市或人工镇。卫星城往往是城市集聚区或城市群的外围组成部分。

⑥ 1929 年美国人克拉伦斯・佩里（Clarence Perry）创建了“邻里单位”（Neighbourhood Unit）理论。西郊新街市应用了该理论。

⑦ 四 北平市东西郊新市区概况 // 北平市工务局编 . 北平市都市计划设计资料集（第一集）. 1947：39-52.

面积为 6 平方公里，约 1400 余户，日本人和朝鲜人租户占 90%。道路状况西郊建成道路总长 90800 米，其中沥青混凝土路 8700 米，沥青碎石路 3600 米，碎石路 8700 米，卵石路 1900 米，土路 67900 米，占全区规划道路的 70%。建筑状况全区已经建成建筑 518 栋，建筑面积 67083 平方米，用地面积 862042.13 平方米。上下水道设施全区有净水厂 3 处，已经使用第一净水厂（30 马力的抽水机）及第二净水厂（7.5 马力抽水机），每日供水量 2300 立方米。此外还有土地租种、苗圃路树的统计。

1940 年正是日本皇纪 2600 年，这一年成为日本宣扬“八纮一宇”精神建立东亚新秩序最活跃的一年，建筑方面为了鼓励建筑师成为“造型文化建设的战士”成立了华北建筑协会，华北房产股份有限公司副社长池田让次任会长，林是镇任副会长。

10 月 24–27 日，华北建筑协会在中央公园水榭亭举办了第一次建筑展览会。为这次展览会还举办了设计竞赛。竞赛主题有二：一是住宅；一是都市规划。二者都从竞赛中反映了当时西郊新街市的设计倾向。

第一部分的主题是住宅，包括单人公寓设计、北京西郊住宅方案、极小限生长住宅提案。其中北京铁路局工务处建筑科的北京西郊住宅方案获第一部分银奖（图 15–7–2，图 15–7–3）。

这样的住宅供一对夫妇和一个或两个孩子并带一个佣人的家庭使用，占地 630 平方米，建筑面积 180 平方米。有接待兼书斋、卫生间、居室、食堂。与日本住宅类似，设置洋室与和室两种房间。砖构造、平屋顶。体现了现代建筑功能主义特征，立面为简洁的现代主义风格。这样的设计符合战时对住宅的要求，同时也反映了西郊新街市住宅有意识地为日本人服务的特点。

1940 年竞赛第二部分题目是“‘北京兴亚公园’规划案”，主要是针对西郊新街市核心部分的规划。获得金奖的是华北交通株式会社和北京铁路局工务处建筑科的土桥长俊等五人，除土桥外，其余四人毕业于早稻田大学、东京美术学校、京都帝国大学，之后来华。他们在西郊新街市设计了以中央广场为核心，周围有四组建筑群的建筑。

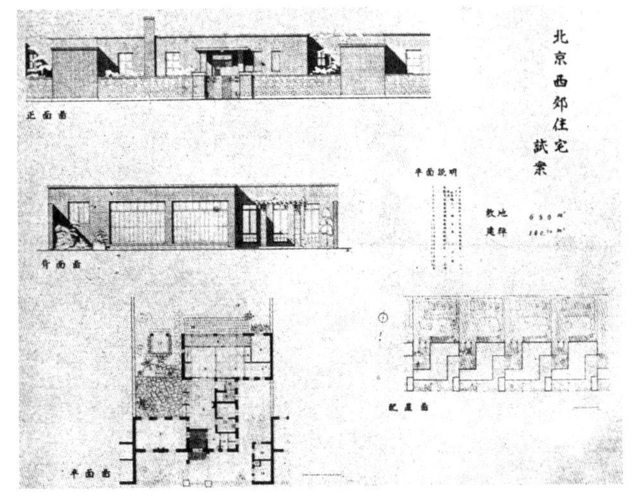

图 15–7–2　北京西郊住宅方案（左）
来源：华北建筑，1940，1（5）.
图 15–7–3　北京西郊住宅方案平、立面图（右）
来源：华北建筑，1940，1（5）.

图 15-7-4　兴亚公园规划竞赛金奖中央广场纪念碑
来源：华北建筑，1940，1（5）.

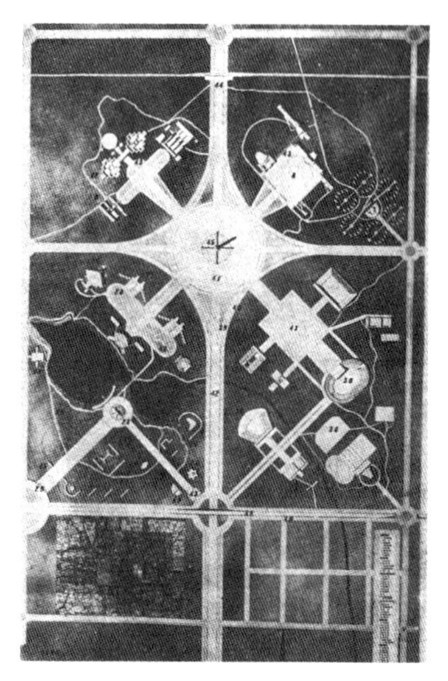

图 15-7-5　兴亚公园规划竞赛金奖方案总平面图
来源：华北建筑，1940，1（5）.

图 15-7-6　兴亚公园规划竞赛金奖方案政治设施
来源：华北建筑，1940，1（5）.

图 15-7-7　兴亚公园规划竞赛金奖方案教育设施
来源：华北建筑，1940，1（5）.

中央广场为直径 500 米的广场，中央为 150 米的兴亚纪念碑（图 15-7-4，图 15-7-5），可以通过楼梯或者电梯登上纪念碑。遥望金色的紫禁城和万寿山，春秋季节可以遥望西山。

在中央广场的东北侧为政治设施（图 15-7-6），包括民族会馆、大讲演会场、车库等成为未来东亚共荣圈的民族大会场。

在中央广场的西北侧是教育设施（图 15-7-7）。中央以博物馆为中心排列图书馆、综合文化研究所。规模比日本国内的设施大。

西南设置娱乐及儿童设施（图 15-7-8）。利用原有河川地形建设剧场、音乐馆、电影院、餐厅等成人服务设施，南半部为儿童活动设施。

东南方向为体育设施。

土桥在设计说明中写道："我作为在大陆工作的建筑师，使命之一就是矫正现代中国文化设施发育不全，并抚育其向上，为此不遗余力。正是这样的努力才是我们的职责，我认为这是

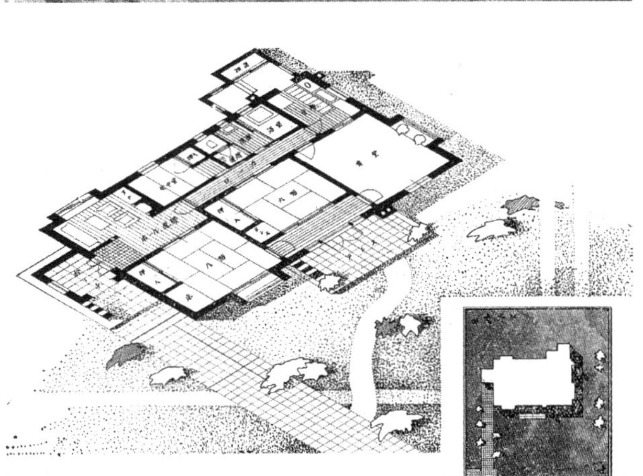

图 15-7-8　兴亚公园规划竞赛金奖方案娱乐和儿童设施（左上）
来源：华北建筑，1940，1（5）.
图 15-7-9　西郊 I 氏住宅（右上）
来源：华北建筑，1942，1（13）.
图 15-7-10　西郊 I 氏住宅平面图（左下）
来源：华北建筑，1942，1（13）.

八纮一宇的精神在大陆的生存之道。”[①] 他们的设计显示出两方面的影响，一个是大东亚建设思想的影响，另外一个是现代建筑的影响。在 20 世纪 40 年代日本的建筑教育主要倾向于现代主义风格，因此五个部分采用的均是现代主义风格。纪念塔的设计也完全没有日本国内宫崎县八纮之基柱的传统纪念碑特点。但这个方案并未实现。

1942 年建成的西郊 I 氏住宅也体现了功能主义的平面风格，该建筑由华北房产股份有限公司设计，钱高组施工，是为夫妇和两个孩子，并有佣人的家庭建造的独立住宅。有接待室、卫生间、两间和式居室、食堂等。有典型的日式柜橱（进入式）和装饰台（床间）。平面既有功能主义特征又有日本的住宅特点。立面有较大开窗，坡顶。这个住宅是西郊新街市住宅建筑的缩影（图 15-7-9，图 15-7-10）。

1943 年华北建筑协会推出了《华北战时标准型住宅》，该标准共有三种平面，即 40 平方米、50 平方米、66 平方米住宅平面。废除木屋架，用砖墙支撑木屋顶。隔墙用砖，装饰橱柜部分废除木构造改用砖拱构造，入口、居室、厨房地面都使用砖，居室地面铺榻榻米，而且由于材料不足，只允许铺两间。采暖使用砖壁炉。给水管子不足，因此和邻家兼用水管（图 15-7-11，图 15-7-12）。

① 华北建筑协会．华北建筑，1940，1（5）.

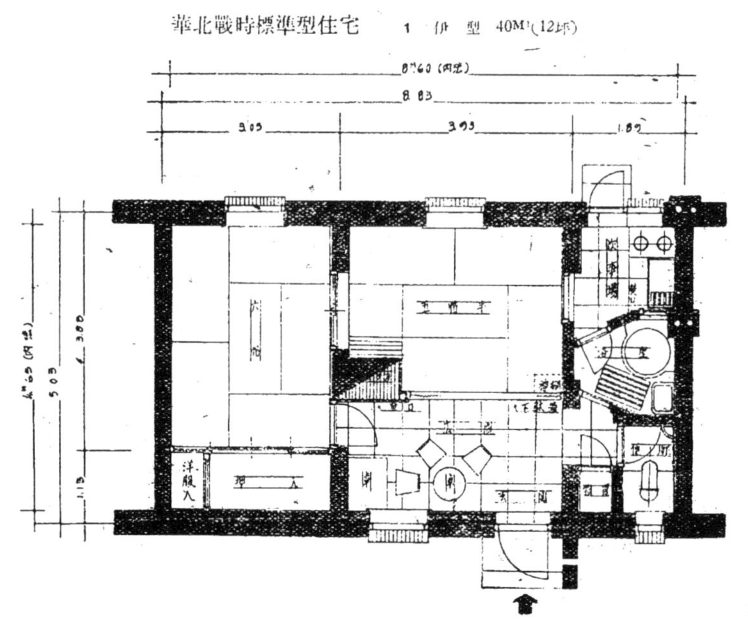

图 15-7-11　华北战时标准型住宅 1 型
来源：华北建筑，1943，1（20）.

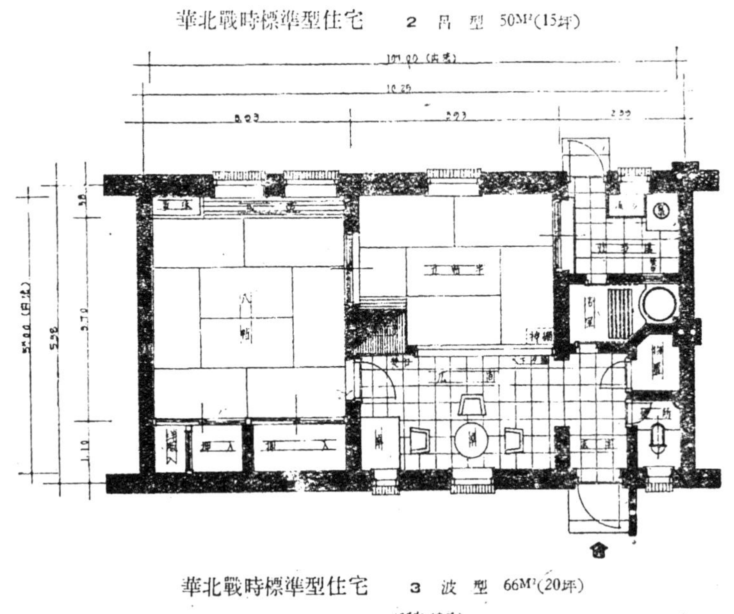

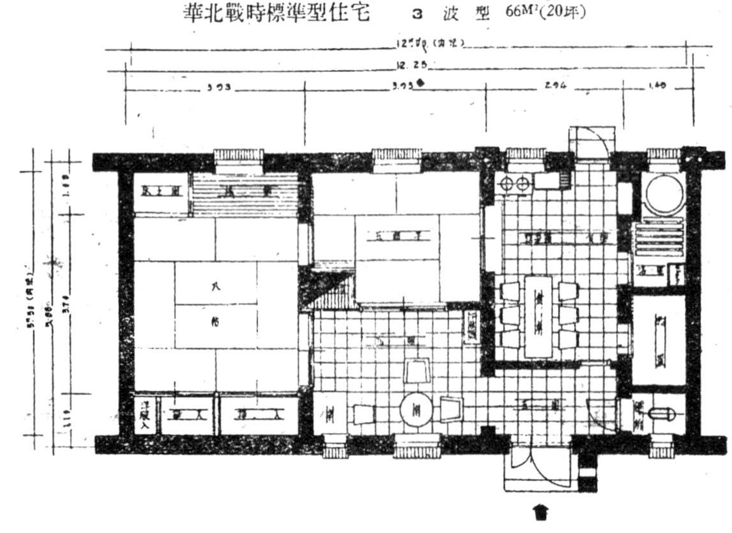

图 15-7-12　华北战时标准型住宅 2.3 型
来源：华北建筑，1943，1（20）.

图 15-7-13　北京西郊第一国民学校
来源：华北建筑，1942，1（14）.

图 15-7-15　北京音乐堂
来源：华北建筑，1943，1（20）.

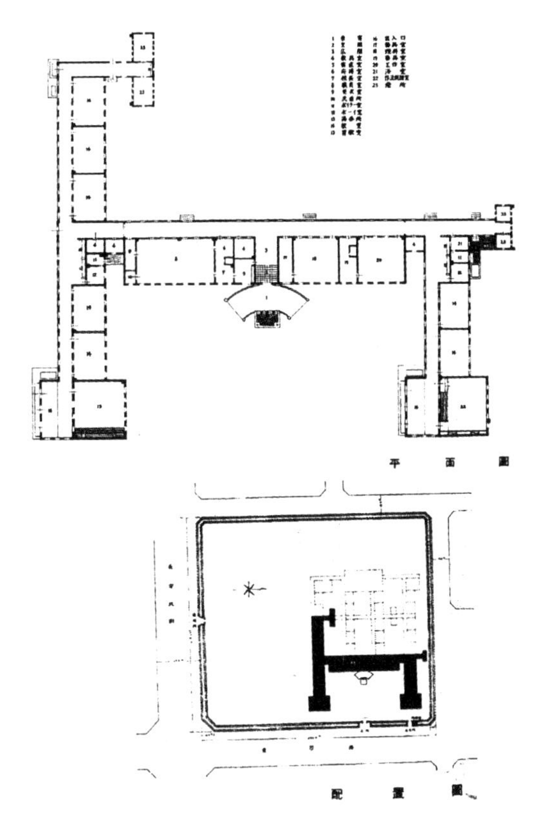

图 15-7-14　北京西郊第一国民学校平面图及总平面图
来源：华北建筑，1942，1（14）.

在西郊还建设了北京西郊第一国民学校。该建筑由华北房产股份有限公司设计监督，间组施工，1941 年竣工。学校分为两期建设，南面有走廊，一层。平面反映了功能主义特征（图 15-7-13，图 15-7-14）。

此外 1942 年在西郊建设了大棒球场。该球场在西郊站西侧 200 米，面积 25000 平方米。

1942 年在中央公园中建设了北京音乐堂（图 15-7-15）。由华北建设协会设计，大仓土木株式会社施工。

伪建设总署都市局的工作除了城市规划之外都市文物整理工程是另一个重要工作。为何进行文物整理事业？《建设总署都市局二十七年度工作概要》中写道：[①]

“中华为东亚古国，历朝所遗胜迹所在俱是，其建筑规模、技艺颇关文献。如何修缮保存恒为国人所重视，惟以整理范围广阔，进行步骤自应以北京为始，前旧都文物整理实施事务处于上年四月底结束其所遗第二期已办未竣之孔庙大成殿等十项工程，奉令由本署接收办理，自六月起先后复工，陆续完成，至本年二月全部报竣。”

这十项工程情况如表 15-7-7 所示。

① 建设总署都市局二十七年度工作概要 . 1939：5.

1938 年文物整理十项工程修复情况　单位：伪币元　表 15-7-7

工程名称	承包厂商	工款总额	前文整处已付数	本署支付数
天坛圜丘迤东神厨库修缮工程	中和木厂	15344.50	11679.60	3664.90
孔庙大成殿等修缮工程	天顺建筑厂	34620.00	3462.00	31158.00
国子监辟雍等修缮工程	永兴木厂	46076.64	25875.52	20201.00
国子监六堂四厅敬一亭等修缮工程	广茂木厂	45302.90	21352.63	23950.27
碧云寺罗汉堂修缮工程	天顺建筑厂	33325.00	16662.50	16662.50
碧云寺金刚宝座塔等修缮工程	中和木厂	27689.60	10835.84	16853.76
五塔寺修缮工程	协芮建筑厂	18881.69	14893.89	3987.80
天宁寺天王宝座塔等修缮工程	中和木厂	20545.54		20545.54
玉泉山玉峰塔等修缮工程	宝恒木厂	40563.80	24338.28	16225.52
中南海紫光阁修缮工程	永德建筑厂	5283.46	2248.10	3035.36
总计		287631.13	131348.37	156284.76

注：原表计算个别处合不上。另外，和表 15-7-5 比较，本表更详细。

这十个项目的修复文物整理处和建设总署基本有一样的投资。

另外比较 1935-1936 年的北京市文物整理委员会的修复的内容有：[①] 天坛圜丘坛、天坛皇穹宇、天坛祈年殿及殿基台面、祈年门、祈年配殿及园墙、祈年南砖门、皇乾殿等、坛门及西天门、天坛外墙、东南角楼、西直门箭楼、明长陵、正阳门五牌楼、东西长安牌楼、金鳌玉蝀牌楼、东四牌楼、西四牌楼、东西交民巷牌楼、西安门、地安门、先农坛西大墙。从中可见天坛工程是以前修复工程的延续，另外也增加了修复的项目。无论在文物整理委员会时期还是在伪建设总署时期，主要负责人都是林是镇。

修复的古迹成为观光的场所。这个是 1933 年北京市长袁良编订《北平游览区建设计划》发展旅游的延长。在东京工业大学留学生马锡卓论文中调查了北京的观光场所，列举了当时的风致地和古迹的名称，风致地包括：中央公园、中南海公园、北海公园、玉泉山、什刹海、香山、景山公园、颐和园、二闸公园。古迹包括：太庙、古物陈列所、故宫博物院、卧佛寺卧佛、天坛祈年殿、圜丘坛、琼岛白塔、白塔寺白塔、鼓楼、钟楼、大钟寺大钟、孔庙、雍和宫、柏林寺、宝塔寺宝塔、帝王庙、景山五亭、石舫、九龙壁、玉甕、石牌楼、观音庙、三塔寺、双塔、国子监、五塔寺、佛香阁、气象台。[②] 这说明观光也是重要的规划意图。

北京规划在 1946 年聘用日本人再次修改。[③] 可见 1941 年北京规划对后续规划的影响。

（二）天津和塘沽都市规划

1. 天津规划

天津是仅次于北京的华北大城市，已经有日租界，1937 年以后又需要建设日本人居住地，

① 北京市文物整理实施事务处第三次报告书（1935-1936）：6.
② 马锡卓 . 北京の都市計画に就いて . 东京工业大学毕业论文，1940：95.
③ 北平都市计划大纲旧案之二 // 北平市工务局编印 . 北平市都市计划设计资料集（第一集）. 1947：67.

而且作为保证日本战争运输水路交通的要冲，需要重点调查和规划。

和北京规划一样，天津规划也是佐藤俊久最早设计的。1937 年喜多诚一任天津特务机关长，推测从那个时候就开始委托佐藤进行规划。以后天津规划和北京规划几乎同时进行，1938 年 1 月 8 日佐藤乘飞机视察北京和天津整体情况，包括城市之间的部分。盐原三郎等到任以后继续调查和修改。

按照盐原提供的完成大纲的时间表，天津都市规划大纲正式完成在 1938 年 12 月，因此可以推测上述文件是个内部大纲，反映了军方天津都市规划的意图。1938 年正是日本和英国产生冲突，日本试图将英国势力排挤出天津的时期，9 月日本要求英租界当局引渡抗日分子，以此发生了“天津租界危机”。这个规划很明显有针对租界的倾向。

1940 年 2 月 15 日在天津租界日本公会堂，伪建设总署天津工程局副局长本庄秀一发表了 30 年后天津人口 300 万人，面积 250 平方公里的《天津都市规划大纲》，[①] 规划内容分为“方针”、“要领”。

“方针”要点：

“本市将来成为中国北部一大贸易港，作为经济上最重要的商业都市和工业地，并成为华北、蒙疆的大关口，期待建设完备的各种设施。”

“要领”要点：

1. 都市规划区域

都市规划的区域是指以天津特别市市域为中心包括至塘沽之间海河沿岸的地域。

2. 市区规划区域

母市的规划区域是以特三区为中心海河沿岸和各支流沿岸的地域，原来的市区地面积 100 平方公里，新的市区地 250 平方公里。

但是规划的新的市区地东部 300 平方公里作为保留地。

其他在塘沽以及海河沿岸适当地规划。

3. 分区制

以市区地的保安、卫生、居住的安全、商业的便利、增进工业的效率为目的在考虑现有街道未来的发展的方向设置专用住居、住居、商业、混合、工业分区。

专用住居分区是指高级而且纯粹的住宅区，是京山线东北部新市区区域。

住居分区指支那街（天津老城）南部及西部、特三区东部、特一区南方以及郊外工业商业混合各分区的关系适当协调配置。

商业分区主要设定特三区南部以及现有市区商业地以及各站附近集团商业地区，其他是沿着干道适当配置商业设施。

① 三十年後の大天津——人口三百万目標都計大綱成る . 日本工業新聞，1940–2–20；盐原，1971：46–49 中也提到。

混合分区建设小工厂和仓库，并混合商业住宅的地域，主要在海河上游沿岸各个运河的沿岸和铁路的沿线。

工业分区是大规模的工厂和有害危险的工厂建设地域，考虑物资的水陆运输方便以及市区的安全设置在海河的下游两岸，一部分沿着西北津浦线设置。

4. 地区制

以土地的利用和设施的限制为目的设定绿地区、美观地区、建筑禁止地区等。绿地区主要指定市区规划区域周围的耕地、原野牧场，永远保持非市区化。美观地区是为了增进城市的美观根据需要指定的市内中枢地区的一部分和广场周围等。

建筑禁止区指铁路、水路沿线。

5. 交通设施

1）道路和广场

主要放射道路连接塘沽天津到北京的道路以及沧州、定兴、保定、宝坻、宁河县的道路。环状道路是联系现有市区外侧的道路，用桥梁（开启桥）或者隧道连接海河两岸。干线的宽度以35米为基准，适当配置辅助干道，宽度为20~25米。

广场指在站前和各处设置交通广场。

2）铁路

京奉铁路从金钟河附近沿着海河向东南方延伸，在特三区附近和现有铁路线连接，迂回的部分和天津站一起废弃，车站向特三区架桥附近移动。在特三区南部也设置车站。本线通过市区的部分采用高架式，考虑津浦线的运输系统以及海河右岸的开发从新市区的主要车站分支新线通过河底隧道穿过海河联络津浦线的支线。另外在码头和工业地附设支线。

3）水路及码头

水路是指规划海河其他河川相互关系，设置闸门，整备水路网，运河不仅提供水运，而且是街区的排水路。特三区南部海河左岸主要设置码头，扩充整备原来的码头设施，各处设置货物装卸场。

4）特三区的东方开始市区的西南以及塘沽方面预定建设5平方公里以上的机场。

6. 其他公共设施

1）上水道

上水道利用现有的设备，同时为了将来的扩张调查地下水，进一步还要引进河水。

2）下水道和排水路

下水道现在在天津老城和租界分别设置，因为流水不畅以及设备不充分，因此规划可以总体控制的彻底的下水道工程，改善其不完善之处。排水路利用现在的设施，同时也利用新的排水路的一部分。

3）其他

适当设置公园运动场、墓地、火葬场、市场、屠场、赛马场等设施，完善设施。

7. 都市防护设施

本规划期待在军方的指导下完善公以及公共设施、个人设施。

在公布天津市都市规划大纲的同时也公布了第一期五年计划。包括地域面积规划、铁路、道路、水路、飞机场规划、街市地规划、地域的布置、土地的买卖、防洪规划等（图 15–7–16，图 15–7–17）。

这个规划和北京都市规划大纲一样是在军方的指挥下完成的。特务机关顾问佐藤起草方案，由陆军嘱托、伪建设总署技术科科长盐原三郎完善，着重规划日本占据军队居住用分区，有着浓厚的战时规划气氛；和北京都市规划有类似的框架。规划中考虑了分区制，同时也考虑了地区制，使得规划更具有学术特点。在以往的天津规划中主要是分割状态，但是在此规划中根据调查梳理了天津的总体交通，上下水，排水路等，是天津规划向现代化规划迈进；这个规划虽然只是“包括至塘沽之间海河沿岸的地域”，并没有包括塘沽，但是是向塘沽方向扩展的第一个总体规划。

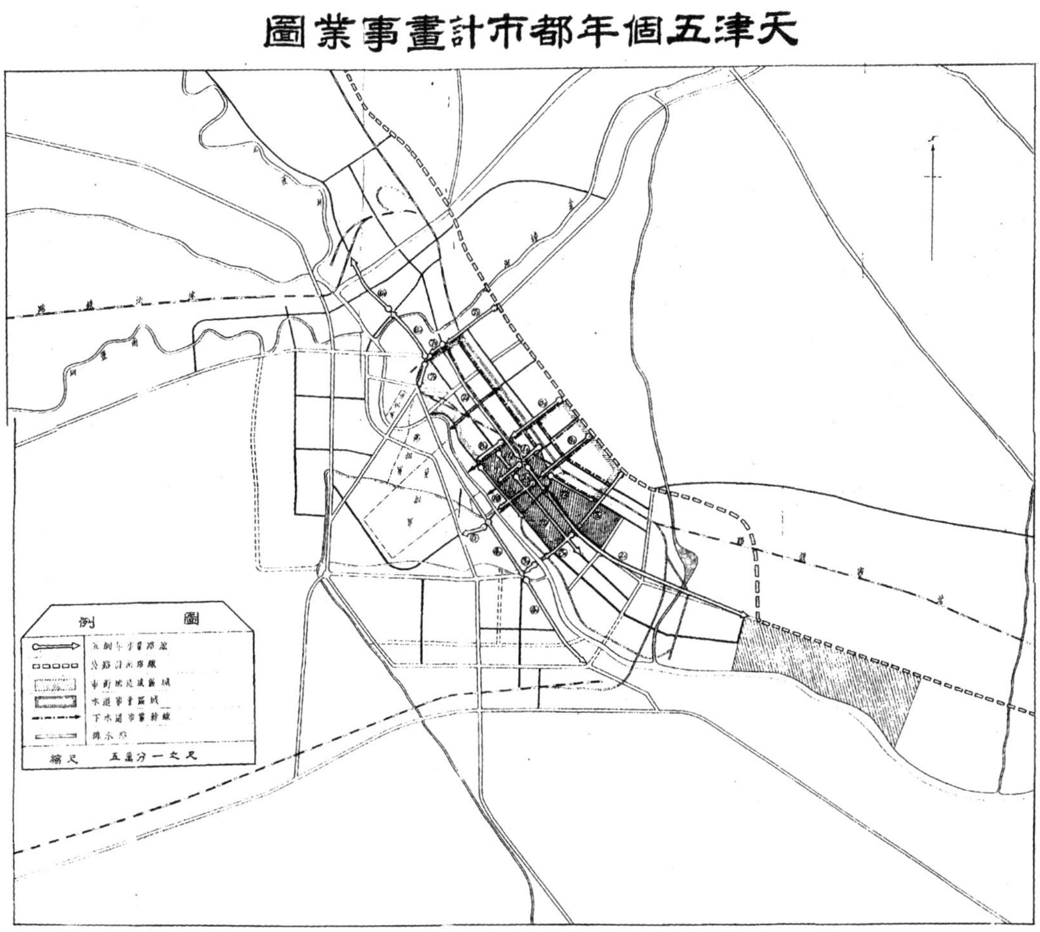

图 15–7–16　天津五年都市规划事业图

来源：華北都市 5 ヶ年事業計画送付の件（2）. 外务省档案馆所藏，1939 年 .C04121422100.

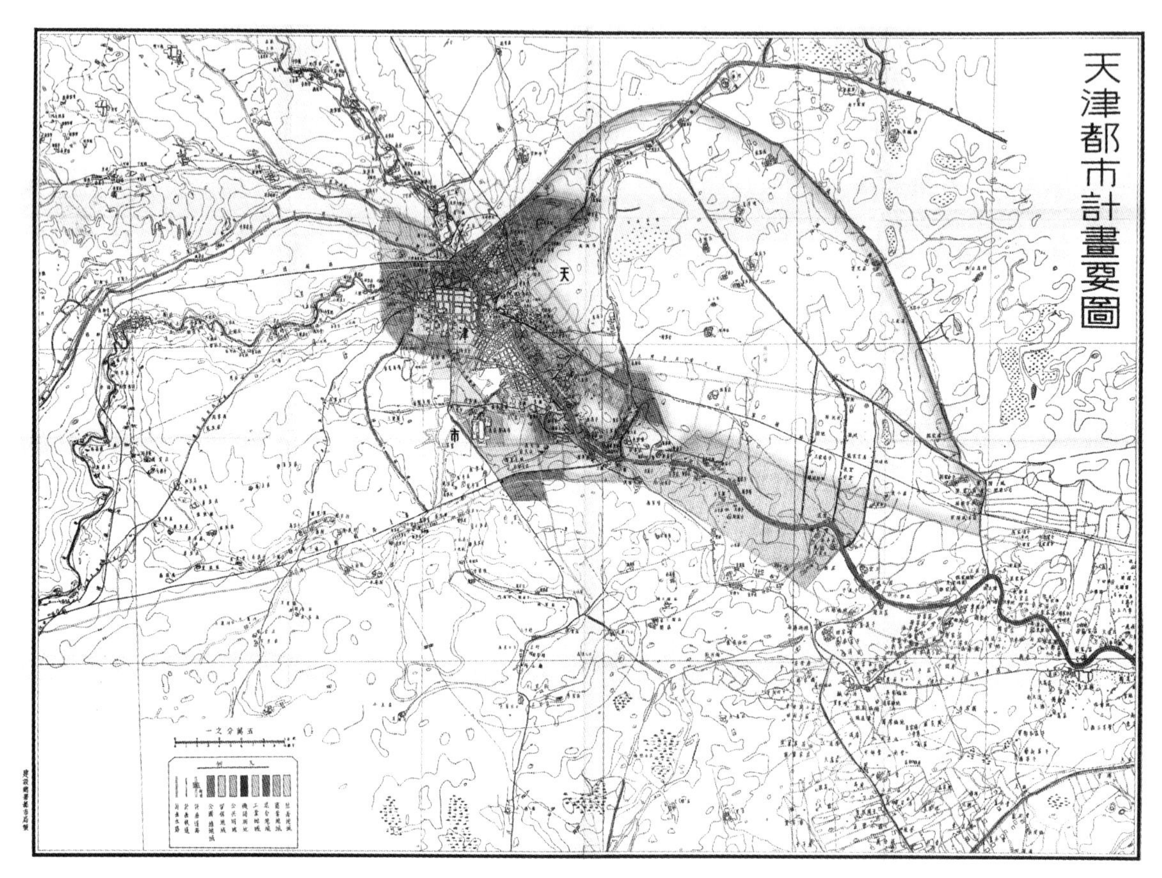

图 15-7-17　天津都市规划要图（1940 年）
来源：建设总署都市局制，近藤久义提供

天津市的都市规划中旧市区基本保持原状，新街市主要以第三区为中心规划住宅、商业和工业地域。新街市第一期事业第一次开发地区面积为 0.1 平方公里，特三区原有飞机场 1 平方公里改为商业，特四区 1.8 平方公里建设居住、商业街。在张贵庄规划 3 平方公里的工业用地。[①]

土地采用个人向政府租用土地的形式，租期为 30 年，30 年后可以续租。1940 年 2 月 16 日至 2 月 18 日开始在报纸上公布土地出租的消息。2 月 19 日至 2 月末开始申请租借土地。至 3 月 15 日审查出租土地情况。3 月 15 日通知个人。建筑从 6 月 10 日开始建设。[②]

租用土地的情况如表 15-7-8 所示。

天津市区租用地区面积　单位：平方公里　　表 15-7-8

种别	特三区	特三区	特四区第一次地区	特四区第一次地区
	面积	占总面积 %	面积	占总面积 %
租用地	629	约 56	592	约 59
公共用地	484	约 44	405	约 41
总面积	1113	约 100	997	100

来源：盐原 . 1971：104.

① 塩原三郎 . 都市計画——華北の点線（私家版）. 1971：103.
② 三十年後の大天津——人口三百万目標都計大綱成る . 日本工業新聞，1940-2-20.

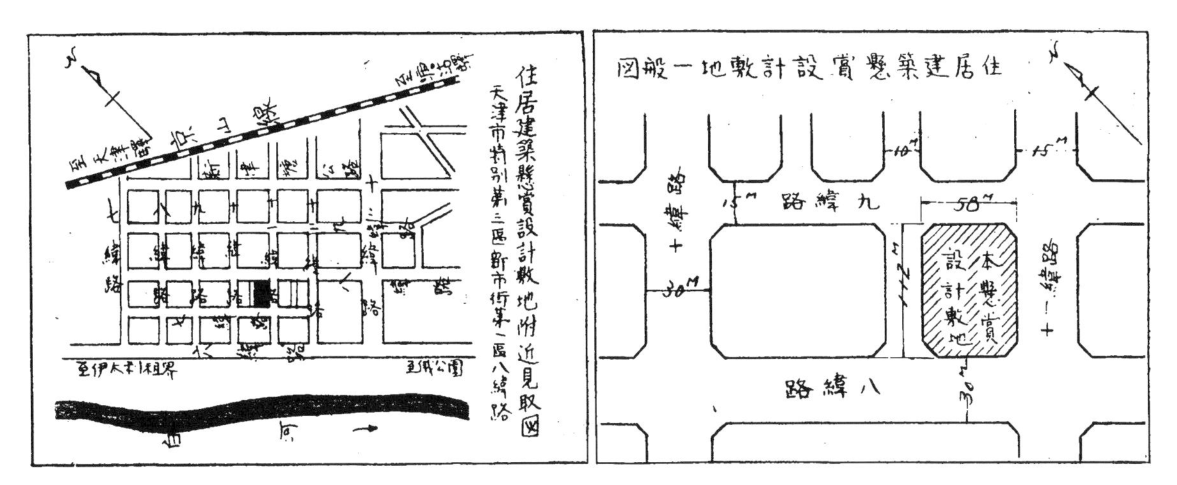

图 15-7-18　竞赛用地位于特三区八纬路、九纬路、十经路、十一经路之间
来源：华北建筑，1942，1（15）.

可以看出天津都市规划的重点是海河东北方向特别第三区（原俄租界）和特别第四区（原比利时租界）的区域。《华北建筑》第 1 卷第 15 号（1942 年 9 月）刊登了伪建设总署天津工程局主办的住宅设计竞赛。地点是天津市特别第三区新街市第一区八纬路（图 15-7-18）。审查委员长是三浦七郎，副委员长是林是镇。举办这次住宅竞赛的目的是针对华北战时住宅的各种问题，根据华北建筑统制委员会规定的每户 50 平方米的限制，而且在建筑材料十分紧缺的情况下如何进行文化、技术的处理征集方案。获得一等奖的是原野春吉、小早川正之、元木胜太郎合作的住宅。二等一席获得者是金田泰。二等二席是富松助六。

获得一等奖的方案以中央广场为中心，南北与干道贯穿，并设置通向各个建筑的道路。原则上取消西面采光，采用南北向采光，为了避免遮光南面配置一层建筑，北面配置二层建筑。配备有锅炉房，广场能够设置旗杆，滑梯、单杠、沙坑、花坛等，便于运动。设置六个储水池。为了节约平面采用同类平面并连接起来。居住房间采用和式（榻榻米）而没有采用洋式。入口有南北入口两种，一字形，为了简化生活尽可能配备橱柜（押入）。采暖使用炉子，设置烟囱。此外厨房、浴室都精心布置。外立面使用砖墙，背面减小开窗面积。室内高度 2.7 米（图 15-7-19~ 图 15-7-21）。①

二等一席的设计反映了共同住宅综合性、独立性、经济性。由于风土气候的原因全部采用南向。设置了庭院、旗杆。平面以一室户为主，采用了和室（榻榻米）房间，外墙为砖，结实并给人温暖感觉。屋顶用西班牙瓦（图 15-7-22，图 15-7-23）。②

二等二席获奖方案考虑了在 50 平方米的有限范围中尽可能扩大使用面积。使用通融性较大的和式隔墙（推拉门），既保持各个房间的独立性，同时也可以最大程度发挥各室的价值。立面忠实反映了平面的功能，为了节约也为了丰富立面，采用了抹灰、石棉板和砖墙结合的外

① 一等当选“设计规划大要”. 华北建筑，1942，1（15）：5.
② 二等一席“设计要旨”. 华北建筑，1942，1（15）：G15-7.

图 15-7-19　一等当选方案透视图
来源：华北建筑，1942，1（15）.

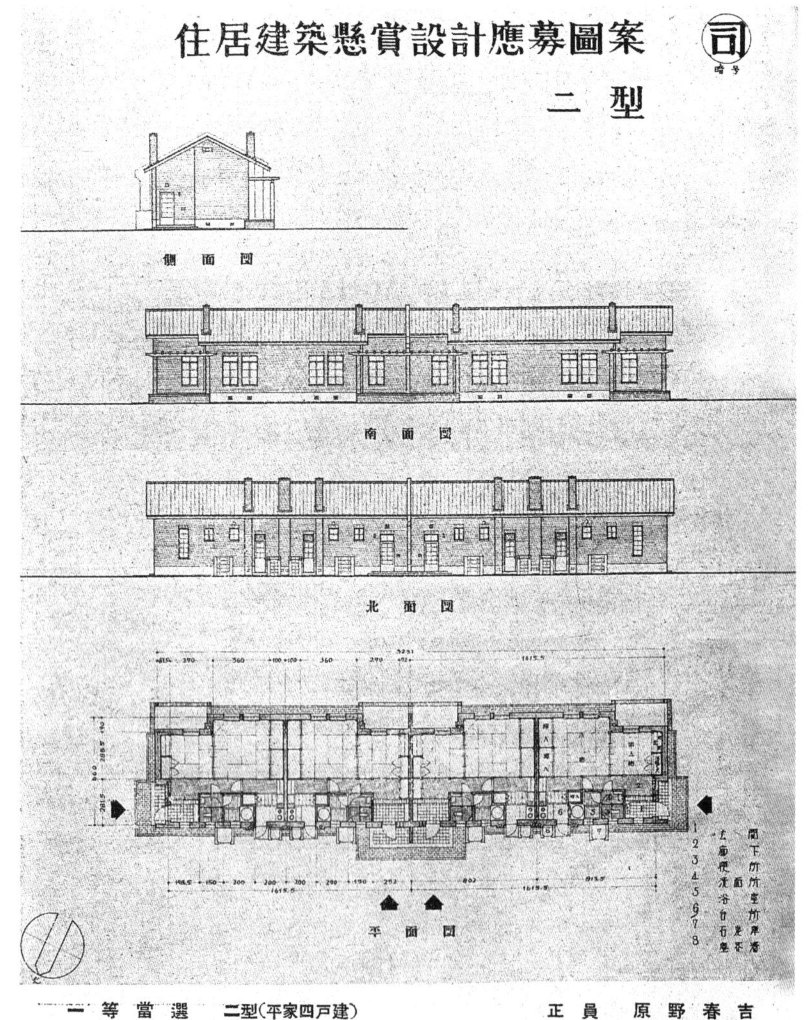

图 15-7-20　一等当选方案二型（四户联排）立面平面图
来源：华北建筑，1942，1（15）.

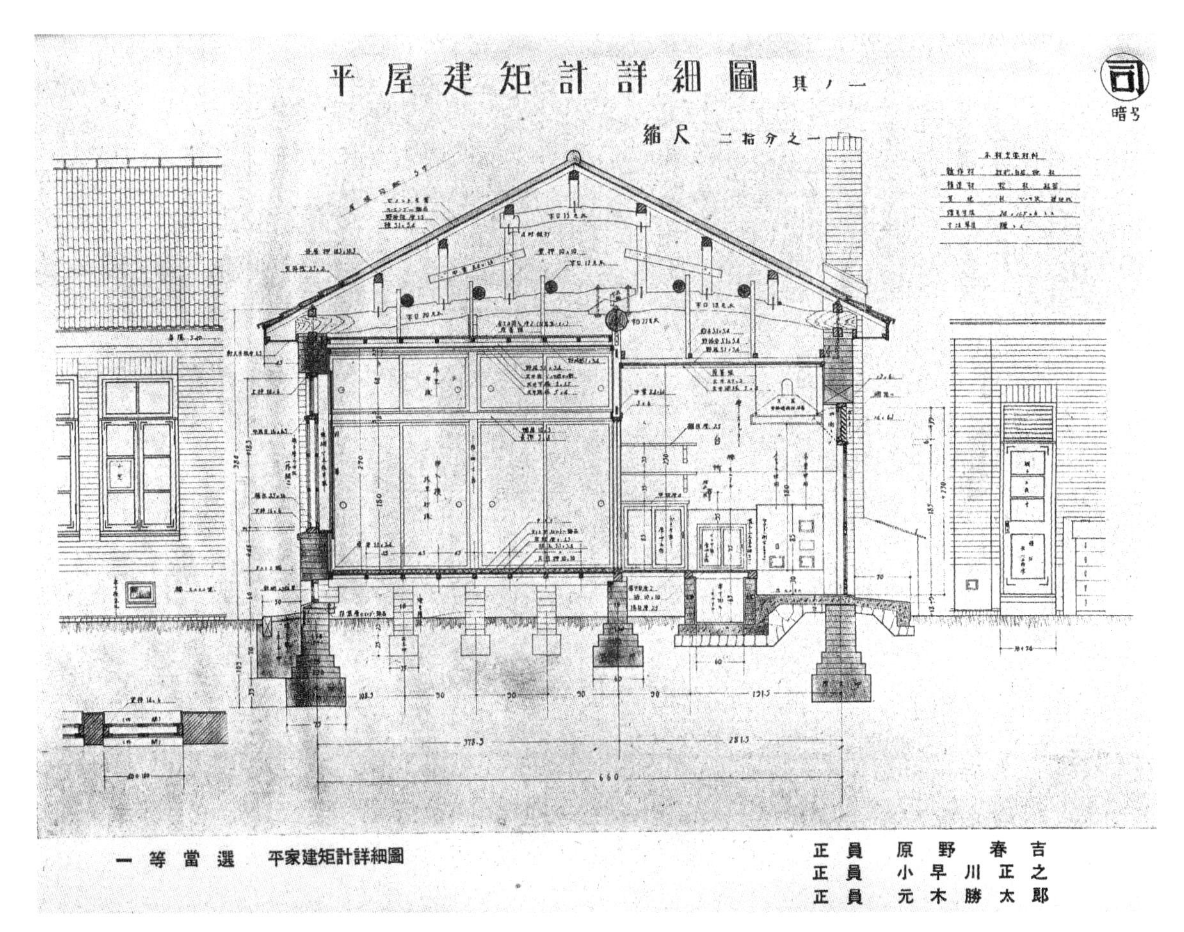

图 15-7-21 一等当选方案二型（四户联排）剖面图
来源：华北建筑，1942，1（15）.

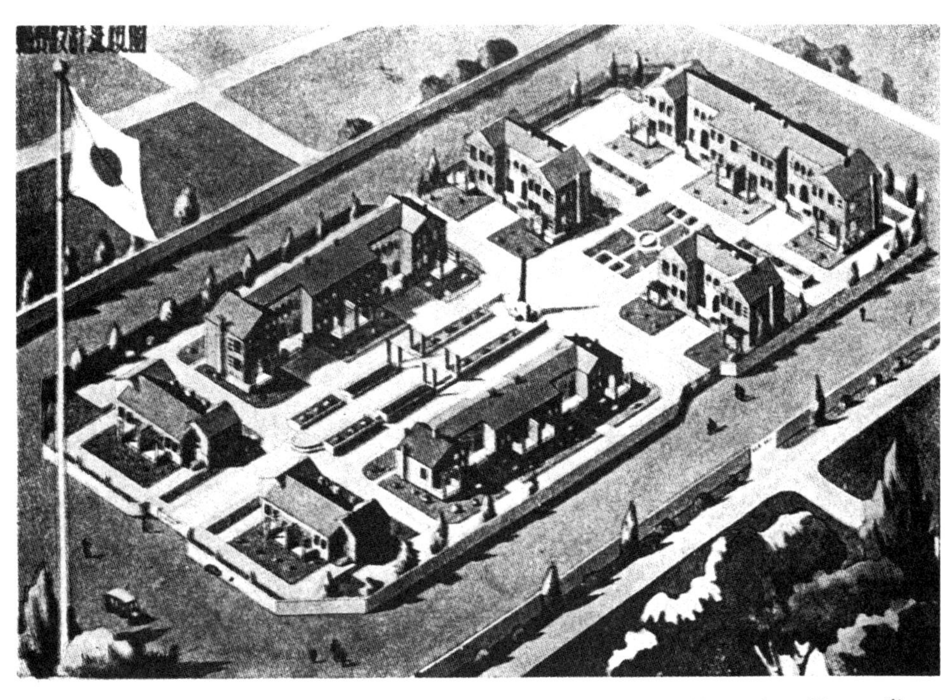

图 15-7-22 二等一席当选方案透视图
来源：华北建筑，1942，1（15）.

图 15-7-23 二等一席当选方案细部图
来源：华北建筑，1942，1（15）.

图 15-7-24 二等二席当选方案透视图
来源：华北建筑，1942，1（15）.

墙处理手法（图 15-7-24）。[①]

这几个方案的共同特点是在战时材料紧缺，面积限定在 50 平方米的条件下设计，都设置有中心广场，建筑都采用砖外墙，内部都采用和式平面，反映了那个时候特殊的历史环境和特殊的对象。天津规划强调总体规划和重点放在第三区，对于原有日租界没有更多的说明。

① 二等二席“设计要旨”. 华北建筑，1942，1（15）：G15-11.

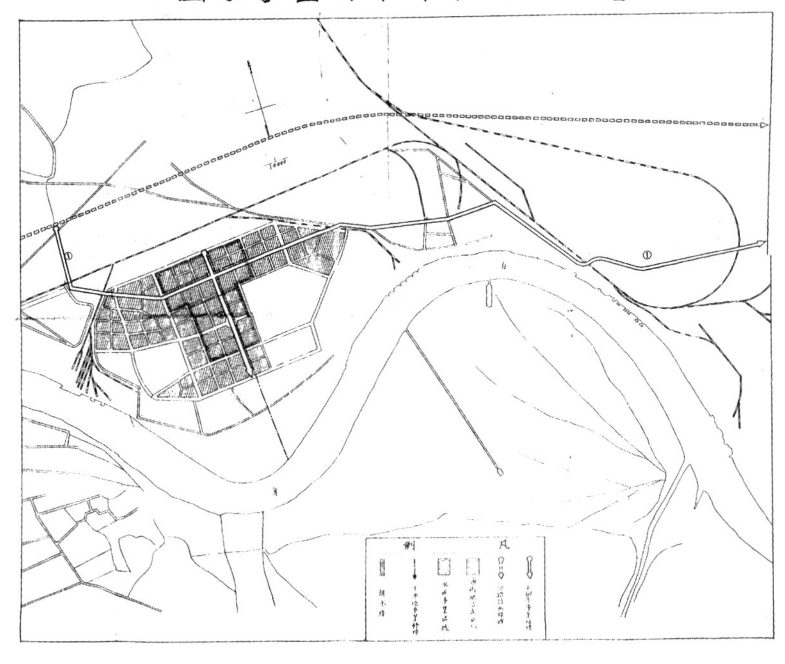

图 15-7-25 塘沽五年都市规划事业图
来源：華北都市 5 ヶ年事業計画送付の件（2）. 外务省档案馆所藏，1939. C04121422100.

2. 塘沽都市规划

伪建设总署以天津都市规划为中心，为了适应塘沽港建设，推进了塘沽规划大纲的制定。主要是干线道路建设和新市区的建设。这个塘沽都市规划大纲和其他城市不同，是在完全没有原有市区的基础上规划的。在进行总体规划之前已经进行了五年计划。这个五年规划还比较粗糙，只绘制了通往山海关铁路的西侧（图 15-7-25）。

塘沽规划和新港的建设有直接关系。1937 年日本在侵占华北地区以后，对在华北中心港口选址的问题进行了深入的研究与讨论。初始之时，港址曾考虑过秦皇岛、青岛、连云港、威海、烟台以及龙口等地。但经过讨论认为，秦皇岛位置偏北，不利于大同煤的运输，且有英国势力控制，易产生矛盾；青岛和连云港则过于偏南；而威海、烟台、龙口等地交通不便，与后方联系不畅，且距离华北政治经济中心较远，也不适宜建设大港。此外就只有塘沽、天津和大清河口三地可供选择。

1938 年 3 月，日本内务省派遣工程师柳泽米吉对大清河进行实地勘察。勘察发现，与塘沽相比，大清河口 –10 米等深线较近，泥沙量也小，但漂沙严重，不宜填垫成陆建港，而且，大清河附近一片荒芜，需要新建交通及其他附属设施，费用高，耗时长。至于天津虽然是华北经济中心，基础设施完善，更靠近北京，但处于内陆，航运受海河水深制约，且海河泥沙量大，经常淤塞，实不利于建设大港。而塘沽附近海岸地势平缓，–0 米等深线距海岸约 20 公里，容易造成地基沉陷，不易建设大型建筑物。[①] 最终，日本满铁株式会社、日本港湾协会以及内务

① 华彬李 . 天津港史 . 北京：人民交通出版社，1996：223.

省共同研究后力主选址塘沽，并经“兴亚院”得到最终确定。

1939年6月，日本在北平设置中国北部新港临时建设事务局，隶属于兴中公司，由高西敬义博士任第一任局长，进行工程筹备工作。1940年7月该机构移设塘沽，同年10月举行开工典礼，塘沽新港正式开工建设。1941年中国北部新港临时建设事务局改称为塘沽新港港湾局，隶属于华北交通株式会社。[①]

1939年5月日本“兴亚院”制定了《中国北部新港计划案》，对港口进行了规划。日本计划在1942年从华北运出物资2185万吨，至1946年时增加至5215万吨。[②]当时华北港口有7个，即秦皇岛、天津、青岛、连云港、龙口、烟台和威海，其中前四个为华北最主要之港口，后三个仅是山东部分地区的地方港口。而四个主要港口总的吞吐能力仅为1240万吨，远远不能满足日本的需求。于是，日本推出了庞大的新港建设规划。

新港以1942年末具有750万吨吞吐能力为目标，1946年实现2700万吨。“规划大要”为：[③]

1. 填埋海河出海口左岸前面海面约700万平方米（1000万平方米）[④]作为临港用地，其东侧作为主要停泊地，南侧疏浚成为联络海河的运河，水深分别为8米（9米）、5米。

2. 为了和外海联络开辟宽300米水深8米（9米）的航路。

3. 作为防波防沙设备建造导流堤及南北防波堤，防护航路和停泊地。

4. 作为靠岸设备设置突堤大小四座（八座）、栈桥一座（三座）、堆煤机一组（三组）、铁道、道路、上屋、仓库等岸上设备。

5. 本计划完成后可以停靠7000吨级24艘（10000吨级45艘）、3000吨级6艘（24艘）。

其“工期及工费”为：

全工期为昭和14年度（1939年）以后8年，分为第一期和第二期完成。

工费预定第一期为78200000日元；第二期为71800000日元，合计150000000日元。

1940年10月新港第一期工程开工，1942年10月27日华北交通会社主办了开港竣工仪式典礼，第一码头建成并投入使用。[⑤]因为新港的建设，所在地塘沽的街市规划就变得异常紧迫（图15-7-26）。

1939年8月《天津都市规划区域内塘沽市街规划大纲》完成。[⑥]其中包括绪言、方针和要领。图15-7-26反映了更新的规划内容，包括了京山铁路左右两个部分以及天津新港。

① 刑契梓．塘沽新港工程的过去与现在．交通部塘沽新港工程局，1947：3-4.
② 小岛精一．中国北部经济读本．Chikura Shobō，1937：236.
③ 外務省外交史料館藏．中國北部主要港湾新改築要綱．1939-6-19，C04014747800.
④ “（ ）”内数字为第一期和第二期共同完成的数字，下同。
⑤ 外務省外交史料館藏．塘沽新港開港式典の祝辞に関する件．C07092267300.
⑥ 1939年11月6日，日本的中国北部方面军参谋长栗原幸雄向陆军次官阿南惟几的报告。日本外務省外交史料館藏．塘沽都市計画ニ関スル件．C04121584300.

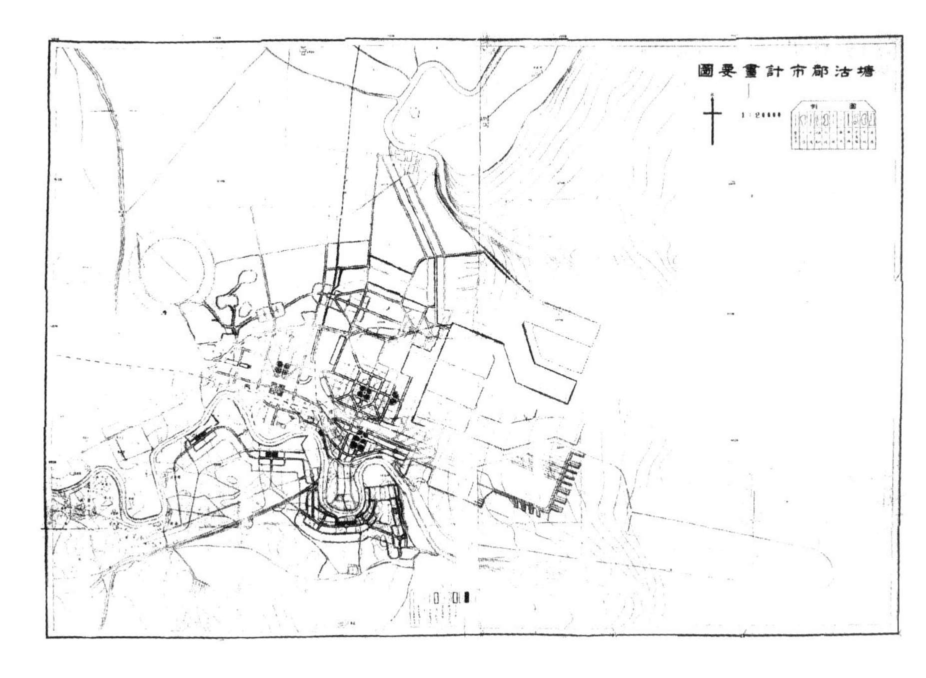

图 15-7-26 塘沽都市规划要图
来源：塘沽都市計画に関する件．日本外务省外交史料馆藏，C04121584300.

在绪言中阐述了塘沽都市规划的背景。1938 年 11 月 23 日，日本的中国北部方面军司令部决定的天津都市规划大纲中包括了塘沽新市区规划，但是当时由于正在研究塘沽新港规划，因此暂时没有深入进行。

随着新港规划的深入塘沽规划也亟待进行。

规划的方针是：

计划将塘沽建设为水路交通的中心地以及工业地带。

市区容纳人口塘沽及附近人口现状为 6 万人，规划人口为 30 万人。

本规划规定市区规划区域，预想现在市区的新的发展，指定市区建筑物的用途及土地利用形态，确定各种分区和地区，规划道路、铁路、水路、机场等交通设施，规划上水道、下水道、公园、运动场、市场、屠宰场等公共设施及都市防护设施。

尽可能利用现有的公共设施，制定改良规划，整顿各重要设施，以期城市的健全发展。

规划的要领：

（1）市区规划区域

市区规划区域主要是和新港相连接的海河北面区域以及包括海河南面沿海河两岸的区域，东西长 12 公里，南北约宽 6 公里，区域面积约 70 平方公里，市区规划面积为 40 平方公里，绿地规划面积为 30 平方公里。市区规划中心是距离新港最近的海河北岸，规划铁路的北侧，西部为市区，西北部和海河南岸大沽为副中心。

另外市区全部规划为现在高度的 4.5 米以上。

（2）分区和地区制

考虑市区内的住宅的安宁、商业的方便、工业的效率、市区的保安和卫生指定专用住宅、商业、混合、工业分区，并设置绿地、景观、建筑禁止地区。

1）专用住宅分区是高级的纯粹的住宅地，主要布置在西北部市区地内，其他市区内适当布置。

2）住宅分区是埠头地带，考虑和工业以及混合分区的关系并交通保安方便的地方。

3）商业分区在铁道车站附近及在副中心设置集中商业区，干线沿途和交叉点上也适当布置。

4）混合分区在铁路车站附近，铁路沿线适当布置。

5）工业分区以考虑市区的安全和卫生的基础上布置在海河的北岸呈带状。一部分在现在的塘沽站附近，另一部分在京山线东侧。

6）绿地区布置在市区周围和海河的沿岸，在保护绿地的同时增进风致。

7）景观地区布置在市区中心和副中心广场的周围。

8）建筑禁止地区是机场周围和铁路沿线部分。

（3）交通设施

1）道路和广场

为了联络新港和市区，沿着铁路的两侧布置两条干线。各个市区的联络和铁路呈交叉关系，作为东西干线在铁路的南侧建设和市区联络干线。在北侧建设国道。两条干线沿着通向天津的铁路呈放射线，和京山线平行的北行干线在东侧平行于通向北塘的铁路线。面向北方向的干线有两条，其中一条通向机场。和铁路交叉的部分都规划立交。针对干线适当布置辅助干线，联络站前主要设施。

另外海河的南侧沿海河建设东西干线，为了联络分散的市区适当布置辅助干线和交通广场。此外南北两侧用渡船补充运输，将来考虑建设河底隧道。

2）铁路

铁路以京山线和临港线为主干，京山线向海河北侧码头和工业地带引支线。但是京山线向新河站之西700米变更，现在的线路成为货运线路。

3）水路

水路以海河为干线，市区的西北部布置支线，并补充到将来的工业港规划中。在水路中适当布置码头、货物装卸场。

4）机场

机场设置在西北部，直径为2.5公里的圆形规划，周围为建筑禁止地区。

（4）其他公共设施

1）上水道

上水道的水源一步是凿井，工业用水利用金钟河、蓟河及海河。

2）下水道及排水路

整体规划排水设施，在市区新设下水道，在市区的周围设置排水路及水池。这些也是建设市区所需要的取土场。

3）其他

关于公园、运动场、墓地、火葬场、市场、屠宰场，大型公园运动场布置在市区周围的绿地中，中小型运动场有系统地布置在市区内。

墓地、火葬场布置在市区周围的绿地里。市场分为中央市场和零售市场，中央市场在混合分区中，零售市场在靠近各个市区中心适当布置。

关于屠宰场家畜市场设置在京山线沿线的混合分区中。

（5）都市防护设施

1）都市防护设施

本规划依据军方的指导期望建设完善的公共设施和个人设施。

在市区周围的绿地布置防空广场，同时市区内部的公园和运动场也根据军方的指导适当规划防护设施。

2）都市防洪设施

为了预防洪水和涨潮在既有的市区和规划市区设置设施。铁路线以及现在的市区西部沿着海河的道路以及环状道路都可利用为防洪堤。

（6）保留地

军用设施地和设施暂时未定，但是将来需要的土地作为保留地。

1）现在塘沽市区的西部新河站之西北部至海河沿岸一带及塘沽兵站码头一带。

2）靠近塘沽新港的西北部规划市区的东部土地。

3）与塘沽新港相接续的京山线东部一带的土地。

4）京山线变更预定带状土地。

5）海河南侧塘沽兵站码头对岸的土地。

6）铁路两侧一定宽度的土地。①

第4项京山本线实施以后新河站到现在的市区间铁路的保留地根据需要编入市区地域。

这些大纲由伪中华民国临时政府和伪华北政务委员会决定并公布。

天津市建设工程局还编制了《塘沽市街租用申告分配报告书》，② 该报告说明了塘沽申报土地租用土地件数99件，共计538589平方米。包括商业用地79件，住宅用地19件，领事馆和官舍用地1件。天津市建设工程局对其中88件共计162300平方米的土地进行了租用分配。主要集中在中心区附近（图15-7-27）。

塘沽规划和天津规划一样以日本人住宅区为主，主要是解决在天津工作的日本人的居住问题。同时也有商业建筑。塘沽规划是有史以来塘沽第一个有计划地展开的规划。

---

① 这一条在日本外务省外交史料馆藏《塘沽都市計画に関する件》中没有，但是在盐原三郎的《都市计划——华北的点线》中有，推测是补充。

② 外务省外交史料馆藏，天津总领事馆塘沽出张所主任给外务大臣松冈洋右「塘沽新都市計画書ニ関スル件」（1940年9月10日）中附有：天津市建设工程局编．塘沽市街租用申告割当調書（第二調書）.B04121015800.

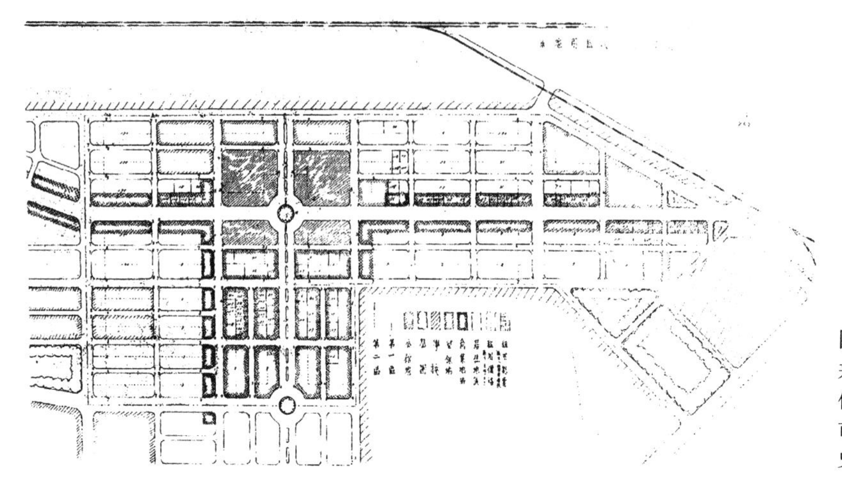

图 15-7-27　塘沽土地分配区域
来源：天津总领事馆塘沽出张所主任给外务大臣松冈洋右「塘沽新都市計画書ニ関スル件」. 外务省外交史料馆藏，1940.B04121015800.

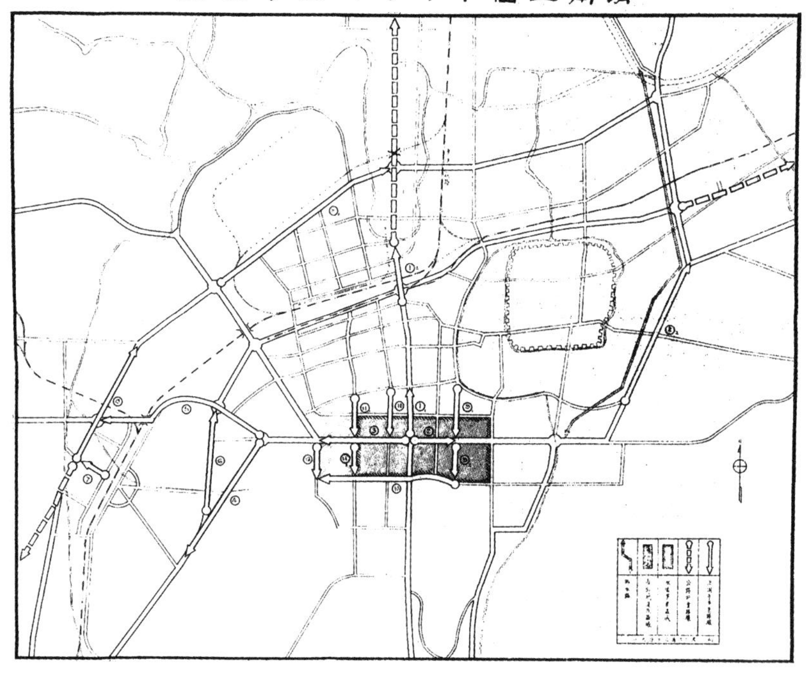

图 15-7-28　济南五年都市规划事业图
来源：華北都市 5 ヶ年事業計画送付の件（2）. 外务省档案馆所藏，1939. C04121422100.

（三）其他各个城市的规划

1. 济南都市规划大纲

济南都市规划大纲的制定是和北京规划和天津规划同时期进行的，也是华北都市规划中早期的规划。早在 1938 年 6 月之前已经由佐藤俊久和山崎桂一完成了调查和规划，伪建设总署都市局成立之后盐原三郎到任，继续完成细部调整。根据这个规划主要进行了城市南部靠近丘陵地带的外部干线建设以及新市区建设（图 15-7-28）。

济南都市规划大纲的内容分为绪言、方针、要领。

在绪言中介绍了济南都市规划的背景和意义。因为战争城市的公共设施被彻底破坏，而且黄河堤防有被破坏的危险，因此应该确定规划。另外为了确定华北的产业，济南的工业发展很重要，人口的增加也需要新市区建设。并且要考虑治水问题。基于这些问题确立方针。

济南是华北南部的中枢，规划方针是将济南规划为政治、军事上的重要城市，工商业的重镇，而且是华北南部学术文化的中心。

人口现在是40万，20年后达到70万人。

在本规划中确定都市规划的区域以及市区规划区域，预想现在市区以及新的发展的基础上规划确定建筑物的用途和形态的地域、绿地、风景、美观地区，防洪道路和铁路以及水路交通网、机场、公园、运动场、广场、基地和其他公共设施。

要领为：

（1）都市规划的区域

（2）市区规划的区域

（3）分区制

（4）地区制

①绿地区（略）

②风景地区（略）

③美观地区（略）

（5）交通设施

①道路

②铁路

③水路

④机场

（6）治水设施

（7）其他公共设施

①公园

②墓地

③上水道和下水道

④电车和小型公共汽车

⑤市场和屠场

⑥赛马场

（8）防空设施

济南都市规划大纲为华北规划中第一个出台的规划，是1938年7月出台的。具体内容基本是按照华北都市规划大纲的目录编制的，具体内容远远没有北京都市规划大纲详细，从侧面可以反映当时制定大纲时的仓促情况。

都市规划的区域限定了济南都市计划的范围，规划大纲中写道："都市规划的区域考虑本市及其近郊各种关系。外城的西门为中心，东17公里，南12公里，西17公里，北13公里的区域内面积800平方公里。"基本在现有城市的郊外。而新市区的重点在老城西侧。

除此之外分区制、地区制是基本原则，并没有很细致地规划，如分区制中："根据用途分为专用住宅、住宅、商业、混合以及工业5种类型。专用住宅分区是指纯粹和高级住宅区，住宅分区指普通住宅地，商业分区指以商业为主混合住宅的分区，混合分区指住宅、商业和小工业混合分区。工业分区指规模大而且有危险性的工厂地区。规定各个分区建筑物的用途、高度、占地面积，建筑面积的比例等必要事项，充分发挥城市的功能。"

交通中有铁路一项，济南位于津浦线和胶济线交叉地点，因此在站前特别规划了宽阔的广场和道路。

公共设施等并没有根据济南情况做出更为详细的规划。

和其他城市不同的是济南的治水设施十分重要，因为黄河堤坝有被破坏的危险，因此防水规划很重要。具体规划是黄河上游强化从药山到南方小岩石山堤防，沿着北部黄河修复二重堤防并且加高。工场地周围和小清河北侧加强堤防。这说明黄河泛滥在当地是主要矛盾，因此也是规划的当务之急。另外保留地在大纲中没有特别说明，但是在规划图中显示了在北部区域是保留地。

2. 石家庄规划大纲

在1938年10月完成的规划大纲还有石门（石家庄在事变之后改为石门）、徐州、太原（图15-7-29）。

石家庄规划大纲包括绪言、方针、要领。

在绪言中介绍了石家庄规划的重要性。石家庄位于正太线和京汉线交叉点上，正是由于处在交通要冲，所以30年来由一个小村子发展成为重要城市，而且在军事上也有重要地位。

规划的方针中说明石家庄作为军事要地，要将其规划为商业和工业的地方中心城市。规划当时的人口7万人，将来是50万人。

石家庄规划要领中具体有：都市规划区域、市区规划区域、分区制、地区制、交通设施、其他公共设施、都市防护设施、保留地。

都市规划区域以石家庄站为基准东10公里，西14公里，南10公里，北7公里的范围。

市区规划区域以京汉线车站为中心，东3公里，西4公里，北3公里，南2.5公里，面积约为38平方公里。其周围有水壕沟，内侧有环状道路，水壕沟的外面约300米的范围是建筑禁止地，是防护线。

分区制中基本和济南规划一样撰写了原则。这个部分结合图纸加以表现。地区制中除了绿化地区、美观地区之外取消了风景地区，补充了建筑禁止地区。建筑禁止地区是为了保护治安和公共设施，禁止建筑物和构造物建设，代之以绿化。建筑禁止地区一般的宽度为300米，特殊地点是500米，各铁路两侧是100米。

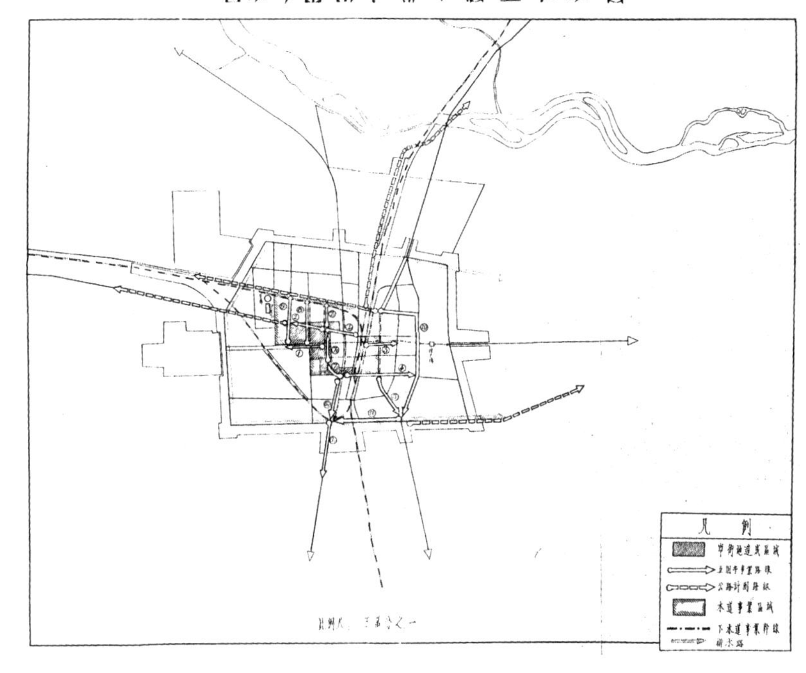

图 15-7-29　石家庄五年地市规划事业图

来源：華北都市５ヶ年事業計画送付の件（２）. 外务省档案馆所藏，1939. C04121422100.

交通设施包括铁路、道路和广场、水路、机场。

公共设施包括上水道、下水道和排水设施、公园运动场、墓地和火葬场、市场和屠宰场、赛马场。

都市防护设施指的是水壕沟外围 300 米的建筑禁止地区。和济南相比有更为具体的规划。

保留地也有明确的说明，正太铁路北侧、修改的正太线沿线区域和市区地的西侧。另外规划市区地之西侧也是保留地。

石家庄是新型城市，因此在规划中没有济南规划和北京规划中旧市区的关系问题，又因为是军事要冲，交通要道，因此在规划中比较重视防卫和防洪问题。

3. 太原都市规划大纲

太原都市规划大纲也是分为绪言、方针、要领。

在绪言中描述了太原规划的重要意义。太原市是山西省的政治、军事中心，有旧市区地，并且在正太线和同蒲线交叉点上。在城市的北部和南部新的市区发展很快，是新型的工业城市。为了快速恢复原状，确保工厂的经营和商业的繁荣进行规划（图 15-7-30）。

方针为“作为山西省的中枢城市发展太原成为政治城市和工业城市，使之成为当地政治、交通、文化、经济的中心”。人口当时是 16 万人，规划人口是 50 万人。

要领：

（1）都市规划区域是以太原城的中心为基准东 7 公里，西 13 公里，南 10 公里，北 10 公里。

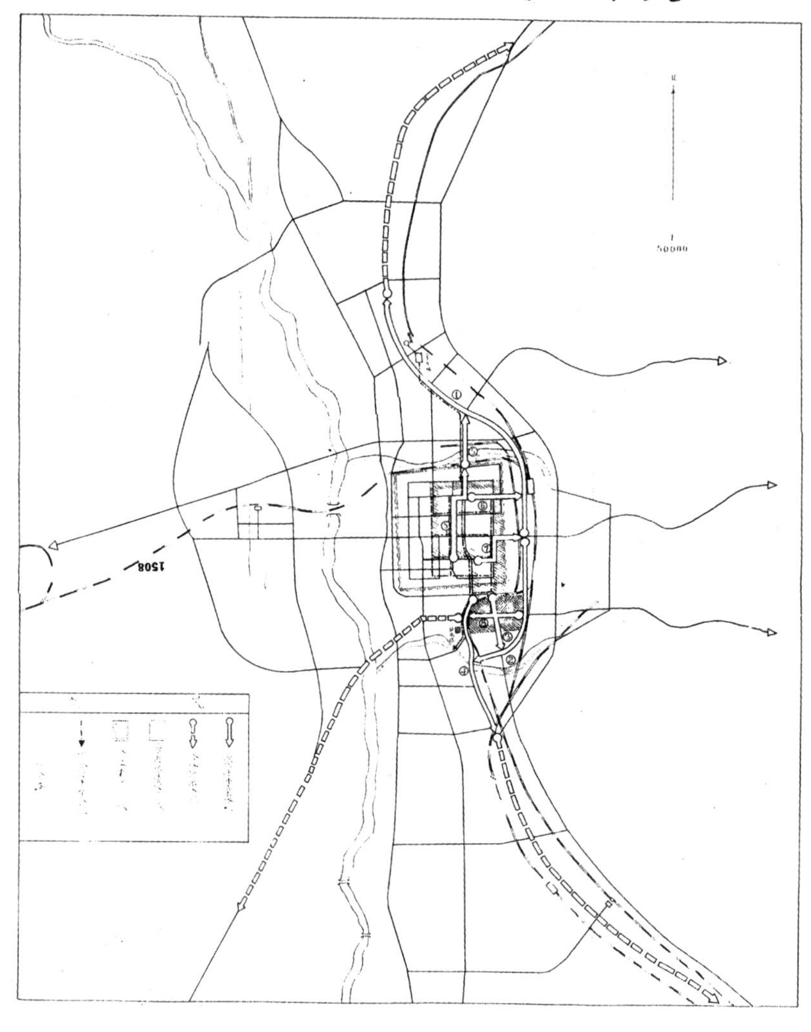

图 15-7-30　太原五年都市规划事业图

来源：華北都市 5 ヶ年事業計画送付の件（2）. 外务省档案馆所藏，1939.C04121422100.

（2）市区规划的区域以太原城为中心东部从东门 3 公里，南部从南门约 3.5 公里，西部是汾河的堤防线，北部从北门约 3 公里的区域。市区规划区域的面积约 40 平方公里。汾河的西部铁路沿线设定为工业区的一部分。

（3）分区制

关于分区制规定了专用住宅、住宅分区、商业分区、混合分区、工业分区，混合分区是正太铁路太原站附近、与之接续的东南部正太铁路沿线、同蒲铁路太原总站附近、与之接续的北部铁路沿线地域。工业分区设置在城市的北部、南部正太铁路沿线、西部接近城墙的部分。

（4）地区制

地区制分为绿地区、美观地区、风景地区、建筑禁止地区。细节并没有特别说明。建筑禁止地区是城墙外的壕沟沿线、郊外铁路沿线、主要排水路沿线、汾河堤防道路西侧以及市区地规划区域的外线。

（5）交通设施

道路

原来的主要道路宽度是11~15米，辅助道路更窄，并且弯曲较多，不利于高速交通。新的规划以城市中心和各个城门为基准设置东西和南北主要干线，并成系统布置辅助道路。放射和环状道路依次建设，并改良市区。东西南北面各有两个城门便于联络城内外。为了发展城外市区地位东南北三个方面再设置主干线，在西面设置干道，并在汾河上建设大桥，而西面现有的两个城门直接和新的省厅前道路连接。

另外原有的道路比较窄不利于产业交通和市区建设。从东南北三个方向的城门和西方的新的城门布置放射状道路，同时东南北设置干线联系各地，辅助道路和过境道路结合。

规划主要干线道路全部加宽，局部设置广场，保证城市的治安、美观。

各重要干线道路为30米宽，步行道另外设置，步行道设置绿带，车道分为高速和慢速车道。站前、城市中心、重要干线的交叉点、分支点等局部设置广场或者扩大宽度，或者根据沿线的情况缩小宽度。

干线的宽度为30米（暂称大路1等），以此为准设置宽度20米道路（暂称大路2等），15米（暂称大路3等），全部区别步行道和车道，住宅地道路也划分步行道和车道，车道10米（暂称中路2等），单纯的住宅区道路宽度可以小于5米。

铁路

综合联系正太铁路和同蒲铁路，使之将来改造成为标准轨道。车站扩大现有的正太铁路太原站，扩大同蒲铁路太原站的南边，在小东门正面设置车站，可以利用原来的铁路。另外为了东山资源的开发建设支线。

机场

现在北部为军用机场，南部规划民用机场。在同一用地中考虑主导风的方向设计为南北约2.5公里，东西约1.5公里，南北细长的形状。

（6）其他公共设施

上水道

城内外水质良好，从北部引水，同时凿井取水，提供饮用水和工业用水。

下水道和排水路

按照地势从东向西设置排水干道，水首先排入西侧靠近城墙的蓄水地，然后向南方排放进入汾河。

又城外从东山下来的流水汇聚到小河里，然后排入汾河。

公园、运动场

除了城内原有的公园之外在东部和北部围绕环状辅助干道设置4个公园，西部利用排水用蓄水地建设公园。城外东山设置大公园，并利用南部和北部的土地建设五个公园。

运动场在东山大公园和西部汾河河堤内部设置。小的运动场利用其他公园的一部分。

墓地、火葬场

墓地、火葬场设置在东山丘陵上。

市场和屠宰场

市场分为中央批发市场和零售市场，中央批发市场设置在同蒲铁路太原站附近，零售市场分布在城市内部，确保卫生安全和市场价格调节。

屠宰场在南北两个方向的混合地带各设一个，开设家畜市场并且统筹畜肉的贩卖。

赛马场

赛马场沿着西部汾河设置。

都市防护设置

本规划根据军方的指示区别设置公共设施和个人设施。在规划区域的外缘设置建筑禁止地区，干线排水路、筑堤道路、广场、公园、运动场的建设完全进行相关设置。

保留地

军用设施，现在未定设施，将来军用设施用地。

城内东北部、东南部以及南部的一部分地区。

城北飞机场附近，其东南同蒲铁路西侧和工业地带的东部。

城东同蒲铁路的南部铁路两侧。

城南太原干线道路的西方一带。

4. 徐州都市规划大纲

徐州都市规划大纲也是分为绪言、方针、要领。

徐州自古以来是政治、军事的中心，是津浦铁路和陇海铁路的要冲。人口约 18 万人。战争的灾害十分严重，国民党在撤退的时候放火扩大了灾害。因此对于日本的规划来说需要紧急制定保证治安的都市规划。

徐州规划的目的是考虑徐州作为未来政治、产业、经济的发展，规划以市区地为中心可以健全发展的并且复兴灾害区域的城市。

方针：

徐州是华北南部的中心城市，规划目标是使之成为政治、交通、文化、产业中心地。在七七事变之前人口是 18 万人，未来规划人口为 50 万人。

本规划将设定都市规划区域和市区规划区域，并预想现有市区地的新发展，指定市区的建筑物的用途和土地利用形态，确定各种分区和地区，规划交通设施、公共设施、都市防护设施，尽可能利用和改良现有设施，整备各种都市重要设施建设并恢复受灾区域。

要领：

（1）都市规划区域

以原有的都市为中心周围 10 公里的范围（图 15-7-31）。

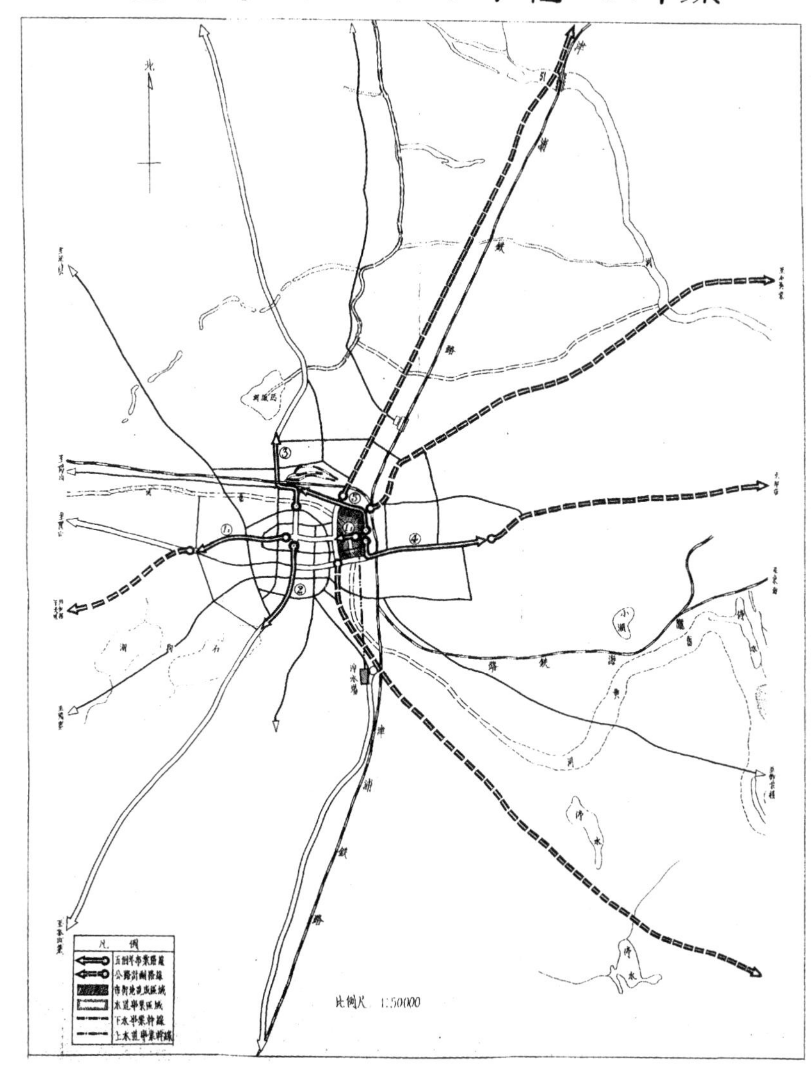

图 15-7-31 徐州五年都市规划事业图

来源：華北都市 5 ヶ年事業計画送付の件（2）. 外务省档案馆所藏, 1939.C04121422100.

（2）市区规划

现有的市区范围是现有城市为中心的半径 2 公里约 16 平方公里，事变前的人口为 18 万人，将来的规划以现在的市区为中心扩大 3~4 公里，50 平方公里，规划人口达到 50 万人。

（3）分区制及地区制

指定住宅（包括专用住宅和住宅）分区、商业分区、混合分区、工业分区。工业分区指市区的东北津浦线沿线便于铁路、水路等长距离运输的地域。徐州站到铜山站之间铁路站附近，陇海线西部沿线，旧城的西南部都是混合分区。

商业区域是旧城中心部，徐州站西侧，新市区的部分集中的商业地。除此之外干道沿线都是商业分区。

住宅分区是徐州站东部丘陵地带、南边云龙山北部、铜山站附近、北方和西方的一部分。

除了指定分区之外指定都市美观、建筑禁止、风致保存区。首先站前，城市中心、广场周围、史迹地等前面作为美观地区；丘陵的一部分、旧黄河沿线宽 50~100 米的范围，排水路的沿线等为风致地区；铁路沿线两侧 50~100 米，市区外围都市防护设施以外周围约 250 米为建筑禁止地区。另外为了控制市区的不断扩大，保证耕地在市区规划范围之外指定经营农业和林业的绿地区。

（4）交通设施

道路和广场

原有的道路狭窄而且弯曲，不利于高速交通。因此市区的主要干道都加宽或者设置广场。考虑到小型公共汽车的运输系统，制定了没有障碍而且保证保安、美观的系统。即在重要的干线上设置铁道车站、市中心、重要的公共设施，各个方向沿着重要地区方向设置放射形干线，配合环状线、辅助线，构成整齐的市区轮廓和道路。

重要的规划干线如下：

第一号：从徐州站经过市中心（大同街）向西至机场，是对应归德和开封的道路。

第二号：从徐州站经过市中心（统一街）再通过云龙山西麓到达颍州、信阳方面的干线。

第三号：从第一号线分歧在铜山站的东部和陇海线交叉，经过临城、曲阜到达济南的道路。

第四号：在铜山站和第三号线交会，又在徐州站北面和津浦线交叉，经过台儿庄到达临沂。

第五号：从第二号线分歧，到徐州站的南部和津浦线立体交叉，向东经过机场，与陇海线北侧并与之基本平行，到达海州和连云港。

第六号：从第一号线分歧，经过旧黄河的堤防与津浦线交叉，到达双沟、宿迁、清江浦。

第七号：从第六号线分歧，沿着津浦线的西方南下，经过宿县、蚌埠到达浦口。

第八号：从第二号线分歧，在铜山站的西部和陇海线交叉，经过北部的兵营、机场，从鱼台到西北方的道路。

以上各个线路的宽度是 35 米，根据需要设置广场或者缩小。其中从徐州站到市中心区间的道路宽度是 40 米，站前广场的进深是 125 米，宽度是 250 米。第三号、第六号的分歧点设置大广场。从交叉点到南方的第六号线一部分宽度是 80 米，市中心的时钟塔周围以塔为中心扩张道路宽度为 60 米。至城市中心第一号、第二号两路线的交叉点约 130 米，宽度 80 米。广场的东端南北 200 米区间宽度 40 米，符合都市要求。

铜山站前设置进深 100 米，宽度为 200 米的广场。在旧城北门的周围有史迹和道路，因此设置广场。在云龙山的北侧设置附属道路的广场，其他在干线道路的交会点、分歧点以及交通和都市防护上需要的地方设置广场。

以上主要干线步行道和车道分离，在步道上种植绿树带，车道以绿树带分为高速和慢速道路。设置干线道路宽度 35 米（暂称大路 1 等），辅助干道宽 25 米（暂称大路 2 等），宽 15 米（暂称中路 1 等）。所有道路步道和车道分离，步道设置植树带，一般住宅道路步道和车道分开，宽度是 10 米（暂称中路 2 等）。单纯的住宅道路为 5 米（暂称小路），不满 5 米的也勉强许可。

铁路

统一以往对立的津浦线和陇海线，津浦线的徐州站为旅客中心站，向西侧扩大，在考虑发车方便的同时，也考虑货运方便和分拣方便将铜山站作为货运站，设置铁道工厂和附属设置。相对这两个站在东北部工厂预定地设置津浦线新的中心车站。考虑从津浦线直接向陇海线搬运货物设置连接线路。徐州站的南方也考虑机车修理厂，沿线两侧尽量设计成为宽50~100米的建筑禁止地区，用绿地保护之。

水路

水路是货运不可缺少的，利用贯穿城市的黄河，在东北方现存的引河以及从引河引水的沟渠和小河相联系，设置水路网，这比较容易，因此利用在旧黄河的分歧点向东北方向有原来的沟渠，沟渠穿过陇海线沿着津浦线西侧连接小河流，将沟渠扩大为引河，连接西北方向的马厂湖和北方沟渠的水路。

引河从微山湖到东方和大运河相联系。

水路的规划宽度旧黄河宽度是50米，迎春桥的北方及铜山站南两个地方设置停船码头，新设的部分宽30米。另外东北新设的水路不仅在水运方面有很大作用，而且对旧黄河疏水方面也是不可欠缺的。

机场

规划当时已经有军用机场了，将来考虑在东南方向建设民用机场。

（5）其他公共设施

上水道和下水道

根据市区水井的水质水量将来准备凿井以提供旧市区和新市区供水需要。另外如果像水塔那样设施受到损害也可以保证供水。

关于排水在修理原有排水设施的同时，在干道建设的时候整顿旧城的排水系统。

公园、运动场

在旧城的东南角有面积为2万坪的公园，同时在铜山县师范学校的南方有水池和附近1.5万坪的面积作为原有市区的主要公园，沿着旧黄河河岸设置绿地带，作为公园。选择市区内空地配置小公园。郊外南方的土山和云龙山山麓北侧、金山，东方的子房山东南丘陵地带设置公园。另外大公园设置在从云龙山向南丘陵地带以及东部丘陵地带，其中设置运动场并尽量保持和市区的联系。扩大整顿西南方云龙山的西侧，并预定在北方马厂湖东方建设大运动场。

墓地、火葬场

墓地设置在地势高、干燥的郊外丘陵地带。在不损害风致的前提下设置火葬场。

市场和屠宰场

市场分为中央批发市场和零售市场。中央批发市场在徐州站北方沿线设置，零售市场在市区的北部、南部、西部共设置3个，为了提供安全的鱼、菜、水果，调节市场价格。

屠宰场位于市区东南和西南，开设家畜市场管理畜肉和贩卖。

赛马场

赛马场在市区西南郊外设置。

（6）都市防护设施

根据军方的指示区别公共设施和个人设施，希望能很好利用。

另外在城市的西南设置堤防和沟渠，在其外部设置建筑禁止地区以维持治安。

（7）保留地

已经设置的军事设施或者目前没有确定设施，将来为军方预留区域。

市区的东部津浦铁路东侧一带。

市区的南部云龙山东部向南方丘陵地带。

市区西北部陇海铁路的北侧到九里山西部。

概括而言，华北规划是在大东亚共荣圈的背景下展开的，从 1939 年 1 月开始日本的城市规划权威杂志《都市公论》开始登载有关大东亚和都市计划的关系的文章，在第 22 卷第 1 号上登载律师大须贺严的“东亚的新都市建设”，将大东亚战争和城市规划联系在一起。文章表明要建立“联系日满支三国的东亚新秩序”，“不是要灭掉中国，而是要兴隆中国。不是要征服中国，而是要协力中国”，“要发扬民族性能，从而创设东亚新文化，奠定世界和平的基础”。[①] 日本认为进行战时城市规划就是实现“日满支”一体的理念的途径之一。

日本的城市规划也带来了新的城市规划理念。伪建设总署的规划人员大都毕业于东京帝国大学，又具有日本和满洲的城市规划第一线的工作经验，是受特务机关的委托，由内务省挑选出来的规划人才。当时华北城市大都是第一次进行整体规划，而这里也成为新的尝试的基地。他们给华北规划带来了日本的规划思想，包括分区制、地区制、邻里单位、卫星城的思想，引进了国际现代建筑协会（CIAM）的城市规划中强调生活、工作、交通、娱乐的理念。另外十分重视保护城市文化，设置风景地区，日本在 1919 年《市街地建筑法》中已经推出了风致地区的概念，但是在华北规划中表现得尤为突出。另外保护生态，设置了绿地区。这些思想都是当时较为先进的城市规划理念。

各个城市规划都针对该城市的特点进行了规划。北京规划包含了卫星城、邻里单位、分区制、老城文物保护等理念；天津规划包含了防灾、住宅区、分区制、让开租界和老城的理念；塘沽规划包含了新港及住宅区建设；济南规划比较粗糙，但是保护了老城、铁路、利用了黄河水路；石家庄原本没有老城，在新的规划中设置了军事防卫，铁路交通枢纽，建筑禁止地区；太原规划包含了老城保护、军事防卫，铁道、汾河利用；徐州调查比较细致，规划比较细致，包括铁路水路，徐州有黄河穿越，因此利用了水路。

但是应该看到日本的华北规划是在战时背景下进行的，大东亚共荣的理念仅仅是日本自作

① 大須賀厳．東亜の新都市建設．都市公論，1939，22（1）：31-39.

主张的构想，无视了中国的民族立场，而且也和资源的开发和掠夺并行，更加受到中国的强烈抵抗。日本始终以武力和战争推行这个理念，因此在城市规划中不得不考虑更多的为战争服务的要素。可以看到所有的华北城市规划中主要是为了军事服务的规划。北京的西郊新区的开发是个典型，1937 年《北京都市规划大纲假案》(临时案）的方针并没有强调很多卫星城、邻里单位等新的理念，防卫为第一需要。其结果是北京规划满足了两个方面的需求，即一个是保护老城，一个是军事防御。中华人民共和国成立初期北京规划的布局试图延续保护城市的理念，但是那已经和日占时期的规划有着本质的不同。和东北规划和建设相比，由于时间较短，因此实施的程度也较低。

第十六章

抗战期间中国方面的建筑活动（1937–1945年）

第一节　陪都重庆与后方城市贵阳的战时都市建筑问题

一、陪都时期重庆建筑规则的制定与实施①

1937年抗日战争全面爆发，首都南京因靠近东南沿海，受到威胁。10月29日蒋介石发表《国府迁渝与抗战前途》讲话，次日，林森又发表《国民政府移驻重庆宣言》，重庆从此成为战时陪都。随着各级党政机构和各地难民不断涌入，重庆在抗战期间人口剧烈增长，各种社会问题随之产生：医疗卫生和治安条件差使得城市中多种流行病横行，造成大量人口死亡；犯罪率不断上升；污染日益严重，大量生产、生活污水被直接排入江中，整个城市污水横流，垃圾遍地，城市缺乏排水系统；煤烟粉尘到处飞扬，使空气质量骤然下降等等，使得市民居住环境越来越差，房屋拥挤。加之战时防空设施十分缺乏，日本飞机频繁对重庆市区进行轰炸，为了解决市民的防空问题，市政府在抗战开始后仓促修成大隧道，除此再无其他设施。②

（一）重庆颁布的地方建筑规则

重庆市政当局在抗战前较多关注解决城市人口居住条件的改善和市区的合理规划，至陪都时期则针对国民政府迁渝后的市政房屋建设以及非常时期日军无差别的轰炸，对重庆的城市建设和人员疏散做出了临时规定，尤其重视防火和防空。

1936年4月，经四川省建设厅同意，重庆颁布了《重庆市承办营造工程暂行规则》、《市工务局审定建筑图说明暂行规则》、《重庆市公路两旁修建门面暂行规则》、《重庆市营造业登记领照暂行章程》、《重庆沿河灾区建筑房屋条例》和《建筑工程费支付规程》等文件，在重庆建立了建筑审查和发照制度（表16–1–1）。

重庆地方重要建筑法规一览表（1927–1936年）　　表16–1–1

时间	名称	发布者	内容	性质
1927.1	重庆商埠新市场第一期招领地皮暂行条例			土地规则
1927.5	重庆商埠整齐街面暂行办法		街面整齐具体做法	建筑管理法
1927.9	重庆特别市暂行条例		市区域、市行政范围、市行政组织及职权	市政管理法

① 本小节作者刘宜靖、杨宇振。
② 隗瀛涛．近代重庆城市史．成都：四川大学出版社，1991.

续表

时间	名称	发布者	内容	性质
1927	重庆新旧市场之改建			建筑管理法
1935	重庆市政府整饬市容		取缔建筑、刷新市容的做法	建筑管理法
1936.4	重庆市公路两旁修建门面暂行规则			建筑管理法
1936.4	重庆沿河灾区建筑房屋条例			建筑管理法
1936.4	重庆市营造业登记领照暂行章程			从业单位许可
1936	重庆市承办营造工程暂行规则			从业单位许可
1936.5	重庆市工务局审定建筑图说暂行规则			工程报建制度

来源：据《重庆建筑志》，以及老旧期刊中《重庆商埠督办公署月刊》、《四川月报》、《江西省政府公报》、《重庆市政府公报》、《市政评论》、《川陕公路工务局周刊》、《重庆市建筑规则》整理

1937年抗日战争爆发后，重庆成为国民政府的陪都。党政军中央机关、工厂、企业、学校、文化科技团体、金融机构以及驻华外国大使馆、通讯社等相继迁来。1938年10月，国民政府针对“非常时期房屋不敷供应之地方”的情况，颁布《内地房屋救济办法》，目的是规范公私建筑营造。1939年2月重庆市政府发布《重庆市工业技师技副开业规则》，规定凡曾在国民政府经济部登记领有证书的技师和技副，如欲在重庆开业，必须再次注册登记、领取执照。与此同时，市工务局也颁布了《请领建筑执照规则》。

另外，日本从1938年12月起就发动了对重庆的战略轰炸，一直持续到抗战后期，使重庆人民的生命和财产遭受了惨重损失。因此都市防空一直是陪都城市设计和管理的重要课题。1939年重庆战时防空指挥部制定了《重庆公共防空壕洞管理办法草案》、《重庆市防空疏散区域房屋建筑暂行规则》、《重庆公共防空洞避难规则》，以及《避难管制人员注意事项》等文件。其中《重庆市防空疏散区域房屋建筑暂行规则》共16条，内容涵盖了防火、建筑高度、建筑密度，以及外墙颜色等，主要针对战时的防火和防空问题。

1939年12月1日，重庆重新拟定了《重庆市建设方案》，次年开始实施。市政府又在1940年陆续颁布了一系列建筑规则，主要有《工程管理规则》、《重庆市管理营造业规则》、《招标规则》、《重庆市技师、技副、测绘员取费规则》（图16–1–1，图16–1–2）。市工务局发布《工程发包章则》、《验收工程实施细则》等。1940年9月6日国民政府定重庆为永久性陪都，自此重庆的重大建筑规则等均由国民政府制定，市长等行政人员也由国民政府直接任命。同年国民政府成立了陪都建设计划委员会，归行政院管辖，10月出台《重庆陪都建设计划委员会组织章程》。在同一年还出台了《战时三年建设计划大纲》和《重庆市实施地方自治三年计划大纲》。

1941年5月16日由市工务局公布《重庆市建筑规则》。1946年市政府公布实施《重庆市营建规则》（表16–1–2）。

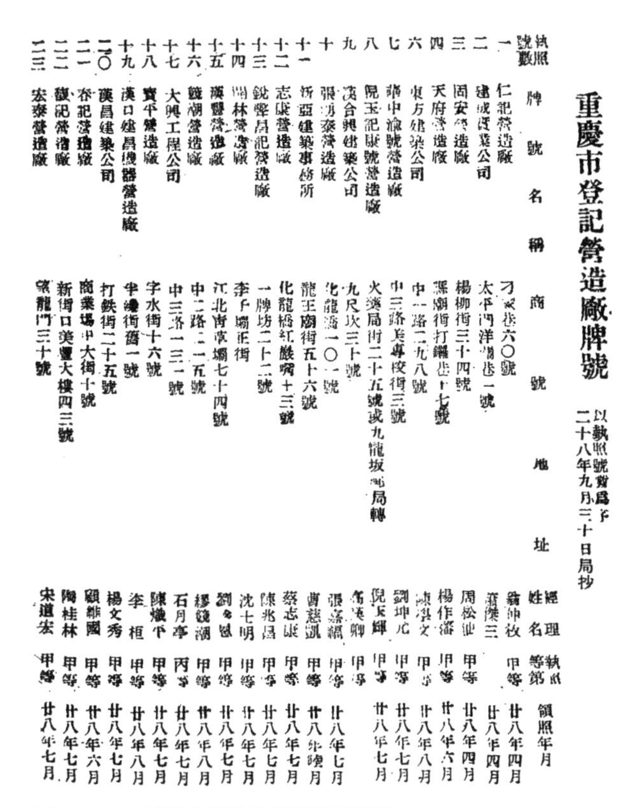

重慶市登記營造廠牌號

以執照號數爲序　二十八年九月三十日局抄

執照號數	牌號名稱	商號地址	經理姓名	執照等第	領照年月
一	仁記營造廠	刁家巷六〇號	翁仲孜	甲等	廿八年四月
二	建成[illegible]業公司	太平門洋灣巷一號	[illegible]傑三		廿八年四月
三	固安營造廠	楊柳街三十四號	周松仙	甲等	廿八年四月
四	天府營造廠	[illegible]街打鐵巷十七號	楊作[illegible]	甲等	廿八年六月
六	東方建築公司	中一路二九八號	陳[illegible]文	甲等	廿八年八月
七	[illegible]中渝號營造廠	中三路美專校街三號	劉坤元	甲等	廿八年七月
八	倪玉記號營造廠	火藥局街二十五號或九龍坡郵局轉	倪友輝	甲等	廿八年七月
九	漢合興建築公司	九尺坎三十號	[illegible]	甲等	
十	張鴻泰營造廠	化龍橋一〇一號	張[illegible]	甲等	廿八年七月
十一	新亞建築事務所	龍王廟街五十六號	曹慈凱	甲等	廿八年[illegible]月
十二	志成營造廠	化龍橋紅巖嘴十三號	蔡志康	甲等	廿八年七月
十三	[illegible]昌記營造廠	一牌坊二十二號	陳兆昌	甲等	廿八年七月
十四	[illegible]林營造廠	李子壩正街	沈七明	甲等	廿八年七月
十五	漢豐營造廠	江北青草壩七十四號	劉[illegible]	甲等	廿八年七月
十六	鐵湖營造廠	中二路二一五號	繆鏡湖	甲等	廿八年八月
十七	大興工程公司	中三路一三一號	石月亭	丙等	廿八年七月
十八	寶平營造廠	字水街十六號	陳熾平	甲等	廿八年七月
十九	漢口建昌機器營造廠	半邊街舊一號	李楨	甲等	廿八年八月
二〇	漢昌建築公司	打鐵街二十五號	楊文秀	甲等	廿八年七月
二一	恭記營造廠	商業場中大街十號	顧[illegible]國	甲等	廿八年六月
二二	馥記營造廠	新街口美豐大樓四三號	陶桂林	甲等	廿八年七月
二三	宏泰營造廠	[illegible]龍門三十號	宋道宏	甲等	廿八年七月

图 16–1–1　重庆市部分登记营造厂牌号
来源：重庆市部分登记营造厂牌号 . 重庆市政府公报，1939（1）：114.

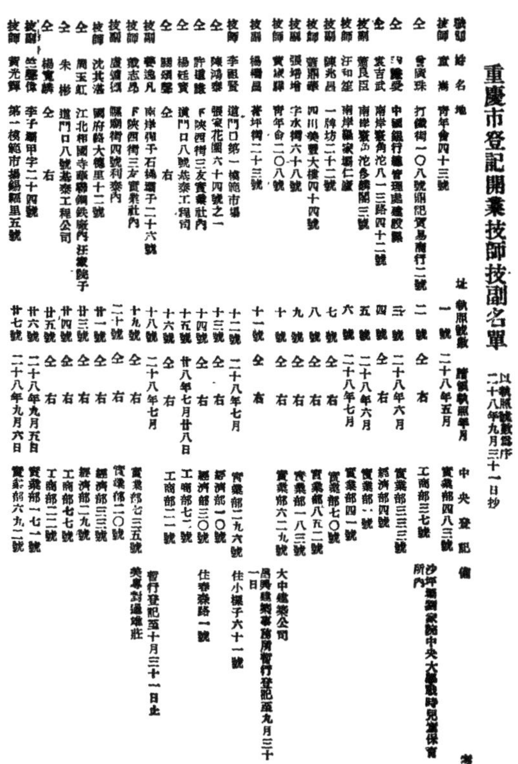

重慶市登記開業技師技副名單

以執照號數爲序　二十八年九月三十一日抄

職別	姓名	地址	執照號數	請領執照年月	中央登記	備考
技師	宣[illegible]	青年會四十三號	一號	二十八年五月	實業部四八三號	
仝	曾廣珠	打鐵街一〇八號[illegible]記貿易商行二號	二號	仝右	工商部三七號	沙坪壩[illegible]家院中央大學[illegible]時兒童保育所內
仝	吳[illegible]受	中國銀行[illegible]管理處建設課	三號	二十八年六月	實業部三三三號	
技副	裘吉武	南岸[illegible]角沱八一三路四十二號	四號	仝右	經濟部四號	
技師	蕭良臣	南岸[illegible]沱多[illegible]閣三號	五號	二十八年六月	實業部[illegible]號	
技師	汪和笙	南岸[illegible]家壩仁廬	六號	二十八年七月	實業部四一號	
技副	陳兆昌	一牌坊二十二號	七號	仝右	實業部七〇號	
技師	[illegible]	四川美豐大樓四十四號	八號	仝右	實業部八五二號	
技副	張培增	字水街六十八號	九號	仝右	實業部一八三號	
技師	黃[illegible]	青年會二〇八號	十號	仝右	實業部六二九號	大中建築公司
技副	楊[illegible]昌	蒼坪街二十三號	十一號	仝右		[illegible]興建築事務所暫行登記至九月三十一日
技師	李祖賢	道門口第一模範市場	十二號	二十八年七月	實業部二九六號	住小樑子六十一號
仝	陳鴻泰	張家花園六十四號之一	十三號	仝右	經濟部一〇號	
仝	許[illegible]	下陝西街三友實業社內	十四號	仝右	經濟部三〇號	住春森路一號
仝	楊廷寶	道門口八號基泰工程司	十五號	廿八年七月廿八日	工商部七二號	
仝	[illegible]頌堅	仝右	十六號	仝右	工商部二二一號	
技副	婁逸凡	南岸彈子石楊[illegible]子二十六號	十八號	二十八年七月		暫行登記至十月三十一日止
技師	[illegible]志昂	下陝西街三友實業社內	十九號	仝右	實業部七三五號	美專對過[illegible]莊
技副	盧[illegible]	[illegible]廟街四號利泰內	二十號	仝右	實業部二〇號	
技師	沈其濤	國府路大德里十二號	廿一號	仝右	經濟部三三號	
仝	周玉虹	江北相國寺[illegible]鋼鐵廠內汪家院子	廿三號	仝右	經濟部二九號	
仝	朱彬	道門口八號基泰工程公司	廿四號	仝右	工商部七七號	
仝	楊寬麟	仝右	廿五號	仝右	工商部二二號	
技副	竺[illegible]偉	李子壩甲字二十四號	廿六號	二十八年九月五日	實業部一七一號	
技師	黃光輝	第一模範市場[illegible]福里五號	廿七號	二十八年九月六日	實業部六九二號	

图 16–1–2　重庆市部分登记开业技师技副名单
来源：重庆市部分登记开业技师技副名单 . 重庆市政府公报，1939（1）：113.

重庆地方重要建筑法规一览表（1937–1947 年）　　表 16–1–2

时间	名称	发布者	内容	性质
1937	重庆市政府组织规则		市政府组成部分、各个部门的职责	市政管理法
1938	防空地下室及防空壕之建筑法及图则		防空地下室及防空壕的技术规则	特殊时期技术法规
1938.10	内地房屋救济办法			特殊时期建筑管理规则
1939.2	重庆市工业技师技副开业规则	重庆市政府	技师、技副开业所要遵守的规则	专业人员执业资格
1939.2	重庆市工务局请领建筑执照规则	内政部	申请执照的要求、工程图样的内容、工程竣工后的工作	工程报建制度
1939.5	重庆市防空疏散区域房屋建筑暂行规则	重庆市工务局		特殊时期建筑管理规则
1939.8	重庆市工务局营造业登记章程	重庆市政府		营造业登记法
1939	重庆市工务局验收工程实施细则			工程管理法
1939	重庆市郊外市场营建委员会平民住宅租赁办法	重庆市政府	规范平民住宅租赁市场	房屋租赁法
1939	重庆市郊外市场营建计划大纲	行政院	新市场的选址、规划、房屋租赁等	营建计划
1939	重庆市开辟火巷办法	行政院	火巷选址、宽度、收费	建筑管理法
1939	重庆市工务局养路规则			养路规则
1939	重庆市郊外市场营建委员会征收土地规则	行政院	土地征收注意事项	土地规则

续表

时间	名称	发布者	内容	性质
1940.1.31	重庆市政府工程管理规则	重庆市政府		工程管理法
1940.1.31	重庆市工程招标规则	重庆市政府		工程招投标法规
1940.3.20	重庆市工务局验收工程实施细则	重庆市工务局	工程验收事项	工程管理法
1940	重庆市技师、技副、测绘员取费规则			专业人员执业资格
1940	重庆市管理营造业规则			工程管理法
1940	非常时期重庆市建筑补充规则			特殊时期规则
1940	重庆市房屋租约使用规则		对房屋租约的规定	房屋租赁法
1940	修正重庆市政府工程管理通则		审定工程计划、订立工程契约、报告工程进度、工程查勘、工程验收	工程管理法
1940	工程管理规则			工程监理法
1940	工程发包章则			工程发包法规
1940	验收工程实施细则			建筑安全生产管理法规
1940	招标规则			工程招投标法规
1940	重庆市工务局办事细则			管理机构规则
1941.5.16	重庆市建筑规则	重庆市工务局	设计通则、结构准则、特种建筑、区域、从业人员、附则	建筑管理法
1941	重庆市建筑审查规则			建筑管理法
1942	沟管驳岸工程实施工细则			技术法规
1942	砌石工程实施细则			技术法规
1943	公路两旁建筑物取缔规则	行政院	禁止建筑区域范围和限制建筑区域范围等	建筑管理法
1943	重庆市防空洞管理规则	防空部		
1944	工程承包章程			工程承包法规
1944	工程招标章程			工程招投标法规
1946	重庆市取缔捆绑房屋办法			建筑管理法
1946	重庆市营建规则			建筑管理法
1946	各种建筑物估价标准			建筑管理法
1946	重庆市电气承装业管理规则			建筑管理法
1946	重庆市营造厂增资标准			专业人员执业资格
1946	考验电匠发给执照规则			专业人员执业资格
1946	钢筋混凝土桥及石拱桥施工细则			技术法规
1946	隧道工程石拱衬砌施工细则			技术法规
1946	土石方及挖基工程施工细则			技术法规
1946	石板路及石级施工细则			技术法规
1946	（修正）工程管理规则			工程管理法
1947	重庆市承办工程业务的技师、技副、测绘员取费规则			专业人员执业资格

来源：据《重庆建筑志》，以及老旧期刊中《重庆商埠督办公署月刊》、《四川月报》、《江西省政府公报》、《重庆市政府公报》、《市政评论》、《川陕公路工务局周刊》、《重庆市建筑规则》整理

（二）《重庆市建筑规则》（1941 年）

在潘文华主政期间，多参考上海的建设模式。综观这一时期的重庆城市景观，随处可见上海的影响，“颇有沪汉之风”，“洋场十里俨然小上海也”。[①] 重庆商埠督办在 1927 年 9 月呈请将商埠办改为重庆市，其理由是“上海、南京、广州、杭州等商埠地方，均先后改市，成绩昭然”，[②] 为了求得与沿海城市的市政模式一致而设市。重庆市政组织管理结构的设立，也主要参考了上海、南京、杭州的城市组织规则。

《重庆市建筑规则》（1941 年）与《上海市建筑规则》极为相似。在时间上，前者比后者的最终版本晚 4 年。吴华甫在前言中说明：“重庆市过去对于营造管理，尚无较完善之法规，一任市民自由兴建，徒重表面之粉刷，而忽略构造之谨严。不特塌屋惨剧时有所闻。一遇火灾则成燎原之势，市民生命财产损失重大。市工务局成立后，对于市内营造管理极为注意。根据本市的实际情况，参考国内外各大都市的管理建筑法规章则等，拟定出《重庆市建筑规则》，并广征在渝建筑界的意见，从事修改，以适合重庆之需要为原则。”[③]

该规则依照国民政府所颁《建筑法》第 40 条之规定制定，共有“总论”、“设计通则”、“结构准则”、“特种建筑”、“区域”、“从业人员”、“附则”七篇，共 500 条规定。规则规定分三期推进，自公布之日起每六个月为一期。

《重庆市建筑规则》对请领执照手续和取缔建筑有详细规定。例如，建筑营建之前，需要由注册的专业技师或技副绘制地段图、地形测量图，并填请示单向工务局请示。无论公私营造，只有在工务局发还建筑线请示图件之后，才可着手计划。凡营造、修理、拆卸私有建筑物，也须待接到发还建筑线图件之后，委托技师或技副开具请照单。与上海的有关规定一样，请领的执照也分为营造、修理、杂项、拆卸四类。

在建筑取缔方面，《规则》规定建筑在退道路红线和河岸退线以内者要予以拆除。凡建筑物之有碍公共安全和公共交通者，工务局得按其情形之轻重，或停止使用，勒令改良，勒令拆除，或代为拆除。临街建筑物，不得设置侵占人行道之阻碍物，不得支架凉棚或晒架等，屋檐挑出墙面至多 50 厘米。道路上不得建筑过街楼、棚门、捆圈、牌楼等物。

《规则》的“设计通则”部分对建筑高度、屋面及楼面地面、建筑面积及位置、基地墙垣、楼梯、超越路界之建筑物、阴沟、厨房厕所浴室、烟囱、门窗及通气洞、人行道的具体做法作出规定。“结构准则”部分详细规定了钢筋混凝土工程、木工程、砖石工程、钢铁工程等的做法。从中可以看出当时城市里的木结构建筑类型包括竹木房屋、捆绑房屋、穿斗式房屋、构架房屋。而钢筋混凝土当时也已经普遍使用。

“特种建筑”部分对杂居房屋、旅馆、医院、学校、里巷房屋、工厂、货栈、商场、茶馆、

---

① 肖铮主编 . 民国 20 年代中国大陆土地问题资料（第 139 辑）. 台湾影印出版 .
② 重庆商埠月刊 .1927（9）.
③ 吴华甫 . 重庆市建筑规则 . 重庆市工务局出版，重庆市图书馆馆藏，1941.

剧场、会堂、油池作出了释名和具体的设计规定。

“区域”部分对住宅区域和商业区域内不可建的建筑作出规定，以及哪些建筑不得建在工业区域之外，对不得存在的建筑物的使用年限作出规定。对风景区、乡村区域、禁葬区内的建筑有特殊的规定。

“从业人员”一篇依照技师登记法、农工矿技师技副登记条例及建筑法所定制。对技师技副、测绘员和营建厂分别作规定。“凡曾经前工商部实业部登记，并领有证书之土木建筑技师或者技副，欲在本市内设立事务所时，应向工务局呈报开业。领到开业执照后，方得在本市区内，执行业务。”

重庆在借鉴上海经验的同时，也有结合地方特色，以及随后颁布的一些国家层面建筑规则，融合到自身的建筑规则当中去。

首先是关注建筑防火。措施包括市区内建筑正式房屋要用不燃材料覆盖；在旧城区全部及新市区各马路两旁至牛角沱止 18 米以内，以及江北区城墙范围之内地区建筑正式房屋，外墙面须用砖石或其他耐火材料，而不准沿用木条、竹片、粉石灰砂、水泥砂粉刷等旧有做法。[1]规则认可的防火材料包括：砖瓦及空心砖、石料之适用于建筑者及人造石、水泥砂泥凝土或石灰三合土、钢筋混凝土、石棉板、金属材料、陶瓷器、钢丝网之敷有水泥砂且厚度在 2 厘米以上者、防火玻璃，以及其他防火材料。除此之外，规则还规定了防火墙的厚度、楼梯的防火构造、太平门的设计，以及城市防火地带的设计。

第二是关注本地的木建筑。重庆的地方实情是木构建筑为多，因此规则中对于木结构工程结合了地方特色，进行了详细的规定。木制房屋分为竹木房屋、捆绑房屋、穿斗房屋三种。竹木房屋的屋面，要用不燃材料铺盖，与外墙均须覆庇完全，不能透风渗雨。捆绑建筑因为其坚固性差，且有碍观瞻，所以《规则》规定不得在市中心区、商业区、风景区内建造。捆绑结构只准用于平房和低楼房，高度不得超过 6 米，在山腰、陵谷、地基倾斜处，地板以下支柱的高度不得超过 5 米。穿斗房屋的开间最大不得超过 3.5 米，高度不得超过 8.5 米，且不得超过 2 层。构架房屋的高度以 12 米为上限，层数以 3 层为上限。

第三是道路的规定。重庆为山城，其市政建设因此具有很多地域性特色。对于道路建设，制定者也照顾到重庆的实地情况。市区内的一切新旧路线及路幅，均由工务局拟具呈市政府核定公布。

第四，结合各地的建筑师制度和营造制度对从业人员作出规定。与《上海市建筑规则》的显著不同是，《重庆市建筑规则》中有对从业人员作出详细规定。从业人员包括技师技副、测绘员、营造厂。

对于技师技副的规定是根据《技师登记法》、《农工矿技师副登记条例》，及《建筑法》所修订。对于公布此规则之前就在前工商部、实业部和经济部登记，并且领有证书的土木建筑技师或技

① 吴华甫. 重庆市建筑规则. 重庆市工务局出版，1941.

副，如欲在重庆市区内设立事务所，应该向工务局呈报开业，获执照后方可以执业。如果在其他城市曾经登记，但在重庆没有呈报就开业的，工务局除了不接受其请照以外，还要延迟 3 个月再准其补报开业。

规则对技师技副的业务范围有所分工，技副只准接受造价在 3 万元以下的工程计划。工程造价在 3 万元以上，大部分使用钢筋混凝土或者钢铁造之建筑物，以及新造修缮工程之供公众工作游憩娱乐者，则均应由技师承办。

该规则中出现了测绘员的概念，即造价在 3000 元以下、用穿斗或捆绑构造，不参用构架并不供公众游憩娱乐之建筑物，依照建筑法第四条，可不用技师技副负责办理。为便利业主起见，工务局特准市内能实测地图、填写表格、绘制简易图形的人，登记为测绘员并发给登记证。但是测绘员只是业主的代书人，工程材料和计划等责任还是由业主自己负责。

营造厂部分的内容依照管理营造业规则和建筑法制订。没有登记的不可以擅自承接工程。且营业范围需要遵照管理营造业规则第十四条，承办应办范围内的工程，不得超越。

第五是关于特种建筑。主要内容涵盖了杂居房屋、里巷房屋、工厂、旅馆、医院、学校、货栈、会堂、酒楼、商场、剧场、茶馆、油池等。

杂居房屋，据《规则》解释，是作出租，或作开设店铺，或用于居住，而家数在五家以上的。结合重庆在陪都时期的实际情况，此类建筑须附有防空洞，或可以供防空用的地下室，其容量以足够容纳该建筑物内部居住的人数为准。

里巷房屋指的是房屋相连建筑，其性质为分宅出租、每宅各自有前后门，可与他宅分门别户居住，宅数在五宅以上的。层数上限是 4 层，假楼也算作一层。里巷房租将里巷面积留出以后，得将空地比减半计算。里巷房屋基地，每段的深度不得超过 30 米，长度不得超过 72 米，如果超过就需要加设支巷，起到间隔的作用。每个里巷房屋都需要有直接和里巷或道路相通的后门。如果相连的里巷房屋长度超过了 18 米，必须建造防火墙。每个里巷房屋都需要配备厨房，且需要装设自来水及太平水龙头。

但凡设有客房，能提供 15 人以上留宿的，可做旅馆。设有病房，能收容病人 10 人以上住院的，可做医院。设有教室，能集合学生 30 人以上的，可做校舍。《规则》规定：房间超过 70 间或楼上下累计面积超过 2000 平方米，或高超过 3 层，全部构造都需要用防火材料；房间超过 30 间、楼上下累计面积超过 900 平方米，或高达 3 层的，其楼梯、楼梯扶手、过道，及楼梯楼井、升降机、四周墙身都需要用防火材料。

由于陪都时期，大量的工厂内迁，因而对于工厂等类建筑物的设计要求也是重中之重。其防火问题依然是首要的。《规则》规定工厂、货栈、商场等，其容积在净空 6000 立方米以上，或高度在 3 层以上的，其除了门窗装修以外，应用防火材料构造，容积在净空 2000 立方米以上，高度在 3 层以上的，防火材料构造必须运用于楼梯、过道及楼井周围分隔墙。另外，对火警出路、楼梯、太平梯等的做法都作出了具体规定。

对于茶馆、酒楼等公共建筑，防火规定依然是首要问题。楼上下的容纳人数在 100 人以下时，须设有后门一处以上，并须有直接通达道路的后门通径。房屋高度不超过 2 层，楼上人数不及 100 人时，至少应有宽 90 厘米以上的楼梯两座，每增加 100 人，须增加宽度 90 厘米。高达 3 层或者 3 层以上的，各层过道及楼梯均须用防火材料构造。上层楼梯需要和下层贯通，宽度须逐层递加，都应在 90 厘米以上。对太平梯、太平门等也作出了实际规定。

最后是补充规则。1940 年 10 月 17 日，重庆颁布了《非常时期重庆市建筑补充规则》。其内容规定了疏建区的范围，包括旧城区，即菜园坝沿中区干路，至曾家岩道路以东的范围内，及江北城区（以城墙为界）外。在疏建区内建造房屋要遵守该规则并遵守《重庆市建筑规则》。在旧城区及旧江北城区建造房屋，除需遵照《重庆市建筑规则》之外，还须遵照《非常时期重庆市建筑补充规则》第八条以次之规定。

另外，《规则》要求房屋周边空旷的地方，需要种植植物作为遮挡。原有的树木，不到必要时候不能砍伐。房屋的顶面及其外墙，不宜用红色白色或其他显著颜色，不可以用玻璃顶。房屋的累计面积超过 150 平方米就应有私人防空洞或避难室。其距离不得超过一公里。房屋的防火设施，除照《重庆市建筑规则》办理外，还须装置沙袋或水缸等，以防火患。《重庆防空疏散区域房屋建筑规则》中对房屋颜色也有相同的规定。

二、陪都时期重庆全市范围内的新村建设[①]

国民政府迁都重庆，随之而来的便是众多的工厂、学校、文化团体以及医疗机构等。当时迁入重庆的大中型工厂有 429 家，高等学校 25 所，此外还有文化、医疗、交通、金融等机构和单位。加之战时避难民众的大量涌入，在 1937–1939 年不到两年的时间里，重庆人口就已由战前的 30 余万猛增到 70 余万。[②]

由于房屋的稀缺导致房屋租金高昂，租赁条件也非常苛刻，如要预先缴纳一季度、半年或者一年的房租，押金也多达房租的五倍甚至十倍；房屋质量也非常低劣，上漏下塌、墙壁开花、东倒西歪的比比皆是；除此之外还出现二房东的现象，转租房屋的价格更是昂贵，从中赚取暴利。[③]

因城市人口的增加、住宅损毁以及投机者从中获利等多重原因致使当时许多人都住在临时搭建的房屋或者破败不堪的房屋中，更有甚者就住在船上，被称为“船户”。因此政府为了合理解决人们的居住问题并有机疏散城市人口，便沿成渝、川黔公路两侧修建平民新村来安置。

陪都时期重庆建设的新村大致分为两类：一类由政府主导；另一类是由私人或团体组织建设。由政府主导的新村包括战前为解决平民居住问题而建设的平民住宅区，以及战时为了解决仓促疏散市民而带来的居住问题所计划和建设的居住区，包括郊外平民住宅区和多种功能混合

① 本小节作者周杰、杨宇振。
② 燕疆．疏散人口与住宅问题．国是公论，1939（28）．
③ 林涤非．新重庆建设与住宅合作．新重庆，1947，创刊号．

的郊外市场居住区。除此之外还有一个特殊案例，即由美国红十字会捐款，由政府主导建设的望龙门新村。

（一）陪都初期的新村计划和实践

1935年6月由中央收回重庆的管理权。1936年4月新上任的市长李宏锟经过调查发现重庆市居住状况一片狼藉，“城区以内，街衢纵横，鳞次栉比，而附城区域即沿江一带，或为木架草棚，或为捆绑房屋，此项平民住所，既碍市容，又不卫生，水灾则患其漂没，火警又易至燃烧”。[①] 李因此以在1936年10月31日重庆市市政府的名义将这一状况上呈四川省政府主席刘湘，并计划集市中乡绅和商人，倡议建设平民住宅。

经查勘，一些距离城市较近、交通便利且便于平民谋生的地方被选择用于建造平民新村。但由于建筑费用昂贵，建设地点上又有坟地需要迁移，政府难以负担。因此决定采用官商合作的方式共同筹集股金20万元：由政府出资5万元购买地皮之用，其余15万元由市里的绅商募集，由重庆市政府派遣专员和银行各界推选的代表一同组织并成立建筑平民住宅事务所，代为处理有关平民住宅的一切事宜。[②] 于是重庆市政府推定赵子英、何北衡、王伯康等为筹备委员，[③] 由平民住宅公司筹备处积极规划筹备，组织平民住宅建筑股份有限公司，在兜子背、江北青草坝、江北刘家岩、南岸黄桷渡四处建造平民新村。

计划初定在兜子背做试验，待有成效再于其他地方继续建设。市府将土地定价为每方丈8元，地皮全部由市府来负担。第一平民新村的建设定为法币20万，分为两千股，每股100元，采用官商合作的股份制来共同承担建设，市府先认500股，其余的则由筹备员分别向金融界的商绅招商。住宅方面平民住宅公司邀请专家设计，共制定了四种标准的住宅样式：甲种为一楼一底房屋，可住8户；乙种住宅同为一楼一底，可住四户；丙种住宅为一楼一底，可住两户；丙种住宅为一层平房，为独户住宅。[④]

但在实际的建设实践中，政府将最先作为平民新村的实验用地定为青草坝，地皮面积共计157平方公丈51平方公尺。[⑤] 该新村的建设与当初的计划一样，系属官商合办，政府以地皮之价值作为管股，其余的募集绅商股份20万元作为修建费用。先计划修建八户联建的瓦房36所，均为一楼一底，由工务科设计；厨房和厕所另行建筑。建造方面则采用招标的方式，最终由新民建筑社中标兴建，并于1937年2月5日开工建造。但因股金招募不易而使得工程进度缓慢，房屋建成后又因贫民更情愿租住在房租更加低廉的沿河捆绑房屋，使得新建的平民住宅很难出

① 关于办理筹建平民住宅等事宜的呈、指令．重庆市档案馆（沙坪坝），全宗号：0064，目录号：0008，案卷号：01242，附卷号：0000.1936.
② 同①。
③ 关于检送青草坝平民住宅解决办法的呈、批、指令．重庆市档案馆（沙坪坝），全宗号:0053，目录号:0020，案卷号:00260，附卷号:0000.1941.
④ 本市建筑平民住宅近讯．四川经济月刊，1936，6（5）．
⑤ 关于建筑平民住宅致蒋志澄的咨．重庆市档案馆（沙坪坝），全宗号：0064，目录号：0008，案卷号：00002，附卷号：0000.1938.

租出去。所以在还剩 15 所未建的情况下，建筑社决定停止建设。后来逐渐发展为租房者一年都不付租金，并且有任意修理房屋的现象发生；房屋管理员廖寿龄又于 1940 年 12 月去世，使得房屋无人经管，所欠外债也无法偿还。1941 年 1 月 9 日，这段战前就开始的以取缔沿江棚户、整顿市容并解决贫民居住问题为宗旨而建设的平民新村终于以失败结束。[①]

虽然重庆战前平民新村的建设在经济运营以及管理办法等方面都以失败告终，但是它以政府主导将平民福利事业与市容整顿相结合的做法却有其非常实际的意义。同时，它引入官商合作的建设办法以及招投标的办法，给之后重庆的平民住宅建设提供了实际的和合法的建设办法，并在建筑设计以及建造方法上积累了宝贵经验。

（二）战时政府主导的新村建设发展

虽然政府在 1939 年规定 3 月 1 日到 11 日为自动疏散日期，但由于疏散后的居住问题始终无法解决而使得自动疏散的人数寥寥无几。[②] 政府在面对此等状况之后也不得不在政策方面和具体的住宅建设方面都做出一定的努力。政府首先颁布了《房屋标准租金》和《非常时期租赁规则》等法令法规以限制房租的暴涨。此外，为了鼓励和奖助私人或团体建设住宅，以从根本上解决住宅之不足而最终达到疏散之目的，政府还在 1940 年 3 月 6 日修正通过了《重庆市政府疏散区建筑房屋资助贷款办法》，规定凡重庆市市民欲在政府制定的疏散区域建造住宅但却资金不足者，可向政府贷款建设。建设者自己需要筹备房屋建造至少 30% 的费用，政府的贷款最高则可达 70%。[③]

政策只是在一定程度上限制房租增长、规劝与鼓励市民在住宅建设中的投入，而要真正解决疏散和居住问题还需增加住宅数量，并有一些新的思路。在此背景下，一些关于建设平民住宅和田园城市的讨论在公共媒体上出现。1938 年《国是公论》上一位作者向市府建议，应指定专款和建造地点尽快建造合理的平民住宅，并且参照欧美的市政设计，每段市地应该预留三分之一的土地用以满足通风和采光的要求。住宅建成后以最低的价格出租。[④] 1939 年 4 月当时在重庆国立编译馆从事学术研究的张国瑞曾经向当局建议办理田园城市，将一个大重庆变为十个或二十个小重庆，[⑤] 而其理论依据就是田园城市中所体现的有机疏散理论，希望其对保护战时人们的生命安全和降低各项损失起到一定的积极作用。

于是蒋介石手令成立重庆市郊外市场营建委员会，选聘有关人员十八人为委员，由当时的重庆市市长贺国光兼任主任委员，并于 1939 年 7 月 1 日开始筹备，8 月 1 日在大阳沟依仁学

① 由《关于报送青草坝平民住宅修建情形上重庆市政府的呈》(1937)、《关于建筑平民住宅致蒋志澄的咨》(1938) 以及《关于检送青草坝平民住宅解决办法的呈、批、指令》(1941) 总结得出，重庆市档案馆（沙坪坝）馆藏。
② 燕疆．疏散人口与住宅问题．国是公论，1939 (28)．
③ 重庆市政府疏散区建筑房屋资助贷款办法．重庆市政府公报，1939 (6) ~ (7)．
④ 林寄华．希望于重庆市政当局者．国是公论，1938 (8)．
⑤ 张国瑞．战时田园市计划．闽政月刊，1939，5 (2)．

校旧址正式成立。[①] 该委员会主要职责就是营建郊外市、商场、住宅和工厂等，之后重庆郊外市场营建委员会便开始积极进行平民新村建设和另一种住宅与多种公共设施结合的郊外市场建设；在这一时期中由政府主导的还有一个特殊的案例，就是由美国红十字会捐资、由政府主导建设的望龙门新村。除此之外，战时还有一些私人或公司组织等捐建的或是自行建设的新村，也为战时缓解市民居住问题起到了一定的不可忽视的作用。

1. 平民新村的建设

重庆市郊外市场营建委员会成立不久，市府就收到了行政院添建郊外平民住宅以利贫苦市民疏散之用的命令，便将该令转郊外市场营建委员会办理。1940 年 2 月 15 日委员会举行第二次常务会议，议决由工务局在观音桥、杨寸滩、弹子石、大佛寺等七处内勘定五处作为平民住宅的建设地点，并会同财务处测绘及办理土地手续，完成后便迅速动工，先预计建造 500 栋，并且限定在同年 4 月底全部完工。[②] 由此也可看出当时疏解市民对于住宅的急切需求以及政府对于该项事业的决心。

除此之外，郊外市场营建委员会还制定了平民住宅租赁办法，并于第四十四次会议修正通过。其中规定，由于战时的特殊背景，交通工人有优先租赁权；并规定每户只能租一栋，住宅的租金按照造价月息五厘计算，每栋月租 3 元，先付后住；对于经查确实无力支付的贫苦阶级则酌量减免；若遇为渔利而转租之人则立即收回房屋，并追缴多收的租金。[③]

1940 年 2 月 16 日便拟具先在观音桥建设平民住宅 200 栋，杨寸滩、大沙溪、弹子石分别建设 100 栋，除了建筑供劳苦阶级迁移居住的房屋外，各平民新村还开设公共的平民食堂，使他们不用自行煮饭而以最经济的方法充饥，并希望可以建筑托儿所，房屋的建筑图样则通过招标选择。[④]

2. 多种功能结合的郊外市场“新村”建设

重庆市郊外市场营建委员会成立后不久便于 1939 年 11 月 3 日制定发布了《重庆郊外市场营建计划大纲》，规定了建筑地点的选择、房屋种类及设计标准、房屋建筑办法及公共建筑、公共设备等。

在规划方面有关市场的道路规划（系统及宽度）、地段划分、公共建筑之地点等均由营建委员会绘制设计平面计划图，而此类市场除了住宅之外还有商店、工厂、仓库以及公园、运动场等公共场所。住宅和商店所占土地面积规定为半亩到两亩，每户只占一号，其平面设计规定

① 关于告知重庆郊外市场营建委员会成立日期的往来代电．重庆市档案馆（沙坪坝），全宗号：0053，目录号：0012，案卷号：00055，附卷号：0000.1939.

② 重庆郊外市场营建委员会第二至二十次常务会报记录．重庆市档案馆（沙坪坝），全宗号：0078、目录号：0001，案卷号：00039，附卷号：0000.1940.

③ 关于检发平民住宅租赁办法致重庆市社会局的函．重庆市档案馆（沙坪坝），全宗号：0060，目录号：0015，案卷号：00183，附卷号：0000.1940.

④ 关于检送办理平民住宅、新生活食堂等有关事宜至重庆市政府的公函．重庆市档案馆（沙坪坝），全宗号：0053，目录号：0002，案卷号：01021，附卷号：0000.1940.

应该以公园、运动场等公共场所为市场的中心；住宅最好是围绕公共场所，商店则集中在住宅附近；工厂和仓库的地点应该分布在最外圈接近水路码头等交通便利的地方。[①]

建筑设计方面营建委员会制定了标准的工程图：住宅方面分为两层楼房和平房两种，楼房分为甲、乙、丙、丁四种，平房分为戊、已、庚、辛四种，是按照间数之大小分类的。而这种房屋中的房间数量是非常多样化的，如甲式房屋有十间正房，其他的逐渐减少，到辛式房屋则只有正房两间;每一种住宅都至少有下房一间和一间厕所。[②]商店分为甲、乙、丙三种，都为楼房。因此郊外市场具有更强的家庭适应性和不同的阶层适应性。也可居住，也可办公和经商。其他公共建筑如医院、学校、警察所、菜场、公共厕所、蓄水池、道路断面等都有相关的标准图样。[③]对于居住建筑和商店来讲，居民和商户可以选择标准图样，也可委托营建委员会代为设计，但须另缴设计费；如果是自行设计的必须经过营建委员会的许可才能动工建设。相关公共建筑如公园、运动场、学校、公共防空设施、邮电局、公路车站、公共厕所、医院等都由营建委员会或者请由其他政府机关建造。菜场、市场、消费合作社、俱乐部和其他公共建筑可由营建委员会建造,也可由私人建造经营。其他公共设施如饮用水、下水道、电灯等都酌情建设。

建设的资金来源是由市政府向银行借贷，房屋建成后以售价或租金所得逐年还清。而具体的房屋租用办法为商人租用，利息不超过土地及其建筑物估价额年息的12%，居民住宅的租金则不超过8%;而关于房屋买卖方面则分为一次付清和分36个月平摊按月还本付息两种办法。[④]具体的建造办法是由营建委员会将重庆市有信誉的建筑公司、营造厂加以盘查登记，市场中的一切建筑都应该绘制图样，采用招标的方式，以标价最低的营造厂为承造人；如遇困难则由营建委员会指定营造商。

因此从郊外市场的理论和建设来看，它是一种功能综合性居住区，其空间规划以公共部分如公园、运动场、学校等为中心，住宅围绕公共部分布置，商业在住宅附近集中布置，工厂和仓库应布置在最外圈交通便利的地方，都非常类似于霍华德田园城市的理想模型，而在建筑形式和结构上主要采用的都是中式。因此这也可以认为是一种以解决战时疏散问题为目的，对于西方规划思想与中国传统地域性建筑的结合进行了一次探索性试验。

而从这两种解决疏散的不同形式来看，平民新村更多是为了迅速解决一般贫苦民众的居住问题，因此它的功能非常简单，更像一个暂时性的策略。而郊外市场的“新村”很大程度上是为了适应更多的社会群体，也考虑更多的生活需求。虽然在具体建设中仍然与想象存在较大差距，但依然包括了菜市场、警察所、小学校、商店和诊疗所，其实也涵盖了衣、食、住、治安、教育和医疗等多种功能，因此它具有一定的进步性，也更加类似一个开拓永久性新市区的尝试。

---

① 重庆市郊外市场营建计划大纲．重庆市政府公报，1939（6）~（7）．
② 谢璇．1937-1949年重庆城市建设与规划研究，华南理工大学博士学位论文，2011.
③ 重庆郊外市场营建委员会工作报告．重庆市档案馆（沙坪坝），全宗号：0067，目录号：0001，案卷号：00591，附卷号：0000.1939.
④ 同①。

而两者都是在政府的主导和监督下采用招标的建设办法，并且结合租售土地和房屋的商业操作办法，这样既可以增加建设单位的竞争意识而节省开支，又是政府与住户共同合作建设的福利事业，减少政府财政压力的同时从根本上解决一些平民居住问题。除此之外政府还采用分包的办法，这样既可以节省时间尽快配合建设完成，以解决迫在眉睫的市民疏散带来的居住问题；又可以避免单个公司建设的潜在风险，如偷工减料事件的发生、建造技术不过关等。因此在建设过程中虽然也出现了个别营造公司偷工减料事件以及材料不合格事件的发生，但是也都很快得到解决，使得这些先进的措施和办法都给这些新村快速、经济和稳定的建设带来很大帮助。

（三）战时私人和团体捐建或自行建设的新村

战时除了由政府直接主导和建设的新村之外，还有一些由个人或团体捐款、由政府负责建设的新村和一些私人或团体自行组织建设的新村。其中比较有代表性的如美国红十字会捐款建设的望龙门新村、华侨胡文虎捐款建设的文虎新村、美丰银行信托北碚支行在北碚建设的新村，以及陶桂林在嘉陵江边李子坝建设的新村等。

1. 个人或团体捐建的新村

（1）美国红十字会捐建的望龙门新村

望龙门新村建设的初始原因与战时政府主导的其他新村建设的初衷有些不同，它是因为自然灾害而促成的。虽然这一新村也是由市府主导，也同样采用的是招投标的建设办法，但是它有一个特殊的地方就是建设费中有部分是来自于美国红十字会的捐款，这也就使这一新村具有了比较特殊的历史意义。

1940 年的水灾使得一些码头被水淹没，因此市长指示工务局修理码头，并以望龙门和太平门为先。① 不过同年 8 月 30 日工务局拟定的上呈市政府的望龙门整修计划中不仅包括了码头、石梯、道路和堡坎等工程，而且也包括了结合整修码头这一事业同时修建平民住宅区的计划，这也大大响应了战时疏散市民、建筑平民住宅的号召。从相关的望龙门码头平民住宅工程的预算表中来看，其工程包括平民住宅、平民食堂、水沟、排水设施、道路等多项工程。之后正好遇到美国红十字会捐款 1 万美元（合法币 21 万多元）用以建造平民住宅，因此政府指定将这笔款项作为望龙门平民新村工程的费用下发。②

望龙门平民新村计划共分三期，分别招标建设。第一期是政府于 1940 年 9 月 17 日起登报招标，并于当月 24 日在工务局当众开标，最终选择由天府营造厂得标建设第一期的望龙门平

① 关于报送太平门码头平面图、预算表、改善太平门、望龙门码头说明书等上重庆市工务局的呈 . 重庆市档案馆（沙坪坝），全宗号：0067，目录号：0004，案卷号：00044，附卷号：0000.1939.
② 关于派员领取修建望龙门平民住宅工程公款的公函、训令 . 重庆市档案馆（沙坪坝），全宗号：0064，目录号：0008，案卷号：00756，附卷号：0000.1940.

民住宅工程，并决定于10月5日举行奠基典礼。①

从其三期的规划空间来看（图16–1–3），整个新村规划体现出很强的山地特色，整体空间以中心的一个宽大石梯统领，住宅则根据地形的高差分别布置在两边，在整个基地中间较低的坝子上布置公共食堂和厨房以及后来补建的公厕。整个建筑空间的布置和标高的处理使空间富有层次，中间的大台阶除了交通功能之外，还可以成为人们日常休憩和锻炼的公共空间，并且还强化了整体空间结构，成为一道具有很强的可识别性的村中景观。

第一期的规划包括南边的十栋居住建筑、公共食堂和厨房。十栋房屋被按照由甲到癸做了编号，并结合地形高差分为6个不同的台地，台地之间以石梯相连。公共厨房和食堂在住宅的对面，通过大台阶的平台和专门的道路便可到达。从建筑上来看，居住建筑都采用四户联建的平房，每户都由进门的起居空间以及后边并排布置的厨房和卧室组成，厨房中都设置了伸出屋顶的烟囱，以满足中国传统的饮食习惯和卫生；建筑的屋顶结构本来设计为传统的穿斗式木结构，但后来在天府营造厂的建议下改为三角桁架式；建筑的形式仍为传统的坡屋顶建筑，不过门窗构件都体现出一定的西方特色，尤其是采用一种与传统窗户完全不同的中轴旋转窗户，这样就起到了可以由自己手动来调节采光和通风的功能。厨房和餐厅则相对简单，都是采用大空间的处理方法，中间没有分割，形式和结构上都和住宅式类似（图16–1–4）。

二期的建设是西北边的3栋居住建筑，从其居住建筑标准图样来看，除了屋顶结构二期采用的是传统的穿斗式结构之外，其余的住宅内部空间、建筑形式包括门窗等都是和一期的竣工图完全一致的。三期则为东北角的5栋住宅建筑，但是并未显示在后来有所建设。因此，整个望龙门新村从相关史料上可以得到确认的就只有前两期建设。

除此之外，望龙门新村对于住宅的建造方面也做了详细的规定：如墙体如果是前后墙临街，则需砌12厘米厚的青砖墙体，如侧面临街则需砌筑25厘米厚的青砖墙体，两者都要以1 ∶ 2的水泥砂浆结合，墙面用纸筋灰抹平；屋内墙面都用竹编墙，屋内地面则采用三合土夯实，厨房则造砖砌烟囱一个以及修筑暗沟接出街渠以利排水和排烟等。② 其建成后被交由财政局经营管理，租价由财政局和工务局共同协商制定。③

因此，望龙门新村的建设不管是它所具有的特殊历史意义，还是从它结合地形独具匠心的规划思想所创造的富有层次和标志性的空间，都具有一定的研究价值和示范性。并且从望龙门新村的规划中已经没有看到太多明显的西方规划理念的影子，很大程度上是中国建筑师自己针对地形进行的有思想的规划和创作。但是在公共空间和集体生活方面，则不得不承认它同样表现出明显的分异现象。望龙门新村在公共空间上除了公共的食堂和卫生间之外已没有其他相关

① 不过之后因为工程地区内的住户多数没有迁出并先后发生纠纷使得工期无法如期开工，因此天府营造厂呈请市府将开工日期改为10月15日，以节省经济损失，并得到了工务局的允许，最终于1941年3月18日完工。第二期工程是于1941年元月11日开标，由义龙建筑公司得标建造，于1941年1月28日开工，同年9月17日全部完工。但相关文献并无第三期建设的记录。

② 关于报送望龙门码头平民住宅工程合同、预算及开标记录的指令、呈.重庆市档案馆（沙坪坝），全宗号：0067，目录号：0004，案卷号：00055，附卷号：0000.1940.

③ 第85次市政会议建造文虎新村工程计划根要的会议记录.重庆市档案馆（沙坪坝），全宗号：0064，目录号：0001，案卷号：00612，附卷号：0000.1941.

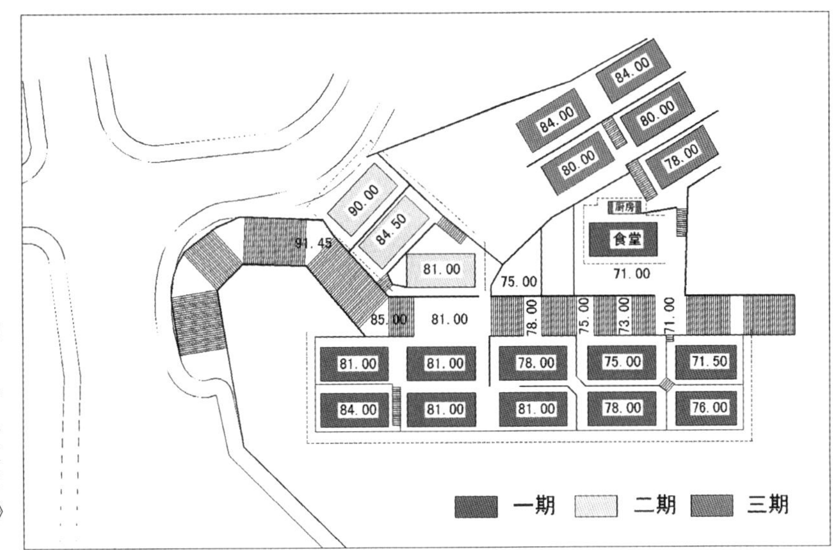

图 16-1-3　望龙门新村的三期规划图

来源：作者结合重庆市档案馆（沙坪坝）《关于报送望龙门码头第二期工程设计图及预算上重庆市政府的呈》与《关于派员验收望龙门码头及平民住宅工程的呈、指令》两篇文章中的图自绘

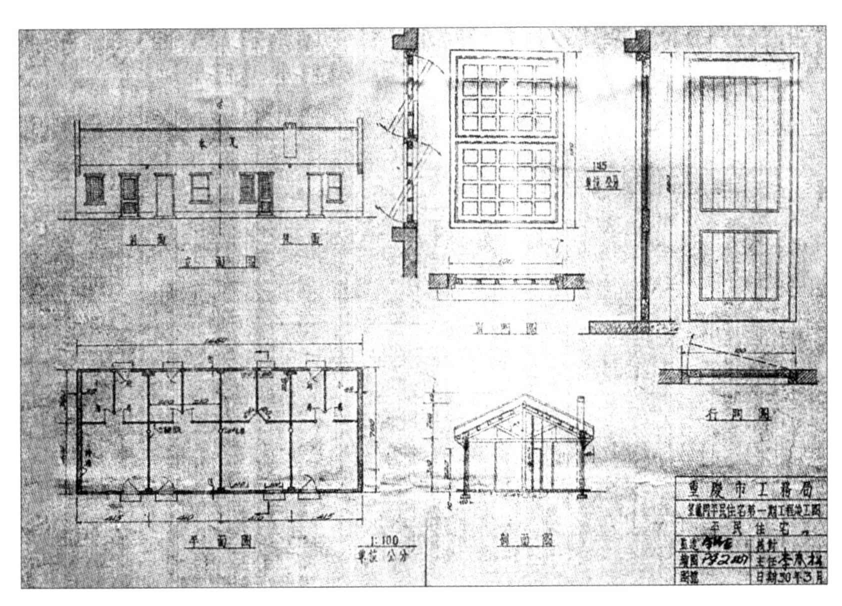

图 16-1-4　望龙门第一期工程的住宅验收图

来源：关于报送望龙门平民住宅第一期工程竣工图、决算图标及验收报告表上重庆市工务局的呈．重庆市档案馆（沙坪坝），全宗号：0067，目录号：0004，案卷号：00058，附卷号：0000.1941.

的如教育、生产等其他的公共空间的配置，在集体性的生产与生活方面也基本都消逝了，也同样从很大程度上只是为了以最经济的手段来解决相关的居住问题，而公共食堂和公共厕所的配置也是为了更加经济地解决平民必需的生活问题。

（2）归国华侨胡文虎捐建的文虎新村

陪都时期，一些归国华侨也纷纷来到重庆进行投资建设。其中东南亚侨商胡文虎（1882–1954）就是一位热情关心新村建设事业的著名爱国人士。1941 年 3 月胡文虎参观了唐家沱平民新村，并在那里拍照留念。同年胡文虎便捐助了 30 万元，除了 10 万元作为充实医药设备外（唐家沱的医院就是胡文虎捐建的），其余 20 万则指定为建设新村之用。1941 年 3 月 14 日重庆市郊外市场营建委员会工务处制定了甲、乙两种新村工程计划并附带了两种计划中的房屋设计草图上呈市政府。

甲种计划建筑地点拟在九龙坡或寸滩任意选择一地，因为九龙坡有汽车可以直达，而寸滩每天都有作为水域交通的民生公司轮船往来，交通也算便利，占地面积约 10 市亩，由财政局

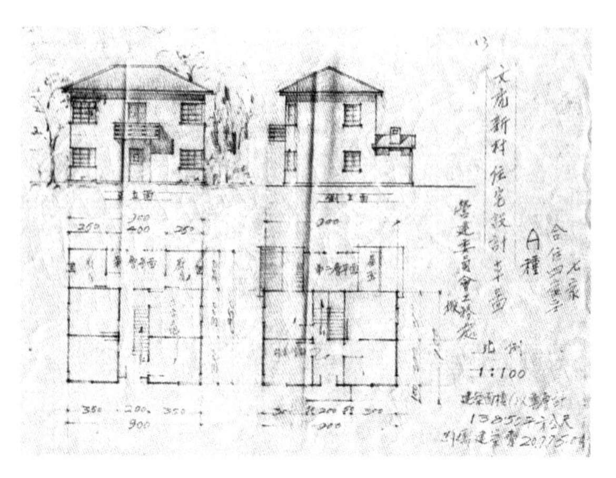

图 16-1-5　文虎新村 A 种住宅设计草图

来源：关于检送胡文虎建筑平民住宅新村概要及房屋草图的呈、函、训令 . 重庆市档案馆（沙坪坝），全宗号：0053，目录号：0002，案卷号：01436，附卷号：0000.1941.

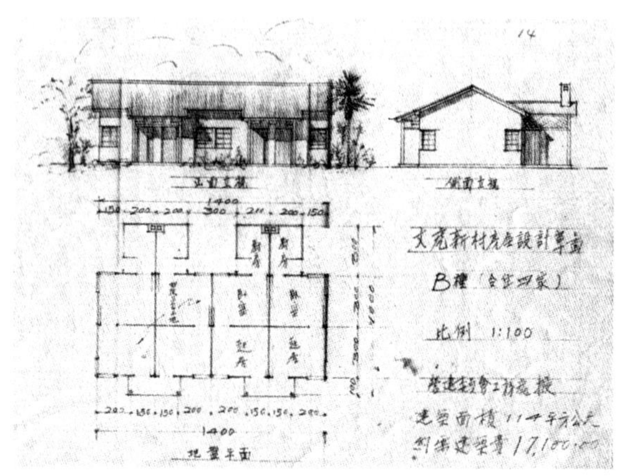

图 16-1-6　文虎新村 B 种住宅设计草图

来源：关于检送胡文虎建筑平民住宅新村概要及房屋草图的呈、函、训令 . 重庆市档案馆（沙坪坝），全宗号：0053，目录号：0002，案卷号：01436，附卷号：0000.1941.

办理征收手续；构造方式上，房屋建筑选用传统的穿斗式房屋，此种建筑费用较大，但是维修费用小，瓦屋面、竹编墙、灰土地坪、杉木楼板。房屋建筑方面除了大门之外，计划之中则只有住宅建筑，分为 A 和 B 两种。整个新村计划建设 A 种住宅 4 栋，B 种住宅 5 栋。[①]

A 种住宅为两层的楼房（图 16-1-5），底层入口一个穿堂走道兼过厅联系两边前后布置的两个房间，二层布置与一层类似，但一边设计为套间；两层均未设置卫生间，只是在后院布置两个公用的厨房，厨房都为一层两坡屋顶，内部设置的烟囱伸出屋面。主体建筑为四坡顶，门窗为西式门窗。B 种住宅为四户联建的单层建筑（图 16-1-6），整栋建筑一共为四开间，每户占有一个开间，有两个正间包括一个起居室和一个卧室。每户的卧室后边布置一个独立的厨房，厨房内也同样设置了烟囱。建筑风格也和 A 种类似。

乙种计划的建筑地点同样拟在九龙坡或寸滩，不过需用地 15 市亩，因此拟采用租用的方式，租用手续同样由财政局办理。为节省建设费用，房屋建筑的构造方式也采用之前就有所建设的平民住宅的样式，一律为捆绑式房屋，草顶、竹编墙、灰土地。此种房屋分为子、丑、寅三种。由于土地和建筑材料有所节约，建筑数量明显增加。一共可建造子种住宅 5 座、丑种住宅 10 座、寅种住宅 5 座，可供 90 家到 100 家居住。[②]

子种房屋为单层建筑，类似于西方的联排别墅。建筑前面有一个小院，整个建筑被均分为两半，每边都可通过一个室外的走道直接进入，厨房可供独立或者合用，里边设有烟囱，每栋住宅可供两家至四家合住。建筑形式则明显表现出一种纯西式别墅的造型特点（图 16-1-7）。丑种住宅为四开间单层建筑，每户一开间，前后布置两个房间：前面一间为起居空间，后边的一间为厨房，建筑形式同样为西式的房屋造型。寅种住宅同为四开间，整个四开间被纵向的一

① 关于检送胡文虎建筑平民住宅新村概要及房屋草图的呈、函、训令 . 重庆市档案馆（沙坪坝），全宗号：0053，目录号：0003，案卷号：01436，附卷号：0000.1941.

② 同①。

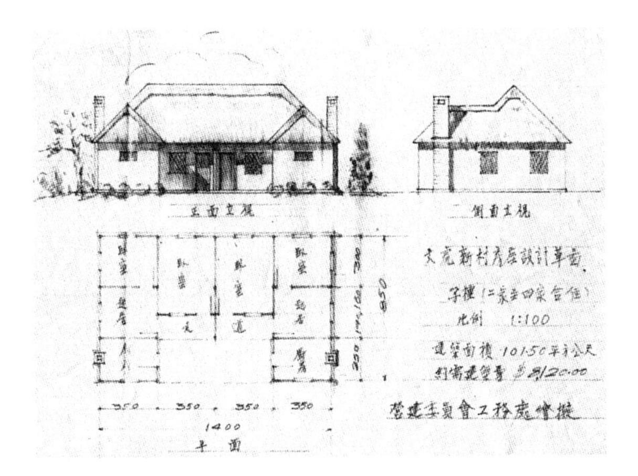

图 16-1-7 文虎新村子种住宅草图

来源：关于检送胡文虎建筑平民住宅新村概要及房屋草图的呈、函、训令．重庆市档案馆（沙坪坝），全宗号：0053，目录号：0002，案卷号：01436，附卷号：0000.1941.

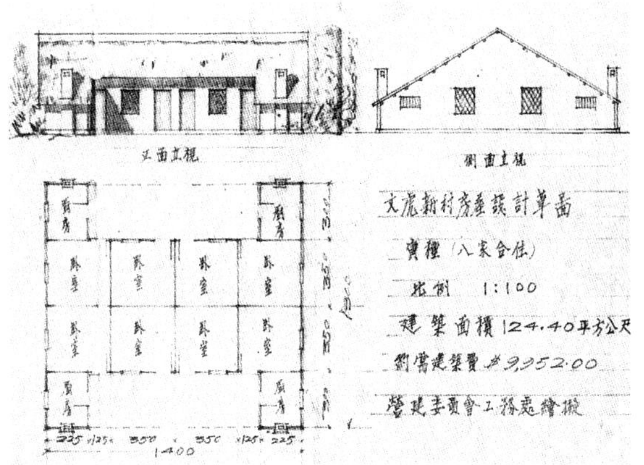

图 16-1-8 文虎新村寅种住宅设计草图

来源：关于检送胡文虎建筑平民住宅新村概要及房屋草图的呈、函、训令．重庆市档案馆（沙坪坝），全宗号：0053，目录号：0002，案卷号：01436，附卷号：0000.1941.

道墙从中间分为两半，形成了 8 个独立的单间，可供 8 家合住。在整栋住宅的前后四个角上布置了 4 个公用的厨房，这种住宅平面则非常类似早期英国为解决工人住宅问题而产生的“大杂院”式住宅，因此其采光和通风都是比较差的（图 16-1-8）。

1941 年 3 月 26 日市府第八十五次市政会议择定在寸滩附近建设新村，采用乙种方案执行，并且为了表彰胡文虎的这一行为而决定在新村建设完成之后将其命名为“文虎新村”，以表彰胡文虎的这一行为。[①]

2. 个人或团体自行建设的“新村”

除了上述建设之外，在重庆还出现一些由个人或团体自行建设的新村，比较有代表性的就是美丰银行信托北碚支行在北碚建造的新村、金城银行信托部重庆分部在化龙桥镇红岩嘴建设的红岩新村以及陶桂林在嘉陵江边建设的嘉陵新村等。

美丰银行建设的新村是在 20 世纪 30 年代就开始的，建设地址位于北碚新村的辖区范围之内，它是美丰银行自行在北碚新村辖区内建设的一个类似于高级住宅区的居住群体。美丰银行是将在北碚建设新村的事业全权委托华丰地产有限公司办理，其新村的规划和建筑设计由基泰工程司设计（图 16-1-9）。

这一新村包含甲乙丙三种住宅和一栋美丰银行及消费合作社，每栋楼的用地边界划分已经比较明确。由基泰工程司所设计的这三种住宅在内部空间配置上都是非常高级的，基本上都住的是一些较为富有的阶层。尤其是甲种住宅，有 6 个卧室，其中主卧配有更衣室、储藏室和浴室，客厅、带有备餐的餐厅、仆人房、书房、日光房等应有尽有（图 16-1-10）。乙种和丙种两种住

① 第八十五次市政会议建造文虎新村工程计划根要的会议记录．重庆市档案馆（沙坪坝），全宗号：0064，目录号：0001，案卷号：00612，附卷号：0000.1941.

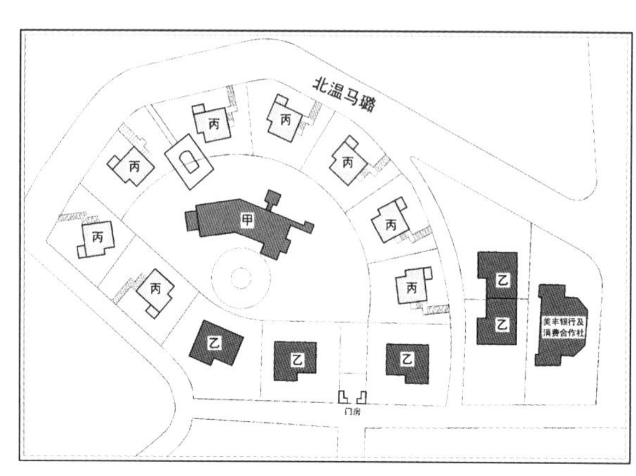

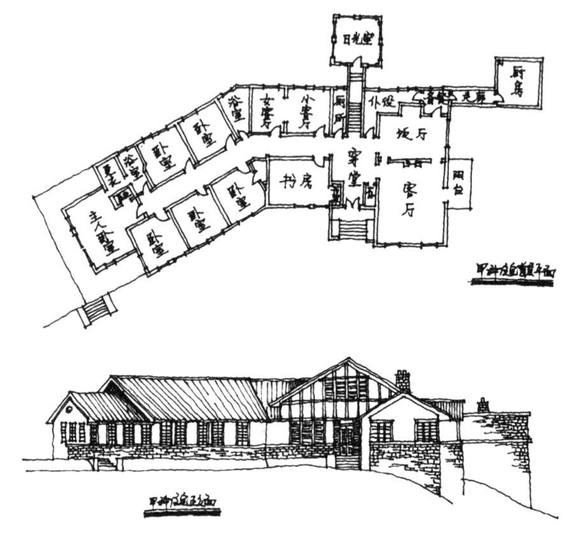

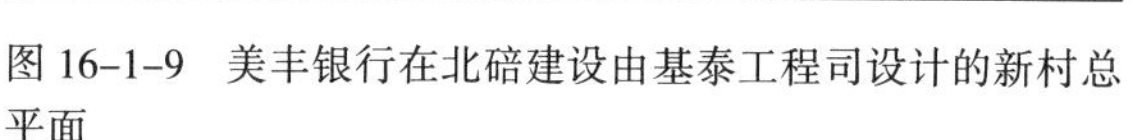

图 16-1-9　美丰银行在北碚建设由基泰工程司设计的新村总平面
来源：作者根据档案馆相关资料[①]自绘

图 16-1-10　基泰工程司设计的甲种住宅
来源：作者根据档案馆相关资料[②]抄绘

宅的空间则相对简单一些，但是相比之下，即使丙种住宅也有四个卧室被安排在二层，并且在二层专门安排了一间很小的女仆室；首层的布置也有饭厅、客厅和备餐，厨房则是利用地形的高差布置在吊一层。

而从建筑形式来看，错落的屋顶很好地回应了起伏的山地，交错的坡屋顶以及西式的窗户和非常显眼的传统穿斗式结构体系都使得建筑立面非常丰富，并且这种裸露于墙体之外的穿斗式结构还都是作为一个主立面而存在，整体呈现出一种民国风的同时又把地方传统的建筑特色表现得淋漓尽致。因此这个居住区虽然小，而且功能的组合也相对较为简单，但是它从建筑空间和建筑造型设计上却体现出国内职业建筑师较高的水准。而整个建筑平面空间的布置上基本是被西化了，是一个类似于西方现代主义的一个风车型住宅的平面布局，空间的布置显得更加自由和具有较强的几何构成感，很大程度上也将西方的生活习惯植入进来，如备餐室、仆人房、浴室等。

相较于美丰银行在北碚建造的新村，红岩新村的建设略晚。该新村由金城银行信托部重庆分部计划，陆谦受、阮达祖建筑师事务所设计。较之美丰银行的新村，红岩新村的功能更加多样，其中除了较为高级的住宅区外，还有一些宿舍、银行办事处以及银行俱乐部等。[③]而从它的一个住宅区的局部规划来看，其入口处都设置了门卫室，使居住区具有了一定的独立性，并在入口附近还设置了停车场；区内道路多为曲线，景观较为自然。建筑周围也都有较大的绿地，颇有“花园洋房”的效果。

从建筑单体的空间上来看，红岩新村的这种高级住宅区的建筑平面空间都和美丰银行建设

① 美丰银行信托北碚支行及新村建筑图样施工说明书、美丰商业银行建设委员会设计忠恕堂房屋建筑图样．重庆市档案馆（沙坪坝），全宗号：0296，目录号：0013，案卷号：00491，附卷号：0000. 时间不详．
② 同①。
③ 金城银行信托部重庆分部红岩村房屋、沙坪坝办事处房屋蓝图．重庆市档案馆（沙坪坝），全宗号:0304，目录号:0001，案卷号:01244，附卷号：0000. 时间不详．

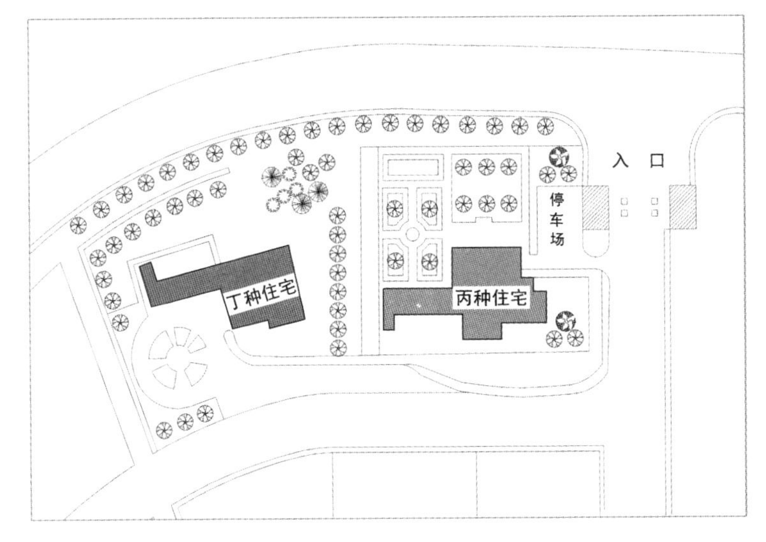

图 16-1-11 红岩新村丙种及丁种住宅房屋花园设计图样
来源：作者根据档案馆相关资料[①]自绘

的新村平面类似，采用风车型的平面布局；建筑设施也完善。如丙种住宅，它位于红岩新村的3号地块上，是一个两层的楼房建筑。建筑的外墙都为砖砌，内墙为双面竹笆墙，杉木楼地板，青瓦屋面，水电设备俱全。建筑空间设计上采用的是垂直分区的原则：底层为半私密空间，包括客厅、餐厅、厨房、花房、书房和仆人房等；二层为居住空间，紧凑地布置着5间卧室和两个浴室，并且在南向的房间都设置了阳台（或游廊）。这个住宅仅仆人房就有3间，并且还布置了一间侍应室。丁种住宅则与丙种住宅的平面布局基本类似，同样是底层为半私密的空间和佣人房，楼上为私密性的居住空间（图 16-1-11）。[②]

在住宅方面除了这种高级住宅之外，还建设了一些其他的居住、办公、娱乐等建筑。[③]如一些平面和外观也都类似于当时建造的平民新村的宿舍：是单层的5户联建住宅；每户一个开间，前后布置着两个正间和一个下房，前边一个正间为起居室，和起居室直接相连的是卧室，在卧室后是一个储藏室；整栋建筑没有厨房和卫生间。建筑造型也是简单的双坡屋顶，立面上只有一些必要的门窗，并没有其他过多的装饰；建筑结构也还是传统的穿斗式木结构体系。而金城银行沙坪坝办事处的宿舍则采用的是一种西式集合公寓的平面布局，主入口进入之后为一个较大的大堂，大堂的一侧有门卫房；整个居住空间被大堂分为左右两部分，左边为寝室，右边为公共的餐厅、厨房和盥洗室等空间；整个建筑的造型为一层的民国风建筑。此外还有金城银行的沙坪坝办事处以及金城银行俱乐部中的一些建筑也都在平面、造型以及结构体系上对西方有所借鉴。红岩新村更像是一个集多种阶层居住、工作、娱乐等于一体的新村建设，这种开发建设模式类似于北碚新村的模式，只是它的服务对象更加地集中于企业内部。

嘉陵新村的建设可谓是突发奇想得来的结果，它是属于个人自行组织建设的新村案例。

① 金城银行信托部重庆分部红岩村丙种及丁种房屋花园设计图样、都邮街广场办事处建筑草图．重庆市档案馆（沙坪坝），全宗号：0304，目录号：0001，案卷号：01243，附卷号：0000. 时间不详．
② 同①。
③ 金城银行信托部重庆分部红岩村房屋、沙坪坝办事处房屋草图．重庆市档案馆（沙坪坝），全宗号:0304，目录号:0001，案卷号:01244，附卷号：0000. 时间不详．

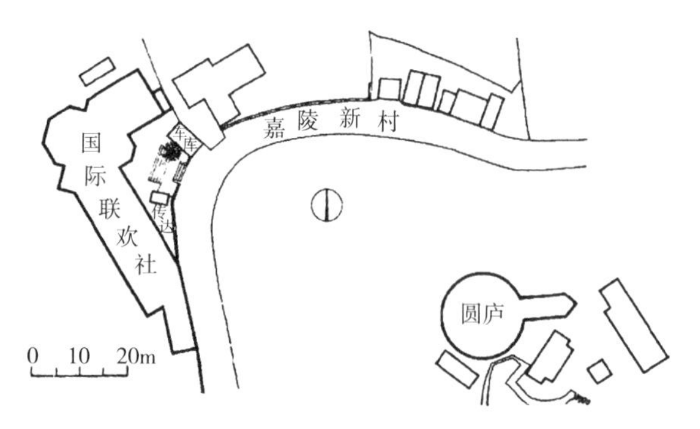

图 16–1–12 杨廷宝设计的嘉陵新村国际联欢社和圆庐住宅总平面图
来源：南京工学院建筑研究所编．杨廷宝建筑设计作品集．北京：中国建筑工业出版社，1983：113.

图 16–1–13 圆庐住宅和周边的山水环境
来源：欧阳桦．重庆近代城市建筑．重庆：重庆大学出版社，2010：256.

1939 年的一天傍晚，当时将馥记营造厂迁到重庆的陶桂林和夫人、孩子在嘉陵江边散步的时候，看到江中的美景和脚下的光秃秃的荒山，突然有了建设嘉陵新村的主意："我想在山上建造一个嘉陵新村，造好了吸引人来购买，这房子一定要能防空，这样买的人更多。这是一个新道路，把营造和房地产交易衔接起来。而且，山上建别墅式新村，也美化了陪都重庆。"[①] 于是他便托人在牛角沱附近买下了一片荒地，并派杨辅义、陈钧一搞设计，来计划建造一批两三层高的依山傍水之别墅，分栋出售，并正式取名为"嘉陵新村"。

在不到两年的时间里，陶桂林为嘉陵新村开辟了山间的汽车路，修建了一批房子。最终嘉陵新村一共建成了 20 余栋设有防空设施的楼房，当时诸如上海银行经理陈光甫，国民政府官员孙科、何应钦、刘纪文等名人都先后在此买房。如嘉陵新村国际联欢社、美国驻华大使馆的住宅区以及现在还仍然存留的孙科的圆庐住宅都是由基泰工程司的杨廷宝设计的。不过圆庐的建设是在 1938 年就建造的，[②] 因此它虽位于嘉陵新村，但是却早于嘉陵新村的正式提出和成立（图 16–1–12，图 16–1–13）。

该住宅依山而建，砖墙面、青瓦屋顶。它的平面的主要部分是由一个直径为 7 米的内圆和一个直接为 17 米的外圆所构成的同心圆组成。住宅依山势而建，主要入口放在了二层；二层围绕中间 7 米的圆形起居室呈放射形布置了卧室、客厅、书房和起居室等空间，并且在二层东边紧邻餐厅布置了附属的厨房和工友室；一层通过起居室内的旋转楼梯下去，围绕一层中间的较为封闭的圆室布置着居室和储藏室，一层也有一个次入口可进出住宅。因为一层圆厅无法直接通风，因此在其顶棚上均匀地设置了通风口并通过上层的管道拔风通气（图 16–1–14）。[③]

国际联欢社是抗日战争期间国民政府为各国使馆人员在重庆的娱乐活动而在嘉陵新村选址建造的，总平面呈 L 形，与基地有一个较好的结合，并且还在入口右侧布置了停车库。总建筑面积为 1700 平方米，是采用砖、石和竹笆墙混合建造而成。建筑的入口在二层，是通过入口

① 曹仕恭．建筑大师陶桂林．北京：中国文联出版公司，1992.
② 欧阳桦．重庆近代城市建筑．重庆：重庆大学出版社，2010.
③ 南京工学院建筑研究所编．杨廷宝建筑设计作品集．北京：中国建筑工业出版社，1983.

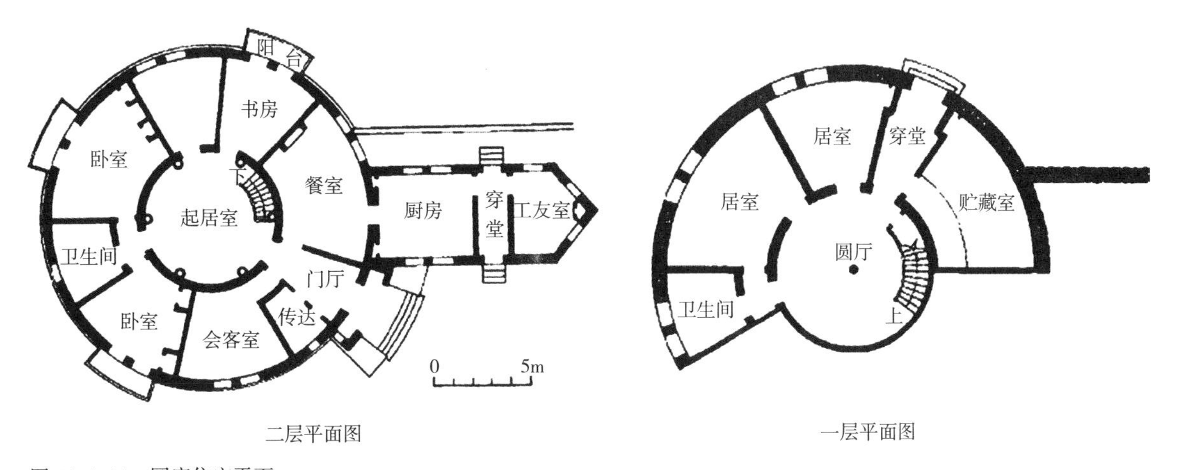

图 16-1-14 圆庐住宅平面
来源：南京工学院建筑研究所编 . 杨廷宝建筑设计作品集 . 北京：中国建筑工业出版社，1983：116.

图 16-1-15 嘉陵新村国际联欢社
来源：南京工学院建筑研究所编 . 杨廷宝建筑设计作品集 . 北京：中国建筑工业出版社，1983：114.

图 16-1-16 觉园的全景图
来源：欧阳桦 . 重庆近代城市建筑 . 重庆：重庆大学出版社，2010：213.

前的大台阶进入到一个类似于门厅的穿堂空间；整个空间的划分是靠中间的八角形的建筑联系两边空间，二层作为舞厅、活动室和餐厅等主要的娱乐餐饮空间，三层则作为办公空间。建筑的形式为坡屋顶，立面比较简洁，没有过多复杂的线脚（图 16-1-15）。

除此之外，陶桂林请了兴业建筑师事务所的徐敬直、李惠伯以及馥记营造厂内部的顾授书等建筑名家设计了嘉陵宾馆、时事新报馆、上海银行宿舍、四行储蓄所以及美国驻华使馆俱乐部等公共建筑，而嘉陵江宾馆也成为专门租给政府以招待外宾的住所。另外，建筑上出现了如时事新报馆和觉园等多样的形态（图 16-1-16）。除了上述一些新村之外，还有如 1943 年 11 月重庆市政府为了转移到重庆的爱国华侨而在黄桷垭山上建造的华侨新村工程（图 16-1-17），卢作孚为安顿战时的员工和员工家属而建设的民生新村以及两路口新村等。

总之，由于国民政府各级机关、各种军工企业，以及大量难民的迁入，导致重庆城市人口激增，再加上日军的狂轰滥炸，更加剧了当地居住的困难。政府不得不投入巨大力量建造住房，而社会各方面也都积极参与建设，一时呈现出多渠道的投资方式和多元化的规划和设计方式。

图 16-1-17 华侨新村现存两栋建筑：文峰段 2 号（左）和 10 号（右）
来源：欧阳桦 . 重庆近代城市建筑 . 重庆：重庆大学出版社，2010：242-243.

三、重庆中央（中山）公园的建设[①]

重庆市的中央公园（人民公园前身）的建设源起于 1922 年，成型于 1929 年，又在重庆的陪都时期获得新的发展。在这个过程中，它从一个单纯的服务于市民休闲的城市公共空间，逐渐演变成为一个综合了休闲、娱乐、运动和国民教育，以及国家纪念多种功能的公共场所。

受到在全国东部大城市和各个通商口岸进行公园建设的影响，作为通商口岸的重庆也在准备着公园的建设。当时重庆商埠督办杨森计划开辟上下城之间的荒地后伺坡准备作为公园。但计划开始实施不久，川军内战爆发，杨森败走，公园的修建计划被搁置。1926 年，潘文华继任重庆商务督办后重修公园，还将原本巴县政府后面的空地划入公园的建设范围。工程从当年 10 月开工，1929 年 8 月完工，成为重庆城第一座市民公园。其中种植花木，筑金碧山堂、江天烟雨阁、涨秋山馆、喷水池、悠然亭等建筑，还建起阅报室、网球场、儿童游戏场、假山等，并在大门进口处立孙中山塑像，取名中央公园。[②]

中央公园所在地金碧山旧时是巴山的顶峰，也是当时城内三个高峰之一。无论是明代渝城八景，还是清代巴渝十二景，“金碧流香”都位列之首。山下有县学（文庙）、禹王庙，左边有东华观，右边有长安寺、罗汉寺。中央公园之下还有重庆府衙、川东道衙、巴县县衙三级政权。[③]而公园周围则有社育电影院、望江旅馆、总商会和中央旅馆、苏货帮义学会、竞争石印局、巴县议会等当时城市内重要的公共建筑。总之，这里不仅是城市政治和文化中心，经济活动也最有活力，又由于地处上下半城的交通要道，因此成为重庆城市一个重要的开放空间。

据潘文华主持编撰的《九年来之重庆市政》，中央公园“杂莳花木，绿树成荫。东北隅筑金碧堂一，曰葛岭，其下栏蓄奇兽，有亭曰小灵湫。过此西行，有洞二，门垒假山，额‘巴岩

① 本小节作者李珊珊、杨宇振。
② 何智亚 . 重庆老城 . 重庆：重庆出版社，2010.
③ 重庆市园林绿化志资料长编——巴渝十二景卷 .

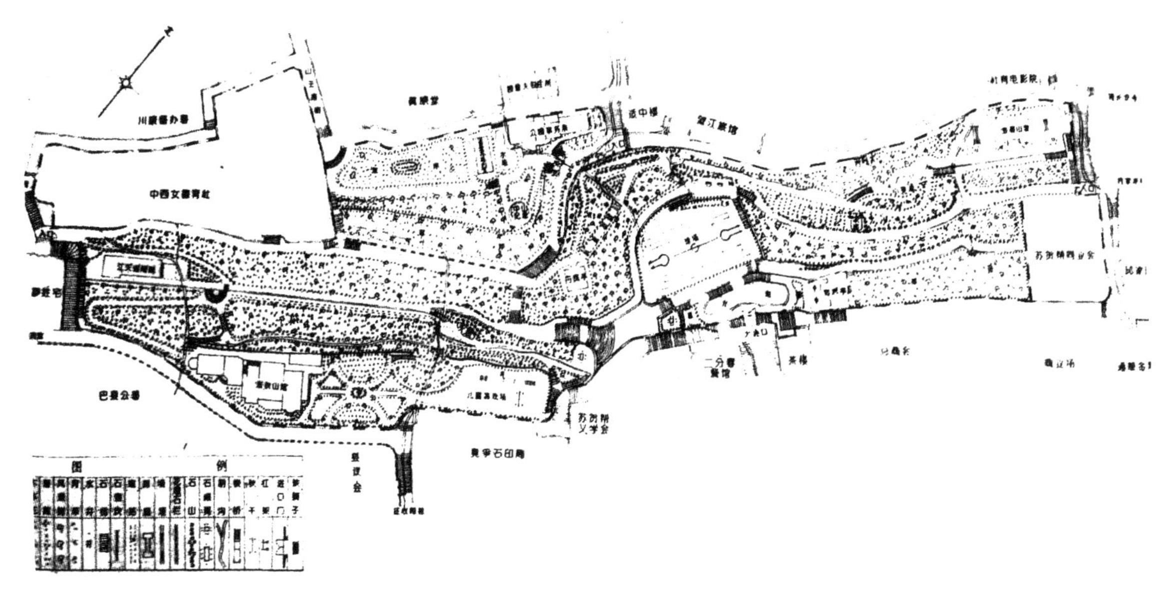

图 16-1-18　中央公园设计平面图 1929
来源：重庆市渝中区文管所

延秀’。南有中山亭，其西南隅建江天烟雨阁。涨秋山馆大门进口有喷水池、悠然亭，并有中山像、阅报室、网球场、高尔夫球场、儿童游戏场、草坪等，颇具园林形态。计面积不过一千余平方丈。”①这一描述显示，当时中央公园的建筑和环境空间具有明显的中西融合的风格。如公园中设有“悠然亭”等代表中国建筑的景观要素，其环境空间也有“有洞二，门垒假山”等曲径通幽的山地园林特点，然而公园内部又包含网球场、高尔夫球场等西方运动设施。更有趣的是，“涨秋山馆”之名显然来源于晚唐著名诗人李商隐的“夜雨寄北”诗，然而实际上它却是一家西餐馆。不过尽管公园以一座孙中山像作为入口大门前的重要景观，但园内的早期的设施主要是为了市民的休闲、娱乐和运动（图 16-1-18，图 16-1-19）。

1937 年 7 月抗日战争爆发后，随着重庆成为全国的政治中心，作为城市重要的公共空间的中央公园在性质上也发生了变化，主要表现在政治性和纪念性的加强。

1939 年，重庆成为陪都的第三年，出于对战时首都地位的重视，国民政府要求拟定建设新重庆的计划，立法院于当年公布实施《都市计划法》，规定了计划区域的划分，设计按住宅、商业、工业、行政、文化等特点发展各计划区域，发展道路系统及水陆交通，发展公用事业及上下水道，土地分区使用，确定市区内中小学及体育、卫生、防空、消防等公用地设置地点，环境生态保护等。而在这一年，中央公园被改名为中山公园。

1940 年 10 月，行政院决定建立重庆陪都建设计划委员会，详细规划重庆建设事宜，是年，陪都建设计划委员会编制了《战时三年建设计划大纲》，提出了陪都整建计划，宣布重庆在抗战时期为全国政治、军事、经济、文化中心，战后亦将为西南政治、经济中心，重庆建设以贯

① 潘文华编．九年来之重庆市政．1936.

图 16-1-19　中央公园历史图片
来源：重庆市渝中区文管所

彻战时与平时两重性原则。[1] 在这一时间段内，中山公园成为战时陪都重要的公共休闲空间。同时，国民政府也对公园的发展给予重视，并根据抗战时期的历史情境不同，对中山公园空间进行了一定的改造，主要表现在一系列纪念碑的建立。在更新城市历史记忆的同时，进一步强化了公园的政治性功能。

这一时期中山公园内先后修建的纪念碑包括：辛亥革命烈士纪念碑，傅尔康纪念碑和重庆市消防人员殉职纪念碑。在抗战时期，国民党频繁修建先烈纪念碑的官方原因，可从吴国桢致邹鲁信中宣称"一方面纪念以往诸先烈革命功勋，一方面激励现实全民族抗战情绪。"[2] 从更加深层的原因来说，是由于国民党迁都重庆后，四川地方势力和地方人民与国民政府矛盾加剧，地方甚至提出"川人治川"的口号。而这一时期辛亥革命纪念碑、重庆市消防人员殉职纪念碑的修建，都是在安抚地方人民的情绪，并将中央与地方的矛盾转移到国家民族主义情绪上来。公园作为城市重要的公共空间的一员，便成为了国家将国家意识宣扬给公众的最好的物质空间载体。公园的纪念性和教化性功能也因为这些纪念碑的修建而进一步加强。

1. 民众视角中的中央公园意象：游乐空间与猎奇心理

近代公园的定义是"供群众游乐、休息以及进行文娱体育活动的公共园林。"[3] 由此可见公园的功能在很大程度上是提供文娱活动的。这与在传入之初的西方公园有很大的不同，如西方

① 重庆地方志编纂委员会总编辑室．重庆大事记．重庆：科学技术文献出版社重庆分社，1989.
② 中国人民政治协商会议四川省重庆市委员会．重庆文史资料选辑，1979，12.
③ 汉语大词典．上海：汉语大词典出版社，1988.

的公园多表现为提供人们接触自然，呼吸新鲜空气的场所，而中国的公园则是将西方的博物馆、植物园、动物园等多种空间进行集合，提供人们在公园活动时的游学一体化。以中央公园附设动物园为例，陈蕴茜在研究清末民国旅游娱乐空间的变化时曾经有对公园本土化转化的精彩论述，她在文中举例提到上海的外滩公园、青岛中山公园都在建成时即设动物笼舍，逐渐演变为公园中的小型的动物园。而再看中央公园中的动物园设置，一方面看到东部城市公园理念对重庆建园的影响，另一方面也为陈蕴茜提供了另一有力的例证。而在重庆中央公园内部，其游乐功能不仅仅限于动物园，还包括茶园、儿童游乐区和各种篮球场、网球场等运动设施，都体现出中央公园在尽力完善并强化其公园的游乐性质。

实际上，从许多城市在民国时期兴办公园的模式来说，公园建设者的初衷多是使得民众能够走出狭小的自家一屋，而来到公园享受自然“发人兴趣助长精神俾养成一般强健国民缔造种种事业而国家因之强盛”。[①] 然而，底层民众的公共意识培养尚未养成，下层民众对于公园中的奇观，如动物园更有兴趣。如果说传统的重庆，乃至中国是以到户外的大自然中接受零星分散的自然知识为主要方式，则动物园在公园内的出现则是将户外的自然状态的旅游娱乐空间浓缩为狭小的旅游娱乐空间，人们与自然的接触由直接接触转向为间接接触，由分散零星的接受自然知识转为系统集中的接受自然常识，进一步可以说，是西方文化传播和中国现代性转化的重要媒介。

对于重庆来说，很多民众来到中央公园是以游乐为目的，看看稀罕的猛兽，接触一下西洋景，接触西洋运动，如高尔夫等，再喝点西洋咖啡。同时，中央公园不仅仅是本地居民的游乐之处，也很大程度上成为了外地人来重庆的重要的游乐“景点”。从中可以看到，在当时历史背景下，国人对公园的认识更多是建立在西方猎奇的观点之上，体现出了重庆公园的本土化特点。

2. 政府视角中的中央公园空间意象：空间的教化与纪念性植入

公园作为一个由国民政府提供的公共品，其目的不仅仅在提供市民游乐和猎奇之处，更重要的是通过公园的相关设施向民众灌输现代观念与意识。公园实际兼具社会政治教育空间的功能。重庆的地方政府在修建中央公园作为旅游娱乐空间的同时，还将公园作为宣传民族主义思想的基地。在中央公园入口处，有醒目的孙中山塑像，其下有中山亭。而在陪都时期，这一政治宣传的作用被进一步强化，首先体现在中央公园的改名为中山公园，这次公园的改名集中体现了国民政府在重庆利用公共空间进行意识形态宣传的目的。

重庆中央公园的入口矗立着一尊孙中山塑像，表现出政府利用城市公共空间进行意识形态宣传的企图。抗战时期中央公园因日军的轰炸而遭破坏。但政府并未完全修复中山公园，而是在1946年和1947年先后修建了革命先烈纪念碑和重庆消防人员殉职纪念碑，以进一步强化国人的民族主义情怀，可以清晰地看出公园形态转变背后权力策略。

---

① 董修甲．市政新论．商务印书馆，1924.

民国时期的中央公园，因其特定的空间情境，为民众提供了一个宣传抗战精神的公共空间。这一时期，冯玉祥、郭沫若、冼星海、茅盾、张恨水、曹禺、巴金、马思聪等大批名人志士都在园内留下他们的事迹。中国电影制片厂歌咏队也常常在网球场作抗日宣传。不仅如此，园内还留有多处抗战时期建筑遗存。这些爱国人士的空间实践，进一步强化了重庆中央公园中的民族主义和纪念性意义。中央公园在民众眼中已经不是一个单纯的休闲娱乐空间，它与“在场”的民众共同营造出一个全民抗战的政治性空间场域。

四、抗战期间及之后的贵阳建筑活动[①]

抗日战争期间，贵阳成为一座重要的后方城市，沿海城市的大批企业、学校和政府机关纷纷迁入，同时中央、中国、交通、农业等银行，中央信托局、邮政储金汇业局，贵州企业公司，贵州矿务公司，资源委员承业管理处以及锑业管理处贵州分处等企业和管理机构也相继在贵阳建立。1943 年贵阳已有官僚资本和公私合营的工厂 27 家，民营工厂 97 家，而商业更多达六千余家，一批建筑师事务所和营造厂也内迁入黔，[②] 其中包括华盖建筑师事务所这样著名的设计机构。

这一时期建筑设计和建造专业也在贵州的高等教育中出现。1928 年贵州省主席周西成在南明区遵义路创办省立贵州大学，曾设有土木工程专修科 1 班，但在 1930 年停办。1938 年国立交通大学唐山工学院与北平铁道学院合并后于 1939 年迁至贵州省平越县（今福泉市），1939 年浙江大学迁至遵义，两校都设有土木工程系。1937 年贵州省立职业学校开设土木科，省建设厅于 1945–1946 年还举办设计人员培训班 3 期。1941 年国民政府行政院通过建立贵州农工学院案，校址在今花溪公园，开设土木系，学校后来辗转安顺、遵义，后又回迁贵阳。1950 年代该校土木工程系道桥等专业并入昆明工学院，建筑专业调入重庆建筑工程学院。[③] 以上机构为贵州培养了一批专业建筑人才。

1939 年成立的贵州企业公司从沪、渝两地聘请建筑师组成建筑师室，负责本公司建筑工程的设计和指导施工。紧接着省内各地也出现大量营造厂商，承包工程时，都能提供勘测、设计、施工全部服务。专业建筑人才的培养和专业设计、建造公司在贵州的出现，真正推动了贵阳近代建筑的前进。1939–1949 年间，贵阳地区设计兴建了一批体现当时新材料、新结构、新功能和新形式的公共建筑，其中有建于醒狮路的省物产陈列馆、图书馆、艺术馆等建筑群，有建于中山西路、中华南路和原省府路的贵州银行、中国银行、中央银行、农民银行等金融建筑，还有六广门体育馆、小十字电影院等文化教育和娱乐建筑。[④]

---

① 本节作者周坚。
② 贵州地方志编纂委员会 . 贵州省志建筑志 . 贵州人民出版社，1999：2.
③ 同②：626.
④ 同②：111–114.

图 16-1-20　冯树敏旧居（作者自摄）

图 16-1-21　贵州省银行营业及办公大楼（作者自摄）

1938 年在贵阳南明河畔先后设计建造一批西式别墅住宅，形式多样风格各异，有牟廷芳宅、何辑五宅、谷正伦宅、赖永初宅等。现存的冯树敏旧居建于 1948 年，由上海营造商陶桂林参与设计施工，建筑平面大致呈长方形，局部突出，占地 660 余平方米，建筑为 2 层砖木结构。房屋完全按照功能要求设计，整个建筑简洁，颇有赖特草原别墅的韵味，屋顶为庑殿顶，覆盖红板瓦，出檐深远，阳台、雨棚层层叠叠地向前突出，客厅壁炉的烟囱突出屋面，打破整块红色瓦屋面的单调感。整栋建筑大面为清水墙面，而窗间墙缀饰锯齿状玫瑰红瓷砖，使得建筑立面造型和色彩于统一中有对比。房屋内部卫生间和一楼的过厅为水磨石地面，其余房间和楼梯全是梓木拼花地板。建筑整体显示了现代主义的影响（图 16-1-20）。

除以上达官显贵的私邸以外，抗战爆发后部分机关和企业还建造了一些职工住宅，总体布局均采用行列式排列，平面多为 8~11 开间，每列分隔前后间，平顶木楼板，梁枋普遍改为竖放枋材，取代传统的圆木梁枋，由此拉开改变贵阳旧式住宅封闭式老传统的序幕。

20 世纪 30 年代，尤其是在抗战爆发以后，随着中央、中国、交通、农业等银行在贵阳成立分行，当地金融建筑得到了很大发展。位于贵阳中华南路的中国银行首次采用现浇混凝土框架砖砌填充墙的主体结构。其他如中央银行、农业银行、金城银行等也相继采用钢筋混凝土构件。位于贵阳市中山西路，1946 年修建的贵州省银行营业及办公大楼，设计人是刘梦萱，也是最早使用钢筋混凝土构件的砖混结构房屋之一。其平面基本为矩形，坐北朝南，主体部分位于大楼东侧，较西翼凸出 1.85 米，为营业部分，营业大厅层高达 5.2 米。西翼为写字楼，供银行职员办公。整栋建筑用竖线条控制，入口雨棚用竖向凸出墙面的四根通高方柱控制，建筑的正立面窗间墙用红色砖墙上下连通，亦呈竖向线条，墙间开玻璃窗，整栋建筑外形完全是简洁明快的现代主义风格。建筑采用钢筋混凝土过梁，钢木屋架，底层水磨石地坪，楼层均为木楼板、木楼梯，屋顶为青瓦硬山顶屋面，前面及左右两侧用女儿墙遮住瓦面，是有组织排水，后面是自由排水，由此可见在设计上这栋建筑也保留部分中国传统做法（图 16-1-21）。

抗日战争时期，作为一座后方城市的贵阳修建了科学馆建筑群，它包括省立图书馆、省艺术馆、省科学馆、物产陈列馆以及招待所等，其中省立科学馆和艺术馆是华盖建筑师事务所设计的。[①] 整个建筑群以一个庭院为核心布局，庭院中轴线顶端为科学馆，右侧为艺术馆和物产陈列馆，左侧为招待所和省立图书馆，科学馆是整个建筑群的主体建筑，为两层砖木结构，平面呈横向工字型，立面采用的是古典的横向三段式体块构图，两翼向前突出，中部略高，该建筑的左侧二楼有一阶梯讲演厅，在贵州当属首例。艺术馆是纵向工字型平面的两层砖木结构，正立面也处理为三个方块组合，中部略高，有连通两层的入口门窗，其余全为实墙面，虚实对比强烈。门厅后方左右各设楼梯一座，承重结构采用高 1 米、跨度 10 米的木桁架，并利用梁间高窗采光，获得陈列展品的整块墙面。整个科学馆建筑群无论是群体还是单体都具有造型新颖、简洁、注重功能等现代建筑的特点。

1943 年华盖建筑师事务所设计的贵阳市儿童图书馆，立面采用古典的纵三段式样，底层基座，中间开窗，这两段颜色和材料一致，最上一段则为浅色光滑的墙面。左右以入口大门对称，整栋建筑简洁明快。同年华盖建筑师事务所还设计了贵州省立民众教育馆，该建筑为 2 层横三段式，建筑入口采用通高的四根方柱支撑雨棚，两侧对称，立面窗间墙上下连通，墙间开玻璃窗。这两栋建筑虽有古典主义的韵律，但完全采用现代建筑的表达方式。

电影院建筑比较突出的是建于中山西路的金筑影剧院、中山东路的贵州电影院，以及中山东路小十字的贵阳电影院等。其中金筑电影院临街面为底层券拱骑楼，观众大厅为叠梁式的传统结构，三面有楼座，布局仍然未脱离中西合璧形式。而贵阳电影院的结构、造型、功能布局接受西方建筑影响，较为新颖，装修也较为讲究，观众厅已采用起坡形式改善观众视线，入口门厅、二楼候场休息厅、售票处、疏散口、厕所都作了合理设计，代表了 1949 年以前贵阳设计的较高水平。

抗战后大量工业内迁，加之当地官僚资本与民族资本组建工业企业，建设了一些简易厂房，这些厂房大多平面单一，跨度小、净空低、单层为主、采光通风条件差、不讲究装修和造型，结构以砖木为主。1940 年代贵阳电厂迁至水口寺扩建，有了标准略高的 2 层砖木结构厂房，随着国民政府的许多工厂相继迁入，开始有钢筋混凝土构件的混合结构厂房，其设计和施工都表明贵阳建筑技术的进步。

1940 年代后，行政办公建筑，除原有旧房外，有新建的按照标准图建造的贵筑县政府大楼等，说明设计营造也已经相当正规并具有一定规模了。贵阳抗战时期已经有贵州企业公司在南明住宅区所建的可容 300 人的建业堂这样颇具规模的会堂建筑了。

除此之外，贵阳还修建了省立医院、体育馆等公共建筑，把当时西方较为先进的设计理念和结构施工技术引入了贵阳。

抗战时期大量政府机构、企业内迁为贵阳带来先进的建筑设计理念和人才，是一次生产力的大转移，对贵阳近代建筑产生了巨大影响：首先是新建筑的种类和功能需求不断扩大，例如产生了银行建筑、医疗建筑、大跨度的厂房建筑等，而且建造的数量增多了。其次，一大批建

---

① 童寯 . 童寯文集（第二卷）. 北京：中国建筑工业出版社，2001：433-442.

筑专业人才、建筑师事务所和营造厂也跟随内迁而来，他们的到来，带来了新的设计理念和建造技术，他们的设计已经明显带有现代主义建筑思潮。第三，引进了新的建筑结构方法和新的建筑材料，出现了钢筋混凝土构件的混合结构厂房，大跨度屋架的建筑，例如余维敏在贵阳六广门体育馆设计建成18米跨度的屋架。钢材和水泥也大量使用（贵阳当时就有一个年产700吨水泥的小土窑水泥厂），这些都为贵阳建筑采用部分钢筋混凝土结构提供了条件。第四，逐渐重视专业建筑人才的培养，形成建设类的近代科技人员队伍。第五，新形式、新结构、新材料的建筑已经广为运用，涵盖了大部分私宅、商业金融建筑、学校文化类建筑、行政办公建筑、以及一些实力雄厚的工厂。

第二节 汪伪政权下南京的建筑活动①

一、汪伪时期南京建筑活动概况

自1937年12月13日日军占领南京城，至1945年9月9日中国战区日军在南京陆军总部大礼堂投降签字，日本实际控制南京将近8年。日军在攻打南京期间和占领南京后的几个月内所进行的轰炸、屠杀和掳掠对这座中华民国的首都造成了极大破坏，摧毁了国民政府之前十年建设的大量成果。此后8年，尽管日方曾先后扶持了南京市自治委员会、梁鸿志维新政府和1940年3月成立的汪精卫国民政府等傀儡政权，用以维持城市运作，却仍然难以使南京恢复原有的繁荣。

汪伪时期南京城市满目疮痍，建筑废墟遍布，物资贫瘠，人才凋零。因此，南京建筑业的修缮和新建并重，建筑工程规模小，建筑设计和建造水准有限。由于战争破坏严重，南京特别市工务局督促和监管对民用建筑物的修复工作、主管对政府损坏建筑物的修复工作，贯穿了整个汪伪时期。根据1945年9月的移交清册，②该时期南京特别市的建筑执照发放(1940–1945年，后同)至1118号,修缮执照发放至1249号,可以推断出该时期的修缮工程数量略多于新建工程。在专业人才方面,该时期活跃于南京的中国建筑师仅查有6人,③另有日本建筑师及事务所若干。这一情形与战前中外建筑师人才济济的繁荣局面大相径庭。

汪伪时期，除了经济萧条之外，南京特别市的政治和文化状况也受到了日本的强权控制。而考察当时的建筑设计和建造活动，可以具体而微地观察到中方政府和日方领事之间的权力角逐,以及中方对日方既附和又排斥的微妙态度。日方曾要求南京特别市工务局普查抗日意义碑,④

① 本节作者季秋。
② 移交清册（员工档案等）(1945.9).南京：南京市档案馆，档案号1002–5–173.
③ 技师申请登记（1943年）.南京：南京市档案馆，档案号1002–5–2527.
④ 关于调查含有抗日意义碑塔.南京：南京市档案馆，档案号1002–5–502.

对中方政府人员进行日语培训，其中也包括从事建筑设计的工务局技士。同时，他们扶植中方曾经留学过日本的人员势力，在南京建立留日会会所等。[①] 汪伪行政院虽然通令与日人周旋应谦恭，仍然尽可能保护中方利益，限制日本人的权利范围。如市工务局虽然无法干涉日本领事馆批准日本人占用本地民宅，却通过不批准建筑修缮工程来阻挠日方的实际使用。[②] 市工务局即便急缺建筑设计人才，也排斥日本建筑师在局内任职。[③]

二、日本人在南京的建设活动

（一）日人街

日军控制南京之后，大肆占用南京城内建筑物。首当其冲的是划出城市内最好的地区和最好的建筑物供日本人使用，建立了“日人街”。至今可以找到当时日方建造的一些痕迹。

1938 年 1 月 9 日，最早的一批日侨商店在南京市中心一带的“日人街”开张。日人街设置在市内最繁华地区，面积大约 220 町步（一町步约合 15 亩）。最初以军内小商店为主，逐步增加各类商业。除军人、军属外，居住此地的日本人（包括日本殖民统治下的朝鲜籍人、中国台湾籍人）约达 300 人。1938 年 4 月 10 日，《新申报》转载了日本《读卖新闻》社消息“南京将建立一条日人街”。消息披露，南京市将在市中心区建立一条日人街。该区包括中山路、中正路、国府路、江南路、白下路、中山东路、太平路等街道。计划投资 30 万日元，其中 10 万日元用于修整被烧毁的房屋，3 万日元用于修缮贫民房屋，5 万日元用于建造日本公园与南京神社，2 万日元用于建立一座医院。

随着日军占领南京的时间渐长，日本侨民的数量也逐渐增多。据中国现代史学家经盛鸿统计，截至 1941 年 6 月，南京共有日本居留民 12816 人，占南京全市居民的 2.06%，日商企业近 1200 家；1945 年 8 月日本战败投降时，在南京的日侨数约 11000 人。一些日侨还投资开业，开办一些中小工厂。如日商渊本次二投资 5 万元资金在糖坊桥 60 号开设了南京铁工厂；另一日商在汉中路开办了晃明洋行，并设有机械厂。[④] 日侨和日资企业的增多必然带来对于地产的需求。

类似的记载比比皆是。在整个汪伪时期，日侨可以直接向日本领事馆申请占有南京城市中的空置房屋或地块，并直接由日本建筑师提供建筑改造或兴建方案，中方仅对工程略作查勘。这些案例中，住宅占很大比重。如株式会社兴南公司设计部设计的廊东街 54 号森川勇雄修筑

① 关于验收香铺营中日留学会修建会所（1940.12.3）. 南京：南京市档案馆，档案号 1002-5-1897.
② 关于维新路 225 号，碑亭巷 53 号日商建筑（民国 32 年）. 南京：南京市档案馆，档案号 1002-5-1334. 档案包括图纸 3 大张，第一张上有标注“膳食堂改造工事设计图，高桥工务所”，字体古怪，可能是日本人所写。
③ 详见后文西本幸民和徐澍的求职经历。
④ 经盛鸿. 日伪时期的南京“日人街”. 南京：档案与建设，2008（6）.

房屋方案，[1] 其平面为一典型的带壁橱的和式住宅；1944 年 3 月 7 日赵汶恺勘查日商大薗洋服洋行工程，由领事馆许可居住，设计承包商为今村工务所；[2] 同日他也勘查了新建日本式花房一所及温床等，拟开设实相花园。[3] 中方政府如可查及原房主或地主的姓名，往往称兴建手续和产权不合规程，禁止建造活动。如 1943 年的维新路 225 号、碑亭巷 53 号日商建筑改造，由高桥工务所绘制设计图纸，但未获得中方政府批准，这两处房产应该没有实际建造。[4] 这或可视为对日方控制的一种微弱反抗。

（二）五台山神社

1938 年《读卖新闻》消息中提到的南京神社与现存的南京五台山日本神社相吻合。五台山神社原为一组带鸟居的近代日式建筑群，现鸟居不存，仅存两座大殿。建筑物外墙均为混凝土，屋架为木构，材料运用类似当时的南京建筑，细节上带有和风。其中一座大殿屋脊有菊花纹样瓦当，是神社本殿的特征之一。本殿常用于放置神体。另一座大殿应是祭祀使用的拜殿。两座大殿周边的路灯风格与之协调，当为同期作品（图 16-2-1）。

南京神社预算为 40 万日元，在同时期中华民国地域范围内（不包括关东洲、伪满洲国和台湾地区）的神社中建造费用最高，于 1940 年 2 月 11 日执行了造营报告活动。南京五台山神

图 16-2-1　五台山神社（左图：本殿；右图上：屋脊构件；右图下：路灯作者自摄）

① 关于廊东街 54 号森川勇雄修筑房屋（卅二年）. 南京：南京市档案馆，档案号 1002-5-1372.
② 关于日商大薗亲雄修筑四牌楼 13 号房屋工程（卅三年）. 南京：南京市档案馆，档案号 1002-5-1414.
③ 关于日商上田九十九修建太平路 121 号房屋工程（卅三年）. 南京：南京市档案馆，档案号 1002-5-1412.
④ 关于验收香铺营中日留学会修建会所（1940.12.3）. 南京：南京市档案馆，档案号 1002-5-1897.

社实际包括两个神社，一个是南京护国神社，一个是南京神社。前者创立于 1942 年 5 月 2 日，以战死的日本军人、警察为祭祀对象。后者则创立于 1942 年 10 月，所祭为天照大神、明治天皇和国魂大神，氏子数①为 3413 户。南京护国神社位于南京神社范围内。神社的日常管理工作由神职人员负责，处理重要事项则需得到当地日本领事馆许可。②五台山神社的建筑师为日本人高见一郎。③

南京神社两社合一，规格较高，在中国的日本神社中比较特殊。中华民国地域范围内（不包括关东洲、伪满洲国和台湾地区）的日本神社共建造过 56 处，包括最早建造于 1915 年 3 月的青岛台东镇神社，建造于 1942 年 10 月的南京神社是最后一处建造的。这 56 处神社中只有南京和九江两处神社内包含供奉军人军族英灵的护国神社。④

（三）日本建筑师与建筑事务所

受到战争影响，欧美建筑师在该时期罕见于南京，只有部分日本建筑师和建筑事务所活跃于汪伪时期的南京地区。根据现存档案，可查的日本建筑师与建筑事务所有高见一郎、水野组南京支店、株式会社兴南公司设计部、今村工务所、高桥工务所等。⑤他们的委托人多数是日方军事和特务机构、企业以及日本侨民，其委托项目的建造地多半位于南京的日人街区域。在该时期的南京城，中国人和日本人的项目修建和建造是各自独立的体系。

该时期活跃于南京地区的日本建筑事务所之一是水野组南京支店。1939 年至 1941 年 5 月，水野组南京支店在不到两年半时间内的设计项目清单包括千元以上项目 52 个，千元以下项目 171 个，总项目金额达到 134.6985 万日元，其中绝大多数项目位于南京，其余位于马鞍山、秣陵、蚌埠、芜湖等邻近城市。该事务所在几年的业务扩张之后，也希望参入中方项目，故向汪伪政府的工务局申请，请准参与投标工程。⑥仅水野组南京支店的项目数量就超过了当时南京政府专业人员、开业技师所进行的项目数量。可以想象，日本人当时在南京占据了政治、经济的主导权，有充分的实力开展各类建设活动。

1941 年任水野组南京支店代理（主任）的生田正一是一名资深建筑师，他毕业于东京工学院建筑科，33 岁到南京时已经毕业后从业 15 年，⑦参与过 15 项大型项目的设计工作。生田除在日本国内横滨、大阪、下关、宫崎等地工作过，还在日本海外殖民地朝鲜和伪满洲国工作过。

① 根据住吉大社的神社用语集对氏子的解释，氏子原指氏族向氏神祭祀的子孙，后指在该地区信奉氏神的人，氏子数就是该地区信奉氏神的人数，见：http：//www.weblio.jp/content/%E6%B0%8F%E5%AD%90?dictCode=JNJYG.

② 南京神社的相关情况详见：郷田正萬等联合研究．戦前期・中華民国における海外神社の創立について，<共同研究報告>東アジアにおける国際体制の再編成について（研究ノート）．神奈川大学法学研究所研究年報，2002，20：94-150.

③ 王炳毅．南京也有一个日本神社．长沙：湖南档案，2002，11.

④ 中华民国神社情况参见：http：//www.weblio.jp/content/%E6%B0%8F%E5%AD%90?dictCode=JNJYG.

⑤ 档案号 1002-5-1292，1002-5-1334，1002-5-1372，1002-5-1412，1002-5-1414. 南京市档案馆；王炳毅．南京也有一个日本神社．长沙：湖南档案，2002，11.

⑥ 关于水野组南京支店水野喜作请准投标工程（民国卅年五月）．南京：南京市档案馆，档案号 1002-5-1292.

⑦ 生田正一于 1908 年 8 月 20 日出生，1926 年 4 月东京市东京工学院建筑科卒业（甲种工业学校），此后一直从事建筑设计工作。档案来源：http：//www.weblio.jp/content/%E6%B0%8F%E5%AD%90?dictCode=JNJYG.

三、中国人在南京的建造活动

汪伪时期，中国人在南京的建造活动并不活跃，所做多为简易建筑，具有影响力的建筑项目少之又少。从建筑物数量来看，南京特别市工务局设计建造了一批市政建筑，其中最重要的建造活动是新街口广场中心布置工程，在城市的中心重新放置了孙中山铜像，具有重要的政治意义。至1942年城市经济略有复苏后，城内仅存的几位建筑开业技师受到商家委托设计了少量商业建筑。另外，汪伪政府中的高级官员还赞助兴建了一些建筑，如陈群用于私人藏书的三层小楼泽存书库，九华山上褚民谊主持兴建的三藏塔等。但该时期南京城的大部分建筑物就如同1944年底匆忙建成、1946年1月即被大部分炸毁的汪精卫坟墓一样，虽然曾经存在于历史，却雁过无痕，鲜有反响。

汪伪时期，南京特别市政府内的建筑专业人员，其机构和人员设置基本和日本占领之前的南京国民政府的设置一致。该时期南京市内的中方政府的营造活动基本由市级机关工务部门设计、组织和管理。① 从事建筑设计及相关工作的公务员大多任职于市级机关工务处，② 后改名为工务局，其职位是“技正”、“技士”与“技佐”。从汪伪时期工务局档案中可以看到，当时建筑技士的工作包括：政府工程项目的查勘、设计及监理，民用工程项目的管理和监查等。曾经负责设计政府项目的技正和技士有：查委平、叶萱、许中权、华竹筠、曹春葆、许炳辉、周荫芊、柳雅南等。③ 由于当局受到日本的实际控制，工务局技术人员也要接受日语培训。如1938年有166位工务处职员上日语课的记录，其中第一组在每周星期一、四上午七至八时上课，包括有许炳辉、周荫芊、黄元魁等人。④

据汪伪时期技师申请登记档案的不完全记载，当时南京地区的开业技师有：杨存熙、曹春葆、胡松年、徐信孚、钱思公、张静波等人。他们多为国内大学土木工程科毕业生，与战前南京的海归建筑师相比，专业背景相差甚远。⑤

尽管中日双方各有建造体系，日本建筑技术人员也希望在中方政府中得到专业职位。如日籍技术人员西本幸民和徐澍分别于1938年11月和1939年1月向工务局求职。西村于1914年生，1935年毕业于大阪市里都岛工业学校建筑科（修业期限六年），之后即赴伪满洲国供职商界，于1937年归乡，目下供职市政府。徐澍于1932年投王雄飞工程师门下学习工程图样，并兼习工程设计，1935年间于各公逆产承接绘图设计营造等职。从专业背景上看，西本幸民有正规学历，而徐澍仅有学徒经历，应不如西本，但最终他获得了录用，而西本的申请却被“按规定”

① 受到档案的限制，该时期一些比较重要的政府工程，如汪伪政府部分楼房，陈群的藏书楼——泽存书库及短暂存在过的汪精卫陵寝等的设计人和建造过程都尚待考证。

② 1938年4月，伪督办南京市政公署设工务处，同年10月工务处改为工务局，内设一、二、三科及技术室。其职责是公用房屋、公共体育场、公共墓地等的建筑修理；市民建筑的指导与取缔；市内民营公用事业设施的管理、督察；道路、桥梁、码头、沟渠、堤岸及其他公共土木工程的建筑；河道、港务、飞机场的管理和其他工务行政等。见：南京市档案馆全宗指南 .http：//www.archivesnj.gov.cn/default.php?mod=article&do=detail&tid=195437.

③ 这些人员名单、简历及照片均根据南京市档案馆档案整理，包括：档案号1002-5-207，工务局暨各所属单位各种职员名册、履历表；档案号1002-5-208，工务局暨各所属单位各种职员名册、履历表（1938-1944）；档案号1002-5-210，工务局职员履历表（民国31年）；档案号1002-5-211，工务局职员履历表（民国31年）；档案号1002-5-190，关于同意行政院粮食管理委员会借调本局查委平技正的公函（卅年九月）. 南京：南京市档案馆 .

④ 本处各职员研究日语（1938.5-1938.11）. 南京：南京市档案馆，档案号1002-5-440 .

⑤ 技师申请登记（1943年）. 南京：南京市档案馆，档案号1002-5-2527.

拒绝。[①] 这一结果或与当时的汪伪政府希望控制日本人介入政府事务有直接关系。[②]

（一）新街口广场中心布置工程

汪伪时期相当重要的建造活动是新街口广场中心布置工程。工程由汪伪政府发起，原为一座和平纪念塔，市工务局技正查委平负责设计，1941 年 6 月完成全套设计图纸。"和平纪念塔一座之各部构造象征国府以三民主义为建国最高方策，并显示在和运下之各党各派及人民效忠政府之伟大力量，塔座则寓意东亚和运……塔顶设置电光放射，塔周围设喷水池。" [③] 显然这一项目有助于向世人标榜汪伪政权对孙中山思想的继承，进而证明其合法性。因此这项工程在汪伪时期的南京具有重要的政治象征意义。

6 月 24 日汪伪中央直属区党部建议在新街口广场改建国父铜像，即改纪念塔为孙中山铜像。由于经费紧张，无力重铸新铜像，只得把原 1929 年日本梅屋庄吉所制的孙中山铜像（高约 2.4 米，基座高 5 米）从中央军校内移至新街口广场。同时，由于查委平于 1941 年 9 月曾借调至行政院粮食管理委员会，设计中华门外集合门建筑仓库，在查委平修改好图纸之后，后期工程由技士叶松波、郭功佺计算费用，管理工程。

整理新街口广场及国父铜像纪念塔工程自 1942 年 7 月 10 日兴工，至 11 月 11 日，即孙中山诞辰前一日，全部完竣，所有广场布置以及浇制混凝土石凳等工程亦于 12 月 30 日全部告成。[④] 建成后的新街口广场在 1930 年代初建的基础上，又在四块草坪中间添加了小型喷水池，正中心设立了孙中山铜像，并在铜像周围添加了石凳等设施（图 16-2-2）。1942 年 12 月 15 日的"建筑新街口广场工程费用表"记录了工程费总计 248920 元。包括：土木工程（基成建筑公司）、水道工程（华中水电公司）、电气工程（炳记电器行）、石凳（谈海营造厂）、二角卵石路（大兴营造厂）、修补人行道（新申营造厂）、贴碑文金箔（永记油漆作）、修理铜像（雕刻师张瑞麟）、草木（中大农场）、揭幕典礼、杂支等费用。[⑤]

（二）简易市政建筑群

简易市政建筑群包括菜市场、屠宰场、平民住宅，以及商业用途的沿街市房，是出于战争破坏后的实际需要快速兴建起来的，由南京特别市工务局负责设计和监造工作，主要的建设时间在 1939-1940 年。菜场类建筑多为厂房式单侧条状采光单坡顶大型简易建筑，木柱双层芦席

---

① 关于日籍技术人员西本幸民求职按规定不予录用的来往文书记第四区公所第十坊第五保保长徐澍技术人员请求工作的来往文书（1938-1939）. 南京：南京市档案馆，档案号 1002-5-180.

② 奉令聘用外籍人士提会通知（1939.1）. 南京：南京市档案馆，档案号 1002-10-202. 训令第 53 号："贵府内所采用日人如有未经本官承认者几徵之中隐伏将来以重大致祸患，应即立予解职…各院部聘用外籍人士无论是何名义应事先提出会议通过，凡立法院所聘者由立法院致聘，各部所聘者由行政院致聘。"

③ 关于新街口广场建筑和平纪念塔（1941 年 6 月）. 南京：南京市档案馆，档案号 1002-5-1955. 标点为本文作者所加 .

④ 关于本局工作报告（1942.3-1943.1）. 南京：南京市档案馆，档案号 1002-5-433.

⑤ 关于新街口广场中心布置工程（1942 年）. 南京：南京市档案馆，档案号 1002-5-2247.

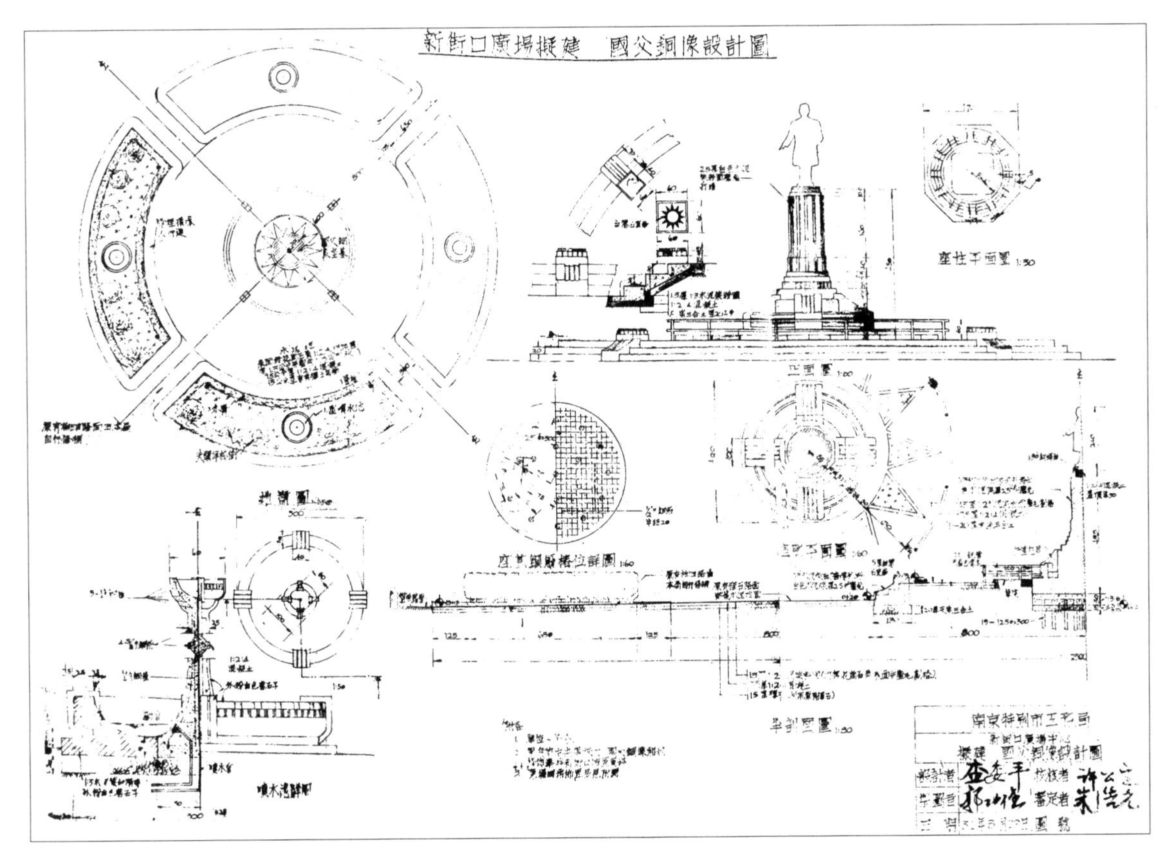

图 16-2-2　新街口广场拟建国父铜像设计图
来源：关于新街口广场建筑和平纪念塔（1941 年 6 月）. 南京：南京市档案馆，档案号 1002-5-1955.

屋顶，或芦苇上盖中国瓦，① 仅部分台阶、铺位、走道处砌筑水泥。如山西路菜场（图 16-2-3）建筑物结构最高处为 18 英尺，约合 5.5 米。② 清凉门外屠宰场建筑群内的建筑物均为砖木结构、洋瓦屋面的双坡顶平房。平民住宅更为简陋，如小桃园住宅修理中发现原建筑为稻草屋顶和墙体，仅以毛竹为山墙柱。③ 另有修理火葬场等记录。

比简易市政建筑略为精细建造的是小型市政商业建筑，包括太平路一、二、三、四期市房（图 16-2-4），④ 以及中山东路市房，⑤ 设计人为工务局技士许炳辉。这类建筑多利用受战争毁坏的市中心沿街建筑的基地，兴建小型联排式 2 层商业用房。现在南京太平南路的沿街商业用房，还依稀保留了当时的市房风貌。除太平路中山东路外，也曾有莫愁路中华路市房建设计划，设计者也是许炳辉，设计时间从 1938 年 8 月到 1939 年 4 月，但勘查后未能实施。⑥

汪伪时期，南京特别市政府地政局会同工务局，还在原有的抗战之前的 1930 年代南京住

① 关于财政局函请计划拟在复兴路两旁隙地建筑商场 . 南京：南京市档案馆，档案号 1002-5-1013.
② 关于建筑山西路菜场 . 南京：南京市档案馆，档案号 1002-5-999.
③ 档案号 1002-5-985，关于小桃园地方建筑平民住宅（1940 年）；档案号 1002-5-986，关于小桃园地方建筑平民住宅（1941 年 3 月）；档案号 1002-5-431，关于本局工作报告（1939.5-1941）. 南京：南京市档案馆 .
④ 档案号 1002-5-975，关于建筑太平路市房；档案号 1002-5-978，关于第二期建筑太平路市房；档案号 1002-5-987，关于第三期建筑太平路市房；档案号 1002-5-1001，关于重建太平路第四期市房 . 南京：南京市档案馆 .
⑤ 关于建筑第一期市房设计图表（中山东路）. 南京：南京市档案馆，档案号 1002-5-1002.
⑥ 关于实业局长签请修建莫愁中华等路市房 . 南京：南京市档案馆，档案号 1002-5-988 .

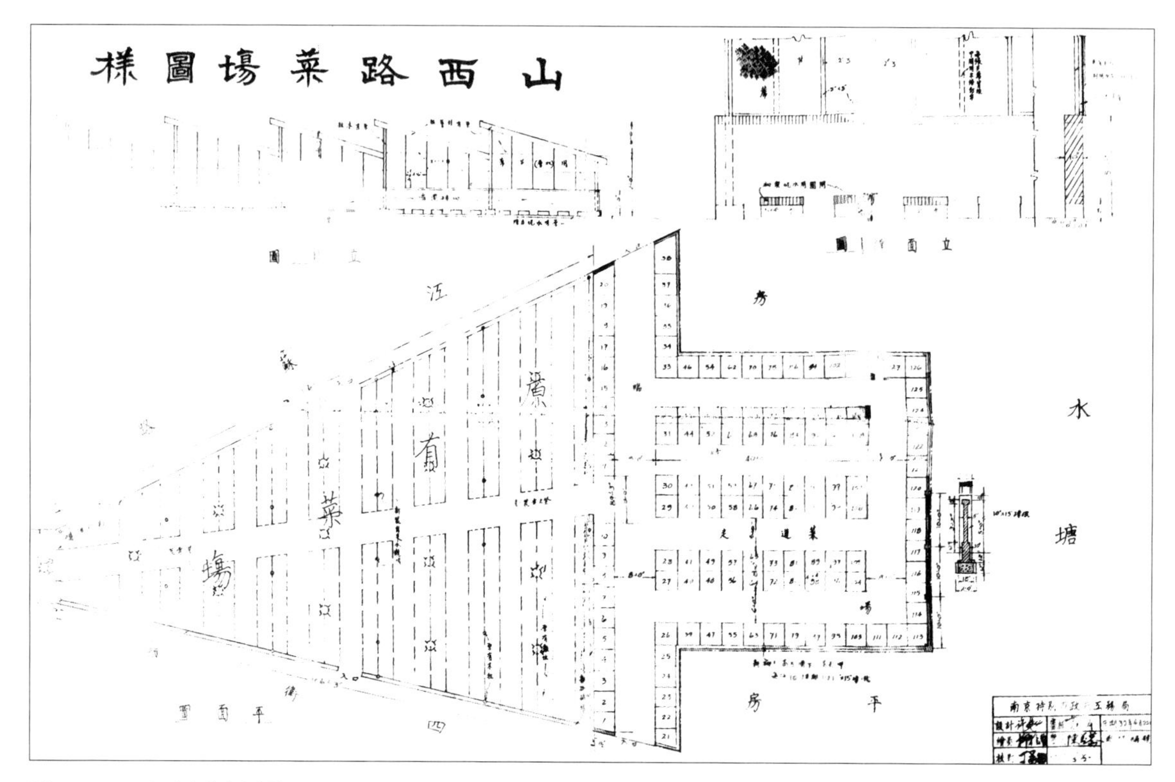

图 16-2-3　山西路菜场图样

来源：关于建筑山西路菜场 . 南京：南京市档案馆，档案号 1002-5-999.

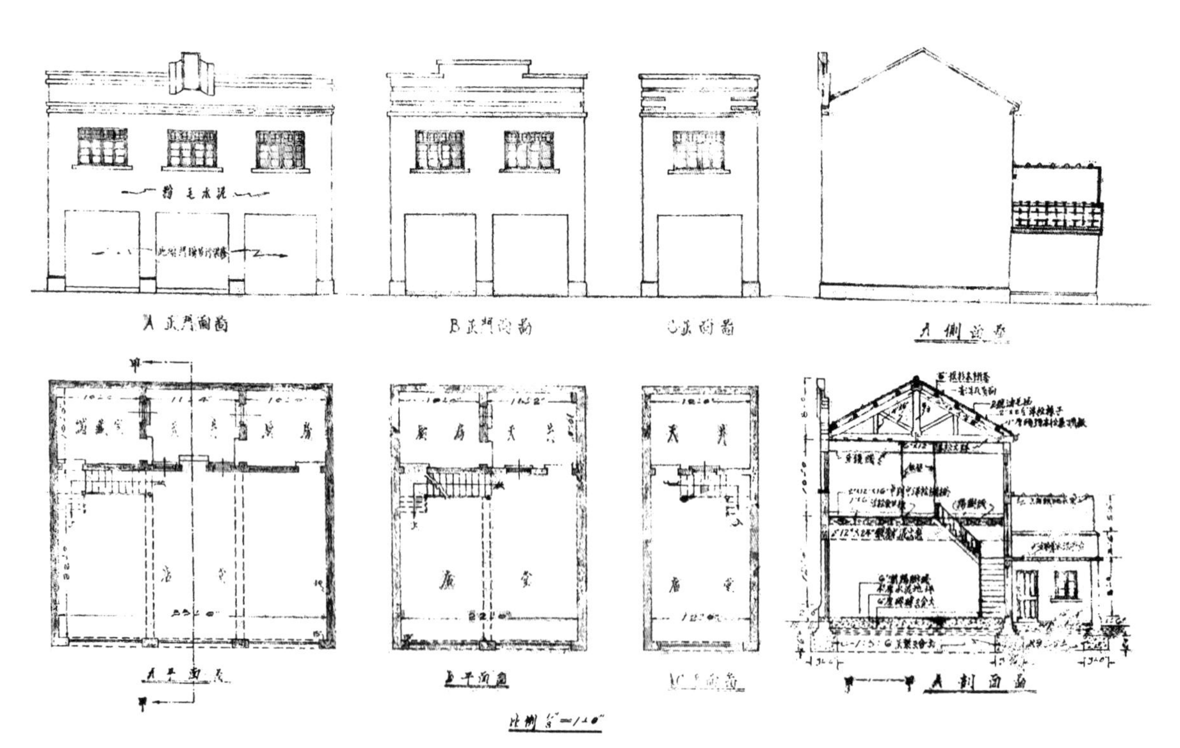

图 16-2-4　太平路一期市房

来源：关于建筑太平路市房 . 南京：南京市档案馆，档案号 1002-5-975.

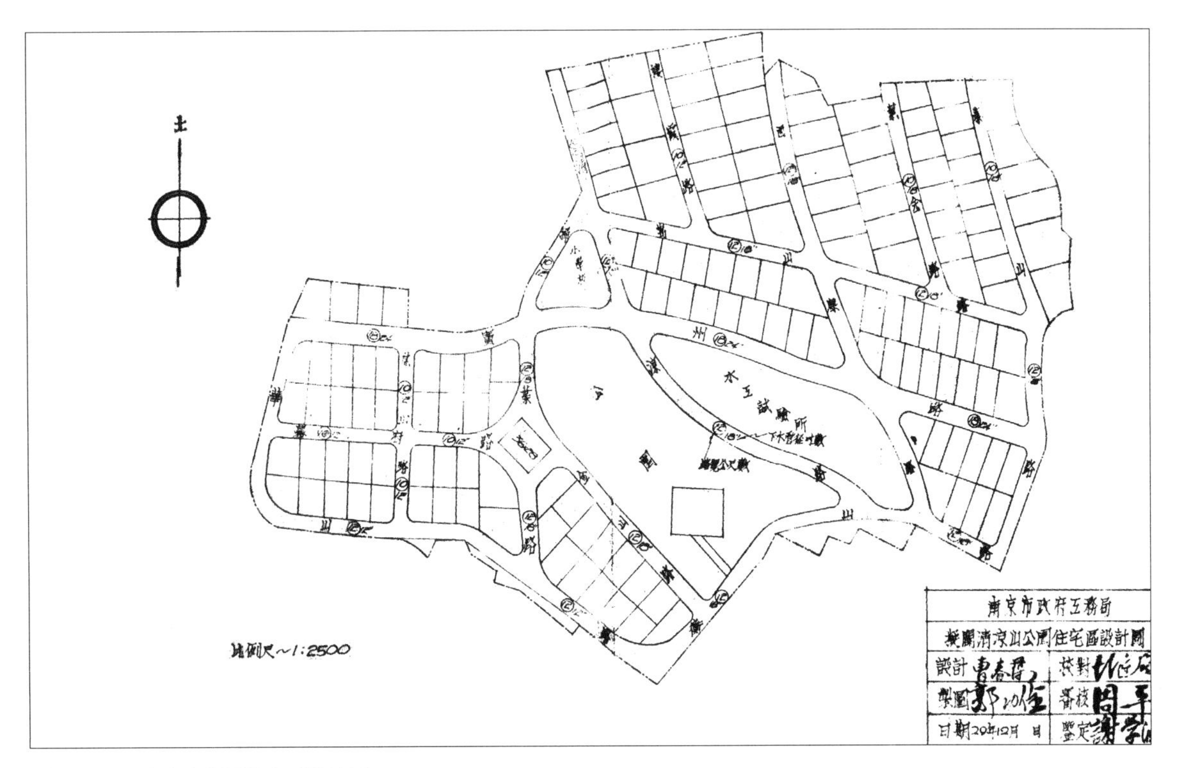

图 16–2–5　清凉山公园住宅区设计图
来源：关于规划清凉山公园住宅区（1940.12）. 南京：南京市档案馆，档案号 1002–5–1020.

宅区规划的基础上，先后设计了清凉山公园住宅区及第二、第三住宅区（图 16–2–5）。

清凉山公园住宅区设计图根据地政局第三科绘制住宅区地形图（1930 年测绘，1940 年复制）设计而成，设计人曹春葆，时间为 1940 年 12 月。住宅区地址在广州路清凉山，工程计分三期，第一期填土及筑路，第二期做下水道及碎石路，第三期铺柏油路及水泥人行道及路牙。工程预算总计 1085064 元。① 第二、第三住宅区计划图也是在原有规划基础上深化设计的，设计人叶萱，时间为 1941 年 10 月 29 日。古林寺、水佐岗、下五所等处第二住宅区仅平整地面、建设管网、道路等总概算 6218376 元。虎踞关、两仓、火药集等处第三住宅区，总概算 5504896 元。② 根据这三处住宅区的初步总概算，排除汪伪政府自 1941 年下半年开始的物价逐步失控、货币贬值的经济因素后，大致可以看到清凉山公园住宅区的规模远小于第二、第三住宅区，约为后两者成本的 1/6。

（三）商业建筑

该时期，开业技师设计的商业建筑包括永安商场、建康商场、南京联合商场等。杨存熙曾参与的工程包括：修理朱雀路 101~103 号惠农银行，③ 永安商场建筑工程（图 16–2–6）。④ 徐信

① 关于规划清凉山公园住宅区（1940 年 12 月）. 南京：南京市档案馆，档案号 1002–5–1020.
② 关于增辟第二、三住宅区（1941 年）. 南京：南京市档案馆，档案号 1002–5–1032.
③ 关于朱雀路 101、103 号惠农银行修建 . 南京：南京市档案馆，档案号 1002–5–1329.
④ 永安商场建筑工程（1942 年）. 南京：南京市档案馆，档案号 1002–5–2520.

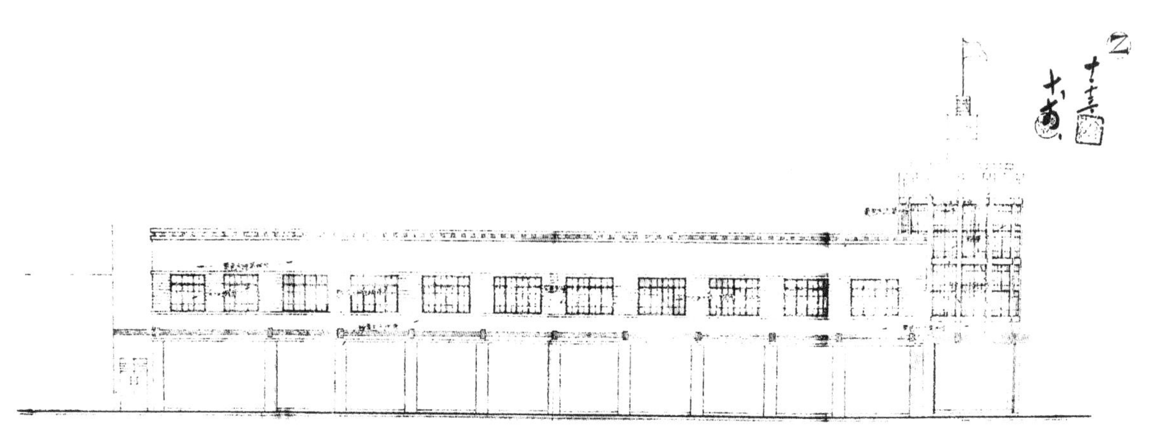

图 16-2-6　永安商场
来源：永安商场建筑工程（1942）. 南京：南京市档案馆，档案号 1002-5-2520.

孚曾参与的工程有南京联合商场等。[①] 根据其他工程类档案，还查到钱思公、张静波等人在南京的活动情况，如张静波曾在该时期设计五洲公园中华留日学生会俱乐部。[②] 此外，尚有一些建筑事务所的活动，如上海利华建筑事务所为金粉酒家工程修建工程进行设计，[③] 以及君力建筑公司参与设计建康商场及商铺。[④]

与工务局技正相比，开业技师的委托方多为民间资本家，而非政府法人。他们的设计项目规模较大，设计水准也较高。该时期开业技师的设计依旧延续了战前流行于南京和上海的建筑风格，如装饰艺术风格和立体式，与同时期内地的简洁设计手法大不相同。

第三节　抗战时期上海与香港的建筑活动

一、上海[⑤]

（一）日军侵占

1937 年 7 月 7 日，日本侵略军在北京卢沟桥发动进攻，抗日战争爆发。8 月 13 日，日军又向上海发起进攻。日机轰炸上海，炸毁南北交通枢纽南火车站和上海北站，平民死伤千余。

① 南京联合商场建筑工程 . 南京：南京市档案馆，档案号 1002-5-2521.
② 关于取销建筑工程师张静波执照（1941 年 8 月）. 南京：南京市档案馆，档案号 1002-5-1294.
③ 利华建筑事务所（LEE WHA ARCHITECTS & ENGINEERS）上海南京路慈淑大楼五二六号，电话九四二九 O，ROOM 526 TSE SHU BUILDING，NANKING ROAD，SHANGHAI，TEL. 94290。关于协和厂承修贡院街 33 号之一金粉酒家工程（1943 年）. 南京：南京市档案馆，档案号 1002-5-1353.
④ 关于建康商场建筑工程（1944 年）. 南京：南京市档案馆，档案号 1002-5-2522.
⑤ 本节作者伍江、姚颖；内容取自：夏东元 . 二十世纪上海大博览 . 上海：文汇出版社，1995：482-639.

租界虽因其特殊地位，未受日军炮火正面袭击，但中外居民亦受到日益严重的战祸威胁。8月23日，南京路浙江路口的先施公司遭到轰炸，波及附近永安公司、沈大成糕团店、采芝斋糖果店、日昇楼、一乐天茶园等著名商厦。租界闹市区房舍都不免战火，令当地中外民众胆战心惊。至11月11日，上海除租界以外全部沦陷。11月12日，几经狂轰滥炸已经满目疮痍的江南名园半淞园在日军再一次洗劫下终于尽毁。园中幸存的奇花异草、古树名木以及园林建筑史上的大批杰作被源源劫走。[①] 战争中，上海5000多家工厂有2000家全部被毁，有2000家受到不同程度的破坏，[②] 大量学校、医院等文教卫生建筑亦遭到严重破坏，100多万居民无家可归。大批难民涌入公共租界和法租界，高峰时达70万人左右，使租界人满为患。为了减轻难民的痛苦和对租界的压力，由法国天主教神甫、上海国际红十字会副会长饶家驹邀集各慈善团体、中外人士提议，并由上海市政府批准，确定在南市旧城厢北部，南以方浜路为界，东西北都以民国路为界，设立南市难民区，解决难民居留问题。

日军除了在上海市区实施轰炸以外，还在嘉定、青浦、松江、南汇、崇明、宝山等县进行“大扫荡”和惨绝人寰的“清乡”，修筑封锁线，焚烧棚户，所到之处一片焦土，民众死伤数千人。为扩大侵略战争，日军在上海江湾五角场地区修建庞大的军事基地，秘密开挖地下隧道。

（二）“孤岛”繁荣

大上海沦陷后直至1941年太平洋战争爆发，日本向英美宣战，租界保持了一段时间的平安，形成了一块四周均为日军包围的“孤岛”，史称上海现代史上的“孤岛时期”。大批官僚、地主、资本家和大量无家可归的难民纷纷涌进租界这一安全区域。租界内繁华如故甚至比战前更为繁华，形成了一个短暂的“孤岛繁荣”时期。

大量劫余物资与资金涌到这块弹丸之地。1938年底，上海、中南、浙江实业和浙江兴业四家银行的存款比上一年同期增加6400多万元。汇丰银行的存款额增加了1100万港元。1938年夏，上海有游资5亿元，次年秋增至12亿元，到1940年5月已达50亿元以上。[③]

大量的社会游资刺激了房地产投机，带来了建造活动，尤其是急剧增长的人口带来了里弄住宅建造活动的繁荣。1937年，全市地产交易总额为630万元，1938年即增加到1329万元，1939年又激增到5564万元。1939年，公共租界每日平均建造建筑304幢，平均建筑值176万元，分别比上一年增加11%和15%，法租界每月平均建筑数量和建筑值更比上一年分别增长14%和26.8%。[④]

---

① 半淞园于1918年由姚伯鸿将沈家花园扩建而成。园林覆盖面积60余亩，园内湖水面积占半，且由黄浦江引水而入，时人撷取古诗“翦取吴淞半江水”之意，命名为“半淞园”。园内有人工岛、环岛河，岛上雄踞着上海最高的假山，其高度比豫园大假山高出一倍多。园内有山可登、有水可荡舟、亭堂廊榭、结构精雅。半淞园之西北有沪杭甬铁路起点站南火车站，园门前有通往市中心的有轨电车，西面的江边码头又是通往浦东对江轮渡站，所处地理位置十分繁华。

② 陈从周，章明. 上海近代建筑史稿. 三联书店上海分店，1988：19.

③ 刘惠吾主编. 上海近代史（下）. 上海：华东师范大学出版社，1987：382.

④ 同③：386.

孤岛时期上海租界内的主要建设活动是大量新式里弄和小型公寓，以及一部分花园里弄。如建于1938年的上方花园、建于1939年的上海新村和建于1941年的裕华新村。

这一时期，百货公司营业空前兴旺。由于孤岛人口激增，各地游资集中，以及在战时环境下，工业生产乘机有所发展，上海市场从冷落的局面中，逐渐复苏，转向“繁荣”。孤岛时期这种畸形发展,促使南京路上各大百货公司的营业十分兴旺。由于市场物资缺乏,通货不断膨胀,而各大百货公司由于商誉较好，备货充足，营业额大幅度上升。如大新公司、先施公司、永安公司等在这一时期的财务大为好转，甚至还将一部分积余的自有资金，投向房地产业。

孤岛繁荣还带来了娱乐业的兴盛。电影院、剧院、游乐场、舞厅成为最受欢迎的公共建筑。美琪大戏院（范文照设计）是1940年代电影院建筑中设计较为成功的一个实例。这座电影院功能布局合理，用地经济，观众厅内视听效果良好，外形简洁，是一座优秀的现代派建筑。同期建造的电影院还有位于西藏路上的皇后大戏院（含和平双厅电影院）也有较大影响。

孤岛时期的上海城市管理依然维持。一方面，在租界内部，工部局不顾此前国民政府外交部对其公布的《维持治安办法》的反对，1939年3月与日军订立《上海公共租界维持治安详细协定》。另一方面，在日军扶持下，上海于1937年12月成立了傀儡政府“大道市政府”，管辖除租界以外的其余上海市区。大道市政府将上海县并入辖区，将沪西划为特区，取消各地维持会，并接收上海市商会，发布开征各项捐税布告，名目繁多，较前市府增加一倍。大道市政府后几易其名，1938年4月28日，改称“上海市政督办公署”，1938年10月16日又改称“上海特别市政府”。1939年10月，日军在沪西越界筑路，企图吞并上海租界，排斥各国在华势力。1940年7月5日，工部局总办费利浦无视中国政府的主权，屈服日方的压力，擅自将国民党上海市政府市长俞鸿钧于1937年10月29日寄存在租界的土地局卷宗312箱，全部移交给汪伪政府。这批卷宗，包括上海市两租界以外的全部土地契据、中外人士的产权，其中尤以华人业主居多。从此，产权者的权益将受制于日伪政府。

在日军直接主持下,由日本人“恒产公司”和“振兴住宅组合”制定了“上海都市建设计划”。大量日本建筑师来到上海开业。据不完全统计,1941年在上海注册的日本建筑师至少有20人。[①]但终因战争而使他们难有作为。

1941年5月底，苏联侨民在沪建俱乐部，地址在霞飞路（今淮海路）善钟路（今常熟路）口，建筑费美金7.5万元。1941年7月12日，上海私立儿童图书馆（今上海少年儿童图书馆）在静安寺路（今南京西路）大华商场13号馆址举行盛大开幕式，图书馆藏书共1万余册。

（三）“孤岛”消失至抗战胜利期间

1941年12月8日，日本偷袭珍珠港，太平洋战争爆发。当日，日军占领公共租界。在战

① 日本“满洲”中国土木建筑名鉴.1941-5.

图 16-3-1　日本海军陆战队司令部，建于 1943 年
来源：夏东元主编．二十世纪上海大博览．上海：文汇出版社，1995.

图 16-3-2　日本宪兵司令部，建于 1944 年
来源：夏东元主编．二十世纪上海大博览．上海：文汇出版社，1995.

争中苟且存在了 4 年的租界“孤岛”至此消失。[①] 日军在上海北四川路底建立核心据点海军陆战队司令部（图 16-3-1），在虹口设日本宪兵司令部（图 16-3-2），并在之后几年，在许多方面对上海实施了战时管制，对这座当时亚洲最大的现代都市造成了极大破坏。

在城市管理方面，从 1942 年 3 月 10 日开始，日军在公共租界建立保甲制，受日军控制的工部局增设保甲常务委员会，由冈崎胜男任主席以加强对市民的法西斯统治，后又成立保甲自警团。为排斥异己力量，解散了有着近百年历史的万国商团。法领署也在市民中编组民警团，经费由保甲区居民负担。

1943 年 7 月中下旬，伪市政府决定，为统一全市行政机构，待租界收回后，将全市划分为八个区，公共租界为第一区，法租界为第八区。另外，全市共设立三个警察局，第一区设第一警察局，第二区至第七区设第二警察局，第八区设第三警察局。同年 11 月 1 日，为实施所谓“完成大上海之建设，而统一全市警政”计划，将市第一、第三及沪西警局合并。局址设于第一局原址及中央分局旧址。

在市政设施方面，日军侵入公共租界后，接管公共租界的七大公用事业公司：（英商）中国公共汽车公司、上海制造电气有限公司、（英商）上海自来水公司、（英商）上海自来水用具公司、（美商）上海电力公司、（美商）沪西电力公司和（美商）上海电话公司。

1942 年 8 月 2 日，租界总巡捕房改为防空总部。1943 年 11 月 9 日，在第一区（即公共租界）公署内设立市民防空本部，告诫市民应严格遵守防空规则，并在防空日内实施严厉灯火管制，在实施突击防空演习时，全市断绝交通，市民大受困扰。1944 年 7 月 17 日，市民防空本部计划在各区新建防空贮水池 76 只，每只贮水 3 至 4 万加仑，共需资金 120 万元。宣布实行“强化防空”设施周，强迫市民挖防空壕。

1942 年至 1945 年间，上海日本陆海军防空司令部实施灯火管制，对家庭、商号、饮食和

① 当时日军没有占领法租界，因为法国维希政府此时已向德国投降而成为轴心国附庸，日军出于对“友国”尊重而未占领法租界。但其时法租界实际上已置于日军控制之下。

娱乐场所等都规定了严格的使用灯火的时段，并严禁使用100瓦特以上灯泡以及电梯、电风扇等电器，除交通要道口使用60瓦特路灯外，其余普通道路全部改用15瓦特路灯。下令拆除公共租界与法租界的大部分路灯，以配合所谓的“灯火管制”。甚至在一段时间内，公共租界交通红绿灯为节约电力全部关闭，广告及装饰用灯一律熄灭。尤其在抗战胜利前夕，美空军开始空袭上海时，日伪宣布施行无限期灯火管制，每晚10点后，全市灯火全部熄灭，连路灯也不例外。居民不但出门无车，而且街上无灯光照明，盗窃抢劫乘机兴作，曾经的“不夜城”竟成为了一个黑暗笼罩的鬼魅之都。战乱之后，上海市路灯仅存8035盏，较之抗战前的23799盏损失了三分之二，尤其是闸北、沪南、浦东等旧市区损失更巨，几无所存。

在城市民生方面，日本驻上海领事馆设立事务所，加强对上海政治、经济、文化的控制。设上海地方统制委员会，对上海附近的物资运输，分七个小区实行划区统制。日伪当局对大米、白糖、盐、油、煤气、火柴等日用品实行统制配给。煤、炭、木材等燃料狂涨，激起物价全面暴涨。

自抗战爆发、上海沦陷后，上海面粉业遭严重破坏。上海原有13家面粉厂中有1家被火焚毁，其他有5家受到不同程度的损害。没有遭战火洗劫的各大小面粉厂有的被敌人强占后开工，有的被征用，国人经营的5家亦受敌伪“统制”，完全由日本人经营的有7家，但这7家面粉厂的日产量到1944年只有3.4万包，仅是其他5家中国人经营的面粉厂日产量的一半。

战争所导致的棉纱黑市投机又致使90余家纱厂倒闭。上海日纱厂遭受美对日禁运的打击，原料难以为继，决定减少开工时间。在沪的交通、中国、兴业、上海等银行，贷款5000万元促使纱厂、面粉厂开工。

日本占领当局还对永安、先施、新新、大新四大著名百货公司实施了“军管”，四大公司的经营管理实权落入日方之手。公共租界内华裔企业99家被日方“委任”经营，66家改为中日“合办”，33家被日商“租赁”，12家被日方“收买”。

在城市建筑方面，日军占领租界以后，上海的城市建设事业几乎完全停顿，只有极少数新的建筑落成，如由教育家唐文治等发起筹建的中国美术馆（位于静安寺路999号美琪大厦）于1944年11月20日开馆。另外，汪伪政府司法行政部决定重建战时损毁的漕河泾监狱。1943年12月30日，日军占领当局将跑马厅建筑物移交给伪市府，双方商定，该建筑物将由上海体育会管理。1944年6月15日，伪第一区公署工务处决定，将兆丰公园改名为中山公园。

在时局动荡的背景下，城市公共安全也大受影响。这一时期上海火灾频发，给市民的生命财产带来了很大损失。如公共租界北苏州路与北浙江路之间的怡和堆栈、海宁路和四川路的日商堆栈都曾遭受火宅，并延烧左右邻屋，损失重大。棚户区因人口混杂、生活无序，加之建筑材料多为草、木，更易引发火灾。1945年5月16日，沪西余姚路第一棚户区发生严重火灾。均安坊40余家、龙兴坊42幢房屋依次起火，波及工厂区、万宝绸厂、三宝织绸厂、九星织造厂、大吉化工厂、良记人造石厂、锐博电工厂、胡立兴电工厂等均先后起火。共计烧掉草棚房3000余间，工厂10余家，弄堂两条。一些文化产业也难逃厄运，如福州路中华书局门市部、天潼路正中书局上海分局书栈都遭受火灾，后者毁书3万册。

1943 年 1 月 25 日，名噪一时的上海最大的私家花园——爱俪园（哈同花园）因已故女主人的养孙女罗灵芝电炉煮水走电引起火灾，火势持续 4 小时之久。主要住宅洋房尽被焚毁，毗连的旧住宅亦受重损。估计约有百余间洋房、木屋被烧毁，连同一起被焚毁的珠宝、皮货、古玩和贵重的家具，造成达数百万元的损失。东西部数幢屋宇，幸得及时隔绝火势而免遭火吞。自此，哈同花园渐渐衰落。

火灾对城市与建筑的破坏或许是呈点状和线状发生的，但接下来的美机空袭却对上海城市造成了更大的面上的破坏。1944 年 11 月 10 日、21 日、29 日和 12 月 19 日，1945 年 1 月 17 日、4 月 14 日、7 月 17 日、23—24 日，美机对上海进行了数次高密度的空袭，空袭目标从起初的江湾飞机场、龙华飞机场、高昌庙军用仓库以及停泊在黄浦江中的日舰逐步扩大为上海市郊甚至市区，参与一次轰炸任务的美机从十几架增加到几十架直至百架。尽管美机轰炸的对象是日军，但作为战场的上海蒙受了极大损失。

作为房地产业的管控，1942 年 4 月 1 日，工部局强行颁发房屋转租执照，以加强对上海市民的经济控制。同年 7 月 21 日，当局又修改转租房屋规则，业主出租房屋可不领执照。房屋转租执照的规定仅实施了 3 个月就宣告终结，可见出租房屋者众，这一规定势必牵扯到太多人的经济利益而无法贯彻落实。同时，由于日伪压迫旧法币，引发的房租纠纷与日俱增。二房东大多坚持要求房客如数将法币改为中储券交租，而伪财政部作出了法币 100 元只能兑换中储券 50 元的新规定，房客为此要蒙受很大损失。因此很多房客拒不以中储券为付币方式，有的干脆不交房租，致使房东与房客关系剑拔弩张。为解决日益激化的房屋纠纷，工部局对公共租界内房屋进行重新估价。

1942 年 8 月，永业地产股份有限公司成立，公司设在九江路 219 号，开办资本为中储券 750 万元。

在上海处于战乱的这些年中，对孔子和孙中山的纪念活动却未曾停止。一方面日伪政府需要通过这些纪念活动表明自己的文化正统，另一方面，爱国人士也希望通过纪念活动表达自己的爱国情怀。1943 年 3 月 14 日，以著名教育家、曾长期任上海市议会议长的沈恩孚为会长的中国孔圣学会在上海成立。同年 4 月 5 日，在南市文庙举行春季祀孔典礼，约有千余人参加。据记载，此后每年的 4 月 5 日就定为南市文庙春季祀孔典礼的日期。直至 1947 年与 1948 年祀孔典礼改为 8 月 27 日举行，地点仍在南市文庙。1945 年 3 月 12 日，为纪念孙中山逝世 20 周年，全市举行了纪念大会及植树典礼。

与这两个重要的纪念活动相反的是通过拆除铜像改变上海城市的历史记忆。1943 年 2 月 16 日，工部局决定拆毁设立在外滩的赫德（Robert Hart）与巴夏礼（Harry Smith Parkes）的铜像。7 月 26 日，下令拆除已有近百年历史的法国海军大将泼洛地（Auguste Leopold Protet）铜像。8 月 26 日，市长陈公博更是命令第一区公署将黄浦滩所有铜像克日拆除。

随着战争的持续，日军因缺乏军火生产的原料，大肆搜罗各种可用的铜铁，主要包括铁珊门、铁制路牌、金属纱锭，甚至货币铜元等。

1939 年 6 月，已成为“孤岛”的上海滩辅币出现空前紧缺状况，商店、摊贩等的找零成了一个大问题。造成辅币空前紧缺的原因，是一些不法商人将作为辅币流通的铜元搜刮后大量供给日本军队制造军械。

1943年底，日伪当局发起“收集废铁运动”。此项运动是在世界反法西斯战争取得节节胜利，德、意、日三国节节败退时进行的，无非是为解军火生产缺乏原料的燃眉之急。日本的生产和交通运输情况极为恶劣，在军事上作着最后的垂死挣扎。此时正值汪伪政府“收回”租界后不久之际，伪市府颁发训令称，将阿拉白司脱路、爱尔考古克路、金神父路、霞飞路等240条原以外国人名字命名的马路全部改用以中国地名为主要内容的新路名，并且更改路牌。由于旧法租界以外国人名为路名所用的路牌均为铁制，被拆除后共计808块，代之以木制路牌，得所谓“废铁”102吨。

1944年5月，北四川路武进路及其他地段的28扇铁珊门均被拆除。此铁珊门每扇重约3吨，又得“废铁”88吨。6月8日，伪市府发布《收集各工厂商号废金属办法》，规定金属业工厂商号每家至少捐献金属5至30斤，其他工厂商号至少捐献1至15斤。日伪原定指标，通过这次运动在市内收集废铁1000吨，在南市和近郊区也要收集1000吨，但以后并未公布收集数量。这些都是日伪当局发起“收集废铁运动”的“成果”。

恒丰纱厂自1938年5月被“军管”后一直由日商大康纱厂派员管理，生产规模日益减缩。1944年9月，仅就纱锭设备来看，作为废铁而被捐献和出售的共计30556枚，而增加的计12240枚，两者相抵，减少18316枚。这些减少的尚有使用价值的旧纱锭作为废铁捐献给日本军部，去制造军火。这一措施实际上是饮鸩止渴。在当时棉制品供应大感不足的时候，竟不得不毁坏生产资料去满足军事需要，这充分暴露出日本的军事和经济实力已日暮途穷。

（四）“交还租界”与上海租界历史的终结

1943年1月，英美宣布放弃两国在租界的特权，并与重庆的国民党政府签订了新约。其后各国亦纷纷效仿。而此时上海租界正在日军占领之下，为笼络人心，1943年8月1日，日军与汪精卫傀儡政府合演了一场交还租界的闹剧，存在了整整100年的上海租界算是“正式”结束。1944年6月，日本占领当局向伪市府移交6家大公司，即自来水公司、电力公司、沪西电力公司、电车公司、电话公司和煤气公司。

1945年8月，日本宣布投降，上海回到中国政府手中。但国民党政府对上海的“接收”并未给上海带来好运。随之而来的三年内战，更使上海陷入了进一步的困境。

抗日战争的结束并未给中国带来和平。接踵而至的内战使上海的建筑业继续处于萧条状态。除极少量银行办公楼和私人住宅外几乎没有什么重大的建筑活动。而这少量建筑活动中又有相当大一部分是抗战前就已筹备建设后因战争而停工的。如外滩的交通银行大楼（图16-3-3），由鸿达洋行于1937年设计，但迟至抗战胜利后才得以建造，1947年建成。又如浙江第一商业银行大楼，1940年以前就已完成桩基工程，但到1948年才得以竣工。该建筑原由外籍建筑师设计，抗战胜利后又委托华盖建筑事务所重新设计（图16-3-4）。

图 16-3-3 外滩的交通银行大楼，建于 1947 年
来源：蔡育天主编. 回眸——上海优秀近代保护建筑. 上海人民出版社，2001.

图 16-3-4 浙江第一商业银行大楼，建于 1948 年
来源：蔡育天主编. 回眸——上海优秀近代保护建筑. 上海人民出版社，2001.

随着战争的结束，一批公共建筑如上海市立图书馆、东方经济图书馆、上海市博物馆、中山医院等相继对外开放或开业。抗战以前，上海证券交易曾极为发达，1946 年 9 月，上海证券交易所也得以重新开业。1946 年 1 月，扬子建业股份有限公司在上海迦陵大楼正式挂牌。该公司为国民党官僚资本操纵外汇和垄断对外贸易的公司之一。公司内设工业、营业、染料、进口和信托等九部。营业项目有工矿开发、运输、仓库、保险、房地产、国内外产品运输及工商投资等业务。

经历了战争的上海，本已紧张的居住问题变得更为严峻，而战后城市因管理不善造成火灾更使一般民众的生活雪上加霜。1947 年 4 月 10 日打浦路的一次大火，烧毁棚屋近 200 间，3000 人无家可归。为安顿这些难民，政府和一些社会公益人士推动了义屋的建造。1948 年 5 月 17 日，第一期义屋 100 幢在北郊落成。同时，行政院核准重建闸北西区计划。也有些有钱人拿出一些钱来做善事，造几幢房子作为义屋，然后发售奖券，中奖者可得房。这就是所谓的“房屋义卖”。市民翘首盼望自己能够中奖。

房地产业主也趁机谋利。上海都市人口过分集中，房荒极为严重。不算少数花园洋房和广大棚户，上海有大量石库门房子，在这类房子中，常可见到这样景象：天井放出搭作前楼，前楼再加出阁楼，厢房一分为三，灶间也变成卧室。

1948 年 10 月上旬，上海房地产业生意兴隆，房地产价格较“8・19”前上涨一倍以上，每天成交过户数大幅度上升。据统计短短十多天内流向房地产业的游资已逾 1 亿金圆券。“8・19”后，各业市场受到强力控制，市场波动相对减小。从证券和收兑金钞方面溢出的游资，最好的去处就是房地产业。房地产交易的主要对象是可以居住的空屋和可以筑屋的空地。据估计，合于这些条件的房地产不过占全市房地产总额的五分之一。交易筹码有限，供售者少，搜求者多，价格越抬越高，价格最高、最俏的要数沪西区的房地产。沪西愚园路最好地段的空地，

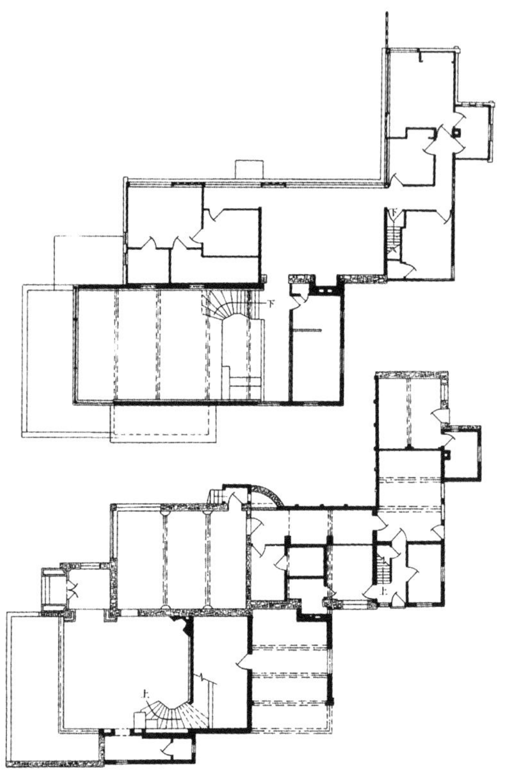

图 16-3-5　姚有德住宅（左：平面图，右：外观），建于 1948 年
来源：陈从周，章明 . 上海近代建筑史稿 . 上海三联书店，1988.

市价每亩 8 万金圆券，折合 40 根大金条。其他各区地价依次是静安寺、虹口、南市、闸北、沪东区。

1940 年代的欧美各国在城市规划、建筑设计中新思想新潮流不断，并在战后恢复时期的大量建设活动中反映出来。这些西方思潮波及上海，对中国建筑师尤其是年轻一代的建筑师带来了积极的影响。一些直接接受西方现代建筑与城市规划教育的留学生如黄作燊、汪定曾、冯纪忠、王大闳、金经昌等相继回国，直接传播了西方的现代建筑思想。战后的圣约翰大学也进一步明确了现代主义的建筑教育体制，并培养出了它的第一代毕业生如李德华、李滢、王吉螽、罗小未等。新的建筑思想虽然由于国内局势的混乱而一时难以有所作为，在新思想指导下完成的"大上海都市计划"也只能成为一纸空文，但仍有个别建筑在西方现代建筑思想指导下被建造起来。淮阴路 200 号姚有德住宅，建于 1948 年，协泰洋行设计（具体设计人李德华、王吉螽）。它强调自由的平面，灵活的空间，内部空间与室外自然环境浑然一体，深受美国现代建筑大师赖特（F. L. Wright，1867–1959 年）"有机建筑"思想的影响（图 16-3-5）。浙江第一商业银行是老一代建筑师运用现代建筑手法设计的成功范例。这座建于 1948 年的建筑由华盖建筑事务所设计。其流畅的横线条，简洁的外形和合理的内部空间处理，表明华盖建筑事务所的几位中国第一代建筑师已经彻底地完成了向现代派的转变。

跨越了一个世纪的上海近代建筑史在一片萧条，然而却是充满希望中结束。

二、香港[①]

1930年代末，香港的工商业受世界性不景气影响逐渐处于半停顿状态；1937年日本大举侵华以至第二次世界大战的爆发，又有大量的中国大陆难民涌到香港，形成严重的人口问题。人口实在太多，而住房数目太少，底层市民都把本来较宽敞的居住空间再用木板分间成多个小房间共住，挤迫情况依然。各幢楼宇挤满，更连山坡、街道及天台都搭盖了密密麻麻的寮房，香港市民此时的住房条件堪称恶劣。其实政府在1932年已经成立了一个新的房屋问题小组（Housing Commission），研究本港住房及人口密度问题，而奥文（Owen，W. H.）在该小组的工作报告备忘录（1938）中，清楚指出本港有必要在清理贫民窟的同时寻求新地点发展住宅区。[②] 1939年，港英政府成立了一个有12位成员的城市规划小组，并订立了"城市规划条例"，确定了新的市区布局和旧区的重新规划，可是亦旋即因日本军攻占香港而全部停顿下来，要到战后才能真正起作用。

1941年至1945年日军侵占香港历时三年又八个月，香港英国总督府被征用作日寇政府总部，被改成带点"东洋味"，此外，1935年落成的汇丰银行总行则成为日军总部，元朗的潘屋则是新界区的日军总部，圣约翰教堂更改成为酒吧。日占期间，香港发展全面受挫，各处房屋损毁不堪，人口亦由163万骤减至60万，经济活动停顿，城市建设亦只能有限度的满足需求，建筑方面只有基本公共设施如警局、消防局、市场等而已。

1945年8月30日香港重由英国人继续管治，各种建设已是支离破碎，更有大批难民回流，一时间有16万以上人口流离失所，重建社会的工程已急如燃眉。1946年，港府特别成立了一个专责小组，研究房屋重建问题，不过此时正值物料短缺，重建工程颇多窒碍。另一方面，英国战后在工党领导下，于1945年通过法案，成立殖民地发展及福利事务基金（Colonial Development and Welfare Funds）以协助各殖民地战后的复兴工作，这迫使港府为配合英国的政策而要订出十年长的房屋政策。1947年，伦敦市长的"空袭救灾基金"（London's Air Raid Distress Fund）向香港社会福利会捐赠14000英镑，该会同意以该款项成立一个委员会，并拓展房屋计划，为工人和其家属提供住屋。在此基础上，香港房屋协会（Hong Kong Housing Society）于1948年成立，在英国的基金资助下，由当时的社会福利议会（Social Welfare Council）连同香港主教何明华会督（Bishop Hall）、关祖尧爵士等人发动，为中等入息阶层提供房屋，全力展开重建房屋工作。当时由港督葛洪量领导的政府亦支持该慈善团体，协助解决战后迫切的住屋问题。[③]

1947年，香港政府从伦敦请来帕德·里克·阿伯克龙比爵士（Sir Patrick Abercrombie）作为城市发展顾问。他在较早前即为英国政府策划了一连串的新市镇开拓计划，但港府主要

① 本小节作者龙炳颐（执笔）、王浩娱（整理）；内容选自龙炳颐．香港的城市发展和建筑 // 王赓武．香港史新编．香港：三联出版社，1997：211–279.

② Bristow，R. *Hong Kong's New Towns：A Selective Review*. Hong Kong：Oxford University Press，1989：38.

③ 1947年香港社会福利会所成立之有关小组委员会即为香港房屋协会的前身。参见香港房屋协会出版之45周年特刊，页2.

希望他集中研究市区及海港的未来发展方针，定出规划原则。阿伯克龙比于 1948 年呈交报告，建议香港兴建海底隧道、填海、更改铁路线位置、迁拆军营、划出工业与住宅用地及在新界乡郊发展新市镇，并特别提议设立一个规划机构，负责拟订及执行市区发展的详细规划。1948 年，通过英国方面的资助基金，以及私人发展商的策动，港府展开了新界联和墟的发展计划，这个由私人机构与政府合作在新界推出的发展计划虽然规模甚小，但也可说是香港新市镇的先驱。①

新市镇或新城的概念其实与田园城市一脉相承，亦沿用“自给自足”及“均衡发展”两大原则，规模更为庞大，在远离市区的一个未开发的地区通过完善规划定下土地的各种用途，交通道路网，以及不同的居住密度，从而发展出一个新的相对独立自足的市镇，以快捷的交通与原来的母体城市相连，减轻母体城市的人口密度及各种发展的压力。每个新市镇以其特定的自然环境、历史因素、经济结构和地理位置等为其规划形式与发展方向的基础。理想中的新市镇应该是一个以绿带围绕的完整的结构，里面包括适合规划的住宅区、工业区、商业中心、政府和团体办公楼，社区设施有学校、公园、文化中心及城市基础设备如市内交通、自来水、污水、电话通信和电力供应。这样既可以维持生产的原动力，又可以提供一个基本良好的生活环境。这种新市镇产生的背景因素是因为 19 世纪欧洲各国工业发展迅速，到了 20 世纪必须开辟更多土地应付需要，而科技（如资讯、能源）及交通工具的新发展促使规划师及建筑设计师深信建立卫星城市的成功的可能性。这构想在第二次世界大战后渐渐得以实现，特别是亚拔高比所带领的英国新市镇计划，② 更成为香港的借镜。

可惜，阿伯克龙比为香港提出的发展方案却因人口突然激增及经济衰退影响而延搁下来。③ 1949 年中国大陆政权交替，香港又一次出现人口激增。据统计，1950 年全港人口已达 210 万，一时间令住房、就业，交通，卫生、治安等方面都压力大增，政府有捉襟见肘之感。1950 年又值朝鲜战争爆发，香港转口业受打击而形成一片不景气，使政府在市区建设上更为受制。虽然如此，1951 年，城市规划小组终于举行了自成立以来的首次会议；香港房屋协会于 1952 年由英国方面的殖民地发展福利事务基金拨出款项，在港府的优惠地债支持下，在上李屋推出廉租屋村；1952 年，市政局辖下的屋宇建设委员会（Housing Authority）亦成立了，专责接收落成的公共房屋、选择适合的住客入住及管理屋村等事宜；政府内部亦于 1950 年代初重行研究在郊区开拓卫星城市的可能，不过因为一直受市内贫民窟问题困扰，新市镇的计划要稍后才能积极盘算。

无论如何，香港的城市发展在第二次世界大战后很快便恢复过来，在城市规划和房屋政策上都取得进展，所做的战后重建工作为 1950 年代中期开始的大规模的公屋及新市镇建设打下了基础。

---

① Bristow，R. *Hong Kong's New Towns*：*A Selective Review*. Hong Kong：Oxford University Press，1989：43-45.

② 亚拔高比在 1944 年向英国政府提出新市镇发展计划，呈交了 8 个新市镇实验计划（The Great London Plan，1945），由此催生了英国的新城法（The New Town Act，1946）。

③ 屋宇地政署 . 香港城市规划 . 1986.

第四节　20 世纪三四十年代中国共产党领导下的延安建筑活动 [1]

一、历史与意义

延安位于陕北黄土高原中部的黄土沟壑区，在西安以北约 300 公里处，气候属半干旱大陆性季风带，昼夜温差大，降水集中于夏季且多暴雨（图 16–4–1）。境内有东北部的清凉山、西部的凤凰山、东南宝塔山，延河自北向南而入，进城后与南来的汾川河汇流折向东去，城区便分布在二河交汇及河川平坦处。延安从隋唐至明清一直是交通枢纽，先后驻有郡、州、道、府治所，清末时有主城及城关等五处聚落。主城西傍凤凰山，面向东南的延河与汾川河，南北 1.2 公里、东西 0.75 公里，土石城墙，城内横纵各有三条大街，棋盘式布置土木结构的鼓楼、县衙、店铺和宅院，人口两千左右（图 16–4–2）。民国初西风东渐，延安也逐渐设立公安局、电报局、地方银行、新式学校、天主教堂等现代机构。[2]

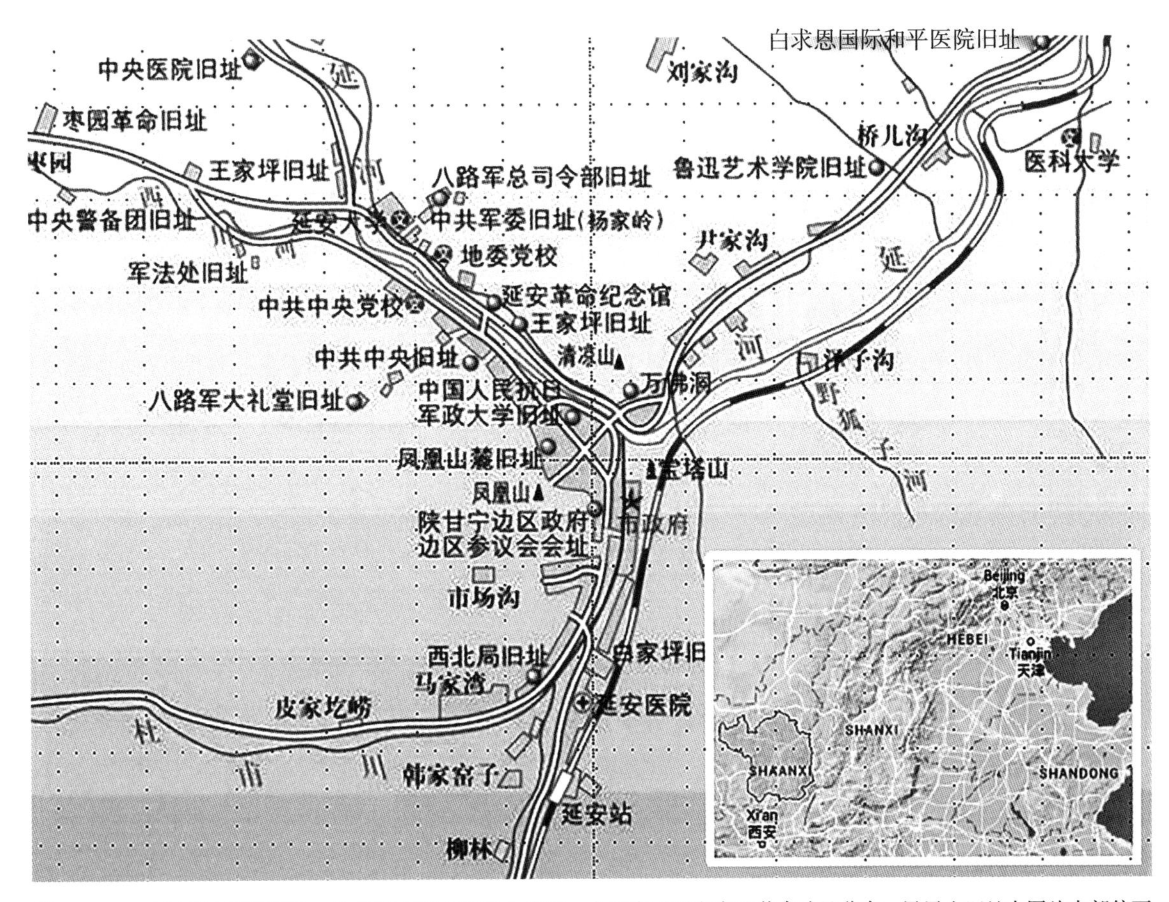

图 16–4–1　小图划出延安区位，注意其在陕北的中心位置。大图表示延安本地革命遗址分布，凤凰山旧址在图片中部偏下即河流交汇处。杨家岭在图片中部偏上，标有“中共军委旧址（杨家岭）”处。枣园在西北角。桥儿沟在东北角

来源：小图自：延安 .Google Map.https：//www.google.com/maps/place/Yan'an，+Shaanxi，+China/@36.2335682，114.4629158，6z/data=!4平方米 !3m1!1s0x366e2402cd87b947：0x925130a66613ae53!5m1!1e4?hl=en；大图自：延安地图 . 陕西中旅假日旅游有限责任公司西门分社 .2009-2-23.http：//www.lvyou114.com/map/9/9379.html.

---

① 本节作者董哲。
② 延安的地理、气候、历史、城建、人口信息，均来自：延安市志编纂委员会 . 延安市志 . 西安：陕西人民出版社，1994.

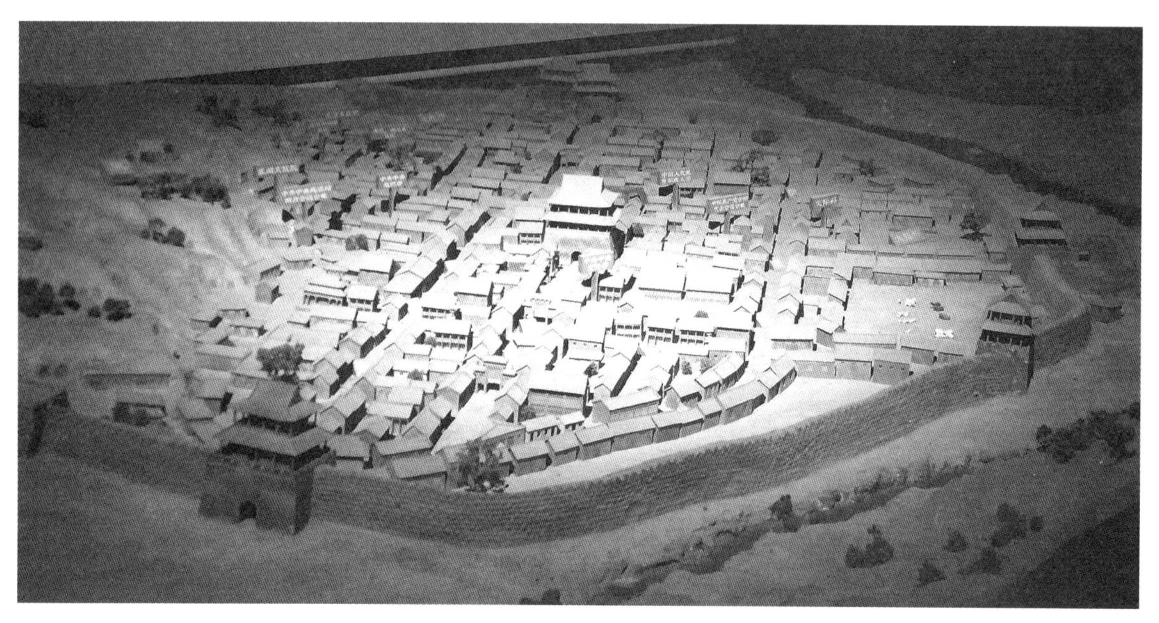

图 16-4-2 延安旧城模型（指北针朝向照片的纵深前方；毛泽东、朱德等人的旧居在图中左上、立有标牌处。摄于 2015 年 4 月延安革命纪念馆）

随着先进风气的涌入，陕北在 20 世纪 20 年代初开始有共产党人活动。“四一二”事变之后，陕北的共产党人逐步通过游击战争在边缘地区发展红色根据地。1935 年，中央红军以陕甘支队的番号到达陕北，并在 1936 年西安事变、国民党军逃出延安之后，于 1937 年初入城。自此到 1947 年 3 月为止，中国共产党在延安的时间共十年有余。面对国民党军的围剿、抗日战争、国共内战等外部冲突，依托延安这片较为稳定的根据地，中国共产党重塑了领导核心与党的系统，创造了堪称新中国先驱的社会与文化体系。延安此间的建筑代表了当时中国建筑界的边缘境况，也暗示了共产党人对营造活动的思路、品位和功能定位，对理解中华人民共和国成立前后国家的建筑活动有着深刻的意义。

二、三个时期

有学者将抗日战争期间中国的共产主义运动分为三个时期（1937–1938 年、1939–1943 年和 1944–1945 年）。[①] 相应的，20 世纪三四十年代共产党治下延安的营造活动也可分为 1937–1938 年、1939–1943 年和 1944–1947 年三个阶段。1937–1938 年正值国共第二次合作初始，陕甘宁边区的军事和经济条件相对宽松，共产党人也处于适应、探索边区生态环境的阶段，焦点集中在巩固革命根据地而尚未开始大规模开展改造边区的事业。这一时期，延安的营造活动主要是对主城内原有建筑的再利用，如中共中央 1937 年入城时改造凤凰山的吴家祖宅为毛泽东、

① 费正清，崔瑞德 . 剑桥中华民国史（下卷）. 北京：中国社会科学出版社，1994：413–488.

图 16-4-3　西班牙传教士 1929–1934 年建造的桥儿沟教堂（这是当时陕北浸润西方建筑文化的例子之一。后被改造成中央党校礼堂、中共六届六中全会会场、鲁艺礼堂等。摄于 2015 年 4 月）

图 16-4-4　俯瞰杨家岭（从左下角到右上角是进入杨家岭的土路，走向朝东北；画面下方的大礼堂是中央大礼堂，稍远一点的方方正正的三层房子是中央书记处办公楼即“飞机楼”，这二处均是杨作材设计；画面中心偏左的三孔窑洞是周恩来的住所，由一条土坡向上是毛泽东和朱德的窑洞，再往上是其他领导人的窑洞）
来源：延安革命纪念建筑 . 北京：文物出版社，1959：3.

朱德等人在延安的第一处住宅，以及 1937 年底改造桥儿沟天主教堂为中央党校礼堂、1938 年又为六届六中全会会场等（图 16-4-3）。

1938 年底，延安主城受日机轰炸而严重损毁，中共中央从凤凰山迁至城北隔河相望的杨家岭一带，自此拉开延安建筑活动的第二个阶段（图 16-4-4）。这时毛泽东已初步巩固了自己在党内的地位，逐渐在党的理念与构架、国共合作、军事政策、边区政经体系和社会文化等各个领域进行改造。[①] 尽管当时边区经济正因日军扫荡和国民党封锁而十分困难，[②] 但在共产党的改造和紧张的军事环境下，仍催生出大量新建筑。这些建筑除了窑洞等住宅之外，集中在礼堂、会议厅等宣讲和议政建筑上，如 1939 年的杨家岭礼堂和李家塔礼堂，1940 的枣园中央会议礼堂、中央党校小礼堂，1941 年的边区参议会礼堂，1942 年的杨家岭中央大礼堂、中央党校大礼堂、西北局大会议室，1943 年的王家坪军委礼堂和枣园中央书记处小礼堂等。除此之外，这阶段还有一些党政办公楼及工厂和商业建筑落成，如 1940 年的边区银行大楼、1941 年的中央办公厅大楼（俗称“飞机楼”），以及 1943 年的南泥湾高干休养所等。

1943 年之后，党的改造基本完成，边区经济恢复迅速，政治社会情况平和。此时延安的新

① 关于延安的整风运动，可见：费正清，崔瑞德 . 剑桥中华民国史（下卷）. 北京：中国社会科学出版社，1994：413–488；杨洪，赵喜军 . 延安整风运动与马克思主义中国化 // 毛泽东邓小平理论研究，2008（7）：53，65–67；刘铁明 . 试论延安整风运动的内容 . 湖南科技学院学报，2005（6）：29–32.

② 对于当时陕甘宁边区的经济状况，有一系列统计表格见于：延安革命纪念馆 . 延安革命纪念馆陈列内容资料选编（一）. 1981.

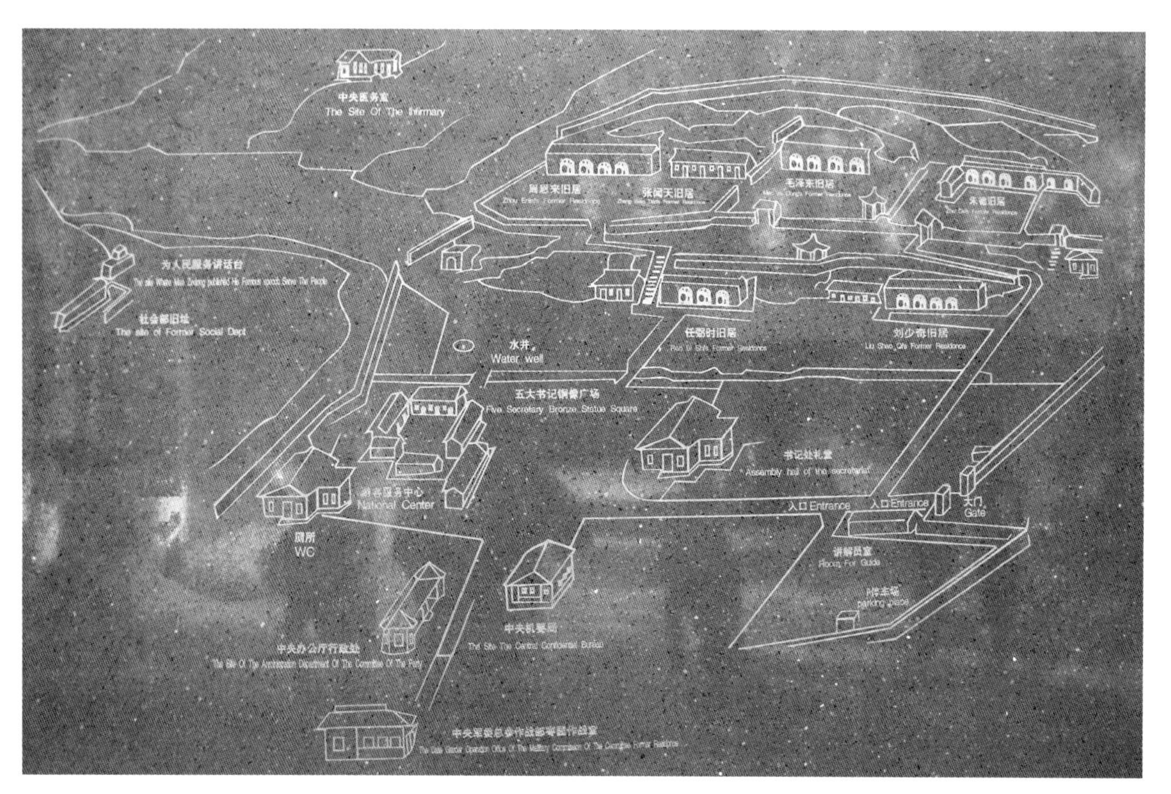

图 16-4-5　枣园聚落的布局示意图（图的中部偏右、标有“大门”的是枣园的入口；图片中部的坡屋顶的房子是书记处礼堂，左下角三处小屋分别是中央机要局、中央办公厅、军委作战部；周恩来、张闻天、毛泽东、王稼祥、朱德的住处是图片上部偏右的一排房舍。摄于 2015 年 4 月延安枣园）

建筑已基本完成建设，与边区社会的运行高度磨合。这一方面表现在延安此时的宣讲和议政活动仍沿用原有场所而很少寻求新环境，另一方面表现在党中央此时期的新聚居地——枣园（或延园）的形态上（图 16-4-5）。枣园原是地主宅院，1940 年后被共产党逐步改造。自 1943 年毛泽东和中央书记处先后由杨家岭搬入，这里逐渐发展成为中共中央在陕北经营最久的驻地，其布局突出反映了当时边区的社会组织形态。此后，毛泽东又于 1946 年底从枣园迁入王家坪，但那已属于 1947 年 3 月党中央撤离延安前的特殊时期了。①

三、三个类别

纵观中国共产党在延安时主持的营造活动，有三个建筑类别尤其值得注意。第一类即是上文列举过的政治宣讲和议政建筑，包括各式会议厅、礼堂、广场乃至办公大楼等（如中央办公

① 之所以称之为特殊时间，是因为当时面对国民党的重点进攻，毛泽东等人住宅的迁址均是短时间内的紧急事件，共产党并未因之进行大规模的建设活动。

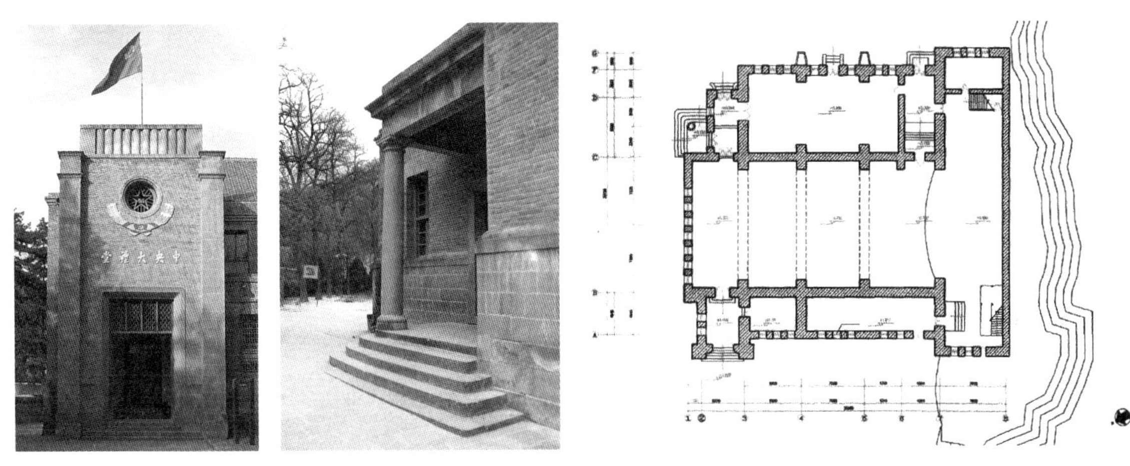

图 16-4-6　杨家岭中央大礼堂的西北主入口和东北次入口及平面图
来源：图片摄于 2015 年 4 月延安杨家岭；平面图自：贺文敏．延安三十到四十年代红色根据地建筑研究．西安建筑科技大学硕士学位论文，2006：24.

厅大楼也曾举办著名的延安文艺座谈会）。除非集会人数过万、不得不在延安城东门或南门外的空场开展，延安的政治和社会活动常常依活动性质和规模在八路军礼堂、边区礼堂、党校礼堂或中央大礼堂等处进行。这些礼堂因政治象征性和建造技术的复杂性而代表了共产党人在延安营造的最高规格的建筑，而其中以 1945 年举行中国共产党第七次全国代表大会的中央大礼堂为代表。

中央大礼堂（图 16-4-6）位于杨家岭原礼堂旧址，朝向西北，正对杨家岭沟口。1942 年春由杨作材[①]设计，同年秋建成。建筑进深 35 米，面阔 30 米。[②]主厅可容纳一千余人，由四个源于当地窑洞结构、大跨度的半圆形石拱支撑，圆拱上再搭设木质屋顶；厅南端设讲台，地坪从前至后逐渐升起以利视听。主厅以东布置小会议室兼舞厅，以西布置阅览室和游艺室，两翼体量小于主厅，在结构上起到了平衡主厅大跨度拱券侧推力的作用。建筑四角均有出入口，西北角是主入口，用两侧通高的方形壁柱和门楣上方的圆形气窗作为强调，顶端有小塔楼和旗杆；东北角是次入口，雨棚下有一个塔司干柱头（Tuscan order）。建筑外立面简朴庄重，条石墙基，窗下用块石砌筑墙墩，上坐砖墙，开纵向方窗，东侧墙外另有两垛扶壁，建筑顶部用线脚或饰带（frieze），某些线脚剖面及台阶边缘抹圆。主厅上是坡屋顶，东西翼用平屋顶，整体观感既有地方风貌，又透着西洋味道。

① 在延安杨家岭中央大礼堂旁有石碑介绍杨作材："杨作材（1912–1980 年），江西省九江市人，1936 年毕业于武汉大学法律系。1936 年 5 月参加革命工作，1938 年到达延安。同年 8 月加入中国共产党。先后在延安抗大、难民纺织厂、振华造纸厂、自然科学园、中央军委等处工作。曾任八路军总政治部敌工科科员，延安自然和学院总务处长、中央军委办公厅副主任，1939 年受中央办公厅委托，参与延安大型建筑设计，先后设计建造了中央大礼堂、杨家岭中央办公厅大楼、枣园书记处礼堂、王家坪军委大礼堂等大型建筑……新中国成立后，曾任冶金部设计司司长，国家建委副主任，国家计委副主任、副书记等职。中国著名的建筑工程专家。"（延安革命纪念地管理局，2014 年 7 月 1 日）值得注意的是，在贺文敏的论文中，王家坪军委礼堂并非杨作材设计，而是由一位叫伍积禅的木工设计建造的。从军委礼堂传统的建筑形制上判断，笔者支持贺文敏的观点。
② 测绘数据来源于：贺文敏．延安三十到四十年代红色根据地建筑研究．西安：西安建筑科技大学硕士学位论文，2006：23.

礼堂的内部装饰也有当时的政治宣传特色。主入口上有康生手书的“中央大礼堂”五个字和五角星窗棂，进入礼堂后左手山墙的窗间挂有“同心同德”四字；右手是主厅，两侧墙上各设三个V形旗座（象征英文“victory”，即“胜利”），旗座上插党旗和写有“坚持真理，修正错误”的标语牌；讲台两旁贴马恩列斯头像，正中是毛泽东和朱德的大幅头像，台上方石拱上贴着“在毛泽东的旗帜下胜利前进”的大幅标语（图16-4-7）。有研究者将这一布置解读为“(七大）贯彻延安整风的精神，通过坚持真理、修正错误，达到同心同德，在毛泽东的旗帜下胜利前进。”①

第二个引人注目的建成环境类别是住宅聚落。中央红军到达陕北后所住多是窑洞或土房。这些住居的形式、它们和党政机关所形成的驻地布局反映了共产党和边区的组织结构与意识形态。譬如杨家岭的毛泽东和朱德的窑洞几乎位于聚落中心，正对中央办公厅大楼并铺设有专门通向大楼的木桥，其他领导人住址环绕四周，暗示了毛朱二人在党的组织和象征层面上的中心地位。

杨家岭之后的枣园更加鲜明地反映了新时期中国共产党以毛泽东为核心的领导集体的形成。枣园大门内是书记处礼堂，后面有几栋小洋房安置中央机要局、中央办公厅、军委作战部。北面山坡有上下两层石窑洞，首层住任弼时、刘少奇、彭德怀，二层自西向东住周恩来、张闻天、毛泽东、王稼祥、朱德。周和张住一个四孔窑洞的宅院;王和朱住五孔窑洞的宅院;毛居中，独住一个五孔窑洞②的院落，面积最大，内有八角攒尖的凉亭和石桌凳，院外另有前院并设石椅，在此可俯瞰坡下的党政机关（图16-4-8）。毛泽东住所的位置、面积和规格，均对应了他在党内的核心位置。其领袖地位在窑洞唯一的立面，即窑面的门窗上也显示出来：这里用木条拼出了大五角星图案，而其他领导人均用小五角星甚至不用特殊图案。这种装饰上的区别在共产党之前的驻地中并不曾出现。

第三个建成环境类别是工厂、学校、商店等具有社会功能的建筑。为打破封锁以求生存和发展，边区创办了大量的生产、教育、金融机构。这些机构的选址，很大一部分延续了共产党人一直以来的实用策略而使用原有屋舍，如延安县南区合作总社营业楼、中央印刷厂、新华书店③等;当原境不适合而需建新房时也常迎合地方造作，用乡土技术和式样造房来容纳新功能，如中央医院、延安大学、新华化学厂等。而对于一些有纪念性或有象征意义的建筑，则好用西式元素尤其是西式立面，以彰显机构的重要性。

实例之一是陕甘宁边区银行。银行原是三孔窑洞,1940年迁到延安南关新市场的繁荣地带，并尝试用新形式反映边区政府的金融实力。建筑依山而建，坐北朝南，有两层，建筑面积1124平方米。④一层是在山坡上开凿的九孔窑洞，窑洞之间相通，前部做成柜台；二层是在窑洞山体上建的新屋，木石结构，是办公用房。非常特殊的是，一层窑洞外还筑有一道走廊，走廊外

① 刘滢.中共“七大”筹备考略.延安大学学报（社会科学版），2010（7）：40.
② 各人的窑洞是石窑，纵剖面均是平直型，横剖面呈双心拱，用块石发券成拱，外墙抹灰，上修女儿墙。
③ 关于当时的新华书店，笔者尚未搜集到更多资料，仅有一张照片显示其西方样式以及市场沟背景，因此暂且估计是共产党到延安前已落成的建筑。
④ 测绘数据来源于：贺文敏.延安三十到四十年代红色根据地建筑研究.西安：西安建筑科技大学硕士学位论文，2006：51.

图 16-4-7　中国共产党第七次全国代表大会会场（左上）
来源：延安革命纪念建筑 . 文物出版社，1959：5.
图 16-4-8　延安枣园毛泽东宅院的大门和内景（右）
来源：延安革命纪念建筑 . 文物出版社，1959：13.
图 16-4-9　延安的陕甘宁边区银行旧址（左下）
来源：摄于 2015 年 4 月延安市场沟 .

壁上承二层墙体，这样构成了一个 2 层高的建筑主立面。该立面全部用石材，由方形壁柱分为九开间，每层檐部有线脚，门窗上用弧形拱券，立面顶端有一圈护墙栏杆（balustrade），中央有类似三角山墙（pediment）的饰板（图 16-4-9）。这样建筑形成一西洋化的整体造型，宏伟而敦实。像边区银行这样灵活借用西式立面来修饰传统体量的策略也多见于其他机关建筑，如陕甘宁边区农具厂的山墙便使用了类似天主教堂的立面。

尤其有趣的是，随着边区政府机构和设施的健全，延安地界上，在古城墙和古城门之外，又筑起了许多新的围墙和大门。这些围墙圈出了一个个党政机关，不仅有杨家岭和枣园这样的共产党人聚居地，还有学校、工厂、医院等社会机构。甚至在市场入口也树立了门柱，用对联标明其政治属性。[1] 这些被墙垣隔离、由门卫守护的场所，在中国共产党早期的根据地如井冈

① 延安新市场入口两旁立柱，柱子上有毛泽东题的“坚持抗战坚持团结坚持进步边区是民主抗日的根据地；反对投降反对分裂反对倒退人民有充分的救国自由权”。

山或瑞金还未出现过。它们是中华人民共和国单位系统的前身，反映了延安新时期的社会组织方式对空间形态的影响。①

四、一些特征

对于20世纪三四十年代陕甘宁边区的建筑营造，目前学界仍鲜有研究。1959年以来官方发行的延安方志和宣传册提供了许多当时建设的历史图片和背景介绍；② 1983年杨作材撰文《我在延安从事建筑工作的经历》介绍自己设计李家塔礼堂、中央办公大楼、中央大礼堂的过程；③ 2006年贺文敏的硕士论文《延安三十到四十年代红色根据地建筑研究》概览了当时的建筑活动；④ 2010年刘滢的《中共“七大”筹备考略》补充了许多新的中央大礼堂的建造细节。⑤ 本小节在这些文献和实地考察的基础上，粗略提出延安营造活动的三个时期和三个类别，并给予如下一些初步分析以供讨论（表16-4-1）。

陕甘宁边区建筑营造大事年表 **表16-4-1**

	年份	国际、国家大事	延安地区大事	迁址	建筑
1	1922	杨虎城率靖国军北上占领陕北，次年共产党员开始传播新文化，建立党组织			
2	1927		陕北事变，共产党活动转至地下		
3	1929		刘志丹谢子长从事兵运工作		1929（1931）至1934年西班牙传教士造桥儿沟教堂
4	1934	9月中央红军得知陕北根据地仍存在，带陕甘支队北上	陕甘边区苏维埃政府成立，习仲勋任主席；又成立陕北游击队总指挥部		
5	1935		10月中央红军到达吴起镇（番号陕甘支队）		
6	1936		4月周恩来和张学良在东北军驻地肤施天主教堂内秘密会谈，同意停火		
7		12月西安事变爆发并和平解决	12月国民党政府携民团逃跑，红军进城		

① 关于中华人民共和国的单位系统和它在延安时期的前身，见：David Bray. *Social Space and Governance：The Danwei System from Origins to Reform*. Stanford，CA：Stanford University Press，2005：123-156。

② 如：延安市志编纂委员会．延安市志；文物出版社．延安革命纪念建筑．北京：文物出版社，1959；延安革命纪念馆．延安革命纪念馆陈列荟萃（1935-1948）．北京：中国画报出版社，2011.

③ 杨作材．我在延安从事建筑工作的经历//武衡编．抗日战争时期解放区科学技术发展史资料（第二辑）．北京：中国学术出版社，1984：267-281.

④ 贺文敏．延安三十到四十年代红色根据地建筑研究．西安：西安建筑科技大学硕士学位论文，2006.

⑤ 刘滢．中共“七大”筹备考略．延安大学学报（社会科学版），2010（7）：40.

续表

	年份	国际、国家大事	延安地区大事	迁址	建筑
8	1937			1月中共中央进驻延安凤凰山	1月将当地民居作为毛泽东，周恩来，朱德故居。和红军总参谋部，将桥儿沟教堂辟为中央党校礼堂
9		7月卢沟桥事变，蒋介石庐山谈话	7月在东城门外召开援助平津将士大会		
10			9月陕甘宁边区政府成立，6000人纪念“九一八”大会，11月王明回国		
11	1938		7月抗战一周年及建党周年大会，奠基抗日阵亡将士纪念碑	军委迁往王家坪	立抗日阵亡将士纪念碑
12			8月王稼祥回国，支持毛泽东		
13			9月在桥儿沟教堂召开六届六中全会	中央因日军轰炸搬至杨家岭	因日机轰炸延安将七大选址为李家塔，派杨作材造李家塔大礼堂
14		10月武汉广州失守，开始战略相持阶段			11月建杨家岭原礼堂，正式名称未知
15	1939	延安屡遭日军飞机轰炸		年初中央党校由桥儿沟迁至延安北关小沟坪	
16		冬，国民党进攻边区，间接导致七大延期			冬，杨作材到李家塔造李家塔礼堂，次年春完成，后废弃
17	1940	1940–1942年百团大战		3月周恩来搬入杨家岭	造边区银行大楼，次年11月完成；杨作材设计枣园中央会议礼堂和三座品字形别墅
18			6月1000人参加模范青年大会，在延安大礼堂举行		10月建中央党校小礼堂
19				鲁艺迁址桥儿沟	11月杨家岭原礼堂失火
20	1941	皖南事变	1941–1942年边区经济困难，开始大生产运动	朱德搬入王家坪	2月毛之工设计边区参议会礼堂，又称延安大礼堂
21			春，359旅进驻南泥湾		春，杨作材设计飞机楼，即中央办公厅大楼
22			9月在八路军礼堂纪念国际青年节		
23			10月在南市商人俱乐部召开延安市第一届参议会		
24	1942		1942–1945年整风运动		军民造中共中央西北局大会议室
25					春，杨作材设计杨家岭中央大礼堂，秋天落成
26			2月毛泽东在中央党校小礼堂作《改造我们的学习》和《反对党八股》报告		

续表

	年份	国际、国家大事	延安地区大事	迁址	建筑
27			5月在飞机楼召开延安文艺座谈会		6月造中央党校大礼堂
28	1943				军委修建王家坪军委礼堂
29			3月在八路军礼堂举行黄花岗烈士纪念大会	5月毛泽东搬离杨家岭，搬入枣园	3月造南泥湾高干休养所
30		6月国民党企图闪击延安，已准备的七大再次延期			6月在枣园新建中央书记处小礼堂一座，石窑十三孔
31				10月中央书记处由杨家岭搬至枣园	
32	1944		3月延安南北区机关在杨家岭大礼堂纪念三八妇女节		
33	1945		4月七大在杨家岭中央大礼堂召开	1月周恩来搬离杨家岭	
34			6月七大代表和延安各界在中央大礼堂追悼革命死难烈士		
35		8月日本投降，毛泽东赴重庆谈判	9月万人在南门外广场举行庆祝胜利大会		
36			10月延安各界在参议会礼堂纪念双十协定		
37			11月700人在鲁艺大礼堂追悼冼星海		
38	1946	1月国共两党签署停战协议，4月国共合作破裂，6月国民党军进攻中原解放区		12月毛泽东搬离枣园进入王家坪	
39	1947	3月国民党军重点进攻山东和陕甘地区	3月中央撤离延安，开始转战陕北，次年3月离开陕北前往华北		

来源：作者自绘

首先，中国共产党在陕甘宁边区的营造活动条件艰苦，不但政治和经济环境很不稳定，而且人才和物资也很缺乏。此背景下，决策者、设计者和施工者都必须因陋就简、因地制宜。他们首先对现成场所进行利用和改造，方法包括自井冈山和瑞金时期即常见的添设木板隔墙、外墙刷字、挂设牌匾标志等。[①] 而新造建筑，无论是高规格礼堂还是一般办公楼，都不得不依靠非专业设计者和地方工匠，以低技术方式筑造。譬如杨作材在大学所学专业是法律，只因父亲是营造厂主，自己对建筑感兴趣，才被委任设计工作。他因缺乏地质、水暖和电气等方面的专业知识，其设计曾引起塌方、漏水和音响上的问题。[②] 他的设计条件也十分简陋，建筑细部做法常常需要在施工现场通过在地上涂画向工人解释，舞台和装饰布置则均需咨询他人。此外，

① 例子有在井冈山常见的标语墙、瑞金叶坪的中华工农兵苏维埃第一次全国代表大会会场等。

② 对于塌方、漏水、音响等问题，可见：杨作材．我在延安从事建筑工作的经历 // 武衡编．抗日战争时期解放区科学技术发展史资料（第二辑）．北京：中国学术出版社，1984：277-280.

他对结构并无定量计算而仅凭石工的经验，为此在建造中央大礼堂时，特意模仿赵州桥的石拱系统并加盖墙垛作为额外的支撑。在施工上他也是就地取材，用的是延安当地易得的石材，甚至悬吊石材的滑车也是自己制作。①

由于缺乏建筑学人才，延安大部分营造若以专业标准衡量则看似相当原始，设计水平和建造技术都很难体现共产党人作为现代化和新文化代表的形象。因为不擅构图技巧，共产党人规划的建筑布局大都是对群组功能的直白图解。即使如中央书记处小礼堂、边区银行等高规格建筑，也都只是用最简单的平面组织来满足基本的使用需求，不求奇，更没有借助现代建筑所强调的空间概念去丰富室内的体验。但这些不足并不意味共产党人不重视布局和装饰细部的意匠。比如，瑞金叶坪、延安杨家岭和延园等驻地布局体现了一种颇为一贯的逻辑：在入口处设置礼堂等大体量高规格的建筑，中部空场设置办公楼，住宅则依山而列；如此布局不但反映了对体量和形式等建筑语言的着意运用，而且追求以平面布局表达纪念性和礼仪性。礼堂室内更是装饰的重点，如中央大礼堂有徽标、口号、人像、旗帜、鲜花等，充分显示出共产党人对于指示性、象征性和偶像性视觉元素运用的自觉与娴熟。

最能凸显当时共产党建筑师专业素质的高规格建筑，如边区银行、边区参议会礼堂、保育小学礼堂、陕北公学礼堂乃至瑞金的中华苏维埃第二次全国代表大会礼堂，主立面均用轴线布局、三段式、主次分明的秩序，以及西式壁柱、线脚、三角山墙等细部。一些未用整体西式立面的建筑也常常引入西式元素，如中央大礼堂的塔斯干柱、枣园办公小别墅的柱廊等。西北局大会议室的曲线墙壁还有装饰艺术风格（Art Deco）的痕迹，杨作材甚至称他设计的杨家岭中央书记处办公楼为“1930年代所流行的火柴盒式建筑”。②这些神似西方的元素和地方造作的融合，显示出设计者折中融合的运用哲学，以及在具体营造中极大的创造性。它们也反映了当时延安因环境所限，设计师对西方建筑语言的隔阂。③假若将共产党人对西式风格的喜爱，同当时国民党政府推行的民族风格予以对比，则可以看出当时国共两党自五四运动以来对中国社会和文化走向的不同愿景。

然而，中华人民共和国成立之后，中共中央似乎并未延续对西式建筑风格的偏爱，延续下来的是当时延安建筑对使用功能的注重以及在建造上的便捷。这孕育了1950年代社会主义中国的建筑方针，即“实用、经济，在可能的条件下注重美观”。

---

① 对于塌方、漏水、音响等问题，可见：杨作材．我在延安从事建筑工作的经历 // 武衡编．抗日战争时期解放区科学技术发展史资料（第二辑）．北京：中国学术出版社，1984：277-280.

② 杨作材．我在延安从事建筑工作的经历 // 武衡编．抗日战争时期解放区科学技术发展史资料（第二辑）．北京：中国学术出版社，1984：274.

③ 据杨作材回忆，他在设计李家塔礼堂和中央大礼堂时，曾以国统区钞票上的花纹以及美国大学教科书的图画作为参考资料。他还在介绍中央大礼堂时将塔斯干柱式误称为“爱奥尼式柱”（Ionic，杨作材注，见：杨作材．我在延安从事建筑工作的经历 // 武衡编．抗日战争时期解放区科学技术发展史资料（第二辑）．北京：中国学术出版社，1984：280）。而他所称的“火柴盒式建筑”和学界公认的现代主义建筑的也有所差别。

第五节 抗战中中国建筑教育的发展（1937-1945年）

一、北平大学工学院建筑系[①]

1906年3月，清政府商部奏请筹办京师高等实业学堂，10月正式开学，先设预科，1907年4月开办本科。先后设置了机械、电气机械、应用化学、机织科等科目。[②] 1923年升格为北京工业大学，1927年参与合并组建北平大学，成为北平大学工学院。

1937年7月7日，抗日战争爆发，7月28日，北平沦陷。北京大学的主体与清华大学、南开大学组成“西南联合大学”南迁至云南昆明；北平大学的主体与北平师范大学、北洋工学院等组成“西北联合大学”西迁至陕西西安。

占领北平后，日伪政权即着手“北大复校”，伪北京大学是在原来的北京大学、北平大学、清华大学和交通大学北平铁道管理学院的基础上拼凑而成的。1939年1月14日，“北京大学”正式开办，包括“文、理、法、工、农、医”六个学院。其中工学院是在原北平大学工学院基础上改组而来的，分为机械工学系、电工学系、建筑学系、土木工学系和应用化学系并附设工厂。[③] 其中机械、电工、应用化学为北平大学工学院原有，建筑学系和土木工学系是新增的系。

虽然“北京大学”工学院是日伪学校，但建筑系教师多数为中国人，其中，朱兆雪、沈理源、钟森等是建筑系的主要教师，朱兆雪为系主任，同时还兼任早期土木系主任。纵观“北京大学”建筑系教师，多数都为土木工学出身，建筑系的办学思想不可避免地受到教师学历背景的影响（表16-5-1）。

朱兆雪（1900-1965年），原名朱肇锡，江苏常熟人，震旦大学肄业后，入法国巴黎大学学习，1923年获理科数理硕士学位。后入比利时国立岗城大学皇家工程师研究院学习，1926年毕业后回国。回国后曾担任京汉铁路工务处工程师、奉天宝利公司建筑工程师。1928年在冯庸大学中学部任数理教授。1931年受聘于国立北平大学艺术学院建筑系讲师、教授，教授钢筋混凝土设计、制图几何、射影学。并在北平中法大学理学院兼任数理教授，1938年担任“北京大学”工学院建筑学系主任，同时自营北平大中建筑师事务所。[④] 他还著有《高等数学》（1939）、《图解力学》（1939）、《材料耐力学》（1939）等书。

朱兆雪早年留学法国，与同为留法学生的汪申、华南圭等颇为熟悉。他出身于土木工学，后来转行建筑师并积极投身于建筑教育。其教育理念与同时期的天津工商学院建筑工程系相去不远，从课程设置中可以看出，两所学校建筑系的相同之处在于均十分注重技术和实践。

① 本小节作者宋昆、张晟。
② 北京工业专门学校沿革纪略//潘懋元，刘海峰编．中国近代教育史资料汇编——高等教育．上海：上海教育出版社，1993：583-584.
③ 修正国立北京大学组织大纲．国立北京大学总揽.1941：9.
④ 赖德霖．近代哲匠录——中国近代重要建筑师、建筑事务所名录．北京：中国水利水电出版社，知识产权出版社，2006：218.

1944–1945 年“北京大学”工学院建筑学系教师　　表 16–5–1

姓名	学历	教授科目	到职日期
朱兆雪	震旦大学毕业，后入比利时国立岗城大学皇家工程师研究院		1938.9
沈理源	意大利奈波利高级工程专科学校毕业	建筑设计	1940.9
钟森	同济医工大学土木工程系毕业		1938
赵冬日	日本早稻田大学建筑科毕业	日语	1942.12
吉金标	北洋大学土木系毕业		1940.9
高公润	北平大学艺术学院建筑系毕业		1938.9
余鸣谦	北京大学工学院建筑系毕业		1943.8
冯建逵	北京大学工学院建筑系毕业	建筑系助理	1942.8
杨耀			1944
卢启贤			
姚立恒			
沈韵梅	东吴大学毕业		1943.9
毕古烈威池	俄国莫斯科美术大学毕业，建设总署技师		
常中祥			
林治远	北洋大学土木工程系毕业		
赵正之	东北大学建筑系肄业		1940
曾一橹	留法学生，曾在北平艺术专科学校西画系任教		

来源：1944–1945 年北京大学工学院教员应聘书存根，其中 1944 年 9 月离退建筑系讲师有曾一橹、赵法参两人

对比“北京大学”建筑系与当时中央大学建筑系课程，可以看出两者有着明显的不同，尤其是在建筑技术类课程上，这反映出当时对建筑学科的认识有所改变，从强调学科的艺术性转向强调学科的技术性。

从表 16–5–2 中可以看出，“北京大学”工学院建筑系的几个特点。第一，注重语言类课程，从国文（4 学时）、日语（24 学时）到第二外国语（19 学时，包括英语、德语和法语三种），共计 47 学时，其中，日语又处于最重要的地位，这大大超过了其他学校。其主要原因是由于战争期间，对于翻译人才的需要。第二，技术类课程门数最多，共 13 门，且分布于整个本科四学年，体现了建筑系对技术和工程的重视。由于处于战争时期，还开设有特种建筑课。第三，设计课的核心地位。设计课每周时数最多，共计 81 学时，比技术类课程的 60 学时要多。设计课在本科四学年中都有开设，低年级时为建筑图案，高年级时为建筑设计及制图，这体现出设计课在建筑系教学中的核心地位。从其课程名称为“建筑设计及制图”可以推测，当时建筑设计课中制图部分的训练一定较多。第四，绘图类课程学时较多，制图类和绘画类课程较其他学校都多，共计 38 学时，同时开有一门美学原理课，反映建筑系对于美术功底和美学理论知识的重视。第五，建筑史类课程较多。建筑系设有中国建筑学，教授中国建筑史和中国古典建筑构造等方面知识，这是受到伊东忠太、关野贞等日本学者研究中国古典建筑的影响。“北京大学”建筑系许多毕业生，如冯建逵、于倬云、祁英涛、臧尔忠、余鸣谦、杜仙洲等都是中国古建筑研究领域的专家。

1939 年“北京大学”工学院建筑学系课程　　表 16-5-2

		一年级	二年级	三年级	四年级
公共基础课		修身 2，日语 12，第二外国语 6，高等数学 8，实验物理 6，普通化学 4，机械制图 8	修身 2，体育 2，国文 4，日语 12，第二外国语 4，物理学特论 4	第二外国语 6，电工学 4，机械工学 4	第二外国语 3，工业经济 2
专业课	技术课	应用力学 8 图解力学 4	建筑材料学 2 材料力学及实验 8 房屋构造 8 测量 4 （实习在假期内）	钢筋混凝土 6 卫生工学 4 房屋构造 6	工程估价学 2 市政工程学 6 施工法 2 特种建筑 2
	绘图课	投影几何 8	投影几何 6		
		自在画 8	自在画 8	自在画 8	
	史论课		美学原理 2	中国建筑学 8 建筑史 4	
	设计课	建筑图案 4	建筑图案 12	建筑设计及制图 24 装饰术 4	建筑设计及制图 35 庭院设计 2 毕业研究

来源：国立北京大学文工理学院一览及事务课稽印簿 .1939：26-28，笔者重新分类；课程名称后数字为每周时数

比较 1939 年和 1941 年“北京大学”建筑系课程，总体变化不大，只在几个地方略有调整。第一，语言类课程课时减少。第二，自在画的课时减少，由原来三个学年开设改为两个学年开设。第三，技术类课程总学时有所增加，从 60 学时上升为 66 学时（表 16-5-3）。

1941 年“北京大学”工学院建筑学系课程　　表 16-5-3

		一年级	二年级	三年级	四年级
公共基础课		国文 2，日语 12，第二外国语（英文）6，高等数学 8，实验物理 6，化学泛论 4，机械制图 6	国文 2，日语 12，第二外国语（英文）4	日语 4，电工学 4，机械工学 4	工业经济 2
专业课	技术课	力学 8 图解力学 4	房屋构造 8 建筑材料学 4 材料耐力学 8 测量 4	房屋构造 8 钢筋混凝土 6 卫生工学 4	工程估价学 2 市政工程学 6 施工法 2 特种建筑 2
	绘图课	投影几何 8	投影几何 6		
		自在画 8	自在画 8		
	史论课		美学原理 2	中国建筑学 12 建筑史 4	
	设计课	建筑图案 6	建筑图案 12	建筑设计 24 装饰术 4	建筑设计 35 庭园设计 2 毕业研究

来源：国立北京大学总览 .1941：90-93.

总体而言，“北京大学”建筑系偏重于技术，注重结构、构造等方面，相对于学院派体系影响下的中央大学建筑工程系，其技术课比重较大。相对于注重工程技术和实践性的工商学院建筑系，其设计课比重较大。

抗战胜利后，“北京大学”工学院建筑系被编入北平临时大学补习班第五分班，第五分班建筑系的教师多数为原“北京大学”工学院建筑系教师，且课程也有相似之处，可以看作是“北京大学”建筑系的延续。北平临大只存在了不到一年的时间（1945 年 11 月 -1946 年 8 月），属于补习班性质，各年级同时上课。

北平临时大学补习班的目的，是对沦陷区高校学生进行补习和甄别，自创办之初就受到学生的抵制。沦陷区高校学生在补习班结束后，必须考试，通过后方可转入其他学校学习。已经毕业的学生也必须接受补习和甄别，这引起了很多学生的不满，引发了学潮。最后，国民政府教育部步步退让，不了了之。①1946 年 8 月，经教育部批准，北洋大学接收北平临时大学补习班第五分班，包括所有房产、图书、教员和学生，成立北洋大学北平部。

抗战胜利后，西南联合大学解散，各学校回原校址复校。北京大学复校后就开始筹划开办工学院。经过一番波折，最终接收北洋大学北平部，并在此基础上创办工学院，由著名物理学家马大猷任院长。②

北京大学工学院建筑工程系存在了四年时间，从 1947 年 8 月至 1952 年 8 月全国院系调整。建筑系为了适应形势，将四年制改为五年制，成为全国较早改五年制的建筑系，北京大学建筑系改学制的时间最迟应当在 1949 年。③改制的原因推测可能是受到苏联建筑教育模式的影响，也可能是由于四年制对于建筑学课程过于紧张的原因。与学制的修改相应地是课程也有所调整（表 16-5-4）。

1950 年北京大学工学院建筑工程系拟定课程 表 16-5-4

		科目名称
公共基础课		国文 4（选），微积分 6，第一外国语 6（选），物理 6，社会科学 4（选），第二外国语 8（选），工厂管理 1（选）
专业课	技术课	静力学 4，材料力学 6，结构学 4，高等结构学 4（选），营造法 12，圬工 2，木构造 3，钢构造及设计 4，钢筋混凝土 3，钢筋混凝土设计 2，建筑材料 2，材料试验 2，测量 3，中国营造法 8，建筑设备 8，照明及音响 2（选），估价及施工 1，建筑法规 1
	绘图课	投影几何 3，阴影及透视 3
		素描 4，水彩画 4，油画 2（选），造型雕塑 1（选）
	史论课	西洋建筑史 4，东方建筑史 4（选）
		建筑原理 4
	设计课	建筑图案 8，建筑设计 30，都市计划 6，都市计划设计 2（选），快速设计 2，庭院 1（选），室内装饰 1（选）

来源：北大工学院有关课程事宜的材料（1948-1950 年），北京大学档案馆，笔者重新分类。课程名称后数字为学分

① 贺金林，袁洪亮 .1947 年北洋大学北平部的归属风波 . 现代大学教育，2010（5）.
② 张榆生 . 介绍国立北京大学——献给准备投考的千万青年学生 . 读书通讯，1948（158）：2-5.
③ 梁思成 . 清华大学营建学系（现称建筑工程学系）学制及学程计划草案 // 梁思成全集（五）. 北京：中国建筑工业出版社，2001：48-49.

可以看出，技术类课程依然是北大建筑系的主要课程，共18门课程71学分，占总课程数的近一半，北大建筑系注重工程和技术的传统得到了传承。绘图类课程除原有的素描和水彩画之外，又增加了油画和造型雕塑两门选修课，反映出学校对美术基础的重视。设计类课程中，增加了快速设计，这是全国较早有快速设计课程的建筑院校。快速设计课的设置让人联想到学院派教育中的“Esquisse”（草图）。

这时的北大建筑系聘请了一些新的教师，有些是从其他学校聘请的，如戴志昂、卢绳等；有些是本校优秀毕业生，如王炜钰、车世光、刘鸿滨等（表16-5-5）。新来的教师中，很多都是从中央大学毕业的，这也就导致了北大建筑系教学思想受到学院派教育模式的影响，表现出对美术训练的重视和设计课比重的增加。由于其教师多数为土木工学出身且为开业建筑师，北京大学建筑系教育更加偏重于工程和技术方面。又由于教师赵正之、卢绳曾为中国营造学社社员，戴也曾随刘敦桢学习中国古代建筑，学校培养出了冯建逵、余鸣谦、臧尔忠、祁英涛等许多优秀的古建筑专家。[①]

1951年北京大学工学院建筑工程系教师 **表16-5-5**

姓名	年龄	职务	附注：毕业学校（毕业年）
朱兆雪	51	建筑系教授兼主任	（比）岗城大学（不详）
王之英	54	教授	不详
赵正之	45	教授	东北大学建筑工程系（不详）
戴志昂	43	教授	中央大学建筑工程系（1932）
卢绳	33	副教授	中央大学建筑工程系（1942）
王传志	29	讲师	不详
王炜钰（女）	27	讲师	北京大学建筑工程系（1945）
宋泊	38	讲师	北平国立艺专（1941）
金承藻	31	讲师	不详
陈文澜	34	讲师	不详
张守仪（女）	29	讲师	中央大学建筑工程系（1944）； （美）伊利诺伊大学硕士（不详）
李承祚	26	助教	北京大学建筑工程系（1951）
车世光	25	助教	北京大学建筑工程系（1951）
华宜玉（女）	32	助教	北平国立艺专油画系（不详）
刘鸿滨	25	助教	北京大学建筑工程系（1950）
宁桐华（女）	35	事务员	不详
吴学华	24	助理员	不详
周卜颐	37	兼任副教授	中央大学建筑工程系（1940）； （美）伊利诺伊大学硕士（1948）、 哥伦比亚大学建筑学院硕士（1949）
沈玉麟	31	兼任副教授	之江大学建筑工程系（1943）； （美）伊利诺伊大学建筑学硕士（1948）、 城市规划硕士（1950）
温梓森	31	兼任讲师	不详

来源：北京大学1951年教职员工工资名册、教职员名册、教职员人数统计表；“附注：毕业学校（毕业年）”由作者搜集整理

① 杨兆凯．北京大学与近代中国建筑教育[J]. 华中建筑，2011（2）：27.

纵观北大建筑系存在的14年中，虽然建筑系的隶属关系发生了多次变动，但是建筑系教师保持了一定的稳定性，重视技术的思想一直保持下来。

二、天津工商学院[①]

随着南京国民政府的成立，中国政局趋于稳定，城市各种建设活动大量增加，但相应的建筑设计人才缺乏，这引起了社会有识之士的关注。“国内建设日兴，需要专门人才日盛，故国内各工学院无不就各院环境，及设施之特殊情形，分别扩充或添加专门学系，以应付国内各地需要专门人才之孔急……而近来公私建筑日趋繁盛，对于建筑之设计，美术工程，设备等，日渐讲求，故建筑师之需要，不容稍缓，虽然中国之建筑师，年来因需要而增，但以毕业于国外大学者为多，故国内大学之应添设建筑系自属切要。”[②] 因此，天津工商学院决定于1937年在土木工程系基础上创办建筑工程系。

工商学院建筑工程系的教学模式是试图通过融合艺术与技术，在低年级以基础课和绘图课为主，主要训练学生的工程和美术基础，高年级时，以工程类课程和建筑设计课为主，以期达到培养具有综合素质的建筑师的目的。

（一）师资力量

学校聘请了许多社会知名工程师、建筑师等来校任教。其中包括慕乐（P. Muller）、华南圭、陈炎仲、阎子亨、谭真等。由于很多教师都具有土木工程背景并在工程司中执业，如：沈理源在华信工程司，阎子亨在中国工程司，慕乐在永和工程司，张镈在基泰工程司，这些工程司都是当时华北地区乃至全国有名的建筑师事务所，这成为工商学院建筑学教育中突出的特点。其原因是建筑学是一门与实践工程联系非常紧密的学科，对教师的实践能力要求很高，教师丰富的实践经验，对建筑设计课具有很大的帮助。

工商学院建筑工程系教学上重视理论与实践相结合，讲求学以致用，这对今后建筑学教育影响较大。早期工商学院建筑系的教师人数较少且多数为兼职教师，抗战爆发后，华南圭为躲避日本人的纠缠，迁往法国避难，首任建筑系主任陈炎仲于1940年2月在北京德国医院去世[③]，同年色彩学教授英国人E.R.Long去世，在建筑系专职教师本就较少的情况下，几位教授的离去给建筑系发展蒙上了一层阴影。1940-1943年间建筑系主任空缺，暂时由工学院主任暴安良（P.Pollet）兼任。这个时期，工商学院克服重重困难，陆续聘任了一些教师，如阎子亨（1940

---

① 本小节作者宋昆、张晟。
② 陈炎仲．工学院现在及将来．工商学生，1937，1（4）：11.
③ 陈炎仲去世时间，有两种说法，一种为1940年，系《1940年班工商学院纪念册》所载。一种为1938年，系《工商建筑》第1期第19页所载。笔者采访陈炎仲外孙查良钢先生，确认陈炎仲去世时间为1940年，《工商建筑》所载有误。

年2月）[①]、张镈（1940年）、谭真等，稳定了教学工作。除去1942年因为经济原因暂停一届招生外，建筑系整体上发展较快，无论是教师还是学生数量都稳步上升。1943年沈理源被聘为建筑系系主任，1951年阎子亨被聘为建筑系系主任（表16-5-6）。

1940-1947年天津工商学院建筑工程系教师　　表16-5-6

姓名	学历	国籍	教授科目
P.H.Pollet（暴安良）	法国里尔大学毕业，理学博士	法国	工学院主任
高镜莹	美国密歇根大学毕业，土木工程科硕士	中国	土木工程学
殷人杰	本学院毕业，工学士	中国	土木工程学
马沣	英国利兹大学毕业，工学硕士	中国	物理学
周子春	巴黎大学毕业，数理博士	中国	微积分
杜齐礼	本学院毕业，工学士	中国	微积分
董贻安	北洋大学毕业，工学士	中国	材料力学
邓华光	法国巴黎土木专科学校毕业，工学士	中国	测量学、工程材料
欧阳推	安南大学毕业，工学士	中国	测量实习
刘家骏	本学院毕业，工学士	中国	测量实习
谭真	美国麻省理工学院毕业，工学硕士	中国	构造设计学
陈维立	美国康奈尔大学研究院，工学硕士	中国	构造学
范恩锟	本学院毕业，工学士	中国	钢筋混凝土设计
张季春	本学院毕业，工学士	中国	钢筋混凝土设计
涂道明	里昂中央大学土木工程师	中国	估计学
张俊德	本学院毕业，工学士	中国	估计学
谭璟		中国	都市计划、公路工程学
刘茀祺	美国康奈尔大学工学硕士	中国	污水工程学
林镜瀛	美国康奈尔大学，工学博士	中国	给水工程学
李吟秋	美国伊利诺伊大学毕业	中国	卫生工程
W.B.Senin	哈尔滨大学毕业，工学士	俄国	暖气工程学
苏长茂	本学院毕业，工学士	中国	机械制图
David	巴黎大学毕业	法国	市政工程
吉金标	北洋大学土木系毕业，工学士	中国	房屋建筑学
沈理源	意大利奈波利高级工程专科学校毕业	中国	房屋建筑学、建筑设计
阎书通	香港大学毕业，工学士	中国	房屋建筑学、建筑设计
P.Muller	法国巴黎大学毕业，工学士	法国	内部装饰学、建筑设计
张镈	中央大学建筑系毕业，工学士	中国	建筑理论、中国建筑设计、建筑设计
许屺生	本院工学士	中国	建筑设计
冯建逵	“北京大学”工学院建筑学系毕业	中国	徒手画、中国建筑
王仲年	捷克国立美术学院毕业	中国	图案色彩学
魏寿崧	日本大学毕业	中国	徒手画
于仁和	日本西京美术院西洋画系毕业	中国	徒手画、水彩画
孙家琫	华北艺专毕业	中国	水彩画
吉金瑞	本学院毕业，工学士	中国	
林远荫	本学院毕业，工学士	中国	

来源：1939-1945届工商学院毕业纪念册，1941年工商学院概览，1947年天津工商学院校友录综合整理。

① 赵春婷.阎子亨与中国工程司研究.天津：天津大学硕士学位论文，2010：10.

从表 16-5-6 中可以看出，建筑工程系华人教师居多，其中有一部分为工商学院自己的毕业生，外籍教师人数较少，华人教师中多数有留学经历，成为教学中的主体。

（二）课程设置

由于工商学院建筑工程系是从土木工程系独立出来的，且设立在工学院（Faculty of Engineering），再加上教师团队的土木工学教育背景，因此，其早期教育模式必然受到土木工学的影响。建筑系的创办者秉承工商学院的传统，注重工程技术和工程实践，人才培养目标是职业建筑师，职业建筑师需要掌握有关结构、构造、施工方面的知识，而这些知识恰恰可以由土木系课程来传授，因此，建筑系的许多课程按照土木系的标准和要求来设置，这是工商学院建筑系与土木系课程相同的内在原因。两系相同的课程包括技术基础课，如：数学、物理、化学、力学、材料学、材强学、测量学等，以及技术专业课，如:构造学，石工基础学，钢筋混凝土学等，建筑系学生在这些课程上，要达到土木工程系的教育水平，其强调工程技术的教学特点展露无遗。

工商学院建筑工程系的课程设置非常严谨，一方面是为了使学科更为精专，课程设置突出学科的特点；另一方面是将法国教育体系转向美国教育体系。首先“下过不少的时间去研究，美国各大学及国内工学院的课程表”，[①] 而且更为重视国内工学院的课程表，因为“它们系根据美国式教育参照中国的需要而改造的”，在推出新课表之前，把国内各大学有土木系和建筑系的课表收集起来，进行比较。然后，拟定一草案并送给学校各教授，征求他们的意见，最后才确定。可以看出，工商学院对建筑系课程设置的谨慎和认真（表 16-5-7）。

1937 年天津工商学院建筑工程系与土木工程系课程　　表 16-5-7

		项目		
		建筑工程学系（1937）	建筑工程学系（1939）	土木工程学系（1937）
公共基础课		党义、哲学、国文、英文、第二外国语、微积分、普通物理、物理实验、化学实验、机械制图、会计	国文、科学逻辑、英文、第二外国语、微积分、物理、物理实验、政治经济学、机械制图、会计、现实论题	党义、哲学、国文、英文、第二外国语、微积分、普通物理、物理实验、化学实验、机械制图、会计
专业课	技术课	力学 材料力学	力学 材料力	力学 材料力学
		测量学 测量实习	测量学 测量实习	测量学 测量实习
		工程材料 材料试验 地质学 机件学 工艺学 起动机 桥梁	地质学 机件学 工艺学 起动机 桥梁	工程材料 材料试验 地质学 机件学 工艺学 起动机 桥梁

① 暴安良 . 工商的新发展 . 工商学生，1937，1（4）：3.

续表

		项目		
		建筑工程学系（1937）	建筑工程学系（1939）	土木工程学系（1937）
专业课	技术课			水利学、河海工程、电机工程、电机工程实验、热机关学、铁路学、铁道曲线、公路工程
		房屋建筑 高级房屋建筑 构造学 钢筋混凝土学 土石及基础学	房屋建筑 高级房屋建筑 钢筋混凝土 钢筋混凝土设计 硬架构造学 构造学 构造设计 构造设计 III 构造设计 IV 工程材料 材料试验 土石及基础学	房屋建筑学 构造学 钢筋混凝土学 土石及基础学 建筑学
		验光学 暖房及通风 市政工程 给水工程 污水学	验光学 暖房通风 暖房设计 家庭卫生	暖房及通风 市政工程 给水工程 污水学
		工程经济 工程契约及规范 工程估计	建筑师办公 工程契约及规范 工程估价	工程经济 工程契约及规范 工程估计
	史论课	建筑史	建筑史	
		建筑理论	建筑理论	
	绘图课	画法几何 建筑制图 阴影法	画法几何 画法几何制图 建筑制图 透视法	画法几何 建筑制图 土木工程制图
		徒手画 水彩画	徒手画 水彩画	
	设计课	计划（Designs）	建筑设计	计划（Designs）
		内部装饰	内部装饰 都市计划 都市计划设计	
		论文	毕业论文	论文
	其他	参观工厂 暑假建筑实习 工厂实习（木工）	木工厂实习	参观工厂 暑假测量实习 工厂实习

来源：陈炎仲．建筑工程系简介．工商学生，1937（4）：25；工商学院．HAUTES ETUDES Faculty of Engineering Course of Study. 天津，1939.

以1939年建筑系课程大纲中的建筑设计课为例考察当时的建筑教育具体情况。建筑设计课（Architectural Design）要求如表16-5-8所示。

1939年天津工商学院建筑工程系建筑设计课大纲　　表16-5-8

时间	建筑设计题目要求
第三学年 第一学期	建筑设计：2~3层砖石结构的小型居住建筑 构造设计：结构设计以及细部设计
第三学年 第二学期	建筑设计：小型公共建筑，例如：学校、银行、小型办公楼等 构造设计：以上任一题目，要求进行结构计算
第四学年 第一学期	建筑设计：大型居住建筑，例如：联排住宅、公寓、成片出租住宅等 构造设计：以上任一题目，要求进行防火构造设计
第四学年 第二学期	建筑设计：大型公共建筑，例如：旅馆、剧场、百货商店、大学、大型博物馆、医院、成片建筑 构造设计：以上任一题目，要求进行钢筋混凝土框架或钢框架结构计算

来源：工商学院 . HAUTES ETUDES Faculty of Engineering Course of Study. 天津，1939：26-27.

建筑系每学期的建筑设计题目都要求有相关的结构、构造设计，包括细部设计、结构计算、防火设计、框架结构计算等，这显然是从学生毕业后从事建筑师职业实践中所遇到的问题着手，将技术、结构、构造等概念与建筑设计结合起来，工商学院建筑系注重的是工程实践，这与学院派模式中建筑设计课片面强调形式和构图，注重图面效果是不一样的。

1939年的设计课中，除了建筑设计课之外还设有城市规划课，城市规划当时在欧美国家也算是新兴的学科。它反映出建筑师的视野从单体建筑设计扩展为环境设计。城市规划（City Planning）在1937年课程中被翻译为市政工程且只有理论课，表明当时是从工程的角度看待城市规划。1939年课程大纲中对城市规划的说明是，“该课程是关于城市规划的理论与实践的课程，特别关注于中国新旧城市的发展与提高方面。该课程的主题主要有以下几方面：区域规划、街道系统、交通控制、江河湖海港口、公园与活动场所、公共建筑、城市规划中的美学”。[①] 城市规划还另外附有一门设计课，题目为规划一座新城市，或者改造一座现有的城市，课程的教材为1931年出版的Lohmann编写的“Principles of City Planning”。这表明，到1930年代末，欧美现代的城市规划理念被引入到建筑教学中，丰富了工商学院建筑教育的内涵。

1940年后一直到抗战结束，工商学院建筑系的课程变动较小，注重工程实践和技术的思想已经稳固，其后几年，建筑系教育在稳定中逐步发展壮大。1951年，建筑工程系重点课程分为结构工程和美术工程两组，[②] 课程结构更趋于合理。抗战胜利后到1952年院系调整这段时期，现代主义建筑教育已经开始崭露头角，但就全国范围来看，学院派教育模式还是占据了主导地位，自抗战胜利后，工商学院建筑系开始受到学院派教育模式的影响。这主要是因为随着近代

① *Courses of Study*. Hautes Etudes Faculty of Engineering.1939：30-31.
② 阎玉田 . 踞析津之阳——天津工商大学 . 北京：人民出版社，2010：88.

中国建筑学科的独立发展和建筑师的职业身份为社会所接受，建筑师逐步摆脱以往所承担的结构计算等工作，并将精力主要集中在建筑设计上，这就必然使得建筑教育的重心偏向设计课和绘图课。但这种情况也容易造成重艺术轻技术的倾向，甚至形成艺术至上、图面建筑的现象，这也为以后的建筑教育实践所验证。

三、之江大学建筑系[①]

之江大学位于浙江杭州钱塘江畔，是一所历史十分悠久的教会大学。它的历史可以上溯到1845年美国长老会在宁波设立的崇信义塾。在建筑师陈植的倡导下，该校于1938年起在土木系中开始筹办建筑系。

陈植曾在东北大学建筑系任教，1931年离校来到上海与赵深组建事务所。1934年时，曾参与了上海沪江大学建筑科（1934–1945年，专科，两年制夜校）的筹建工作。1938年时，他与后任之江大学工学院院长的廖慰慈商议准备在之江大学土木工程系基础上筹建建筑系。创办初期，“由陈植、廖慰慈先生厘定学程，筹购书籍器具，招收学生19人”。[②] 1939年度，聘请王华彬为系主任（同时兼任沪江大学建筑科主任），另聘陈裕华为教授。1940年左右建筑系在上海正式成立。1941年秋，学生人数增至56人。[③]

1941年冬天，由于太平洋战争爆发，英、美等国家卷入了战争，原来尚属安全的教会学校此时也无法自保。于是，之江大学内迁至云南。学校考虑到建筑系的人数不多，且内地的建筑师资较难保证，不易设系，因此特许建筑系留在上海，在慈淑大楼内上课。旧生在系主任王华彬的领导下，以补习形式继续完成学习并毕业。建筑类课程由王华彬及一些在沪建筑师负责教授，土木类课程则在土木补习班及华东其他学校补足。自1941年下学期至1945年，共毕业学生约40余人。

1945年抗日战争胜利后，之江大学迁回杭州。云南分校所招建筑系学生与上海分校所招新生合并，一、二年级共有学生五十人。他们开始时在杭州校区上课，待升至三、四年级时，转到上海校区——慈淑大楼内继续学习。这样的做法一直延续到1952年全国高等院系调整时之江大学建筑系并入同济大学建筑系。

曾在建筑系任教的教师有：陈植、王华彬、颜文樑、罗邦杰，后来还有黄家骅、谭垣、汪定曾、张充仁、吴景祥、陈从周，以及先后该系毕业留校的助教吴一清（1941年毕业）、许保和（1942年毕业）、李正（1948年毕业）、黄毓麟（1948年毕业）、叶谋方（1950年毕业），大同大学毕业的杨公侠等（表16–5–9）。

---

① 本小节作者钱锋。
② 之江大学编．之江校刊．1949年后第五期．
③ 同②。

之江大学教师成员表　　表 16-5-9

姓名	主要经历	任课
王华彬	清华学校毕业，美国宾夕法尼亚大学建筑学士，美国费城土立建筑公司建筑师，沪江大学城中区建筑科主任	建筑图案
陈植		建筑图案
颜文樑		水彩画、木炭画
汪定曾	美国伊利诺伊大学建筑工程学士及硕士，中央大学、重庆大学建筑系教授	声学、建筑图案
吴景祥	清华大学土木系毕业，法国巴黎建筑学院建筑系学士，海关总税务司公署主任	建筑图案论 建筑图案
张充仁	比京（比利时）皇家美术学院毕业	水彩画、木炭画
黄家骅	清华大学毕业，美国麻省理工学院建筑学院学士，美国芝加哥威尔墨芝建筑师事务所设计员，沪江大学、中央大学教授	城乡设计、城乡设计论 建筑史、营造法
罗邦杰	美国密歇根矿务学校工学士，明尼苏达大学建筑学士，麻省工程大学工硕士，哈佛大学工硕士，清华大学、北洋大学教授，交通大学讲师	房屋构造 钢筋混凝土
谭垣	原在中央大学任教，1946 年到之江大学建筑系	建筑图案
陈从周	兼在上海圣约翰大学建筑系任教	中国建筑史

来源：之江大学建筑系档案 . 1949.

由于该系创办者陈植，系主任王华彬都是美国宾夕法尼亚大学毕业生，教师群体也多为中国建筑师学会的成员，此时又有中央大学的教学示范，因此之江大学的建筑教学一开始就带有学院派的特点。

对此，1940 年各年级课程教学大纲有所反映。其中，建筑理论课主要有“建筑物各组成部分结构及设计原则”、“艺术之原理”、“审美之方法”、“建筑图案结构之原理”等与古典建筑美学原理直接相关的内容；建筑图案课在开始时要讲解“建筑图案结构之基本原则”、“古典柱梁方式”、“研究图案结构方法及原则”，要“绘制（古典）建筑物局部详图”，并根据这些设计简单建筑物或部分建筑物（图 16-5-1，图 16-5-2）。

美术课程的要求也非常高，木炭画课程要从基本使用法开始，涉及头像、胸像、人体实习直至群像实习，水彩画也从基本用法、单色表现、色彩研究、静物、风景直至构图实习和建筑图案表现实习。这些内容，体现了学院派教育对美术训练的重视。

之江大学建筑系保持了学院派严谨的基本功训练，并将古典美学思想的培养和运用作为重点贯穿于建筑教学之中。具体的设计训练方面，则在当时新建筑思潮影响下，安排了从古典过

图 16-5-1　之江大学建筑系学生构图渲染一（左）
来源：之江大学编 . 之江大学年刊，1940.
图 16-5-2　之江大学建筑系学生构图渲染二（右）
来源：之江大学编 . 之江大学年刊，1940.

渡到实用创新的系列题目。

初级图案课程的教学大纲体现了构图训练的基本特点：

本学程（初级图案，下）系七个星期之连续学程，一年级下半年开始，采取个别教授。学生在每一题目出后即在一定之时间内做徒手草图，教师根据学生每人不同草图，启发他们自己的思想，并修改、指导及讲解。且每次修正时教师绘一草图与学生，学生根据此草图绘正图案，待下次上课再修改。学生根据教师草图而绘就之图案。如此工作约有四星期之久，然后作最后表示图案，用墨色渲染。

设计题目标明专门为古典式之训练的题目分别为：（1）甲组：凯旋门，乙组：纪念馆；（2）甲组：休息厅，乙组：公园大门；（3）小住宅。

基础训练之后的设计课程，逐渐从严谨的古典训练向实用设计及自由创造阶段过渡。二年级设计课要求学生做的三个设计分别是（1）古典形式及民族形式建筑构图；（2）近代形式建筑物构图；（3）实用房屋设计。在其中第二个作业中，要求学生“采取近代形式自由构图设计，不受古典规格之约束，以启发学生之创造能力”。第三个题目则更加不论风格，而“注重实际效用”。有关教学目的清楚说明了这一过渡的特点：“二年级设计图案以贯穿较深之古典形式构图技术为目的，但同时亦将采取初步之自由形式设计以启发学生不同之各（个）性及创造才能……渐渐侧重于实际效用之房屋设计。”[①]

随着后来一些新教师的加入，之江大学建筑系的教学更强化了现代建筑思想的引入。1937年毕业于美国伊利诺伊大学建筑系的汪定曾，在求学期间接触到不少现代思想。他进入建筑系负责二年级设计教学时，其教学大纲很有现代特点。内容如下：

二年级设计教学大纲：

（1）通过设计习题使学生了解及获得建筑设计的基本技能。

（2）根据实际问题沟通现代建筑设计的趋势和出发点，注重结构与设计的关系。

（3）鼓励学生养成研究及判断的能力。

（4）设计习题力求结合现实，避免纯艺术的追求。

（5）利用模型制作使同学对一建筑物有整体观点。

（6）图案的表现，力求真实，尽可能减少过分渲染，遮盖建筑物本身设计的缺点。

汪定曾所制定的教学大纲和要求体现了现代建筑的诸多思想，如关注实际和技术问题，避免为艺术而艺术；培养学生主动创造力；采用模型制作辅助设计思考；建筑表现不应纯粹追求图面效果；以表达清楚设计建筑为目的等。这些思想，已经超过了仅仅在建筑形体方面对现代式样的追求，具有了更为深层的内涵。

① 之江大学建筑系教学档案 . 1950.

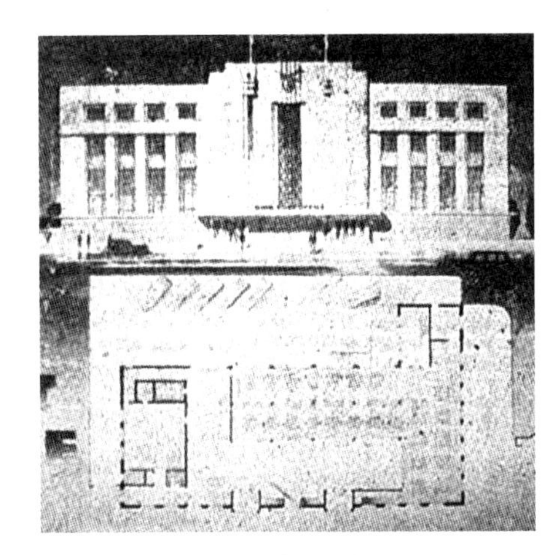

图 16-5-3　之江大学建筑系作业一
来源：之江大学编 . 之江大学年刊，1950.

图 16-5-4　之江大学建筑系作业二
来源：之江大学编 . 之江大学年刊，1950.

图 16-5-5　之江大学建筑系作业三
来源：之江大学编 . 之江大学年刊，1950.

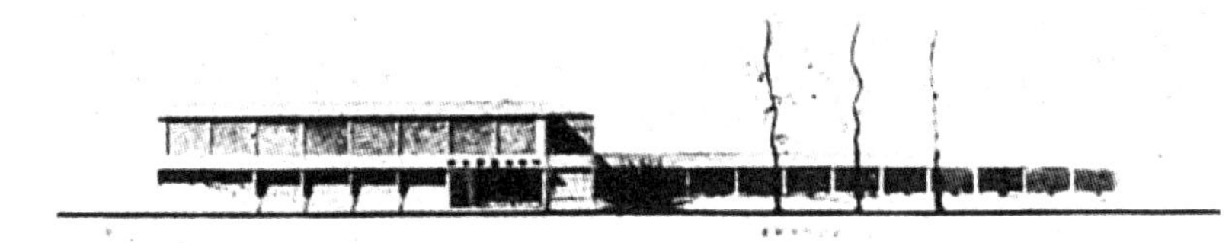

图 16-5-6　之江大学建筑系作业四
来源：之江大学编 . 之江大学年刊，1950.

在现代思想已经广泛影响建筑师和建筑作品时，此时有着深厚学院派功底的陈植、谭垣、吴景祥等教师，在高年级的建筑图案课中也并不以风格对学生进行过多限制，而是由学生自己进行选择。学生受当时建筑界新思潮影响，设计作品多为现代样式，特别是在商业住宅等功能、时尚性较强的建筑类型之中（图 16-5-3~ 图 16-5-6）。处在上海的商业都市环境中，学生们的设计思想也更加开放，自由性和灵活性得到了充分的展现。

1952 年全国高等院系调整，之江大学建筑系并入同济大学建筑系，大部分教师和一、二年级的学生也都一同转入。

四、重庆大学建筑系[①]

1940 年代，中央大学形成了主流的学院派教学体系，并确立了在国内建筑教育领域的主体地位。在其思想方法影响下，一些学校的其他教学探索受到了一定冲击。后者最具代表性的是 1930 年代末、1940 年代初期与中央大学同处一地的重庆大学建筑系。

1940 年，重庆大学成立了建筑系，系主任为 1939 年德国柏林工业大学毕业的陈伯齐。建筑系教师另外还有留德的夏昌世、1931 年毕业于东京工业大学的龙庆忠、盛承彦等。由于该系教师大多具有日、德留学背景，因此日德教育体系中重视技术且崇尚现代建筑的思想也在他们

① 本小节作者钱锋。

的教学中有所体现。尤其是夏昌世、陈伯齐二人，他们留德期间，正是德国现代主义运动蓬勃发展之时，他们深受新思想和新理念的影响，回国后在重庆大学组织教学时，并没有采用当时同处一地的中央大学的学院派体系，而是在教学中注重建筑的功能、实用、经济和技术因素，并且提倡现代风格。

重庆大学建筑系中，夏昌世主要教设计课程。他 1928 年毕业于德国卡尔斯鲁厄工业大学建筑系，曾在德国一家建筑公司工作一段时间，后考入蒂宾根大学艺术史研究所，1932 年获博士学位。同年回国后，先在铁道部、交通部任职，后在国立艺专任教。①

夏昌世是一位颇具现代思想的教师。当年的学生回忆他指导高年级设计课时，"十分强调建筑的实用功能，强调建筑构成的合理性。他对当时在一年级的教学中花很长时间去渲染古希腊、罗马的五个柱式和过分讲求画面构图的教学内容和方法持不同意见，认为学生初进建筑系，应该多学点实际的知识和技能"。② 他还认为不应过分崇拜和死守巴黎美术学院的纯艺术教学观。他觉得"建筑的美不仅在外部包装，而在舒适和本身的合理结构与布局……"他在指导设计时，也往往从技术、功能着手。例如辅导图书馆设计时，他会抱来几本厚厚的大书，都是关于图书馆设计中一些技术用房功能上的数据规范和布局图例，着重讲解这些技术用房的使用要求，分析书库的作用和图书的运输布局方式对图书馆的重要性，以及内外用房的相互关系等问题。

但是，重庆大学建筑系教学中的现代探索并没有顺利进行下去。当时的重庆大学和内迁的中央大学同处一地，都在沙坪坝地区。两校师生间的交流十分频繁，教师多为互聘兼任，学生更是来往密切。由于当时崇尚美国制度的社会风气兴盛，中央大学建筑系具有美国特点的建筑教育方法受到了大家的广泛欢迎。随着中央大学主体地位的逐渐形成，重庆大学建筑系的教学方法及其教师们开始遭受校内外两系一些师生的非议和责难。一些人将他们的教学思想与德、日等法西斯轴心国联系起来，进行批判。国际政治、军事的对立此时延伸到了学术上，"一时间流言四起"。③ 重庆大学一些学生表示不满，要求采用与中央大学一样的教学方式。于是 1943 年夏昌世、陈伯齐以及其他一些留学德、日的老师一气之下，毅然拂袖而去。此举宣告了早期重庆大学建筑系短暂的教学探索的终止。之后重庆大学从系主任到教师都改为由留美建筑师担任，教程也变得与中央大学几乎相同。1943 年之后，重庆大学建筑系成为继之江大学之后又一个深受学院式教学体系影响的建筑系。

那一批被迫离开重庆大学的教师们后来陆续来到了广州中山大学建筑系（其前身是上文提及的勷勤大学建筑系）继续任教，开始在新的建筑系中继续自己的教学探索。

---

① 杨永生主编．中国四代建筑师．北京：中国建筑工业出版社，2002：33.
② 汪国瑜．怀念夏昌世老师 // 杨永生编．建筑百家言．北京：中国建筑工业出版社，1998.
③ 汪国瑜．夏昌世教授的思想和作品 // 汪国瑜文集．北京：清华大学出版社，2003.

第十七章

战后重建（1945-1952年）

第一节　战后建筑营造业的恢复

一、城市与建筑：全面停滞和局部繁荣[①]

1945年8月15日，日本宣布无条件投降，第二次世界大战结束。日本对中国的殖民统治和占领，在台湾地区长达半个世纪，在东北地区近14年，在其他占领区近8年。他们一方面在这些地区进行了有限的开发和建设，另一方面也大肆掠夺资源，给中国留下了深重的战争创痛。抗战胜利后，举国上下期盼能够迅速抚平创伤、恢复经济和重建家园。然而，外患甫定，内战又起，和平建设的愿望再度化为泡影。

从抗战胜利直至中华人民共和国成立这段时期，由于国民党政府全力投入内战，所以不可能将经济建设和社会发展作为主要任务。内战使各地经济、文化事业的恢复异常艰难，经济不景气又导致中央和地方财力匮乏，城市建设和建筑发展自难有大的作为。尽管如此，出于政治纷争的需要、城市发展的长远考虑以及为市民生活改善计，当时的国民党中央政府以及各地政府还是在城市建设方面采取了较为积极的态度，对重要城市进行了调查和分析，提出了新一轮都市计划和相关专项建设计划，并进行了一定程度的市政建设，南京、上海等地还陆续开展了一系列建筑活动，城市建设和建筑发展的总体状况虽在全局上处于停滞状态，但个别大城市如上海、北平也出现过短期内经济强劲复苏之势，正所谓昙花一现的局部繁荣。主要表现为以下几个方面：

（一）依托新一轮都市计划，开展城市建设整饬工作

1947年由北平市政府何思源市长主持修编了《北平新都市第一期计画大纲》，在规划草案和新市界草案的基础上，此计划分为5年的短期计画和10年的中长期计画。短期计画针对旧城区，中长期计画则针对西郊的新市区。同时还制定了一系列关于恢复市政机构、维护市场经营秩序和社会秩序、整理市容、清洁街道、改善道路条件、维护和管理交通、加强房地产管理等方面的法规，对稳定社会经济秩序、恢复工商业起到了一定作用；在市政基础设施的建设和改造方面，开展一系列工程建设，包括添建交通设施（如建设各路口照明灯、交通伞、岗楼以及画设快慢车线等）、进行道路整修（如修筑沙滩、汉花园、东皇城根、平安里等处）、整理沟渠工程（如新筑水泥混凝土管暗沟、新筑砖帮石盖暗沟等）、开展测绘工作（如测绘各重要街巷一二等房基线图、龙须沟平面图等）、整修自来水供应系统（如监督改进供水业务及供水工程等），以及改

① 本小节作者李海清。

善公共交通（如增辟环形路线、西郊新市区线路、西郊飞机场各线公共汽车等）。其他工作还包括：建设市有公共建筑工程，修建城防工程，加强文物整理工作，拨款修复保护文物古迹等。[①]

1946年提出的《大上海都市计划》，与上述《北平新都市第一期计画大纲》存有相似背景。抗战胜利给上海提供了城市发展的极好机遇。1946年8月24日，市政府"都市计划委员会"正式成立。该委员会由市长任主任委员，赵祖康任委员兼执行秘书。委员会聘请各方面专家，分立土地、交通、区划、房屋、卫生、公用、市容及财务8个专门小组。"以50年需要为期"，具体规划上海市的建设发展，陆续制订了以《大上海都市计划》总其名的一套系统的上海城市发展规划。但因政治局势动荡，除零星建筑活动之外，《大上海都市计划》最终停留于纸面而未及实施。[②]

（二）南京、上海等地开展一系列建筑活动，现代建筑成批涌现

抗战胜利后，因政府管理机构大量"复员"和大中型企业的发展需求，在南京、上海等国民政府统治的中枢地区，集中力量在短期内兴建了为数不多的大中型公共建筑、集合住宅和私人住宅。受制于经济条件，这些新建筑多采用现代建筑技术和形式，而"中国固有式"之类的传统复兴建筑明显减少。

在南京，华盖建筑事务所设计驻华美军顾问团公寓A、B大楼（1936年设计并开工，1945年竣工），采用现浇钢筋混凝土框架结构，外观为平屋顶，立面有横向伸展的大面积带形钢窗，洗练明快，是典型的现代建筑；基泰工程司设计的南京招商局候船厅及办公楼（1947年）、新生俱乐部（1947年）、馥记大楼（1948年）、孙科住宅延晖馆（1948年）和中央通讯社大楼（1948–1949年）也沿用了类似的设计思路。

在上海，华盖建筑事务所设计的浙江第一商业银行（1938–1948年）也采用现浇钢筋混凝土框架结构，其简洁的几何形体，流畅的水平向线条以及合理的空间布局，体现了纯熟的现代建筑设计手法；协泰洋行设计的淮阴路姚有德宅（1948–1949年，鲍立克、李德华、王吉螽具体完成设计）亦属典型的现代建筑。

（三）各类居住建筑和普通民用建设量呈现短期激增态势

随着战时内迁的政府机构大量"复员"，南京的机关、学校骤增，普通公教人员住房紧张。为应急计，在市区兰家庄、大方巷等地赶建5处新村，总建筑面积达37000平方米，可供近1000户居住。各处新村总体布局根据地界面积大小，地形位置等进行单独规划。而简易宿舍的建筑单体，分为甲、乙两种标准设计，考虑以有限投资容纳较多住户。户型面积为27和39.5平

① 王亚南．抗战胜利至新中国建立前北京的城市建设（1945–1949年）．北京规划建设，2010（3）：138–143.
② 魏枢．大上海计划启示录——近代上海市中心区域的规划变迁与空间演进．南京：东南大学出版社，2011.

方米，均属较小户型，满足了投资省、建造快的要求。[①] 此外，在北京西路、颐和路、山西路一带的新住宅区内还建造了相当数量的公馆、别墅等高级住宅，服务于上流社会的官僚和富商。

此一时期，不仅是国家公职人员的集合住宅和达官贵人的公馆别墅，就连普通市民建筑也出现急剧增长。据南京市工务局市民建筑统计表显示，自 1946 年 11 月至 1947 年 11 月短短一年时间内，市工务局收到呈报市民建筑项目 1710 项，总建筑面积 211405 平方米，其中楼房 106647 平方米，平房 104758 平方米。[②] 考虑到南京当时的城市规模，以及动荡时局的影响，仍有如此之多的市民建筑兴建，足以说明在那一时期居住建筑的社会需求量之大，出现了建设规模短期骤增态势。

与上述局部地区建筑活动的畸形繁荣并行，战时内迁的营造业大型企业也纷纷复员，重返上海、南京等东部沿海经济发达地区，积极开展业务。以行业规模统计分析来看，战前的 1934 年，“南京市营造业同业公会”拥有正式会员单位 316 家，其中含营造厂 157 家、水木作 144 家、建筑公司 15 家；[③] 而战后的 1947 年，在市工务局登记备案的营造厂共计 314 家，含甲等营造厂 158 家、乙等 32 家、丙等 60 家、丁等 64 家。[④] 就企业数量而言，其行业规模已恢复至战前水平。以当时规模最大、最具影响力的馥记营造厂为例，他们不仅迅速迁回南京，而且在繁华的鼓楼地区新建颇具规模的馥记大楼，由兴业建筑师事务所李惠伯、汪坦设计，钢筋混凝土框架结构，高达 4 层，作为公司总部办公大楼。

但动荡时局还是对建筑市场影响至深。馥记老板陶桂林以其在业界的巨大声望，于 1947 年 7 月 10 日发起成立“中华民国营造业同业公会联合会”，并被推举担任理事长。鉴于当时物价飞涨，建筑业一片萧条，他以个人名义向国民政府主席蒋介石和行政院长宋子文呈文，坦陈解决困难的想法。同年秋，他还以“中华民国营造业同业公会联合会”理事长的名义，在上海《时事新报》发表文章，呼吁停止内战。然而，复杂而深具内因的政治局势岂能以一纸呈文和一声呼吁而扭转。

应当看到，战后的中国正孕育现代建筑发展的高潮。然而，内战却以摧枯拉朽之势迅速击垮了国民党统治，至 1948 年末，政权改变已属势不可挡。经历了多年艰苦战争磨难的人们——包括作为精英阶层的中国建筑师和学者们——大多已对国民政府失去信心，转而把理想寄托在新兴的革命政权身上。从中央研究院的院士到普通建筑施工企业员工，皆存在类似状况。1948 年 3 月 26 日选举产生了中央研究院首届院士共 81 人，1949 年后有 59 人留在大陆，占总数 73%。[⑤] 其中就有建筑学和土木工程领域的 2 位专家，即梁思成和茅以升，他们都对中国建筑工程技术发展颇具影响。而稍晚成为中华人民共和国时期中国科学院学部委员的杨廷宝、刘敦桢，以及著名建筑师庄俊、赵深、陈植、童寯、林克明、董大酉、奚福泉和哈雄文等，其时也选择留在大陆。另有少量学术界人士、大型营造企业主（如馥记营造厂陶桂林）移居海外或避

---

① 南京工学院建筑研究所 编 . 杨廷宝建筑设计作品集 . 南京：南京工学院出版社，1983：55.
② 中国第二历史档案馆 . 内政部有关建筑参考资料 . 全宗号十二，案卷号 2796.
③ 中国第二历史档案馆 . 南京市营造业同业公会会员名册 . 全宗号四二二，案卷号 4152.
④ 中国第二历史档案馆 . 南京市营造业登记案 . 全宗号十二（6），案卷号 20476–20477.
⑤ 成骥 . 中央研究院第一届院士的去向 . 自然辩证法通讯，2011（2）：36–40，70.

往港、台等地之外，普通的建筑设计人员，尤其是营造业的工程技术人员，很难有机会逃躲战乱，而只能坐等局势平稳之后重操旧业——战后建筑营造业的恢复，只是短期之内在个别城市的个别现象，大多数城市则是一片萧条。走投无路的人们唯一能做的只有等待，这倒是为中华人民共和国的建筑技术队伍积累了班底。

二、全国性建筑法规的制订[①]

抗战爆发使全民族各派政治势力几乎都统一于国民政府旗号下，国民党及蒋介石本人的政治权威空前提高。由此国民政府展开声势浩大、影响深远的全国性建筑管理法制化进程，并首次颁布一批全国性营造法规，建立起一套自中央政府直至省、市（县）三级政府管理机构。经抗战期间及战后短短几年的实践检验，证明这些法规有一定成效，但在可操作性方面亦存在问题。当然，这些问题并不能抹杀建筑法规本身及依法管理建筑活动的积极意义，重要的是通过实践不断调整改进之。在这一进程中，身为内政部营建司司长的哈雄文因其特殊背景与位置，发挥了相当重要的作用。

（一）中央政府建筑管理机构的设置及其职能

民国以来四分五裂的政治局面中，虽有北京政府内务部设土木司之举，但为时短暂，且从未真正行使全国性管理权。国民政府定都南京后仍未拥有牢固统治地位，外受日帝紧逼，内有派系纷争与国共对抗，加以自然灾害与世界性经济危机之影响，实为“鲁多内乱，齐无宁岁。”[②]然全民族抗日战争爆发却空前加强了国民党及蒋介石本人的政治权威。至1937年国民政府内政部奉命于地政司内增设一科，专门管理全国建筑行政、都市计划、乡村建设及一般土木与市政工程。由此内政部逐渐成为中央政府主管建筑活动的最高权力机构。1938年《建筑法》的公布再次确认主管建筑机关在中央为内政部，在省为建设厅，在市为工务局。至1942年7月，内政部地政司扩大为地政署，直属于行政院。原地政司分管建筑活动的科室遂升为营建司，至此，内政部营建司成为具体管理全国建筑活动的权力机构，直至国民党败退台湾。[③]

内政部营建司组织机构分为四个科室，第一科主要负责营建行政机构及行业管理；第二科负责各地营建计划及一般市政工程的监督、指导与审核，并制订土木工程标准；第三科负责一些具体的公、私建筑之审核监督；第四科负责城市与建筑标准图案制订等。可见营建司各科分工较细密，职能亦极为具体。

① 本小节作者汪晓茜。
② 范文照．中国建筑师学会缘起．中国建筑，1931（创刊号）：3.
③ 中国建筑年鉴1998．北京：中国建筑工业出版社，1999：570.

内政部营建司成立后，积极推进各省、市（县）两级管理机构之设置。1941年第三届内政会议产生各省设立专局之动议，因正值抗战，中央政府“厉行紧缩”，增设机构只能作罢。内政部特于1942年函请各省，一律暂由建设厅指定专门科室负责建筑管理。市工务局机构设置在中央政府督促下亦获较大进展，尤其是中西部地区。至1946年底，全国各大、中城市设工务局或相当于同级、同类的管理机构者多达60个，偏远如西康雅安、广西梧州、绥远包头、新疆迪化等地皆设置了工务局。[①] 由此，国民政府初步建立起由中央（内政部营建司）—省（建设厅）—市（市工务局/市政府）或县（县政府）的三级行政管理体制。

内政部营建司各项具体职能中最有意义者莫过于制订建筑法规，以及督导各地制订地方法规。因其代表中央政府，所订法规自然由中央政府公布并在全国推行。

（二）全国性建筑法规的制订与哈雄文的贡献

经长期酝酿，1938年12月26日国民政府公布了中国历史上第一部具有现代意义的全国性建筑活动管理法规——《建筑法》。[②] 此后再接再厉，各种法规相继制订并颁行。至1949年退台前夕，一共制订出“城镇建设”、“建筑管理”、“公用督导”及“其他”共四类计29部法规，可谓门类齐全。其中《建筑法》、《建筑师管理规则》、《管理营造业规则》、《建筑技术规则》四大建筑管理法规，以1920年代末以来各地方政府城建管理与技术专业建制的尝试为基础，从宏观到微观，逐层建立由根本大法到行业管理、技术管理规程的完整系统，对建筑活动各要害问题作详尽而细密的规定。中央政府对建筑活动缺乏科层化、制度化管理的时代遂得以终结。在此庞大的开创性立法工作过程中，曾任内政部营建司司长长达七年之久的哈雄文发挥了策划、组织并亲自实施的主导作用，为中国建筑活动法制化——现代转型核心层面之突破做出了重要贡献。

哈雄文（1907–1981年），湖北武汉人，回族，1907年生于北京。1927年毕业于清华留美预备学校，1928年赴美留学，1932年2月毕业于宾夕法尼亚大学，获建筑科与美术科学士学位。当年即回国工作，初入董大西建筑师事务所，9月加入中国建筑师学会。1935年任沪江大学商学院建筑科主任。1937年入内政部地政司任技正。1942年7月内政部营建司成立，次年5月29日起哈雄文任该司司长直至1949年。[③] 其后历任复旦大学、交通大学、同济大学、哈尔滨工业大学教授，参与筹办哈尔滨建筑工程学院。中国建筑学会第一（1954年）、第二（1957年）、第三（1961年）届理事，九三学社社员。曾负责编辑国民政府内政部专刊——《公共工程专刊》（两辑）、《营建法规》（两辑）；著作有《论我国城镇的重建》、《建筑理论和建筑管理法规》、《美国城市规划史》等。哈雄文在内政部任职十二年，任营建司长六年，其贡献主要表现在以下几方面：

① 内政部营建司．战后全国公共工程管理概况．公共工程专刊（第二集），1946：67–70.

② 当时公布的《建筑法》第四条规定，造价在三千元以下的“建筑物之设计建筑师，应以依法登记之建筑科或土木工程科工业技师或技副为限”，工业技副承担设计的建筑物造价在三万元以下。同时第五条规定“建筑物之承造人，以依法登记之营造厂为限”。全文详见民国27年（1938年）12月26日《国民政府公报》。

③ 郭卿友．中华民国时期军政职官志．兰州：甘肃人民出版社，1990：648.

（1）主持编订建筑法规。哈雄文任营建司司长后，积极努力筹划制订各类建筑法规。据中国第二历史档案馆藏原国民政府内政部档案记载，哈为此奔走呼号，在内政部、立法院、行政院、国防最高会议、中央设计局等机构之间协调分歧，化解矛盾，统一步调；甚至直谏“最高当局”，为全国性建筑法规的制订与实施竭尽全力。

（2）积极推行城市规划。自从1939年6月8日国民政府颁布《都市计划法》后，哈雄文千方百计致力于各地有规划地进行城市建设。尤其是抗战胜利后，哈认为复兴大业时机已到，谋求城市规划工作有序开展。遂准备召开“全国都市计划会议”，讨论与城市规划、建设有关的学术、管理问题。为此他屡次致函内政部长张励生，力陈该会议之重要性。然而张批示曰“甫经决定动员剿匪，此种会议应缓举行。”[①] 他想推行“标准县市计划”，也遭同样噩运。不期而至的战争使哈雄文的满腹雄心壮志化为泡影，尽管如此，他仍利用自己的特殊位置为城市建设规范化而尽力竭心。

（3）加强业界的联系与沟通。由于哈本人的专业学术背景和在宾大的学习经历，加上曾在事务所供职的职业建筑师生涯，使得他与建筑设计行业、营造业有深厚的渊源关系。身处营建司司长的特殊位置，他在繁忙公务中经常接触业界人士，参与学术活动，代表政府机构对行业发展和利益协调、国家大政方针发表自己的意见，充分交流信息，听取民意。如哈雄文应“中国建筑师学会”重庆分会理事长陆谦受之邀出席于1943年3月21日上午十时在重庆沙坪坝中央大学建筑系举行的年会，因“事关学术联系”，哈十分重视。[②] 又如1947年南京市建筑技师公会订于9月23日上午9时于介寿堂举行成立大会，呈函内政部请求“派员指导”。哈雄文拟出席讲话稿一份，内容十分精彩，涉及“中国长久以来建筑技术未有显著进步的四点原因”、“近代以来西方建筑文化对中国的影响有三大方面”、“民国以来我国建筑活动的三个时期”以及“几点期望”等。[③] 而童寯对《建筑师管理规则》中有关设计收费的规定颇有疑义，则直接致函哈雄文，引起官方注意。[④] 可见哈与业界的密切关系改变了官僚不懂技术、与业界隔膜的弊端。

（4）加强管理机构建设。哈雄文为加强内政部营建司的管理，多次召开会议解决实际问题，而非盲目扩充机构组织。他从人才建设入手，抗战胜利后增招技术人员二十名，并延聘外籍专家三人（裴特和戈登两人合作拟编《都市计划手册》与《都市计划实施程序》，薛弗利专门研究平民住宅标准、构造法规及经济方案），[⑤] 即使在今日看来亦不失为明智之举。

通过上述史料的分析归纳，足以证明哈雄文为民国政府介入建筑活动法制化管理建立了不朽功勋。

1944年内政部在《建筑法》基础上又单独制定颁布了建筑师的行业管理规则——《建筑师管理规则》，其中有“建筑师以曾经于经济部登记并领有证书之建筑科或土木科技师技副为限”，

① 南京：中国第二历史档案馆藏国民政府内政部档案——全国都市计划会议规程．典藏号十二（6）–20303.
② 南京：中国第二历史档案馆藏国民政府内政部档案——中国建筑师学会案．典藏号十二–2403.
③ 南京：中国第二历史档案馆藏国民政府内政部档案——建筑师公会．典藏号十二（6）–20380.
④ 南京：中国第二历史档案馆藏国民政府内政部档案——建筑行政法令解释．典藏号十二（6）–20319.
⑤ 南京：中国第二历史档案馆藏国民政府内政部档案——外籍专家来华协助设计案．典藏号十二（6）–20741.

并明确了建筑师行业管理的内容，还首次以政府法规的形式确立了建筑设计收费标准，其第三章“执业与收费”之第二十三条规定“建筑师受委托办理事件，得与委托人约定收取百分之四至百分之九之公费，但仅涉及绘图而不监工时，其取费率应减百分之二。”[①] 至此，近代对于建筑师专业的建制正式宣告完成，并以国家法规形式赋予从事这一职业者“建筑师”的正式名称。

1947 年国民政府又颁布修订过的《技师法》，规定“中华民国国民，依专业职业及技术人员考试法，经技师实验或检覆及格者，得充技师。”在农工矿三大类别技师中，“建筑师”属于工科类的建筑科。由于以上两部法规的限定，“建筑师”肯定是“技师”或“技副”，而此时绝大多数开业建筑师具备正规专业教育背景，遂为“技师”。因此，大部分“建筑师”在《技师法》规定下就自然成为“建筑技师”。[②] 此后，广州、南京等地的建筑技师公会应运而生。

1947 年 9 月 23 日南京市建筑技师公会举行成立大会，政府方面到会的是内政部营建司司长哈雄文。1948 年第二次全体大会上选举关颂声，黄家骅、林澍民、刘敦桢、卢毓骏、邱式淦、童寯、徐中、杨廷宝、叶树源、张峻等为理事，卢、邱、林又为监事。公会主持制定了《工程委托契约》，契约规定了建筑师受业主委托之后按照《南京市建筑技师公会建筑师业务规则》之规定，办理下列职务：

（1）察勘建筑基地；（2）拟定建筑方略及草图；（3）制绘正式图样；（4）编订施工说明；（5）代向主管机关请领营造执照；（6）襄助业主招商投标及签订承包契约；（7）供给工程上需要之详图；（8）督察及指导工程之进行；（9）审核应付款项签发领款凭证并协助业主验收；（10）必要时得代表业主与各项专家商洽工程上一切问题；（11）解释委托工程之一切纠纷及疑问。

此外，还根据建筑分类，确定收费标准。简言之，《业务规则》规定了为业主服务所需要承担的义务及应得的报酬（表 17–1–1）。

南京市建筑技师公会会员公费表 **表 17–1–1**

项目	建筑物种类	收费（公费之百分率由本会会员在规定建筑物种类后决定）
一	修理门面	至少不低于 4%
二	工厂，仓库，营房，市房，里弄等	5%~6%
三	住宅，银行，戏院，公寓，学校，医院等及其他公共建筑物	6%~7%
四	旧屋改造内部装潢及木器设计	8%~9%
五	纪念建筑物及古建筑物修理	视工程之繁简由双方协定，但不得低于 9%

来源：本节作者整理自《工程委托契约》，南京图书馆馆藏

① 李海清 . 中国建筑现代转型 . 南京：东南大学出版社，2004：245.
② 同①：252.

建筑技师行会组织是建筑师团体自发组织、政府支持下形成的专业团体。为保障会员权利，规范职业行为和市场环境，各地建筑技师公会都付出了努力，例如首都地区曾发生过“中央信托局”涉足建筑设计业务，并采用降低设计费的做法获取项目，从而和南京建筑技师公会成员形成不公平竞争的事件。1948 年在南京市技师公会第二届全体大会上，全体会员予以强烈抨击并向政府部门提出抗议交涉。[①] 可以看出，建筑技师公会表现出强烈的行业保护的特点。

而成立于上海的“中国建筑师学会”则在建筑学术研究、建筑业发展以及宣传交流等方面发挥了重大作用，两者皆在近代建筑市场环境下，确保团体利益，有力促进了建筑师职业的社会认同。

（三）全国性建筑法规的特点

由国民政府在抗战期间先后颁布的《建筑法》、《建筑师管理规则》、《管理营造业规则》以及《建筑技术规则》共四部管理建筑活动的常用法规，代表了当时中央政权相关管理机构对建筑管理的统筹考量与决策。比较此前由各地方政府制订的建筑法规，这四部全国性建筑法规有其自身的特点与问题，并因此对建筑活动产生了一定影响。

首先，这四部法规各有侧重，限定范围非常清晰。

《建筑法》是对建筑活动进行总体制约的根本大法，它解决的是建筑活动管理权限归属、建筑活动各行业的法定名称与职能、公有及私有建筑活动之申请、审核与许可程序、内容、收费、建筑界限的划定与核准、建筑工程的监督、取缔以及中央法与地方法的关系等重大问题。而《建筑师管理规则》与《管理营造业规则》则是在《建筑法》的基础上单独制订的行业管理规则。《建筑技术规则》也是依据《建筑法》订立的建筑设计与建造活动应遵循的技术规范，为纯粹的技术性规则。后三者皆以《建筑法》为前提，有着清晰的逻辑关系。四部法规公布机关的不同也显示出《建筑法》的地位：《建筑法》由国民政府公布；其余三者分别由行政院或内政部公布。

其次，这四部法规与此前各地方法规存在某种程度的渊缘关系，皆受西方殖民主义者制订的有关法规影响。将行政管辖权、公共安全卫生及国家利益加以强调，对建筑活动进行数量化控制以及参与各方契约化协调的立法思想极为明晰，反映现代化国家及其政权机构对建筑活动管理的理想化设计。当然，理想化对于解决现实问题会有一定影响。

第三，由于四部全国性法规具有首创性，以及某些问题在地方性法规中并未先期得到解决，因而其条文规定难免有许多不足。尤其是经实践检验后，这些不足益发明显。如《建筑师管理规则》中关于设计收费的规定过于笼统，在现实的设计行业运作中难以按其实施操作。以至于童寯建筑师直接写信质询哈雄文，请求内政部明示，在“4%~9%”的前提下按建筑设计项目的类型、重要性、技术难度加以细分。[②] 相形之下，由“中国建筑师学会”自定的收费标准则较

① 李海清．中国建筑现代转型．南京：东南大学出版社，2004：255.
② 南京：中国第二历史档案馆藏国民政府内政部档案——建筑行政法令解释．典藏号十二（6）-20319.

为细致，很可能参考了更为深入细密的欧美标准。如英国皇家建筑师学会（RIBA）1872年时即已制订建筑师服务之条件及其要点，其中关于“公费”有极详细之规定。甚至连旅行时间较长应加收费用，以及使用仪器、契约副本副印、旅行、住宿、旅馆等“其他一切合理支付之费，应另加支公费”这样的细节都加以考虑与限定。①

由于全国建筑性建筑法规存在一些局限性，其实施过程中必然遭遇许多未曾预料的问题。

（四）全国性建筑法规的实施及其问题

四大建筑法规自抗战期间颁布施行以后，内政部营建司作为中央主管机构一直全力敦促各地依法展开建筑活动，但因其自身局限性，在实施过程中遇到大量问题。至1940年代中后期，这些问题突出表现在以下几方面：

一是对理想与现实的差距估计不足。其典型例证是关于营造厂必须聘用“主任技师”问题。《管理营造业规则》第五条、第六条规定，营造厂登记分甲、乙、丙三等，无论哪一等，其“主任技师须经济部核准登记为土木或建筑科工业技师”，甲、乙两等厂商的“主任技师”还须分别有三年或一年以上土木或建筑工程职务经验，领有成绩优良之确实证明。第十条又规定营造厂商的“主任技师”不得兼任公务员，或同时担任其他同类厂商的同等职务。如此规定，作为立法者其出发点自然十分理想化：希望营造厂配备较强专业技术人员，而衡量标准即为是否拥有工业技师之登记资格。然而在实践中这种理想遭遇了十分尴尬的情形。1947年上海市议会议长潘公展、副议长徐方顾代表上海营造业向内政部提交议案称“上海有一千多家厂商，但未必有一千多工程师”，而且“工程师”（实为工业技师）一旦被某厂商聘用后，不得兼任于其他厂商，“无异于抹杀建筑工程师的技术”；又称“吾国技师人才奇缺，世所共知，虽本市最高工程机关工务局的每一职员未必具有技师资格，况民营厂乎！”甚至还辩称“建筑工程已有设计计算图纸，营造商依样凭经验建造即可，自无聘任技师必要”，“本市最庞大的建筑物，如海关、华懋饭店、国际饭店、沙逊大厦等，均系营造厂商凭经验建造，未尝聘请技师者也！”其结论是“建议撤销此条法令，或体念商艰，变通办理。”②以上只是代表营造厂利益的一面之词，而另一种明显站在学术中立角度上的观点更有说服力：“有很多厂商，虽然有很有经验的技师，但他不能取得执照而使公司不能登记；还有更可注意的，是已取得执照的技师，在法理上他是允许负起了这个责任，但是他的经验及能力上实在是负不起这责任。所以这样矛盾的情形下，看现在我们所订的规则，是只能牺牲实际的重要性，而在表面上装潢出不合实际的官样文章。”③如此辛辣嘲讽对法规制订者的理想化状态提出了强有力质疑。

二是许多细节问题立法者考虑不周。诸如前述设计收费之规定的粗率，以及“铁路在市区内

① 上海市建筑协会．建筑月刊，1935，3（6）：32-34.
② 南京：中国第二历史档案馆藏国民政府内政部档案——建筑行政法令解释．典藏号十二（6）-20319.
③ 陈本端．再谈目前营造业的几个问题．建设评论，1947，1（2）：17.

是否适用建筑法规？”、“棚厂、装修家私等商店是否营造业之同类厂商？”等问题皆为现实生活中普遍存在的问题，但四大法规并无明示，于是有关单位、厂商、业主纷纷致函内政部要求解释。[①]

三是风雨飘摇的政治、经济形势对执法产生不利影响。由于二战后国民党急于发动内战，国统区经济每况愈下，通货膨胀，物价飞涨，以资本金额限定营造厂商等级相当困难。实际自1942年起，营建司即已注意各地物价波动对营造业登记管理的影响，建议法规部分条款应予修改。也因物价飞涨，合同中的报价至完工时已与实际造价相去甚远，于是纠纷不断。1947年南京市长沈怡具文报告内政部，称近来建设纠纷增加，厂商违约事多，请订法规惩戒之。[②]南京市为此还专门出台了《管理营造业规则补充办法》，但一切均无济于事，建筑法规若无稳定的政治、经济环境则形同虚设，成为一纸空文。

尽管如此，四大建筑法规毕竟是中国政府有史以来专门针对管理建筑活动而制订的全国性专业法规，它们的实施促成了国家意志与政府系统在全国范围内对建筑活动的技术手段、管理手段进行数量化、科层化与权威性监控，建立起一整套具有近代科学意义和法理精神的“游戏规则”，使中国建筑活动初步地摆脱了长期以来缺乏中央政府控制的无序状态，代表当时中央政府的管理水平，因而其先驱性与实验性意义不可低估。

第二节　战后重庆的都市计划与建设

引言[③]

抗战胜利后，国民政府于1946年5月5日正式还都南京，重庆的战略地位也从战时首都回复到一座地区性的中心城市。虽然在政策上国民政府仍将重庆定位为永久陪都，但是大量工厂、机构、人才的回迁，以及中央财政支持的撤出，使得重庆战后的市政实践重新面对战前市政改革所面临的资金和人才匮乏等问题。同时，由于国民政府正处于训政向宪政的转型，重庆市政府还面临成立民选的市参议会、建立各级地方自治行政机构和为公民普选作准备等挑战。

因此，在战后资金和技术人才有限的背景下，重庆选择先行实施的城市建设项目都具有其代表性和特殊意义。例如重庆下水道工程在全国同类城市中具有示范作用；北区干路和嘉陵江大桥的修建都是旨在通过交通的改善，在疏解市中心区过密的人口的同时进行土地开发和土地重划，市政府通过卖出土地来筹集市政经费，即在没有中央财政补助的情况下，市政府将土地重划和征收房捐作为其主要的税源；而平民住宅新村的规划和设计，则是为了解决战后中低阶层的居住问题；抗战胜利纪功碑的树立，一方面市政府为了强调重庆在抗战时期所具有的重要

① 南京：中国第二历史档案馆藏国民政府内政部档案——建筑行政法令解释．典藏号十二（6）-20319.
② 南京：中国第二历史档案馆藏国民政府内政部档案——南京市管理营造业规则补充办法案．典藏号十二（6）-20305.
③ 引言作者赵晓霞、杨宇振。

地位及其曾经在抗战中所作出的贡献，另外一方面，也是国民政府强化其在抗战中所建构的民族国家的想象共同体。由此可知，虽然《陪都十年建设计划草案》拟定了全面而详细的计划方案，甚至列出了十年内每年应该兴办的事项，但是从战后的市政实践计划的实施情况看来，都市计划的实施跟政府的财政收支情况、土地制度等密切相关。

一、《陪都十年建设计划草案》[①]

国民政府于1945年12月授权重庆市市长张笃伦组织周宗莲、黄宝勋、陈伯齐、罗竟忠等编制了《陪都十年建设计划草案》（以下称《陪都计划》）。计划内容包括迁都之初全国市政专家对重庆陪都建设的建言、陪都建设计划委员会在行政院的直接指导下所编制的若干建设计划、抗战时期具有显著防空备战特征的城市建设实践，以及在该时期国民政府制定的全国和重庆地方层面的规划和建筑法规。计划还包括对国民政府离开重庆后，城市战略地位的重新定位。计划从1946年2月开始制定，历时三个月编制完成。时间虽短，其编制却是建立在对于抗战8年重庆城市规划发展经验总结的基础之上，因此是研究抗战时期和战后陪都时期共12年重庆都市计划发展一份十分重要的史料。该计划还是中国进入近代以来一部较早的、由国人自主完成的城市总体规划文本；是继《大上海计划》、《首都计划》之后我国最重要的城市规划文本，同时也是抗日战争结束后国家致力于城市建设的第一部完整的总体规划方案。

（一）“序”：对重庆战略地位的认识

《陪都计划》的制定者十分重视重庆在中国西部的重要战略地位。如四川省政府主席、兼任成都行辕主任张群在其“序”中认为国民政府回迁南京之后，“重庆自战时首都，转为大西南经济建设之枢纽”。他将重庆未来的发展定位为“川、康、陕、甘、滇、黔之吞吐港，为扩大腹地之制造工业中心，乃至为全国中工业建设之策源地”。市长张笃伦的幕僚，时为重庆市政府秘书长兼市设计委员会副主任的辜达岸在其序言中也肯定了重庆在国内国际贸易中的重要战略地位，他说：“方今轮轨交通，华洋互市，秦、陇、滇、黔、康、藏、缅、印、越之产物，罔不由此司其吐纳，亦西南之重镇也。”对比抗战中，由于过去偏重建设沿海城市所带来的血的教训，周宗莲在其序言中建议仿效美国近百年来人口和工业重心向内地推进四百多英里的西部大开发，“今后我国在平汉与粤汉铁路线之西，必须发展，而重庆适居领导地位，亦为中外人士所认同。”

在正文的总论中，从政治地位的角度，认为重庆被定为永久陪都后，在平时是华西重镇，而一旦发生战事，仍可为指挥策划之中心；而在经济、交通方面也具有独有的优势。因此将重

① 本小节作者赵晓霞、杨宇振。

庆市的城市性质定为："华西政治、经济、交通、商业之中心……其重要性远在成都、贵阳、昆明等市之上。"

美国城市规划专家诺曼·J·戈登（Norman J. Gordon）也为《陪都计划》写了序。他将城市规划定义为工业时代和新中国建设的象征。陪都计划在中国是最早的规划研究之一，因此希望陪都计划的这种全面性和总体性能够作为未来规划方案的范本。除了强调《陪都计划》的重要性历史意义外，戈登还建议设立规划委员会（Planning Board）作为市长的顾问；委员会应随着城市的发展，在收集和分析来自各个部门的数据和情况的基础上，对规划方案进行研究和修正，但是市长拥有最终的决定权。

在"序"中戈登对中国整个的城市规划行业和教育也提出了建议。他认为适宜的城市规划需要规划技术人员，重庆因为特殊的地位，拥有大量的专业人才，但是整个中国的规划人才十分短缺，因此建议在内政部的营建司（Department of Construction and Planning of the Minister of Interior）成立都市计划指导处（City Planning Advisory Section），对中国的规划师进行培训；在中国的高校扩招规划和建筑课程，并资助学生到海外留学和考察。而这些观念和建议，对后来中国现代城市规划的专业化和法制化都有巨大的促进作用。

（二）"移植"的规划理论

《陪都计划》是对之前我国规划理论积累的总结性运用，其规划方案文本的形制影响了后面各地的都市计划案，乃至当今的城市规划文本的内容和形制。例如在《陪都计划》文本中所体现的规划思想和规划原则，既有对南京《首都计划》所体现的功能分区、城市设计等规划思想的借鉴，同时又对国外区域规划思想、卫星市镇及其社会组织、弹性规划等新的规划理念的引入，对我国现代城市规划形成过程中具有承前启后的里程碑式的意义。

一是《陪都计划》的制定强调精神建设和物质建设并重，反映了当时"市政"到"都市计划"的转向。

二是《陪都计划》倡导"提前规划"，即要遵循当今所谓的"先规划，后建设"的规划原则。

三是《陪都计划》体现了戈登的区域规划的思想。在确定重庆的战略地位和城市性质时，各个专家的观点和建议体现了区域规划的思想。陪都人口扩展范围分析图分析了一到六期，随着人口的增加，城市区域扩张的分布图。在第四章"土地重划"中，法定的市区范围是"东到大兴场，北至嘉陵江北岸之堆金石，西至歌乐山，南至川黔路二塘之北"，土地面积 25896654 公顷。而对于"北至北温泉，南至南温泉，东至广阳坝，西至青木关，面积为 1440 平方公里"不在计划范围之内的市区外围土地，也需进行调查研究以备用。《陪都计划》对于计划实施十年后的影响分析也充分体现了区域整体发展的观念，即认为不仅带动了重庆母城的发展，如成都、贵阳等周边城市也会随之受益和繁荣。

四是《陪都计划》运用了弹性规划的规划思想。《陪都计划》分为根本计划与局部计划两种，根本计划为长期计划，只做弹性的提示和广泛之规定，而局部计划为短期计划，是可以立即实施的。其中短期计划包括交通、卫生和平民福利三个要点。

五是《陪都计划》的内容涵盖城市建设的诸多方面，是一种综合性的规划。《陪都计划》全文分总论、人口分布、工商分析、土地重划、绿地系统、卫星市镇、交通系统、港务设备、公共建筑、居室规划、卫生设施、公用设备、市容整理、教育文化、社会事业、计划实施等16章。

六是《陪都计划》的制定运用了理性分析和量化分析的科学方法。例如第一章"人口分布"，在重庆未来人口预测方面，对重庆1937–1946年的总人口，以及一到九区的人口、人口密度的数据进行调查和统计，并将重庆和伦敦、柏林、纽约、巴黎、上海、南京、北平、青岛的现有人口、现有土地面积和每个人所占的土地面积数据进行横向比较。比较分析1850–1935年，美、英、德、俄、日和中国10万人以上都市的城市化率，并引用汪伪政权下属的"都市计划局"制订的华北计划，对华北各都市人口的预测表，根据上海、北平、广州、温哥华的人口增长率确定了重庆2%的人口增长率。这种根据历史数据和现状调研的规划思想和规划程序，是现代城市规划科学理性主义的分析方法。

产业革命背景下的城市规划以工商业为城市发展的基础，因此注重城市工业区的发展和布局。在其序言中，戈登明确提出产业革命以后的城市规划跟过去的城市规划的概念的不同，并强调在工业社会的时代背景之下，要为汽车、飞机、铁路而规划，为工业化而规划。[①] 因此与此前的南京首都计划不同，《陪都计划》在第二章"工商分析"中，用整整一节的篇幅对重庆腹地的水陆交通、农产品、人力与用地、矿产资源等进行调查和统计，分析重庆抗战以前的进出口贸易状况和工业发展的状况，抗战胜利后工业的不景气状况，以及工厂在重庆各卫星市镇的分布数目和比例。在详尽分析的基础上，《计划》明确提出沿江分布的工业产业空间布局，新辟长江南岸从弹子石到大田坎一带为工业区，增辟长江北岸从寸滩到唐家沱一带为新工业区，并在两个工业区"完成现代化公用设备及职工居室，促其发展为'工业市之卫星市'"。

对比《首都计划》，《陪都计划》的特殊之处是首次引入了卫星市镇的概念。它对卫星市镇概念的运用不仅仅是将其作为分散主义的策略，而是将其作为社会组织改良的方法，可谓是把握住了田园城市理论这一卫星市镇及其理论源头的实质。

《陪都计划》运用了绿地系统（Green System）的理念，将分散的绿地通过连接，成为体系，共同构成网络状的绿地系统，规定："除基地院落外，应将全市儿童及成人游戏运动消遣之各项绿地，与园艺、农艺、森林各地，联成系统，构成全市肺脏。"

《陪都计划》的内容体现了政府主导的社会主义思想。具体包括"市地市有"的土地公有制的思想和在住宅区营建方式中倡导官民合作的"居室合作社"的思想。《陪都计划》认为"市地市有"是"便利市政建设最理想之制度"，因此认为"我市为我国复兴根据地，不妨……对于'市地市有'问题作实施之领导者"，并进一步提出"市地市有"的两项实施策略，这在当时是具有先进性和探索性质的。"居室合作社"有别于上海和北京的由私人成立房地产公司进行土地开发的模式，而是政府主导、政府提供土地和前期的资金，市民拥有租赁权和认购的权利。在"社会事业"一

① 陪都十年建设计划草案．1946：序文．

章中，认为我国处在合作事业萌芽阶段，虽然在抗战时期重庆的合作组织已经初具规模，但是资金薄弱。因此提出加强消费合作、扩充生产合作、发展公用合作、充实合作资金、推进合作教育的策略。特别是将市消费合作联合社改组为市合作总社，原区、保单位社分别改组为分社和供销社。全市共有 18 个行政区，410 保，保障每区有一分社，每 3~5 保有一个供销社。广泛吸收社员，达到全市四分之一的人口，即每家都有一人是社员，并与保甲制密切联系。“所有社员，关于衣食住行育乐各项需要，凡可能或必须采用合作方式办理者，概用合作方式，力求实现。”

据黄宝勋所写《陪都计划》“编后记”，中央对计划内容极为重视，曾将其发给内政部、经济部、地政署、社会部、教育部、卫生署、交通部负责官员审阅，由行政院提出审核意见。但是由于陪都计划委员会改组成为“重庆市都市计划委员会”，市政府人员缩编，人力不足，无法对草案做进一步修改，而只能将行政院根据各章内容提出的审核意见附印在书后，并注明“实施时自应以修正意见为依据也”。但战后建设经费的缺乏，《陪都计划》并未得到充分实现。[①]

二、战后《陪都建设计划草案》实施情况（1946–1949 年）[②]

（一）重庆市都市计划委员会工作计划（1946–1949 年）（表 17–2–1）

重庆市都市计划委员会工作计划（1946–1949 年）　　表 17–2–1

时间	设计工作	推动与倡导工作	审核及考核工作
说明	指全面布置设计及个别分类设计	指依照计划草案预定的步骤，将应兴建的事项逐步倡导和推动的工作	指有关本市各项建设事业之配合工作，以及工程预算的审核工作、工程监督与验收的工作等
1946 年 10–12 月	中正医院、二区菜市场重新设计、江北烟犯勒戒所	下水道、北区干路、通远门隧道、菜园路、纪功碑等已经实施的项目，以及长江中正大桥、市区无轨电车、大阳沟菜市场、市民住宅、人行道及公厕等即将实施的项目	
1947 年 1–4 月	1. 复兴关整理计划；2. 关庙设计；3. 文庙设计；4. 成渝铁路沿线居民迁建计划；5. 市中心区道路系统图；6. 散步道；7. 公共厕所之改善计划	1. 大阳沟菜市场，成立大阳沟菜市场筹建委员会；2. 标准人行道方板；3. 无轨电车；4. 中正大桥	1. 纪功碑工程；2. 江北烟犯勒戒所；3. 十年计划印刷；4. 纪功碑工地周围水栅；5. 市府大中门久作；6. 筹建北区公园
1948 年 11 月 1 日 – 1949 年 2 月 30 日	1. 本市建筑材料标准规划；2. 两路口中心学校建筑大楼及计算书；3. 重庆市主艺术馆修建计划，拟就收回新运会会场地址；4. 修缮官邸计划；5. 北区干路东段工程督导计划；6. 本市行政区划重行划分问题；7. 本市垃圾处理计划；8. 公教新村计划	1. 唐家沱划归市区管辖问题；2. 中山一、二路混凝土路面及人行道工程；3. 嘉陵江大桥工程；4. 磁器口大桥；5. 北区干路及其支线受益费征收问题；6. 嘉陵江及海棠溪码头整理工程；7. 北区干路第二号桥加建混凝土板工程；8. 市参议会分会修理工程；9. 堡坎工程	

① 黄宝勋 . 重庆市建设计划与实施 . 新重庆，1947.
② 本小节作者赵晓霞、杨宇振。

（二）下水道工程（1946年）——以《重庆下水道工程》为中心

1946年重庆市市长张笃伦按蒋介石的手令，聘请专家拟定《陪都十年建设计划》，“而以两江大桥北区干路及下水道三项工程为当务之急，三者之中，又以下水道最感迫切。”[①] 重庆市下水道工程作为陪都计划的首个实施工程，因此政府投入了大量的人力和物力，“惟重庆市兴建有系统之新型下水道，在中国各大都市中，尚属创举，不但需款浩大，且一切工程技术，法令规章，均无先例可循”，[②] 因此，中央政府和重庆市是将其作为陪都计划的第一个工程项目和全国下水道工程建设的试点来进行投资和建设的。项目共分3期，一期贷款就达20亿元，至1947年6月完工。重庆下水道工程作为中国城市史上第一个具有近代化意义的下水道工程，也是陪都十年建设计划中为数不多的在战后实施了的工程项目。

重庆下水道工程由美国所派卫生工程专家、国民政府卫生署卫生工程顾问毛理尔（Arthur B. Morrill）设计，中国工程师罗竟忠和张人隽负责工程具体操作，并有卫生署中央卫生实验院派技术人员进行协助。毛理尔是毕业于美国麻省理工学院的污水处理领域的资深专家，曾负责设计了底特律著名的斯普林威尔斯污水过滤处理厂（the Springwells filtration plant）。他在1939年负责设计的底特律的污水处理厂（The Detroit Sewage Treatment Plant）是当时世界上最先进的污水处理系统。[③]

设计方案根据山城复杂多变的地形特征和一至七区旧有沟渠状况，[④] 确定下水道路线，将重庆一区至七区，分为18区，每区各筑干管一条或两条，并用支线进行连接。每区设出水口一处，自成系统。设计面积约7平方公里，沟管长度为70公里。城市污水经下水道分别排往长江和嘉陵江。工程于1946年10月开工，1947年6月完工。工程建成后，重庆全市有50万市民从中受益。1947年夏天，重庆经受了70年来最大的雨季。虽然下水道仅完工一半，但城市却未受灾（图17-2-1~图17-2-3）。

（三）北区干路与土地重划（1947年）

早在1939年交通部就曾颁令修建北区干路，但由于经费短缺而无法施工。到1942年，全部修筑费为2208万元，因此准备采取行政院颁布的土地征收法第324条，征收道路两旁各100米，共计450市亩的土地。筑路完成后，将土地以每亩9万元的价格售出，可以作为筑路和补偿拆迁费，同时，可以将该地段先行向银行抵押贷款，用于道路的修筑。

---

① 张笃伦．重庆市下水道工程．1947：序言．

② 罗竟忠．重庆市的新型下水道．新重庆，1947.

③ 参见BARRY N. JOHNSON研究底特律的污水处理历史的博士论文。BARRY N. JOHNSON. *WASTEWATER TREATMENT COMES TO DETROIT：LAW，POLITICS，TECHNOLOGY AND FUNDING*. Detroit，Michigan：Graduate School of Wayne State University，2011；Morrill，Arthur B. *The Detroit Sewage Treatment Plant*. Sewage Works Journal，1939，11（4）：609-617.

④ 一至七区旧有沟渠分区状况，包括牛角沱去、大溪沟区、黄花园区、双溪沟区、临江门区、红岩洞区、千厮门区、朝天门区、菜园坝区、响水桥区、储奇门区和赣江街区。

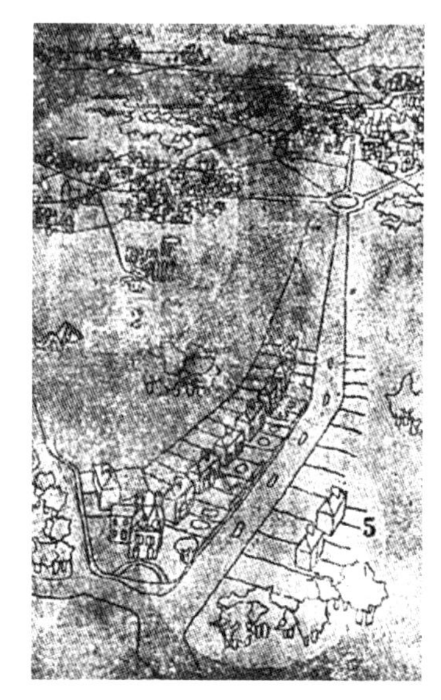

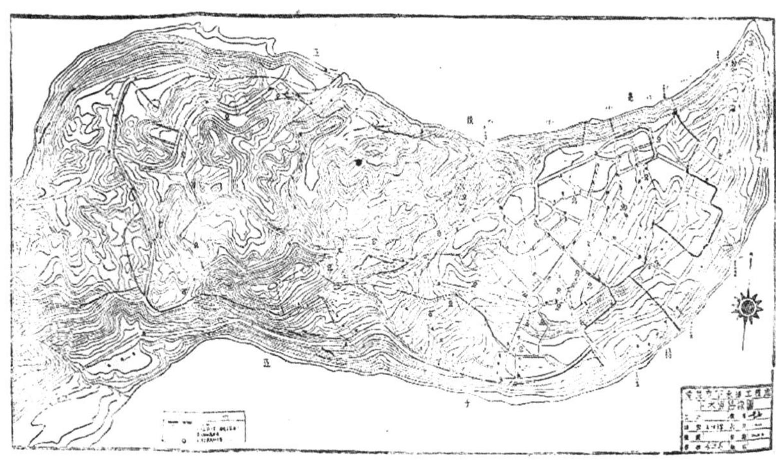

图 17-2-1　重庆市下水道施工过程（左上）
来源：张笃伦 . 重庆市下水道工程，1947.
图 17-2-2　下水道混凝土水管压力试验（中上）
来源：张笃伦 . 重庆市下水道工程，1947.
图 17-2-3　下水道路线图（左下）
来源：张笃伦 . 重庆市下水道工程，1947：11.
图 17-2-4　论土地重划并试画重庆北区干道（右上）
来源：黎宁 . 论土地重划并试画北区干道 . 新重庆，1947（创刊号）：14.

1946 年陪都计划制定之后，作为计划三大工程之首的北区干路修建工程正式启动。同时，对于筑路资金的筹措方法，已经从筑路征用土地转向征收土地受益费和实行土地重划。黎宁在 1947 年的《新重庆》杂志上发表“论土地重划并试画重庆北区干道”一文（图 17-2-4），[①] 将北区干路作为实施土地重划政策的实验区。黎宁认为，在实行“都市土地一律国有”之前，土地重划是一种有效的替代策略。根据《都市计划法》第三十条规定：“新设市区，应先完成土地重划。”[②] 因此黎宁建议，应该抓住城市经历火灾或战争的破坏，或者进入工业化阶段，大量农村人口进城这两个时机，进行土地重划。

黎宁认为，城市土地重划有若干益处。首先，它有利于提高城市土地按照功能分区的使用效率，使其成为“真正科学化之现代都市”；其次，市容整齐带来商业的繁荣，进而带来地价的提高，避免城市改造时经济上的损失；再次，它可以补救市政建设经费的不足。黎宁还以东

① 黎宁 . 论土地重划并试画重庆北区干道 . 新重庆，1947. 黎宁还建议举行土地重划会议。“先进国家之都市计划，均可作为我们的参考。愿土地重划会议在著名之陪都重庆；在中央以二百亿元从新建设之废墟长沙；在命名为抗战城之衡阳次第举行。”
② 丘秉敏，黎宁 . 陪都北区干路建筑计划 . 市政评论，1942，7（1）~（2）.

图 17-2-5　邹容路混凝土路面（左）
来源：重庆新建设：路 . 新重庆，1947，1（3）：7.
图 17-2-6　北区干路（右）
来源：重庆新建设：路 . 新重庆，1947，1（3）：7.

图 17-2-7　通远门和平隧道出入口
来源：重庆新建设：路 . 新重庆，1947，1（3）：7.

图 17-2-8　正在翻修之重庆市区马路
来源：过志杰 . 生活 .1946（2）：17.

京在大地震后的新宿和浅草两区、德国人在青岛、1902 年英国霍华德在伦敦近郊的田园城市莱奇沃斯（Letchworth）施行土地重划，以及 1930 年英国田园城市韦林（Welwym）实行土地重划和严格的划分区域（Zoning）为例，说明土地重划后对于提升城市环境、区域效率，土地价值和促进市容整齐、商业繁荣的巨大促进作用。因此以重庆北区干路沿线地区 44 米的区域“依土地重划法，以整理凌乱之经界，而成一整齐划一之现代化住宅区域、或商业区域、或工业区”。

修建重庆北区干路自捍卫路到大溪沟段总预算为 7.5 亿元，其中中央补助 4 亿元，其余的 3.5 亿元由沿路各深 44 米土地业主，根据受益的程度不同征收差别之受益费。但是根据预算，需要征收的受益费将超过法律规定的地价的 50%。因此黎宁建议，将北区干路修筑道路和修建公共建筑的征地比例提高到 40%，同时进行土地重划的办法要胜过征收两旁土地的受益费。[①] 如自国府路至临江门段的北区干路长 1900 米，宽 22 米，马路两旁 44 米为重划区域。因此建议除了占 20% 的道路用地，再划重划区域 20% 的土地归政府经营，除去修建广场、公共建筑和厕所等用地，政府还余 35980 平方米用地。政府可将这 3 万多平方米用地用于发行债券，为建筑干道或建筑模范住宅区筹措经费（图 17-2-5~ 图 17-2-8）。

① 黎宁 . 论土地重划并试画重庆北区干道 . 新重庆，1947.

而这种土地重划和扩大政府经营土地的比例的做法，跟当时国民政府实行的土地政策有密切关系。曾任国民党重庆市党部委员兼教育会理事长、重庆市工会理事长的吴人初曾在1947年的《新重庆》杂志发表文章“重庆市土地之利用”。他认为，为了避免由于川汉、成渝铁路的修建带来城市地价的增值和土地的投机，对城市用地中私有土地的面积应该加以限制，并规定拥有私有土地的最大面积，当超过最高规模后，应进行出售或由政府征购，“同时采用累进制以征其地价税或土地增值税”，以防止土地集中、遏制土地投机。实行土地归工商市民所有的“市地公有”，实现孙中山提倡的人人均享土地之权利的最终目标。

（四）《陪都嘉陵江大桥修建筹款计划书》与江北土地重划（1948年）

《陪都嘉陵江大桥修建筹款计划书》是1948年嘉陵江大桥兴建筹备处处长许行成编辑而成。[①] 全书分总纲、技术、经费、推行、结论等5章，包括嘉陵江大桥计划总图（平、立、剖），新市区同时建设将道路用地和公共场所用地预先留出，江北区负担建桥经费之理由的土地重划问题（地权和地租问题，平均地权问题），以及土地增值税等议题。

开发江北则折中采用土地法规定的实行平均地权的四大方法：征收工程受益费、区段征收、土地重划和土地增值税。比如因为建筑道路、堤防、沟渠或其他土地改良的水路工程所需费用，应该依法征收工程受益费；而在实行区段征收时，则是政府先收购土地，并先筹备征收经费，而土地所有人则先失去地权，但是拥有优先购回土地的权利，同时负担改良的费用，如果无法购回则永远失去地权。在开发江北的工程中，则是采用征收工程受益费和区段征收的折中方法，即将土地的一半来代替工程受益费，因此政府就不需要筹集先购买土地的钱，土地所有人也不需要用现款来缴纳工程费用。土地所有人留下来的一半土地可以自主经营，而缴纳的一半土地也可以在政府标卖的时候优先购回。土地重划是指将管辖区内的各宗土地，重新规定其地界。而土地重划后，土地所有权人所受之损益应该互相补偿，当超过半数的土地所有人（同时其拥有的土地总面积也超过半数）反对土地重划时应该报上级机关核定，同样，当超过半数的土地所有人（同时其拥有的土地总面积也超过半数）申请土地重划时，也由地方政府核准。因此在开发江北的土地重划中，详细列举了道路用地公摊表，这个方法的好处是因为修建道路而失去土地的土地所有人通过交换仍可得到土地，而修建道路所用的土地政府不再需要低价收买，同时土地所有人保留和上缴的土地的边界也更加完整，便于出售和建设。土地增值税是平均地权的策略之一，即土地因为地方建设而增值的部分国家要征收80%的增值税，而在修建嘉陵江大桥则采用由民众合作筹建大桥，政府则免去一定年限的土地增值税，因此地方政府类似于向民众预借款项来进行建设，而民众也类似于投资营业来获利。而政府的责任包括公布道路系统、办理土地重划、办理道路、公园、体育场和平面住宅等建造事宜。

① 许行成．市街之计划．道路月刊，1924，10（3）．引自：陆丹林．市政全书．

江北地价：每方丈400万~800万元，而胜利纪功碑（即解放碑）地价每方丈4亿~8亿元。费用包括基本费和预备费，基本费40%是现款，60%是来自于未来土地的收益，但无法立即变现，因此需要筹集预备费先行垫付，待工程进行到一定程度，土地增值后，通过土地变现再来补足整个工程费用。“收得之土地，于重划后，除保留道路用地及公共场所用地外，一律划分为适于各种建设用途之单位用地，分期公开标卖，不得一次售完。”以公摊经费及重划土地的办法来达到建设大桥、开发江北的目的。

（五）平民住宅新村与住宅合作社

陪都计划认为平民住宅的改良关系到疾病的防治，行政院对陪都计划草案的审核意见也包括“由有关机关制定标准房屋图式，或于适当地址修建大量市民住宅，以谋适合环境卫生之条件。”而林涤非[①]在1947年《新重庆》杂志的《新重庆建设与住宅合作》一文中，针对新重庆的建设和重庆住的问题，提出通过住宅合作的方式进行平民住宅的建设和新村制度的建设。战争时期，政府明令规定，重庆市房租加价每次不得超过租金的20%。战后国民政府迁回南京后，这一价格管制被取消，导致重庆房屋纠纷案件激增。甚至有人利用预收房客租金，进行房地产投机。因此林涤非建议借鉴苏联的“住宅合作社”，依靠国家金融机构的大量建筑贷款，作有计划的集团建筑，建设公务员新村制度或平民新村制度，以促进人民生活的纪律化、集团化。住宅合作化的业务可以从购置土地或租地进行房屋建筑，扩展到社员生活的各个领域，包括消费领域、信用领域、金融领域、生产领域。而重庆由于市民住的问题的特殊性，使得重庆是推行住宅合作事业的一个最好的实验区域。[②]更具体的内容见后文“战后重庆的‘新村’计划与实践”一节。

（六）抗战胜利纪功碑

抗战胜利纪功碑是陪都计划草案众多计划中先行实施的项目之一。纪功碑位于民权路和都邮街相交的广场。这里原有一座木结构建筑“精神堡垒”。精神堡垒为高7.7丈的方形锥体炮楼式，1940年12月建造，“用以振奋民族战意”。1946年10月精神堡垒被拆除，同月31日由张笃伦市长主持奠基，建造抗战胜利纪功碑。项目由重庆市计划委员会主持，该会常务委员黄宝勋、专门委员刘达仁主持策划设计工作，建筑方面由建筑师黎抡杰设计，土木工程师李际蔡，建筑师唐本善、张之蕃、郭民瞻等共同协助，电气设备由电气工程师李钟岳负责，天府营造厂得标承建，工程经费以募捐方式集资，1946年12月动工，次年8月日本投降两周年之际竣工（图17-2-9~图17-2-11）。

① 林涤非（1909年－）江西浮梁人。1926年3月中央军校武汉分校第五期，曾任全国工商联文史工作委员会委员。在1937年的《农村合作》上发表了《中国农村合作运动之现在与将来》、《论“中国合作运动今后应取的方针”》等文。

② 林涤非．新重庆建设与住宅合作住宅合作社．新重庆，1947.

图 17-2-9　陪都“精神堡垒”，在商业中心地点，用以振奋民族战意，今已拆除，仅存遗迹

来源：重庆风景线．艺文画报，1946，1（3）：36.

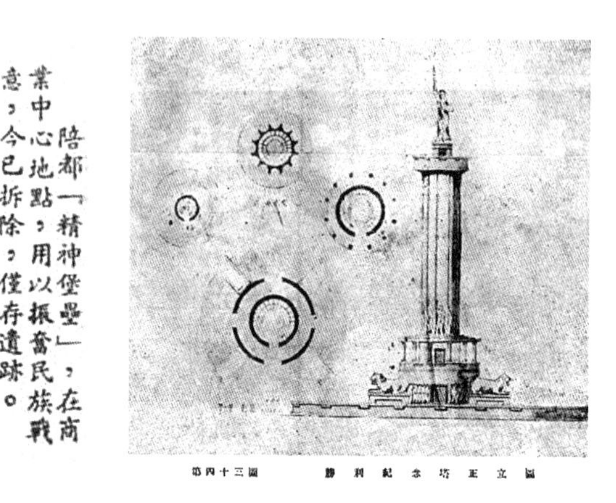

图 17-2-10　抗战胜利纪功碑（又名“纪念塔”）立面图

来源：陪都建设计划委员会编．陪都十年建设计划草案.1946：第四十三图.

图 17-2-11　落成典礼张笃伦市长向市民致辞（左图）与抗战胜利纪功碑（右图）

来源：左为皇宫（摄赠）.抗战胜利纪功碑之落成．新重庆，1947，1（4）：16；右为重庆新建设之一——抗战胜利纪功碑．新重庆，1947（创刊号）：2.

作为抗战时期中国政治中心的抗战胜利纪念碑，纪功碑的设计体现了一种珍藏历史记忆的愿望。如纪功碑壁内藏有纪念钢管，管内封存工程设计图样、相关人员的签名，以及一些具有代表性的文化名作、报纸、邮票、钞票和照片等。1943 年美国总统罗斯福曾赠送重庆市民一卷纪念状，纪念碑建成后该状的译文也被铭刻在碑下的“胜利走廊”墙壁之上。此外，八边形碑座上还镌刻了国民政府明定重庆为陪都的文件全文、国民政府重庆行辕兼代主任张群及国民政府文官长吴鼎昌所撰碑文、张笃伦市长所题碑名，以及重庆市参议会的题词。①

① 重庆市建管局修志办公室．重庆抗日战争胜利后记功碑建筑记实．书香重庆网，2011-10-26[2013-9-26] http://www.sxcq.cn/plus/view-16361.html．转印自申报，1947-10-04.

三、战后重庆的“新村”计划与实践[①]

（一）市府对于“新村”的计划

战后针对居住问题的计划和设计非常详细。首先规定居室的预留空地、建筑面积、室内高度、建筑材料、预防火灾设置、防潮和式样；其次是对于住宅区的种类、不同的建设机制以及计划建设的地点做了说明，并且对各种住宅区的设计绘制了标准的模范新村规划图和建筑图；内容还有关于交通发展计划和倡导居室合作社等。

1. 居室的标准

规划中对于居室的标准预留空地方面，就市区预留空地应在20%以上，新市区、江北及南岸的现有市区应在50%以上，郊外应在70%以上；人均建筑面积不得少于6平方米，室内建筑层高不得小于3米，不及3米高的只能做储藏之用；建筑材料方面，外墙和内部承重墙为了满足坚固耐久、保温隔热和防火等要求必须用砖墙，其余为减少建筑费用则可采用厚度不小于6厘米的双面灰板墙；屋顶如为坡屋顶，则应以洋瓦或土瓦铺之，如果为钢筋混凝土平屋顶，则为保证室内热环境良好，应做防热层；房屋式样要满足经济、适用、整洁美观和坚固耐用的要求；除此之外还要满足防火和防潮的要求。[②]

2. 模范住宅区的种类、建设机制、计划建造地点及标准居室的设计标准

政府计划改善交通来向外疏散市民，并把居住区分为四种，其设计标准、建设机制和建设地点各不相同。甲种住宅区为上等住宅区，供富有者居住，计划建造地点在歌乐山上。政府只负责划定地区，改善交通并修整区内道路，划分建筑基地，并且保证环境质量，其他均由住户自行处理。[③]据标准图样，甲种住宅分为二联式平房住宅和二联式2层楼房住宅。二者每户面积均为39.2平方米，由一个起居室，两个卧室和一个厨房组成，但户内没有卫生间。平房住宅为单层双坡桁架结构屋顶建筑，每一户入口都有平台，立面开窗面积也较大；楼房住宅也是双坡桁架结构屋顶，每户也都有平台或阳台。建筑外观简朴大方（图17–2–12）。

乙种住宅区的服务对象是公教人员及中小商人等中产阶级家庭。其顺利发展必须靠政府的奖励和扶助，比如建设的租地与贷款要由政府出资，建成后再分期收回。它的计划建设地点被拟设在大坪、铜元局、香国寺及四德里后之北区干道沿线。[④]从标准图样来看，乙种住宅同样分为平房和两层楼房两种，每层各两户，每户都由一间起居室、一间卧室和一间厨房组成（图17–2–13）。

---

① 本小节作者周杰、杨宇振。
② 陪都十年计划建设草案.1946.
③ 同②。
④ 同②。

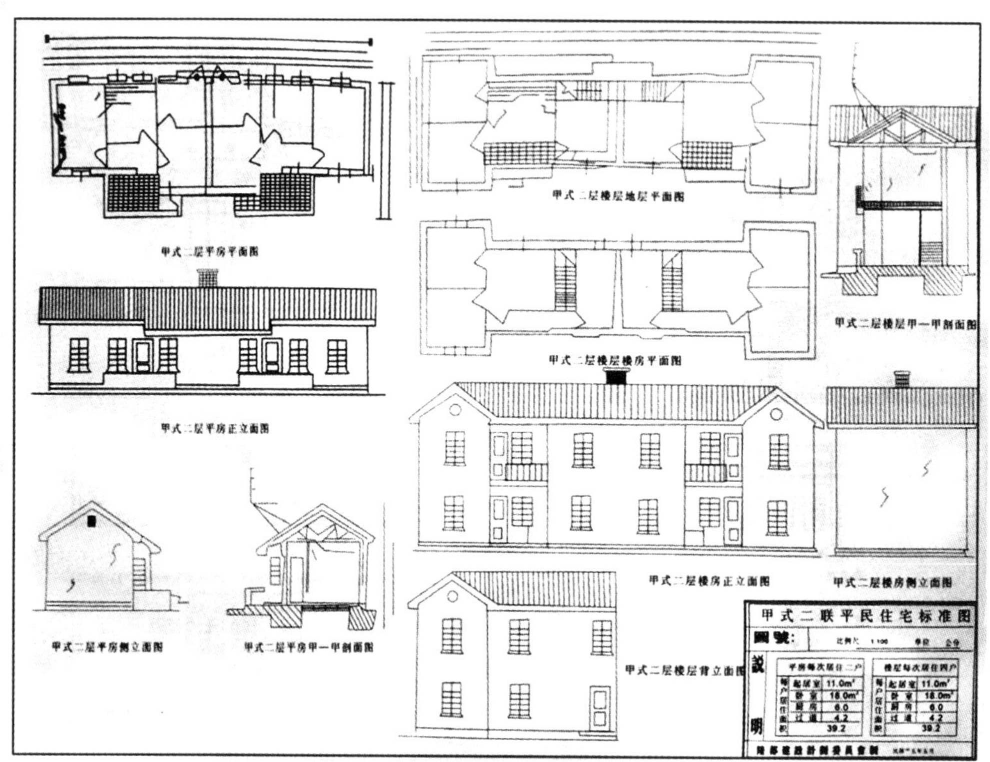

第四十九圖　甲式二層平民住宅標準圖

图 17-2-12　甲种平民住宅标准图样

来源：陪都建设计划委员会 . 陪都十年建设计划草案 .1946：第四十九图 .

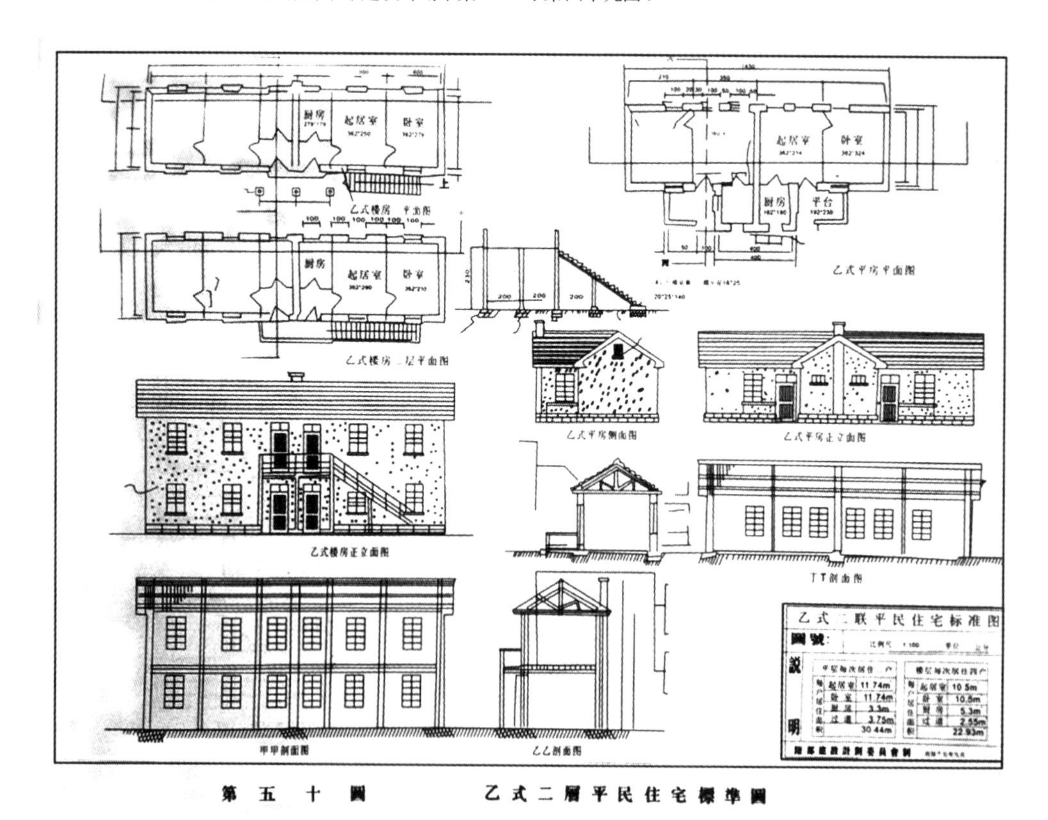

第五十圖　乙式二層平民住宅標準圖

图 17-2-13　乙种平民住宅标准图样

来源：陪都建设计划委员会 . 陪都十年建设计划草案 .1946：第五十图 .

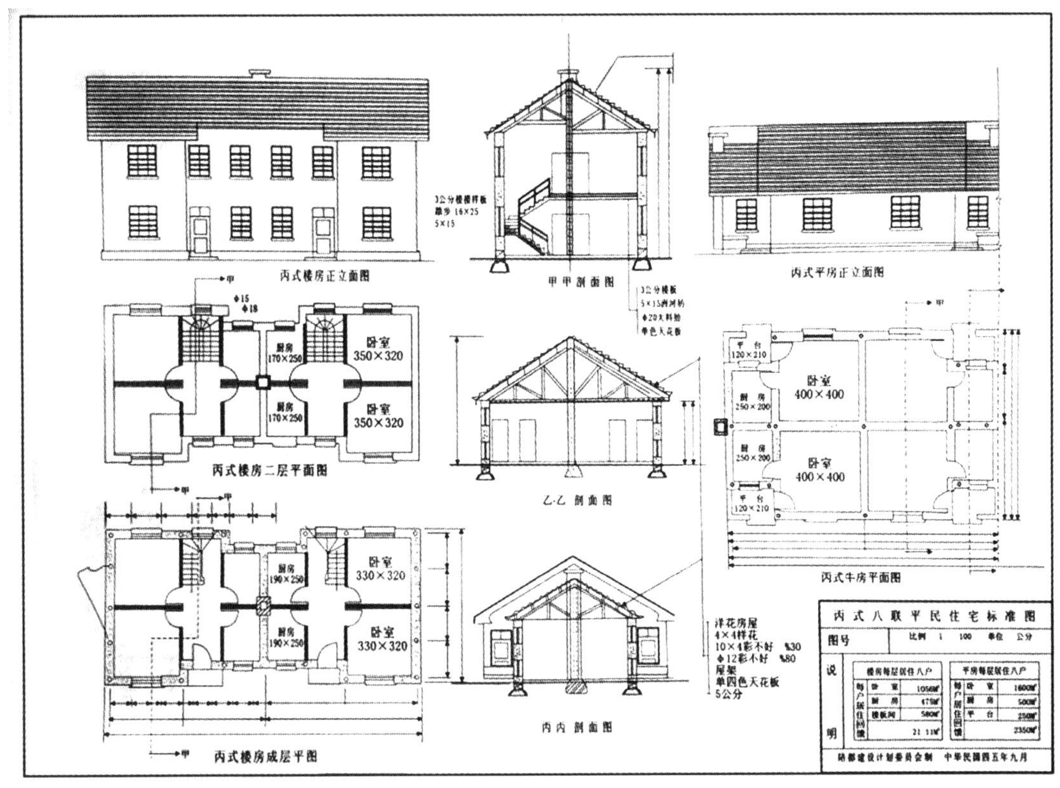

第五十一团　丙式八联平民住宅标准图

图 17-2-14　丙种平民住宅标准图样

来源：陪都建设计划委员会 . 陪都十年建设计划草案 .1946：第五十一图 .

丙种是为如工人、小贩和力夫等人群的居住区，丁种则是为沿江棚户计划的居住区。因为两种住宅区所面临的人群都是低收入和贫民群体，因此需要政府投入大量资金，并以低廉的租金租给平民居住。同时由于居住主体生活所限而不能远离原有的居住点，所以计划在其原有的居民点拆除棚户，代之以新建整齐的房屋。其地点规划大致有 11 处，如牛角沱桂花园一带，双溪沟、安乐洞至临江门码头一带，临江码头至千厮门一带，以及望龙门至储奇门一带黄沙溪沿江等（图 17-2-14）。①

从丙种住宅的标准图样来看，也是分为平房住宅和两层楼房住宅，都为双坡桁架结构屋顶；两种住宅都为每层 4 户，每户由一间厨房和一间卧室组成。住宅的形式上也是类似于乙种住宅，是相对简单的民国风格建筑。而丁种住宅则为每层 8 户，每户前后布置两个房间，可以达到每栋 3 层 24 户；每层通过一个类似于公共休息平台的长廊联系每一家，并且在两端设置公共休闲平台。

3. 模范住宅区的规划

对于模范居住区的规划来讲，每一种居住区中计划的居民都不能离开原有的地点，拟由

① 陪都十年计划建设草案 .1946.

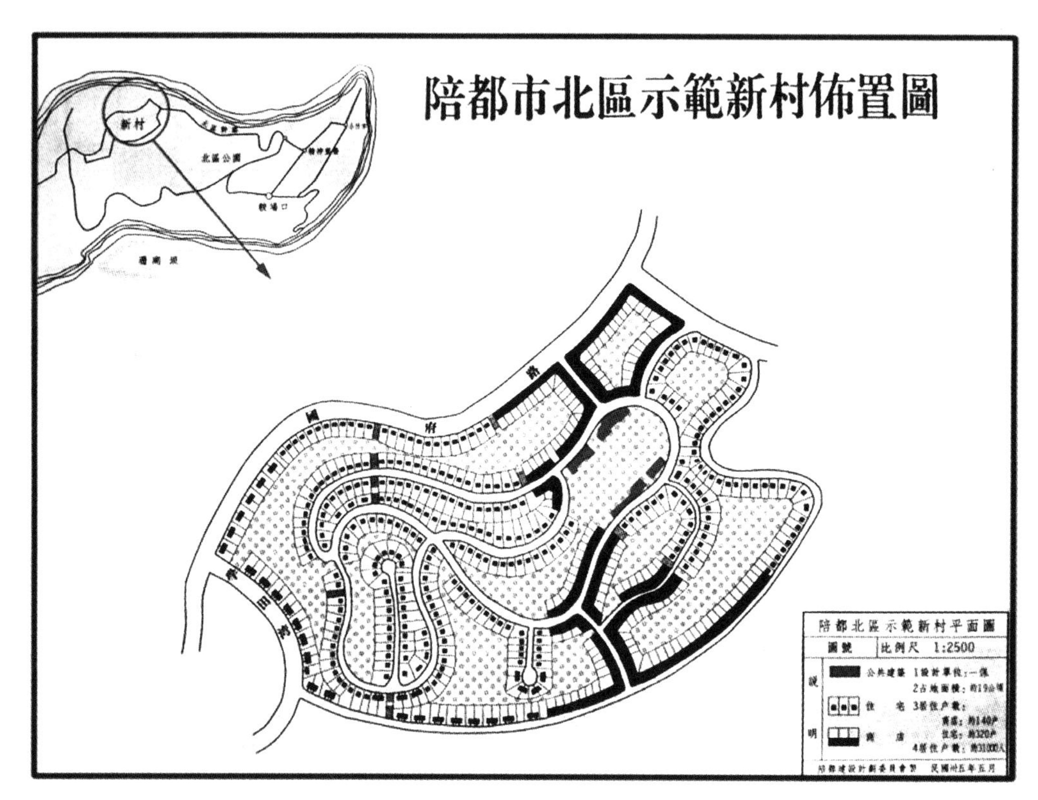

图 17-2-15　陪都市北区模范“新村”住宅规划图
来源：陪都建设计划委员会 . 陪都十年建设计划草案 .1946：第四十八图 .

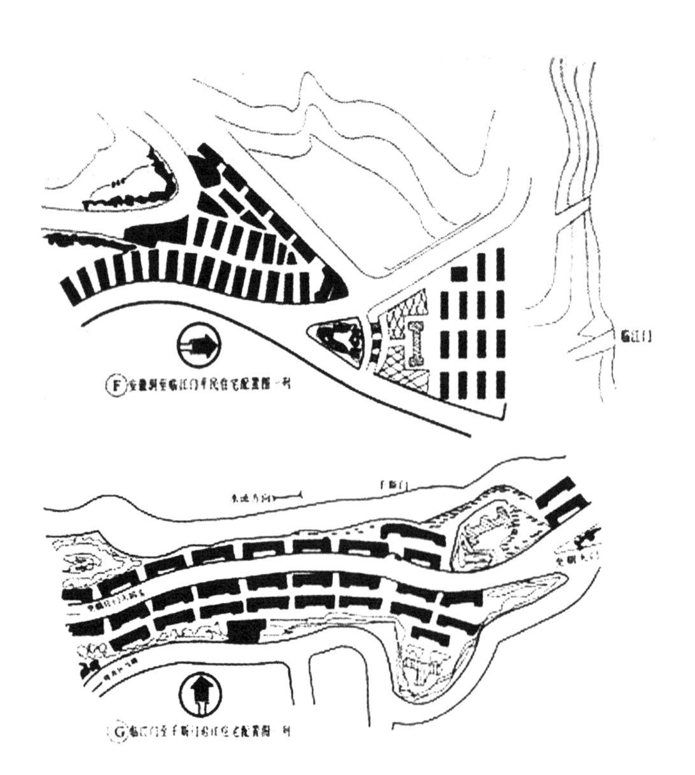

图 17-2-16　一般平民住宅的规划布置图
来源：陪都建设计划委员会 . 陪都十年建设计划草案 .1946：第五十二图 .

政府依照计划分段投资建设市民住宅，并根据不同的地点来确定适应的形式，如地段面积宽阔的可建造平房连屋，狭小的地段则建造两、三层的楼房。并且还计划沿江岸新建市民住宅，同时在江的北岸和南岸预留供市民散步、游戏和运动的滨水空间。对于居住区的道路交通的发展则要按照规划彻底执行，无论是新市区新建的还是旧市区的道路改造都要按照全区的标准和需要进行设计，除将土地重新划分为道路及公共建筑之外，其余的建筑段落都要按照各个地区的地形及居住标准来划分，房屋的形式、种类和材料也都要按照标准执行（图 17-2-15，图 17-2-16）。[①]

由于建造平民新村住宅区需要大量的资金，而许多平民，尤其是几乎所有的贫民均无法独自承担建设，一些拥有资本的投机者成立地产公司来取得地块，建设廉价且不合标准的住宅区，以此压榨市民来获取高额利润。这一现象在京沪各地甚为普遍。为解决市政发展初期的这一问题，政府以官商合办的方式成立若干居室合作社，以市公债银行借贷及合股为资金来建造集团新村以满足计划的标准居室。能按年缴纳建造费的住宅都最终归私人所有，否则交纳租金居住即可，不受任何限制。

而从对于平民新村的示范性规划图来看，高档的居住区是一种集合公共建筑、商业和居住的混合体。其空间划分使每一栋的基地明确化，商业都是临街布置，而公共建筑形成一个自身的组团，并围合成一个较大的公共空间。所有的建筑和道路都根据基地的自然形态布置，结合大量建筑的预留公共绿地，形成一种花园式综合性模范居住区。而这种居住区的规划从空间划分和布置上非常类似于早期的花园式高档居住区，如广州和南京的花园式模范新村。而对于一般的平民住宅区来讲，大部分都只是满足基本的采光和通风要求，结合地形成行或者成排布置，没有留下过多的公共绿地空间，布置在城市道路的两边。

（二）个人对于合作新村的倡议

面对战后的居住问题，虽然有许多地方大兴土木，但基本都是一些银行商号的投资行为。他们对于住宅的建设都是一种纯商业的经济行为，对于一般平民的住宅问题并没有起到相应的解决作用。加之战后取消了有关限制房屋加租的办法，反而在很多时候增加了平民的负担。另外，虽然政府对于战后住宅进行了详细的规划，但是从实际的角度出发，战后所面临的严重经济问题是对整个计划形成一个非常大的限制。因此林涤非在 1948 年发表的《新重庆建设与住宅合作》一文中提出仿照欧美各国以合作的方法来建造新村，用以妥善和有效地解决平民居住问题。

这种住宅合作社在经济上是依靠国家金融机构的大量建筑贷款来为人民建造房屋，大致在 80% 以上的建筑费用和土地费用都由农民银行及合作金库或其他国家银行、省市银行放贷给当

---

① 陪都十年计划建设草案 .1946.

地住宅合作社，其他的由住宅合作社按月收取社员租金作为还款的准备金，之后分年分期归还贷款。还清所有贷款之后，住宅便归社员自身所有，这样就可以使社员拥有自己永久的住宅，并避免租赁和转租的昂贵支出。而住宅合作社的组织既可以是个人组织，也可以是团体组织，但必须是在生活上有共同性和同一地区的居民。个人组织是采取一种自由的办法，只要居民10人以上，均可自行发起组织；而团体组织一般主要都是供给职工住宅，使其在工作之余能够得以安居[①]。

住宅合作社的业务方面包括主要业务、次要业务和兼营业务三种：主要的业务是共同购置土地或租地建设供给社员居住的住宅，这是基本原则；次要业务是共同购置家具设备，装置或供给水电及卫生设备，以为社员生活之所需和服务享受；兼营业务则只是兼营消费、信用金融或者为增加社员收益的生产业务等。如果合作社的规模较大,还可以兼营办理公共浴室、理发室、餐厅、诊疗所、图书馆、体育场、俱乐部以及电影院等公共事业。而在制度方面则是一种自治和自卫的社会团体，进而使之生活集团化、纪律化，并发扬互助的精神。[②]

这一住宅合作新村的倡议来源于欧美，与早期福建创办的合作新村基本类似。它意图以一种经济合作的方式创造一种集体生活的自治团体，并且在新村中创造各种集体事业和服务设施，促进人们之间的集体意识和互助意识。因此在某种程度上是试图依靠物质空间的集体性来唤醒人们社会生活空间的集体性，形成一个共同和谐发展和勤于交流的社会空间。

（三）战后新村的实践

《陪都十年建设计划草案》的制定，以及1946年8月22日石板坡的一场大火导致2000多户灾民无家可归，共同促使了政府很快开始对平民住宅的计划与建设。为此政府成立了重庆市市民住宅筹建委员会，来专门经营此项事业，以尽快解决灾民和平民居住问题，同时也起到改良和整顿市容的作用。1946年9月11日下午重庆市市民住宅筹建委员会第一次会议通过了有关建筑平民住宅的两项法案：第一是采用由市府为主体进行建设，建成后以租赁的方式租给平民；第二是由市民自行建设，但其式样和材料必须按照市府规定的做法，并且10年后房屋和地皮都收归市有。

随后该平民住宅筹备委员会便在同年9月拟定了一份《重庆市平民住宅计划书》，计划书中阐明所针对的人群主要是适合低级公务人员和工商阶级的应用。因为当时地价昂贵，因此住宅都采用的是联立式，分为甲、乙、丙3种。其中对于3种住宅的空间描述可以说除了面积上的一点差别之外，基本上与《陪都十年建设计划草案》相同：甲种为二联式平房或楼房，每栋住两户，每户有正房3间、厨房1间；乙种住宅同为二联式平房或楼房，每户有正房两间、厨

① 林涤非．新重庆建设与住宅合作．新重庆，1947.
② 同①。

房一间；丙种住宅为八联式平房或楼房，每户有正房 1 间、厨房 1 间；3 种住宅都没有单独的卫生间。[①]

结构和材料方面，则由于在战后物价昂贵和财力经费的不足的情况下为了尽快能够建设，都计划采用最廉价的木柱、土墙、竹篱墙、木屋架及洋瓦屋面来建设，并切实做好修建过程中的监督工作，以达到安全、稳固、适用和经济的要求。经费方面则因为一般平民是难以支付建造费用的，因此由市府先贷款建设。建设方面先计划建设甲种住宅 90 栋、乙种住宅 120 栋、丙种住宅 150 栋。建设之初由登记的住户先行缴纳建设费用的 25%，其余分为 3 年还清。并且对于住户租用的时间限制为 10 年，除了前 3 年还需要缴清之前的欠款之外，其余 7 年都只需缴纳相关的管理费和修缮费即可；10 年期满后房屋全部收归市有来抵债地价，如果续租则按当时情形另订办法。[②] 而这一措施明显是与早期汕头市萧冠英结合国外经验而制定的汕头市平民新村建设的办法类似。然而当市府向重庆中国农民银行贷款并制定了详细的还款和住宅建设计划发函后却遭到拒绝，因此由政府主导的战后平民新村建设从经济上就已经有很大难度了。

由此可见，虽然战后国民政府迁都之后对重庆做了非常详细的规划，但是因为在实际建设中客观存在的各种经济问题，却无法按照标准完成，如地价和建筑材料等都更加昂贵；加之原本住宅的不足所产生的众多棚户区，在这种情况下还经历了战争的洗礼，整个居住问题变得更加严重，棚也变得更多。而如果将棚户区真正按照法规来拆除的话，户主又无力建造新的合法的住宅，政府也没有相当的经济实力去主导建设，银行也没有表现出足够的积极性，因此早期详细的计划在很大可能上只是为了安抚民众，在精神层面体现其对战时陪都的重视，然而在真正的实践过程中，大范围地建设平民新村变得不太可能。

第三节　战后都市建设的思考——1945–1949 年北平保护与发展的探索[③]

抗日战争胜利后，中国面临的首要问题就是定都何处：还都南京或是据中策外建都武汉，开发西北建都西安或是控驭东北建都北平，一时间政界与民间众说纷纭。在“我们一致主张建都北平”[④] 的倡言书中，如此定性北平：历史悠久地势优越，交通便利经济繁荣，战略价值国防重镇，文化中心民族健康。虽然种种因素最终促成了还都南京，但北平以上述优越的性质和 165 万之多的人口[⑤]，仍可谓是区域中心城市。在抗战胜利与中华人民共和国成立前的几年间，

① 重庆市平民住宅计划书 . 重庆市档案馆（沙坪坝），全宗号：0075，目录号：0001，案卷号：00119，附卷号：0000.1946.
② 同①。
③ 本节作者天津大学中国文化遗产保护国际研究中心。
④ 丁作韶等 . 我们一致主张建都北平 . 谨向国民大会建议，1946-11-15.
⑤ 1945 年年底，北平的人口为 1650695 人。参见：北平市政府统计室编 . 北平市政府统计 .1946（2）.

"千疮百孔"的城市都在尝试着重建与光复，北平亦不例外，甚至在古城保护与发展的探索上，书写了今人都应去借鉴学习的辉煌篇章。

一、北平战后初期的"自主型"城市规划

在北平，战前就有了大量对欧美先进城市规划与建设的引介，加之沦陷时期日本人编制的系统的城市规划，战后的城市管理者已经充分认识到城市规划（亦称都市计划）在指导城市建设发展上所发挥的重要作用，对城市建设与发展的把控已经从"市政计划"转变为"都市计划"："都市计划为关于城市物质设施之综合计划。现代城市之物质设施，项目綦繁，互有关系。建设之初，不可各不相谋，必须统筹兼顾，因地制宜，始足以适应现代城市生活之需要。故都市计划已成为城市建设之基本方案"①。这较战前单纯的"市政计划"思想和各种上呈的"市政建议"是很大的进步，由此也可以说，战后北平进入了"自主型"城市规划的时代。

1945年8月抗战胜利后，熊斌任北平市首任市长，10月成立北平市政府，下设社会、财政、工务等八局。此时的都市计划已经被视为是城市一切建设的依据："北平光复，建设工作，万绪千端，而当务之急，惟先定都市计划，一切建设始有依据"。工务局自恢复起就开始了对北平都市计划的准备工作。

（一）"自主型"规划编制与管理的肇端——北平都市计划委员会

1946年9月13日，北平市政府第二十二次（自抗战胜利时算起）市政会议通过了由工务局呈请的《北平市都市计划委员会组织规程》②，1947年5月29日北平市都市计划委员会（下文简称委员会）正式成立，该委员会是近代北京城市发展史中首个具有城市规划编制与管理职能的专门组织。中华人民共和国成立后该机构更名为"北京都市计划委员会"，即当今的"北京市规划委员会"的前身。

《北平都市计划委员会组织规程》规定，委员会受北平市政府指挥，办理北平都市计划之设计及编拟事项。机构设置包括：秘书室——掌文书、记录、总务及不属于计划室事项，计划室——掌都市计划之调查、设计及编拟事项。并规定了由主任委员召集，每半个月开会一次，必要时召开临时会议。

委员会中的各委员不仅包括了市长与市政府下设各局的局长，还包括了大学教授、工程师、参议员等（表17-3-1）。

① 北平市工务局编．北平市都市计划设计资料集（第一集）.1947：前言，1-2.
② 北京市档案馆编．北平历届市政府市政会议决议录．北京：中国档案出版社，1998：576-577.

北平市都市计划委员会委员名单　　表 17-3-1

职别	姓名	现职	职别	姓名	现职
主任委员	何思源	市长	委员	常文照	市商会理事长
副主任委员	谭炳训	工务局长		邓继禹	市秘书长
委员	陶葆楷	清华大学教授		马汉三	民政局长
	余昌菊	冀北电力公司副经理		韩云峰	卫生局长
	张镈	基泰工程司工程师		付正舜	财政局长
	黄觉非	市府法律顾问		张道纯	地政局长
	杜衡	北平市党部代表		王季高	教育局长
	王云程	市参议会参议员		张鸿渐	公用局长
	罗英	公路总局第八区公路局长		汤永咸	警察局长
	钟森	中国市政工程学会代表		温崇信	社会局长
	许谧	平津区铁路局工务处长			

来源：依据《北平市都市计划设计资料集（第一集）》自绘

（二）《北平都市计划大纲草案》

1946 年，北平市工务局征用伪工务总署原都市计划局计划负责人（日本人）作为顾问，以早年间的《北京都市计划大纲》为基础进一步修改完善，编订了新一轮的都市计划，即《北平都市计划大纲草案》①（下文简称草案），并绘有都市计划简明图（图 17-3-1）。

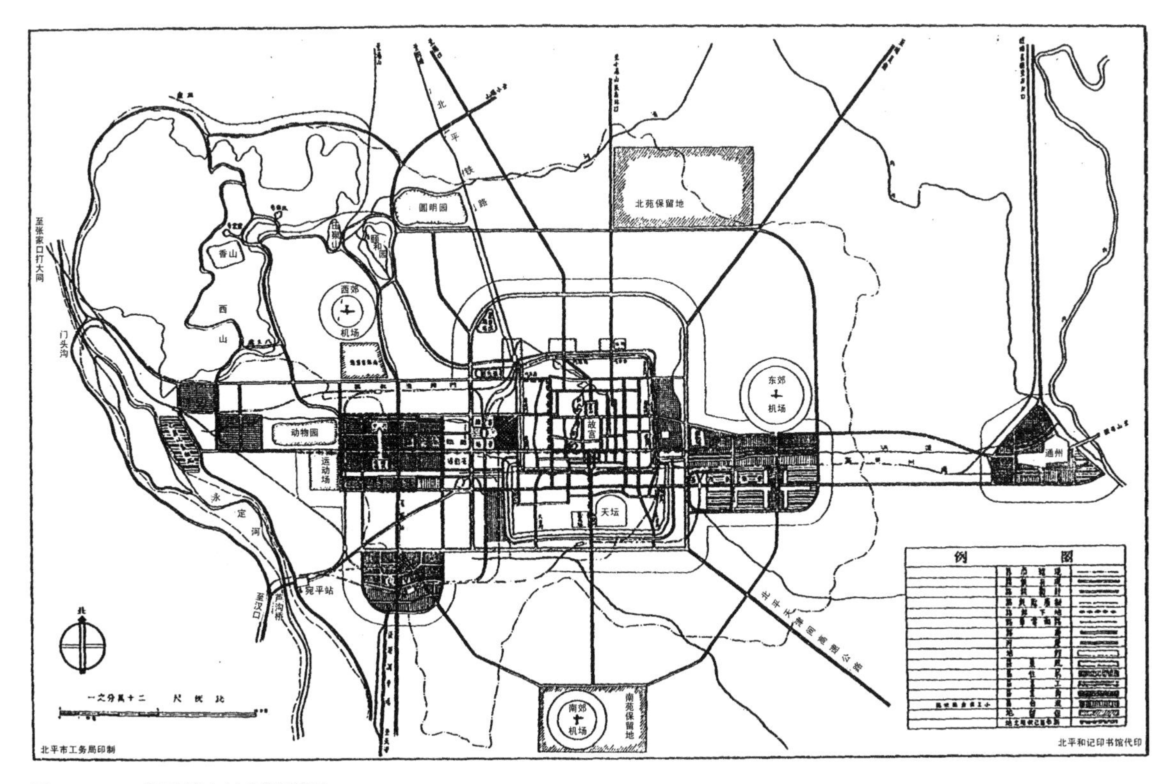

图 17-3-1　北平都市计划简明图

来源：北平市工务局编印 . 北平市都市计划设计资料集（第一集）.1947：扉页 .

① 本都市计划大纲的原文被摘录在：七 北平都市计划大纲旧案之（二）// 北平市工务局编 . 北平市都市计划设计资料集（第一集），1947：67-72.

1. 北平都市计划实施要领

草案中先提出了都市计划实施的要领，提出都市计划的实施必须适应重要性之先后，逐次进行建设。这较早先日本人编制的都市计划大纲是进步的，且更便于实施。包括：

（1）以行政中心为标准，完成西郊新市区的建设。

（2）整顿老城与新城间的交通联络。包括：1）完成西单牌楼至西郊新市区之西长安街延长线；2）东单牌楼至西郊新市区之中心铺设地下高速铁路。这是已知最早的在北京建设地铁的规划[①]。

（3）收买中央车站一带的土地，待将来地价昂贵时再出卖，以作财源。

（4）整顿城内交通设施。包括：1）改良现有路面电车轨道，增加通行区域；2）铺装干线、马路及重要街巷。

（5）修补文物名胜以保存古都面目。

（6）整顿通达颐和园及西山各处的游览环游道路。

2. 北平都市计划大纲草案的总方针

草案从六个方面定义了北平建设发展的总方针：

（1）计划为将来中国之首都（本草案编制时，尚未定都南京）。

（2）保存古城风貌，进一步保护培育，使成为独具特色的旅游观光城市。

（3）西郊新区规划建设政府各行政办公部门、办公附设的住宅、商业等，加强西郊新区与老城的交通联系，新旧两区共建。

（4）在东郊的工业新区中，规划筹设以日用品、精美小制品、美术用品等为主要的工业制造。

（5）规划颐和园、西山一带地域为别墅疗养度假功能的用地，圆明园一带建设成为高校园区。

（6）东郊通州纳入本次规划的范围，现状城市总人口共计180万人，规划未来城市人口可达到300万人。

可见草案中对北平城市的定性较早年的计划大纲更为详细，早年计划大纲提出“因城内文物建筑林立，郊外名胜古迹甚多，可使成为特殊之观光都市”，而本草案强调的是“保存城内故都面目，并整顿为独有之观光都市”。同时扩大预测的北平人口规模至300万人。

3. 北平都市计划大纲草案的要领

（1）都市计划区域：以正阳门为中心，半径约20~30公里内的区域。

---

① 在先前的《北京都市计划大纲》中，提出的是沿用京汉铁路，并向西延伸至西郊新区，建设成为高架式新线，并注明“是否确用高架式尚待研究”。在本次都市计划草案中，首次提出了在地下建设高速铁路的设想，并指出“本项如实施困难时，可自西单牌楼起开通路面电车，直达西郊”。

（2）新街市计划包括西郊市区与东郊市区

1）西郊市区：草案中缩小了早先计划大纲的范围，并对用地布局进行了调整。规划西郊市区为距城墙4至8公里的区域，占地30平方公里（日伪规划的西郊占地65平方公里），周围环以绿地，北侧绿地结合水路设置为公园，东侧绿地设广播电视台、植物园、运动场等其他公共建筑，西侧八宝山附近规划为动物园、高尔夫球场，南侧为国际运动场。中央设政府各机关，南段为国民大广场，东西配置住宅与商店。与老城联系的干道系统则与前计划大纲相一致，即西长安街延长线与西直、阜成、广安三门外大街。

2）东郊新市区基本延续了原计划大纲中的规划。

（3）地域（Zoning）：相对于原计划大纲中的“分区制”而言，本草案中对城市的功能分区则更为完善，划分了住宅区、商业区、混合区（小工业仓库与居住商业混合的地区）、工业区、绿地区、床地（即指不使其市区化的市区）。

（4）地区（Quartet）：即延续了原计划大纲中的规划方法，划分为“风景区”与“美观区”，指定的范围也与原计划大纲较为接近。

（5）交通设施

1）道路。城内以联络各城门的干线马路为中心实施各区段街巷的整顿，并单独指出了正阳门大街须展宽、开辟广场等；延长东西长安街至新城门，其宽度为50米。城外自各城门引出放射路。较为可贵的是，本草案中指出了应保护好城北3公里处的元代城墙，“拟沿此旧址，计划公园式之环状路，既可保存古迹，复可用为交通要路，以联络其他都市”。与原计划大纲不同的是，城外主干道路的两侧均限制建构筑物的建设，为未来的高速交通做好预留。体现出本次规划的长远眼光。

2）铁路的规划与原计划大纲完全不同。中央车站设于复兴门以西1公里处，是为一切客车的总站，取消前门车站。并以总站为中心，分别联络北平周边的各条铁路线路。

3）高速铁路。提出了远期建设平津间高速铁路的构想：自西郊新市区中央之地下（即老城内采取地下铁路的方式）东行，经正阳门至东郊，露出地面，由通州附近南折，在廊坊或杨村附近归入现在之北宁路。同时还提出了北平城内建设高速铁路的构想，在当时也可谓十分超前：①东西线，自通州起至东郊，改行地下，经东单、西单由西郊新市区露出地面，西行至景山；②南北线，自南苑北行至永定门，改行地下，经正阳门、天安门、西单、新街口、西直门露出地面，直达圆明园、颐和园、玉泉山、香山等处。

4）路面电车。提出将城内电车改为标准轨间，依据现状整合规划了9条电车线路。

5）郊外电车。草案中指出郊外电车为高速铁路之培养线，并可促进郊外发展。新规划了5条线路。

6）河道。即指疏浚平津之间的运河，作为平津之间的辅助交通。

7）飞机场。与原计划大纲相同，分别在老城的东西南北规划了四处机场。

（6）上、下水道

1）上水道。北平地区地下水位甚高，新旧市区均选用深水井作为水源。

2）下水道。除整顿扩充旧有下水道外，还提出了建设两处“下水处理厂”，一处位于外城东部，使经处理的水流入东面运河；一处位于西郊新市区南部，处理西郊新市区的“下水”。

（7）公园运动场

与原计划大纲相比，本草案则显得更为详细，尤其是在老城内的改造方面。

1）公园绿地。指出城内应一面维持古雅之公园绿地，一面考虑社会卫生教育之需要，拟在各分区单位适当配置中心公园数处；并将紫禁城之周围，内城城墙上等处，加以整理，开辟为公园道路。西郊新区在周围的绿地带内设置大公园，在市区内设置小公园。香山、西山、温泉等处作为市民之养生设施。将昆明湖至什刹海的水路沿岸公园化，形成直达颐和园郊外的散步道路。

2）运动场。在城内的先农坛运动场、东单练兵场，城外东西郊新区与老城城墙之间，各规划建设运动场。远期在西郊新区的西南一带地域，拟建设国际规模的运动场，玉泉山八宝山一带的西侧规划高尔夫球场。

（8）其他公共设施

1）广场。拟在道路交叉口、热闹市区、居民聚集区等处设置，并指出在西郊新区的中央机关南部设置国民大广场一处。

2）公墓、马场、市场、屠宰场等的设置与原计划大纲相一致。

（9）度假疗养用地

圆明园一带规划建设高等学府园区，颐和园、玉泉山、香山一带规划建设高档的别墅区，整体作为市民娱乐保健之地带。并将其北方的温泉与小汤山一带规划为休养地。

（10）保留地：以军用地及防卫设施为目的，拟设于北苑、南苑、西郊北方等地。

4. 北平都市计划大纲草案的进步意义

对比分析日伪时期日本人主导编制的《北京都市计划大纲》和《北平都市计划大纲草案》，可以明显看出，在上版城市规划的基础上，新一轮的规划更切合实际，易于实施；更注重老城的改造与再生，同时兼顾新城的开发。在老城与铁路线路的矛盾处理上，原方案采用高架的方式，新方案则规划为穿越老城地下的两条十字相交的铁路，并与外围铁路相衔接，既便捷了交通又彻底保留了老城风貌，这也是北平最早提出建设地铁线路的规划方案（表 17-3-2）。

《北平都市计划大纲草案》与《北京都市计划大纲》的对比分析　　表 17-3-2

不同点	《北平都市计划大纲草案》	《北京都市计划大纲》
现状与规划人口	180 万 ~300 万	150 万 ~250 万
规划范围	正阳门为中心，半径约 20~30 公里内	正阳门为中心，东西北三面 30 公里，南 20 公里
西郊新区规模	30 平方公里	65 平方公里
用地功能划分	住宅区、商业区、混合区、工业区、绿地区、床地	高级纯粹住宅区、一般居住区、商业区、混合区、工业区
地区划分	风景区、美观区	绿地区、风景区、美观区
道路规划	结合城北元代城墙设置环路	老城四周设三条环路

续表

不同点	《北平都市计划大纲草案》	《北京都市计划大纲》
铁路规划	复兴门西 1 公里处设中央车站为总站，取消前门车站，规划东西、南北穿越老城的两条高速地下铁路	西郊新区中心设中央车站，保留前门车站，规划城内沿前三门城墙的铁路为高架式
电车规划	城内 9 条线路，城外 5 条线路	未考虑
下水道	规划两处“下水处理厂”	直接排入通县运河

来源：作者自绘

（三）北平首个区域发展部署——《北平市新市界草案》

虽在日伪时期曾对北平编制有系统的城市规划，并提出了城市规划的范围，但抗战胜利后，北平仍沿用 1928 年以前的市界行政区划。依据今日城市规划编制的经验我们可知，城市规划范围与城市行政区划范围是应相一致的。当时的北平市政府也在统一区划上进行了尝试与探索。

1946 年 2 月 28 日，北平市政府函送了河北省政府《北平市新市界草案》，[①] 编制新市界草案的首要目的就是调整不能满足城市发展的原市界范围，从行政区划上扩大北平市辖区，以适应城市管理部门的管辖、都市计划的落实与城市建设的发展。

在新市界草案中指出了编制该草案的理由，首先即是“现在北平都市建设正在积极进行，一面整理旧有文物名胜，同时计划建设为近代化都市。查都市之存在与发展之条件，必须具有各种区域应用之土地，如工业区、交通区、居住游览区等，均为近代都市所不可缺少者，……现城区人口密度[②] 最高者已达每公顷四百余人，超过新都市规定之最大密度限度，势非速筹建新市区，将无以应事实之需要。”可见该新市界草案与城市规划的密切关系。

草案首先提出了新市界划定的七项原则：“以土地之天然形势、行政管理之便利、工商业状况、户数与人口、交通状况、建设计划、历史名胜关系”，划定的新市界范围则更加合理，开创性地运用区域可达性的原则（该原则至今仍是区域规划、城市规划与区域经济圈划分中进行分析的常用原则之一）划定为：“以正阳门为中心，以高速车辆 40 分钟的行程（约 30 公里）为半径，划圆周所包括之地域，但得视地形之便利与事实之需要，酌以延长或缩短。”在新划定的市界中，包括了通县、南苑、丰台、卢沟桥、长辛店、门头沟、石景山、温泉、大小汤山、孙河镇共计十处重要的市镇（图 17-3-2）。

新市界草案还提出了对新市界区域的功能部署。新市界的东部，包括东郊全部与通县的一部分，定为工业区；新市界的南部，包括南苑飞机场与丰台等地，定为交通枢纽区；新市界的西部，为城市重要之公用设施区域，包括卢沟桥为平保公路的咽喉，长辛店为平汉铁路要站、军事防卫要地，石景山为城市的电源地（发电厂所在地），门头沟煤矿为城市的燃料源地，孙河镇为城市的水源地；新市界北部，包括大汤山、小汤山一带，定为城市的游览名胜区。

① 本新市界草案原文被摘录在：八 北平市新市界草案 // 北平市工务局编 . 北平市都市计划设计资料集（第一集），1947：73-75.
② 人口密度是评价城市拥挤程度的主要指标之一。文中此处是指“人口密度最大之处”，据《北平市都市计划设计资料集（第一集）》第三章“北平市之概略”记载：1946 年 12 月份统计显示，北平城区人口密度平均为 200 人每公顷。2012 年北京市的人口密度为 112 人每公顷，在世界排名第 12 位，排名第一的印度城市孟买人口密度为 296 人每公顷。可见之时北平城中的人口密度之大。

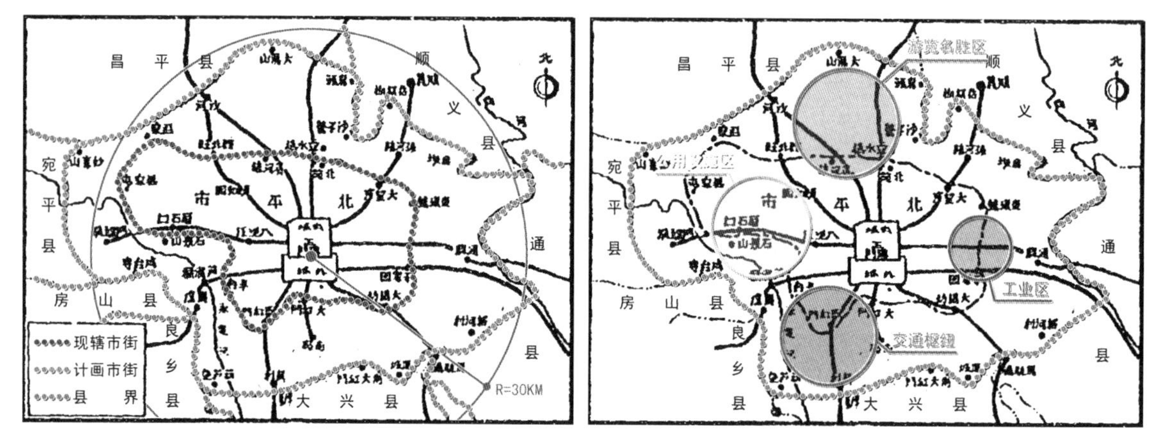

图 17-3-2　北平市新市界计划略图（左）和新市界草案中提出的空间功能布局构想（右）
来源：左图依据《北平市都市计划设计资料集（第一集）》改绘；右图为作者自绘

可见该新市界草案，虽然名为北平市行政区划的调整，但就其内容而言，实际上是对北平城市腹地的综合部署。在当今的规划科学中，我们已经认识到城市与区域腹地的重要关系。但在 1940 年代的北平，这种对城市腹地综合部署的思想可谓已经十分科学。

二、“自主型”城市规划与古城保护的卓越代表——《北平都市计划设计资料集（第一集）》

虽然抗战结束后，北平市工务局便组织人力着手编制了《北平都市计划大纲草案》，但城市的调查工作与城市规划的编制工作从未终止，而是在都市计划委员会的领导下，更为细致周详；对城市发展与古城保护的认识，更为全面深入。

（一）何思源“表面北平化，内部现代化”的战略思想

1946 年 10 月 23 日至 1948 年 6 月 22 日，何思源[①]任北平市市长。辞去山东省省长一职的何思源原本想出国，但“何当时因北平系我国文化外交的一个故都，在服务中研讨到学问”[②]，便接任了北平市市长的职务。上任之初，何思源面临的是一片狼藉与民不聊生的北平。1946 年 12 月 23 日，他致函时任教育部长的朱家骅，谈到他初到北平时的感受和处理北平市政的初步

① 何思源（1896 年 7 月 30 日 -1982 年 4 月），字仙槎，山东菏泽人。早年就读于山东省立六中（今菏泽第一中学）；1915 年考入京师大学堂；1919 年考取官费留美生，1923 年入柏林大学研究经济；1926 年冬回到广州，任中山大学教授兼图书馆馆长。1927 年加入中国国民党，被任命为“国民党山东省党部改组委员会”委员兼宣传部长；1928 年 4 月被任命为“国民革命军”总司令部政治训练部副主任兼法科主任，后任山东省政府委员兼教育厅长。抗日战争爆发后，在鲁北一带组织部队与日军作战。1945 年 5 月，当选为国民党第六届中央监察委员；1946 年 10 月调任北平市市长；1948 年被免去市长职务。1949 年 1 月人民解放军发起平津战役；北平解放前夕，他是北平市和平谈判首席代表。1982 年 4 月 28 日在北京逝世，享年 87 岁。
② 莲子 . 不怕没饭吃的何思源 . 大地周报，1946（30）：版面 5.

做法："平市市政夙具宏规，而八载沦胥，摧残殆尽，收复虽已经年，复员工作仍属百废待举。如难民麇集，青年失学，市容残破，垃圾山积，益以人口集中，煤粮匮乏，伏莽潜滋，秩序不宁，今后既须珍惜旧有传统，恢复战前规模，更须适合建国要求，建立新的基础。月来详察需要，规划步骤，急要措施均经次第推行，语其要者则为：（一）加强冬防。…（二）筹办冬赈。…（三）调剂煤粮需供。…（四）清除垃圾。…其余如增加教育补助，收容失学青年，整理交通，防止车祸，修补道路，疏浚沟渠，以及整理文物、整理市容等，亦均详审规划，着手进行。…惟平市为我国故都，中外观瞻所系，市政良窳，关系綦重，猥以铨材，谬膺重寄。……"[①]可见当时的这位北平新市长的首要工作在于安民，解决城市生活的温饱问题，进而逐步整顿北平。

1947年5月29日北平市都市计划委员会正式成立时，何思源任主任委员，主持北平的城市规划工作。在何执掌的不足两年的时间里，北平的城市改良与发展以及城市规划的筹备与编制都有着较大的进展，在主持北平都市计划研究期间，他提出了融合古城保护与城市发展的战略性方针："表面要北平化，内部要现代化"[②]。

何思源是否进一步解释什么是"北平化"以及何以"现代化"，我们尚无从考证。单就表面字义而言，这也是城市风貌建设与城市机能再生的纲领性方针。"北平化"就要控制城市的风貌，符合北平的地域文化特色，传承北平千年古都的历史文化意蕴；何以体现"北平化"？就是要站在历史角度保护城市的历史遗存。"现代化"就要革新城市的机能，满足先进的城市生活的需要，建设现代化的城市基础设施与服务设施；何以"现代化"？就是要站在发展的角度完善城市的现代化设施。而两者的关键在于一个在"表面"，一个在"内部"，以一个略有不当的比喻形容之：我们不必拘泥于能不能给历史建筑"安电梯"，而是万不可给历史建筑"贴瓷砖"。这种战略性的城市风貌建设方针应用于今日的北京，甚至是其他历史城市，仍不为过，可谓依旧十分科学。

在何思源任职期间，也有不少城市改良与建设的工程。诸如清运城市垃圾、建设交通设施并整修道路、展修城外环路与西郊新区道路、改善供水系统与整理沟渠、健全医疗设施与管理医疗机构、加强城市植树绿化、开展测绘。他曾在古城保护方面大量拨款，支持文物建筑的修缮工程，不仅继续完成了他上任前未竣工的工程，而且又进一步修缮了其他文物建筑，主要包括[③]：整修中南海大瓷花墙、中南海石岸三十处、南海勤政殿，清运中南海园内垃圾；修缮先农坛围墙、勤政殿屋顶，修缮故宫和玄穹殿；保养午门、天安门等处城楼，颐和园排云殿、长廊、文昌阁等；对永定门瓮城及东部城垣的堞墙进行加色整修、补齐。

除了城市改良的工程外，何思源主政时期的市政府还实施了众多促进城市改良的法规文件，如为了净化美化城市环境颁布的《北平市清除垃圾实施办法》[④]和为调动民众工作热情而再度颁布的《北平市政府警察局清除垃圾工作竞赛和奖励办法》；为整顿社会秩序，1947年5月15日

---

① 陈乐人主编．北京档案史料．北京：新华出版社，2005（3）：154-183.
② 习五一，邓亦兵．北京通史（第九卷）．北京：中国书店，1994：161.
③ 吴家林，徐香花．何思源与北平的城市建设及管理，北京社会科学，2000（1）：71-78.
④ 北平市清除垃圾实施办法．北京市档案馆馆藏档案，档案编号：J184-002-01869.1946.

颁布《北平市查禁抵瘾药品办法》,[①] 同年4月11日颁布《北平市政府查禁民间不良习俗施行细则》，1948年6月颁布《北平市市场管理规则》等。

（二）城市现状调查与规划编前研究的开端

当今城市规划的编制过程已发展得日臻完善，调查研究是城市规划十分重要的前期工作，没有扎实的调查研究就不可能编制合乎实际、科学合理的规划方案。规划编制前的调查研究过程更是规划方案的孕育过程。而在1940年代的北平，城市规划尚属于“新生儿”，规划编制的技术支撑仍不完全，也正是在这种环境下，大规模系统的现状调查与规划编前研究体现在了《北平都市计划设计资料集（第一集）》的编制过程中。这也在很大程度上推进了近代北平城市规划编制过程的科学化、合理化，并促进了城市规划逐步走向完善。

这一时期的规划编制部门已经十分重视以现状调查为主的城市规划编前研究：“都市计划之制作，必须根据事实。举凡当地之历史、地理、政制、文化、经济、社会、建设等状况，均为其重要因素。非先有精密详画之调查，不能从事于研究与设计。故都市计划之调查准备工作，至为重要，而费时较久。”[②]

事实上，工务局自战后开始，对北平就展开了长达一年多的调查，这些调查共涉及12大方面，其中9大方面又分为37个方面。与今日城市总体规划应调查的基础资料相比，仍可谓十分全面（图17-3-3）。

依据调查研究，工务局于1947年8月最终汇编成《北平都市计划设计资料集（第一集）》，其虽名为“资料集”，实际包括了北平历史沿革与现状的综述、北平早年间都市计划的综述，并基于综合系统的编前研究，提出了北平都市计划的纲领。在其前言中也讲到“北平都市计划委员会，已于本年五月成立，工作正在展开，谨以本篇贡献，俾作研讨计划之初步依据。所需资料，当不止此，今后自应陆续搜集，以期有助于北平都市计划之完成……”依据今天的城市规划体系来审视《北平都市计划设计资料集（第一集）》，可谓是城市总体规划编制前的城市发展战略研究或城市总体规划纲要。[③]

（三）《北平都市计划设计资料集（第一集）》的规划内涵与进步意义

《北平市都市计划设计资料集（第一集）》中提出了北平市都市计划之研究。[④] 开篇便提出了都市计划对现代化设备尚未完全的北平而言是何等的紧迫，进而从基本方针、纲领、市界、

① 北平市政府公布北平市查禁抵瘾药品办法．北京市档案馆馆藏档案，档案编号：J001-003-00275.1947.
② 北平市工务局编．北平市都市计划设计资料集（第一集）.1947：前言，1-2.
③ 城市发展战略是指对城市经济、社会、环境的发展所作的全局性、长远性和纲领性的谋划；城市总体规划纲要是指确定城市总体规划的重大原则的纲领性文件，是编制城市总体规划的依据。参见：国家标准《城市规划基本术语标准》，GB/T 50280—98。
④ 五　北平市都市计划之研究 // 北平市工务局编．北平市都市计划设计资料集（第一集）.1947：53-59.

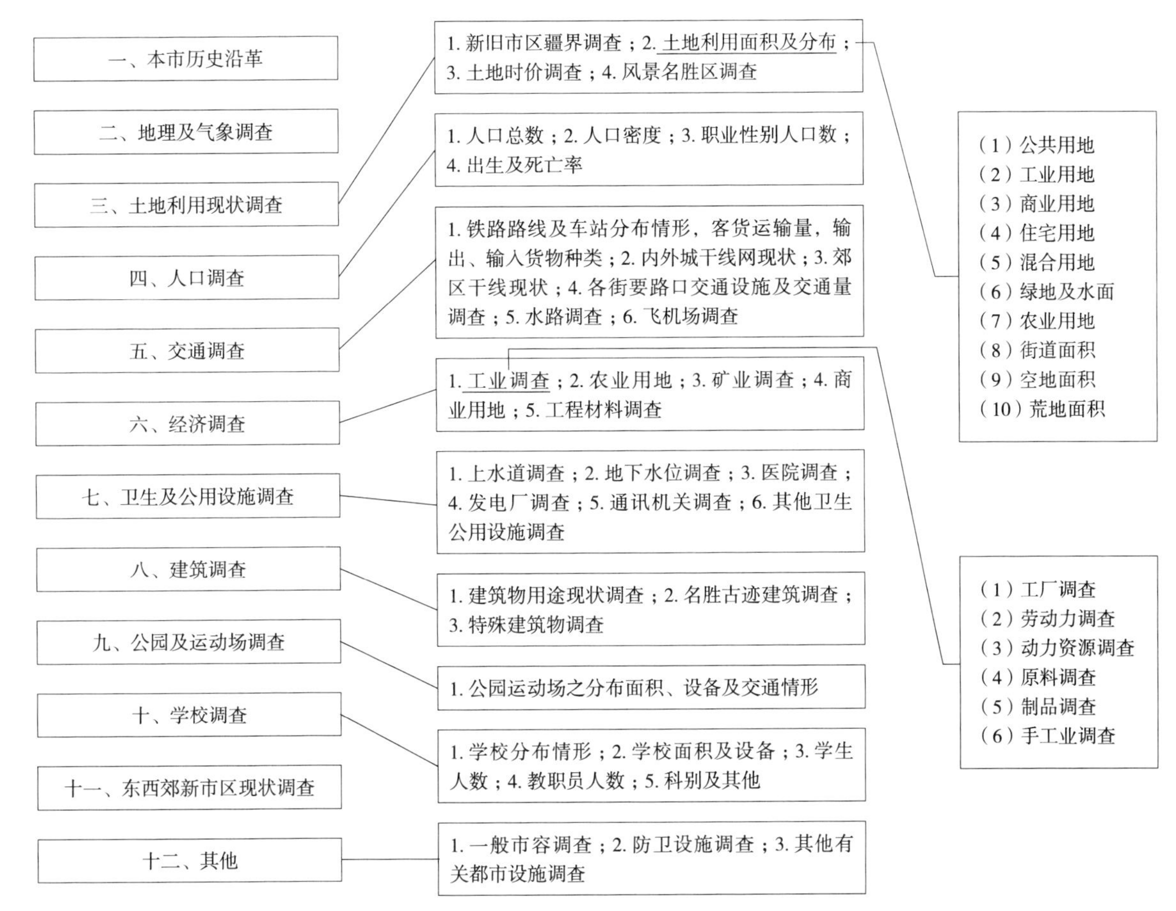

图 17-3-3　北平市政府工务局在编制都市计划前的调查项目
来源：依据《北平市都市计划设计资料集（第一集）》自绘

交通设施、分区制、公用卫生、游憩设备、住宅建设等八方面，阐述了都市计划的纲领性要目，“至于各问题之结论，则须待北平都市计划委员会经过调查分析研究及设计后，始能决定”。

1. 都市计划的基本方针

研究中首先指出了对北平城市性质定位的两个普遍观点，即一为首都，一为文化城。面对北平各界的两种观点，分析指出：定都不是都市计划的先决问题，不为国都北平也能繁荣，北平都市计划必须具有弹性而备有建都时的发展余地，文化城与都城可以并立。由此提出了北平都市计划的基本方针：

（1）将北平建设成为近代化都市。完善城市的各项基础设施与公共服务设施，促进经济社会的发展。

（2）将北平建设成为游览都市，依托并大加修葺和保护城内的名胜古迹和文物建筑。

（3）将北平建设成为文化都市，大力建设发展城市的文化教育园区，提高城市的文化实力。

（4）开拓城市新区，发展周边近郊的村镇为卫星市，疏解城市人口与职能。完善城市的产业结构，使北平为能够自给自足的都市。

可以说该基本方针所提出的北平的城市性质是中华人民共和国成立前各种市政计划与都市计划中最为完善的，回顾之前所做的各类计划，对城市的定位无一比此更详尽。首要近代化（现代化），保持北平化，兼顾教育与文化，变消费城市为自足城市，也是首次将“卫星市”的建设写入都市计划的基本方针。

2. 都市计划的纲领

与先前的《北京都市计划大纲》和《北平都市计划大纲草案》相比，本次都市计划则更为注重老城的改善，并置为首要。

（1）旧城改造。1）将外城东南部低洼空地区域建设成为手工业区，目的在于疏解前门一带的商业拥挤状态。2）将外城西南部建设成为环境良好的住区，改善天桥附近棚户区的现状。3）将城墙内外附近的空地区域规划为绿化带，美化环境，并在其中配置公园、学校。4）东西郊民巷一带规划为城市的行政功能区；长安街、正阳门内外大街为城市的林荫大道；在东单练兵场一带筹建体育场、广场、音乐堂。5）改良前门一带商业区，将琉璃厂一带打造为城市的文化街。6）居住区规划建设采取“邻里单位”[①]的模式，在每个“邻里单位”中配建公园、学校、商店、诊疗所等各项服务建筑，调整胡同的房基线。7）划城区各处宫殿、坛庙、公园等名胜古迹为名胜区，绕以园林道路，统制附近建筑高度及外观。8）保留并疏浚城市的水系（积水潭、什刹海、三海及护城河等处河道湖沼），沿岸规划园林道路，结合水系建设城市的自然公园。

（2）新区发展。1）继续建设完善西郊新区。西郊新区的北部建设为文化教育区，南郊丰台一带建设为小工业区，新区的各片区与老城区之间建设高速铁路。2）充分利用东郊现状的道路和厂房建筑，改造建设成为屠宰场、污水处理场，并作为仓储用地等；视通县工业的发展情形，酌情考虑规划建设工业区。

（3）游览区建设。1）规划联系各处名胜古迹（如宫殿、坛庙、四郊名胜）的游览路线，以电车或汽车为游览路线的交通方式，形成系统完善的游览体系。2）依托卢沟桥的历史事件，将卢沟桥一带建设成为复兴性的纪念公园。3）市域范围内，距离城区相对较远的一些名胜古迹（如长城、八达岭、十三陵等处）应与游览体系一起统筹建设。4）疏浚完善城市的河流体系，尤其是颐和园昆明湖下游的河道、通惠河河道，使船能自西郊经老城直达通县。5）具有游览

① 原文为“细胞式近邻住宅单位”；邻里单位（Neighborhood Unit）是美国建筑师佩里（Clerance Perry）于1929年提出的一种居住细胞的设想，是指一个邻里单位应该按照一个小学所服务的面积来组成，从任何方向的距离都不超过0.8至1.2公里，其中包括大约1000户居民，即5000人左右；其四界为主要交通道路，不使儿童穿越；邻里单位内设置日常生活必须的商业服务设施，保持原有地形地貌和自然景色以及充分的绿地，建筑自由布置，各类住宅须有充分的日照通风和庭院。参见：沈玉麟．外国城市建设史．北京：中国建筑工业出版社，1989：136-137.

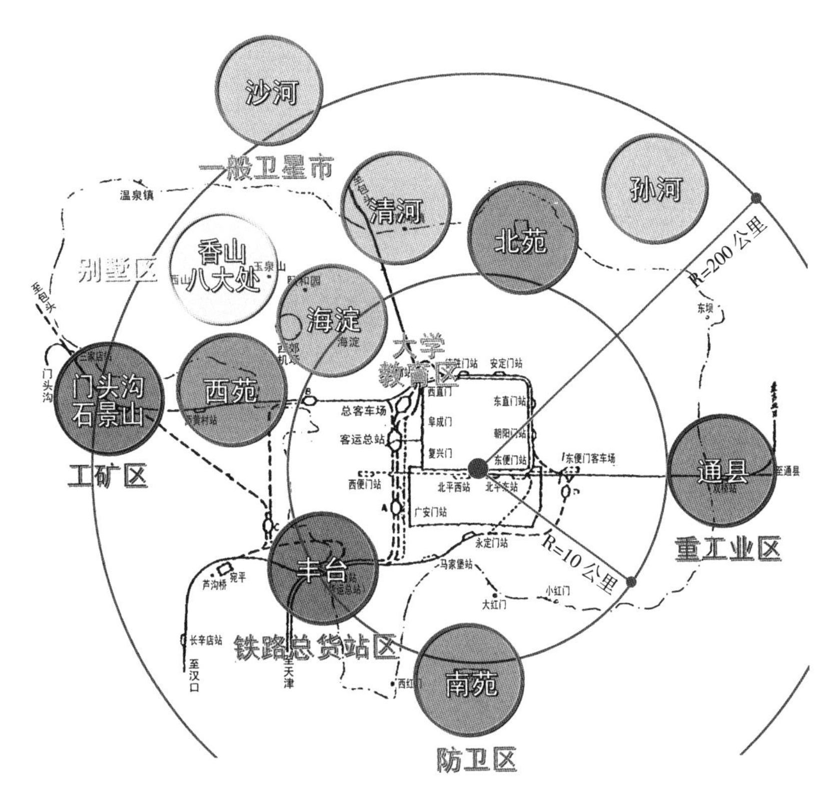

图 17-3-4 《北平都市计划设计资料集（第一集）》中的卫星市规划
来源：北京市工务局编印．北平市都市计划资料集（第一集）.1947：56.

观光性质的河道两岸，规划建设园林道路，在河道两旁一定宽度内禁止建设。6）在各游览区内合理适当地配置游览服务设施，如旅馆、别墅、餐饮、疗养院等。7）在城区或西郊新区以故都为主题规划建设大型的剧院、饭店、商场，亦作为城市游览体系中的重要节点。

（4）卫星市建设。规划有 7 种职能各不相同的卫星市：1）丰台——铁路总货站区；2）海淀——大学高校园区；3）门头沟与石景山——工业矿区；4）香山、八大处——别墅区疗养；5）沙河、清河、孙河——一般类卫星城；6）通县——重工业区；7）南苑、北苑、西苑——防卫区。规划卫星市周围环绕绿带，自老城中心建设放射状道路与各卫星市相联络（图 17-3-4）。

3. 都市计划的市界

本次规划提出的规划范围与上文中所述的《北平市新市界草案》提出的市界范围相一致，即“以正阳门为中心，以高速车辆 40 分钟的行程（约 30 公里）为半径，划圆周所包括之地域，但得视地形之便利与事实之需要，酌以延长或缩短。”详见上文，此不赘述。

4. 交通设施规划

（1）道路规划：1）规划城内各城门间相联系的道路，以及自城门起向周边郊区辐射的道路为城市干道。2）在老城外周围规划建设两圈城市环路。3）临近城墙内外的地段规划为绿带，建设为城市小游园；为便利交通，在城墙上适当开辟门洞。4）城市干道两侧限制建构筑物的建设，为未来高速路的建设做好预留。5）在铁路客运站、货运站与城区（包括老城、东西郊新城）之间规划建设城市干道，加强其之间的联系。6）拆除内城南侧的城墙，修建为道路。

（2）铁路规划：1）在阜成门与复兴门外之间的地段，距城墙约2公里处，规划建设铁路客运总站；总客车场在总站的北部。2）规划将丰台一带建设成为货运总站，取消前门西站、西便门站，其他原环城铁路于各城门处的车站降低为小型装卸站。3）在西郊客车总站完工前，暂时保留前门东站，作为辅助的临时客运站。4）将永定门与东便门之间的老铁路改建至外城的城墙外（图17-3-5）。

（3）高速铁路规划：1）规划建设高速铁路沟通联系北平和天津。2）在北平与通县之间规划建设高速铁路。3）在西郊新城与老城间规划建设地铁，沿长安街地下向东，于西单处向北至西直门地段建设地铁支线，由天安门至前门规划建设另一地铁支线；地下铁路与地面铁路相互衔接联系。

（4）电车系统规划：1）逐步将城中的现状电车全部改建为无轨电车。2）建设郊外游览路线，逐步扩充完善游览支线。

（5）运河规划包括：1）恢复平津运河通航，先开通北平通县段。由通县起经通惠河至东

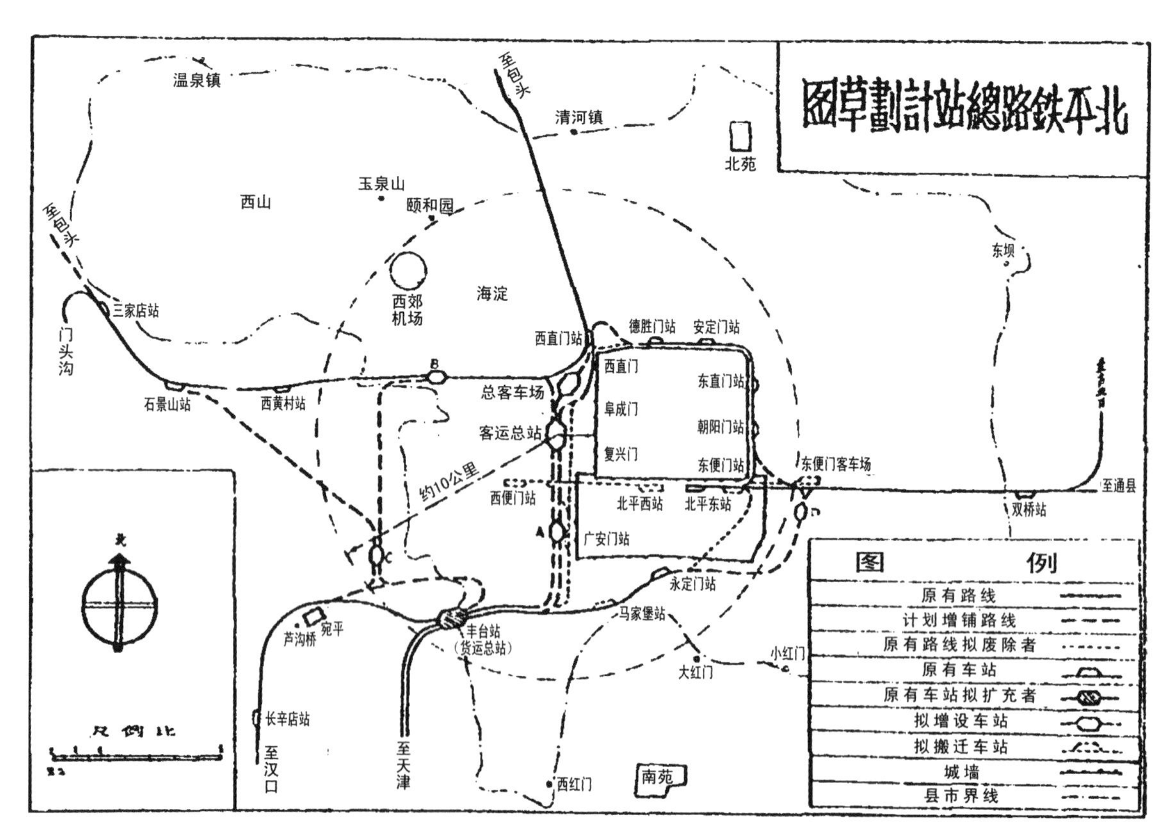

图17-3-5　北平铁路总站计划草图

来源：北平市工务局编印．北平市都市计划设计资料集（第一集）.1947：56.

便门，分行两支路：一穿行前三门护城河，一南行绕外城，经左安门西行至丰台之北，与铁路总货站联运，并北行接通西便门外护城河。2）利用玉泉山泉水为水源，开导钓鱼台、莲花池、马家堡等处泉源，将来永定河、官厅等处水库完成后，再考虑引用永定河河水。运河河道与城郊游览河道接通。

（6）飞机场规划包括:除现有西郊、南苑机场外，于北苑、东郊适当地点，增建机场各一处。

5. 分区计划

规划规定“全市实施分区制，订定分区制法规，实行建筑统制。”并将用地性质划分为居住区、商业区、混合区（即手工业区）及风景区等。

（1）工业区设于通县、石景山、西郊新市区南部，城内外三区划作手工业区。

（2）绿地区以保存农耕地、森林、山陵、原野、牧场、河床等，不使成为市区化，拟设于城墙周围。绿地区内，以建设公园、农田、菜园、花圃等为主，可采用市民自给农园、合作农场等经营方式。

（3）风景区，城内包括故宫、三海等重要名胜古迹的周围；城外以颐和园、圆明园等一带，以保持及增进原有风景为主旨。

（4）美观区，以统制建筑外观，增进都市美观为目的。城内包括：永定门至天安门及长安街两侧，崇内大街、王府井大街等处；西郊包括总车站附近及干线道路，各城门关厢及门洞内外。

6. 其他专项规划

（1）游憩设施规划：分别规划确定了公园绿地、运动场、广场、公墓。

（2）公用卫生规划，主要包括自来水规划、沟渠规划等。

（3）住宅建设规划，包括住宅规划、市场规划、屠宰场规划、公用建筑规划。

7. 本次北平市都市计划的进步意义

从北平首次具有现代意义的城市规划——《北京都市计划大纲》，到战后初期“自主型”城市规划开端——《北平都市计划大纲草案》，再到《北平市都市计划设计资料集（第一集）》中的“北平市都市计划之研究”，我们可以明显地看到城市规划编制过程与城市规划内容的进步与完善。

（1）行政区与规划区的契合。这一时期的城市规划依据城市的发展需要，提出新的城市规划区域，进而调整城市行政管辖区，强调了城市的行政区划范围应与城市规划范围相一致。

（2）老城改良与新城开发的并举。与先前城市最大的区别是这一时期的城市规划重点在于对老城的改良，提出了详细的旧城改造方案，并发展适当规模的新城。

（3）区域功能部署与卫星城市建设的提出。早年间的计划大纲仅是轻描淡写地提到了一句“拟使郊外成为卫星都市而计划之”，至于建设细则一概未涉及。本次规划不仅对城市腹地区域进行了综合部署，还提出了建设 7 大类卫星城市。

（4）古城保护方法的进步与完善。虽然先前日本人所编制的《北京都市计划大纲》中提出了划定“风景区”、“美观区”的方法，但也仅是“该区内的建筑物及其他设施应严加统治，用以增进美观”，而其中的“风景区”又主要针对“山明水秀之地”，并且何以严加统治增进外观？并没有阐明，因此在古城保护上还具有很大的片面性。但在本次完全“自主型”城市规划中，首次提出了划定包括宫殿、坛庙、公园在内的“名胜区”的方法，并“统制附近建筑高度及外观”。

（四）何以处理北平古城的保护与发展

1. 首次对古城保护与市政建设的辩证分析

在《北平市都市计划设计资料集（第一集）》中，首次出现了对保护与发展两个问题的辩证分析：[①]

> “北平文物整理事业，与市政建设事业有何关系？市政建设事业，在目的上必须有社会与经济之意义，在原则上须有适合个别城市之特色。北平市之特色，无疑的为一文化城，北平无重大之工商业，需要发展教育文化，并利用文物建筑，招来游览，繁荣市面。故整理文物建筑，实为北平市政建设之中心工作。”

从城市规划角度综合考虑发展和保护的辩证关系标志着我国城市规划思考的逐步深化。1929 年南京规划、上海规划都主要以开发为主，对于传统的体现仅仅表现在复古建筑风格上，而日本人所编制的《北京都市计划大纲》考虑到古城保护问题，战后北京规划则是中国人对城市规划中保护问题的进一步思考。

2. 高瞻远瞩地指出古城保护与文物整理工作的价值

从价值层面探讨古城保护与文物整理工作，是在中国近现代城市保护史上，甚至是文物建筑保护史上的一次重要的论断：[②]

（1）就保存古迹，宣扬文化而言：

> 北平为千年古都，多有宫阙殿宇，苑囿坛庙，菁华所萃，甲于全国，乃帝王时代耗费全国人力物力所造成，不当视为专制帝王个人之遗物，反应视为我国全民族之遗产。其雄伟壮丽，代表中国之民族精神，表现艺术之特点，吾人应加予珍视保护。各国民族对其具有历史价值之文物建筑，无不特别重视。北平现存文物建筑，为东方特有艺术产品，亦为

---

① 三 北平市之概略 // 北平市工务局编 . 北平市都市计划设计资料集（第一集）.1947：36-38.

② 同①。

世界稀有之古迹，在历史上文化上艺术上实均具有极大值价值。吾辈后代国民，岂可任其日就荒芜圮毁，当然更应特别加意保存，常保完整，以垂久远。

（2）就研究建筑学术而言：

中国建筑，在世界建筑史中自有其特殊之独立系统。然而经几千年来之悠久时间，其发展程序，受政治经济之变迁，地理气候之限制，制度风尚之转换，工匠技艺之巧拙，及宗教思想之影响等，在结构上与外观上均随时代而有改变，于是每一时代有每一时代之特征。就研究学术之观点而言，凡富有文化价值之文物建筑，尤其是年代久远者，均须切实保存，以作研究参考之资料。同时在整理工作中，可以逐渐发现各时代建筑风格之演变，优点劣点之比较。更从研究工作中，而能创造出近代化之中国建筑作风，使我国民族艺术，得以组织发扬光大。

（3）就推广游览事业而言：

北平向以古迹名胜，驰名世界，凡外人来华，必到此观光，为一绝好之国际游览区。察欧美国家，对于游览事业，莫不锐意经营，以吸引国际旅客。例如法国每年所得于外人游行消费，战前相当于输出贸易总额百分之二十八。又如瑞士，号称世界花园，每年得外邦游客，而增加收入。吾人如将北平城郊各处文物建筑与名胜古迹，一一加以整理，永保原来美观，诱致外人游览，一方面即可宣扬我国文化，一方面复可吸收外汇，对于国家经济平衡汇兑上，有相当补益，因此文物整理事业之重要，实具有更深长之意义。

梁思成先生曾在1945年发表了《北平文物必须整理与保存》[①]一文，先生从历史上、建筑史上、艺术史上分析北平文物建筑保护工作的价值："北平的整个形制既是世界上可贵的孤例，而同时又是艺术的杰作，城内外许多建筑物却又各个的是在历史上、建筑史上、艺术史上的至宝…我们除非否认艺术，否认历史，或者否认北平文物在艺术上历史上的价值，则它们必须得到我们的爱护与保存是无可疑问的。"可谓是从史学的角度剖析过价值问题。然而在1945年以前的文保工作（主要是战争爆发前的修缮工作），该文中有言："修葺的原则最着重的在结构之加强；但当时的工作伊始，因市民对于文整工作有等着看'金碧辉煌，焕然一新'的传统式期待；而且油漆的基本功用本来就是木料之保护，所以当时修葺的建筑，在这双重需要之下，大多数施以油漆彩画……"由此可见，抗战前的文保工作确具有一定的历史局限性，更何谈提出完善的文物保护价值体系。而《北平市都市计划设计资料集（第一集）》则从历史文化价值、建筑

① 梁思成．北平文物必须整理与保存．原载于1945年8月重庆《大公报》，后刊入1945年10月国民政府内政部主编的《公共工程专刊（第一集）》。转引自：梁思成全集（第四卷）．北京：中国建筑工业出版社，2001：308-309.

学术价值、经济产业价值三个方面全面剖析了古城保护与文整工作的价值。在当时可谓高瞻远瞩，在当代仍不乏借鉴意义。

3. 提出古城保护与文物整理事业的方针

从意识与思维上进行分析，在理念与概念上进行定义，最终则是建立起实施与行动的方针。在《北平市都市计划设计资料集（第一集）》中，前人分析了保护与发展的关系，指出了保护工作的价值，最终也以保护事业的实施方针为落脚点：

> 第一，修缮工程之外，应注意长期保养工作。
>
> 第二，需注意建筑骨干结构之加强，保留固有苍老之色泽，新油饰彩画，实为次要。
>
> 第三，应尊重固有建筑之风格，利用近代建筑材料与技术。
>
> 第四，修缮工程，应分先后缓急，共有下列情形者，须提前整理：（1）在历史上艺术上有重要价值者；（2）损坏过甚，情形严重，急需修缮者；（3）对于风景名胜有关，或为市容观瞻所紧者。

除上述四点外，文中还指出了："北平市名胜古迹，处数甚多，管理机构，过于复杂，在整理保管上，不易有良好之成绩，本市应筹设统一管理名胜古迹之机构，以统筹发展游览事业。"这一点，则早在袁良执政时期拟定的"北平游览区建设计划"中有所涉及。

方针中指出的修复原则——"保留固有苍老之色泽，新油饰彩画，实为次要"，较抗战前"金碧辉煌，焕然一新"的修缮做法可谓是巨大的进步。与梁思成先生"修旧如旧"[①]的修复理念可谓"殊途同归"了。

三、再度文物建筑整理工作

（一）文物整理委员会的重组

抗战胜利后，北平市政府为继续抗战前的文物整理事业，呈准中央明令恢复战争爆发以前主管北平文整事业的"文物整理委员会"。1946年10月，遵行政院令筹设了"北平文物整理委员会"，[②]1947年1月1日正式成立，仍隶行政院，其职能是择定需要整理的文物建筑，预算保

① "修旧如旧"的文物建筑修缮思想早在1935年梁思成撰写的《曲阜孔庙之建筑及其修葺计划》一文中就有所体现："以往的重修，唯一的目标，就是把破敝的庙庭，恢复为富丽堂皇、工坚料实的殿宇，若能拆去旧屋，另建新殿，更是颂为无上的功业或美德"；"我们须对于各个时代之古建筑，负保存或恢复原状的责任"。梁思成先生于1955年在评价河北省赵州桥修缮成果时正式提出"修旧如旧"的理念。

② 梁思成．北平文物必须整理与保存．1945.

护经费。委员会设主任委员 1 人，由故宫博物院院长马衡兼任；委员共计 9 人，包括：朱启钤、梁思成、关颂声、谭炳训、胡适、袁同礼、谷钟秀、熊斌、何思源。[①]

“文物整理工程处”替代了“文物整理实施事务处”而作为文物建筑修缮工程的执行机构，于 1947 年 10 月 1 日正式成立。市长何思源与工务局局长谭炳训分别任处长和副处长，工作技术人员多是训练多年的古建筑修缮专才。每项实施的工程计划，则由文整会中对于中国古建筑有专门研究的专家予以最后的审核。文物整理工程处设于北海团城，设有工务科与总务科两个部门。

（二）文物建筑整理工作的进步与完善

由上文可知，以都市计划委员会为首的城市规划主管部门，在制定的都市计划设计资料集中已经对古城保护的缘由、价值、方法进行过周密的探讨，并在城市规划中贯彻落实。同时，身为北平文物建筑的主管机构——“北平文物整理委员会”，在切实的文物建筑保护工作中，也不断完善保护理念与方法，提出了划分轻重缓急而修缮的原则，并将保护工程予以分类，指出了文物工作“今后”的推行方针（图 17-3-6）。可以说，文整会的工作性质已经从早年间单一的修葺文物建筑逐渐向系统的保护文物建筑转变。

（1）针对“包罗甚广”的北平文物建筑，与都市计划委员会提出的“修缮工程，应分先后缓急”相一致，北平文物整理委员会也提出“亟待整理者至众，经斟酌缓急轻重”，制定了选择首要整理文物建筑的准则：[②]

1）在历史或艺术上有重要价值者。

2）残破过甚急需修缮者。（但无甚重要之建筑物，得酌量情形作文献与法式上之记录后，予以拆除。）

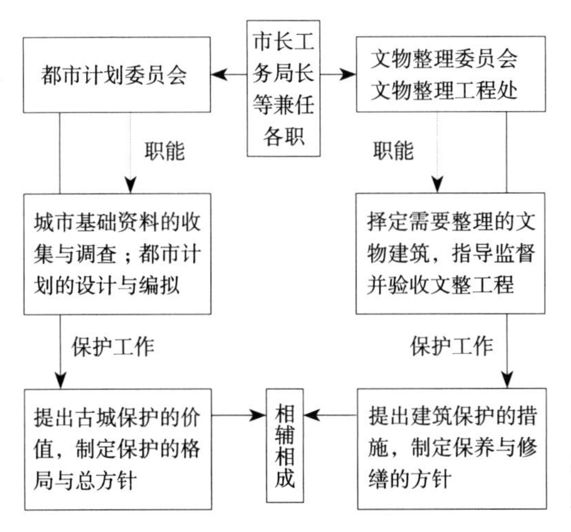

图 17-3-6　都市计划委员会与文整会的职能关系
来源：作者自绘

① 刘季人 . 行政院北平文物整理委员会及修缮文物纪实 . 北京档案史料，2008（3）：239.
② 三十五年行政院北平文物整理委员会工作概要 .1946.

3）对于风景名胜有关或为市容观瞻所系者。

（2）文整会还将保护工程的实施分为了两大类，即保养工程与修缮工程：[①]

1）保养工程：即有关文物之古建筑物之拔除草树及勾抹防漏等项，良以墙垣罅闪不治，必牵及□题，瓦草丛生不除，必伤及梁栋，及时养护，则一木之支，一镰之割，甚或可延长其寿命于数十百年而不敝，即节省无数之修缮工费于将来。

2）修缮工程：北平古建筑物原已年久失修，近复频遭摧毁，正如病人息偃待救，急需求医，以期起死回生，依目前人力物力之限制，修缮仅能应急补救，功效则期坚实耐久，不使踵事增华。

（三）文物建筑整理工程概述

1946年内，南京国民政府共计下发北平市政府整理文物的经费8亿元，[②] 全市保护工程共计40余处，其中分为修缮工程与保养工程。较为可贵的是，1946年文整会指出了文物保护工作"今后"的推行方针，体现出了保护理念与方法的进步与完善（表17-3-3）：

（1）崇重规范：一代之建筑，自有其时代之作风，文物整理工作应注重保存古建筑物之规范。

（2）保固骨干：修缮应从保固架构着手，以期永久坚实，彩画粉刷及装修，与保固延年无关者列为次要。

（3）勤加养护：修缮工作，费款耗时，设平常勤加养护，则可延年而省费，今后应注意拔除草树及勾抹防漏等工作。

（4）加强管理：敌伪时期，管理诸多松懈，偏僻处所，甚或有放任毁坏情事，以致文物所受损失甚大，今后应加强管理力予整饬。

（5）培养专材：文整事业，具有专门性、继续性及全国性，必须培养特殊技术人员，尽量利用近代科学方法，以发挥古建筑之美点，并使学术与行政打成一片，将来能向各省市推广，可为国家文化上保存无价之瑰宝。

（6）研究文献：以文献与宝物互相参证，使古建筑之精神文化意义得充分显露，并绘制图说以垂久远。

---

① 三十五年行政院北平文物整理委员会工作概要.1946.

② 同①。
另注：1935-1949年间，中国通货膨胀，1946-1948年间更为严重，与抗战前相比，1946年的法币已大大贬值，例如，国民党政府发行的法币，1937年100元可买到两头牛，1938年变为一头牛，1939年可买一头猪，1941年能买到一袋面粉，1943年能买一只鸡，1945年能买一个煤球，到了1948年，只能买到几粒大米。因此此时的8亿元以及1947年的20亿元经费，与抗战前的文物建筑修缮工程造价并无可比性。

1946 年北平文物整理委员会实施的保护工程　　表 17-3-3

保护工程	工期	文物建筑
保养	一期	故宫博物院、天坛、孔庙国子监、北海、太庙、古物陈列所、颐和园、中山公园
	二期	故宫三大殿及武英殿、各城门楼、碧云寺
修缮	一期	颐和园围墙、东西三座门、天安门前石桥及女墙、天安门、永定门、智化寺内天王殿及智化殿、颐和园云辉玉宇牌楼、景山北园墙、北海四角亭、东西长安街牌楼、中南海万善殿围墙、碧云寺钟鼓楼、东筒子河石泊岸、颐和园知春亭木桥、中南海紫光阁、颐和园寄澜堂码头及石丈亭、午门墩台、端门墩台排水、北海静心斋、正阳门箭楼城墙、北海静心斋续加
	二期	颐和园二期围墙、中南海怀仁堂、故宫西路慈广宫、北海万佛楼、玉泉山围墙、故宫北五所、古物陈列所东西朝房、故宫玄穹宝殿、智化寺钟鼓楼、永定门瓮门及城垣、天坛外坛围墙及东墙

来源：依据《1946 年行政院北平文物整理委员会工作概要》自绘

1947 年度文物整理事业费核定为 20 亿元，[①] 但工程款迟至 11 月底才到位，各项工程到翌年春融之时才次第竣工。工程同样分为修缮与保养。值得一提的是，部分保养工程原本并没有被列在预算之内，但因当时迫切需要保养而临时增加。可见当时的保护工作依据实际需要亦有所调整，并非按照预算一成不变（表 17-3-4）。

1947 年北平文物整理委员会实施的保护工程　　表 17-3-4

保护工程	文物建筑
保养	北海团城、帝王庙及妙应寺、故宫中路配殿、北海快雪堂、颐和园须弥灵境、孔庙及雍和宫、铁影壁移建、兰亭八柱搬移、天安门迤西华表石栏
修缮	北海万佛楼更换桁枋、故宫慈宁宫配接角梁、故宫太和殿东朝房、北海宝积楼、颐和园云辉玉宇坊及荇桥、故宫午门钟楼、朝阳门箭楼、智化寺钟鼓楼、颐和园悦春园、故宫颐和轩瓦顶天沟

来源：依据《1947 年行政院北平文物整理委员会工作概要》自绘

1947 年文物保护工作的进步意义在于文整会充分认识到了文物保护工作不能仅靠一己之力，各处文物的保管机构也应尽其保护义务。这些直接与文物打交道的保管机构纷繁各样，他们却多疏于爱护，而对文物建筑造成极大的破坏："或充办公厅室，或充员工宿舍，自属一进权宜之计，惟惜部分复杂，隶属各殊，往往各徇便利，拆改装修，移挪门窗，敷设电线，添安火炉，轻则污损彩画，重则毁伤架构，相沿成习，触目惊心……"。[②] 针对于此，文整会编纂了"古建筑保养须知"，并希望予以推广，提高全民的保护意识与保护素质。

1948 年全国恶性通货膨胀愈发严重，在文整工作事业费的概算书中，所需工程事业费竟高达 98 亿元，[③] 加之当时的政治环境也日趋动荡，保护工程较前两年大为减少（表 17-3-5）。

① 三十六年行政院北平文物整理委员会工作概要 . 1947 年 .
② 同①。
③ 三十七年行政院北平文物整理委员会工作概要 . 1948 年 .

1948 年北平文物整理委员会实施的保护工程 表 17-3-5

保护工程	文物建筑
保养	故宫、各坛庙、各寺观、北海、中南海、各城楼、颐和园
修缮	故宫乾隆花园、故宫保和殿左右崇楼、故宫午门钟鼓楼、北海小西天、安定门前楼、颐和园画中游、卧佛寺、八里庄万寿塔、西郊大慧寺、智凡寺

来源：依据《1948 年行政院北平文物整理委员会工作概要》自绘

"北平"历史的最后三年，是政治风云变幻与金融风暴肆虐的三年，但市政当局与规划部门依旧恪尽职守，戮力而为。在规划建设方面，提出了"表面要北平化，内部要现代化"的发展总方针，并作出了北平城市腹地更为宏观区域的结构部署，还进行了城市规划编前周密的现状调查与先导研究，提出了系统的卫星城市建设方案和穿越老城地下的十字干线地铁计划。在历史保护方面，则进行了关于古城保护与市政建设之关系的辩证分析和对古城保护与文物整理事业之价值问题的深入探讨，提出了"保留固有苍老之色泽"的文物建筑保护原则及统制文物建筑附近"建筑高度及外观"的协调方针，制定了区分保养工程与修缮工程的保护策略，还发出了提高全民保护意识与保护素质的呼吁与文件。总之，在"北平"历史的最后三年中，北平都市计划委员会与北平文物整理委员会相互配合、共同努力，为老城的保护与改良以及西郊新城的开发和建设做出了十分积极的贡献，为历史留下了可资借鉴的宝贵一页。

第四节　中国现代建筑学教育的发展

一、圣约翰大学建筑系历史及其教学思想研究[①]

圣约翰大学（St. John's University，后文简称约大）建筑系是中国最早全面传播现代主义建筑思想和探索现代建筑教育的机构。该系由毕业于伦敦 A.A. 建筑学院和哈佛大学的黄作燊创办，实行了一系列新颖独特的教学方法，在引入和发展现代建筑思想、培养具有现代思想的建筑和教育人才方面发挥了重要作用。

黄作燊曾于 1933-1938 年就读于伦敦建筑学会学院（A.A. School of Architecture，London）。这段时间恰好是 A.A. 学校改变教学体制，从布扎体系（Beaux-Arts）一度转向基于现代主义原则的课程体系的时期。[②]之后黄又追随现代建筑大师格罗皮乌斯至哈佛大学设计研究生院（Harvard Graduate School of Design）（1938-1941 年在校），成为格氏的第一名中国学生（在黄之后还有贝聿铭和王大闳等）。黄在求学期间接受了现代主义建筑思想。回国后，他将这些新理念引入教学活动，在约大建筑系中进行了多方面现代建筑教育的实践。在当时中国其他建筑院

① 本小节作者钱锋。
② 根据 A.A 建筑学院提供的有关档案。

校大多采用“学院式”教学方式的情况下，约大建筑系的探索显得十分独特，其教学甚至带有某种另类的特质。

本节力求通过细致梳理约大建筑系发展脉络、考察师生流变与不同阶段的特征、阐述课程设置内容和特点、分析核心人物主导思想等，全面展现该系在传播及转化西方现代主义建筑思想方面的独特尝试。

（一）圣约翰大学建筑系概况

圣约翰大学是中国近代史上最早成立的教会学校之一。1879年美国圣工会将培雅书院（Baird Hall）和度恩书院（Duane Hall）这两所教会创办的寄宿学校合并，成立圣约翰书院。1892年增设大学部，以后逐渐发展为圣约翰大学。①

1942年，黄作燊应当时土木工学院院长兼土木系主任杨宽麟邀请，在土木系高年级成立了建筑组，后来建筑组发展为独立的建筑系，黄任系主任。

建筑系初始，教师仅黄作燊一人。第一届学生也只5名，均由土木系转来。之后黄陆续聘请了更多教师参与教学，学生数量也逐渐增多。教师中有不少人为外籍，来自俄罗斯、德国、英国等国。其中有一位很重要的教师鲍立克（Richard Paulick），毕业于德国德累斯顿高等工程学院，是格罗皮乌斯在德设计事务所的主要设计人员，曾参与了德绍包豪斯校舍的建设工作。②第二次世界大战时，因夫人是犹太人而受到纳粹迫害。包豪斯被迫解散后，他来到了上海，在1945年左右到约大建筑系任设计教师。在沪期间，鲍氏留下了许多作品，包括沙逊大厦新艺术运动风格的室内装饰。二战后他开办了“鲍立克建筑事务所”（Paulick and Paulick，Architects and Engineers，Shanghai）和“时代室内设计公司”（Modern Homes，Interior Designers）。约大的一些毕业生，如李德华、王吉螽、程观尧等曾随他一起工作，设计了姚有德住宅室内（图17-4-1）等富有现代特色的作品。当时黄作燊教设计和理论课，鲍氏教规划、建筑设计以及室内设计等课程。同时在约大任教的还有英国人白兰德（A. J. Brandt，教构造），机械工程师Willington Sun和Nelson Sun两兄弟（教设计）、水彩画家程及（教美术课）、海杰克（Hajek，教建筑历史）、程世抚（教园林设计）、钟耀华、陈占祥（教规划）、王大闳、郑观宣以及陆谦受等。

1949年中华人民共和国成立之后，外籍教师相继回国，其他一些教师也因各种建设需要而离开，黄作燊重新增聘了部分教师。聘请了周方白（曾在法国巴黎美术学院及比利时皇家美术学院学习）教美术课程，陈从周（原在该建筑系教国画）教中国建筑史，钟耀华、陈业勋（美国密西根大学建筑学硕士）、陆谦受（A.A.School，London毕业）先后兼职副教授，美国轻士工专建筑硕士王雪勤任讲师，美国密歇根大学建筑硕士、新华顾问工程师事务所林相如也曾兼任教员。③

① 圣约翰大学1905年底在美国华盛顿哥伦比亚特区注册，为在华教会大学中第二所正式取得大学资格的院校。据：徐以骅主编．上海圣约翰大学（1879–1952）．上海人民出版社，2009.

② 罗小未，李德华．原圣约翰大学的建筑工程系（1942–1952）．时代建筑，2004（6）.

③ 圣约翰大学建筑系1949年档案记载中有教师林相如，但建筑系学生对此人并无记忆，推测为原计划聘请该教师，但实际由于某种原因并未来系任教。

图 17-4-1 姚有德住宅室内
来源：郑时龄．上海近代建筑风格．上海教育出版社，1999.

圣约翰大学培养了许多具有现代思想的毕业生，他们在日后的学习和工作中大都坚持了现代主义的理念。例如 1945 年毕业生李滢，[①] 经黄作燊介绍，1946 年前往美国留学，先后获得麻省理工学院和哈佛大学两校建筑硕士，并在 1946 年 10 月至 1951 年 1 月跟随阿尔托（Alvar Alto）和布劳耶（Marcel Breuer）等现代主义大师实地工作。她当年的外国同学们对她评价甚高，公认她是一位"天才学生"，说她当时的成绩"甚至比后来一位蜚声国际的建筑师还好"。[②]

另一位学生张肇康在 1946 年毕业后，又于 1948 年前往美国留学。他先在伊利诺伊理工学院（Illinois Institute of Technology）建筑系攻读建筑设计，之后又在哈佛大学设计研究生院学习，同时在麻省理工学院（M.I.T.）建筑系辅修都市设计和视觉设计，获建筑硕士学位。他在伊利诺伊理工学院曾受教于毕·富勒（Buckminster Fuller）；而在哈佛大学学习时，又受到了格罗皮乌斯的直接指导。1955 年他与贝聿铭、陈其宽等建筑学者合作完成了台湾地区东海大学校园规划以及部分校舍建筑的设计和建造，1963 年又设计了台湾大学农展馆。建筑学者王维仁在《20 世纪中国现代建筑概述，台湾、香港和澳门地区》一文中曾评价该作品"具有王大闳早期作品相似的手法，表现出隐壁墙，光滑混凝土框架和以当地产的天青石砖为填充墙的三段划分式立面，它也是把密斯的平面和勒·柯布西耶的细部与中国传统的庙宇组合原理巧妙地融合为一体的杰出范例。"[③] 并认为他的实践在台湾现代建筑的发展史上具有重要的地位。陈迈也在《台湾 50 年以来建筑发展的回顾与展望》一文中高度评价张肇康的贡献。他说："贝（聿铭）、张（肇康）、王（大闳）这几位都是美国哈佛大学建筑教育家格罗皮乌斯的门生，深受德国包豪斯工艺建筑教育的影响，将现代主义建筑教育思潮及美国开放式建筑教育方式带进了台湾。"[④]

张肇康在美国的设计作品"汽车酒吧"（AUTOPUB，图 17-4-2，图 17-4-3）十分具有创意，曾获 1970 年《纽约室内设计杂志》纽约室内设计评比首奖。1972 年至 1975 年他在纽约自设事务所期间，作品中国饭店"长寿宫"（Longevity Palace）又获 1973 年《纽约室内设计杂志》评比首奖。[⑤]

① 圣约翰大学档案中原为"李莹"，后其姓名改作"李滢"。
② 转引自：赖德霖．为了记忆的回忆 // 建筑百家回忆录．北京：中国建筑工业出版社，2000.
③ 龙炳颐，王维仁 .20 世纪中国现代建筑概述，第二部分　台湾、香港和澳门地区 //20 世纪世界建筑精品集锦（东亚卷）．北京：中国建筑工业出版社，1999.
④ 陈迈．台湾 50 年以来建筑发展的回顾与展望 // 中国建筑学会 2000 年学术年会会议报告文集．
⑤ Wei Ming Chang et al.. *Chang Chao Kang 1922-1992//Committee for the Chang Chao Kang Memorial Exhibit*. 1993.

图 17-4-2　汽车酒吧一（左）
来源：PAUL K.Y.CHEN（程观尧）事务所作品集（未发表）.
图 17-4-3　汽车酒吧二（右）
来源：PAUL K.Y.CHEN（程观尧）事务所作品集（未发表）.

张肇康取得如此的成就不仅与他后来在美国深造有关，也得益于他在圣约翰大学时打下的良好基础。他本人曾对约大建筑系给予自己的启蒙教育由衷感谢，并称赞黄作燊“是一位伟大的老师”[①]。

圣约翰大学建筑系的办学思想体现了当时国际现代建筑的最新思潮。由于当时中国国内与黄作燊志同道合的建筑教育家尚不多见，而外聘的建筑师受事务所所缠又难以全身心投入教学，加之 1949 年后受政局影响一方面教师队伍变动较大，另一方面国家对招生规模又有增加的要求，作为对策黄延揽了一些优秀毕业生回系任教，其中有李德华、王吉螽、白德懋、罗小未、樊书培、翁致祥以及王轸福等。李滢 1951 年回国后也曾在建筑系任教一年。他们日后为发展中国现代主义的建筑教育作出了重要贡献。

1952 年全国院系调整，圣约翰大学建筑系并入同济大学建筑系，黄作燊与多数教师随系一同前往，担任副系主任（正系主任暂时空缺），在传承和发展现代主义建筑思想方面继续发挥作用。在十年期间，约大建筑系培养了不少具有现代思想的建筑人才。该系教学思想开放，涉及范围广阔，使得学生们能够根据各自的兴趣爱好在不同方面有所建树。他们在自身发展的同时，也将现代主义思想带进了建筑的各个领域。

（二）从早期课程看圣约翰大学建筑系的教学思想、方法及特点

圣约翰大学建筑系进行了一项全新的教学尝试，教学方式十分灵活，并一直处于探索之中。学生和老师人数不多也确保了这种探索和灵活性的实现。学生们回忆“每个学期，每个老师的课都在不断地变化，几乎不做同样的事情。”[②] 虽然课程具体内容有所不同，但是该系的格罗皮乌斯主导的基本教学思想以及教学方法始终一致。它的教学思想在课程设置中有所体现，并显示了包豪斯和哈佛大学设计研究生院的影响。

约大建筑课程可分为技术、绘图、历史、设计四个部分，与同时期中国其他一些学校课程体系相比，它们的基本内容和教学重点具有很大的不同（表 17-4-1）。

---

① 根据张肇康的妹妹——圣约翰大学建筑系 1950 年毕业生张抱极回忆。
② 2000 年 4 月 19 日访谈李德华先生。

圣约翰大学建筑系课程与1939年全国统一课程比较　　表 17-4-1

		圣约翰大学建筑系	1939 年全国统一课程
公共课部分		国文、英文、物理、化学、数学、经济、体育、宗教	算学、物理学、经济学（1）
专业课部分	技术基础课	应用力学 材料力学 图解力学	应用力学（1） 材料力学（1） * 图解力学（3）
	技术课	房屋构造学 钢筋混凝土 高级钢筋混凝土计划 钢铁计划 材料实验 结构学 结构设计	营造法（2） 钢筋混凝土（3） 木工（1） * 铁骨构造（3） * 材料试验（3） * 结构学（4）
		电线水管计划	* 暖房及通风（4） * 房屋给水及排水（4） * 电焒学（4）
			建筑师法令及职务（4） 施工及估价（4）
		平面测量	测量（4）
	史论课	建筑历史	建筑史（2） * 中国建筑史（2） * 中国营造法（3）
			美术史（2） * 古典装饰（3） * 壁画
		建筑原理	建筑图案论（4）
	图艺课	投影几何 机械绘图	投影几何（1） 阴影法（1） 透视法（2）
		建筑绘画 铅笔及木炭画 水彩画 模型学	徒手画（1） 模型素描（2，3） 单色水彩（2） 水彩画（一）（2，3） * 水彩画（二）（3） * 木刻（3） * 雕塑及泥塑（3） * 人体写生（4）
	设计规划课	建筑设计	初级图案（1） 建筑图案（2，3，4）
		内部建筑设计	* 内部装饰（4）
		园艺建筑	* 庭园（4）
		都市计划 都市计划及论文	* 都市计划（4）
		毕业论文 职业实习	毕业论文（4）

来源：圣约翰大学建筑系课程根据樊书培 1943-1947 年所修课程整理，其中“*”部分是选修课

（1）与其他学校比较接近的是技术类课程，这一方面是因为技术课通常让学生与土木系学生同时上课，而各校土木系的课程基本类似；另一方面也是因为建筑系教师开设的构造、设备等技术课程大多采用类似的固定教学模式及内容，因此这类课程与其他学校差别不大。但是约大建筑系也有独特之处，它在课程开始之前安排了其他学校没有的初级入门准备内容。下文将

对此进一步介绍。

（2）从绘图课程来看，除了基本机械制图外，纯美术课程的比重要比学院式体系低很多。以学生樊书培所修科目为例，素描和水彩画总学分只占专业课总学分的3.8%（5/132），远远低于中央大学19.6%的美术学分比例。同时，美术课程的严格程度也远不及学院式教育要求之高，“素描的过程很快，主要画一些形体、桌椅等，水彩画静物、风景，常常在街边和公园写生”。[①] 黄作燊之所以要进行该项练习，其目的主要是为了培养学生对形体一定的分析表达能力，而不在于纯粹训练学生的绘画表现技能。他设置美术课程是让学生学会观察和捕捉，并通过绘画与观察产生互动，培养对形体敏锐的感觉。他对于最后的图面效果并不十分强调，更侧重于学生在练习过程中的提高。另外，约大也没有像学院式体系那样要求学生花费大量时间进行严格细致的渲染练习。

除了纯美术课程的差异外，约大建筑系在绘图类课程中还增加了一门“建筑绘画”课。与以往的绘画课有所不同，这门课的要求是“培养学生之想象力及创造力，用绘画或其他可应用之工具以表现其思想”。[②] 从培养创造力这个核心目标来看，这一课程应该源自包豪斯十分重要的“基础课程”（Vorkurs）。“建筑绘画”课即是后来圣约翰建筑系进一步发展的“初步课程”的前身。

“基础课程”是包豪斯学校最具独创性和重要性的一门课程，对于后来很多国家的建筑和艺术教学的现代转型产生了很大影响。在包豪斯学校，学生进入各个工作室学习核心课程之前，都必须有6个月时间学习这门课程。任课教师伊顿（Johannes Itten）让学生们动手操作，熟悉各类质感、图形、颜色与色调。学生还要进行平面和立体的构成练习，并学会用韵律线来分析优秀的艺术作品，将作品抽象成基本构图，领会新型艺术和传统艺术之间的关系。这门课程为激发学生的创造力打下了基础。到哈佛大学后，格罗皮乌斯在教学中沿用了“基础课程”的教学内容。因为他和其他包豪斯学校教员一样，认为这一课程是培养建筑师创造力的理想方法。他让学生学会用线、面、体块、空间和构成来研究空间表达的多种可能性，研究各种材料，通过启发学生而让他们释放自身的创造潜能（图17-4-4，图17-4-5）。

黄作燊在哈佛学习时深受这一课程的影响。回国后，他也将此类训练引入了约大建筑系的教学。在初级训练中，他让学生通过操作不同材质来体会形式和质感间的关系。如他曾布置过一个作业，让学生用任意材料在A3的图纸上表现“pattern & Texture”。围绕这个题目，有的学生将带有裂纹的中药切片排列好贴在纸上；有的学生用粉和胶水混合，在纸上绕成一个个卷涡形，大家各显其能，尝试各种办法来完成这个十分有趣的作业。通过这类练习，黄作燊引导学生们自己认识和操作材料，启发他们利用材料特性进行形式创作的能力，从而使他们在以后的建筑设计中能够摆脱对古典样式的模仿，根据建筑材料的特性进行形态和空间的创新探索。

① 2003年11月访谈樊书培、华亦增先生。
② 圣约翰大学建筑系档案。

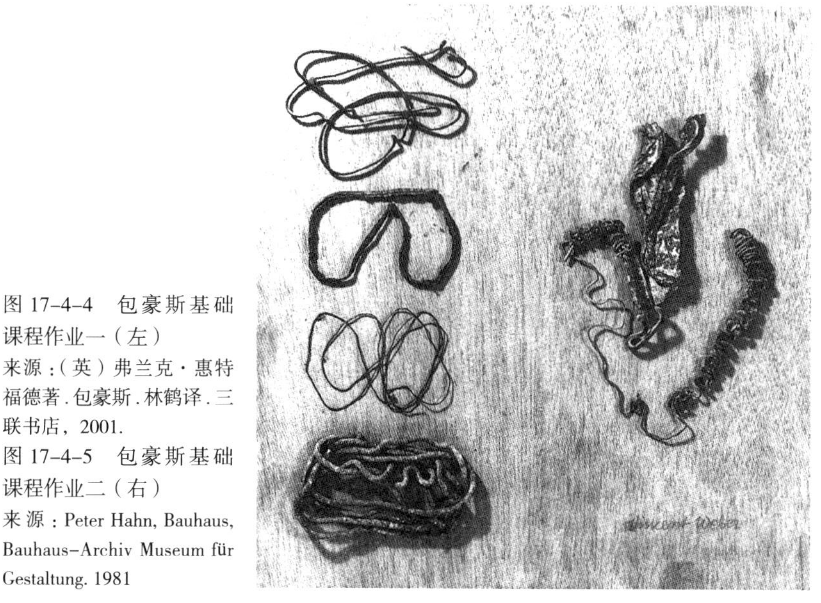

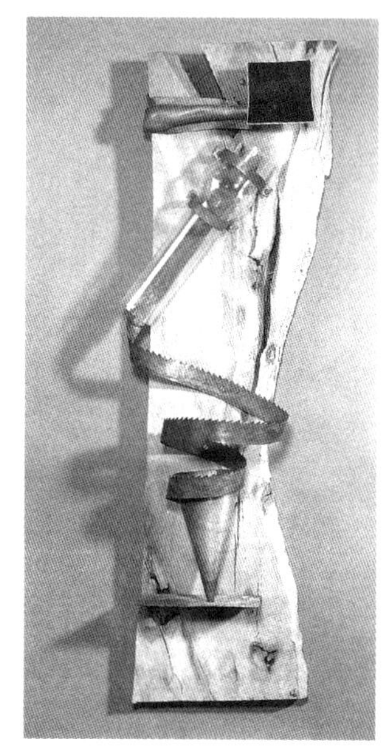

图 17-4-4 包豪斯基础课程作业一（左）
来源：（英）弗兰克·惠特福德著．包豪斯．林鹤译．三联书店，2001.
图 17-4-5 包豪斯基础课程作业二（右）
来源：Peter Hahn, Bauhaus, Bauhaus-Archiv Museum für Gestaltung. 1981

图 17-4-6 学生作业模型（一）（左）
来源：圣约翰大学编．圣约翰年刊.1948.
图 17-4-7 学生作业模型（二）（右）
来源：圣约翰大学编．圣约翰年刊.1948.

另外，在美术课程中，他还增加了一门模型课。在具体实施时，该课程结合建筑设计进行。学生的设计过程及成果都要求用模型来探讨和表现，以充分考虑建筑的三维形体以及各种围合的空间效果（图 17-4-6，图 17-4-7）。借助这种方法，学生能够更加直观地进行创作，避免“美术建筑”或“纸上建筑”的学院派倾向。

（3）历史课程方面，早期约大教学内容与其他院校有着很大区别。这门课最早由黄作燊讲授，起初讲授范围几乎都在近现代建筑之内，而没有像其他多数学校那样从古代希腊一直讲到文艺复兴。这可能是因为黄作燊受格罗皮乌斯影响，担心过早地将古代建筑史教授给建筑观还不太成熟的学生，他们容易受到以往建筑形式的影响。因此他的历史课大多介绍现代建筑史及其产生的时代、经济、社会背景等，使得该课程带有建筑理论课的特点。

后来，黄作燊认识到建筑历史和文化背景对于全面培养建筑师来说仍然具有重要作用，因此将历史课内容扩展至整个西方建筑史，他曾聘请过海杰克和鲍立克讲授这门课程。传统的建筑历史课通常只是介绍各个时代的建筑样式。与之不同，约大的建筑历史课重点讲解 什么时代，什么社会经济条件下产生什么样的建筑。黄作燊更注重对历史建筑产生背景的理性分析，这也是与现代建筑创作思想相一致的。

（4）从核心课程设计课来看，约大建筑系也与其他建筑院系的教学有所不同。首先，设计课十分强调建筑理论课的同步进行，以此作为设计思想和方法的引导；与学院式教学体系中理论课将构图、比例等美学原则作为核心不同，该理论课着重于讲解现代建筑的理论，建筑和时代、生活、环境的关系等。从以下建筑理论课程的教学大纲中可以看出不同学校的区别（表 17-4-2）：

圣约翰大学建筑系“建筑理论课”课程大纲 表 17-4-2

·建筑理论大纲（七）1. 概论：建筑与科学、技术、艺术 2. 史论：建筑与时代背景、历史对建筑学的价值 3. 时代与生活：机械论 4. 时代与建筑：时代艺术观 5. 建筑与环境，都市计划与环境 （一下）讲解新建筑的原理，从历史背景、社会经济基础出发，讲述新建筑基本上关于美观、适用、结构上各问题的条件，以及新建筑的目标。 （二上）新建筑实例底（的）批判（criticism，“评论”的意思，引者注） 新建筑家底（的）介绍和批判
·该课程的参考书籍有：*Architecture For Children, Advanture of Building*；Le Corbusier. *Toward a new Architecture*；F.L.Wright. *On Architecture*；F.R.S.York. *A Key to Modern Architecture*；S.Gideon. *Space, Time and Architecture*

来源：圣约翰大学建筑系档案，1949.

作为理论课程的一部分，初级理论课是圣约翰大学重要的教学创新。针对刚入门的学生缺乏对建筑整体认识的状况，该课向学生介绍建筑的基本特点，用浅显易懂的方法让学生对建筑有一个比较全面而准确的把握，以利于下一阶段教学内容的展开。学生对此基本构架有所认识后，可以逐渐形成自己关于建筑学科的知识结构，同时也形成合理的现代建筑设计方法。

将约大建筑系初级理论课的内容与同时期较典型的学院式教学体系内的建筑理论课程内容相比较，可以发现二者之间有很大区别。现列举同时期之江大学建筑理论课程大纲如下（表 17-4-3）：

之江大学“建筑图案论”课程大纲 表 17-4-3

1. 建筑定义（Difinition of Architecture）	10. 平面的构图（Composition of Plan）
2. 设计之统一性（Consideration of Unity）	11. 平面与立面的图案（Relation between Plan and Elevation）
3. 主体的组合（Composition of Work）	12. 效用的表现（Expression of Function）
4. 反衬的元素（Elements of Contrast）	13. 效用设计的观点（Functional Design）
5. 形式与主体的衬托（Contrasting Forms and Mains）	14. 阳光与窗户（Sunlight and Benestration）
6. 次级的原理（Scecondary Principles）	15. 地形与环境（Site and Environment）
7. 细节的比例（Proportion in Detail）	16. 居住房屋之设计（Domestic Building）
8. 个性的表现（Expression of Character）	17. 学校之设计（School Design）
9. 比例的尺度（Scale）	18. 公共建筑物之设计（Public Buildings）
本学程之内容以分析建筑设计原理及指示设计要点为目的，于讲授原理时拟将世界各建筑物用图片或幻灯映出举例，以使学生于明了设计原理之前，用对于世界古今各名建筑物之优点及充分了解之机会向之学习，以补充今日学生不能实地参观之困难，令学生于设计习题时将有所标榜而不致发生严重之偏差。	

来源：之江大学建筑系档案 .

从之江大学建筑理论课程的大纲中，能明显看到以形式美学作为入门教育的学院式特点。虽然教学后期也有关于使用功能等内容的加入，但是其以美学原则为基础的出发点并没有动摇。同时该课程强调对于世界经典建筑的形式借鉴，这也在某种程度上巩固了建筑的根本在于“样式”的观点。而圣约翰建筑系的理论课程并没有将注意力集中在经典“样式”或“美学原则”等方面，而是强调建筑与人的生活以及时代等方面的关系，从现代建筑的根本意义上启发学生。从二者的对比中，可以看出圣约翰建筑教学所具有的现代特点。

其次，从设计课的具体练习来看，圣约翰大学建筑系与传统的学院式方法也有很大差别，分别表现在以下三个方面：

设计内容方面，圣约翰教学强调设计从生活出发。教师要求学生先学会分析和解决房屋与生活的直接关系，进而将关注点扩展到结构与技术方面。设计题从简单过渡到复杂：从单体小型住宅，到设计稍大一些的建筑（如制造厂等），再发展到结合生活、结构、建筑为一体的更为复杂的公共建筑（如商场及医院等）。教师选择的题目都十分贴近生活，具有实用性、科学性。这种选题本身就能够影响学生设计观的形成。该系的设计题目与学院式体系中设计题大多关注古典艺术修养训练（尤其低年级设计题）的特点非常不同。

设计方法方面，圣约翰建筑系在现代主义理论指导下，设计练习要求学生从实用功能和技术出发，关怀使用者、满足使用者需求，创造性地运用新技术和材料，采用灵活多变的形式来完成建筑创作。这与学院式教学中强调古典美学原则的运用，有时会约束使用者的方法有所不同。

引导学生方法方面，圣约翰也有着独特之处，受格罗皮乌斯的影响，[①] 黄作燊将设计的过程看作一个不断发现问题，不断解决问题的过程。格罗皮乌斯面对美国诸多冲突的社会状况和多方面的合作要求，重视研究具体问题以及如何协调解决这些问题。受他的影响，黄作燊在教学中，也将解决“问题”看成一系列设计过程的线索，引导学生以理性的方法来完成创作。在教学中他往往引导学生自己独立思考，自己提出问题和解决问题，并不给予现成的答案或让学生简单照搬现实中的案例。他常常要求学生们自己去摸索各类建筑的不同要求。

例如，他布置的作业“周末别墅”要求学生自己提出该建筑的各种特殊要求，如安全问题、设施问题等等。他在布置“产科医院”设计题时，除了请产科医生给大家讲解医院内部运作关系之外，还要求每个学生去医院作调查，并在不同的科室实习半天，回来后交流讨论，共同提炼出医院建筑的设计要求，再以此为依据，进行设计。为培养学生的独立思考能力，他尽量找一些现实中不常见的建筑类型让学生练习，目的是避免现实已有的建筑形式对学生思想的禁锢，使他们能够充分发挥自己的独创性。[②]

从问题出发的引导方法除了运用在物质和精神等多种功能要求方面，还体现在充分挖掘建筑材料特性方面，这也是促发创造力的重要源泉之一。建筑材料的特性如何在建筑的结构

① 格罗皮乌斯来到美国后，并没有直接延续他在包豪斯的实验，而是针对美国的现状发展出一套应对实际情况的设计思想方法。参见：[意] L·本奈沃洛 著. 西方现代建筑史. 邹德侬，巴竹师，高军 译. 天津：天津科学技术出版社，1996.

② 2000 年 4 月 19 日笔者访谈李德华先生。

和形式方面充分发挥作用，是黄作燊要求学生去思考和研究的重要问题。黄作燊十分反对用固定僵化的古典美学原则束缚学生对建筑形态的塑造。他认为形式的产生是具有各自特性、质感的建筑材料被有意识组合的结果，因此他很强调学生把握材料的特性。他十分欣赏阿尔托的作品，赞赏他对不同质感材料的出色把握和组合能力。黄作燊除了在初步课程中启发学生领悟材料和质感的关系外，在设计中也一直贯彻和强化这一思想。他曾给学生布置过一个设计作业——荒岛小屋，要求在与外界无法联系的情况下，于荒岛就地取材，用以设计。这就促使学生完全从当地有限的材料出发，脱离一切既有样式的束缚，以最为本原的状态进行设计创作，并在此期间体悟建筑的本质，以这种方法来避免“美术建筑”的影响而突出“建构建筑”的特质。

黄作燊引导学生从“问题”出发的教学方法，与传统学院式以体现古典美学原则的样式、构图为核心的方法有着根本的不同。这一方法启发学生进行理性和原创性思考，也不同于以往通常通过改图而使学生领悟的经验式做法。理性的引入使原本比较模糊的设计过程更为清晰，可以消除或淡化学生对设计的神秘感，易于他们把握学习过程。

从课程的基本结构来看，圣约翰的课程与以往学院式体系相比具有类似的特点，都是以技术、绘画、历史三个部分围绕作为中心的设计课程。但是从具体内容来看，圣约翰课程有一个突出的特点，就是更加强调入门的基础课程。基础课程以绘画课中的“建筑画”和低年级的“建筑理论”课两者为代表相互结合而成，分别从理论和实践两方面为学生建立现代建筑思想进行启蒙和引导。这两门课一是包豪斯教学影响下的产物，一是应对中国学生思想状况结合现代建筑教学的创造性尝试，具有重要的开拓意义。此后这两门课程分别发展成“建筑初步”和“建筑概论”课，成为基础教育的核心组成部分。从这方面角度考察，可将原学院式教学模式与圣约翰的新模式制成下图相比较（图 17-4-8）。

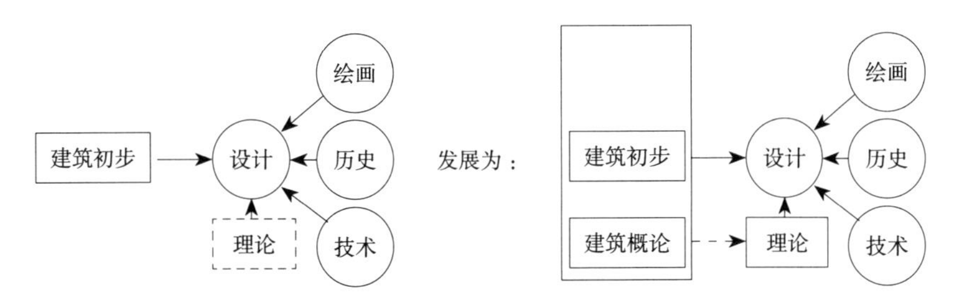

图 17-4-8　圣约翰大学原学院式教学模式与新教学模式对比
来源：作者自绘 .

需要进一步说明的是，传统学院式教学体系也有初步一类的训练，即“建筑初则及建筑画”课程，其主要内容是柱式描绘和渲染等，培养绘图能力和古典美学素养。这与圣约翰的初步课程有很大的区别。

另外，建筑概论是传统的学院式教学中所未见的。即使有些学校也有理论课程，但是并不在入门时讲授，大多在三、四年级时讲授。同时因为理论课在全国统一科目表中是选修课，因此很多学校中并不一定开设。约大开始的建筑概论类课程，转变了传统学院式教学方法以渲染绘图入门，不加任何解释的经验型训练方法，避免了学生绘图时往往不知其所以然的情况，使他们的学习由被动状态转向理论指导下的主动状态。

（三）圣约翰大学建筑系后期教学调整和发展

1949年中华人民共和国成立后，包括外籍教师在内的一些教师离开了约大建筑系。与此同时，在全国统一和新政权建立的局面下，国家教育部门要求各高校扩大招生规模，以满足大量建设任务对于人才的急迫需求。约大建筑系招生规模从原来的每年几人扩展到三四十人。学生规模的急速扩大更突显了师资的不足。于是，黄作燊动员了不少约大建筑系早期毕业生参与到教学工作之中，使建筑系过渡到第二发展阶段（表17-4-4）。此时原来动荡混乱的政局已经结束，建筑系教学工作在举国上下一片欢腾气氛中进一步得到发展。

1949–1952年圣约翰建筑系教师任课表　　表17-4-4

教师	任课	教师	任课
黄作燊	建筑理论、设计	*李德华	建筑声学、建筑理论、建筑设计
周方白	素描、水彩画、法文	*王吉螽	表现画、房屋建造
陈业勋	建筑设计	*翁致祥	房屋建造、建筑设计
钟耀华	都市计划讲授	*白德懋	建筑史、专题研究、建筑设计
王雪勤	建筑设计、专题研究	*樊书培	建筑理论、建筑设计
陈从周	中国建筑史、新艺学	*罗小未	建筑设计、建筑史
林相如	房屋建筑	*王轸福	建筑设计
*李　滢	建筑设计、建筑理论（一上）		

注：带有“*”的为原圣约翰建筑系毕业生。
来源：圣约翰大学建筑系档案.

在这一阶段，约大建筑系发展了前一阶段的几类课程，同时有些作了相应调整。

（1）作为“初步”类课程的“建筑画”在圣约翰毕业生手中得到继承和发展。例如李德华担任该课教学时，“内容以启发学生之想象力及创造力为主，及对新美学作初步了解，内容大部分抽象”，① 樊书培担任该课时，曾经让学生用色彩表现“恶梦”、“春天”一类的题目，启发学生领会现代艺术思想。② 图17–4–9展现了在食堂举办

图17–4–9　建筑系学生在展览作品前
来源：罗小未、李德华提供

① 1949年圣约翰大学建筑系教学档案。
② 2003年11月访谈樊书培、华亦增先生。

的设计作业展中学生所创作的抽象画，从中可见其现代美学思想的影响。

建筑初步课程不仅有延续，还有扩展。教师们将初步课程与技术等课程相结合增设了“工艺研习”（Workshop）课，分成初级和高级两部分在“初步”课程后期相继展开。这门课强调动手操作，明显带有包豪斯学校注重工艺的特点。圣约翰毕业生李滢从美国留学回来后在该系任助教时，曾在这门课中安排学生进行陶器制作训练。通过脑、手和塑造形体间的互动和统一，使学生得以体会形体和操作过程的关系。为了让学生能够从事该类练习，助教们还自己设计做成了制作陶器所需要的脚动陶轮。

该课程还注重培养学生对材料性能的熟悉，教学生领会建筑材料、构造技术和它们与建筑空间、形式的紧密关系。这反映了材料运作技能的“建构”思想。例如教师们曾让学生进行垒砖实验，一方面增强学生对于砖块这种建材的力学性能的把握，另一方面也让学生领悟伴随砖块堆砌过程而产生的形式（form）。助教们设计了各种垒墙的方式，学生们通过推力检验，了解哪一种方式垒成的墙体更结实，不易倒塌，分析不同砌筑法及增设墙墩等方法对墙体稳定性的影响。这种训练使原来较为抽象的技术教学内容通过直接的感性方式为学生所接受。学生在了解砖墙力学性能的同时，还在老师们的指导下，领会其伴随产生的形式和空间。例如墙体的弯折在增强了强度和稳定性的同时，产生了空间；不同的垒墙方式同时会形成墙面的图案（pattern）及产生某种质感（texture），这种质感和图案成为形式要素，又在观看者心中产生某种美学感受等等。[①] 这样一系列练习以材料为中心，将结构、构造和形式美学等建筑各方面知识结合成了一个有机整体。它将现代建筑设计中除功能以外的另一关注点——“材料”通过简单直观的方法引入学生思想中。学生通过对材料的直接操作和感受，理解了现代建筑的本质特点，并在这一建筑观的影响下形成自己的设计方法。

这种教学方法改善了以往教学中经常存在的技术和设计教学相分离的局面。以往的技术课程往往独立于设计，按照土木系的教学要求自成体系，学生无法将它与建筑设计结合起来，甚至产生这类课程没有用或从属于建筑形式的思想，助长了“美术建筑”情绪。圣约翰开设的“工艺研习”课程在培养学生创造力的同时，也为学生建立了材料技术是设计重要组成和基础的观念。它成为设计课和技术课之间联系的桥梁和纽带，促进学生全面建筑观的形成。

（2）建筑技术课程方面，除了上文所述有了“工艺研习”课程的协助之外，原来的课程仍然得到延续。其中，房屋建造、暖气通风设备等课程由翁致祥、王吉螽等讲授。此外助教李德华还增设了建筑声学课。

（3）历史课程方面，可能出于培养学生全面素质考虑，黄作燊除了外国建筑史之外，又增加了中国建筑史课程，由陈从周讲授。陈从周原是圣约翰附中的教导主任，对中国建筑历史和绘画等有浓厚兴趣，早期曾在约大建筑系中兼授国画课。他此时加入建筑系，教授中国建筑史。之后他边学边教，凭着自己深厚的中国文学功底和钻研精神，在园林和古建史方面

① 2000 年 4 月 19 日访谈李德华先生。

取得了很大成就。

除了中国建筑史外，此时历史方面一度增加了艺术史课程，由美术教师周方白任课。后来该课受新民主主义文艺理论影响在教育部的要求下改为新艺术学。

（四）黄作桑的建筑思想及其对教学的影响

圣约翰大学建筑系的核心人物是黄作桑，他所具有的独特的建筑思想对系里的教学产生了直接影响。这些思想除了表现在上文提及的课程内容之外，还表现在其他一些方面。

首先，黄作桑认为社会性和时代性是现代建筑的重要特征。建筑不仅是艺术和技术的结合，而且还和社会有着千丝万缕的关系，社会力量会对建筑产生重要作用。因此，他强调建筑师应该具有强烈的社会责任感。他于1940年代末在题为“一个建筑师的培养”的演讲稿中写道：“今天我们训练建筑师成为一个艺术家，一个建筑者，一个社会力量的规划者……最重要的变化是重新定位建筑师和社会之间的关系。今天的建筑师不该将自己仅仅看作是和特权阶层相联系的艺术家，而应该将自己看成改革者，其工作是为所生活的社会提供良好的环境。”①

正因为具有现代主义的合理组织城市秩序的理想和责任感，他和鲍立克等人积极参加了1947年大上海都市计划的讨论和制定工作，并且动员了一些约大学生参与规划图纸制作。他还将这一思想的培养结合进约大的教学之中。他曾带领学生们参观拥挤破旧的贫民窟，让学生体会社会下层生活的悲惨境遇，触发他们对社会平等理想的追求，并鼓励他们将这一理想贯彻于设计和规划之中。他不仅在高年级设置了规划原理课程和大型住区规划的毕业设计内容（图17-4-10），还倡导学生应有一些在政府部门工作的实践经历，以更好地了解现代政府管理的具体情况，帮助城市建立合理的秩序。②这些都是他所具有的“社会性”思想在教学中的反映。

“时代性”也是现代建筑的重要特点之一，黄作桑十分清楚现代建筑的基础是“时代精神”。因此，他在教学之中，十分注重在这一方面对学生进行启发。在理论课上，他除了介绍现代建

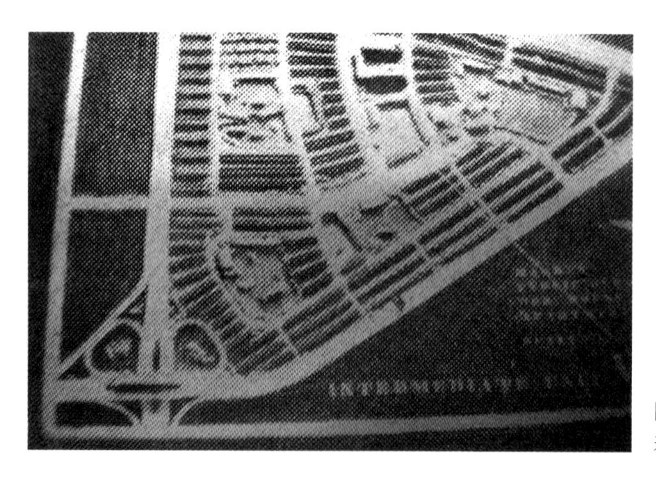

图17-4-10 学生规划设计模型
来源：圣约翰大学编.圣约翰年刊.1948.

① 黄作桑.一个建筑师的培养.1947、1948年为英国文化委员会所作讲演的演讲稿.
② 2004年4月19日笔者访谈李德华先生。

筑大师及其作品外，还安排了很多讲座内容让学生了解当时（或者即将到来）的各方面的新动向。

黄作燊讲座的内容包括现代文学、美术、音乐和戏剧等诸多方面。他将与现代建筑密切相关的现代艺术展现在学生眼前，让他们从艺术精神上把握时代特色。例如，在美术方面他介绍马蒂斯（Henri Matisse）、毕加索（Pablo Picasso）、奥赞方（Amédée Ozenfant）等现代派画家的作品，在音乐方面他介绍德彪西（Achille-Claude Debussy）、肖斯塔科维奇（Dmitri D. Shostakovich）、勋勃格（Arnold Schönberg）、马勒（Gustav Mahler）等音乐家的作品，这些介绍使学生的视野超越了当时中国盛行的古典艺术领域，扩展到更多具有现代精神的先锋艺术。

代表新时代的科学技术也是黄作燊希望学生们认识的内容之一。他曾请相关学者来建筑系做讲座，讲解有关喷气式发动机、汽车等先进工业产品的原理，目的是让学生了解工业化时代，进而认识时代对于建筑的影响。

当时中国建筑领域不少人将现代建筑看作为一种时髦样式，认为其至多不过是实用性和经济性有可取之处，并没有在建筑的深层意识层面向现代转型。而约大全方位与现代艺术和科学技术知识的接触使学生们对现代主义运动有了更全面的了解。他们由此可以更加深刻地领会现代建筑的实质，避免中国当时普遍存在的对现代建筑的肤浅认识。黄作燊的一系列相关领域的新介绍为学生整体现代意识的建立打下了十分可贵的基础。

其次，黄作燊对建筑的理解十分综合。①他认为建筑领域包括人类各种大小尺度的生活环境，小至身边的用品，大至整个城市的环境。建筑师的工作对象因此包括家具、室内、园林、建筑乃至规划。他家中的家具都由自己设计并制作，简洁实用，颇具其师布劳耶作品的特点。建筑系的课程也涵盖了室内、园林、城市规划等各个方面。这些课程均是必修且学时较多。如在室内设计方面，不少学生做过四个以上的设计作业，有些学生还加入鲍立克的时代室内设计公司，进行了大量的室内和家具的设计实践。一些学生（如曾坚）由此走上了室内设计的道路。对于城市规划的重视前文已经提及，一些学生（如李德华）日后在这一领域有所建树。园林方面，他曾聘请了专家程世抚来指导学生设计，日后也有一些毕业生（如虞颂华）专门从事这一方向的研究。

师生们的设计兴趣还延伸到了服装、舞台等多方面。例如黄作燊曾和学生们自己利用当时的土布（毛蓝布）设计绘图工作服。考虑到画图方便，工作服前面的纽扣多为暗钮，仅最上面一粒是明钮，采用不同颜色以区分学生的不同年级。衣服下摆开叉，既便于行动，又便于弯腰画图。工作服上方有口袋，可以放画笔。这一工作服的形式、功能和材料结合得非常好，于普通中独具匠心，受到了师生们的喜爱，很快成为建筑系的系服。②学生自己动手做工装的举动颇有包豪斯的作风，而服装的平民粗布气质也与这所学校相近，反映出两校在价值取向方面的某种一致性。

又如，在1940年代中期，黄还曾带领学生为其从事戏剧导演工作的兄长黄佐临导演的话

---

① 黄作燊的这一思想受格罗皮乌斯的影响，并在后者的著作《全面建筑观》（*Scope of Total Architecture*）一书中有所反映。
② 罗小未，钱锋．怀念黄作燊 // 杨永生主编．建筑百家回忆录续编．北京：知识产权出版社，中国水利水电出版社，2003.

剧《机器人》设计了一个充满了未来幻想色彩的舞台布景：一个没有天幕的布景，一片黑暗背景上点缀一些小灯泡表现出浩瀚星空无限深远的效果，道具上安排了螺旋形出挑楼梯，以及带有抽象艺术风格的组合构件，演员们穿着奇特的连体服装表现未来人的特点。这个舞台设计充分体现了现代艺术及建筑的特征。

最后，在对中国建筑传统的继承上，黄作燊并不赞成当时学院派建筑师多采用明清宫殿大屋顶式样或简洁符号作装饰的方法，更注重从建筑空间效果上借鉴传统特点。作为一个具有现代建筑思想的建筑师，他并非纯粹功能技术主义者，而是十分注重空间的精神场所作用。其实，重视建筑空间艺术本身便是现代建筑的重要思想之一，密斯·凡·德·罗的巴塞罗那馆便是建筑空间艺术的杰出作品。吉迪翁（Sigfried Giedion）在 *Space*，*Time and Architecture* 一书中曾用空间和时间的流动和结合，来说明现代建筑不同于传统建筑注重固定画面效果的特点，反映了建筑理念上的重大变革。深受现代思想影响的黄作燊同样也对“空间”给予了极大的关注。现代建筑通常体现序列的空间艺术，这引发了黄作燊理解中国建筑时，更注重其中序列空间给人的强烈感受。他突破了此前多数中国建筑师将宫殿样式作为中国建筑本质的观点，认为人在行进过程中所感受到的建筑群体及其扩大的场所环境（树、石、山等）共同形成的一系列变化多端的空间才是中国传统建筑的核心。

他曾指出，故宫建筑群的基本特点是系列仪式空间，从中单独抽取出任何一座建筑都根本无法体现中国建筑，即使这座建筑有着单体宫殿建筑的所有特征。[①] 因此，他认为前一时期流行的结合中国宫殿式外形与西方室内特点的“中国固有式”建筑并没有体现中国建筑的精神，只是一种急于求成和简单化处理的结果。真正有传统特色的，符合现代要求的中国现代建筑仍需要广大建筑师认真耐心地探索。他觉得从传统的“空间”角度出发，应该是一个很好的途径。

在探寻中国建筑空间特色的过程中，黄作燊十分关注空间给人的精神感受。他和学生王吉螽去北京天坛时，十分赞赏天坛的空间序列，觉得“走在升起的坡路上，两边的柏树好像在下沉，人好像在‘升天’”；他们在午门时，觉得“高高的封闭空间，给人强烈的威压感，令人马上会想起‘午门斩首’”，王吉螽记得黄作燊曾十分认真地感受这种气氛并研究产生这种气氛的手法。[②] 他还将故宫中轴线和建筑群体比作一种类似建筑群体中“approach”的气势，并称之为“中国气派”。[③] 他对中国传统建筑的理解，更多在于空间对人的精神功能方面。

在这样的思想下，黄作燊在教学中反对学生采用“中国固有式”的复古样式，提倡学生用现代的建筑材料设计具有丰富空间特色的建筑，在空间营造的精神气氛中寻找中国建筑的“根”。这种思想一直主导着师生对现代与传统融合的探索，在他们后来的建筑创作和教学过程中长期传承。师生们随后的一些建筑实践，如 1951 年的山东省中等技术学校校舍以及 1956 年的同济

① 黄作燊 . 一个建筑师的培养 .1947、1948 年为英国文化委员会所作讲演的演讲稿 .
② 2000 年 7 月访谈王吉螽先生。
③ 2001 年 6 月樊书培先生答笔者书信。

工会俱乐部等都在这方面进行了尝试。

总之，约大建筑系的教学在近代中国是一场创新的尝试。通过黄作燊的影响，建筑系借鉴和传承了从包豪斯发展到哈佛大学设计研究生院的一系列基本思想，如包豪斯的“基础课程”、对材料和技术工艺的注重、对社会问题的关注，以及哈佛的以“问题”作引导的教学思路、团队合作（Team Work）的模式等。而同时，黄作燊对哈佛及其导师格罗皮乌斯也有所超越。他并没有拘泥于狭义的现代主义，而是倡导一种开放的、不断融入新时代特征的思维方式。

出于对中国传统的热爱，他试图将中国的古建筑、园林、绘画等艺术思想结合进建筑的创作，将中国文化的意境融汇进去。这虽然在圣约翰的教学中尚未大量展开，但在某些局部领域如思想讨论或方案创作中已经体现，而他本人后来也一直在这个方向有所思考。

从学生的角度来看，约大建筑系最令他们感同身受的特点是其启发式的教学方法。由于学生人数少，师生们之间有着非常密切的接触。这在某种程度上也是黄作燊在 A.A. 建筑学院和哈佛所受教学模式的直接反映。在十年时间里，黄作燊通过发动学生参与各种活动、动手制作物品、共同观看展览和戏剧、参观建筑以及交流讨论等和他们融在了一起。他常以睿智的话语点拨启发学生对建筑和艺术的理解，也曾用犀利和尖锐的评论令学生终身受益。他的热情感染着所有的人，使大家充满了自由探索的乐趣。学生们在约大热烈的大家庭氛围中，受到了良好的熏陶和启蒙。不少师生都对这种温暖的气氛有着美好的回忆。①

多年以后，李德华先生对圣约翰的学习生活以及黄作燊先生的特点有这样一段评价：

> “他（黄作燊）打开门，领你进去，他也并非带你导游，而是让你自由自在地随便走，随便看。我们在圣约翰的学习，觉得没有任何负担，在不知不觉中不断开拓视野，让我们充满了对建筑、对艺术的热情，真正感受到了所谓的‘fun’。
>
> 他真像是一个火种，点亮了别人，然后让你自己发光……”②

二、北方建筑教育的发展③

（一）唐山工学院

交通大学一直谋求开办建筑教育，早在 1926 年，叶恭绰在《交通大学之回顾》中就提到交通大学成立后拟在唐山工学院开办建筑系，“先将交通所需及与交通有关之学科，次第设立。

---

① 陈从周先生在文章“约园浮梦”中对此所作了生动的描写。
② 2000 年 4 月 19 日访谈李德华先生。
③ 本小节作者宋昆、张晟。

再行斟酌情形，推及其他科目。其业经筹备拟开办者，有南洋之造船及纺织科，唐山之市政及营造科，北京之商业及银行科”。[1]

可见早在20世纪20年代中期，唐山工学院就有开办建筑教育的想法，由于条件限制，只能在土木系下开设一个组，开始了建筑教育探索。这种由土木系分化成立建筑系的做法，是当时较为普遍的做法，这反映出建筑教育与土木工学教育之间密切的联系。唐山工学院土木系培养出许多优秀的建筑师，对于建筑教育来说，这是一个很值得注意的现象，这说明建筑教育与土木工学教育的密切联系，学生在学校打下坚实的工科基础，在高年级中接受建筑教育，再通过实践提高设计水平，这种教育方式反映出一条从技术入手的建筑教育之路。土木系建筑组为土木系四年级学生开设，作为高年级学生的一个研究方向，教授“绘画、建筑理论和建筑构图原理”等课程，虽然只学习了一年建筑设计，但“基础打的还好”，[2] 毕业后可以从事建筑工作。土木系的学生到四年级开始学习一年建筑课程才毕业，毕业后可以从事建筑设计工作，在实践中再提高。

1946年10月，唐山工学院建筑系成立，主任为林炳贤，首批新生13人。建筑系创办之初，教师较少，只有林炳贤、约根森（Youkinson，英国籍丹麦人，时任唐山开滦矿务局总建筑师）、宋燊礽、李旭英四人。林炳贤教建筑绘图、建筑构图原理、营造学；约根森教建筑史；李旭英，教水彩画；宋燊礽协助教建筑设计。从1946年10月到1948年秋，这一时期的建筑系教学受到师资水平的限制，偏重于工程，建筑类课程较少。

1948年秋，随着解放战争的进行，唐山局势日趋紧张，学校准备南迁，当时系里教师多数离开学校。林炳贤滞留香港未归，约根森回国，李旭英去了北京，建筑系没有教师。时任北洋大学建筑系主任的刘福泰愿意带领建筑系南迁。当时建筑系只有刘福泰一名教师，学校南迁至上海后，又聘请了宗国栋、王挺琦两位教师，借上海交通大学校舍复课，后由于国民党政府的干扰，被迫停课。

上海解放后，1949年9月建筑系迁回唐山。在回迁的过程中，一些原中央大学建筑系的师生跟随刘福泰一起迁回唐山，因此当时建筑系教师中中央大学出身的较多，这也使教学模式发生了转变。除刘之外，当时的建筑系教师还有宗国栋、王挺琦、戴志昂、卢绳、包伯瑜、陈家墀、沈狱松、沈左尧等。宗国栋教建筑设计，卢绳教中国建筑史与中国营造法，王挺琦教素描、水彩及外国建筑史，包伯瑜教营造学。1950年秋，学校改称北方交通大学唐山工学院。建筑系又聘请了徐中、沈玉麟、庄涛声、张建关、樊明体、孙恩华等教师（表17-4-5）。其中沈玉麟、庄涛声教城市规划原理、建筑设计，张建关教雕塑，樊明体教水彩画，孙恩华教造园学。[3] 当时，城市规划已经引起建筑界的重视，清华大学也开设了相关专业。

---

① 南洋大学卅周纪念出版物委员会．南洋大学卅周年纪念征文集．上海：南洋大学出版股，1926：6.
② 周祖奭专访，见：刘昭．中国近代建筑教育的先驱——刘福泰研究．天津：天津大学硕士学位论文，2010.
③ 周祖奭．天津大学建筑系发展简史．转引自：宋昆．天津大学建筑学院院史．天津：天津大学出版社，2008：5.

唐山工学院建筑工程系教师名录（1950 年 5 月） 表 17-4-5

姓名	学历	教员级别
刘福泰	美国俄勒冈大学建筑系学士 美国俄勒冈大学建筑系硕士	教授
徐中	中央大学建筑工程系学士 美国伊利诺伊大学建筑系硕士	教授
李旭英	北京大学艺术学院应用美术系学士	教授
戴志昂	中央大学建筑工程系学士	教授
宗国栋	同济大学土木系学士 美国纽约普乐大学建筑系学士 美国布鲁伦伊大学工程硕士	副教授
王挺琦	国立艺术专科学校毕业 美国芝加哥大学美术专门学校及耶鲁大学美术学院研究会	副教授
张建关	上海新华艺术专科学校毕业	讲师
沈玉麟	之江大学建筑系毕业 美国伊利诺伊大学建筑学硕士、都市计划硕士	讲师
樊明体	国立艺术专科学校西画系毕业	
庄涛声	美国伊利诺伊大学建筑系毕业	
孙恩华	中央大学建筑工程系学士	讲师
卢绳	中央大学建筑工程系学士	兼职教师
陈家墀	中央大学建筑工程系学士	助教
宋燊礽	唐山工学院土木系建筑组毕业	助教
徐子香	唐山工学院土木系建筑组毕业	助教

来源：魏秋芳．徐中先生的建筑教育思想与天津大学建筑学系．天津：天津大学硕士学位论文，2005：23-24.

从教师的背景来看，多数教师具有学院派教育背景，中央大学毕业的教师很多，且有几位教师是美术专业出身，这促使了唐山工学院建筑系的教学思想由注重“工程”转向“工程及艺术”并重的教学体系。

唐山工学院建筑工程系第一届毕业生课程（1951 届）课程 表 17-4-6

		一年级（1946 年度）	二年级（1947 年度）	三年级（1949 年度）	四年级（1950 年度）
公共基础课		微积分 10，物理 8，经济学 3，＊国文 4，＊英文 10		政治 3	政治 3 ＊俄文 3
专业课	技术课	测量 2 测量实习 1.5	营造学 6 力学 5 测量学 2 测量实习 1.5 材料力量 5	结构学 3 结构设计 7.5 施工估价 2 施工图 1.5 冷暖气通风及卫生 1.5 中国营造法 2 钢筋混凝土 3 工程材料 1.5	钢筋混凝土设计 3 材料试验 1.5 ＊高等结构 ＊焊接结构 ＊拱型设计 ＊高等钢筋混凝土学
	绘图课	图形几何 2 图形几何画 3	透视学 1.5 阴影法 1.5	—	—
		徒手画 1.5 写生画 1.5	模型素描 2 水彩画 1.5	水彩画 3	＊模型塑造 3
	史论课	—	建筑史 6 建筑理论 3	中国建筑史 2	城镇设计原理 5 造园学 2
	设计课	建筑图画 2.5	建筑设计 1.5	建筑设计 1.5	高等建筑设计 16

来源：魏秋芳．徐中先生的建筑教育思想与天津大学建筑学系．天津：天津大学硕士学位论文，2005：22. 其中“*”部分是选修课

从表 17-4-6 中可以看出，技术类课程的课程门数和学分数是最多的，反映出唐山工学院建筑系的教学思想，而且，很多技术课是跟土木系学生一起上课，使得建筑系学生具备了土木工程师的素质，这反映出开设于传统土木工学教育较强的学校中的建筑系所具有的特点。

1951 年，建筑工程系从唐山迁往北京，改名为北方交通大学北京铁道管理学院建筑系，由徐中担任系主任。教师有刘福泰、宗国栋、沈玉麟、庄涛声、童鹤龄、郑谦、周祖奭、何广麟、樊明体、张建关、赵祖武、余权、卢绳、朱耀慈、陈干、向斌南。这一年，建筑系有了第一届毕业生。[①]

1952 年 9 月，北方交通大学铁道管理学院建筑系并入天津大学土木建筑系。

（二）清华大学

抗战胜利后，梁思成为了培养建筑人才，以应对战后国家重建的需要，向当时的清华大学校长梅贻琦建议创办建筑系。在 1946 年 3 月写给梅贻琦的信中，梁思成提出创办建筑系的原因，“居室为人类生活中最基本需要之一……居室与民生息息相关，小之影响个人身心之健康，大之关系作业之效率，社会之安宁与安全……今后之居室将成为一种居住用之机械，整个城市将成为一个有组织之 Working mechanism，此将来营建方面不可避免之趋向也……我国虽为落后国家……然而战后之迅速工业化，殆为必由之径……不可不预为准备，以适应此新时代之需要也”。[②] 可以看出，创办建筑系的目的是为国家培养建设人才，准备战后重建和社会发展，“今后数十年间，全国人民居室及都市之改进，生活水准之提高，实有待于此辈人才之养成也”。信中提到将居室看作居住用的机械，可以明显地看出现代建筑思想的影响。由于当时国内大学中设置建筑系的较少，“现仅中大、重大两校而已”，因此梁思成提议在清华大学开办建筑系，并于 1946 年秋正式获得批准。

清华大学建筑工程系创始之初就受到现代建筑思想的影响，这主要与当时的系主任梁思成有关。梁思成在建筑理念上特别强调“体形环境”思想，所谓体形环境是指“有体有形的环境，细自一灯一砚，一杯一盏，大至整个的城市，以至一个地区内的若干城市间的联系”。建筑学所关注的范围扩大了，“它的含意不只是一座房屋，而包括人类一切的体形环境”。[③] 体形环境思想反映出西方国家流行的现代建筑思想的影响。

在创办建筑系的目标上，他提出“清华的营建学系与北大的建筑工程学系的课程与目标之不同，北大注重的是建筑的工程；北大建筑工程学系的教授大多数是学土木工程出身的。清华着重的在体形环境三方面的全部综合”。[④]

---

① 魏秋芳．徐中先生的建筑教育思想与天津大学建筑学系．天津：天津大学硕士学位论文，2005.

② 梁思成．致梅贻琦信 // 梁思成全集（第五卷）．北京：中国建筑工业出版社，2001：1-3.

③ 同②。

④ 梁思成．清华大学营建学系（现称建筑工程学系）学制及学程计划草案 // 梁思成文集（第五卷）．北京：中国建筑工业出版社，2001：47.

梁思成还在教学方法、课程设置、组织方面做了设想。在课程方面，他认为“国内数大学现在所用教学方法（即英美曾沿用数十年之法国 Ecole des Beaux-Arts 式之教学法）颇嫌陈旧，遇于着重派别形式，不近实际。今后课程宜参照德国 Prof. Walter Gropius 所创之 Bauhaus 方法，着重于实际方面，以工程地为实习场，设计与实施并重，以养成富有创造力之实用人才”。① 可见他设想的建筑系教学方式和课程设置是现代建筑教育模式，而且他还特别提出“设计与实施并重”，强调实践对于建筑教育的重要性（表 17-4-7）。

清华大学营建学系拟定课程（1949 年 7 月） **表 17-4-7**

	建筑组课程	建筑工程学系课程
文化及社会背景	国文，英文，社会学，经济学，体形环境与社会，欧美建筑史，中国建筑史，欧美绘塑史，中国绘塑史	国文，英文，经济学，体形环境与社会，欧美建筑史，中国建筑史
科学及工程	物理，微积分，力学，材料力学，测量，工程材料学，建筑结构，房屋建造，钢筋混凝土，房屋机械设备，工场实习（五年制）	物理，工程化学，微积分，微分方程，力学，材料力学，工程材料学，工程地质，结构学，结构设计，房屋建造，材料实验，高等结构学，高等结构设计，钢筋混凝土，土壤力学，基础工程，测量
表现技术	建筑画，投影画，素描，水彩，雕塑	建筑画，投影画，素描，水彩 建筑图案（一）
设计理论	视觉与图案，建筑图案概论，市镇计划概论，专题讲演	建筑图案概论，专题讲演，业务
综合研究	建筑图案，现状调查，业务，论文（即专题研究）	
选修课程	政治学，心理学，人口问题，房屋声学与照明，庭院学，雕饰学，水彩（五）（六），雕饰（三）（四），住宅问题，工程地质，考古学，中国通史，社会调查	同左

来源：梁思成 . 清华大学营建学系（现称建筑工程学系）学制及学程计划草案 // 梁思成文集（第五卷）北京：中国建筑工业出版社，2001：50-52.

从学科分组可以看出梁思成一贯的主张——将建筑学和建筑工程学人才分开培养。比较两组课程，我们发现建筑系在文化及社会背景、综合研究和设计理论方面的课程远多于建筑工程系，在科学及工程方面少于建筑工程系。他将土木建筑教育分为三类，第一类是土木工程教育，课程中没有艺术、历史等课程，培养出的是结构师，不能算是建筑师；第二类是建筑工程教育，受到建筑专业（美术、历史、建筑设计）训练，强调技术训练，培养出的是建筑工程师，为施工、施工图等培养人才；第三类是建筑学教育，强调艺术学科、社会学科与技术学科的训练，注重综合研究，培养出的是建筑师。

在组织方面，虽然美国各大学多“设有独立之建筑学院”，但限于现有条件，梁思成提出“先在工学院添设建筑系”，因为“建筑系设备简单……在工学院中，实最轻而易举”，其中的数学、物理、化学等课程可由工学院开设，土木工程类课程，可与土木系共同上课，以后“逐渐分添建筑工程，都市计划，庭院计划，户内装饰等系”。在系名的问题上，他提出将建筑系改名为

① 梁思成 . 清华大学营建学系（现称建筑工程学系）学制及学程计划草案 // 梁思成文集（第五卷）. 北京：中国建筑工业出版社，2001：47.

“营建学系”，因为建筑学所解决的问题包括适用（社会）、坚固（工程）、美观（艺术）三方面，而建筑工程只是解决了以上三方面中的坚固一个方面的问题。“‘营’是适用于美观两方面的设计，‘建’是用工程去解决坚固的问题使其实现。”[①] 他预计在营建学系中先开设建筑与市镇设计两组，在以后成立营建学院后，再开设建筑学系、市乡计划学系、造园学系、工业艺术学系和建筑工程学系。

在师资力量方面，梁思成建议“建筑设计学教授则宜延聘先在执业富于创造力之建筑师充任，以期校中课程与实际建筑情形经常保持接触”。[②] 从之后他给童寯的信中，可以看出当时高水平建筑教师的缺乏和梁思成对童寯的盼望之情。[③] 建筑系成立之初，系主任梁思成便赴美考察建筑教育，系主任一职由土木系教授吴柳生代理，截至1947年暑假，全系共有教师八人，教授梁思成、刘致平，专任讲师莫宗江、李宗津，助教吴良镛、胡允敬、汪国瑜、朱畅中。[④] 其教师构成主要有两部分，一部分为营造学社的社员，另一部分为中央大学或重庆大学的毕业生。

（三）北洋大学

抗战结束后，由于国家遭受严重破坏，战后重建需要大批建筑人才，而我国当时设有建筑系的高等院校非常少，华北地区开办建筑系的学校只有天津工商学院和北京大学。因而，清华大学和交通大学唐山工学院于1946年先后开办建筑系。北洋大学北平部设有建筑系，1947年8月北平部为北京大学接收。为了培养建筑人才，刘福泰与沈理源曾经商议在北洋大学开办建筑系。1946年，奉教育部指令，“该校本年先恢复工学院，设土木工程、矿冶工程、机械工程、电机工程、水利工程、化学工程、建筑工程、航空工程八学系”。[⑤] 建筑工程系正式开始筹备，并于1947年第一学期在北洋大学本部设立建筑工程系，招收学生18人。1948年又招收11名新生（表17-4-8）。[⑥]

北洋大学建筑工程系学生 **表17-4-8**

入学时间	姓名
1947年	王家贤、车世光、林修、陈来安、陈炳庄、陈炳灏、梁焕杰、胡德彝、陈富、唐少强、董光鉴、董振玉、杨启迪、蔡荣都、贾锡泽、刘彭龄、何学贤、谈文正、刘延福
1948年	杨忠恕、于林生、王文友、何瑞华、刘世谨、何成逊、王文骝、肖传卿

来源：北洋大学—天津大学校史编写组．北洋大学—天津大学校史（第一卷）．天津：天津大学出版社，1998：346.

① 梁思成．清华大学营建学系（现成建筑工程学系）学制及学程计划草案 // 梁思成文集（第五卷）．北京：中国建筑工业出版社，2001：47.
② 梁思成．致梅贻琦信 // 梁思成全集（第五卷）．北京：中国建筑工业出版社，2001：1-3.
③ 梁思成．致童寯信 // 梁思成全集（第五卷）．北京：中国建筑工业出版社，2001：42.
④ 清华大学校史编写组．清华大学校史稿．北京：中华书局，1981：455.
⑤ 国立北洋大学三十六年班毕业纪念册。
⑥ 北洋大学—天津大学校史编写组．北洋大学—天津大学校史（第一卷）．天津：天津大学出版社，1995：346.

北洋大学建筑工程系的教师有：教授兼系主任刘福泰，副教授苏吉亭，还有温梓森、杨若余、曾和琳。此时，建筑工程系课程除土木系的一般课程外，还有高等结构学、钢筋混凝土、房屋计划、钢结构计划、污水工程、都市给水计划、都市及广域设计等课程。①

但是，北洋大学建筑系持续时间不长，1948年下半年天津解放前夕，系主任刘福泰随唐山工学院建筑工程系南迁，建筑系名存实亡。据签发于民国38年（1949年）九月廿一日华北高等教育委员会通知（高教秘字第一四三八号）文件，1949年因为种种原因，北洋大学建筑工程系不再招收新生。

从中可以得知，建筑系学生原计划转入清华大学，后改为北京大学建筑系。推测其原因可能是解放后，华北高等教育委员会为整合资源，提高办学效率，将同一地区相同专业进行整合。北洋大学建筑系由于师资力量不够，因而才停办，将学生转入临近学校。1950年，建筑工程系其他学生并入土木工程系。②

北洋大学建筑教育并没有形成一个完整的周期，因此，这一阶段的建筑教育是不完整的（表17-4-9）。

我国近代开设建筑学专业的大学　　表17-4-9

学校名称	学校创办时间	工科创办时间	土木系创办时间	建筑系创办时间	建筑系的发展
国立北洋大学	1895	1895	1903	1947	1949年停办，部分学生转入北京大学
私立圣约翰大学	1905	1923	1923	1942	1952年并入同济大学
私立之江大学	1914	1929	1929	1938	1952年并入同济大学
国立中央大学	1920	1923	1923	1927	1952年拆分到南京工学院
私立天津工商学院	1921	1921	1925	1937	1952年并入天津大学
国立唐山交通大学	1922	1922	1922	1946	1951年并入中国（北方）交通大学北平铁道管理学院，1952年并入天津大学
省立东北大学	1923	1923	1923	1928	1931年停办，1946年重建，1956年并入西安建筑工程学院
国立北平大学艺术学院	1927	无	无	1928	1933年停办
国立北平大学工学院	1927	1927	1938	1938	1946年被北洋大学接收，1947年并入北京大学，1952年并入清华大学
省立哈尔滨工业大学	1928	1928	1928	1928	
国立清华大学	1928	1928	1928	1946	延续
省立重庆大学	1929		1933	1940	1952年拆分到重庆土木建筑学院
省立勷勤大学	1933	1933	1933	1933	1938年并入中山大学，1952年拆分到华南工学院
私立雷士德工学院	1934			1934	1943年停办
省立克强学院	1947	1947	1947	1947	1949年并入湖南大学土木系

注：由于各学校之间的认定口径差别很大，本表所示的学校创办时间统一以正式升格为大学为准，不计筹备期、预科期、专科期；工科、土木系、建筑系的创办时间以正式设科建系为准。

① 北洋大学—天津大学校史编写组．北洋大学—天津大学校史（第一卷）．天津：天津大学出版社，1995：367.
② 同①：26.

1949年中华人民共和国成立的时候，有建筑系的学校：南京大学（原中央大学）、圣约翰大学、之江大学、北洋大学、津沽大学（原天津工商学院）、中国（北方）交通大学唐山工学院、东北大学、北京大学、清华大学、重庆大学、中山大学、哈尔滨工业大学等12所院校。1952年院系调整以后，保留了建筑系的学校有：南京工学院、同济大学、天津大学、东北工学院、清华大学、重庆土木建筑学院、华南工学院等7所院校。1958年哈尔滨工业大学在土木系中增设了建筑学专业，俗称“建筑老八校”。

三、中国现代主义建筑教育的设想——梁思成的“体形环境”建筑教育思想[①]

如果说黄作燊的建筑教育思想强调了建筑的时代性，那么梁思成在1949年提出的清华大学营建系教程强调更多的则是建筑的社会性和人文性。在1931年之后的10余年里，梁思成除了进行中国传统建筑遗产的调查、研究、整理工作之外，在建筑设计、城市规划理论等方面也有所涉足，他的学术思想得到了很大的丰富和发展。1946年，在中国抗战结束、百废待举的形势下，他又创办了清华大学营建系，开始了第二次教育实践。创系不久，他应耶鲁大学之聘赴美讲学，又于1947年担任纽约联合国总部大厦设计顾问，从而对国际建筑理论的新发展有了进一步的了解，建筑教育思想也趋于成熟。回国后，他在系里举办了现代主义建筑的图片展览，其中包括有空间构图和色彩的图说，也有格罗皮乌斯，弗兰克·赖特等人的作品，在全系师生中引起了极大的反响。[②] 随后他设计出一套新的建筑教育体系，即以“体形环境（physical environment）为学科的研究对象，社会科学、技术科学和人文科学为人才的知识结构”的《清华大学工学院营建系（建筑工程系）学制及学程计划草案》。[③] 他说：

> “近年来从事所谓‘建筑’的人，感到已往百年间，对于‘建筑’观念之根本错误。由于建筑界若干前进之思想家的努力和倡导，引起来现代建筑之新思潮，这思潮的基本目的就在为人类建立居住或工作时适宜于身心双方面的体形环境。在这大原则、大目标之下，‘建筑’的观念完全改变了。
>
> 以往的‘建筑师’大多以一座建筑物作为一件雕刻品，只注意外表，忽略了房屋与人生密切的关系；大多只顾及一座建筑物本身，忘记了它与四周的联系；大多只为达官富贵的高楼大厦和只对资产阶级有利的厂房、机关设计，而忘记了人民大众日常生活的许多方面；大多只顾及建筑物的本身，而忘记了房屋内部一切家具设计和日常用具与生活工作的

① 本小节作者赖德霖。
② 1990年8月17日访陈志华先生。
③ 清华大学工学院营建系（建筑工程系）学制及学程计划草案．文汇报，1949-7-10~12.

关系，换一句话说，就是所谓‘建筑’范围，现在扩大了，它的含意不只是一座房屋，而包括人类一切的体形环境。所谓体形环境，就是有体有形的环境，细自一灯一砚、一杯一碟，大至整个城市，以至一个地区内的若干城市间的关系，为人类的生活和工作建立文化、政治、工商业……各方面合理适当的‘舞台’都是体形环境计划的对象。

……

这种广义的体形环境有三个方面：第一适用，第二坚固，第三美观。”

以体形环境的三方面的综合解决为目标，梁思成对“建筑工程”系的名称作了修改，他说：

“‘建筑工程’所解决的只是上列三方面中坚固的一个方面问题。……清华的课程不只是‘建筑工程’的课程，而是三方面综合的课程。所以我们正式提出改称‘营建系’。‘营’是适用与美观两方面的设计，‘建’是用工程去解决坚固问题使其实现。”

为了兼顾适用（社会）、坚固（工程）、美观（艺术）三个方面，梁思成把学科分为五个类别：文化及社会背景、科学及工程、表现技术、设计课程、综合研究。每学年之内，按学程进展将五类配合讲授。考虑到课程综合性强，而且比较繁重，清华大学营建系采用五年制。

梁思成构想以“体形环境”为教育目的的营建学系或营建学院，将设立建筑学系、市乡计划学系、造园学系、工业艺术学系和建筑工程学系。其中工业学艺术学系负责体形环境中无数的用品，诸如刀、水壶、纺织物、桌椅以至汽车、火车和轮船等美观方面的设计，显然受到了包豪斯学派现代设计思想的影响。按照上述的系组分类和学科分类，梁制定了清华大学工学院营建学系课程草案（表 17–4–10）。

清华大学工学院营建系课程草案　　表 17–4–10

	文化及社会背景	科学及工程	表现技术	设计理论	综合研究	选修课程
建筑组	国文、英文、社会学、经济学、体形环境与社会、欧美建筑史、中国建筑史、欧美绘塑史、中国绘塑史	物理、微积分、力学、材料力学、测量、工程材料学、建筑结构、房屋建造、钢筋混凝土、房屋机械设备、工场实习（五年制）	建筑画、投影画、素描、水彩、雕塑	视觉与图案、建筑图案概论、市镇计划概论、专题讲演	建筑图案、现状调查、业务、论文（即专题研究）	政治学、心理学、人口问题、房屋声学与照明、庭园学、雕饰学、水彩（五、六）、雕饰（三、四）、住宅问题、工程地质、考古学、中国通史、社会调查
市镇体形计划组	同上	物理、微积分、力学、材料力学、测量、工程材料学、工程地质学、市政卫生工程、道路工程、自然地理	同上	视觉与图案、市镇计划概论、乡村社会学、都市社会学、市政管理、专题讲演	建筑图案（二年）、市镇图案（二年）、现状调查、业务、论文（专题）	同上
造园学系组	同上	物理、生物学、化学、力学、材料力学、测量、工程材料、造园工程（地面及地下泄水、道路排水等）	同上	视觉与图案、造园概论、园艺学、种植资料、专题讲演	建筑图案、造园图案、业务、论文（专题研究）	

续表

	文化及社会背景	科学及工程	表现技术	设计理论	综合研究	选修课程
工业艺术系组	同上	物理、化学、工程化学、微积分、力学、材料力学	建筑画、投影画、素描、水彩、雕塑、木刻	视觉与图案、心理学、彩色学	工业图案（日用品、家具、车船、服装、纺织品、陶器）、工业艺术学习	
建筑工程学系组	国文、英文、经济学、体形环境与社会、欧美建筑史、中国建筑史	物理、工程化学、微积分、微分方程、力学、材料力学、工程材料学、工程地质、结构学、结构设计、房屋建造、材料试验、高等结构学、高等结构设计、钢筋混凝土、土壤力学、基础工程、测量	建筑画、投影画、素描、水彩、建筑图案（一年）	建筑图案概论、专题讲演、业务		

来源：清华大学工学院营建系（建筑工程系）学制及学程计划草案. 文汇报，1949-7-10~1949-7-12.

梁思成以“体形环境”为专业内容重新制定建筑系教学体系，首先体现了他对中国现实的深入思考。在抗日战争后期，梁的学术焦点由历史问题转向了现实问题。他开始关心中国战后的城市建设复兴，并由此意识到了培养城市规划人才的必要。他在1945年8月发表的《市镇的体系秩序》一文的结尾中说“最后我们还要附带的提醒，为实行改进或辅导市镇体系的长成，为建立其长成中的秩序，我们需要大批专门人才，专门建筑（不是土木工程），或市镇计划的人才。但是今日由中国各大学中，建筑系只有两三处，市镇计划学根本没有。今后各大学的增设建筑系与市镇计划学，实在是改进并辅导形成今后市镇体系秩序之基本步骤。”[①] 果然，在《清华大学工学院营建系学制及学程计划草案》中他就把这一想法付诸了实践。

梁的教育思想显然还受到了他在美国体验到的新的建筑和建筑思潮的影响。梁的挚友费慰梅（Wilma Fairbank）在《梁思成与林徽因》一书中对他在1946年11月至1947年6月访美的经历有详细的记述，这些史料可以使我们了解到梁的建筑思想变化与现代主义建筑发展的直接关系。第一，在耶鲁大学讲学期间，他认识了年轻的华人学者邬劲旅（King-Lui Wu）。邬是1945年哈佛大学设计研究生院毕业的硕士，后来担任耶鲁大学建筑系教授。从邬那里，梁了解到哈佛、耶鲁两所美国重要大学新的课程设置，并与他交流了对战后中国新建筑的想法。邬还帮清华大学营建系图书馆购买了许多欧美建筑与都市计划方面的重要书籍。第二，在纽约梁拜访了老友、著名的建筑师和规划师斯坦因（Clarence Stein）。从斯氏那里，梁了解到关于市镇计划的可能性与困难，这些指导对他在清华营建系中开办市镇计划课程帮助极大。第三，梁代表中国加入纽约联合国总部的设计顾问组。这个组中有澳大利亚，比利时、巴西、法国、瑞典、美国、苏联和乌拉圭的代表，勒·柯布西耶（Le Corbusier）、奥斯卡·尼迈耶（Oscar Niemeyer）、沃雷斯·哈里森（Wallace K.Hamson）就是其中的成员。梁对市镇计划、建筑与体形环境关系的新兴趣。通过小组的一般性讨论和他与这些不同背景的专家们的交流而得到加强。第四，梁在中国时曾读过伊利尔·沙里宁（Eliel Sarrinen）的有关城市设计的著作，此行他专

① 梁思成. 市镇的体系秩序. 内政部专刊（公共工程专刊），1945（1）.

程到匡溪（Cranbrook）访问了沙氏。他还在田纳西参观了最新开发的田纳西谷主营区（Tennessee Valley Authority）的建筑与工程。[①]

但是梁思成设计的教育体系并非是对西方流行理论赶时髦式的照搬。他在《草案》中指出，要考虑到在新的社会条件下国家建设的需要以及劳动人民安居乐业的需要，要以欧美许多城市因近百年来工业的突飞猛进，在资本主义社会经济制度下追求利润，不顾人民及工人的生活和福利，导致大都市体形环境方面不可收拾的混乱状态，如环境污染、卫生条件恶劣、疾病、犯罪、交通混乱、浪费严重等问题为前车之鉴。从这里我们便可理解他在营建系里设置社会学、经济学等社会科学课程的用心。

这份草案所设置的课程是梁思成对于战后中国建筑人才知识结构的设想，这些设想构成了他的建筑教育思想的特色。与他在第一次教育实践时制定的东北大学表和全国统一课表相比，对于社会科学的重视是他的教育思想最显著的变化。在新的教程中，梁思成设置了社会学、经济学、体形环境与社会、乡村社会学、都市社会学、市政管理等必修课，还设置了政治学、心理学、人口问题、住宅同题、社会调查等选修课。这些做法是他将“体形环境”作为学科研究对象的必然结果，因为当建筑学面临的是人类的生产生活问题时，社会科学的知识便自然必不可少。他也认识到了这一点，在1962年的另一篇文章中还更明确地提出：建筑师必须在一定程度上成为一位社会科学家（包括政治经济学家）。[②]

对历史，特别是建筑史、美术史的重视是梁思成教育思想的第二个特色。他设计的教程中有欧美建筑史、中国建筑史、欧美绘塑史，中国绘塑史四门文化及社会必修课，并亲自主讲，足见他对历史的特别强调，在建筑学尚未从土木工学中独立的时代，历史教育曾是建筑家们挑战工程师们的武器，正如G. 赖特所说“历史课程有助于建筑教授们将自己的教程提高档次而超乎同校的工程和矿科，并在学术范围内确立自己的自主性与合理性。”[③]而梁思成在1940年代后期对历史教育的强调则更多地反映出一种对于现代主义建筑教育的质疑。他设计的教程与包豪斯学派和现代建筑运动的反历史倾向构成显著对比，使人感到梁思成对现代主义的激进做法并非全盘接受。这一做法大概有个人的修养、学科本身的需要和社会的要求三个方面的原因. 梁思成自幼深受历史文化的熏陶，接受了西方学院派以历史风格为基础的专业训练，加之他本人是一位建筑史学家，所以他对建筑史学在整个学科中所起的作用当然会有高度的重视。从社会现实的角度看，近代中国一直以中西结合为新文化的理想目标，中国建筑史课本身即是建筑学中国化的一个反映；同时它介绍中国古典建筑法式，又是中国风格建筑创作的基础，所以在中国建筑教育中一直受到普遍重视。梁思成研究中国建筑史、绘塑史，编写《建筑设计参考图集》和教授这两门课均与这种社会要求相一致。由于20世纪40年代正是“国际式”建筑盛行之时，

---

① Wilma Faibank. *Liang and Lin: Partners in Exploring China's Architectural Past*. Philadelphia: University of Pennsylvania Press, 1994: 148–154.

② 梁思成. 建筑U（社会科学U技术科学U美术）. 人民日报，1962-4-8.

③ Gwendolyn Wright, Janet Parks. *The History of History in American Schools of Architecture (1865-1975)*. New Jersey: Princeton University Press, 1990: 17.

他坚持建筑教育中的民族性的做法显示出一种对于现代主义激进倾向的保留态度和修正意识。

梁思成建筑教育思想的第三个特色是重视艺术训练。在清华大学营建系课程草案中，除了建筑史和绘塑史外，他还设置了建筑画、素描、水彩、雕塑、木刻等美术课，这一做法是他第一次教育实践的继续，也是学院派传统的继续。梁本人是一位眼光敏锐、趣味高雅，有精微鉴赏力，又有很高表现技巧的艺术家，虽然他把这些美术课列为表现技术课，但实际上它们的比重之大已超出了表现的需要，显然这样做还有提高学生的鉴赏能力和艺术修养的目的。①

梁思成对建筑人才知识结构的要求也是他所确立的新的建筑学科和职业认同标准，即强调建筑作为技术科学与社会科学和人文科学的广泛联系。其社会、文化关注和人文色彩使人联想到梁启超在第一次世界大战之后对于西方科学主义的反思以及试图用东方的人文精神与之互补的主张。梁思成拟定的《清华大学工学院营建系学制及学程计划草案》不仅代表了近代中国建筑家对现代主义的认识，同时表现出一位受学院派教育影响的中国建筑家在接受现代主义思想时的取舍与选择。

受到当时体制和经费的限制，清华大学营建系只能顾及体形环境的最主要部分而暂时分为建筑和市镇计划两组。在教学中，梁思成推广了现代派的构图训练方式；他还聘请手工艺修养极高的高庄作为手工艺教师，以培养学生自己动手的能力。②

遗憾的是，梁思成的建筑办学构想仅仅存在了三年就变成了一纸空文。1950 年至 1952 年，全国高校院系调整，原有的公私立学校的建筑系被合并入 8 所重点工科大学之中。③ 中国建筑界曾经有过的多层次、多渠道办学的局面结束了。与此同时中国大陆兴起了学习苏联的浪潮，在建筑创作上提倡“民族形式社会主义的内容”的原则。在“理解要执行、不理解也要执行”的命令下，学校里推行了一套彻底的苏联模式。“现代主义”被批判为资产阶级没落的、腐朽的思想意识。当梁思成看到苏联专家提出的教程时，曾经惊诧地说：“怎么和我在宾大时的一样？”④

第五节　1949 年前后中国建筑师的移民⑤

1945 年第二次世界大战亚洲战场的中日战争结束，中国人民终于迎来了渴望已久的和平生活和国家建设。但很不幸，国民党与共产党之间又爆发了全面的内战。1949 年内战终于以国民

---

① 清华大学建筑学院至今还流传着一个关于梁思成的小故事，说他经常向学生展示一只长约 15 厘米的汉代文物小陶猪，并问学生是否欣赏。他幽默地说：“到你们能体会这个小猪的线条美的时候，也就可以从建筑系毕业了。”参见：高亦兰 . 深切的怀念，难忘的教诲 // 梁思成先生诞辰 85 周年纪念文集 . 北京：清华大学出版社，1986.

② 高庄的才智在制作中华人民共和国国徽的模型时得到了充分的展示，详见：陈志华 . 记国徽塑造者高庄老师 // 陈志华 . 北窗杂记 . 郑州：河南科学技术出版社，1999：3-4.

③ 它们是清华大学、天津大学、南京工学院、同济大学、西安冶金建筑学院、重庆建筑工程学院、华南工学院和哈尔滨建筑工程学院 . 参见：齐康，晏隆余 . 近代建筑教育史略 // 杨慎 . 中国建筑年鉴（1986-1987 年）. 北京：中国建筑工业出版社，1988：415.

④ 1990 年 8 月 17 日访林洙先生。

⑤ 本节由王浩娱。

党溃逃台湾、共产党胜利并建立中华人民共和国而告结束。然而仅过一年，中国便又被卷入朝鲜战争。连年的战争和政权更替造成的社会动荡致使上百万华人离开大陆，其中就包括一批建筑师。又由于以美国为首的联合国对大陆实行禁运，东南亚等地区对大陆移民禁闭门户，中国人可以自由进入的地方只有香港和台湾，[①] 于是，这两地成为多数移民中国建筑师离开大陆后的最终归宿。

据不完全统计，1949 年后，有着大陆的籍贯，或教育背景、或工作经历而在台湾工作的建筑工程师有 87 人（表 17-5-1）。[②] 他们有的在 1945 年台湾光复之后就因公或因私渡海开展业务（如贺陈词、卢树森、彭佐治、汪申、杨卓成、姚岑章、郑定邦、朱尊谊等），有的是因为家庭或业务与国民党高层有密切关系（王大闳、关颂声等），有的是在留学毕业后随美援到台湾（如陈其宽、王秋华等），还有很多则是随所在政府机构或雇主建筑师迁台（如陈濯、初毓梅、高凌美、黄宝瑜、李宝铎、卢毓骏、莫衡、裘燮钧、沈怡、修泽兰、叶树源、殷之浩等）。他们成为了国民政府在台建设和兴办建筑教育所依赖的中坚力量。

1949 年后移民中国台湾地区的建筑师　　表 17-5-1

1949 年后移民中国台湾地区的建筑师
蔡钲，陈康寿，陈其宽，陈濯，初毓梅，邓汉奇，高凌美，顾三平，顾授书，关颂声，贺陈词，胡兆辉，胡宗海，黄宝瑜，黄显灏，黄彰任，黄祖权，金长铭，李宝铎，李鸿祺，李敬斋，李克勤，李日衡，梁启乾，林柏年，林建业，林善扬，林澍民，林相如，卢宾侯，卢树森，卢毓骏，吕志刚，罗维东，罗孝华，罗裕，马惕乾，莫衡，彭佐治，钱维新，裘燮钧，任重远，沈泰魁，沈学优，沈怡，沈祖海，苏金铎，苏泽，孙鸣九，唐关荣，陶正平，王重海，王大闳，王济昌，王立士，王秋华，王雄飞，王玉堂，汪履冰，汪申，汪原洵，魏青毅，吴美章，修泽兰，许英魁，徐德先，薛永建，杨元麟，杨卓成，姚岑章，叶树源，叶兆熊，易家辉，虞曰镇，张昌华，张德霖，张肇康，张宗炘，赵不滥，赵国华，赵祥桢，郑定邦，郑裕荪，周公祺，朱彬，朱谱英，朱尊谊

同样，有着大陆经历，于 1949 年前后到香港发展，登记为“香港授权建筑师”（Hong Kong Authorized Architects）的至少有 67 人（表 17-5-2）。[③]

1949 年后移民香港的建筑师　　表 17-5-2

1949 年后移民香港的建筑师
陈国冠，陈洪业，陈良耜，陈荣枝，陈永箴，范文照，范政，顾名泉，关荣柏，关颂声，关永康，过元熙，郭敦礼，黄国璇，黄匡原，黄培芬，黄汝光，黄颂康，邝百铸，李德复，李尚毅，李为光，李文邦，李衍铨，李扬安，蓝志勤，林炳贤，林威理，刘登，梁业，陆谦受，莫若灿，欧阳佳，欧阳泽生，欧阳昭，潘绍铨，彭涤奴，钱乃仁，钱聃寿，阮达祖，司徒惠，司徒穮，孙翼民，王定基，王定斋，吴继轨，吴绍麟，伍耀伟，萧浩明，徐敬直，杨介眉，杨锡宗，姚保照，姚德霖，袁成莹犀，张杰霖，张孝庭，张雄涛，张远东，张肇康，赵君慈，郑观宣，郑颂周，周宝璋，周基高，周滋汎，朱彬

① 从 1945 年 9 月 ~1949 年 12 月，约有 1285000 难民抵达香港，见：黄绍纶．移民企业家：香港的上海工业家．张秀莉译．上海：上海古籍出版社，2003：18. 同期也有上百万难民抵达台湾，出处同前：22-23。

② 赖德霖主编．王浩娱，袁雪平，司春娟合编．1949 年以前在台或来台华籍建筑师名录 //2014 台湾建筑史论坛——人才技术与信息的国际交流论文集 I. 台湾建筑史学会，2014：109-168.

③ WANG，H. Y. *Mainland Architects in Hong Kong after 1949：A Bifurcated History of Modern Chinese Architecture.* Hong Kong：The University of Hong Kong，2008.

对照表 17-5-1 和表 17-5-2 将发现，有几位建筑师的名字同时出现在两份名单中。因此有必要进一步澄清建筑师们的移民抉择，以及香港有别于台湾的特殊背景。例如：基泰工程司的合伙人关颂声和朱彬同时在台湾和香港开展业务。1949 年后，关赴台湾设立基泰总部，朱主持香港分部，关虽人在台湾，却从 1949 年起连续在香港登记为授权建筑师。这种紧密的台港联系，首先是因为当时内战虽然结束，台湾海峡的局势仍非常紧张，而香港由英国管辖，离国共之争稍远。基泰分设台湾、香港，可减少风险，进退互补。[①] 其次，关和朱均为粤籍，关还出生于香港。事实上，67 位移民香港的中国建筑师共有 44 位（67%）粤籍，15 位（22%）出生于香港。对于他们，香港意味着文化习俗和生活习惯的认同，在这里他们更容易发挥语言优势或利用自己的世交网络拓展业务。例如，早在 1949 年前基泰已经通过关颂声在香港的堂弟关永康建筑师承接香港项目，1948 年建成的九龙弥敦道香港电话有限公司大楼就是他们合作的作品。最后，关、朱都在香港逝世安葬。[②] 关选择香港而不是台湾安排后事，证明了他对香港的归属感。

与关颂声一样，陆谦受建筑师也出生并安葬在香港。然而，和关就读北京清华进而留学美国不同，陆在香港受教育、在香港建兴事务所实习，随后去英国伦敦建筑学会建筑专门学校（A.A.）深造。67 位移民香港的中国建筑师同样有 1949 年前香港教育工作经历或英国留学背景的分别为 25 位（37%）和 12 位（18%），港、英教育背景显然影响了他们的移民抉择。以陆谦受为例，1930 年从英国学成毕业后，陆没有回港，而是受邀赴上海主持中国银行建筑课。1949 年他已在国民政府的中央级银行——中国银行工作了近 20 年。面对动荡的政局他做了多手准备，如在 1948 年底登记为香港授权建筑师，[③] 1949 年初又在台湾为“五联”建筑师事务所申请了甲等开业证，1950 年间他还曾尝试过回上海发展。但是，不仅此时台湾的政局有欠稳定，大陆也正在开展“镇压反革命运动”，殃及他的一些故交，[④] 而他的老家香港作为英国的殖民地正积极进行战后重建，最终，陆决定移民香港。陆在上海中国银行建筑课的同事陈国冠和阮达祖，也均有留英背景，于是一同赴港。

英国的影响不仅限于建筑师的教育背景，还体现在欧亚混血的家族网络及英国背景建筑事务所的雇佣关系。“欧亚混血”（Eurasian）在香港是少数但影响力非常大的族群，他们多有西侨父亲和华人母亲，是精通中英双语的买办阶层的主力，并通过婚姻结盟及校友关系形成紧密网络，控制了香港早期的东西贸易。[⑤] 范文照建筑师出生在上海，父亲为欧亚混血，他本人留学美国宾夕法尼亚大学，毕业后回到上海，参加留美归国名流的联青社并曾任副会长，在家说

---

① 张镈．我的建筑创作道路．北京：中国建筑工业出版社，1994. 张镈也是基泰的成员，1949–1951 年随基泰赴港，后返回大陆。此书是他的自传。

② Hong Kong Public Record Office：HKRS 96–1–9592，HKRS96–5–1935.

③ Hong Kong Public Record Office：HKRS 41–1–4882.

④ 1950 年返回大陆期间，陆谦受的好友，当时也在上海的原金城银行总经理徐国懋，曾劝他尽快离开大陆。陆、徐都是仁社成员，而且还由于陆曾为金城银行设计过重庆分行、南京分行等多栋行屋，二人交谊颇深。徐本人曾于 1949 年 4 月赴港，但同年秋又回到大陆，并在北京受到总理周恩来的款待。不幸的是，1950 的“镇压反革命运动”伊始，徐便受到了冲击。（详见：徐国懋．八五自述 // 上海文史资料选辑：72 辑．上海：上海人民出版社，1992）．此时他劝陆离开便不难理解。

⑤ 关于香港 Eurasian 族群，详见：郑宏泰，黄绍伦．香港欧亚混血买办崛起之谜．史林，2010（2）：1–14；Hall，P.，*In the Web*. Heswall，Wirral：Peter Hall，1992.

英语，朋友多西人。[1] 1949年范移民香港，他的儿女在香港成家，姻亲中多有香港知名欧亚混血家族，范曾为姻亲世交设计“松坡”别墅（Pine Crest）。[2] 无疑，欧亚混血的背景有助于范融入香港本地的族群网络。另外，曾经在有英国背景的建筑事务所的工作经历也是一些移民建筑师选择香港的原因。例如：成立于香港的巴马丹拿洋行（Palmer & Turner），1910年代在上海开设分所，发展成著名的公和洋行，业绩甚至超过同期香港总部。包括汇丰银行（1923）和沙逊大厦（1931）在内的上海浦西外滩沿江建筑群近半数都是他们的作品。1937年日本占领上海，公和的外籍成员纷纷撤出。1946年香港总部重开，欧阳泽生、张孝庭等旧部中国建筑师，1949年移民香港并回归故主。因此，无论是具有英国留学背景、欧亚混血家庭背景还是英国背景事务所的工作经历，这些英国的影响显然促成中国建筑师选择英国殖民地香港，而不是台湾，作为他们的移民目的地。

另一位名字同时出现在表17-5-1和表17-5-2的建筑师是张肇康。张祖上五代定居香港，他本人自幼随父母在上海生活，毕业于上海圣约翰大学建筑系。1948年赴美深造，在哈佛大学师从格罗皮乌斯，先后在格氏的协和建筑事务所和贝聿铭的事务所工作。1954年随贝氏参与台中东海大学校园设计。1961年返港，经圣约翰校友郭敦礼介绍入甘洺（Eric Cumine）[3] 事务所工作。事实上，移民香港的中国建筑师中有4位毕业于上海圣约翰大学，他们是张肇康、郭敦礼、欧阳昭和范政。1940年代中后期他们刚刚毕业，都曾赴欧美深造，[4] 之后返港。抵港时，张、郭和欧阳都加入了原约大教授甘洺的事务所，而范则在父亲范文照处工作。显然，因为教育或家庭背景，他们跟随父辈建筑师来到香港。然而，比起父辈，他们有更广阔的发展空间，如张在美国及中国台湾和香港三地工作多年，1977至1988年间先后70多次赴大陆考察中国的乡土建筑；[5] 郭、范于1960年代分别赴加拿大、美国发展并定居。[6]

不过，最终使这些选择移民香港的大陆建筑师得以在港持续立足的还是香港战后特殊的建筑市场。一方面，香港正从日本占领（1942-1945年）的破坏中恢复，城市建设百废待兴急需人才。另一方面，1949年前后上百万的大陆移民的涌入，也使他们在香港获得了新的市场和商机。

激增的人口首先带来住房的巨大需求。1949年香港200万人口中有30万住在临时搭建的寮屋内。1954年石硖尾寮屋区大火促使港府正视大陆难民的居住问题，开始实施大规模的公屋计划。香港政府的“工务司署”（Public Works Department）邀请私营授权建筑师设计政府项目，分担超负荷的工作压力，并通过试点工程为政府同类项目设计提供示范。早期著名的公屋苏屋

---

① 范文照的孙女范美瑜（Maureen Fan）著文，较详细记述范的生平爱好与人际交往。详见：Fan，M. *His Works*，*My History*. The Washington Post，2009-5-27（C.1）.

② 根据王浩娱对范美瑜的访谈，2015年6月。

③ 甘洺（Eric Cumine）是Eurasian，父亲为苏格兰人，母亲亚裔，出生在上海，赴英国学建筑（A.A.Dip.），主持（上海）锦明洋行，并曾任上海圣约翰大学建筑系的客座教授。1948年移民香港后，与香港Eurasian网络特别是利氏家族联系紧密，他的事务所是香港战后最重要的事务所之一。

④ 张肇康、范政留美，就读哈佛。郭敦礼、欧阳昭赴英，郭入英国伦敦建筑学会建筑专门学校（A.A.）学习，欧阳在弗雷德里克·司诺事务所（Sir Frederick Snow & Partners）工作。

⑤ 张肇康的大陆考察成果见：Chang, C. K. & W. Blaser. *China: Tao in architecture*. Basel: Birkhauser, 1987.

⑥ 张肇康、郭敦礼、欧阳昭、范政的后继发展，以及他们与父辈建筑师的比较，详见：王浩娱. 1949年后移居香港的华人建筑师. 时代建筑，2010（1）：52-59.

村（1957年）由甘洺主持，联合另四位知名建筑师及事务所共同设计完成，[①] 创造了高标准的公屋居住环境。苏屋村核心区的三组T形平面的12层公寓楼，并裙楼部分的2个学校，由陆谦受建筑师负责，以低造价、标准化但简洁有力的设计，围合组团，创造出对称的主入口广场、内向的底层学校及公共的运动场，是战后现代主义社会住宅关于高密度、复合功能设计的重要尝试。[②]

为政府公共项目提供设计咨询最多的移民建筑师当属徐敬直。徐是香港建筑师学会的创立者及第一任主席，自1948年抵港后就活跃于业界，至1956年学会成立之前，香港建筑杂志《香港及远东建设者》（*Hong Kong and Far East Builder*）已经报道了他在港的22个作品。徐本来在华人建筑师中就有较高声誉，他在港建成的作品、在美国密歇根大学建筑硕士的教育背景，以及一口流利的英语，又使他获得香港西人建筑师的认同，因此由他发起西人和华人共同参加的建筑师学会得以诞生，他本人也借此进一步扩大影响力，赢得了大量政府及福利项目。[③] 徐早期设计的旺角麦花臣游乐场（1952年）是福利项目中最具社会价值的一个，主体建筑的体育馆采用钢筋混凝土壳体屋盖，原设计将主梁暴露于室外，突出结构的表现力，是20世纪50年代流行的"现代主义"表现手法。[④]

其次，1949年上百万的大陆移民潮虽然给香港社会造成了巨大的压力，但同时也给这里带来了新的发展契机。由于联合国的禁运法案，曾经作为香港经济支柱的转口贸易受到打击而衰落。但大陆工商业家们带来的资金、设备和技术却为香港工业的发展提供了新的可能，促成了香港经济发展重心从转口贸易向工业的结构性转变。工业的发展需要大量的工业厂房，庞大的外来资金刺激了私人地产市场的繁荣。香港社会学家黄绍伦研究1949年后移民香港的上海工业家，发现纺织工业、银行业、商业、地产业、电影业等是在港上海人的主要职业领域。[⑤] 而笔者也相应发现，纺织工厂、银行、商业办公楼、商品住宅、电影院是移民建筑师参与的主要私人开发项目。[⑥] 有证据表明，到港之后，许多移民建筑师与过去的业主——大陆工商业家们——继续合作。例如，范文照之子范政证实，香港纱厂的创始人王统元是父亲在上海的老业主，来港后又请他设计了长沙湾道占地三、四个街区的新厂房，包括：工厂、工人宿舍、餐厅和游乐设施。老业主先施公司的马家也请范设计了中环27层的先施大厦（1963年）。[⑦] 另据报道，因为"享有在中国内地设计12座电影院的盛誉"，[⑧] 范文照获邀设计了铜锣湾的豪华

① 四位合作方为：本港的利安（Leigh and Orange）和周李（Chau & Lee）事务所，以及移民建筑师陆谦受和司徒惠。详见：*Hong Kong and Far East builder*. 1957, 13（1）:5. 1940年代甘洺与陆谦受同任上海市都市计划委员会委员、圣约翰大学建筑系客座教授，因此相熟。见：上海市城市规划设计研究院．大上海都市计划．上海：同济大学出版社，2014.

② Denison, E., G. Y. Ren. *Luke Him Sau Architect: China's Missing Modern*. Chichester, West Sussex: John Wiley & Sons, 2014: 234–239.

③ 徐所设计的政府与福利项目被汇总成册，藏于香港历史档案馆（Public Record Office）。详见：Su, G. D. *Government project*. Hong Kong: Public Record Office; Su, G. D. *Welfare projects G.D. Su A.A./ Hsin Yeih Architects and Associates*. Hong Kong: Public Record Office.

④ 吴启聪，朱卓雄．建闻筑迹：香港第一代华人建筑师的故事．香港：经济日报出版社，2007：68.

⑤ 黄绍伦．移民企业家：香港的上海工业家．张秀莉译．上海：上海古籍出版社，2003：5.

⑥ WANG, H. Y.*Mainland Architects in Hong Kong after 1949: A Bifurcated History of Modern Chinese Architecture*. Hong Kong: The University of Hong Kong, 2008: 177–189.

⑦ 根据2004年10月1日范政先生给王浩娱的来信。

⑧ *Hong Kong and Far East builder*. 1953，10（2）：23–24.

大戏院（1953 年）。又如，据陆谦受后人介绍，[①] 车炳荣曾是陆在港重要业主之一。车原是上海近代五大营造厂之一陶桂记营造厂厂主陶桂松的女婿，1935 年陶桂记承建陆谦受主持设计的上海外滩中国银行大厦时，车任项目经理，与陆合作并相熟。1940 年代车脱离陶桂记创立保华建筑公司，1949 年迁港的保华（Paul Y. Construction Co.）逐渐发展成为战后香港营造厂之首，曾承建多位移民建筑师的在港作品。[②] 车还请陆谦受设计了自己投资兴建的物业浅水湾大厦（1963 年）。

面对香港繁荣的私人房地产市场，移民香港的中国建筑师比他们在大陆和台湾的同行有更多的商业设计机会。他们应对香港商业至上的建设要求所做的创新设计，也为香港的现代都市特色的形成作出了重要贡献。基泰工程司的合伙人朱彬主持设计的万宜大厦（1953 年）就是一个典型案例。万宜位于地形复杂、用地紧张的港岛中环，基地是一块狭长的坡地，长度超过 100 米，两端高差 6 米，分别连接皇后大道和德辅道两条干道。朱采用最经济的直线“购物廊”（Shopping Arcade）布局，并在香港首次使用自动扶梯。室内购物廊遮烈日避风雨的优势及扶梯的快速，吸引来往两条干道间的大量行人不使用原来的路线（砵典乍街），而改为穿行万宜大厦，为购物廊两边的商铺带来更多的顾客，取得商业成功。使万宜购物廊布局在中环其他商业办公楼中流行，进而发展成今日香港三维室内“商业街”的都市网络。而朱彬和香港基泰则在万宜之后成功接到多项中环商业办公楼的设计工作。

最后，1949 年上百万的移民潮中不仅有大陆的工商业家，还有从内地来港的教会、教会大学及学者。他们积极为在港大陆难民中的青少年开办中文教学的高等教育，包括最早由钱穆创立的新亚书院（1949 年）和教会背景的崇基学院（1951 年）。多位移民建筑师参与了这些教育机构新校舍的设计，例如：徐敬直设计了新亚书院在农圃道的新校舍（1956 年）和崇基学院在圣保罗男女中学内加建的校舍（1954 年）。钱乃仁、基泰工程司、范文照先后参与了 1950 年代崇基学院现址新校舍的规划和设计。[③] 范文照和范政父子则为基督教卫理公会设计了北角卫理堂（1960 年），用于服务来自内地 16 个省的大约 3000 名会友，体现对香港山地地形特点的巧妙利用。除资金不足，设计面临的最大困难是呈不规则扇形的斜坡基地，且其宽大的南端比临街窄小的北端高 25 米。[④] 范的最终方案是将主入口和前院提高 9 米，并在其前设四跑楼梯连接至街道的水平。这样不但最大程度地降低了土方开挖量，也为教堂创造出一个从嘈杂到安静的过渡空间。为降低成本而采用本地石材砌成的楼梯墙面，在结构上既起到挡土墙的作用，在外观上也成为粗拙立面效果的重要元素。大厅室内的柱、主梁、次梁都露明，三角形平面布置的次梁具有强烈的装饰效果，具有结构表现的新趋势。

同样是教堂设计，陆谦受设计的华仁书院圣依纳爵小堂（St. Ignatius Chapel，1955 年）则

---

① 根据王浩娱对陆谦受次子陆承泽和孙女陆曼庄的采访，详见：王浩娱．陆谦受后人香港访谈录：中国近代建筑师个案研究 // 第四届中国建筑史学国际讨论会论文集．营造（第四辑），2007：244-255.

② 包括朱彬设计的万宜大厦（1957）、郭敦礼的蚬壳大厦（1957）、李为光的怡园（1963）、司徒惠的广东银行大厦（1968）等。

③ Gu, D. Q. (Ed.). *Chung Chi Original Campus Architecture: Hong Kong Chinese Architects' Practice of Modern Architecture*. Hong Kong: Chung Chi College, the Chinese University of Hong Kong, 2011.

④ 根据 2006 年 11 月王浩娱与范政先生的面谈。

体现出对香港热带气候特点的应对，是一座“在最热的天气里的凉爽教堂”。[①] 该教堂的主入口为宽阔高深的三开间矩形柱廊，可遮挡烈日。入口柱廊与室内大厅之间隔一圈外廊，此外廊的外墙为通透的十字形与圆形图案混凝土花格漏窗，内墙设可开启的木质及玻璃的百叶门窗，保证通风、阻隔热气、过滤强光，形成特殊的风、光、影的通道，也提供宜人有趣的交往空间。此外，室内大厅屋顶布置三排 27 个天窗，进一步加强通风，并形成纵向光带，强化从入口到祭坛的纵深视觉效果，有效地营造了教堂的宗教氛围。

简言之，1949 年上百万大陆移民的涌入，给战后香港社会造成了巨大的压力，也带来了经济转型的契机，使得政府公共项目和私人开发项目的建设量激增。移民香港的中国建筑师与过去在大陆的老业主合作，得以在抵港几年内获得大量业务而立足。同时，他们积极应对香港的高层高密度、商业至上、地方性地形与气候等各种挑战，形成多元化发展，是 1930 年代在内地开始萌芽的现代主义建筑在 1950 年代的香港分出的新枝（表 17–5–3）。

移民建筑师在香港的作品　　表 17–5–3

		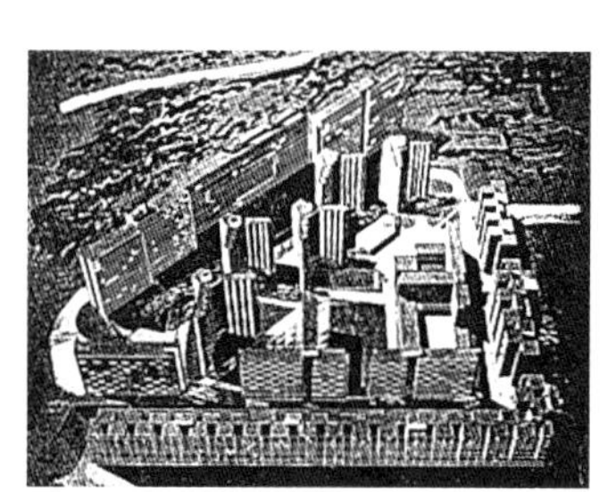
电话大楼（关永康、基泰，1948 年）	Pine Crest（范文照，1950 年）	苏屋村（甘洺等，1957 年）
The Builder, 1949, 8（1）: 9	*The Builder*, 1950, 8（7）: 25	*The Builder*, 1957, 13（1）: 5

麦花臣游乐场（徐敬直，1952 年）	先施大厦（范文照，1963 年）	豪华大戏院（范文照，1953 年）
The Builder, 1953, 10（3）: 35	范政先生提供	*The Builder*, 1953, 10（3）: 封底

① 根据陆谦受孙女陆曼庄（Luk Men–Chong）女士 2007 年 11 月 14 日给王浩娱的电邮。陆女士采访了曾在该堂任职 40 年的 Naylor 神父，得知教堂方面对建筑师提出了关于气候的特殊要求，而陆的设计很好地达成了该目标。教堂一直到 1996 年才安装了空调，以适应香港日益趋同的现代生活标准。

续表

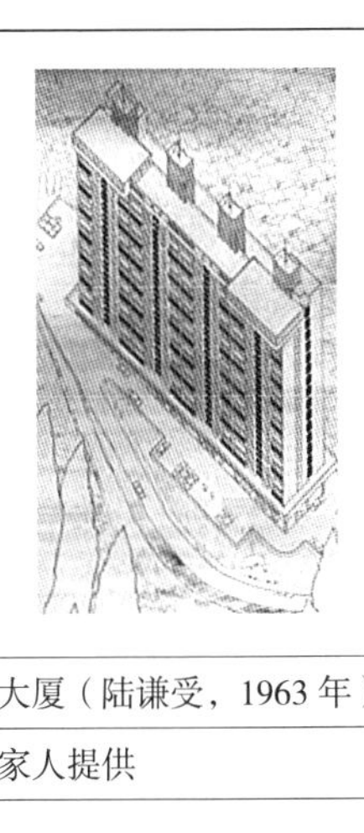		
浅水湾大厦（陆谦受，1963年）	万宜大厦（基泰朱彬，1953年）	新亚书院（徐敬直，1956年）
陆谦受家人提供	*The Builder*, 1957, 13（1）: 9	*The Builder*, 1956, 12（3）: 51

崇基学院（徐敬直，1954年）	卫理堂（范文照，范政，1960年）	华仁书院小堂（陆谦受，1955年）
The Builder, 1954, 10（6）: 25	卫理堂林崇智牧师提供	陆谦受家人提供

注：*The Builder* 是 *Hong Kong and Far East Builder* 的简写。

来源：作者自绘

结语

中国近代建筑史的终结

赖德霖　伍江　徐苏斌

1949 年，持续了一个多世纪的中国建筑的近代转型开始进入一个新的阶段。这一年中华人民共和国成立了，在中国共产党的领导下，中国终于出现了一个自鸦片战争以来，甚至民国时期以来从未有过的自主、和平、集中和统一的局面。西方和日本的政治势力、经济势力和文化势力的种种代理人被赶出了中国，曾经长期影响中国现代化发展的西方影响也随之被屏蔽。当时作为苏联主导下的“社会主义阵营”的一分子，中国开始进行社会主义公有制改造，开始实施计划经济，以工业化为国家现代化发展目标，并在意识形态宣传上以苏联为追摹对象。这一切举措从根本上改变了近代以来中国建筑生产力的组织方式、管理方式 、建筑投资和发展重点、建筑教育思想以及建筑美学。

根据《宪法》，“中华人民共和国是工人阶级领导的、以工农联盟为基础的人民民主专政的社会主义国家”，“中华人民共和国的社会主义经济制度的基础是生产资料的社会主义公有制，即全民所有制和劳动群众集体所有制。社会主义公有制消灭人剥削人的制度，实行各尽所能、按劳分配的原则”。公有制从制度上改变了建筑赞助人的性质，私人赞助人及房地产业随之消失。之后，中国建筑行业继续经历了与国家之间相互关系的转变。通过对私有化产业的公有制改造、统一建筑行政权力、对设计主体国有化、确定新的建设方针、统一建筑设计标准、改造高校教育体制，以及成立由党和政府领导的中国建筑学会等举措，国家再次成为建筑活动的主宰者。

一、合作化和国有化大潮下的营造业

合作化与国有化的尝试早在中华人民共和国成立前夕就已经开始。1949 年 3 月底，在工会召开的积极分子大会上，成立了“建筑工人联合会生产合作社筹备委员会”，入社 200 多人，委员会自己承揽砌房建屋、修桥开山、修制家具等工程。1949 年 4 月 16 日，《人民日报》刊登“摆脱了私商压榨的北平瓦木工人”一文对之报道。1949 年 4 月，山东省第一个国营建筑企业——山东建鲁营造公司成立。[①]

1949 年 8 月，华东行政区工业部在上海成立华东建筑工程公司，这是上海地区第一家国营建筑公司。公司主要人员是由社会上招收的 200 多名技术、管理人员，以及从两家规模较大的营造厂所吸收的 700 多名职工组成。承担业务从设计到施工，从城市土木建筑工程项目到农村水利工程项目。与此同期，上海市政府在工务局修建队伍、房产局房修队伍、军队基建队伍、商业基建队伍的基础上，组建了 5 家国营企业。1952 年 4 月，华东行政区上海市财政委员会建筑工业处以此 6 家单位为基础，组建了一支大型国营建筑施工队伍——华东建筑工业部。[②]

① 王弗，刘志先编 . 新中国建筑业纪事（1949–1989）. 北京：中国建筑工业出版社，1989：1.
② 《上海建筑施工志》编纂委员会编 . 上海建筑施工志 . 上海：上海社会科学院出版社，1996：88.

1953年6月，中共中央提出了《关于利用、限制、改造资本主义工商业的意见》。全国正式的“公私合营”则始于1954年9月2日中央人民政府政务院第二百二十三次政务会议通过的《公私合营暂行条例》。但早在3年前，对建筑业进行国有化改革的办法就已经出现：1951年6月11日，针对建筑业“无组织、无领导、无管理、无计划的无政府状态”，中华全国总工会根据中央指示，在北京召开全国建筑工会工作会议，研究如何改革旧建筑业。会后提出了整理与改革建筑业的11条办法：①国家设立建筑工业的管理部门，加强领导，加强管理；②设立国营建筑公司；③国家颁布建筑公司管理规则，把公营及私营建筑公司加以整理；④设立国营设计公司，把设计与营造业分开；⑤废除投标制，实行工程任务分配制；⑥组织工地管理委员会，加强工地检查、监督和验收工作，实行民主管理;⑦逐渐统一建筑材料规格;⑧废除层层转包，建立合同制；⑨废除把头制，设立建筑工人统一调配机关；⑩组织和整理建筑业同业工会；⑪ 加强工会组织工作。[①]

早在1950年4月，上海市工务局就成立了公营建筑公司。1951年8月，上海市工务局副局长汪季琦在市营造业同业公会第四次委员会大会、区主任联席会议上传达全国建筑工会工作者会议精神，首次提出“取消小包、设立劳动调剂机构分配工作”等问题。[②]1956–1957年，在大规模公私合营高潮中，上海有近4000家私营营造厂、水电安装行、油漆行、竹业行等单位，重新组建成公私合营的上海市第一营造公司、第二营造公司、竹建工程、卫生工程、油漆工程、凿井工程、联合公司等7家合营公司。[③]

据1952年“五反”运动后的统计：私营建筑企业1949年占35%，1950年和1951年各占25%，1952年仅剩1.7%。这些残存的私营企业也在之后的公私合营运动中全部消失。[④] 通过集体化和公私合营，国家强化了对于营造业的管理，使之在最大程度上成为政府可以支配和调动的建设力量，为实行计划经济和开展大型国有工程项目的建设作好了准备。

二、计划经济与建筑行政权力的统一

以1953–1957年第一个五年计划为标志，中国进入了一个计划经济时代。第一个五年计划的基本任务是：第一，集中主要力量进行由苏联帮助我国设计的、以156个单位为中心的、由限额以上的694个建设单位组成的工业建设，以建立我国的社会主义工业化的初步基础；第二，发展部分集体所有制的农业生产合作社，并发展手工业生产合作社，以建立对于农业和手工业的社会主义改造的初步基础；第三，基本上把资本主义工商业分别纳入各种形式的国家资本主

① 王弗，刘志先编．新中国建筑业纪事（1949–1989）．北京：中国建筑工业出版社，1989：9.
② 汪晨熙，金建陵编著．汪季琦年谱．北京：现代出版社，2009：71–72.
③《上海建筑施工志》编纂委员会编．上海建筑施工志．上海：上海社会科学院出版社，1996：89.
④ 肖桐．建筑业发展时期产业政策的回顾 // 袁镜身，王弗主编．建筑业的创业年代．北京：中国建筑工业出版社，1988：272–280.

义的轨道，以建立对于私营工商业的社会主义改造的基础。[①]

计划经济需要行政权力的高度集中和统一。1952 年 4 月 14 日，中共中央发布关于《"三反"后必须建立政府的建筑部门和建立国营公司的决定》。《决定》中指出，准备成立中央建筑工程部和各省、市的建筑工程局，整理和合并国营建筑公司，接受和加强建筑工程师，加强领导，改善管理，扩大建筑工程队伍。[②] 同年 5 月，在京的十几个单位合并成立了中央设计公司。

1952 年 8 月 7 日，中央人民政府委员会第 17 次会议通过《关于调整中央人民政府机构的决议》，决定成立中央人民政府建筑工程部。建筑工程部的前身是中央人民政府政务院财政经济委员会总建筑处，8 月 20 日正式开始办公，有办公室、秘书处、行政处、设计处、工程处、财务处、材料处、人事处，以及直属工程公司、设计公司、机械工程总队等单位。[③]1956 年建工部长刘秀峰说："建筑工程部是在我国第一个五年计划就要开始的时候成立的。当时党和政府给予它的任务是：为了迎接国家的经济建设与国防建设，必须建立政府的建筑部门，组织国营工程公司，以便有组织有计划地掌握国家的建设工作，争取在较短时间内做到国家的建筑工程由国营工程公司承包。"[④]

建工部在中央人民政府下设的华东、中南、东北、西北、华北、华南六个大区行政委员会设有地区管理总局。共有 25 个建筑公司，其中包括大型公司 12 个，中型公司 4 个。专业机构有 3 个专业总局：安装总局（设有 5 个卫生技术安装公司、2 个电气安装公司、1 个生产设备安装公司和 2 个独立的安装工程处）、金属结构总局（设有 5 个卫生技术安装公司、2 个电气安装公司、1 个生产设备安装公司和 2 个独立的安装工程处）、机械施工总局（设有 3 个机械化施工公司，1 个基础工程公司，1 个工业凿井公司）。[⑤]

建筑工程部成立后，各省、市、区也都相应设置了建筑工程厅、建设厅。直接从事工程建筑的，成立了地区的或现场的工程局、工程公司。[⑥] 如天津市 1949 年成立的工务局改组成建筑工程局和建设局，分别管理建筑工程和市政工程；河北省成立建设局；辽宁省成立建设厅、建筑工程局；浙江省成立建筑工业管理局；江西省成立建筑工程局；湖北省成立建筑工程管理局；贵州省和山西省分别成立建筑工程局。1953 年成立省建筑工程局的有山东、安徽、广东、广西、甘肃等省或自治区，边远的新疆也于 1954 年成立了建筑工程局。上海市华东军政委员会建筑工程部于 1952 年 4 月成立，1953 年国家建工部和上海市政府又决定组建上海市地方国营建筑队伍——上海市建筑工程局。[⑦]

建筑工程部和各省、市、区建筑工程局的成立，标志着中央、地方政府领导的建筑建设与管理体系的形成。

---

① 李富春．关于发展国民经济的第一个五年计划的报告 http://www.hprc.org.cn/wxzl/wxysl/wnjj/diiyigewnjh/200907/t20090728_16961_2.html.
② 王弗，刘志先编．新中国建筑业纪事（1949–1989）．北京：中国建筑工业出版社，1989：16.
③ 同②：18.
④ 刘秀峰．加强管理，提高技术，为完成更大的基本建设任务而奋斗（1956 年 2 月 23 日）// 袁镜身，王弗主编．建筑业的创业年代．北京：中国建筑工业出版社，1988：55–76.
⑤ 刘秀峰．向毛泽东主席汇报的提纲 // 袁镜身，王弗主编．建筑业的创业年代．北京：中国建筑工业出版社，1988：49.
⑥ 肖桐．建筑业发展时期产业政策的回顾 // 袁镜身，王弗主编．建筑业的创业年代．北京：中国建筑工业出版社，1988：272–280.
⑦ 王弗，刘志先编．新中国建筑业纪事（1949–1989）．北京：中国建筑工业出版社，1989：22；汪晨熙，金建陵编著．汪季琦年谱．北京：现代出版社，2009：74.

三、设计主体的国家化：国营建筑设计院成立，自由建筑师制度终结

随着建筑管理体系的国家化，建筑设计的机制也发生了变化，出现了内部分工专业化、部门综合的大型设计机构——国营设计院。

1952 年，第一批建筑设计院（公司）相继建立。建筑工程部建立之初即设立设计公司——中央（直属）设计公司、总建筑处，[①]1953 年 2 月 13 日更名为中央人民政府建筑工程部设计院（简称“中央设计院”），主要从事民用建筑设计。同时，在上海、南京、武汉等大城市相继成立了国营的设计公司。[②]1955 年，中央设计院更名为建筑工程部北京工业建筑设计院。[③]

建设部设计院以承包工业建设任务为主。承包对象主要是第一机械部、第二机械部、轻工业部、石油工业部大部分建筑安装任务和煤炭部、电力部、重工业部的部分建筑任务。[④]

建工部六大区分别有 6 所部属工业建筑设计院：中央设计院、东北院、西北院、中南院、西南院、华东院。[⑤] 其他如甘肃省建筑勘察设计院、四川省建筑勘测设计院、湖南省建筑设计院、贵州省建筑设计院等省属设计院，以及天津市建筑设计院、哈尔滨市建筑设计院等市属设计院，均于 1952 年相继建立。[⑥]

1953 年 12 月 16 日，建筑工程部成立建筑技术研究所，设有混凝土、钢铁、理化、砖石、木材、土壤等 6 个研究组和 1 个修制车间。在这个研究所的基础上逐步发展成建筑科学研究院。[⑦]

设计院制度彻底消除了近代以来形成的自由建筑师职业。通过国有化，私营基础上的自由建筑师被转变为国营设计院的职工。

四、服务于国家发展战略的建设方针：工业建设优先

1952 年 3 月，天津市人民政府颁布了《建筑工人统一调配暂行办法》，统一调配处把各工种的工人分为 4 个技术等级，分编为区队、中队、小组，按照“国防建设第一，工业建设第二，普通建设第三，一般修缮第四”的精神，分别轻重缓急进行调配。[⑧]

1952 年 7 月 2 日 ~17 日，政务院财政经济委员会总建筑处召开第一次全国建筑工程会议。会议提出国家对基本建设的方针：国防建设第一，工业建设第二，普通建设第三，一般修缮第四；目前建筑设计的总方针为：一适用，二坚固、安全，三经济的原则为主要内容，建筑物又是一

① 王弗，刘志先编．新中国建筑业纪事（1949-1989）．北京：中国建筑工业出版社，1989：22. 主持人为原上海工务局长汪季琦（按：据《汪季琦年谱》，当为副局长）。张镈．我的建筑创作道路．北京：中国建筑工业出版社，1994：64-65.
②《中国现代建筑史（1949-1984）》大事年表．建筑学报，1985（10）.
③ 北京工业设计院：院长周荣鑫，副院长阎子祥、汪季琦、徐林、晏家华，书记兼副院长袁镜身，总建筑师王华彬，副总建筑师林乐义。袁镜身．城乡规划建筑纪实录．北京：中国建筑工业出版社，1996：35. 汪晨熙，金建陵编著．汪季琦年谱．北京：现代出版社，2009：79.
④ 刘秀峰．向毛泽东主席汇报的提纲 // 袁镜身，王弗．建筑业的创业年代．北京：中国建筑工业出版社，1988：49.
⑤ 张镈．我的建筑创作道路．北京：中国建筑工业出版社，1994：7.
⑥ 王弗，刘志先编．新中国建筑业纪事（1949-1989）．北京：中国建筑工业出版社，1989：22.
⑦ 同⑥：29.
⑧ 同⑥：15.

个文化的代表，必须不妨碍上面三个主要原则，要适当照顾外形的美观。这一提法后来表述为“适用、经济，在可能条件下注意美观”。①

1953 年 7 月 27 日《朝鲜停战协定》签订，朝鲜战争结束。1953 年 9 月 7 日，中共中央《关于建筑工程部工作的决定》指出 ：“建筑工程部的基本任务应当是工业建设。建筑力量的使用方向，应当首先保证工业建设，特别是重工业建设，其次才是一般建筑。”② 第一个五年计划基本建设的总投资额为 427.4 亿元，其中农业、林业和水利部门占 7.6%，运输和邮电部门占 19.2%，贸易、银行和物资储备部门占 3%，文化、教育和卫生部门占 7.2%，城市公用事业建设占 3.7%，另有 1.1% 属于“其他”类投资，其余 58.2% 全部用于工业部门。③1954 年 6 月 10 日，全国第一次城市建设会议召开。会议总结了 4 年来的城市建设工作，提出会后工作任务，强调“一五”期间城市建设重点放在 141 项工程所在地的重点工业城市。

受工业和生产优先战略的影响，属于民用和消费范畴的大量性城市建设在中华人民共和国成立后近 30 年的时间里受到抑制，以之为专业服务对象的建筑学和城市规划学在发展方向和规模上也大受影响。

五、设计标准的统一化 ：标准设计

1952 年 8 月，为解决设计力量不足的问题，各地开始自行编制标准设计。华北行政委员会委托北京市设计公司，组织 12 位工程师，从 8 月起用半年时间完成华北区中小城市适用的第一批标准设计图，计有学校 3 种、办公楼 6 种、宿舍 6 种、饭厅 2 种，以及一些标准单元大样图。9 月，东北区在苏联专家托瓦斯基指导下，组织 100 余人，为期 4 个多月，完成 30 种标准设计，其中有家属住宅 9 种，单身宿舍 4 种，浴室 4 种，办公室 2 种，仓库 1 种，烟囱 10 种。这是中华人民共和国第一批标准设计。④

建工部长刘秀峰在 1956 年还曾指出 ：“目前勘察设计工作仍然是基本建设中最薄弱的环节。为了改进加强设计工作，我完全赞成大力编制与推广标准设计。苏联把推广标准设计作为设计工作方面的重要新措施，把标准设计和标准构件设计工作作为建筑工业化的重要条件。我国设计力量如此薄弱，更应当积极推行。我部准备在最近几年内，特别抓紧编制与推广机械工业厂房和生产企业的标准设计。”⑤

第一个五年国民经济发展计划期间，中国集中有限的资金和人力着重于工业建设。但从数

① 龚德顺，邹德侬，窦以德 . 中国现代建筑史纲 . 天津 ：天津科学技术出版社，1989 ：26.
② 肖桐 . 建筑业发展时期产业政策的回顾 // 袁镜身，王弗主编 . 建筑业的创业年代 . 北京 ：中国建筑工业出版社，1988 ：272-280.
③ 李富春 . 关于发展国民经济的第一个五年计划的报告 .http://www.hprc.org.cn/wxzl/wxysl/wnjj/diiyigewnjh/200907/t20090728_16961_2.html
④ 王弗，刘志先编 . 新中国建筑业纪事（1949-1989）. 北京 ：中国建筑工业出版社，1989 ：18.
⑤ 刘秀峰 . 加强管理，提高技术，为完成更大的基本建设任务而奋斗（1956 年 2 月 23 日）// 袁镜身，王弗主编 . 建筑业的创业年代 . 北京 ：中国建筑工业出版社，1988 ：55-76.

量上和技术水平上仍不适应基本建设发展的需要。1956年，据8个工业部的统计，委托国外设计的投资额，约占5年投资计划的一半。1956年5月8日，国务院在《关于加强设计工作的决定》中指出，为了从根本上改善我国的设计工作，胜利地完成设计任务，必须使我国的设计力量能够在5年左右的时间内，基本上独立地担负起国民经济各部门基本建设的设计任务。决定还要求，"加速编制并广泛地采用标准设计，大力开展建筑结构和配件的标准化工作，大量地重复使用比较经济合理的单独设计，以缩短设计时间，加速建设进度，节约建设资金，并为建筑工业化创造良好的条件"。[①]

工业化和标准化一时成为中国建筑现代化的一个重要目标。它们有利于在一定的质量标准下加快设计和建设的速度，既适合当时建设量大而设计力量却相对薄弱的产业现实，也适合一种计划经济和平均主义的分配方式。标准化建造的结果对20世纪中后期中国大批城市的面貌和大量性建筑的风格产生了巨大影响。

六、教育体制的国家化：中国高等院校院系调整

作为对苏联模式的模仿，也为了适应新的国家建设的需要，1952年全国高校进行了大规模的院系调整，其主要目标是建立一种更加专业化的劳动分工。通过调整，美国式的文学院和美国、英国大学特有的普通本科教育被取消，取而代之的是苏联式体系的建立，目的是为了减少文科毕业生，多培养可以直接投入经济建设所必需的专业技术工作的毕业生。[②]此外，教会组织的理念与马克思主义有悖并独立于国家教育管理，它们经办的高校以及其他私立高校也都被公立高校兼并。

在建筑教育方面，北京大学建筑工程系与清华大学建筑工程系合并为清华大学建筑工程系，位于首都北京；唐山工学院和天津工商学院建筑工程系合并为天津大学建筑工程系，位于当时华北最大的工业城市天津；之江大学、沪江大学、圣约翰大学的建筑工程系合并为同济大学建筑工程系，位于当时华东行政区最大的工业城市和经济中心上海；勷勤大学和中山大学建筑工程系合并为华南理工学院建筑工程系，位于当时华南行政区最大的城市广州；由原东北工学院、西北工学院、青岛工学院和苏南工业高等专科学校的土木、建筑、市政系（科）整建制合并成西安建筑工程学院，位于当时西北行政区最大的城市西安；由重庆大学、西南工业专科学校、川北大学、川南工业专科学校、成都艺术专科学校、西南交通专科学校等6所高校的建筑土木相关系科合并为重庆土木建筑学院，1954年更名为重庆建筑工程学院，位于当时西南行政区最大的城市重庆。在东北工学院迁校至西安后，东北行政区高校中暂无建筑工程系，直至1959

① 肖桐.建筑业发展时期产业政策的回顾 // 袁镜身，王弗主编.建筑业的创业年代.北京：中国建筑工业出版社，1988：272-280.
② 费正清（John K. Fairbank），罗德里克·麦克法夸尔（Roderick MacFarquhar）主编.剑桥中华人民共和国史（1949-1965）.王建朗等译.上海：上海人民出版社，1990：210-211.（*The Cambridge History of China, Vol. 14: The People's Republic, Pt. I, The Emergence of Revolutionary China, 1949-1965.*）

年哈尔滨工业大学开办的建筑工程系填补了这一空白。

院系调整之后，各高校大力引进苏联教学体系、方法和教材。1954年教育部召开由苏联专家指导的统一教材修订会议。1956年夏，又召开第二次修订会议，从此建立其以苏联建筑教育为蓝本的中国建筑教育体制。[①]

苏联建筑教育体系脱胎于法国巴黎美术学院传统，在当时国际现代主义建筑思想蓬勃发展的背景下已显保守，但其设计方法对于20世纪初期在西方接受过学院派建筑教育的老一辈中国建筑师和建筑教育家来说，可谓轻车熟路。同时，这一体系对纪念性建筑的重视和表现，也符合在意识形态上拒绝西方文化并迫切需要通过建筑形象表现新中国建设成就和伟大形象的中国政府需求，所以得以迅速成为中国建筑教育的主流，并对中国1930年代就已经出现的现代主义建筑探索造成了颠覆性打击。

七、建筑思想的统一化：中国建筑学会成立

这一时期，中国加入苏联主导的社会主义阵营，从思想上学习苏联，排斥欧美。意识形态对建筑美学产生影响。1953年10月14日《人民日报》发表题为"为确立正确的设计思想而斗争"的社论。社论指出"在我们的设计工作中还存在很多缺点。其中最重要的就是在设计人员中还没有普遍地确立正确的设计思想，一部分设计人员中，还保留着资产阶级的设计思想，没有加以改造。这是我们设计工作质量低下，以及造成许多原则错误的主要原因"。社论进而区分了近代设计企业中的"资本主义"和"社会主义"两种"指导思想"。社论批评说：

> "新中国成立以前，我们的设计人员既缺乏设计近代企业的实际经验，而所看到的和所学习的，只有这一种以资产阶级思想为指导的企业设计。因此，当今天设计社会主义性质的企业时，便仍旧自觉或不自觉地因袭了资产阶级的设计观点……甚至在某些设计人员的思想深处，仍迷恋资本主义国家的技术，认为英、美的各种技术定额和设计规范是不可突破的，经验是不可推翻的；而对苏联先进的设计经验和技术，则采取怀疑甚至抗拒的态度。"

社论进而说：

> "与资本主义设计思想相反的，是社会主义的设计思想。在苏联帮助我们所做的企业设计文件中，在苏联专家对我们设计工作的具体帮助中，可以看到很多充分完备地体现了社会主义设计思想的范例……只有向苏联学习，才能掌握正确的设计思想，才能提高设计质量和工作水平，避免错误，赶上国家建设的要求。"

① 邹德侬. 中国现代建筑史. 天津：天津科学技术出版社，2001：140.

10 月 17 日，《人民日报》又以“积极领导设计人员的思想教育”为题发表社论。社论说：

“任何一项工作，都必须有正确的指导思想。对于设计工作来说，这更是特别重要的。首先，因为设计乃是国家计划的具体体现，必须从国家的政治路线与具体政策出发，全面地考虑政治、经济与技术的关系，表现出高度的政治思想内容。而今天我们设计部门中为数仍然很多的设计人员，他们以前学习的都是落后的资本主义的设计思想，大家的技术观点也不相同。在这种情况下，如果没有正确的设计思想的指导，就很难改进我们的工作，担负起设计部门对国家建设所负担的严重而光荣的任务。”

为了进一步统一建筑设计思想，建筑工程部在请示政务院总理周恩来后成立了中国建筑工程学会。1953 年 10 月 23 日 ~27 日，中国建筑工程学会第一次代表大会在北京召开。参加会议的正式代表有 36 人，代表了 1600 余名会员。会议期间，中央宣传部、中国科学院和中华全国自然科学专门学会联合会（简称科联）均有派人参加。会议讨论通过了《中国建筑学会会章》，选举理事 27 人，候补理事 7 人。周荣鑫担任理事长，梁思成、杨廷宝担任副理事长，汪季琦和吴良镛担任正副秘书长。贾震、董大西、鲍鼎、阎子祥、陈植、朱兆雪担任理事。①

建筑学会理事长、秘书长和理事的人选在照顾这一组织的专业性的同时，体现了党和政府的绝对领导。周英鑫曾任中央人民政府财经委员会秘书长，时任建工部党组书记、副部长；阎子祥曾任延安鲁迅艺术学院党总支书记，时任建筑工程部城市建设总局局长；贾震为副局长。汪季琦当时则任建筑工程部设计院副院长，他回忆说：“中宣部直接抓这次成立大会，所起的作用大致是：第一，定调子：当时的情况是从苏联专家那里听来了‘社会主义现实主义的创作方法’、‘社会主义内容、民族形式’这些口号，但是谁也弄不清楚，思想比较混乱。中宣部对这个问题定了调子，通过科学院的张稼夫在大会上的致辞表达出来。第二，定了领导人员：中宣部指示学会一成立就应成立党组，并指定周荣鑫为党组书记、理事长，贾震为副书记。”②

1954 年，中国建筑师学会的机关刊物《建筑学报》创刊。创刊号刊登了中国科学院党组书记张稼夫“在中国建筑学会成立大会上的讲话”，王鹰的文章“继承和发扬民族建筑的优秀传统”，③ 以及梁思成的文章“中国建筑的特征”。这些文章呼应了当时中国建筑界紧跟苏联“社会主义内容、民族形式”口号的需要。以此为开端，《建筑学报》成为中国建筑界一个重要的思想理论的园地和意识形态批判的战场。

在此后的数十年里，中国建筑学会一直是代表中国建筑师的唯一社会组织，《建筑学报》

① 王弗，刘志先编 . 新中国建筑业纪事（1949-1989）. 北京 : 中国建筑工业出版社，1989 : 29 ; 汪晨熙，金建陵编著 . 汪季琦年谱 . 北京：现代出版社，2009 年：83.

② 汪晨熙，金建陵编著 . 汪季琦年谱 . 北京：现代出版社，2009：80-83.

③ 王鹰本名王述尧，1923 年出生于桓仁，1943 年毕业于长春工大建筑学院，曾从事建筑设计、施工科研。1953 年主持重工业部北京安外宿舍施工，因快速施工创当时记录，20 栋 3 层楼、总建筑面积 24800 平方米单体工程用时 32 天，全部工期用时 55 天，国家计委主任陈云、重工业部部长王鹤受亲临现场视察并接见。传记被收录在《世界优秀专家人才名典》中华卷（第三卷）之 811 页。详见：http://www.baike.com/wiki/ 王述尧 .

在20世纪80年代以前也一直是中国建筑师表达思想的最主要的渠道。期间，国家的建设方针、反映国家建设需要的设计案例、适于中国国情的建筑科技等得到宣传，友好国家的建筑发展得到介绍，而与现行方针不相符合的建筑思想和观点则受到质疑甚至批判。通过中国建筑学会和《建筑学报》，国家主导了建筑界的审美话语。

在中华人民共和国成立初期，国家对于建筑的控制使得政府能够在百废待举的情况下最有效地利用建设资源，统筹建设计划，从而取得了第一个五年计划的伟大成功。[①] 但这种控制同时也从根本上削弱了近代以来中国建筑学发展和建筑师职业赖以存在的多元化赞助人和审美价值基础。总之，社会制度公有化、经济制度计划化、国家发展战略工业化、意识形态宣传上以苏联为追摹对象，这些都影响到建筑生产力的组织方式、管理方式 、建筑重点类型、建筑教育思想，以及建筑美学。这一切转变标志着中国近代建筑史的结束，以及中国建筑发展一个新阶段的开始。

① 关于这一成功，参见：费正清（John K. Fairbank），罗德里克·麦克法夸尔（Roderick MacFarquhar）主编．剑桥中华人民共和国史（1949–1965）．王建朗等译．上海：上海人民出版社，1990：164–167.（*The Cambridge History of China, Vol. 14: The People's Republic, Pt. I, The Emergence of Revolutionary China, 1949-1965.*）

附录一

台湾地区近代建筑大事年表

台湾地区近代建筑大事年表[①]整理如下：

荷西时期（17世纪）

1604年

荷兰商人初次登陆澎湖，准备长期居留并筑城，被明廷所派都司沈有容率兵谕退。

1624年

荷兰人在海上的沙洲（今安平）及台南市一带，有计划建设城市大员，初名奥伦治城（Fort Orange），1627年改名为热兰遮城（Fort Zeelandia）。在城内建仓库、官兵宿舍及教堂。

1628年

占领台湾北部的西班牙人在今新北市淡水区兴建圣多明哥城。

1644年

荷兰人于圣多明哥城原址附近予以重建，又命名为"安东尼堡"（1867年以后曾经被英国政府长期租用至1972年）

明朝覆灭，清朝建立。

明郑时期（1662–1683年）

1662年

南明延平王郑成功（1624–1662年）以"大明招討大将军"名义，率2.5万名将士及数百艘战舰进军台湾，迫使荷兰在1662年2月1日签约投降。淡水之荷兰人撤走。

郑设立承天府。因防清军乘虚攻其北疆，命左武卫何祐驻防淡水，重修红毛城。

明郑时期，台湾被称为"东宁"。

清治时期（1683–1895年）

1683年

清水师提督施琅在澎湖海战中大败东宁海军，郑成功之孙、末代延平王郑克塽归顺清朝。

---

① 本节作者姚颖。主要参考文献：台湾建筑会杂志；傅朝卿. 台湾建筑文化遗产（日治时期）. 台北：台湾建筑与文化资产出版社，2009；李乾朗. 台湾建筑史. 北京：电子工业出版社，2012；台湾近代建筑. 台北：雄狮图书股份有限公司，1980；吴昱颖. 日治时期台湾建筑会之研究（1929–1945年）. 台北艺术大学硕士学位论文，2006.

1862 年

英国人在沪尾（淡水）设立领事馆（馆址利用西班牙人所建的圣多明哥堡，即目前尚存之红毛城，但可能经过英国人之大修）。

1863 年

英国人继开鸡笼（基隆）及南部的打狗（高雄）和安平为贸易港。当时的艋舺及大稻埕被列为特区，外人得以随时进出。

此时由外国人设计和建造的建筑主要有两类。一类是商行建筑。光绪年间为洋行最盛时期，较大的洋行有宝顺、Tait&Co.（德记）、Brown&Co.（水陆）、Boyd&Co.（和记）、Case&Co.（嘉士）及怡和等几家。这些洋行据文献考证大都曾自筑洋楼作为办公室或住宅，其形式可能亦是以英、德之砖造传统为主。另一类是传教士带来的建筑，有教堂、医院和学堂。

1872 年 -1901 年

加拿大长老会牧师马偕（Rev. George Leslie Mackay，1844-1901 年）到台湾淡水传教。设立台湾北部第一所教会——淡水教会，并在所租之寓所开始诊疗。1873 年 3 月 2 日，五股坑教会建成，成为台湾北部第一座礼拜堂。1875 年所建外廊式马偕住宅至今尚存。通过回加拿大募捐，在 1882 年 7 月 26 日建成牛津学堂（Oxford College），正式的中文名称是“理学堂大书院”。

1874 年

琉球王国船难者因误闯台湾原住民领地而遭到猎杀，日本因而出兵攻打台湾南部原住民各部落。随后中、日两国外交折冲，史称“牡丹社事件”。这是日本自明治维新以来首次对外用兵，也是中、日两国在近代史上第一个重要外交事件。

钦差大臣沈葆桢（1820-1879 年）抵台善后，建造安平港二鲲鯓炮台。炮台由马尾造船厂法国工程师帛尔陀（Berthault）设计。

1875 年

丁日昌（1823-1882 年）任福建巡抚兼船政大臣（至 1878 年），1877 年再兼台湾学政。将台湾视为东南沿海的屏障，谓“台湾有备，沿海无忧”。通过沈奏请建造高雄旗津山丘上的旗后炮台。炮台由淮军将领提督唐定奎聘法国技师日意格（Prosper Marie Giquel）与斯恭塞格（Segonzac）设计建造。

大稻埕教堂建成，后于 1902 年重建。

1879 年

马偕医馆建成。

艋舺教会堂建成。

1884 年

中法战争爆发。清政府派刘铭传（1836-1896 年）以福建巡抚身份督办台湾军务。

1885 年

刘铭传聘法国工程师 Becker 建造台北火车站和铁路商务总局。

1886 年

马偕新店教会建成。

刘铭传建造沪尾炮台，由德国人鲍恩士（Baons）设计兼监造。后来澎湖西屿的东、西炮台亦由鲍氏督造。

刘铭传建造鸡笼至新竹铁道。德国人毕嘉（Becker）和英国人马体逊（Matheson）为主要顾问。台北大稻埕码头边建造了数座洋楼，如德国领事馆、税务司行署、怡和洋行等。大稻埕的茶行建筑也有明显的西式建筑之影响。淡水红毛城山丘西侧和鸡笼港口也各有数座海关建筑，多采用外廊式。

1887 年

台湾宣告正式建为行省，正名改称福建台湾省，巡抚亦更名为福建台湾巡抚，简 称台湾巡抚。

因台湾孤悬海外、军事建设不足、调度缓慢，刘铭传决定建造台北河沟头边的机器局，用以制造枪械及修理火车。台北机器局是台湾建省后第一年的军事建设之一。工厂监督原为英国人，后改为德国人毕第兰（Butler）。1892 年机器局又置铸钱机器，同时兼管铁路维修及伐木局，已由最初的军需工厂转变为多功能的近代工厂，显示了台湾当时对近代事业需求甚殷。机器局在日治初即即改设为“台北兵器修理所”。[①]

除了铺铁路、制军器、架电线外，大量建造的公共建筑也是刘铭传的重大政绩之一。公共建筑大部分仍采用传统闽南式，也有聘请上海方面的“三江派”匠师[②]建造江南形式的衙署，如巡抚衙门、军械局及协台衙等。部分建筑采用西式建筑，如设在台北府城内的西学堂（专授洋文）及番学堂都是砖造西式建筑。

1892 年

布政使衙门兴建，1895 年竣工。

日本侵占时期（1895–1945 年）

1895 年

4 月 17 日，大清帝国和日本在日本下关签订《马关条约》，将台湾割让给日本。台湾成为日本殖民地。

5 月 10 日，桦山资纪就任（第一任）台湾总督。

6 月 13 日，设立台湾“事务局”，17 日公布《台湾总督府假（临时）条例》。

10 月 7 日，《台湾总督府法院职制》公布，规定在宜兰、新竹、苗栗、彰化、云林、埔里社、

---

① 清代机器局遗构.（台湾地区）“文化部”文化资财局文化资产个案导览. http://www.boch.gov.tw/boch/frontsite/cultureassets/caseBasicInfoAction.do?method=doViewCaseBasicInfo&caseId=AA09811000024&version=1&assetsClassifyId=1.1&menuId=310.

② 清末有“三江派”之匠师来台，所谓“三江”即江苏、江西和江南（浙江和安徽）。

嘉义、台南、凤山、恒春以及澎湖设置法院支部。

1896 年

4 月，日本在台湾实施民政，设 13 处警察署，分别在台北、新竹、宜兰、台南、凤山、嘉义、恒春、台中、苗栗、鹿港、埔里社、云林以及澎湖。

6 月 2 日，桂太郎就任（第二任）台湾总督。

10 月 4 日，乃木希典就任（第三任）台湾总督。

1897 年

台湾气象局建成。

1898 年

2 月 26 日，儿玉源太郎就任（第四任）台湾总督。

后藤新平（1857–1929 年）担任台湾民政长官（至 1906 年），期间促进了台湾农业、工业、卫生、教育、科学、交通、警政等的建设发展。

总督府内设土木课。

台北城墙开始拆除。

台南测候所建立。

1899 年

11 月 8 日，总督府“铁道部”成立。

土木课内增技师长尾半平、福田东吾及十川嘉太郎等人。

1900 年

台湾总督府发布《台湾家屋建筑规则》。

第一代台北火车站建成，由福田东吾、宫尾麟、野村一郎[①]及片冈浅治郎设计，为砖石构造，至 1938 年改建成钢筋混凝土构造。

台南县知事官邸洋馆建成，由台南县技手朋田藤吉设计。

旧台南车站建成。

日人开始实施第一期都市计划。

1901 年

5 月，台北总督官邸（今台北宾馆）建成，由福田东吾、宫尾麟、野村一郎及片冈浅治郎设计。1912–1913 年间大修，森山松之助设计。[②]

台湾神社建成，由伊东忠太设计，其内供奉 1895 年因疟疾（一说因义军袭击）死于台湾的近卫师团长北白川宫能久亲王之牌位。

台北驿竣工。

桃园火车站建成。

---

① 有关野村一郎的生平，另参见：https://ja.wikipedia.org/wiki/%E9%87%8E%E6%9D%91%E4%B8%80%E9%83%8E.

② 有关森山松之助的生平，另参见：https://zh.wikipedia.org/wiki/ 森山松之助.

土木课内又增高桥长次郎、滨野弥四郎、野村一郎、片冈浅次郎及大野正业等人。

1902 年

土木课改为土木局，下设营缮课，野村一郎任课长。

1903 年

第一代台湾银行建成，由野村一郎设计。1934 年在其址东侧新建。

岛穑造任营缮课长。

基督教长老教台南神学校本馆建成。

1904 年

桃园厅舍建成。

野村一郎再任营缮课长。

1905 年

帝国生命保险会社台北支店建成。

土木局另增土木课，高桥辰次郎任课长。

（临济宗妙心寺台北布教据点）北投铁真院兴建。

1906 年

4 月 11 日，佐久间左马太就任（第五任）台湾总督。

第一次台湾总督府厅舍新筑设计审查（竞赛）（关于整体设计概念）举办，评审委员包括辰野金吾、妻木赖黄、伊东忠太、中村达太郎、塚本靖，以及总督府营缮课长野村一郎。这是日本建筑史上第一次公开征选大型公共建筑竞图。

宜兰厅长官邸建成。

淡水女传教士宿舍建成，由吴威廉（Rev.William Gauld）设计。

1907 年

“台北请负业组合”成立，这是目前所知台湾最早的建筑社团组织，以“增进建筑业者之信用、建筑事业之改良及同业亲睦和谐”为目的。

台湾总督府发布《台湾家屋建筑规则》施行细则。

第二次台湾总督府厅舍新筑设计审查（竞赛）（关于细部设计及施工说明）举办。长野宇平治方案获选，再经森山松之助修改定案。

日人荒井泰治等与林尔嘉、李春生及辜显荣等人组织“台湾建物株式会社”，兴建各地之市场。

台湾电话局建成，这是台湾第一座钢筋混凝土构造的建筑。

台大医学院建成。

1908 年

纵贯台湾西部的铁路全线通车。

台北水源地唧筒室（今台北自来水博物馆）建成，由总督府营建课野村一郎设计。

总督府台北中学校本馆（今台北市立建国中学红楼）建成。

台北新起街市场八角堂（今台北西门红楼）建成，由近藤十郎设计。

台南西市场建成。

台湾彩票局建成，由近藤十郎设计。1914年改为图书馆。

台湾第一中学（今建国中学）建成，由近藤十郎设计。

台湾铁道饭店建成，由松崎、渡边万寿也设计。

10月，台中公园双亭为庆祝纵贯铁路通车而建，由樱井营造厂设计。

1909年

淡水埔顶牧师楼（又名淡水男传教士宿舍）建成，由吴威廉设计。

台湾“交通部”建成，由森山松之助设计。

台南邮局建成，森山松之助设计。

电力会社及土木部建成，由森山松之助设计。

1910年代

全面展开“市区改正”，造就了宽广的街道，也促成了新建筑在城市发展的各种可能性。大稻埕普愿街、中北街、中街、南街街屋始建。

受过西方建筑专业教育的日本技师大量来台，建筑发展达到日据时期最高峰，台湾传统都市环境之意象彻底改变。

1911年

台南公会堂（今吴园艺文馆）建成，由矢田贝陆设计。

基隆邮局建成，由近藤十郎及八板志贺助设计。

中央研究所建成，由近藤十郎及小野木孝治设计。

台北发生大水灾，街屋倒塌不计其数。日人当局遂利用这个机会从事街屋的全面改建。台北市之新都市改正计划由土木局营缮课野村一郎及技师滨野弥四郎拟就，并聘请英人巴尔顿（Belton）为顾问。在此期间被拆除的旧建筑包括县城隍庙（建糖业公司）、协台衙（建女师附小）、登瀛书院及西学堂（建彩票局）、陈林两姓祠堂（建总督府），以及1913年被拆除的布政使衙门（建公会堂，即今中山堂）。

1912年

6月1日，台湾总督府厅舍大规模整修，森山松之助与八坂志贺助负责。

台北镇南山临济护国禅寺主体建筑竣工。

台中神社建成，由伊藤满作设计。

台湾步兵第二联队兵舍（今成功大学光复校区）兴建。

台南地方法院建成，由总督府技师森山松之助设计。

北投长老教会建成，由吴威廉设计。

马偕医院建成，由吴威廉设计。

台北太平公学校建成。

苗栗县三义乡十六份停车场建成。

1913 年

北投温泉公共浴场（北投温泉）兴建，号称当时东亚最大温泉浴场。

1901 年台湾总督府专卖局成立，1913 年台湾总督府专卖局主体完工，1922 年中央塔楼完工，由总督府营缮课技师森山松之助设计，辰野风格。至 1938 年，台湾总督府专卖局共设有基隆、台北、宜兰、新竹、台中、嘉义、台南、高雄、屏东及花莲港 10 处支局，以及神户、埔里、鹿港、布袋、北门、乌树林、澎湖、大湖、集集、六龟、玉里 10 处出张所。

新竹驿建成，由松崎万长设计。

台中州厅（今台中市政府）建成，由总督府营缮课技师森山松之助设计。

台南开山神社建成，由岛田宗一郎设计，1915 年改建。

1914 年

台北医院厅舍开始兴建，1924 年建成，为辰野风格。

圆山别庄（今台北故事馆）建成。

下淡水溪铁桥（今高屏溪旧铁桥）竣工启用。

台北重庆南路之街屋建成。

中荣徹郎任营缮课长。

1915 年

5 月 1 日，安东贞美就任（第六任）台湾总督。

台北州厅（今“监察院”）建成，由总督府营缮课技师森山松之助设计。

台北总督府殖产局附属博物馆（初名儿玉总督后藤民政长官纪念馆，简称台湾总督府博物馆，今台湾博物馆）建成，由总督府营缮课长野村一郎、技手荒木荣一设计。

嘉义神社建成，由伊藤满作设计。

礁吧哖事件爆发。唤醒了台湾的旧式地主阶级及知识分子，以林献堂及蒋渭水为主领导的台湾文化协会开始鼓吹启蒙运动。

1916 年

6 月，台北日本基督教会竣工。

10 月，台湾基督教长老会台中教会竣工。

台南长老教中学讲堂与教堂竣工。

以庆祝始政 20 周年为名，提倡、奖励实业，展示日本帝国的丰富物产，巩固日本殖民政策的“劝业共进会”大型展览活动在台北举办。

台南州厅（今文化资产保存研究中心、文学馆）建成，由总督府营缮课技师森山松之助设计。

淡水女子学校建成，由吴威廉设计。

台南长老教会中学建成。

美国驻台湾地区的领事馆建成。

台大医院建成，由近藤十郎设计。

1917 年

台中驿建成。

吉野真言宗布教所（川端满二募建）创建。

1918 年

6 月 6 日，明石元二郎就任（第七任）台湾总督。

台北神学院建成，由吴威廉设计。

艋舺火车站建成。

第一次世界大战结束后，日本本国酝酿一股民主自由运动，连带着激发了近代台湾的文化启蒙运动。

1919 年

中国大陆地区发生“五四”新文化运动。

3 月，台湾总督府厅舍（今总统府）建成。环境美化和附属建筑至 1923 年完成，总经费 269.64 万元。

10 月 29 日，田健智郎就任（第八任）台湾总督。

井手薰任营缮课长。[①]

日军海军凤山无线电信所建成。

桃园大溪新南街下街及草店尾街街屋兴建，至 1920 年建成。

总督府台南高等女学校本馆（今台南女中自强楼）建成。

从 1895–1919 年的二十多年里，日人之统治由武力征服慢慢转为政制确立，在社会管理方面有了很大的变动，第一任总督桦山资纪于始政之后立即进行日本语文之推展，先在大稻埕设立学务部，后移至芝山岩。同时因水土不服，为讲求卫生，也在各地广设医院，建立医疗研究机构。1898 年之后，总督儿玉源太郎及民政官后藤新平在 8 年任内开始奠定经营台湾之基础；军政改为民政之后，开始有计划的物质建设，包括基隆港及纵贯铁路的建设完成，并公布台湾地籍规程，实施清丈，改造旧市区及开通下水道。同时将清末以来长期垄断的外商势力排出，完成殖民地经济政策之初步阶段。继儿玉之后的佐久间左马太总督，颇致力于工程方面的建设，包括高雄港及总督府厅舍的建筑计划。另外，也开始注意理番工作及阿里山森林资源之开发；并且在花莲设置移民村，希望招来日人之移垦，但成效不大。其后的安东贞美及明石元二郎总督任内，则正值欧战告终，日本于战争期间产业勃兴，资本膨胀，台湾亦因此而略有景气。此时期完成了海线铁路及日月潭水力发电。

1920 年

总督府实施地方改制，在州厅下设置市、郡。修正《总督府地方官制》公布，台湾西部各厅废除，改设台北、新竹、台中、台南、高雄五州，以及花莲港及台东两厅。

---

① 有关井手薰的生平，另参见：https://zh.wikipedia.org/wiki/ 井手薰.

"台北请负业组合"改组为"台湾土木协会"。

1918 年兴建铁道部厅舍，由土木局营缮课技师森山松之助设计，1920 年完工。

淡水妇学堂建成，由吴威廉设计。

台湾基督教长老会屏东教会建成。

近藤十郎任营缮课长。

新竹县湖口新街（今老街）街屋兴建。

1921 年

台北州建成寻常小学校（今台北市当代艺术馆）落成。

台中市役所建成。

台南新化镇新化街（今中正路）街屋兴建，至 1936 年建成。

1922 年

台北帝国大学创设计划开始。

台湾省研究公卖局（今台北专卖局）建成，由森山松之助设计。

新竹礼拜堂建成，由吴威廉设计。

彰化机车库兴建。

1923 年

4 月 16 日，日本皇太子裕仁到台进行为期 12 天的巡视。访台结束后，台湾总督府为歌功颂德，组织"皇太子殿下台湾行启纪念事业调查委员会"，评选出几处裕仁走过的地方，立碑纪念，而各地民间亦纷纷仿效，一时间，台湾各地陆续出现各种太子行启御迹的纪念碑。[①]

9 月 6 日，内田嘉吉就任（第九任）台湾总督。

9 月 1 日，日本关东大地震。地震对于日本本土现代建筑之发展造成革命性的影响。

台南神社建成，由森山松之助设计。

淡江体育馆建成，由罗虔益设计。

台南长老教女学校本馆竣工。

1924 年

3 月，艋舺龙山寺竣工。

9 月 1 日，伊泽多喜男就任（第十任）台湾总督。

井手薰再任营缮课长至 1935 年。

台北医院厅舍建成，由总督府技师近藤十郎设计。

日本武德会高雄振武馆兴建。

1925 年

淡江中学校本馆建成，由罗虔益设计。

---

① 历史回想. 1923 年《行启纪念写真帖》里的台湾旧影像（上）. http://www.tonyhuang39.com/tony0746/tony0746.html.

台南火山大仙岩大雄宝殿建成。

裁土木局，另于内务局下增设土木课。

包豪斯（Bauhaus）鼓吹的现代艺术理论透过日本逐渐为台湾的艺术工作者所接受，提倡新工艺之精神，家具、编织物（大甲席）竹制品及莺歌的陶瓷器都从旧时的应用工具被提升为美术品了。

1926年

5月5日，井手薰等人在新公园举行相谈会（讨论会），决议创立一个建筑研究组织，会名为“台湾建筑会”，并召开第一读书会，讨论会则。

7月16日，上山满之进就任（第十一任）台湾总督。

8月，东后寮台湾基督教长老会建成。

12月25日，大正天皇驾崩，改年号昭和。

台中为纪念1923年日本皇太子巡视台湾而建的“行启纪念馆”建成。

第一批台籍建筑专业学生毕业。台北州立工业学校建筑科专修科自1926–1937年共有12届毕业生。

1927年

7月15日，近藤商会店铺建成，位于台北市京町一丁目，由台湾土地建物株式会社设计。

台北信用组合新房舍建成。

台北县三角湧街（现三峡镇民权街）街屋兴建。

1927年之后，各地方已有工匠团体组织，例如台北木工工友会、土木工友会或石工工友会，会员达数百人。

“台湾土木协会”成为社团法人。

1928年

2月20日，台湾总督府税关厅舍建成，位于台北市泉町一丁目七番地，由总督府官房会计课营缮系设计。

3月，台湾总督府专卖局花莲港支局厅舍建成，位于花莲港街稻住通，由总督府官房会计课营缮系设计。

3月13日，台中师范学校本馆建成，位于台中市桦枝町，由总督府官房会计课营缮系设计。

3月17日，台北帝国大学创立。

3月31日，台北第二师范学校本馆建成，位于台北市下内埔，由总督府官房会计课营缮系设计。

6月16日，川村竹治就任（第十二任）台湾总督。

6月28日，CIAM（国际现代建筑协会）成立。

8月31日，建功神社本殿建成；翌年3月20日，右外廊建成；翌年12月26日，左外廊建成。神社位于台北市南门町六丁目二番地，由井手薰设计。

9月11日，台北帝国大学文政学部研究室建成，位于台北市富田町，由总督府官房会计课营缮系设计。

9月12日，台北无线电信局板桥送信所建成，位于台北州海山郡板桥庄，由总督府递信部无线系栗山俊一、藤田为次郎设计。[①]

9月20日，北港公会堂建成，位于台南州北港郡北港街，由宇敷赳夫设计。

9月29日，台湾建筑会创立恳谈会在蓬莱阁举行。

10月18日，台湾建筑会发起人会在新公园举行。

10月20日，创立委员会在台湾材料实验室举行。

11月7日，台北高等学校本馆（今台湾师范大学行政大楼）建成，位于台北市古亭町，由总督府官房会计课营缮系设计。

12月6日，《台湾家屋建筑规则施行细则》修订。

12月10日，创立委员会在台湾材料实验室再次举行。

12月20日，飞行第八联队及队长宿舍建成，位于高雄州屏东郡屏东街，由浅井新一设计。

12月22日，台北放送局举行开局式。

12月24日，台北高等学校体育馆建成，位于台北市古亭町，由总督府官房会计课营缮系设计。

台北州立工业学校建筑科本科班开始培养台湾的建筑人才，至1945年共有19届毕业生，台籍学生所占比例占四分之一。

1929年

1月，美国股市大跌，经济大恐慌开始。

1月21日，举行台湾建筑会常议员会。

1月26日，台湾建筑会[②]于台北高等商业学校举行发会式，正式宣告成立，井手薰担任会长，栗山俊一担任副会长兼编辑。关于成立的目的，井手薰在创会致辞中提出三点：1. 成立建筑技术知识的研究组织；2. 进行台湾建筑的研究及交流；3. 传播建筑知识。台湾建筑会是台湾第一个研究建筑的学术组织，直到1945年二次大战结束才停止其活动。其会员分布全台各地，并设有地方支部，入会者多是建筑及土木之从业人员。台籍人士占少数，最主要的干部是由当时总督府营缮课及各个公家营缮单位的建筑技师组成。台湾建筑会通过发行定期刊物来沟通当时的新技术、新思潮，同时检讨新完成的作品。除了刊行会志，亦常举办演讲会及展览会，少数人士也做古迹调查报告。台湾建筑会举办演讲会的时间集中在1931–1941年之间，多半邀请岛外有名人士来做演讲，讲者多半是东京帝国大学及京都帝国大学的教授，如武田五一、伊东忠太、藤岛亥治郎、森田庆一等。前三位在日本专攻建筑史，他们来台时间虽然不是很久，但是对台湾的建筑界有一个深刻的观察，建议台湾建筑会要领导台湾走出自己的建筑风格，对于

① 关于栗山俊一，另参见：许长鼎. 台湾日治时期建筑家栗山俊一之研究. 台北：台北艺术大学硕士学位论文，2011.

② 有关台湾建筑会的情况，另参见：吴昱莹. 日治时期台湾建筑会之研究（1929–1945年）. 台北：台北艺术大学硕士学位论文，2006.

台湾建筑的主体性的建立影响很大；森田庆一在日本研究现代主义，他针对台湾现代主义建筑的方向提出看法。

《台湾建筑会志》创刊，至 1944 年共出版 16 辑。其中包含许多材料及技术的研究报告，以及当时建筑界最新动态及建筑史、建筑思潮等建筑学术的讨论。1929–1934 年初创期的编辑委员包含坂本登、梅泽舍次郎、安田勇吉、手岛诚吾、铃置良一、浅井新一、草间市太郎、宇敷赳夫、千千岩助太郎、新井英次郎、田中大作，其学历包含有东京帝国大学及高等学校出身的优秀人才，可见台湾建筑会对于会志的重视。台湾建筑会与当时许多团体有交换及寄赠会志的活动。交换的单位包括建筑学会、日本建筑协会、满洲建筑协会、朝鲜建筑协会、卫生工业协会等日本国内的建筑相关社团。寄赠的单位包括总督府调查课、《台湾日日新报》社、台湾新闻社、台北工业学校、台南高等工业学校、新竹州立图书馆、台中州立图书馆等。

1 月 27 日，台湾建筑会举办建筑参观活动，参观地点包括台北邮便局、台北高等学校、台北帝国大学、板桥无线电信局、林本源邸。

2 月 14 日，台湾建筑会开始于台湾贮蓄银行大楼二楼第一号室事务所办公。

2 月 23 日，台湾总督府车库及官舍建成，位于总督府构内，由总督府官房会计课营缮系设计。

3 月 10 日，高等法院长官舍建成，位于台北市书院町，由总督府官房会计课营缮系设计。

3 月 25 日，基隆要塞司令部厅舍建成，位于台北州基隆市大沙湾，由浅井新一设计。

3 月 29 日，台湾总督府官舍移筑，位于台北市南门町，由总督府官房营缮课设计。

3 月 31 日，台北南警察署建成，位于台北市大和町一丁目，由总督府官房营缮课设计。

3 月 31 日，基隆医院厅舍第三期建成，位于基隆市基隆字义重桥，由总督府官房营缮课设计。

3 月 31 日，台北帝国大学文政学部校舍建成，位于台北市富田町，由总督府官房营缮课设计。

4 月 7 日，台北高等学校理化学教室建成，位于台北市富田町，由总督府官房会计课营缮系设计。

4 月 15 日，台北邮便所本馆（今台北北门邮局）建成，位于台北市京町通，由总督府营缮课栗山俊一等设计。

4 月 27 日，第一回正员会于台湾贮蓄银行大楼举行，讨论“针对台湾建筑规则改正案的现行规则研究”，在蓬莱阁举行思亲会。

4 月 30 日，高雄神社建成，由冈本源造设计。

5 月，总督府组织改组，直属营缮单位为“官房营缮课”，井手薰任课长。

5 月，辰马商会店铺建成，位于台北市本町一丁目三番地，由台湾土地建物株式会社设计。

5 月 27 日，台北帝国大学总长校舍建成，位于台北市佐久间町，由总督府官房营缮课设计。

6 月，河东氏住宅建成，位于台北市佐久间町，由台湾土地建物株式会社设计。

6 月 11 日，台湾建筑规则改正案起草委员会成立。

6 月 30 日，台北高等学校讲堂（今台湾师范大学与礼堂）建成，位于台北市古亭町，由总督府官房营缮课设计。

6 月 30 日，台湾军司令官官邸建成，位于台北市儿玉町，由浅井新一设计。

6月30日，台北高等学校寄宿舍建成，位于台北市古亭町，由总督府官房营缮课设计。

7月30日，石塚英藏就任（第十三任）台湾总督。

9月8日，新竹州商品陈列馆建成，位于新竹街东门外，由神田元寿、若松佐设计。

9月30日，台中州立图书馆建成，位于台中市大正町一丁目，由台中州土木课营缮系设计。

10月26日，台湾建筑会第二回正员会于台湾贮蓄银行大楼举行，在江山楼举行恳亲会。

12月2日，高雄邮便局电话交换室厅舍本馆建成，位于高雄市堀江町，由总督府交通局递信部清水史设计。

台北放送局本部（今二二八纪念馆）建成，由栗山俊一设计。

高雄神社建成，由冈本源造设计。

台北龙山寺建成。

新竹州厅建成。

花莲港邮便局建成。

高等官第四种官舍建成。

台南市东安门建成。

台北市中央卸卖市场建成。

台北帝国大学文政学部与图书事务室（今台湾大学文学院与校史馆）建成。

台湾总督府旧厅舍建成

1929–1938年，日本在台湾都市新建8座警察署。除台北南（1929年）、北（1933年）两署外，其他各在台南（1931年）、台中（1934年）、新竹（1935年）、彰化（1936年）、嘉义（1937年）以及基隆（1938年）。

至1930年代末，台湾所建之建筑基本上都有摆脱西洋历史式样，特别是正统古典语汇的倾向。

本年《台湾建筑会志》（第1辑）刊登的新建筑介绍包括：台北帝国大学文政部研究室、校舍，台北帝国大学总长官舍，台北高等学校本馆，台北高等学校体育馆，台北无线电信局板桥送信所局舍，台北南警察署厅舍，高等法院长官舍，飞行第八联队长宿舍、将校公寓、奏任宿舍，近藤商会店铺，基隆医院厅舍，台北第二师范学校本馆，台湾总督府自动车库，北港公会堂，辰马商会店铺，总督府官舍移筑，台湾总督府专卖局花莲港支局厅舍，台湾总督府税关厅舍，河东氏住宅，台中师范学校本馆，基隆要塞司令部厅舍改筑，台北市龙山寺，高等学校理科学教室。

1930年

1月25日，台湾建筑会第二回总会于台北高等学校讲堂举行。次日举办参观活动，参观地点为台北邮便局、台北孔庙、北投窑业株式会社。

1月31日，高等学校内御真影奉安所建成，位于台北市幸町，由总督府官房营缮课设计。

2月28日，专卖局养气俱乐部北投别馆建成，位于台北州七星郡北投庄北投二一，由尾辻国吉、半田平治郎、垣内金一设计。

3月1日，台北市市场使用公制。

3月31日，台北放送局板桥放送所建成，位于台北州海山郡板桥街，由栗山俊一、草间市太郎、松重武左卫门、角野正嘹设计。

3月31日，台北放送局淡水受信所建成，位于台北州淡水郡淡水街，由栗山俊一、草间市太郎、角野正嘹设计。

4月20日，台南州北港郡役所厅舍第二期建成，位于台南州北港郡北港街，由台南州土木课营缮系设计。

5月1日，台北市营公车开始运营。

5月10日，台湾建筑会第三回正员会于台湾贮蓄银行大楼举行，在新公园举行恳亲会。

5月30日，都市计画委员会成立。

6月6日，公制换算委员会成立。

8月27日，台北市孔子庙举行陛座及释奠大典。

9月5日，厕所改良调查委员会成立，受台北州警务部卫生课委托。

9月15日，建筑学会之建筑会馆竣工。

9月16日，《史迹名胜天然纪念物保存调查会规程》发布。

9月21日，《史迹名胜天然纪念物保存法施行规则》发布，10月1日起实施。

9月25日，台湾建筑会第四回正员会于新公园举行。

9月27日，“雾社事件”爆发。

9月30日，警察会馆建成，位于台北市明石町一丁目三番地，由井手薰设计。

10月20日，台中后里毗卢禅寺竣工。

10月31日，草山公共浴场建成，位于台北州七星郡草山，由台北州土木课营缮系设计。

11月8日，台北放送局建成，位于台北新公园，由栗山俊一、草间市太郎、角野正嘹设计。

12月，台北帝国大学理农学部生物学教室建成，位于台北市富田町，由总督府官房营缮课设计。

台北曹洞宗别院钟楼建成。

台北放送局演奏所（今台北二二八纪念馆）启用。

日本武德会彰化武德殿（台中州营缮业者堀淳一）建成。

“台湾土木协会”改称为“台湾土木建筑协会”。

本年《台湾建筑会志》（第2辑）刊登的新建筑介绍包括：台北高等学校讲堂、寄宿舍，台湾军司令官官邸改筑，新竹州商品陈列馆，台北邮便所，台南州北港郡役所官厅舍，高雄邮便所电话交换室厅舍。

1931年

1月16日，大田政弘就任（第十四任）台湾总督。

2月17日–25日，朝鲜建筑会视察团来访。

3月，高雄州厅舍建成，位于高雄市前金，由高雄州土木课设计。

3月5日，台中武德殿建成，位于台中市幸町五丁目，由台中州土木课设计。

3月10日，高雄州旗山郡役所建成，位于高雄州旗山郡，由高雄州土木课设计。

3月14日，台北帝国大学正门建成，位于台北市富田町，由总督府官房营缮课设计。

3月30日，台中卫戍医院建成，位于台中市干城町十八番地，由浅井新一设计。

4月，台湾教育馆竣工。

4月25日，台湾教育会馆建成，位于台北市龙口町一丁目一、二、三番地，由井手薰设计。

5月3日，台北帝国大学理农学部化学及理化学校舍建成，位于台北市富田町，由总督府官房营缮课设计。

5月23日，台湾建筑会第五回正员会及第三回总会于警察会馆举行。

5月24日，台湾建筑会举办建筑参观活动，参观地点为台北帝大、教育会馆、法院。

8月3日，台中州青果同业组合事务所建成，位于台中市柳町一丁目，由三田镰次郎设计。

9月18日，“九一八”事变爆发。

10月1日，台北都市计画委员会成立。

10月17日，台湾建筑会第六回正员会于警察会馆举行，恳亲会于新公园召开。

11月20日，台南警察署建成，位于台南市幸町一丁目，由台南州土木课营缮系设计。

12月28日，台中市娱乐馆建成，位于台中市大正町四丁目四番地之三，由齐藤辰次郎设计。

台北警察会馆建成，由井手薰设计。

台中宝觉禅寺建成，由妙禅法师筹划设计。

台南州立第二中学校讲堂（今台南一中小礼堂）建成。

高雄玫瑰圣母殿主教座堂竣工。

本年《台湾建筑会志》（第3辑）刊登的新建筑介绍包括：台北放送局演奏所，台北放送局板桥放送所厅舍，台北放送局淡水受信所，警察会馆，台中州立图书馆，台中武德殿并俱乐部，教育会馆，台北帝国大学守卫所及正门、图书馆事务所、理农学部、化学及理化学校舍、理农学部生物学教室。

“九一八”事变之后，台湾总督复由军人担任，积极推行所谓“皇民化运动”，鼓励台人改姓名并学习日本风俗习惯，奉祀日本神祇，禁拜道教。大量庙宇在这期间被毁，台南大天后宫亦遭拍卖。[①]

1932年

3月2日，南弘就任（第十五任）台湾总督。

3月7日，台北都市计画发表。

3月25日，大阪商船株式会社高雄支店长社宅建成，位于高雄市湊町五丁目二十番地。

3月31日，台中医院传染病栋建成，位于台中市旭町，由总督府官房营缮课设计。

① 拍卖台南大天后宫之经过，可参见《台湾风物》十七卷二期黄得时文。

4月1日，台湾文化三百年纪念会举行，台湾史料馆于安平赤坎开幕。

5月26日，中川健藏就任（第十六任）台湾总督。

6月30日，阿里山高山观象所建成，位于台南州嘉义郡阿里山，由总督府官房营缮课设计。

7月9日，内地视察座谈会于台湾建筑会事务所召开。

7月31日，布政使司衙门被拆迁，于原址动工兴建台北公会堂。

10月7日，专卖局嘉义支局酒精工场第三期建成，由专卖局营缮系设计。

10月10日，私立台北女子高等学院讲堂建成，位于台北市龙口町，由井手薰、畠山喜三郎、太田良三设计。

10月22日，台湾建筑会第七回正员会于警察会馆举行，讨论建筑展览会暂缓举办。

11月10日，台南第一高等女学校作法室建成，位于台南市绿町，由台南州营缮系设计。

11月15日，专卖局台北酒工厂建成，位于台北市桦山町，由专卖局营缮系设计。

11月28日，台北菊元百货开幕。

11月30日，新竹医院第二期建成，位于新竹市西门，由总督府官房营缮课设计。

12月21日，台南高等工业学校机械工学科动力及水力试验室建成，位于台南市三份子，由总督府官房营缮课设计。

菊元百货建成。

台北帝国大学硝子室建成。

本派本院寺台湾别院建成。

淡水礼拜堂建成，由马偕、偕叡廉设计。

台中娱乐馆建成，由齐藤辰次郎设计。

台南末广町店铺住宅建成。

本年《台湾建筑会志》（第4辑）刊登新建筑介绍包括：建功神社本殿，高雄州厅舍，台南警察署，阿里山高山观象所厅舍，南市末广町店铺住宅，台中医院传染病栋，台中卫戍医院，大阪商船株式会社高雄支店长宿舍。

1933年

2月1日，台湾建筑会事务所改为营缮课材料试验室（台北医院内）。

3月20日，明治桥建成。

3月31日，二水驿建成，位于台中州二水庄，由总督府交通局铁道部改良课设计。

4月15日，糖业试验所建成，由总督府官房营缮课设计。

4月15日，台北北警察署厅舍建成，位于台北市蓬莱町，由总督府官房营缮课设计。

5月10日，精神病院建成，位于台北州松山庄五分埔，由总督府官房营缮课设计。

6月3日，台湾建筑会第八回正员会于警察会馆举行。

6月4日，台湾建筑会第五回总会举行建筑参观活动，参观地点为松山铁道部、法院新筑工事现场。

6月20日，嘉义驿建成，位于嘉义市，由总督府交通局铁道部改良课设计。

7月10日，高雄州潮州郡厅舍建成，位于潮州郡潮州庄潮州，由高雄州土木课设计。

7月15日，嘉义税务出张所建成，位于嘉义市北门町，由总督府官房营缮课设计。

7月20日，教育会馆别馆建成，位于台北市龙口町，由总督府官房营缮课设计。

8月13日–14日，与满洲大博览会同时，在大连举办了第一次四建筑会联合会，由台湾建筑会、日本建筑协会、朝鲜建筑会、满洲建筑协会共同组成，代表了当时四个地方型建筑会之间交流与研究的决心。

9月，高桥氏邸建成，位于台北市广町一丁目，由台湾土地建物株式会社设计。

9月10日，草山警官疗养所别室建成，由总督府官房营缮课设计。

9月25日，台湾建筑会举办满鲜地方旅行视察讲演会。

10月21日，台湾建筑会第九回正员会于警察会馆举行，在新公园召开恳亲会。

11月14日，台中邮便局建成，位于台中市宝町一之一，由总督府官房营缮课设计。

11月15日，新竹市有乐馆建成，位于新竹市新竹字东门，由栗山俊一设计。

11月26日，史迹天然纪念物指定。

11月28日，台湾基督教长老会淡水教会建成。

11月30日，台北第一高等女学校建成，位于台北市文武町五丁目，由台北州土木课营缮系设计。

12月20日，草山林间学校建成，位于七星郡北投庄，由总督府官房营缮课设计。

12月25日，台南高等工业学校本馆（今成功大学校史馆暨博物馆）建成，位于台南市三份子，由总督府官房营缮课设计。

12月29日，台湾建筑会赴琉球考察。

松山铁道部工厂建成，由铁道部改良课工事系设计。

台中杨子培氏邸建成，位于台中市明治町一丁目三番地，由林建文设计。

日本劝业银行台北支店（今台北土地银行）建成，位于台北市表町，由日本劝业银行建筑课设计。

彰化公会堂（台中州土木课技士藏满盛秀设计）建成。

本年《台湾建筑会志》（第5辑）刊登的新建筑介绍包括五类。学校：高等商业学校内御真影奉安所，台北帝国大学理农学部生物学附属硝子室，台南高工机械工学科教室及附属工场、交流室实验室及水力试验室，私立台北女子高等学院讲堂、作法室，台南第一高等女学校作法室。官衙：糖业实验所本馆、昆虫病理制糖化学厅舍、甘蔗压榨室，台北北警察署厅舍，嘉义税务出张所厅舍，高雄州潮州郡厅舍。工场：专卖局嘉义支局酒精工场，专卖局台北酒工场米酒仕込室。病院：新竹医院厅舍，精神病院厅舍。其他：本派本愿寺台湾别院本堂、上御庙所，糖业试验所所长官舍、奏任官舍，二水驿，嘉义停车场，日本劝业银行台北支店，教育会馆别馆。

1934年

1月29日，台中地方法院长官舍建成，位于台中市利国町武德殿，由总督府官房营缮课设计。

2月25日，台南高等工业学校讲堂（今成功大学格致堂）建成，位于台南市三份子，由总督府官房营缮课设计。

3月，台湾总督府高等法院及台北地方法院（今司法大厦）建成，由总督府官房营缮课设计。

4月6日，台湾建筑会干部会议选副会长为白仓好夫。

4月25日，台北帝国大学气象学教室建成，位于台北市富田町，由总督府官房营缮课设计。

4月30日，高雄高尔夫俱乐部house建成，位于高雄市寿山，由高雄州土木课营缮系设计。

5月4日，台湾建筑会干部会议修正《会则》第四条、第六条。

5月19日，台湾建筑会第十回正员会于警察会馆举行。

5月20日，台湾建筑会举行建筑参观活动，参观地点为台北法院、基隆港合同宿舍、新鱼市场、社寮岛。

5月31日，台中警察署建成，位于台中市村上町三丁目，由总督府官房营缮课设计。

7月9日，日本建筑学会设置地方委员，台北市的委员为井手薰。

7月15日，基隆港合同厅舍建成，位于基隆市明治町一丁目九番地十番地，由铃置良一设计。

8月3日，台湾建筑会干部会议针对《台湾建筑会志》封面图案征稿提案。

8月10日，广播塔建成，位于台北新公园，由递信部营缮系设计。

9月下旬，日本建筑学会在东京三越本店举办第八回建筑展览会，台湾建筑会展出法院新厅舍及基隆港合同厅舍建筑写真10张。

11月10日，台湾建筑会第十一回正员会于警察会馆举行，恳亲会于台北モソパリ[咖啡馆]召开。

12月31日，澎湖厅厅舍建成，位于澎湖厅马公街，由总督府官房营缮课设计。

台北市某料亭座敷建成。

深川氏邸建成。

高等法院及台北地方法院建成。

本年《台湾建筑会志》(第6辑）刊登的新建筑介绍包括：台中邮便局，台中法院长官舍，台中杨子培氏坻，台中警察署厅舍，台北帝国大学气象学教室，高雄高尔夫俱乐部住宅，台北放送局广播塔，高桥氏住宅，草山林间学校，草山警官疗养所，松山铁道部工场，基隆港合同厅舍，深川氏住宅。

1935年

4月15日，新竹市警察署建成，位于新竹市新竹州厅前，由总督府官房营缮课设计。

4月21日，台湾中部发生7.1级地震，是台湾有史以来伤亡最惨重的自然灾害 。

4月29日，台湾总督府设置“震灾地复兴委员会”推动灾后复兴事业，并陆续于新竹、大武、新港（成功）、宜兰等地设立地震观察站，以增强对地震的观测与了解。

5月1日，设立震灾复兴计画委员会。

5月11日，台中放送局（今台中市电台）启用，由台中州土木课设计。

5月25日，今村明恒、佐野利器来台调查台湾中部震灾，于蓬莱阁举行欢迎会。

5月25日，旗山第一公学校讲堂建成，位于高雄州旗山郡旗山街，由旗山郡营缮系设计。

7 月 5 日，指定第二回四建筑会联合大会准备委员，分别有：白仓、宇敷、铃置、千千岩、筱原。

7 月 20 日，嘉义农事试验支所建成，位于嘉义市山仔顶，由总督府官房营缮课设计。

7 月 31 日，高雄州冈山郡厅舍建成，位于高雄州冈山郡冈山庄，由高雄州土木课设计。

10 月 10 日，北白川宫御遗迹纪念碑建成，位于台北市公会堂前，由井手薰、高桥彝男、青野英隆、松山三丸设计。

10 月 10 日 –11 月 28 日，举办始政四十周年纪念台湾博览会，简称“台湾博览会”。

10 月 20 日，台湾国立公园委员会成立。

10 月 27 日 –11 月 3 日，第二次四建筑会联合会召开，与台湾建筑会的第七回总会同时举办。

11 月 9 日，日本航空输送株式会社台北飞行场飞行机格纳库建成，位于台北州七星郡松山庄。

12 月 27 日，桦山台湾总督像台座建成，位于台湾总督府前广场北侧，由井手薰、八板志贺助、竹中久雄设计。

阿里山贵宾馆建成。

本年《台湾建筑会志》（第 7 辑）刊登的新建筑介绍包括：高等法院及台北地方法院，澎湖厅厅舍，新竹警察署。

1936 年

3 月 15 日，台南驿改建完成，由宇敷赳夫设计。

3 月 20 日，新营驿建成，由交通局铁道部工务课设计。

3 月 30 日，交通局台北飞行场建成，位于台北州七星郡松山庄，由交通局递信部临时建筑系设计。

3 月 30 日，日本航空输送株式会社台北支所建成，位于台北州七星郡松山庄，由交通局递信部临时建筑系设计。

4 月 15 日，台北帝国大学昆虫学教室建成，位于台北市富田町，由总督府官房营缮课设计。

4 月 15 日，天然瓦斯研究所建成，由总督府官房营缮课设计。

4 月，日本生命保险株式会社台北支店建成，由前田键二郎设计。

5 月 23 日，台湾建筑会第八回总会于警察会馆举行，恳亲会于梅屋召开。次日参观金瓜石。

5 月 30 日，彰化警察署建成，由总督府官房营缮课设计。

7 月 11 日，台湾技术协会成立，于铁道饭店举办创立总会暨发会式。它由台湾当时的技术者发起成立，力求技术对社会文化的贡献。会员包含官方人士、材料商、研究院等相关人士，会员的领域包含建筑、土木、电信、化学等技术相关人士。

台湾技术协会与台湾建筑会有密切的关系，除了会址办公室同在一起之外，台湾技术学会在创会之初，设立庶务部、会计部、事业部、编辑部、地方部等单位，其中编辑部的人员为：白仓好夫（干事长）、安田勇吉、神谷犀次郎、乾馨、前田俊夫，皆为台湾建筑会的重要人士，也因此台湾技术协会会刊《台湾技术协会报》的编排，与《台湾建筑会志》非常相似。

7 月 15 日，《台湾资源调查委员会规程》公布。

7 月 20 日，专卖局新竹支局建成，位于新竹市荣町，由专卖局庶务课营缮系设计。

8月1日，高雄税关厅舍建成，位于高雄市新滨町，由总督府官房营缮课设计。

8月10日，伊东忠太访台，在台北市明石町警察会馆做讲演。

8月19–21日，台湾建筑会举行混凝土讲习会。

9月2日，小林跻造就任（第十七任）台湾总督。

9月27日，发布《台湾都市计划令》。

10月，台北电话局（今中华电信公司博爱路服务中心）竣工。

10月10日，日本武德会台南武德殿建成，位于台南神社外苑东北隅，由台南州土木课营缮系设计。

11月11日–22日，第一回都市计画讲习会于警察会馆举行。

11月30日，大谷派本愿寺台北别院建成，位于台北市寿町，由松井组设计。

12月15日，台北市公会堂建成，由井手薰设计。

12月16日，千千岩助太郎接受学术振兴会辅助，调查高山族建筑。

12月18日，台湾建筑会申请通过为社团法人，改选评议员、理事、正副会长及其他干部。

12月25日，新竹自治会馆建成，位于新竹市内新公园池畔，由新竹州土木课营缮系设计。

12月26日，台北公会堂（今台北市中山堂）建成，由台湾总督府官房营缮课技师井手薰、台北市役所技师永野幸之亟等设计。黄土水遗孀廖秋桂捐赠“南国（水牛群像）”。

12月30日，发布《台湾都市计划令施行规则》。

彰化南瑶宫整体改建工程基本完成。

台南火山碧云寺观音殿兴建。

台中地方法院旧厅舍建成。

本年《台湾建筑会志》（第8辑）刊登的新建筑介绍包括：中央研究所嘉义农事试验支所厅舍，北白川宫御遗迹纪念碑，桦山总督铜像，高雄州冈山郡厅舍，高雄州旗山郡第一公学校讲堂，台南驿，交通局台北飞行场事务所及日本航空输送会社事务所，新营驿，日本生命保险株式会社台北支店，台北帝国大学昆虫学教室，彰化警察署，天然瓦斯研究所厅舍，高雄税关望楼，厦门博爱医院。

1937年

2月5日，台北市电话局厅舍建成，位于台北市书院町二丁目二番地，由交通局递信部临时建筑系设计。

2月5日，台湾建筑会干部会议指定《台湾都市计画令施行规则解说》编纂委员。

3月5日，台湾建筑会干部会议讨论创立十周年纪念祝贺会及台湾建筑会馆设置事项。

4月1日，台湾都市计画令实施。

4月6日，台湾土木建筑协会向总督府建议设立劳力统制调查机关。

4月17日，召开台湾建筑会第一回台中支部总会。

4月20日，藤岛亥治郎来台于警察会馆演讲《台湾建筑谈义》。

4月30日，台中教化会馆建成，位于台中市荣町六丁目台中公会堂，由台中州土木课营缮系设计。

5月24日，巴黎万国博览会开幕。

5月27日，嘉义警察署建成，位于嘉义市北门町，由总督府官房营缮课设计。

6月，台北台湾银行本店建成，由西村好时设计。

6月20日，台湾建筑会台南支部发会式举行。

6月26日，台湾建筑会第九回总会于台北医大讲堂举行，次日参观台湾银行、台北电话局、台北公会堂。

6月30日，台湾银行本店建成，位于台北市荣町二丁目一番地，由西村建筑事务所设计。

7月7日，卢沟桥事变爆发，日本开始全国侵华。

8月3日，植物米谷检查所建成，位于台北市桦山町，由总督府官房营缮课设计。

9月9日，实施《临时资金调整法》。

10月31日，大阪商船台北出张所建成，位于台北市里町，由渡边节建筑事务所设计。

11月，净土宗台北别院开教院本堂建成，位于台北市桦山町，由畠山喜三郎设计。

11月13日，台中神社建成，位于台中市新高町141番地，由台中神社造营奉赞会设计。

12月25日，出版《台湾都市计画令：关系法规与解说》

日本对台政策再次发生重大改变，“皇民化”、“工业化”与“南进基地化”成为此时非常重要的政策。

皇民化运动展开后，总督府大力推广讲日语，在各地设立国语讲习所。

为推动台湾工业化，总督府成立了台湾拓殖株式会社。1939年，台湾工业产值首次超过农业产值。珍珠港事变后，台湾总督府又在1942年推行第二次生产力扩充五年计划，力求台湾工业自给自足。

台北交通局递信部（今台北电话局）建成，由铃置良一设计。

台北第三女子高级中学（今中山女子高级中学）建成，由大仓三郎设计。

台中教化会馆建成，由台中州土木课营缮系设计。

云林县西螺街街屋改正计划开始。

嘉义警署建成。

日本基督教圣公会大正町教会建成。

本年《台湾建筑会志》（第9辑）刊登的新建筑介绍包括：大谷派本愿寺台北别院，专卖局新竹支局厅舍，台北电话局厅舍，台南武德殿，台中教化会馆，嘉义警察署，新竹自治会馆，台湾银行本店。

1938年

1月，高雄州青果同业组合事务所建成，位于高雄市苓雅寮，由泽田其枝夫设计。

1月30日，台湾建筑会举行基隆支部发会式。

2月24日，台湾建筑会创立十周年纪念实行委员会于铁道饭店成立。

4月25日，台南合同厅舍建成，位于台南市幸町，由台南州营缮系设计。

5月3日，实施《国家总动员法》。

6月18日，台湾建筑会第十回总会于台北医大讲堂（380人报名）举行，恳亲会（兼创立十周年祝贺会）于公会堂召开。次日参观宜兰四结台湾兴业株式会社制纸工场、二结软质纤维板工场（250人报名）。

6月30日，台湾气象台建成，位于台北市文武町，由总督府官房营缮课设计。

8月30日，时局与建筑材料相关座谈会于协和会馆举行。

9月，株式会社彰化银行本店竣工。

9月22日，彰化银行本店建成，位于台中市，由白仓好夫、畠山喜三郎设计。

10月10日，台北帝国大学医学部附属医院外科临床讲义室及手术室建成，位于台北市富田町，由总督府官房营缮课设计。

11月30日，高雄州商工奖励馆建成，位于高雄市荣町二丁目，由高雄州内务部土木课营缮系设计。

12月25日，台中信用组合建成，位于台中市宝町1之二，由畠山喜三郎设计。

桃源神社（今桃园县忠烈祠）建成，由春田直信设计。以北白川宫能九亲王、丰受大神（大国魂命、大己贵命及少彦能命）及明治天皇等为祭神。

国民精神研修所建成，位于台北市大直，由总督府官房营缮课设计。

基隆警察署建成，位于基隆市寿町，由总督府官房营缮课设计。

本年《台湾建筑会志》（第10辑）刊登的新建筑介绍包括：净土宗台北别院开教堂本堂，高雄州青果同业组合事务所，大阪商船台北出张所，台南合同厅舍，国民精神研修所，基隆警察署，东京回教礼拜堂，格拉斯哥博览会正门，芬兰Nakkila教会堂。

1939年

2月18日，台湾建筑会设置企画委员会，成员包括：白仓、宇敷、铃置、安田、荫山、尾辻。

3月3日，台湾建筑会讨论设置建筑询问处、台湾都市计画令委员和台湾历史性建筑委员，并刊载会志广告费介绍。

4月15日，热带医学研究所士林支所建成，位于台北州七星郡士林街，由总督府官房营缮课设计。

4月20日，台北竞马场建成，位于台北州七星郡北投街，由台北州土木课设计。

5月15日，台中州产业组合青年道场建成，位于台中州大屯郡乌日庄，由台中州土木课设计。

6月24日，台湾建筑会第十一回总会于台北公会堂举行，恳亲会亦于台北公会堂举行。次日参观台北市役所、台北驿、赤十字社病院工事现场。

8月4日，森田庆一于铁道饭店做演讲。

9月，第二次世界大战全面爆发。

9月15日，嘉义邮便局建成，位于嘉义市元町六丁目，由交通局递信部庶务课设计。

10月15日，《台湾建筑关系非常时法令集》出版。

高雄市役所（今高雄市立历史博物馆）建成，由高雄市营缮课设计。

台中彰化银行建成，由畠山喜三郎、白仓好夫设计。

本年《台湾建筑会志》（第 11 辑）刊登的新建筑介绍包括：彰化银行本店，大连公会堂当选设计图，台北帝国大学医学部，热带医学研究所士林支所，台中信用组合，台湾气象台，台中州产业组合青年道场。

1940 年

1 月，大仓三郎来台，并于 5 月升任营缮课课长

3 月 31 日，台北驿建成，位于台北市北门町，由铁道部工务课建筑系宇敷赳夫设计。

5 月 25 日，台湾建筑会第十二回总会于台北帝大医学部讲堂举行，恳亲会于公会堂举行。次日参观松山烟草工厂、新台北驿、赤十字社病院。

7 月，近卫文磨组阁，台湾建筑发展也因而笼罩于军国意识形态的影响中。

7 月 22 日，加入全日本科学技术团体联合会。

9 月 30 日，松山疗养所建成，位于台北州七星郡内湖庄，由总督府官房营缮课设计。

11 月 19 日，日本住宅营团设立。

11 月 27 日，长谷川清就任（第十八任）台湾总督。

12 月 23 日，与高雄商工奖励会、高雄商工会议所共同举办第一回高雄建筑员养成讲习会。

日外相松冈洋右首次提出“大东亚共荣圈”想法。

台北市役所（今行政院）建成。

嘉义县民雄放送局兴建。

本年《台湾建筑会志》（第 12 辑）刊登的新建筑介绍包括：高雄商工奖励馆，嘉义邮便所、电话交换局。

1941 年

1 月 27 日 –2 月 1 日，举办总督府第五回都市计画讲习会。

1 月 31 日，米谷局厅舍建成，位于台北市幸町，由米谷局总务科营缮系设计。

3 月 31 日，台湾总督府拓土道场建成，由总督府官房营缮课设计。

4 月 19 日，皇民奉公会成立。

4 月 26 日，设置资材调查委员会、改隶后建筑沿革调查委员会。

5 月 24 日，台湾建筑会第十三回总会于台北高等商业学校讲堂举行。次日参观台北市役所、板桥酒工厂。

6 月，高雄驿兴建。

6 月 6 日，《台湾建筑会志》编辑委员会改成干事制干事包括：大仓（干事长）、安田、神谷、千千岩、阪东。设置“台湾土木建筑工事请负制度新体制化研究调查促进委员会”。

7 月 20 日，丰原郡厅舍建成，位于台中州丰原街，由台中州土木课设计。

8 月 2 日，台湾住宅营团设立。

10 月 15 日，《日本赤十字社台湾支部病院新筑工事要览》出版。

10 月 25 日，安田勇吉、加藤秀明于警察会馆演讲越南泰国视察情形。

11 月 9 日，台湾护国神社立柱上栋祭。

12 月 7 日，日本偷袭珍珠港，美日宣战，太平洋战争爆发。

总督府将直属营缮单位改成“财务局营缮课”。

台湾护国神社建成。

本年《台湾建筑会志》（第 13 辑）刊登的新建筑介绍包括：台北竞马场。

1942 年

1 月 19 日，台湾住宅营团役员名单公布。

1 月 27 日，台湾住宅营团第一期建筑计画。

3 月 6 日，更改定款调查委员指定。

3 月 31 日，高雄建筑员养成讲习会修业式。

4 月 1 日，第一批台湾陆军志愿兵入伍。

4 月 21 日，内务省神祇部造营课长角南隆来台，于铁道饭店举办神社建筑座谈会。

5 月 24 日，台湾建筑会第十四回总会于台北高等商业学校讲堂举行，恳亲会于台北公会堂举行。次日参观台湾神社御造营、台湾护国神社（约 300 名）。

9 月 12 日，木材统制及关系诸规定座谈会于警察会馆举行。

10 月 2 日，台湾建筑会更改会则，选举正、副会长（理事）及常议员。

10 月 23 日 –11 月 11 日，总督府第七回都市计画讲习会举办。

11 月 8 日，生活科学展于台湾总督府博物馆举行。

11 月，皇民奉公会主办厚生共同住宅设计竞图。

本年《台湾建筑会志》（第 14 辑）刊登的新建筑介绍包括：台湾护国神社。

1943 年

2 月 13 日，台湾住宅营团评议会举行。

3 月 31 日，建友会出版《小住宅悬赏图面集》。

4 月 10 日，改隶后建筑沿革调查第二次座谈会于铁道饭店举行。

5 月 9 日，台湾建筑会新竹支部总会成立。

5 月 15 日，台湾建筑会第十五回总会于台北高等商业学校讲堂举行，恳亲会因空袭取消。

5 月 25 日，台湾建筑会举行建筑参观会，参观地点为台湾神社御造营。

6 月 4 日，台湾建筑会协助海军南方派遣技术者募集。

6 月 18 日，设立建筑工事战时规格设定委员会、热带住宅建筑调查委员会、木材适正配给调查委员会。

7 月 2 日，建筑工养成准备调查委员成立。

9 月 3 日，台湾建筑会与土木建筑请负业组合共同成立建筑工养成协力会。

11 月 5 日，解散改隶后建筑沿革调查委员会。

11 月 27 日，中、美、英发表《开罗宣言》。

千千岩助太郎的“台湾高砂族住家之研究”五报出版。

1944 年

1 月 6 日，参加台湾军经理部举办之建筑资材节约相关座谈会。

5 月 11 日，井手薰于台北病逝。

6 月 18 日，神谷犀次郎逝世。

7 月 27 日，白仓好夫就任新会长。

10 月起，美军开始轰炸台湾，大量官署和工厂被炸，各项生产事业几乎停顿。

12 月 30 日，安藤利吉就任（第十九任）台湾总督。

1945 年

8 月 15 日，日本宣布无条件投降。

9 月 2 日，日本政府代表在美国战舰“密苏里”号的甲板上签署无条件投降书。至此，第二次世界大战结束。

10 月 25 日，末任台湾总督兼第十方面军司令官安藤利吉在台北公会堂签署降约，日本在台湾的统治宣告结束，台湾光复。

1947 年

5 月，《台湾营造界》杂志创刊（初为月刊，自 1949 年的 3 卷起改为季刊）。

附录二

国外关于中国近代建筑研究介绍

一、日本对中国建筑史的研究[①]

日本对中国的城市和建筑研究有着悠久的历史。古代中国的城市、建筑对于日本产生了深远的影响，这些都是和日本对中国的研究密不可分。明治维新以后以伊东忠太、关野贞为代表的第一批建筑研究者和以竹岛卓一、饭田须贺斯等为代表的第二批建筑研究者积累了丰富的成果。此外美术、考古、人类、历史学方面的研究也有深厚的积累。二战后由于调查受到限制，中国研究多停留在对战前资料的总结和整理上。也有一些交流活动，但是真正的研究活动直到 20 世纪 80 年代才重新开始。徐苏斌在《日本对中国城市与建筑的研究》中对日本对于中国的研究，特别对二战前的建筑学者、考古学者、历史学者的研究成果进行了较为系统的整理。[②]另一方面，近年日本对于中国的研究也有新的进展，妹尾达彦 2009 年发表了“中国城市建筑史研究在日本”。[③]该文比较全面地概括了近年日本对于中国城市的研究成果，特别介绍了大量历史研究者的成果,限于篇幅本文不再赘述。另外关于中国近代建筑研究 2009 年藤森照信的“亚洲近代建筑调查 20 年”[④]进行了总结。2015 年在日本建筑学会举办了“东亚近代建筑史的回顾与展望——《东亚的近代建筑》之后 30 年”研讨会,[⑤]回顾了日本对于东亚的近代建筑史的研究。本文在上述综述的基础上就近年来日本关于中国建筑和城市的研究成果进行重点介绍，主要选择已经出版的书籍或者博士论文的介绍，并且不包括留学生的研究。

（一）对于中国古代建筑研究的再出发

1. 对中国的考察

二战后中日关系进入冷战时期，交流活动并不很多，1955 年中国科学院院长郭沫若和考古学研究所的副所长尹达访日，向日本介绍了中国的考古成就，并邀请日本研究者到中国考察。中国的研究给日本吹来了一阵清风，也引起日本的兴趣。1957 年 4 月 17 日以原田淑人为首的考古视察团访华，了解了新中国的考古发展状况并参观了西安、洛阳、郑州、敦煌等遗迹。 5 月 9 日周恩来总理接见了日本考古学代表团。1958 年敦煌文化研究所所长常书鸿访问日本，在东京和京都开办了中国敦煌艺术展。1962 年开始恢复中日贸易，1967 年具有悠久的中国研究历史的东洋文库举办了“东洋文库 50 周年展”，展出了日本人的最新旅行记 135 部。中国的考古学成就也很快被译为日文，如文物编辑委员会编《中国考古学三十年（1949–1979）》1981 年

---

① 本小节作者青木信夫 .
② 徐苏斌 . 日本对中国城市与建筑的研究 . 北京：中国水利水电出版社，1999.
③ 妹尾达彦 . 中国城市建筑史研究在日本 // 东南大学建筑学院编著 . 刘敦桢先生诞辰 110 周年纪念暨中国建筑史学史研讨会论文集 . 南京：东南大学出版社，2009：117–125.
④ 藤森照信 . 亚洲近代建筑调查二十年 // 东京大学生产技术研究所 . 如何继承东亚都市环境文化资源 . 2009.
⑤ 日本建筑学会 建筑历史意匠委员会 . 东亚近代建筑史的回顾与展望——《东亚的近代建筑》之后 30 年 . 2015.

由平凡社出版日文译本，监译为进行过中国邯郸赵国城址发掘的考古学家关野雄，他评论说中国的研究整体充满了新鲜的气氛。

1975年建筑学术考察团首次到中国访问，中国的建筑学会代表团同年回访了日本。1976年《建筑杂志》发表了以“中国建筑的现状”为题的专集，[①]介绍了各次访问了解到的中国建筑情况。其介绍的范围很广，包括农村住宅，技术、设备、地下建筑、抗震建筑、材料和施工以及文物。这是恢复中日正常邦交后较早的中国建筑介绍，虽然尚没有进入到研究阶段，但为进入新的研究阶段奠定了基础。

最早较长期滞留中国进行考察的是早稻田大学尾岛俊雄教授，尾岛1979年9月到1980年3月作为中国科学院研究员在杭州浙江大学进行中日比较研究，他是“文化大革命”后最早的在中国进行调查的建筑研究者，作为研究成果1980年出版了《现代中国的建筑事情》。[②]因为在中国时间比较长，因此对中国的社会状况、环境破坏、城市化、建筑业、住宅市场等方面进行了详细的报道。

2. 古代建筑的研究

妹尾达彦认为中国城市和建筑研究的代表人物有斯波义信和田中淡。[③]斯波义信（1930年–　　）是推动20世纪70年代以后日本的中国城市研究的带头人，出版有《宋代商业史研究》、[④]《宋代江南经济史的研究》、[⑤]《中国都市史》，[⑥]斯波是日本具有国际性声誉的学者。

与之对应建筑研究方面较早的有田中淡。田中淡（1946–2012年）1971年东京大学硕士毕业，进入文化厅文化财保护部建造物课任文部技官，1974年后转任京都大学人文科学研究所助手。田中淡认为当时中国研究的状况是继村田治郎和竹岛卓一之后，面临着“绝学”的严重状态。[⑦]

田中淡所在的人文科学研究所二战前是主攻中国文化研究的东方文化学院京都研究所，有丰富的藏书和各个学科的中国学研究者。特别是考古方面二战前荟萃了浜田青陵（耕作）、原田淑人等东亚考古学会的精英，考古学研究颇具实力。另外村田治郎任京都大学教授，对田中淡有很直接的影响，村田治郎的《中国建筑史丛考　佛寺・佛塔篇》是由田中淡担任编辑并撰写解说，从中可知他和老一辈研究者之间的承传性。

1979年他翻译了Andrew Boyd的《中国的建筑与都市》，[⑧]这前后他还翻译了南京工学院刘敦桢教授的《中国住宅概说》、[⑨]《中国古代建筑史》、[⑩]《苏州古典园林》。[⑪]这是首次将中国建筑

① 建筑杂志 . 1976，91（1102）.
② 尾島俊雄著 . 現代中国の建築事情 . 彰国社，1980.
③ 妹尾达彦 . 中国城市建筑史研究在日本 // 东南大学建筑学院编著 . 刘敦桢先生诞辰110周年纪念暨中国建筑史学史研讨会论文集 . 南京：东南大学出版社，2009：121.
④ 斯波義信著 . 宋代商業史研究 . 風間書房，1968.
⑤ 斯波義信著 . 宋代江南経済史の研究 . 汲古書院，1988.
⑥ 斯波義信著 . 中国都市史 . 東京大学出版会，2002.
⑦ 田中淡 . 中国建築史の基礎的研究 . 東京大学学位论文，1987.
⑧ Andrew Boyd. *Chinese architecture and town planning*// アンドリュー・ボイド著 . 中国の建築と都市 . 田中淡译 . 鹿島出版会，1979.
⑨ 劉敦楨著 . 中国の住宅 . 田中淡，沢谷昭次译 . 鹿島出版会，1976.
⑩ 建築工程部建築科学研究院建築理論および歴史研究室，中国建築史編集委員会編 . 中国建築の歴史 . 田中淡译 . 平凡社，1981.
⑪ 劉敦楨著 . 中国の名庭：蘇州古典園林 . 田中淡译 . 小学館，1982.

史的著作译成日语出版。1945 年前中国营造学社的部分研究成果的摘要被选登在日本的《建筑杂志》上，但尚没有完全的译本，这里田中淡的译著对中日两国的研究交流起了促进作用，也奠定了他作为日本的中国古代建筑史第一人的地位。

1981 年 3 月，他的《先秦时代宫室建筑研究序说》等一系列中国建筑史的研究获得第十回北川桃生基金赏。这些研究虽属于古代中国建筑的范畴，但是弥补了以前日本关于中国古代建筑研究的一些漏洞。

1981–1982 年，他赴中国南京工学院（现东南大学）建筑研究所作博士研究生，专攻中国造园史和建筑史。他选择了南京工学院显然和翻译刘敦桢的书有一定关系。

1987 年提交了以“中国建筑史的基础的研究”为题的博士论文，① 同年获得博士学位。1989 年出版了《中国建筑史的研究》。② 他在博士论文的序中阐述了其研究的目的：第一，中国建筑有悠久的历史必须正确地把握；第二，尽可能避开以特定的遗构、特殊的地方局限于狭窄的主题中；第三，研究方法避开以过重于宋以后现存遗构的研究，运用最新的考古学、画像资料和文献史料并正确解释文献。

1991–1992 年到德国海德堡大学艺术史研究所讲授中国造园史，他的研究获得国际性的声誉。1991 年后主持中国技术史的研究。③ 1992 年 9 月其《中国建筑史的研究》获得第五回浜田青陵赏。2002 年他和两位学生外村中和福田美惠合编了《中国古代造园史料集成》，④ 这本书是对中国造园史研究的重要贡献。

（二）关于中国近代建筑研究

1. 中国调查的开始

日本近代建筑的研究始自 1962 年开始对明治洋风建筑进行了普查，1970 年 1 月《建筑杂志》登载了“全国明治洋风建筑表”，继而 1974 开始对大正、昭和的建筑普查，1980 年正式出版了《日本近代建筑总览》，⑤ 所以当时也是日本近代建筑研究的黄金时期。

同时中国的近代建筑史研究处于停滞状态。关于中国近代建筑史的研究曾在 1958 年建筑工程部建筑科学研究院在北京召开的全国“建筑历史学术讨论会”上提出编写《近代建筑史》，1959 年编写了《中国近代建筑史》初稿，1962 年以后近代建筑的研究基本处于停滞不前状态。1979 年的建筑学专业的教科书《中国建筑史》⑥ 里中国近代建筑部分依然是 1962 年版的内容。所以中国近代建筑史是有很多需要研究的地方。

---

① 田中淡 . 中国建築史の基礎的研究 . 東京大学学位论文，1987.
② 田中淡 . 中国建築史の研究 . 弘文堂，1989. 该书在台湾地区被翻译为中文。田中淡著 . 中国建築史之研究 . 黃蘭翔譯 . 南天書局，2011.
③ 田中淡，京都大学人文科学研究所 . 中国古代科学史論続篇 . 1991；田中淡，京都大学人文科学研究所 . 中国技術史の研究 . 1998；田中淡，京都大学人文科学研究所 . 中国科学史国際会議：1987 京都シンポジウム報告書，1992.
④ 田中淡，外村中，福田美穂編 . 中国古代造園史料集成 . 中央公論美術出版，2003.
⑤ 日本建築学会編 . 日本近代建築総覧：各地に遺る明治大正昭和の建物 . 技報堂出版，1980.
⑥《中国建筑史》编写组编著 . 中国建筑史 . 北京：中国建筑工业出版社 .1982.

中国的研究首先从留学中国开始。在田中淡留学南京工学院的同时，村松伸（1954年－　　）1981年作为中国政府留学生到北京的清华大学留学，师从汪坦教授。村松硕士期间的研究是《唐代的营造组织和都市计画》（1980年3月），在完成了硕士论文之后便酝酿着新的研究内容。

村松伸在中国调查了各地的中国建筑和风土人情，1984年完成两年半的中国留学生活，着手撰写博士论文，同年出版了《中国建筑留学记》。① 该书作为改革开放后最早的中国建筑留学记录给后来的留学者提供了参考。1987年他完成了“关于中国建筑生产系统的变容和建筑意匠‘传统化’的研究”的博士论文，② 并获得博士学位。该论文用通史的形式总结了1840–1977年中国建筑的发展历程，是日本的第一部中国近代建筑史论述。

在此后，同研究室博士研究生西泽泰彦（1960年－　　）、井上直美（1961年－　　）也赴中国留学。西泽泰彦作为中国政府资助留学生1988–1991年到清华大学留学，师从汪坦教授。西泽泰彦1993年向东京大学提交了博士论文“关于20世纪前半中国东北地区日本人的建筑活动”，③ 井上直美1990年留学清华大学，师从郭黛姮教授。1991年完成了论文“关于中国北京建筑生产的研究——从清末到社会主义革命以前”（硕士论文，1991年2月）。他们的留学是二战后日本现场考察中国建筑的新开端。

2.《全调查　东亚洲近代的都市和建筑》的完成

日本从20世纪60年代城市建设给近代建筑带来破坏，因此人们开始认识到近代建筑研究的必要性。1980年日本建筑学会在东京大学村松贞次郎教授的领导下完成了《日本近代建筑总览》，④ 1985年由藤森照信教授主办的村松贞次郎教授退官纪念研讨会“东亚洲的近代建筑”召开，启动了东亚近代建筑研究。作为研究成果村松伸、西泽泰彦编写了论文集《东亚洲的近代建筑》。⑤ 1987年村松贞次郎教授访问中国，做了题为“近代建筑史的研究方法——近代建筑的保存和再利用”的讲演，介绍了日本的近代建筑研究。日本的经验为中国近代建筑调查研究提供了借鉴。

1987年以村松贞次郎教授的后任日本近代建筑史家、日本近代建筑普查工作的主要骨干藤森照信为代表在日本成立了“亚洲近代建筑史研究会”，开始正式和以清华大学汪坦教授为代表的“中国近代建筑史研究会”合作，进行《中国近代建筑总览》的编纂。受丰田财团的资助，1988年5月从天津开始进行了中国大陆、台湾、香港、澳门等地以及韩国的近代现存建筑普查，其中在中国大陆调查了哈尔滨、长春、沈阳、大连、营口、北京、天津、济南、烟台、青岛、庐山、南京、武汉、重庆、上海、厦门、昆明、广州18个城市。⑥

---

① 村松伸著．中国建築留学記．鹿島出版会，1985.
② 村松伸．中国における建築生産システムの変容と建築意匠の「伝統化」に関する研究：1840–1977年．東京大学，1987.
③ 西沢泰彦.20世紀前半の中国東北地方における日本人の建築活動に関する研究．東京大学学位论文，1993.
④ 日本建築学会編．日本近代建築総覧：各地に遺る明治大正昭和の建物．技報堂出版，1980.
⑤ 村松伸，西澤泰彦編．東アジアの近代建築．村松貞次郎先生退官記念会，1985.
⑥ 关于这个调查可以参考：村松伸．至“全调查 东亚近代都市与建筑”刊行 代跋 // 藤森照信，汪坦主编．全調查東アジア近代の都市と建築．大成建设株式会社，1996：515–522.

这个调查推动了中国近代城市建筑的研究。同研究室的博士藤原惠洋完成了《上海　急速发展的近代都市》①。村松伸完成了《上海——都市与建筑（1842–1949）》、②《图说上海　摩登城市的 150 年》，③ 对上海这个特殊的中国近代城市的发展历程作了较详细的描写，1992 年在纪念上海建城 700 年之际，由藤森研究室为主担任调查，上海市城市规划管理局和日本横滨市建筑局联合编印了《上海近代建筑导游》。④ 一时间在日本出现了一阵“上海热”。其中也夹带着日本人对往日号称“东方的纽约”的向往，特别是改革开放后上海发展迅速，吸引了世界的注目。除了上海的研究之外，在同研究室获得博士学位的泉田英雄（1954 年 –　　）提交了博士论文“关于亚洲殖民地建筑的研究”，从东南亚建筑研究出发，也探讨了中国建筑的影响。⑤ 2006 年出版了《海域亚洲华人街：移民和殖民的都市形成》。⑥ 此外，还有硕士寺原让治的天津研究、田代辉久的广州研究、西山宗雄的澳门研究等。

1996 年出版日文版《全调查　东亚洲近代的都市和建筑》。⑦ 中国由清华大学张复合副教授主持，由中国建筑工业出版社出版了 16 册《中国近代建筑总览》。该研究是中日有史以来大规模的合作调查，这一研究成果在中国近代建筑史研究上意义重大。

这次中国近代建筑调查为日本研究者从整个亚洲甚至全球的视角考察近代建筑的发展提供了可靠的依据。藤森照信教授撰写的“东亚近代建筑的发展”是经典文章，文章是《全调查　东亚洲近代都市和建筑》的序，文章论及了大航海时代的背景下西欧列强的殖民地建筑的发展历程，文章说明有三种路途：第一种，起源于欧洲，从地球的东边绕行，通过东南亚北上，表现为英国为首的欧洲势力的影响。第二种，沿着地球西行，绕过大西洋，和开拓者一起横贯北美大陆，渡过太平洋传到亚洲。第三种，通过西伯利亚从北方进入亚洲。这股势力相对较弱。具体到建筑上第二种影响表现为下见板风格上，藤森照信称其为“下见板殖民地风格”，这种风格只在日本绽放开来，而第三种影响也不过是个别的案例。而数量最多的是第一种影响，藤森称之为“外廊式殖民地风格”。文章透过平面规划、细部处理、样式、技术、技术者等多方面的信息考察了这种殖民地建筑风格的传播。该文既有广度也有深度。另外这两者在日本都是典型的近代建筑风格，因此透过这个研究也为日本近代建筑进行了定位。

3.《全调查　东亚洲近代的都市和建筑》之后的研究

日本在中国大陆之后调查活动又向亚洲其他地区推进，先后调查了中国台湾、韩国、越南、泰国等地的建筑，1994 年 2 月 SD 筹办了一期台湾建筑专集，这是 SD 继介绍韩国的建筑家金寿根之后第一次介绍外国建筑师，在这个专集中，村松伸以“同时代的台湾建筑史”和“亚

① 藤原恵洋著 . 上海：疾走する近代都市 . 講談社，1988.
② 村松伸著 . 上海・都市と建築：一八四二 – 一九四九年 .PARCO 出版局，1991.
③ 村松伸文 . 增田彰久写真 // 図説上海：モダン都市の 150 年 . 河出書房新社，1998.
④ 横浜市建筑局，上海市城市规划管理局 . 上海近代建築ガイド（非卖品）.1992.
⑤ 泉田英雄 . アジアのコロニアル建築に関する研究 . 東京大学学位论文，1991.
⑥ 泉田英雄著 . 海域アジアの華人街：移民と植民による都市形成 . 学芸出版社，2006.
⑦ 藤森照信，汪坦主编 . 全調査東アジア近代の都市と建築 . 大成建设株式会社，1996.

洲中的台湾建筑”（SD，1994 年 2 月）为题，向日本介绍了中国台湾地区的建筑，其中包括现代建筑和建筑师。村松伸出版了《超级亚洲摩登——同时代的亚洲建筑》、[①]《现代亚洲城市观察：多层都市香港》、[②]《亚洲的形式：17 位亚洲建筑家》。[③] 撰写了“亚洲建筑的构图——1500–2000 年”。[④] 继《上海——都市与建筑（1842–1949）》之后出版了《书斋的宇宙　中国都市的隐遁术》、[⑤]《中华中毒：中国空间的解剖学》（大平正芳纪念赏）[⑥] 等。此外对伊东忠太的研究也有《清国》序说、连载“忠太的大冒险”等研究问世。[⑦] 北京的研究有《图说北京 3000 年悠久都市》。[⑧] 2013 年他和藤井恵介、王贵祥合编了《东亚建筑史研究的现状与课题：东亚前近代建筑　都市史圆桌会议报告书》。[⑨]

西泽泰彦（1960 年 –　　）致力于“满洲”建筑的研究，日中合作进行近代建筑普查的学术环境下，他对于“满洲”近代建筑进行了十分详尽的现场考察，是“满洲”建筑研究的先驱者，1996 年出版了《渡海的日本人建筑家》。[⑩] 以后由河出书房新社出版了“满洲”建筑系列图文并茂的图书。[⑪] 其中的词汇如“渡海建筑家”、“中华巴洛克”都是被后来研究者普遍使用的专有名词。2008 年由扩展到朝鲜和台湾地区的研究，并深入思考殖民地建筑的问题，将具象建筑实体与殖民地的理论问题联动，出版了《日本殖民地建筑论》。[⑫] 这些研究也反映了日本对殖民地建筑研究的深化。

（三）关于中国城市的研究

1. 东北地区近代城市的研究

“满洲”研究是日本研究的热点，“满洲”的城市研究首推越泽明。越泽明（1957 年 –　　）1976 年东京大学工学部都市工学科毕业，1978 年出版《殖民地“满洲”的都市计画》。[⑬] 1982 年他以“关于‘满洲’都市规划历史的研究”获博士学位，[⑭] 1988 年出版了《“满洲”的首都计画》。[⑮] 1989 年出版了《哈尔滨的都市计画》。[⑯] 越泽明的研究 1977 年获得了亚洲经济研究所优秀论文奖，1988 年获得了日本都市计画学会奖；1990 年获得土木学会奖著作奖；1992 年获得日本都市计画学会奖石川奖等。他的研究也被翻译为中文，其博士论文由台湾的黄世孟译为中

① 村松伸．超級アジア・モダン：同時代としてのアジア建築．鹿島出版会，1995.
② 向井裕一構成・写真；村松伸文．香港 – 多層都市：現代亞州城市觀察．東方書店，1997.
③ 村松伸著．淺川敏写真 // アジアン・スタイル：十七人のアジア建築家たち．大成建設，1997.
④ 脉动・东南亚 都市与国家与网络 .hazama technosphere，1997（12）；第六次中国近代建筑史研讨会论文 .1998.
⑤ 村松伸．書斎の宇宙：中国都市的隠遁術．（INAX album，8）INAX，1992.
⑥ 村松伸著．中華中毒：中国的空間の解剖学．作品社，1998.
⑦ 伊東忠太著．伊東忠太『清國』刊行会編．清國：伊東忠太見聞野帖．柏書房，1990；村松伸．忠太的大冒险．东方 .1994（155）.
⑧ 村松伸文．淺川敏写真 // 図説北京：三〇〇〇年の悠久都市．河出書房新社，1999.
⑨ 藤井恵介，王貴祥，村松伸編．東アジア建築史研究の現状と課題：東アジア前近代建築・都市史円卓会議報告書 .2013.
⑩ 西澤泰彦．海を渡った日本人建築家：20 世紀前半の中国東北地方における建築活動．彰国社，1996.
⑪ 西澤泰彦．図説「満洲」都市物語：ハルビン・大連・瀋陽・長春．河出書房新社，1996；西澤泰彦．図説大連都市物語．河出書房新社，1999；西澤泰彦．図説満鉄：「満洲」の巨人．河出書房新社，2000.
⑫ 西澤泰彦．日本植民地建築論．名古屋大学出版会，2008.
⑬ 越澤明著．殖民地滿州の都市計画．亚洲经济研究所，1978.
⑭ 越澤明著．滿州の都市計画に関する歴史的研究．東京大学学位论文，1982.
⑮ 越澤明著．滿州国の首都計画．日本経済評論社，1988.
⑯ 越澤明著．哈爾浜の都市計画．総和社，1989.

文在台湾出版，[①] 另外 2011 年被翻译简体汉字在大陆出版。[②]

2. 苏州水乡的研究

法政大学教授阵内秀信（1947 年 –　　）1973–1979 年在意大利威尼斯建筑大学留学，学习了水乡的规划和保存方法，回日本后，1977 年成立了“法政大学东京的街研究会”，对东京的水文化进行了调查。苏州号称东方的威尼斯，1984 年阵内秀信首次访问苏州就被秀丽的水乡景色所感动，决心研究苏州城市。1986 年法政大学的第一位留学生木津雅代（1962 年 –　　）成为同济大学陈从周教授的门生，1988 年回国后完成了硕士论文“苏州的都市——关于住宅和园林的研究”（硕士学位论文，1988 年），1994 年 9 月出版了《中国的庭园——山水炼金术》。[③]

1988 年阵内研究室正式开始水乡的调查工作。他们实测了住宅、市场、商店等，这一调查吸引了更多的学生关注中国研究，1989–1991 年同研究室的学生高村雅彦（1964 年 –　　）到同济大学留学，从事江南水乡的调查研究。1991 年完成了硕士论文“关于中国江南的水乡研究——苏南浙北地区水乡都市的空间构成”。1993 年 11 月阵内研究室和同济大学的阮仪三教授联合编著了《中国的水乡都市——苏州和周边的水的文化》，[④] 1995 年高村雅彦发表博士论文“中国江南水乡都市的研究——形成过程和构成原理”。[⑤] 2000 年出版了《和中国江南都市共生存：水乡环境构成》。[⑥]

另外一个方面，法政大学的团队进行了北京研究。1984 年阵内秀信教授在美国波士顿的麻省理工学院（MIT）召开的国际会议上第一次和清华大学的朱自煊教授相遇，那时双方协商进行北京和东京城市的比较研究，其后朱自煊教授考察东京，并和日方交换了对比较研究的看法，1993–1995 年受住宅总和研究财团的资助正式开始了北京的调查。

他们参考了建筑类型学 / 城市形态学的方法，考察城市组织（urban fabric）构成，如街区、道路用地分割等，从建筑到整个城市“共时”捕捉空间系谱，然后动态地捕捉其演变过程，即所谓的“通时”的方法。当时北京尚留有大量的老房子，这是选用建筑类型学的前提条件。在北京调查中他们选择了《乾隆京城全图》（1750 年）和航空拍摄的 2000 分之一的北京地图（1978 年）进行对照研究，在此基础上进行实地考察。作为研究成果 1998 年出版了《北京　阅读城市空间》。[⑦] 这个研究也留下了北京珍贵的历史记录。近年高村雅彦还撰写了《世界史丛书 8　阅读中国的城市空间》，[⑧] 编写了《亚洲游学 80 号特集　亚洲都市住宅》。[⑨]

---

① 越沢明著 . 滿州都市計畫史之研究 . 黃世孟譯 . 台北：台灣大學土木工程學研究所都市計畫研究室，1986；越沢明著 . 中國東北都市計畫史 . 黃世孟譯 . 大佳出版社 .
② 越泽明著 . 伪满洲国首都规划 . 欧硕翻译 . 社会科学文献出版社，2011.
③ 木津雅代中国の庭園：山水の錬金術 . 東京堂出版，1994.
④ 陣内秀信編 . [ほか] 中国の水郷都市：蘇州と周辺の水の文化 . 鹿島出版会，1993.
⑤ 高村雅彦 . 中国江南の水郷都市に関する研究：形成過程と空間構成の原理について .1995.
⑥ 高村雅彦 . 中国江南の都市とくらし：水のまちの環境形成 . 山川出版社，2000.
⑦ 陣内秀信 . 朱自煊，高村雅彦編 . 北京：都市空間を読む . 鹿島出版会，1998.
⑧ 高村雅彦 . 中国の都市空間を読む . 山川出版社，2000.
⑨ 高村雅彦 . アジア遊学 NO.80　特集　アジアの都市住宅 . 勉誠出版，2005.

3. 亚洲的中国城市

除了历史学家对于中国城市的研究之外，建筑史家也对城市的历史进行研究。布野修司（1949年－　）是日本著名的建筑都市研究家，建筑批评家。1987年在东京大学以“印度尼西亚的居住环境的变化与其整顿手法”获得博士学位，[①]该研究在1991年获得日本建筑学会奖。1991年他开始任教于京都大学工学部建筑学科，带领其团队致力于亚洲城市建筑的研究，也包括了中国的研究。2003年团队出版《亚洲都市建筑史》。[②]2005年又出版了《近代世界的系统与殖民都市》，该书2006年获得日本都市计画学会论文奖。[③]2015年京都大学学术出版会出版了布野修司的中国研究《大元都市　中国都城的理念与空间构造》。[④]

毕业于京都大学的青井哲人致力于台湾地区研究。2000年他完成了博士论文“从神社造营考察日本殖民地环境的变化”。[⑤]本论文论述了日本殖民时期台湾地区和朝鲜神社造营带来的信仰的重构，而且透过神社从社会、技术、制度等多角度考察了都市空间、山林环境的演变过程。2005年他出版了《殖民地神社与帝国日本》。[⑥]

关于租界研究神奈川大学的大里浩秋、孫安石编著了《中国的日本租界：重庆、汉口、杭州、上海》，[⑦]2010年大里浩秋、貴志俊彦、孫安石编著出版了《中国、朝鲜的租界的历史与建筑遗产》，[⑧]推进了租界研究。

（四）关于民居研究

1. 窑洞研究

东京工业大学1981年首次对中国窑洞进行了调查，1988年青木志郎等发表了“民家集落的建筑类型学的考察——中国黄河流域的窑洞式民家考察”。[⑨]此外还发表关于中国民居的一系列研究。

东京工业大学的茶谷正洋研究室的八代克彦作为较早的留学生踏上中国的国土。1982年他首次参加窑洞考察，1986年9月开始作为中国政府资助留学生再度赴西安冶金建筑学院留学，师从侯继尧、夏云两教授。1993年他提交了博士论文“关于中国黄土高原的下沉式窑洞住居内庭空间的配置构成之研究”。[⑩]他的论文用了统计分析的方法对集落的人口、户数、平均每户人口、居住状况等进行调查以及定量的研究比较。

---

① 布野修司．インドネシアにおける居住環境の変容とその整備手法に関する研究：ハウジング・システムに関する方法論的考察．1987.

② 布野修司編．アジア都市建築研究会執筆．アジア都市建築史．昭和堂，2003；亚洲城市建筑史．胡惠琴，沈瑶翻译．中国建筑工业出版社，2010.

③ 布野修司編著．近代世界システムと植民都市．京都大学学術出版会，2005.

④ 布野修司．大元都市　中国都城の理念と空間構造．京都大学学術出版会，2015.

⑤ 青井哲人．神社造営よりみた日本植民地の環境変容に関する研究：台湾（地区）・朝鮮を事例として．京都大学学位论文，2005.

⑥ 青井哲人．植民地神社と帝国日本．吉川弘文館，2005.

⑦ 大里浩秋，孫安石編著．中国における日本租界：重慶・漢口・杭州・上海．御茶の水書房，2006.

⑧ 大里浩秋，貴志俊彦，孫安石編著．中国・朝鮮における租界の歴史と建築遺産．御茶の水書房，2010.

⑨ 青木志郎．民家集落の建築類型学的研究“中国黄河流域の窰洞式民家考察”．新住宅普及会・住宅建築研究所，1988.

⑩ 八代克彦．中国黄土高原の下沈式窰洞住居における中庭空間の配置構成に関する研究．東京工業大学学位论文，1993.

继八代克彦之后，同研究室的硕士栗原伸治用了类似的方法对窑洞和房屋的场所和秩序进行比较分析，通过以中庭为中心的窑洞和房屋的空间构成比较，从居民的潜意识层面上阐明了和方位观有关的场所秩序的变迁。1993 年完成了硕士论文“关于黄土高原窑洞集落住居空间的构成和场所秩序”，1998 年完成博士论文“建筑与文化、社会的相互作用——以黄土高原的窑洞住宅聚落为对象”。①

2. 土楼研究

茂木计一郎（1926 年 -　　）1991 年任东京艺术大学建筑科教授。现为名誉教授。较早从事中国南方民居调查，1989 年完成了住宅综合财团的研究报告《中国民居研究——客家的方形、环形土楼》，②并办了展览。该报告以实地调查测绘为主，综合考察了其与中国民居的共性和个性。1991 年出版了《探索中国民居的空间》。③东京艺术大学对土楼的关注推动了后来对土楼的深入研究。中国“福建土楼”2008 年 7 月 6 日在加拿大魁北克城举行的第 32 届世界遗产大会上，被正式列入《世界遗产名录》。

3. 民族建筑学研究

浅川滋男（1956 年 -　　）1979 年京都大学建筑科毕业，1981 年于同大学获硕士学位，1982-1984 年受文部省派遣在同济大学从事民族建筑学的研究。1992 年获博士学位，1994 年他根据其博士学位论文整理出版了《住的民族建筑学》。④

很与众不同的是他的研究方法，首先他借用了认识人类学（Cognitive Anthropology）的研究方法，即重视文化的内在记述，致力于对对象社会的母语的含义进行分析。语言是认识民族体系的重要丝口，语言不一样便对周围的世界的认识也不一样。这种方法不同于传统的靠主观进行分类的方法。

认识人类学的一个分支是民族科学（ethno-science），而民族科学又是由民族动物学、民族植物学、民族天文学等构成，浅川认为应该有民族建筑学（ethno-architecture）。在民族学的方法论的基础上延长而成的民族建筑学不是以物质存在的建筑作为对象，而是刻意于理解建筑的物质文化背景的民族知识。

4. 北京四合院研究

1997 年以来，筑波大学和中国清华大学共同推进东亚传统都市在实现近代化、现代化之际都市空间诸问题的研究，日本方面以藤川昌树教授为主，成立了北京四合院研究会，2008 年出

① 栗原伸治 . 建築と文化・社会との相互作用——中国黄土高原の窰洞住居・集落を対象として . 東京工業大学学位论文，1998.
② 茂木計一郎〔ほか編〕中国民居研究客家の方形・環形土楼について . 住宅総合研究財団，1989.
③ 茂木計一郎，稲次敏郎，片山和俊著 . 木寺安彦写真，中国民居の空間を探る：群居類住——“光・水・土”中国東南部の住空間 . 建築資料研究社，1991.
④ 浅川滋男著 . 建築思潮研究所編集 . 住まいの民族建築学：江南漢族と華南少数民族の住居論 . 建築資料研究社，1994.

版了《北京四合院　过去、现在、未来》。[①]

（五）关于中国文化遗产保护的研究

文化遗产保护是近年日本关注的题目，日本对中国的文化遗产保护研究主要从历史文化名城开始。东京大学西村幸夫教授（1952年－　）主要研究历史城市保护，范围涉及东亚和东南亚，研究著作丰富。关于中国的保护他侧重历史文化名城研究。1998年主持“中国历史文化名城保护规划手法研究”，[②] 2004年出版《都市保全计画》。[③] 该书分为两个部分，第一部分为日本的保全计画，第二部分为世界的都市保全计画，其中介绍了中国的历史文化名城保护状况。该书为长达1047页的鸿篇巨著，获得2005年度日本都市计画学会论文奖。

大西国太郎1995年完成了博士论文“中国西安市城市景观的形成、诱导和历史地区的保护和再生研究”。[④] 2001年出版了《中国的历史都市》。[⑤]

关于中国台湾的文化遗产保护研究有浅野聪的研究，1994年他向早稻田大学提交了博士论文“台湾的历史环境保护计画论的研究：通过和日本的保护制度比较考察台湾的特征与课题”，[⑥] 2002年主持了科研项目“东亚地域的历史环境保全行政之国际比较研究”。[⑦]

关于“满洲”的保护问题研究者有田中禎彦。田中禎彦（1969年－　）毕业于京都大学建筑学科。他历任文化厅文化财调查官，ICCROM的项目经理等。他2010年向京都大学提交了博士论文“日本殖民地历史建造物的调查与保存事业：以中国东北、朝鲜为中心”。[⑧] 这个研究十分特殊，研究了二战前的殖民地的保护制度，并且和日本进行比较。

二战后日本对中国建筑研究的再开始是和中国改革开放同步的，有如下特点：

1. 重视实证调查，这是近代日本的建筑研究者的传统。

2. 注重比较研究。日本的研究往往把中国建筑和亚洲其他国家和地区进行比较研究，例如中国近代建筑的研究是和东亚、东南亚甚至全球的近代建筑发展联系起来考察的，从而发现西方殖民建筑在东渐过程中的痕迹，如外廊式建筑。

3. 集团性的研究占主要地位。集团研究的特点是可以完成超大型的调查。

4. 多采用和中国的研究机构联合研究的方法，取长补短。

---

① 北京四合院研究会编．北京の四合院：過去・現在・未来．中央公論美術出版，2008.
② 西村幸夫．中国における歴史文化名城の保存計画手法に関する研究．1998.
③ 西村幸夫．都市保全計画：歴史・文化・自然を活かしたまちづくり．東京大学出版会，2004.
④ 大西國太郎．中国西安市における都市景観の形成・誘導と歴史的地域の保存再生に関する研究：日本・京都との比較分析も含めて．大西國太郎，1995.
⑤ 大西國太郎，朱自煊編．中国の歴史都市：これからの景観保存と町並みの再生へ．井上直美監译．鹿島出版会，2001.
⑥ 浅野聡．台湾における歴史的環境保全に関する計画論的研究：日本の保全制度・計画との比較からみた台湾の特徴と課題．早稲田大学学位论文，1994.
⑦ 浅野聡．東アジア地域の歴史的環境保全行政に関する国際比較研究．2002.
⑧ 田中禎彦．日本植民地における歴史的建造物の調査保存事業：中国東北部（満州国）、朝鮮を中心として．京都大学学位论文，2010.

二、中国近代建筑史英文研究综述①

对中国近代建筑史、或者更广义地说是包含大量性建筑和城市空间在内的建成环境史（built environment）的英文研究，大致开始于20世纪七八十年代。经过30余年的发展和积累，逐渐形成了独特的学术传统和清晰的学术脉络，并对中文和日文研究产生了十分重要的影响。本文将英文研究的发展过程大致分为三个阶段：研究的缘起（1980–1990年）；历史学视角的建成环境研究（1990–2000年）；建筑学视角的回归（2000–2015年）。最后，通过分析近年欧美和亚太地区建筑学院的博士论文在选题、方法和理论建构等方面的共同倾向，展望中国近代建筑史英文研究的发展趋势。

（一）研究的缘起：历史学的下沉

20世纪七八十年代，西方的中国近代史研究发生了一次十分重要的理论转向。史明正、王笛、安克强、汪利平、熊月之等城市史学者都曾注意到，这一时期以美国学者为主体的中国近代史英文研究从20世纪五六十年代的政治外交史转向社会经济史，从重大事件和上层人物转向日常生活和普通民众，从宏观层面对历史发展规律和主导因素的追索转向微观层面对个案和个体的叙述。在历史学“下沉”背景下，建筑和城市空间作为社会经济史的物化，也作为日常生活的容器和具体的历史场景，开始进入历史学家的研究视野。②

三种理论模型对历史学视角的中国近代建成环境研究产生了深远影响。第一种理论模型是由美国哈佛大学的历史学家费正清（John King Fairbank, 1907–1991年）提出的“冲击—回应”模式。他认为中国的传统社会在儒家观念的控制之下具有极大的稳定性，需要来自更加强大的外部刺激，敦促它在“回应”（response）的过程中发生“现代转型”。这是一种以“西方—本土”关系作为“现代化”历史过程的理解框架。

第二种理论模型是德国社会学家马克斯·韦伯（Max Weber, 1864–1920年）在20世纪初提出的城市类型学理论。他以赋权逻辑为标准来划分城市的类型，并认为“现代城市”是以摆脱族权、神权和君权而获得一定程度的市民自治权为开端的。韦伯的观点在20世纪80年代，通过罗威廉（William T. Rowe）的两本关于汉口现代市民社会雏形的专著——《汉口：一个中国城市的商业和社会（1796–1889）》（1984年）和《汉口：一个中国城市的冲突和社区(1796–1895)》（1989年），③而被历史学界重新重视，并在中国近代城市史研究领域引申出两个影响深远的观点：

---

① 本小节作者李颖春。

② 史明正．美国学者对中国近现代城市史的研究 // 中国古都研究（第八辑）——中国古都学会第八届年会论文集．1990：379–397；王笛．近年美国关于近代中国城市的研究．历史研究，1996，(1)：171–185；安克强．19–20世纪的中国城市和城市社会——对西方研究成果的评论．城市史研究，2005，23：287–307；汪利平．美国的中国城市史研究介绍．国际汉学，2007，(2)：268–282；卢汉超．美国的中国城市史研究．清华大学学报（哲学社会科学版），2008，23（1）：115–126；熊月之，张生．中国城市史研究综述：1986–2006．史林，2008（1）：21–35.

③ Rowe,W.T.. *Hankow: Commerce and Society in a Chinese City, 1796-1889*. Stanford, Calif.：Stanford University Press, 1984; Rowe,W.T.. *Hankow: Conflict and Community in a Chinese City, 1796-1895*.Stanford, Calif.：Stanford University Press，1989.

一是“西方—本土”关系并非中国“现代化”唯一的推动力；二是“现代化”的过程中必然伴随着“中央—地方”之间长期而复杂的冲突。

第三种理论模型是美国斯坦福大学的人类学者施坚雅（G. William Skinner，1925–2008 年）提出的“宏观区域”模型（macro-regions paradigm），这一模型按照河流系统从支脉到干流的层次把中国分为九个区域，每一区域都有各自的中心和边缘。施坚雅认为，中国城市的现代化过程需要放置在它所属的区域中进行考察，“中心—边缘”的转化和城乡关系的转型是伴随“现代化”而产生的重要议题。伊懋可（Mark Elvin）和施坚雅主编的《两个世界之间的中国城市》（1974 年）① 和施坚雅主编的《中华帝国晚期的城市》（1977 年）② 两本文集，以大量的实证研究充实了这一理论模型。

（二）历史学视角的建成环境研究

20 世纪 90 年代以后的中国近代建筑史英文研究，主要是历史学视角的建成环境研究。其中对上海的研究出现较早、数量最多，尤其是研究的视角和视野，对中国其他城市的研究产生了深远的影响。

程恺礼（Kerrie L. MacPherson）于 1990 年在《规划观察》（*Planning Perspectives*）发表的论文“中国城市的未来：1927–1937 年的大上海计划”③ 和安克强（Christian Henriot）1993 年出版的专著《1927–1937 年的上海：市政权、地方性和现代化》，④ 是英文研究早期的重要成果。两位学者都选择了南京国民政府时期的“大上海计划”作为研究对象，关注华人主导的现代城市建设，强调本土的社会文化因素对现代化进程的影响。

张琳德（Linda Cooke Johnson）的《上海：从市镇到通商口岸，1074–1858 年》（1995 年），⑤ 通过记述 11–19 世纪的长时段历史框架，展现了上海从“帝国市镇”转变为“通商口岸”的过程中城市空间结构的延续性。李欧梵（Leo Ou-fan Lee）的《上海摩登》（1999 年），⑥ 从寓沪中国作家的作品中，重绘了林荫道、公园、摩天楼、咖啡厅等“西式”的城市空间在 20 世纪初的生活场景。卢汉超（Hanchao Lu）的《霓虹灯外》（1999 年）⑦ 通过对居民的访谈，再现了 20 世纪初里弄街区内中下层市民的日常生活。孟悦（Yue Meng）的《上海：双重帝国边界上的都

① Skinner, G. W. & M. Elvin ed..*The Chinese City between Two Worlds*.Stanford, Calif.：Stanford University Press，1974.

② Skinner, G. W. ed..*The City in Late Imperial China*.Stanford, Calif.：Stanford University Press，1977. 中文译本《中华帝国晚期的城市》由中华书局 2000 年出版。

③ MacPherson, K. L..Designing China's Urban Future: The Greater Shanghai Plan, 1927–1937.*Planning Perspectives: An International Journal of History, Planning and the Environment*, 1990, 5 (1)：39–62.

④ Henriot, C..*Shanghai, 1927-1937: élites locales et modernisation dans la Chine nationaliste*.Paris：Editions de l'Ecole des hautes études en sciences sociales，1991. 本书的英文版 *Shanghai, 1927-1937: Municipal Power, Locality, and Modernization* 于 1993 年由加州大学出版社出版；中文译本《1927–1937 年的上海：市政权、地方性和现代化》于 2004 年由上海古籍出版社出版。

⑤ Johnson, L. C..*Shanghai: From Market Town to Treaty Port, 1074-1858*.Stanford, Calif.：Stanford University Press，1995.

⑥ Lee, L..*Shanghai Modern: The Flowering of a New Urban Culture in China, 1930-1945*.Cambridge, Mass.：Harvard University Press，1999. 中文译本《上海摩登：一种新都市文化在中国（1930–1945）》于 2000 年由牛津大学出版社在香港出版，于 2001 年由北京大学出版社在中国大陆出版。

⑦ Lu, H..*Beyond the Neon Lights: Everyday Shanghai in the Early Twentieth Century*.Berkeley：University of California Press，1999. 中文译本《霓虹灯外：20 世纪初日常生活中的上海》于 2004 年由上海古籍出版社出版。

市社会》(2006年),[①] 在对张园、福州路、大世界等近代城市公共空间研究中,发现了中国传统都市文化的影响。梁允翔(Samuel Y. Liang)的《晚晴上海现代性:寓居城市的建筑空间、性别和视觉文化(1853–1898年)》(2010年),[②] 则试图挖掘自由文人、商人和妓女等传统儒家社会中的边缘人群在上海现代都市文化形成过程中所起的作用。

由此可见,英文研究的一个主流视角是立足本土。通过对本土历史的梳理来观察西方影响的过程和结果,并对由此产生的"现代性"进行挖掘、描述和解释。这与同一时期中文和日文研究中对"西化"过程本身的关注形成了鲜明对比。

1996年,加州大学圣地亚哥分校的历史学家周锡瑞(Joseph W. Esherick)召集了一次主题为"上海之外:民国时期中国的城市想象"(Beyond Shanghai: Imaging the City in Republican China)的学术会议,并在2000年出版论文集《再造中国城市:现代性与国家认同,1900–1950》,[③] 意在推动史学界对上海以外的中国近代城市的研究。书中的一些章节后来陆续扩充修改成为专著,包括司昆仑(Kristin Eileen Stapleton)的《文明进程中的成都》(2000年),[④] 董玥(Madeleine Yue Dong)的《民国北京城》(2003年),[⑤] 麦金农(Stephen R. Mackinnon)的《武汉1938》(2008年),[⑥] 和莫林(Charles D. Musgrove)的《建都南京》(2013年)。[⑦]

从上海到上海之外,除了研究视野的拓展之外,更重要的是,通过个案的积累发现了近代中国城市建成环境不同的形成过程和影响因素。例如,史明正(Mingzheng Shi)在美国哥伦比亚大学完成的博士论文"北京的近代转型"(1993年),[⑧] 司昆仑的《文明进程中的成都》,麦金农的《武汉1938》,莫林的《建都南京》等,侧重于描述近代中国一系列重大的政治变革对城市规划和城市空间的影响;韩书瑞(Susan Naquin)的《北京:寺庙与城市生活(1400–1900年)》(2000年)[⑨]、董玥的《民国北京城》、朱剑飞的《建筑与现代中国》(2009年)[⑩] 和柯必得(Peter J. Carroll)的《天堂与现代性之间》(2006年)[⑪] 等,关注现代化进程中对传统建筑和城市空间的重新理解和改建/重建;王笛(Di Wang)有关成都的两本专著——《街头文化》(2003)[⑫] 和

---

① Meng, Y.*Shanghai and the Edges of Empires.Minneapolis*.London: University of Minnesota Press, 2006.

② Liang, S. Y..*Mapping Modernity in Shanghai: Space, Gender, and Visual Culture in the Sojourners' City, 1853-98*.Londen and New York: Routledge, 2010.

③ Esherick, J. ed.*Remaking the Chinese City: Modernity and National Identity, 1900-1950*.Honolulu: University of Hawai' i Press, 2000.

④ Stapleton, K. E..*Civilizing Chengdu: Chinese Urban Reform, 1895-1937*.Cambridge, Mass.: Published by the Harvard University Asia Center, Distributed by Havard University Press, 2000.

⑤ Dong, M. Y..*Republican Beijing: The City and Its Histories*.Berkeley: University of California Press, 2003. 中文译本《民国北京城:历史与怀旧》于2014年由生活·读书·新知三联书店出版。

⑥ MacKinnon, S. R..*Wuhan, 1938: War, Refugees, and the Making of Modern China*.Berkeley: University of California Press, 2008. 中文译本《武汉,1938:战争、难民与现代中国的形成》于2008年由武汉出版社出版。

⑦ Musgrove, C. D..*China's Contested Capital: Architecture, Ritual, and Response in Nanjing*.Honolulu: University of Hawai' i Press, 2013.

⑧ Shi, M..*Beijing Transforms: Urban Infrastructure, Public Works, and Social Change in the Chinese Capital, 1900-1928*.Ph.D. diss., Columbia University, 1993. 这本论文尚未以英文出版,由作者改写的中文本《走向近代化的北京城:城市建设与社会变革》于1995年由北京大学出版社出版。

⑨ Naquin, S..*Peking: Temples and City Life, 1400-1900*.Berkeley: University of California Press, 2000. 本书的中文译本《北京:寺庙与城市生活(1400–1900年)》于2014年由台湾地区稻乡出版社出版。

⑩ Zhu, J..*Chinese Spatial Strategies: Imperial Beijing, 1420-1911*. London; New York: Routledge, 2004.

⑪ Carroll, P. J..*Between Heaven and Modernity: Reconstructing Suzhou, 1895-1937*.Stanford, Calif.: Stanford University Press, 2006. 中文译本《天堂与现代性之间:建设苏州(1895–1937)》于2015年由上海辞书出版社出版。

⑫ Wang, D..*Street Culture in Chengdu: Public Space, Urban Commoners, and Local Politics, 1870-1930*.Stanford, Calif.: Stanford University Press, 2003. 中文译本《街头文化:成都公共空间、下层民众与地方政治,1870–1930》于2006年由中国人民大学出版社出版。

《茶馆》(2008)[①]，是《霓虹灯外》之后影响较大的日常生活史研究，发现了大众文化和平民空间在急进的现代化过程中所具有的稳定性；汪利平（Liping Wang）在美国加州大学圣地亚哥分校完成的博士论文"社会变迁下的杭州旅游业与城市空间:1589–1937"(1997年)，[②] 和邵勤(Qin Shao)的专著《培育现代化:南通模式，1890–1930》(2004年)[③] 等，研究了近代中小城市的城市空间现代化策略;获得费正清东亚研究奖的杨露谊（Louise Young）的专著《日本的全面帝国》(1998)，[④] 则以全面历史（total history）的理论视角，从日本社会的角度来解释伪满洲国的城市规划和建设。

（三）建筑学视角的回归

20世纪90年代以来，历史学视角的中国近代建成环境的英文研究以个案城市的研究逐渐推进，尤其关注近代出现的新的建筑和城市空间类型，如市政建筑、商业建筑、集合住宅、公共空间和基础设施等，并从不同的角度解释了建成环境与近代独特的政治、经济、文化状况之间的关系。目前看来，历史学的研究方法和理论框架仍然主导着中国近代建筑史的英文研究。

然而，历史学视角的研究通常将焦点落在人和社会，而将建筑和城市空间视为其发生的容器或者物质表现。因此，历史学视角的研究存在着两种常见的倾向：一是易于将建筑和城市空间的形成过程与它们所处的社会背景之间建立直接的联系，而忽略了由专业人士参与的具体的设计、修改和建造环节；二是易于将建筑史视为政治、经济、文化史的一部分，而忽略其作为学科史的独立性。

近15年来，越来越多的建筑史学者开始关注中国的近代建筑和城市空间。建筑史学者的研究在方法和理论上都深受历史学的影响，但是研究的焦点则转向建筑和城市空间本身，目前，主要的研究成果是围绕人物、思想和作品三个方面来展开的。

1. 人物

出版于2001年的《在中国建造：亨利·K·茂飞的"适应性建筑"(1914–1935)》是较早的建筑学视角的专著。[⑤] 作者郭杰伟（Cody, J. W.）毕业于艺术史专业，1989年在美国康奈尔大学完成了以茂飞生平为题的博士论文，后经过其十余年的修改而最终完成这本专著。这部建筑

① Wang, D..*The Teahouse: Small Business, Everyday Culture, and Public Politics in Chengdu, 1900-1950*.Stanford, Calif.：Stanford University Press，2008. 由作者改写的中文版《茶馆：成都的公共生活和微观世界（1900–1950）》，于2010年由社会科学文献出版社出版。

② Wang, L..*Paradise for Sale: Urban Space and Tourism in the Social Transformation of Hangzhou, 1589-1937*.Ph.D diss.，University of California, San Diego，1997.

③ Shao, Q..*Culturing Modernity: The Nantong Model, 1890-1930*.Stanford, Calif.：Stanford University Press，2004.

④ Young, Louise..*Japan's Total Empire: Manchuria and the Culture of Wartime Imperialism*.Berkeley, Calif.：University of California Press，1998.

⑤ Cody, J. W..*Building in China: Henry K. Murphy's "Adaptive Architecture," 1914-1935*.Hong Kong; Seattle：Chinese University Press：University of Washington Press，2001. 本书是郭杰伟在其1989年的博士论文 *Henry K. Murphy: An American Architect in China, 1914-1935* (Ph.D. diss., Cornell University, 1989) 的基础上修改而成的，中文学界对这本书的引介和评论可参见：赖德霖. 书评：郭杰伟著《在中国建造：亨利·K·茂飞的"适应性建筑"(1914–1935)》. 钱锋译 // 中国近代建筑史研究. 北京：清华大学出版社，2007：395–400. 原文刊登于《建筑史学家学会会刊》(*Journal of the Society of Architectural Historians*)，63卷第1期。

师的传记，除了具有十分重要的史料价值以外，也在方法上对此前的历史学研究有所突破。作者在对历史过程的梳理中，聚焦于茂飞的建筑作品和其建筑观念的发展，从而建立了他曾经工作过的长沙、北京、广州、上海、南京等地的合理而精确的关联性。这样的研究构架，突破了历史学者的"地方史"研究的局限，并显示了建筑史与社会史之间既相互关联又有所差异的复杂关系。

《在中国建造》之后，以人物为主线的研究还有爱德华·科构（Eduard Kögel）在德国包豪斯大学完成的博士论文"柏林与上海之间：流亡建筑师鲁道夫·汉伯格和理查德·鲍立克"（2006年）[①]和专著《大实录：鲍希曼与中国的宗教建筑（1906-1931）》（2015年）；[②]王浩娱在香港大学完成的博士论文"1949年后移居香港的中国近代建筑师"；[③]卢卡·彭切里尼（Luca Poncellini）和尤利娅·切伊迪（Júlia Csejdy）合著的《邬达克》（2010年）；[④]爱德华·丹尼森（Edward Denison）和广裕仁合著的《建筑师陆谦受》（2014年）等。[⑤]

2. 思想

2002年出版的由彼得·罗（Peter G. Rowe）与关晟（Seng Kuan）合著的《中国现代建筑的体用之争》，被夏南悉（Nancy S. Steinhardt）称作"第一部中西视野下中国现代建筑与城市规划的完备历史"。[⑥]两位作者在本书的导论部分指出，这本书写作的意图是尝试通过追问历史，来理解传统与现代在中国现代建筑中所扮演的角色。本书借用19世纪六七十年代洋务运动中提出的口号"中学为体，西学为用"，归纳出近代中外建筑师处理传统与现代的四种不同策略：第一种是以西方来华建筑师为代表的对"纯粹的西学"的追求；第二种是茂飞、何士和吕彦直等中外建筑师提倡并实践的"中体西用"的"适应性建筑"；第三种是杨廷宝等"第一代"中国建筑师借用学院派（beaux-arts）设计原则对中国传统建筑所作的"理性化"努力；第四种以梁思成和营造学社同仁为代表，试图对中国传统建筑及其设计方法进行的"现代化"努力。

在《中国现代建筑的体用之争》一书之后，中国近代建筑史上一些重要的观念和思想被一一研究。李士桥（Shiqiao Li）的"梁思成与梁启超：中国建筑历史的现代书写"（2002年）[⑦]和"重构中国营造传统：20世纪初期的《营造法式》"（2003年），[⑧]以及王敏颖2010年在美国哥

---

① Kögel, E..*Zwei Poelzigschüler in Der Emigration: Rudolf Hamburger Und Richard Paulick Zwischen Shanghai Und Ost-Berlin (1930-1955)*. Ph.D diss., Bauhaus University Weimar, 2006.

② Kögel, E..*The Grand Documentation: Ernst Boerschmann and Chinese Religious Architecture (1906-1931)* .Berlin：De Gruyter, 2015.

③ Wang, H..*Mainland Architects in Hong Kong after 1949: A Bifurcated History of Modern Chinese Architecture*.The University of Hong Kong, 2008.

④ Poncellini, L. & J. Csejdy.*LáSzló Hudec*.Budapest：Holnap Kiad ó, 2010. 中文译本《邬达克》于2013年由同济大学出版社出版。

⑤ Denison, E. & Y. R. Guang.*Luke Him Sau, Architect: China's Missing Modern*.Chichester, West Sussex：John Wiley & Sons, 2014.

⑥ Rowe, P. G. & S. Kuan.*Architectural Encounters with Essence and Form in Modern China*.Cambridge, Mass.; London, England：MIT Press, 2002. 中译本《承传与交融——探讨中国近现代建筑的本质与形式》于2004年由中国建筑工业出版社出版。夏南悉评价这本书，"Architectural Encounters is the first comprehensive look at the building during China' s period of modernization from the perspectives of Chinese and Western structure, design, and urban planning".

⑦ Li, S..Writing a Modern Chinese Architectural History: Liang Sicheng and Liang Qichao.*Journal of Architectural Education*, 2002, 56 (1)：35-45.

⑧ Li, S..Reconstituting Chinese Building Tradition: The Yingzao Fashi in the Early Twentieth Century.*Journal of the Society of Architectural Historians*, 2003, 62 (4)：470-489. "梁思成与梁启超"及"重构中国营造传统"两篇文章的中文译文收录在李士桥的中文自选集《现代思想中的建筑》一书中，于2009年由中国水利水电出版社、知识产权出版社出版。

伦比亚大学完成的博士论文"中国建筑的历史化:19世纪末至1953年中国建筑的史学史",[①]都致力于理解近代中外学者对中国古代建筑的历史书写方法。爱德华·丹尼森和广裕仁合著的《中国现代主义》(2008年)[②]较为全面地整理了近代中国受到现代主义建筑运动思潮影响的作品，尤其指出了20世纪上半叶中国的社会政治语境下现代主义与国族主义、殖民主义、军国主义的碰撞。郭杰伟、夏南悉和托尼·阿特金（Tony Atkin）合编的论文集《中国建筑与布扎体系》(2011年),[③]对"学院派"建筑（beaux-art）这一影响20世纪中国建筑最深远的建筑思想作出了全方位的回顾。书中收录的15篇论文，在2003年美国宾夕法尼亚大学召开的国际会议"布扎、保罗·克瑞、与20世纪的中国建筑"(The Beaux-Arts, Paul Philippe Cret, and 20th Century Architecture in China）的会议论文基础上修改而成，分别从建筑风格与设计过程、建筑教育、建筑作品、城市规划四个方面论述了"中国建筑"与"布扎体系"结合的复杂过程，及其产生的深远影响。

3. 作品

丽诺尔·海特坎普（Lenore Hietkamp）1998年在维多利亚大学完成的博士论文"邬达克与上海国际饭店",[④]尝试以建筑师的一件作品为线索，对20世纪二三十年代建筑设计手法的中西交流进行研究。论文采用图像分析的方法，利用维多利亚大学"邬达克档案"所藏丰富的设计草图和历史照片，以及作者在20世纪90年代的现场调研，勾勒出20世纪30年代上海的建筑设计界与芝加哥学派、装饰艺术派、表现主义等20世纪初现代建筑设计探索之间的关联。

赖德霖2007年于芝加哥大学完成的博士学位论文"中国现代：作为定义中国现代建筑试验场的中山陵",[⑤]通过对中山陵方案的设计、竞标和修改过程的研究，以严谨的图像分析法展现了吕彦直的设计与当时中国社会的审美风气、美国费城的"独立钟"和美国华盛顿的林肯纪念堂等中外视觉信息之间的关联，具体而微地展现了20世纪20年代的建筑师如何在"旧新共存"、"中西交织"的社会情境下，探索一种既是"中国的"又是"现代的"纪念建筑的形式；同时，赖于2014年发表在《建筑史学家学会会刊》的论文"早期中国建筑史叙述与南京国立中央博物院辽宋风格设计再思",[⑥]也是通过图像分析的方法，揭示了20世纪二三十年代不断推进的中国传统建筑研究对建筑设计的影响。

---

① Wang, M. Y..*The Historicization of Chinese Architecture: The Making of Architectural Historiography in China from the Late Nineteenth Century to 1953*.Columbia University，2010.

② Denison, E. & Y. R. Guang.*Modernism in China: Architectural Visions and Revolutions*.Chichester, England; Hoboken, NJ：John Wiley，2008. 中译本《中国现代主义：建筑的视角与变革》于2012年由电子工业出版社出版。

③ Jeffrey, C. W. & N. S. Steinhardt & T. Atkin eds..*Chinese Architecture and the Beaux-Arts*.Hong Kong：Hong Kong University Press，2011.

④ Hietkamp, L..*The Park Hotel, Shanghai (1931-1934) and Its Architect, Laszlo Hudec (1893-1958)："Tallest Building in the Far East" as Metaphor for Pre-Communist Shanghai*.University of Victoria，1998. 部分内容发表于：Hietkamp, L..The Park Hotel in Shanghai: A Metaphor for 1930s China//*Visual Culture in Shanghai 1850s-1930s*.Jason C. Kuo ed. Washington, D.C.：New Academia，2007. 修改之后出版专著：Hietkamp, L..*Laszlo Hudec and the Park Hotel in Shanghai*.Shawnigan Lake, BC：Diamond River Books，2012.

⑤ Lai, D..*Chinese Modern: Sun Yat-Sen's Mausoleum as a Crucible for Defining Modern Chinese Architecture*.The University of Chicago，2007. 部分内容发表于：Lai, D..Searching for a Modern Chinese Monument: The Design of the Sun Yat-Sen Mausoleum in Nanjing.*Journal of the Society of Architectural Historians*.2005，64 (1)：22-55. 本文中文版《探寻一座现代中国式的纪念物——南京中山陵设计》编入范景中、曹意强主编的《美术史与观念史》第4卷。

⑥ Lai, D..Idealizing a Chinese Style: Rethinking Early Writings on Chinese Architecture and the Design of the National Central Museum in Nanjing.*Journal of the Society of Architectural Historians*.2014，73 (1)：61-90.

邹晖的专著《圆明园西洋楼与近代中国文化》(2011年)① 和罗坤(Cole Roskam)的论文"'百年进步'与中国建筑:中国馆、热河金亭和1933年芝加哥万国博览会",② 则从不同的方面重新定义了"中国近代建筑"的内容。邹的研究如以政治史来划分,研究的时间段不属于"近代"范围。但其研究的圆明园设计中所运用的透视、比例和对称等西方的视觉原则,标志着中国的建筑开始受到外来影响并发生变化,这一变化在很大程度上可以视为20世纪中国建筑现代转型的先声。罗的论文则将研究的对象扩展到中国的政治疆域以外,梳理了1933年芝加哥万国博览会中国馆方案形成的历史过程,体现了当时的政商精英和建筑师对于"现代中国"的建筑形象所持的不同主张。

(四)现状与趋势

从目前已经出版和发表的研究来看,建筑学者的研究在选题上倾向于历史上重要的建筑师、建筑思想和建筑作品,这与建筑史研究关注学科发展和经验积累的目的密切相关。但从近年欧美和亚太地区建筑院校的博士论文选题来看,青年学者正在更多地关注于大量性建筑和城市空间。一些在过去引起历史学、社会学和地理学学者兴趣的建筑类型和城市空间类型,开始成为建筑史学者的研究对象,如道路形态、土地划分、平民住宅、市政建筑等。研究使用的材料也从建筑实物、建筑图纸和专业杂志等,扩展到政府档案、法庭和财务记录、地产凭据、游记、书信,甚至以往不作为可信文献资料的文学作品等。

过去十年间研究中国近代建筑史的英文博士论文,大多具有这一共同的倾向。如江南(Johnathan Farris)2004年在美国康奈尔大学完成的博士论文"广州的洋商与建筑",研究了18-19世纪广州洋商的日常生活空间;③ 陈煜(Yu Chen)2006年在国立新加坡大学完成的博士论文"厦门鼓浪屿公共租界研究"④ 和朱慰先(Cecilia Chu)2010年在美国加州大学伯克利分校完成的博士论文"殖民地香港的城市形态与土地政治"⑤ 都以土地开发模式为切入点研究城市景观形成的经济和政治因素;罗坤2010年在美国哈佛大学完成的博士论文"上海市政建筑研究,1842-1936"⑥ 和刘亦师(Yishi Liu)2011年在美国加州大学伯克利分校完成的博士论文"长春的城市建设与社会变迁,1932-1957"⑦ 都关注了城市规划和市政建筑的设计和建造过程;徐颂雯(Carmen C. M. Tsui)2011年在美国加州大学伯克利分校完成的博士论文"南京私房征收与

① Zou, H..*A Jesuit Garden in Beijing and Early Modern Chinese Culture*.West Lafayette, Ind.: Purdue University Press, 2011.
② Roskam, C..Situating Chinese Architecture within "a Century of Progress": The Chinese Pavilion, the Bendix Golden Temple, and the 1933 Chicago World's Fair.*Journal of the Society of Architectural*.2014, 73 (3): 347-371.
③ Farris, J. A..*Dwelling on the Edge of Empires: Foreigners and Architecture in Guangzhou (Canton), China*.Cornell Universit, 2004.
④ Chen, Yu..*Urban Transformation in Semi-Colonial China: Gulangyu International Settlement (1903-1937)*.National University of Singapore, 2006.
⑤ Chu, C..*Speculative Modern: Urban Forms and the Politics of Property in Colonial Hong Kong*.University of California, Berkeley, 2010.
⑥ Roskam, C..*Civic Architecture in a Liminal City: Shanghai, 1842-1936*.Harvard University, 2010.
⑦ Liu, Y..*Competing Visions of the Modern: Urban Transformation and Social Change of Changchun, 1932-1957*.University of California, Berkeley, 2011.

城市管治历史，1927–1979”，研究了城市规划和政治运动过程中对私有房产的征收过程；[①] 刘亮国（Leung–Kwok Prudence Lau）2013年在香港中文大学完成的博士论文“义品洋行在香港与中国通商口岸的建筑研究”，是关于私人地产开发的研究；[②] 罗薇（Wei Luo）2013在比利时鲁汶大学完成的博士论文“长城外的圣母圣心会教堂建筑”，则选择了中国偏远地区的教堂建筑作为研究对象。[③]

上述论文也从不同方面深化了对中国近代建筑形成过程及特征的理解。青年学者在理论建构方面的一个显著的特征，是试图建立起建筑学发展与社会发展之间的互动关系。上述博士论文的研究中，有相当一部分是以“社会协商”（social negotiation）的视角进行论述，将政府、业主、开发商、使用者等设计和建造过程的多方参与者纳入到建筑史研究的范畴。其另一个重要的特征，是理论框架从“中西比较”向“全球视野”（global perspective）的转变。近年来，由青年学者主编和主笔的多本文集，都尝试以“殖民主义”、“现代主义”、“地域主义”等理论线索，对包括中国在内的“非西方”社会现代建筑的发展进行整体性研究，为长期以来仅以“西方”为参照的中国近代建筑研究提供了多元的视角。[④]

（五）小结

从上文的综述可以看到，中国近代建筑史的英文研究是一个吸纳了中外不同社会与文化背景的研究者并由多学科共建的研究领域。该研究在20世纪七八十年代缘起于历史学的“下沉”;历史学视角的建成环境研究，受到费正清、韦伯和施坚雅等学者的启发，分别从“西方—本土”、“中央—地方”、“中心—边缘”等社会关系入手，建立了中国近代建筑在历史学意义上的独特性。

2000年前后是中国近代建筑史英文研究的一个重要的转折点，郭杰伟的《在中国建造》、彼得·罗的《中国现代建筑的体用之争》和海特坎普《国际饭店》等专著的出版，标志着该研究在对象和方法上向建筑学的回归。建筑学视角的研究虽然深受历史学的影响，但在选题上更关注推动学科发展的重要人物、思想和作品，研究的目的更注重专业知识的积累，并致力于建立建筑学学科有别于政治、社会、经济和文化史的独立性和独特性。

近年来，欧美和亚太地区建筑院校的博士论文选题，则反映了青年学者在研究视野上的再一次转变。大量性建筑和城市空间开始成为建筑学者关注的对象，专业人士以外的社会力量成

① Tsui, C. M..*A History of Dispossession: Governmentality and the Politics of Property in Nanjing, 1927-1979.*University of California, Berkeley，2011.

② Lau, L. Prudence..*Adaptive Modern and Speculative Urbanism: The Architecture of the Crédit Foncier D'extrême-Orient (C. F. E. O.) in Hong Kong and China's Treaty Ports, 1907-1959.*Chinese University of Hong Kong，2013.

③ Luo, W..*Transmission and Transformation of European Church Types in China: The Churches of the Scheut Missions Beyond the Great Wall, 1865-1955.*Katholieke Universiteit Leuven，2013.

④ Desai, M. , ed. *Colonial Frames, Nationalist Histories: Imperial Legacies, Architecture and Modernity.*Farnham, Surrey; Burlington, VT：Ashgate, 2012；Victoir, L. A., Victor Zatsepine, eds.*Harbin to Hanoi: The Colonial Built Environment in Asia, 1840 to 1940.*Hong Kong：Hong Kong University Press, 2013；Kuroishi, Izumi, ed.*Constructing the Colonized Land: Entwined Perspectives of East Asia around WWII.*Farnham, Surrey, England; Burlington, VT：Ashgate, 2014.

为解释学科发展的重要部分，并将中国近代建筑的特征和贡献置于"全球视野"下进行再思。

近年来，另一个值得关注的趋势，是英文研究学术共同体的变化。迟至20世纪末，在美国和欧洲各国出生、成长、受教育并在欧美大学执教的西方学者，是英文研究的主要力量。而近几年，不少生于中国大陆、台湾和香港等地的华人学者留学欧美并在欧美获得教席，他们的观点和立场逐渐在英文研究中有所体现。同时，一些西方学者开始迁往亚太地区从事教学和研究工作，新的社会环境带给他们新的接触田野和文献的机会。相信这两类学者——海外的华人学者和亚太地区的欧美学者，将给中国近代建筑史的英文研究带来新的改变。

最后，笔者列出了2015年11月以前，关于中国近代建筑与城市方面正式出版的英文研究成果和通过答辩的英文类博士学位论文，分为专著、期刊论文、论文集和博士论文四类，每一类以作者的姓氏字母排序。

专著

Carroll, Peter J. *Between Heaven and Modernity: Reconstructing Suzhou, 1895-1937*. Stanford, Calif.: Stanford University Press, 2006.

Cody, Jeffrey W. *Building in China: Henry K. Murphy's "Adaptive Architecture", 1914-1935*. Hong Kong; Seattle: Chinese University Press: University of Washington Press, 2001.

Cody, Jeffrey W. *Exporting American Architecture, 1870-2000*. London; New York: Routledge, 2003.

Denison, Edward, Yu Ren Guang. *Building Shanghai: The Story of China's Gateway*. Chichester: John Wiley, 2006.

Denison, Edward, Yu Ren Guang. *Luke Him Sau, Architect: China's Missing Modern*. Chichester, West Sussex: John Wiley & Sons, 2014.

Denison, Edward, Yu Ren Guang. *Modernism in China: Architectural Visions and Revolutions*. Chichester, England; Hoboken, NJ: John Wiley, 2008.

Dong, Madeleine Yue. *Republican Beijing: The City and Its Histories*. Berkeley: University of California Press, 2003.

Henriot, Christian. *Shanghai, 1927-1937: Municipal Power, Locality, and Modernization*. Berkeley: University of California Press, 1993.

Hietkamp, Lenore. *Laszlo Hudec and the Park Hotel in Shanghai*. Shawnigan Lake, BC: Diamond River Books, 2012.

Johnson, Linda Cooke. *Shanghai: From Market Town to Treaty Port, 1074-1858*. Stanford, Calif.: Stanford University Press, 1995.

Kögel, E. *The Grand Documentation: Ernst Boerschmann and Chinese Religious Architecture (1906-1931)*.Berlin：De Gruyter，2015.

Lee, Leo Ou-fan. *Shanghai Modern: The Flowering of a New Urban Culture in China, 1930-1945*. Cambridge, Mass.: Harvard University Press, 1999.

Liang, Samuel Y. *Mapping Modernity in Shanghai: Space, Gender, and Visual Culture in the Sojourners' City, 1853-1898*. Londen and New York: Routledge, 2010.

Lu, Hanchao. *Beyond the Neon Lights: Everyday Shanghai in the Early Twentieth Century*. Berkeley: University of California Press, 1999.

Meng, Yue. *Shanghai and the Edges of Empires*. Minneapolis; London: University of Minnesota Press, 2006.

Musgrove, Charles D. *China's Contested Capital: Architecture, Ritual, and Response in Nanjing*. Honolulu: University of Hawai' i Press, 2013.

Naquin, Susan. *Peking: Temples and City Life, 1400-1900*. Berkeley: University of California Press, 2000.

Poncellini, Luca, J ú lia Csejdy. *LáSzló Hudec*. Budapest: Holnap Kiad ó , 2010.

Porter, Jonathan. *Macau, the Imaginary City: Culture and Society, 1557 to the Present*. Boulder, Colo: Westview Press, 1996.

Rowe, Peter G., Seng Kuan. *Architectural Encounters with Essence and Form in Modern China*. Cambridge, Mass.; London, England: MIT Press, 2002.

Rowe, William T. *Hankow: Commerce and Society in a Chinese City, 1796-1889*. Stanford, Calif.: Stanford University Press, 1984.

Rowe, William T. *Hankow: Conflict and Community in a Chinese City, 1796-1895*. Stanford, Calif.: Stanford University Press, 1989.

Shao, Qin. *Culturing Modernity: The Nantong Model, 1890-1930*. Stanford, Calif.: Stanford University Press, 2004.

Stapleton, Kristin Eileen. *Civilizing Chengdu: Chinese Urban Reform, 1895-1937*. Cambridge, Mass.: Published by the Harvard University Asia Center; Distributed by Harvard University Press, 2000.

Wang, Di. *Street Culture in Chengdu: Public Space, Urban Commoners, and Local Politics, 1870-1930*. Stanford, Calif.: Stanford University Press, 2003.

Wang, Di. *The Teahouse: Small Business, Everyday Culture, and Public Politics in Chengdu, 1900-1950*. Stanford, Calif.: Stanford University Press, 2008.

Warner, Torsten. *Deutsche Architektur in China: Architekturtransfer (German Architecture in China: Architectural Transfer)*. Berlin: Ernst & Sohn, 1994.

Young, Louise. *Japan's Total Empire: Manchuria and the Culture of Wartime Imperialism*. Berkeley, Calif.: University of California Press, 1998.

Zhu, Jianfei. *Architecture of Modern China: A Historical Critique*. London; New York: Routledge, 2009.

Zou, Hui. *A Jesuit Garden in Beijing and Early Modern Chinese Culture*. West Lafayette, Ind.: Purdue University Press, 2011.

期刊论文

Chen, Yu. The Making of a Bund in China: The British Concession in Xiamen (1852–1930). [In English]. *Journal of Asian Architecture and Building Engineering*, 2008, 7(1): 31–38.

Cody, Jeffrey W. American Planning in Republican China, 1911–1937. *Planning Perspectives*, 1996, 11(4): 339–77.

Cody, Jeffrey W. "Erecting Monuments to the God of Business and Trade" : The Fuller Construction Company of the Orient, 1919–1926. *Construction History*, 1996, 12: 67–81.

Cody, Jeffrey W. Remnants of Power behind the Bund: Shanghai' s IBC and Robert Dollar Buildings, 1920–22. [In English]. *Architectural Research Quarterly* , 1999, 3(04): 335–50.

Coomans, Thomas. A Pragmatic Approach to Church Construction in Northern China at the Time of Christian Inculturation: The Handbook "Le Missionnaire Constructeur" , 1926. *Frontiers of Architectural Research*, 2014, 3, (2): 89–107.

Coomans, Thomas, Leung–kwok Prudence Lau. Les Tribulations D' un Architecte Belge En Chine: Gustave Volckaert, Au Service Du Cr é dit Foncier D' extr ê me–Orient, 1914–1954. *Revue Belge d'Archéologie et d'Histoire de l'Art / Belgisch Tijdschrift voor Oudheidkunde en Kunstgeschiedenis*, 2012 (81): 129–53.

Coomans, Thomas, Wei Luo. Exporting Flemish Gothic Architecture to China: Meaning and Context of the Churches of Shebiya (Inner Mongolia) and Xuanhua (Hebei) Built by Missionary–Architect Alphonse De Moerloose in 1903–1906. *Relicta. Heritage Research in Flanders*, 2012(9): 219–62.

Ellen, Laing Johnson. Architecture, Site, and Visual Message in Republican Shanghai. *The Study of Art History*, 2007(9): 451–60.

Farris, Johnathan A. Thirteen Factories of Canton: An Architecture of Sino–Western Collaboration and Confrontation. *Buildings & Landscapes: Journal of the Vernacular Architecture Forum*, 2007(14): 66–83.

Lai, Delin. Idealizing a Chinese Style: Rethinking Early Writings on Chinese Architecture and the Design of the National Central Museum in Nanjing. *Journal of the Society of Architectural Historians*, 2014, 73 (1): 61–90.

Lai, Delin. Searching for a Modern Chinese Monument: The Design of the Sun Yat–Sen Mausoleum in Nanjing. *Journal of the Society of Architectural Historians*, 2005,64(1): 22–55.

Lau, Leung–Kwok Prudence. Traces of a Modern Hong Kong Architectural Practice: Chau and Lee Architects, 1933–1991. [In English]. *Journal of the Royal Asiatic Society Hong Kong Branch*, 2014(54): 59–79.

Li, Shiqiao. Reconstituting Chinese Building Tradition: The Yingzao Fashi in the Early Twentieth Century. *Journal of the Society of Architectural Historians*, 2003, 62(4): 470–89.

Li, Shiqiao. Writing a Modern Chinese Architectural History: Liang Sicheng and Liang Qichao. *Journal of Architectural Education* ,2002, 56 (1): 35–45.

Liang, Samuel Y. Ephemeral Households, Marvelous Things: Business, Gender, and Material Culture in "Flowers of Shanghai" . [In English]. *Modern China* , 2007, 33(3): 377–418.

Liang, Samuel Y. Where the Courtyard Meets the Street: Spatial Culture of Lilong Neighborhood, Shanghai, 1870–1900. *Journal of the Society of Architectural Historian* ,2008, 67(4): 482–503.

Liu, Yishi. Constructing Ethnic Identity: Making and Remaking Korean–Chinese Rural Houses in Yanbian, 1881–2008. *Traditional Dwellings and Settlements Review*,2009, 21(1): 67–82.

Lu, Hanchao. Away from Nanking Road: Small Stores and Neighborhood Life in Modern Shanghai. *The Journal of Asian Studies*, 1995,54(1): 92–123.

MacPherson, Kerrie L. Designing China' s Urban Future: The Greater Shanghai Plan, 1927–1937. *Planning Perspectives: An International Journal of History, Planning and the Environment*, 1990, 5,(1): 39–62.

Musgrove, Charles D. Monumentality in Nanjing' s Sun Yat–Sen Memorial Park. *Southeast Review of Asian Studies*, 2007, 29: 1–19.

Roskam, Cole. Situating Chinese Architecture within "a Century of Progress" : The Chinese Pavilion, the Bendix Golden Temple, and the 1933 Chicago World' s Fair. *Journal of the Society of Architectural Historians*, 2014, 73.

Tsui, Carmen C. M. State Capacity of City Planning: The Reconstruction of Nanjing, 1927–1937. *Cross-Currents: East Asian History and Culture Review*, 2012, 1(1): 12–46.

论文集

Chen, Yu. Avenue Praia Grande: A Record of Portuguese Ambition and Nostalgia. In *On Asian Streets and Public Space: Selected Essays from Great Asian Streets Symposiums (Gass) 1 & 2*, edited by Chye Kiang Heng, Boon Liang Low and Limin Hee. Singapore: Published for Centre for Advanced Studies in Architecture, Department of Architecture, National University of Singapore [by] Ridge Books, 2009.

Chu, Cecilia. Between Typologies and Representation: The Tong Lau and the Discourse of the "Chinese House" in Colonial Hong Kong. In *Colonial Frames, Nationalist Histories: Imperial Legacies, Architecture and Modernity*, edited by Madhuri Desai. Farnham, Surrey; Burlington, VT: Ashgate, 2012: 253–284.

Chu, Cecilia. Combating Nuisance: Sanitation, Regulation, and the Politics of Property in Colonial

Hong Kong. In *Imperial Contagions: Medicine, Hygiene, and Cultures of Planning in Asia*, edited by Robert Peckham and David M. Pomfret. Hong Kong: Hong Kong University Press, 2013: 17–36.

Cody, Jeffrey W., Nancy S. Steinhardt, Tony Atkin, eds. *Chinese Architecture and the Beaux-Arts*. Hong Kong: Hong Kong University Press, 2011.

Coomans, Thomas. Indigenizing Catholic Architecture in China: From Western–Gothic to Sino–Christian Design, 1900–1940. In *Catholicism in China, 1900-Present*, edited by Cindy Yik–yi Chu.

Esherick, Joseph, ed. *Remaking the Chinese City: Modernity and National Identity, 1900-1950*. Honolulu: University of Hawai'i Press, 2000.

Farris, Johnathan Andrew. Dwelling Factors: Western Merchants in Canton. In *Investing in the Early Modern Built Environment: Europeans, Asians, Settlers and Indigenous Societies*, edited by Carole Shammas. Leiden: Brill, 2012: 163–189.

Farris, Johnathan Andrew. Treaty Ports of China and the West's Architectural Presence. In *Port Cities: Dynamic Landscapes and Global Networks*, edited by Carola Hein. Abingdon, Oxon; New York: Routledge, 2011: 116–137.

Hietkamp, Lenore. The Park Hotel in Shanghai: A Metaphor for 1930s China. In *Visual Culture in Shanghai 1850s-1930s*, edited by Jason C. Kuo. Washington, D.C.: New Academia, 2007: 279–332.

Roskam, Cole. The Architecture of Risk: Urban Space and Uncertainty in Shanghai, 1843–74. In *Harbin to Hanoi: The Colonial Built Environment in Asia, 1840 to 1940*, edited by Laura A. Victoir and Victor Zatsepine. Hong Kong: Hong Kong University Press, 2013: 129–150.

Roskam, Cole. Recentering the City: Municipal Architecture in Shanghai, 1927 - 1937. In *Constructing the Colonized Land: Entwined Perspectives of East Asia around WWII*, edited by Izumi Kuroishi. Farnham, Surrey, England; Burlington, VT: Ashgate, 2014: 43–70.

Skinner, G. William, ed. *The City in Late Imperial China*. Stanford, Calif.: Stanford University Press, 1977.

Skinner, G. William, Mark Elvin. *The Chinese City between Two Worlds*. Stanford, Calif.: Stanford University Press, 1974.

博士论文

Chen, Yu. Urban Transformation in Semi–Colonial China: Gulangyu International Settlement (1903–1937). Ph.D. diss., National University of Singapore, 2006.

Chu, Cecilia. Speculative Modern: Urban Forms and the Politics of Property in Colonial Hong Kong. Ph.D. diss., University of California, Berkeley, 2010.

Cody, Jeffrey William. Henry K. Murphy: An American Architect in China, 1914–1935. Ph.D. diss., Cornell University, 1989.

Farris, Johnathan Andrew. Dwelling on the Edge of Empires: Foreigners and Architecture in Guangzhou (Canton), China. Ph. D. diss., Cornell University, 2004.

Hietkamp, Lenore. The Park Hotel, Shanghai (1931–1934) and Its Architect, Laszlo Hudec (1893–1958): "Tallest Building in the Far East" as Metaphor for Pre–Communist Shanghai. University of Victoria, 1998.

Kögel, Eduard. Zwei Poelzigsch ü ler in Der Emigration: Rudolf Hamburger Und Richard Paulick Zwischen Shanghai Und Ost–Berlin (1930–1955). Ph.D diss., Bauhaus University Weimar, 2006.

Lai, Delin. Chinese Modern: Sun Yat–Sen' s Mausoleum as a Crucible for Defining Modern Chinese Architecture. Ph.D. diss., The University of Chicago, 2007.

Lau, Leung–kwok Prudence. Adaptive Modern and Speculative Urbanism: The Architecture of the Cr é dit Foncier D' extr ê me–Orient (C. F. E. O.) in Hong Kong and China' s Treaty Ports, 1907–1959. Ph.D. diss., Chinese University of Hong Kong, 2013.

Li, Yingchun. Planning the Shanghai International Settlement: Fragmented Municipality and Contested Space, 1843–1937. Ph.D. diss., The University of Hong Kong, 2013.

Liang, Samuel Y. Ephemeral Households, Splintered City: Mapping Leisure in the Sojourners' Shanghai, 1870–1900. Ph.D. diss., State University of New York at Binghamton, 2005.

Liu, Yishi. Competing Visions of the Modern: Urban Transformation and Social Change of Changchun, 1932–1957. Ph.D. diss., University of California, Berkeley, 2011.

Lu, Hanchao. The Workers and Neighborhoods of Modern Shanghai, 1911–1949. Ph.D. diss., University of California, Los Angeles, 1991.

Luo, Wei. Transmission and Transformation of European Church Types in China: The Churches of the Scheut Missions beyond the Great Wall, 1865–1955. Ph.D. diss., Katholieke Universiteit Leuven, 2013.

Min–Ying, Wang. The Historicization of Chinese Architecture: The Making of Architectural Historiography in China from the Late Nineteenth Century to 1953. Ph.D. diss., Columbia University, 2010.

Musgrove, Charles D. The Nation' s Concrete Heart: Architecture, Planning, and Ritual in Nanjing, 1927–1937. Ph.D. diss., University of California, San Diego, 2002.

Roskam, Cole. Civic Architecture in a Liminal City: Shanghai, 1842–1936. Ph.D. diss., Harvard University, 2010.

Shi, Mingzheng. Beijing Transforms: Urban Infrastructure, Public Works, and Social Change in the Chinese Capital, 1900–1928. Ph.D. diss., Columbia University, 1993.

Tsui, Carmen C. M. Politics of City Planning: The Urban Reconstruction of Nanjing, 1927–1937. Ph.D diss., University of California, Berkeley, 2011.

Wang, H. Mainland Architects in Hong Kong after 1949: A Bifurcated History of Modern Chinese Architecture. The University of Hong Kong, 2008.

Wang, Liping. Paradise for Sale: Urban Space and Tourism in the Social Transformation of Hangzhou, 1589–1937. Ph.D diss., University of California, San Diego, 1997.

Warner, Torsten. Die Planung Und Entwicklung Der Deutschen Stadtgr ü ndung Qingdao (Tsingtau) in China: Der Umgang Mit Dem Fremden. Ph.D diss., Technische Universität Hamburg–Harburg, 1996.

Young, Louise. Mobilizing for Empire: Japan and Manchukuo, 1931–1945. Ph.D diss., Columbia University, 1993.

Zou, Hui. The Jing of Line–Method: A Perspective Garden in the Garden of Round Brightness. Ph.D. diss., McGill University, 2006.

三、中国近代建筑史相关新近法语学者和研究简介①

（一）学者和著作

1. 安克强（Christian Henriot）

安克强现任法国里昂二大历史学教授，曾是法国著名中国近现代史史学家白吉尔女士（Marie–Claire Bergère）的学生。博士论文“上海市政府（1927–1937）”（1983 年）② 主要研究上海市政府在 1927–1937 年间的内部结构和官员人物关系，及其在财政、教育、城市规划等领域中的政治举措，同时分析当时的历史环境，以及地方与中央政府的关系。论文中的一个章节主题为城市空间整治。安氏撰写过多部有关中国近代史的法语和英语著作，其中与城市史相关的法语著作包括，由他主编的《20 世纪的中国都市》③ 和他与郑祖安主编的《上海地图集：1849 年至今的空间与表现》。④

《20 世纪的中国都市》一书出版时正值中国改革开放的热潮，中国大城市正经历着翻天覆地的变化，这些变化反映出的经济结构方式和思想意识与改革开放前的传统差异巨大。该书的 15 位作者以中国的大城市为主题，从不同角度思考城市史、城市经济与城市空间，以及社会权利分配问题。涉及近代的部分集中于第一章中由四位作者撰写的文章：

–布瑞恩·古德曼 . 地方是不是国家的微观反映？地区性团体与中国城市的民族主义 .［GOODMAN, Bryan. La localité comme microcosme de l’État ? Solidarité régionales et nationalisme dans les villes chinoises (1847–1937). ］

---

① 本小节作者魏筱丽。

② 安克强 . 上海市政府（1927–1937）. 巴黎三大，1983.［HENRIOT, Christian. *Le Gouvernement municipal de Shanghai 1927-1937*. Paris 3, 1983. ］

③ 安克强 主编 . 20 世纪的中国都市 . 巴黎：Éditions Arguments, 1999：265.[HENRIOT, Christian (dir.). *Les métropoles chinoises au XXe siècle*. Paris: Éditions Arguments, 1999.]

④ 安克强 & 郑祖安 主编 . 上海地图集：1849 年至今的空间与表现 . 巴黎：CNRS–Editions, 1999: 189.［HENRIOT, Christian, ZHENG, Zu’an. *Atlas de Shanghai: Espace et représentations de 1849 à nos jours*. Paris：CNRS–Editions, 1999. ］

– 大卫·斯坦．衰落与现代化：20 世纪初期北京的社会团体与政治活动．[STRAND, David. Décadence et modernisation: groupes sociaux et action politique à Pékin au début du XXe siècle.]

– 陈明铼．共产主义到来前的广东：外来影响、居民迁移与社会变化．[Chan Ming-Kou. Canton avant le communisme-influence étrangère, mobilisation populaire et changement social (1912–1938).]

– 郭杰伟．"我卖你地，我给你建房"：上海的住宅产业．[Jeffrey W. Cody. Nous vous vendrons le terrain, nous construirons vos habitations: l'immobilier résidentiel à Shanghai.]

《上海地图集：1849 年至今的空间与表现》一书以古代和近现代地图、档案与统计资料为基础，通过数字软件绘制的各种主题地图讲述城市空间沿时间轨道的演变，反映上海 150 年来的城市历史。第一章"城市空间"包括了城市扩张过程、建筑年代、里弄分布、外国租借扩张的情况。第二章"政治与社会空间"包括政府部门与革命党的活动场所、工人团体活动场所、公共空间、警察局、宗教组织、妓女与避难者聚居地的状况。随后三章包括了居民迁移、密度与分布；经济部门、工农业与文化产业活动的分布；学校、医疗与娱乐空间在不同年代的分布状况。书后附有年表、地图表，以及参考书目。

安克强还负责中国近代城市数字资料库的建设，见：http://www.virtualcities.fr/ 和 http://virtualshanghai.net

2. 兰德（Françoise Ged）

兰德现任法国建筑与遗产之城 – 现代中国建筑观察站负责人，博士生导师，曾是白吉尔教授的学生。她的博士论文"上海：住宅与城市结构（1842–1995）"（1998 年），[①] 讲述上海自近代以来城市肌理与住宅建筑的变化，以及城市政策和城市空间的组织。她曾撰写过多篇有关上海的文章，并出版过多本书籍。《城市肖像:上海》[②] 一书是法国建筑研究院出版的"城市肖像"系列丛书之一，内容以 1949 年为界将上海历史分为前后两期。涉及近代的前半部分从历史沿革、自然环境、经济与文化特征为开始，再对城市肌理、外国租界、里弄民居、近代高层建筑、房地产开发与租界发展的关系进行分析。书中还特别介绍了 1927 年制定的大上海计划。书后附有上海国家级和市级保护建筑名录，按照城区归类，可组合成游览线路。

近十年来，兰氏的研究方向指向中国城市与建筑遗产保护。她与阿兰·马里诺思（Alain Marinos）共同主编的中法双语著作《中国城市遗产保护》[③] 中汇集了阮仪三城市遗产保护基金会

① 兰德．上海：住宅与城市结构（1842–1995）．法国社会科学高等学院，1998. [GED, Françoise. *Shanghaï: habitat et structure urbaine, 1842-1995*. EHESS, 1998.]

② 兰德．城市肖像：上海．巴黎：Institut français d'architecture, 2000: 64. [GED, Françoise. *Shanghai: portrait de ville*. Paris: Institut français d'architecture, 2000: 64.]

③ 兰德，阿兰·马里诺思 主编．中国城市遗产保护．巴黎：Cité de l'architecture et du Patrimoine, 2011: 115. [GED, Françoise, MARINOS, Alain, (dir.). *Villes et Patrimoines en Chine*. Paris: Cité de l'architecture et du Patrimoine, 2011: 115.]

2009 年在法国和德国所办展览的内容，介绍了平遥、丽江、上海、京杭大运河、江南古镇、苏州和绍兴的城市遗产，以及中国的遗产保护政策和阮仪三基金会的遗产保护工作。因保护对象并非按年代取舍，故书中也包括一些近代内容。

2013 年兰德与白吉尔，马杰明（Jérémy Cheval）和叶利世（Danielle Elisseeff）合作撰写了中法双语的《巴赛别墅 . 法国驻上海总领事官邸》一书。① 该书以小见大，以法国驻上海总领事住宅——巴赛别墅（建于 1921 年）为起点，从不同角度介绍了这栋建筑的物质形态、历史沿革、现状与修复，其中不乏对历史人物与事件的引述。

3. 白吉尔（Marie-Claire Bergère）

白吉尔是法国国立东方语言文化学院教授，出版过大量有关中国近现代史与史学的文章和书籍，内容以政治经济史为主。她也是上海史的专家，其 2005 年的法文专著《上海史：走向现代之路》已由上海社会科学院出版社在 2014 年出版了中文版。

4. 高曼士（Thomas Coomans）

高曼士是比利时荷语天主教鲁汶大学建筑学教授，专业于宗教建筑课题和天主教在亚洲的文化同化课题研究，曾于 2013 年 2 月 21–22 日在巴黎国家艺术史学院进行的会议“建筑领域的交流：欧洲与远东，1550–1950”上以“哥特式还是中国式？传教还是文化同化？”为题演讲，② 内容涉及宗教建筑风格的中国化，教案问题和文化同化政策问题。③ 高氏发表的论文还包括“义品放款银行建筑项目档案（1907–1959）”。④ 义品放款银行是一家法比（法国 – 比利时）企业，专门从事抵押贷款、现代基础设施和建筑建设业务。1907–1959 年间该行的 30 多位比利时和法国籍建筑师曾在中国内地、香港以及新加坡工作。文章引用了该银行保存的大量档案，非常具有参考价值。

5. 陆康（Luca Gabbiani）

陆康现任法国远东学院副教授，他在 2011 年出版的著作《清朝时期的日常生活与城市政府——皇权下的北京（1644–1911）》重点围绕晚清时的北京展开，⑤ 关注地方政府的机能。书中首先对北京城市环境进行综述（历史、城区景观、居民、社会经济），再对城市政府的历史、

---

① 白吉尔，马杰明，叶利世，兰德 . 巴赛别墅 . 法国驻上海总领事官邸 . 巴黎：Éditions Internationales du Patrimoine, 2013: 175.［BERGÈRE, Marie-Claire, CHEVAL, Jérémy, ELISSEEFF, Danielle, GED, Françoise. *La Villa Basset, résidence du consul général de France à Shanghai*. Paris: Éditions Internationales du Patrimoine, 2013: 175.］

② 托马斯·高曼士 . 哥特式还是中国式？传教还是文化同化？// 巴黎国家艺术史学院“建筑领域的交流：欧洲与远东，1550–1950”学术会议，2013.［Thomas COOMANS. *Gothique ou chinoise, missionnaire ou inculturée ? Les paradoxes de l'architecture catholique en Chine au XX e siècle //L'échange architectural: Europe et Extrême-Orient, 1550-1950*. Paris: Institut National d'Histoire de l'Art–INHA.］

③ 该作者的英文文章目录可见于：https://www.academia.edu/5126403/Thomas_Coomans_list_of_publications_–_January_2015

④ 高曼士 . 义品放款银行建筑项目档案（1970–1959）.［COOMANS, Thomas. *Papiers de Chine: les archives d'architecture du Crédit Foncier d'Extrême-Orient (1907-1959)*.］该文章的英语译文：*China Papers: The architecture archives of the building company Crédit Foncier d'Extrême-Orient (1907-1959) // ABE Journal. European architecture beyond Europe*, 2014, 5（742）. 可见于网站：https://abe.revues.org/689 .

⑤ 陆康 . 清朝时期的日常生活与城市政府——皇权下的北京（1644–1911）. 巴黎：EHESS, En temps & lieu, 2011: 288.［GABBIANI, Luca. *Pékin à l'ombre du Mandat Céleste. Vie quotidienne et gouvernement urbain sous la dynastie Qing (1644-1911)*. Paris: EHESS, En temps & lieu, 2011: 288.］

地区管理政策、与清朝中央政府的关系等方面进行分析，最后阐述清朝政府 19 世纪中叶经历的政治危机和后来采取的新政为现代城市建设带来的积极影响。

（二）博士论文

近几年来有若干年轻学者将研究课题扩展到上海以外的近代城市，尤其关注法租界的历史。

1. 王钰花（Fleur Chabaille）

法国青年学者王钰花的博士论文“天津法租界在 1902 至 1946 年间的扩张及变迁——用连接历史的方法来分析外国租界的扩张”[①]实际覆盖了从 1846 至 1946 年间的历史时期，对天津这一设有 9 国租界的城市历史，“尤其是租界空间的管理和发展”（作者原文）进行分析。论文以天津法租界 1902–1946 年间在老西开地区的扩张为主，再引申到其他外国租借的扩张过程。在此基础上，作者扩展到上海与汉口两地的租界历史，梳理外国势力在中国扩大势力的原则、背景与条件，以及中国官方、民间等多边势力的相互关系。

2. 黛西・德拜尔（Daisy Debelle）

2009 年开始中国天津大学和巴黎先贤祠・索邦大学合作研究近代天津的城市和建筑，由玛利亚・格拉瓦西巴尔巴教授与徐苏斌教授合作指导的博士论文“中国的遗产保护与旅游新活力：租界研究并以天津法租界为例”中，[②]作者黛西・德拜尔在当前中国城市遗产日益受到重视的背景中，以天津法租界为例，考察遗产保护与城市空间的整治、城市经济与政治，以及身份认同问题之间的关系。论文还涉及仿西式建筑和中外游客的行为差异。作者指出遗产保护与旅游经济以外的因素亦有密切关系。

3. 魏筱丽

在由巴黎索邦大学约翰 – 伊万・安德里耶（Jean-Yves Andrieux）教授指导的博士论文“中国现代性的历史：中西交流中的建筑，话语与实践（1840–2008）”[③]中，作者魏筱丽在开头部分总体介绍了中国近代建筑史涵盖的内容与其所涉及的史学史问题，即建筑史书写与史学思想的关系、建筑学定义在中西交流过程中的变化，以建立分析基础，阐释近代、现代和当代中国建筑师的思想与实践，讨论历史与创作的关系。

---

① 王钰花 . 天津法租界在 1902 至 1946 年之间的扩张及变迁——用连接历史的方法来分析外国租界的扩张 . 里昂二大，2015.［CHABAILLE, Fleur. *La Concession française de Tianjin: une histoire connectée de l'expansion des concessions étrangères en Chine (1846-1946)*. Lyon 2, 2015.］

② 黛西・德拜尔 . 中国的遗产保护与旅游新活力：租界研究并以天津法租界为例 . 巴黎先贤祠・索邦大学，天津大学，2015.［DEBELLE, Daisy. *Les nouvelles dynamiques du tourisme et de la patrimonialisation en Chine: étude des anciennes concessions et du quartier français de Tianjin en particulier*. *Panthéon-Sorbonne*, 2015.］

③ 魏筱丽 . 中国现代性的历史：中西交流中的建筑，话语与实践（1840–2008）. 巴黎索邦大学，2015.［WEI, Xiaoli. *L'histoire de la modernité en Chine: l'architecture au contact du monde occidental, discours et pratiques (1840-2008)*. Paris–Sorbone, 2015.］

4. 朱晓明

在由里昂二大与上海华东师范大学共同指导的博士论文“上海法租界的警察 1910–1937年”[①]中,作者朱晓明指出租界警察在太平天国和小刀会后的上海扮演着重要角色。论文中讲述了法租界警察机构的组织、构成、训练、待遇等情况，及其工作原则和对城市社会空间形成产生的影响。

5. 尹冬茗（Dorothée Rihal）

现任里昂东亚学院研究员，她在巴黎七大完成的博士论文“被批判再被接受的遗产——汉口法租界（1896–1943）”[②]中,讲述了汉口法租界自创立到归还中国政府间 40 多年的历史和它在城市空间中的变化。该城区被认为是帝国主义强权的见证，而同时随着城市发展，它亦成为城市规划、政治与经济政策的参考因素。2013 年尹冬茗在《当代史资料》杂志上发表了文章《处于 1911 年辛亥革命中心的法国领事拉斐尔·雷奥》。[③]在这篇更多涉及外交史的文章中，作者讲述了驻汉口法国领事拉斐尔·雷奥（1872–1928）对辛亥革命采取的积极政治态度，与法国外交部所持的观望与反对态度形成对比。标注中援引了很多外交书信档案和外交史文章及书籍。

（三）美术史著作

1. 埃里克·捷尼科（Éric Janicot）

巴黎十大皮埃尔弗朗卡斯特尔中心研究员。他的著作《中国近代美学和西方》，[④]从思想理论层面探讨中国近代美学思想的演变。内容一部分围绕艺术与宗教、社会、科学等因素的关系展开，另一部分围绕形似、气韵、内外、物质与精神等若干关键美学概念展开，从而讲述中国的思想家如何在传统文化、外来影响和政治倾向的各方作用下建立自己的美学理论，分析了近代中国美学领域的西化与本土化的过程。书中还包含了大篇幅近代美学文章的法语译文，作者包括蔡元培、刘海粟、宗白华、徐悲鸿等。

有兴趣的读者也可以扩展阅读同一作者在同年出版的《中国近代美术与西方》。[⑤]作者围绕同一论题，从多种美术形式载体（如版画、油画与水墨画）和多个历史事件（如耶稣会教士在中国的创作）展开全书的内容。

---

① 朱晓明 . 上海法租界的警察 1910–1937 年 . 里昂二大，上海华东师范大学，2012.［ZHU, Xiaoming. *La police dans la Concession Française de Shanghaï (1910-1937)*. Lyon 2, East China Normal University, 2012.］

② 尹冬茗 . 被批判再被接受的遗产——汉口法租界（1896–1943）. 巴黎七大，2007.［RIHAL, Dorothée. *La concession française de Hankou (1896-1943): de la condamnation à l'appropriation d'un héritage*. Paris 7, 2007.］

③ 尹冬茗 . 处于 1911 年辛亥革命中心的法国领事拉斐尔·雷奥 . 当代史资料杂志，2013 (109–110): 10–18.［RIHAL, Dorothée. Raphaël Réau: un consul français au cœur de la révolution de 1911. *Matériaux pour l'histoire de notre temps*, 2013 (109–110) 10–18］.

④ 埃里克·捷尼科 . 中国近代美学和西方 . 巴黎：Edition You Feng, 2007: 308.［JANICOT, Eric. *L'esthétique moderne chinoise, l'épreuve de l'occident*. Paris: Edition You Feng, 2007: 308.］

⑤ 同④：255.

2. 彭昌明（Peng Chang Ming）

现任法国里尔大学美术史教授。她的著作《远与近：中西美术比较》[①] 汇集了作者在巴黎索邦大学 2006-2007 年的授课内容。作者通过对比中西绘画作品，品味两种不同文化与时代背景的艺术作品如何具有类似的“精神探求”。比如以“气与血”为标题的第一章，作者指出西方在艺术家想要表达超越个体而寻求与宇宙万物的结合时，西方的“血”的概念与中国的“气”的概念是相通的。这种相通与基督教中对基督的血化为面包和酒的内涵有关。作者发表过多篇以中西美术比较研究为主题的文章，如新近在《遥望：视觉艺术的新典范》合集中发表的文章《中国艺术类型等级与西方分类法的比较》。[②]

3. 爱马努埃尔 · 布雷东和菲利普 · 利瓦哈有关装饰艺术风格的图集

2013 年 10 月 16 日-2014 年 2 月 17 日在法国建筑与遗产之城举办了题为“1925，当装饰艺术风吸引了世界”的展览，同时出版了爱马努埃尔 · 布雷东（Emmanuel Breon）和菲利普 · 利瓦哈（Philippe Rivoirard）所编的同名图集。[③] 书中首先阐述了装饰风艺术出现的历史背景和在不同艺术形式中的表现，如服装、餐具、绘画、雕塑、建筑等。书中强调装饰风艺术的广泛国际影响，并列举了比利时、突尼斯、地中海地区、越南、巴西、加拿大、中国、日本的装饰风艺术。在中国部分展出了刘既漂的作品和 1925 年中国参展的照片，文字部分中介绍了上海的装饰风艺术。

（四）其他著作

杰克 · 韦博 主编．法兰西在中国（1843-1943）．南特：西部学院出版社，亚特兰蒂斯世界历史研究中心，南特大学，1997：268．[④]

巴斯蒂 · 布律吉埃尔．近代中国新兴技术精英：工程师的培养及其政治表现（1866-1912）// 中国社会科学院近代史研究室政治史研究室，杭州师大浙江省民国浙江史研究中心编．政治精英与近代中国．北京：中国社会科学出版社，2013：5-24.［BASTID-BRUGUIERE, Marianne. *Les nouvelles élites techniques de la Chine moderne:la formation des ingénieurs et leur rôle politique, 1866-1912.*］

贝阿特丽丝，迪迪耶 & 孟华 主编．交互的镜像：中国与法兰西．巴黎：H. Champion, 2014: 379.［DIDIER, Béatrice & Meng, Hua (éd.). *Miroirs croisés Chine-France, XVIIe-XXIe siècles*. Paris: H.

① 彭昌明．远与近：中西美术比较．巴黎：Editions You Feng, 2008: 284.［PENG, Chang Ming. *Proche-Lointain: approche comparée de l'art chinois et occidental*. Paris: Editions You Feng, 2008: 284.］

② 彭昌明．中国艺术类型等级与西方分类法的比较 // 丹尼尔 · 杜彬森 & 索菲 · 霍克斯 主编．遥望：视觉艺术的新典范．巴黎：Les Presses du Réel, 2015: 135-150.［PENG, Changming. La hiérarchisation des arts en Chine en regard des classifications occidentales// DUBUISSON, Daniel & RAUX, Sophie (éds). *À perte de vue. Les nouveaux paradigmes du visuel*. Paris: Les Presses du Réel, 2015: 135-150.］

③ 爱马努埃尔 · 布雷东 & 菲利普 · 利瓦哈主编．1925，当装饰风吸引了世界．巴黎：Cité de l'architecture et du patrimoine, 2013: 288.［BREON, Emmanuel & RIVOIRARD, Philippe (dir.). *1925, quand l'Art Déco séduit le monde*. Paris: Cité de l'architecture et du patrimoine, 2013: 288.］

④ Jacques WEBER. *La France en Chine (1843-1943)*. Nantes:Presses académiques de l'Ouest, Centre de recherches sur l'histoire du monde atlantique, Université de Nantes, 1997:268.

Champion, 2014: 379.]中文译本由上海远东出版社于2015年出版。

柯蓉(Christine Cornet). 19–20世纪在中国的国家与企业:江南造船厂(1865–1937). 巴黎: éditions Arguments, 1997: 186. [CORNET, Christine. *Etat et enterprises en Chine XIX-XXe siècles: le chantier naval de Jiangnan, 1865-1937*. Paris: Editions Arguments, 1997.]

里昂中法大学回顾展(1921–1946)(中、法双语). 里昂:EMCE, 2009: 95. [*L'Institut franco-chinois de Lyon, 1921-1946*. Lyon: EMCE, 2009: 95.]

娜塔莉. 上海1920–1930年代的装饰艺术风格 // 神州展望杂志, 1995, 1(30): 46–52. [DELANDE, Nathalie. *Décor-déco: Shanghai 1920-1930//Perspectives chinoises*, 1995, 1(30): 46–52.]

伊万·舍维耶, 阿兰·路克斯 & 萧小红 主编. 中国20世纪的市民与公民:社会历史文章合集(献给白吉尔). 巴黎:Paris: Ed.de la Maison des sciences de l'homme, 2010: 604. [CHEVRIER, Yves Roux, Alain, & XIAO PLANES, Xiaohong. *Citadins et citoyens dans la Chine du XXe siècle: essais d'histoire sociale (en hommage à Marie-Claire Bergère)*. Paris: Ed.de la Maison des sciences de l'homme, 2010: 604.]

朱丽叶特·萨拉拜尔 主编. 天津法租界的发现之旅:两条游览路线. 天津:法语联盟, 天津记忆协会, 2013:120. [SALABERT, Juliette (dir.). *Tianjin, deux parcours découverte: les trésors de la concession française*. Tianjin: Alliance française de Tianjin, Association mémoire de Tianjin, 2013: 120.]

四、19世纪中期以来德国学者及在德国发表的有关中国城市、建筑和园林的书和论文[①]

19世纪中期以来, 德国学者及在德国发表的有关中国城市、建筑和园林的书和论文, 整理如下:

Marianne Beuchert. *Die Gärten Chinas.* [The Gardens of China](中国园林). Frankfurt/Leipzig: Insel Verlag, 1998.

Werner Blaser. *Chinese Pavilion Architecture*(中国亭阁建筑). Niederteufen: Niggli, 1975.

Werner Blaser. *China Court-houses*(中国的合院住宅). *Hofhäuser.* Basel: Birkhäuser Verlag, 1979.

Werner Blaser, Chang Chao-kang(张肇康). *China, Tao in der Architektur.* [Tao in Architecture](建筑之道). Basel: Birkhäuser, 1987.

Ernst Boerschmann. *Die* Baukunst *und religiöse Kultur der Chinesen. Einzeldarstellungen auf Grund eigener Aufnahmen während dreijähriger Reisen in China. Band I, P'u T'o Shan. Die heilige*

① 本小节作者爱德华·科构(Eduard Kögel), 刘刚译。内容按作者姓氏拼音顺序排列;其中包括少数瑞典、丹麦和荷兰文献。

Insel der Kuan Yin, der Göttin der Barmherzigkeit. [The Architecture and Religious Culture of the Chinese. Singular Depictions on the Basis of Own Documentations during a Three Years Trip in China. Volume I, Putuo Shan, the Sacred Island of Guanyin, the Goddess of Mercy](中国艺术建筑与宗教文化——基于三年中国旅行的记录，第一卷：普陀山——大慈大悲观世音的神圣岛屿). Berlin: Verlag Georg Reimer, 1911.

Ernst Boerschmann: Chinese Architecture and its Relation to Chinese Culture（中国建筑及其中华文化关联）. *The Annual Report of the Board of Regents of the Smithsonian Institution for 1911*（史密森学会董事会 1911 年度报告）. Washington D.C., 1912: 539–567.

Ernst Boerschmann. *Chinesische Architektur, Begleitwort zu der Sonder-Ausstellung chinesischer Architektur in Zeichnungen und Photographien nach Aufnahmen von Ernst Boerschmann.* [Chinese Architecture, Accessory Words for the Special Exhibition on Chinese Architecture with Drawings and Photography by Ernst Boerschmann]（中国建筑——恩斯特·鲍希曼在"中国建筑图纸与摄影展"上的附言）. Berlin: Königliches Kunstgewerbe–Museum (catalogue), 1912, (private reprint in 1926).

Ernst Boerschmann. *Die Baukunst und religiöse Kultur der Chinesen. Einzeldarstellungen auf Grund eigener Aufnahmen während dreijähriger Reisen in China. Band II: Gedächtnistempel Tzé Táng.* [The Architecture and Religious Culture of the Chinese. Singular Depictions on the Basis of Own Documentations during a Three Years Trip in China. Volume II, Memorial Temple Tzé Táng]（中国艺术建筑与宗教文化——基于三年中国旅行的记录，第二卷：祠堂）. Berlin: Verlag Georg Reimer, 1914.

Ernst Boerschmann. *Baukunst und Landschaft in China. Eine Reise durch zwölf Provinzen*（中国艺术建筑和景观：穿越 12 个省的旅行）. Berlin: Verlag Ernst Wasmuth, 1923 (Second edition in 1926).

Ernst Boerschmann. *Picturesque China, Architecture and Landscape: a journey through twelve provinces*（画境中国，建筑和景观：穿越 12 个省的旅行）(《中国艺术建筑和景观》英语版). New York: Brentano's, 1923. (English version of Baukunst und Landschaft, translated by Louis Hamilton).

Ernst Boerschmann. *La Chine Pittoresque*(画境中国)(《中国艺术建筑和景观》法语版). Paris: A. Calavas, 1923. (French version of Baukunst und Landschaft).

Ernst Boerschmann. *China*（中国）(《中国艺术建筑和景观》英语版). London: Fisher & Unwin/The Studio, 1925. (English version of Baukunst und Landschaft, translated by Louis Hamilton).

Ernst Boerschmann. *Chinesische Architektur* [Chinese Architecture]（中国建筑 ）. Berlin: Verlag Ernst Wasmuth (two volumes), 1925.

Ernst Boerschmann. K 'uei–sing T ü rme und Feng–shui Säulen [Kui Xing Towers and Feng Shui Pillars]（魁星塔和风水柱）. *Asia Major*, 1925(2): 503–530.

Ernst Boerschmann. Chinesische Baukunst [Chinese Architecture]（中国艺术建筑）. Günther Wasmuth (ed.): *Wasmuths Lexikon der Baukunst*, [Wasmuth's Lexicon of Architecture] Band 2(Wasmuth 艺术建筑辞典，第二卷), Berlin: Verlag Ernst Wasmuth, 1930:41–55.

Ernst Boerschmann. *Die Baukunst und religiöse Kultur der Chinesen. Einzeldarstellungen auf Grund eigener Aufnahmen während dreijähriger Reisen in China. Band III: Pagoden Pao Tá.* [The Architecture and Religious Culture of the Chinese. Singular Depictions on the Basis of own Documentations during a three years trip in China. Volume III: Pagodas Pao T á]（中国艺术建筑与宗教文化——基于三年中国旅行的记录，第三卷：宝塔）. Berlin/Leipzig: Walter de Gruyter & Co., 1931.

Ernst Boerschmann. Chinesische Baukunst. [Chinese Architecture]（中国艺术建筑）. *Wasmuths Lexikon der Baukunst* [Wasmuth's Lexicon of Architecture] Band 5(Wasmuth 艺术建筑辞典，第五卷). Berlin: Verlag Ernst Wasmuth, 1937:125–128.

Ernst Boerschmann. Pagoden im nördlichen China unter fremden Dynastien. [Pagodas in Northern China Under Foreign Dynasties]（异族统治下华北的塔）. Hans Heinrich Schaeder (ed.): *Der Orient in deutscher Forschung* [The Orient in German Research]（德国东方研究）. Leipzig: Harrassowitz Verlag, 1944:182–204.

Ernst Boerschmann. *Lagepläne des Wutai shan und Verzeichnisse seiner Bauanlagen in der Provinz Shanxi. (Herausgegeben und Bearbeitet von Hartmut Walravens),* [Site plans of Wutai Shan and Register of his Temples in Shanxi Province]（山西五台山的地形及其寺庙建筑名录）. (Edited and arranged by Hartmut Walravens). Wiesbaden: Harrassowitz Verlag, 2012.

Zhi Hao Chu. *Die Moderne Chinesische Architektur im Spannungsfeld zwischen eigener Tradition und fremden Kulturen.* [The Modern Chinese Architecture between Own Traditions and Foreign Cultures](传统与域外文化之间的现代中国建筑). Frankfurt, Berlin, Vienna, New York: Verlag Peter Lang, 2003.

Joseph Dahlmann. Die Baukunst und religiöse Kultur der Chinesen. [The Architecture and Religious Culture of the Chinese]（中国艺术建筑与宗教文化）. Mitteilungen der Deutschen Gesellschaft für Natur- und Völkerkunde Ostasien（德国东亚自然与人文学会会刊）, Band XIV, Teil 2, Tokyo, 1912: 117–156.

Joseph Dahlmann. *Indische Fahrten. Vol. 1, Von Peking nach Benares, Vol. 2, Von Dehli nach Rom.* [Indian Journeys. Vol. I, From Beijing to Benares, Vol. II, From Dehli to Roma]（印度之旅：卷 1，从北京到贝拿勒斯；卷 2, 从德里到罗马）. Freiburg i.Br.: Herder, 1908 (Second edition 1928).

Andreas Eckardt. *Geschichte der koreanischen Kunst.* Leipzig: Hiersemann, 1929. (Translated by J.M. Kindersley). Andreas Eckardt: *A History of Korean Art*（高丽艺术史）. London: Edward Goldston, 1929.

Gustav Ecke, Paul Demiéville. *The Twin Pagoda of Zayton, a study of the later Buddhist sculpture in China*（泉州刺桐城双塔——中国晚期佛教雕塑研究）. Cambridge, Mass.: Harvard University Press, 1935.

Gustav Ecke. The Institute for Research in Chinese Architecture（中国建筑的研究机构）, in *Monumenta Serica*, 2.1936/37, pp. 448–474.

Fozhien Godfrey Ede [Xi Fuquan]（奚福泉）. *Die Kaisergräber der Tsing Dynastie in China. Ihr*

Tumulusbau. [The Royal Tombs of Qing Dynasty]（清代皇家陵寝）. Berlin–Neukölln: Rother, 1930.

Ernest Johann Eitel. *Feng Shui, or: The rudiments of natural science in China*（风水，或：中国自然科学的雏形）. London: Trübner & Co., 1878. (Further editions Cambridge: Cokaygne, 1973; Bri–stol: Pentacle Books, 1979.)

Johannes Farber. *Johannes Prip-Møller, A Danish Architect in China*（艾术华——丹麦建筑师在中国）. Hong Kong: Christian Mission to Buddhist, 1994.

Wilhelm Filchner. *Das Kloster Kumbum. Ein Beitrag zu seiner Geschichte.* [The Monastery Kum–bum. A Contribution about Its History]（塔尔寺的历史）. Berlin: Mittler, 1906.

Otto Franke: *Beschreibung des Jehol-Gebietes in der Provinz Chili. Detail-Studien in Chinesischer Landes- und Volkskunde.* [Description of the Jehol Area in Chili Province. Detail Studies on Chi–nese Geography and Folklore]（直隶省热河地区通览——中国地理与民俗文化详细研究）. Leipzig: Dieterich, 1902.

Otto Franke, Berthold Laufer. *Epigraphische Denkmäler aus China. Erster Teil: Lamaistische Klosterinschriften aus Peking, Jehol und Si-ngan in zwei Mappen.* [Epi–graphic Monuments from Chi–na. First Part: Lamaist Monastery Inscriptions from Beijing, Jehol and Si–ngan in Two Maps]（中国的纪念物题铭（第一部分）：北京喇嘛寺碑文，两幅地图中的热河与西安）. Hamburg: Friedrichsen; Berlin: Reimers, 1914.

Eduard Fuchs. *Chinesische Dachreiter und verwandte chinesische Keramik des 15. bis 18. Jahrhunderts.* [Chinese Ridge Turrets and Related Chinese Ceramic from 15th to 18th Century]（15~18 世纪的中国建筑脊饰与琉璃）. M ü nchen: Albert Langen, 1924.

Ernst Fuhrmann. *China. Das Land der Mitte. Ein Umriss.* [China. The Middle Kingdom. A Outline]（中国——“中央王国”概况）. Hagen i.W.: Folkwang–Verlag, 1921.

Jan Jacob Maria de Groot. *Der Thupa. Das heiligste Heiligtum des Buddhismus in China. Ein Beitrag zur Kenntnis der esoterischen Lehre des Mahayana.* [The Thupa: The Most Sacred Sanctuary of Buddhism in China. A Contribution for the Knowledge of Esoteric Doctrine of Mahayana]（塔：中国佛教第一圣所——对大乘密宗的知识探究）. Berlin: Verlag der Akademie der Wissenschaften, 1919.

Erich Haenisch (translation). *Die viersprachige Gründungsinschrift des Klosters Pi-yün-sze bei Peking.* [The Quadrilingual Foundation Inscription at the Monastery Biyunsi near Beijing]（镌有四种文字的北京西郊碧云寺台基）. *Ostasiatische Zeitschrift*, 1924(1):1–19.

Heinrich Hildebrand. *Der Tempel Ta-chüeh-sy (Tempel des grossen Erkennens) bei Peking.* [The Temple Dajuesi (Temple of Great Enlightenment) near Beijing]（北平近郊大觉寺）. (Edited by Vereinigung Berliner Architekten), Berlin: Asher, 1897 (Reprinted in Beijing: Pekinger Pappelinsel–Werkstatt, 1943).

Fritz Jobst. *Geschichte des Tempels Tjä Tai Tze. Mit Fotographien und einem Faksimileschnitt.* [History of the Temple Jietaisi. With Photographs and a Facsimile]（戒台寺历史，附照片与摹本）. Tienjin [Tianjin], 1905.

Peter J ü ngst, Christoph Peistert, Hans-Jörg Schulze-Göpel (Eds.). *Stadtplanung in der Volksrepublik China. Entwicklungstrends im Spiegel von Aufsätzen und Gesprächen (1949-1979).* [Urban Planning in Peoples Republic in China. Development Trends in the Mirror of Essays and Conversations]（中华人民共和国的城市规划：文献与对话中反映的发展趋势）. Kassel: Urbs et Regio Bd.35, 1984.

Christian Kammann. *Liang Sicheng and the beginnings of modern Chinese architecture and architectural preservation*（梁思成与中国现代建筑及建筑保护的开始）. ETH Zurich, 2006. http://e-collection.library.ethz.ch/view/eth:28987.

Robert Kaltenbrunner. *Minhang, Shanghai. Die Satellitenstadt als intermediäre Planung. Chinas Architekten zwischen kompetitivem Anspruch und parteipolitischer Realität.* [Minhang, Shanghai. The Satellite Town as Intermediate Design. China's Architects between Competitive Demand and Party Political Reality]（上海闵行——具有两面性的卫星城规划：处于竞争性需求与政治现实之间的中国建筑师）. Berlin:Dissertation Technische Universität, 1993.

Rudolf Kelling. *Das chinesische Wohnhaus. Mit einem II. Teil über das frühchinesische Haus unter Verwendung von Ergebnissen aus Übungen von Conrady im Ostasiatischen Seminar der Universität Leipzig, von Rudolf Kelling und Bruno Schindler, und mit einem Anhang: Chinesisch-deutsches Bau-Wörterbuch, Supplement XIII der "Mitteilungen" der Deutschen Gesellschaft für Natur- und Völkerkunde Ostasiens.* [The Chinese House]（中国住宅）. Tokyo: Kommissionsverlag Otto Harrassowitz Leipzig, 1935.

Eduard Kögel. China als Impuls. Chen Kuen Lee, Hugo Häring und Hans Scharoun. [China as Impulse. Chen Kuen Lee, Hugo Häring and Hans Scharoun]（作为一种动力的中国——李承宽、黑林及夏隆）. IFA (Ed.): *Chen Kuen Lee - Hauslandschaften, Organisches Bauen in Stuttgart, Berlin und Taiwan.* [*Chen Kuen Lee - Houselandscapes, organic architecture in Stuttgart, Berlin and Taiwan*]（李承宽在斯图加特、柏林和台湾地区的园墅及有机建筑）. Stuttgart, 2015.

Eduard Kögel (Eds.). *Hongkong, Macau und Kanton. Ernst Boerschmanns Reise durch das Perlflussdelta (1933). [Hong Kong, Macau and Canton. Ernst Boerschmann's Travels in the Pearl River Delta (1933)]*（香港、澳门与广东——恩斯特·鲍希曼珠江三角洲之旅）. Berlin: de Gruyter, 2015.

Eduard Kögel. *The Grand Documentation, Ernst Boerschmann and Chinese Religious Architecture, 1906-1931*（伟大的记录——恩斯特·鲍希曼与中国宗教建筑）. Berlin, Boston: de Gruyter, 2015.

Eduard Kögel. Networking for Monument Preservation in China. Ernst Boerschmann and the National Government in 1934（中国文物保护网络：恩斯特·鲍希曼与 1934 年的国民政府）. *Journal of Chinese Architectural History*, 2013(10):339-372.

Eduard Kögel. Erweiterung der Architektur. Gefalteter Raum, bewohnte Landschaft. [Extension of Architecture. Folded Space, Inhabited Landscape/Chen Kuen Lee]（建筑的扩展：折叠的空间，栖居的景观）. *archithese*, 2013(6): 38-43.

Eduard Kögel. Die chinesische Stadt im Spiegel von Ernst Boerschmanns Forschung (1902–1935). Von der religions–geografischen Verortung zur funktionalen Gliederung. [The Chinese City in the Mirror of Ernst Boerschmann's Research (1902–1935). From religious–geographic positioning to functional arrangement]（恩斯特·鲍希曼的研究（1902–1935）中反映的中国城市：从宗教－地理选址到功能安排）. *Forum Stadt*, 2011(4): pp. 357–370.

Eduard Kögel. Ein Knoten im Netz. Richard Paulick in Shanghai. [A Knot in the Net. Richard Paulick in Shanghai]（网络中的一环：理查德·鲍立克在上海）. Burcu Dogramaci/Karin Wimmer (Eds.) *Netzwerke des Exils. Künstlerische Verflechtungen, Austausch und Patronage nach 1933. [Networks of Exile. Artistic Interrelations, Exchange and Patronage after 1933]*（流亡之网：1933年后的艺术联络、交流与赞助）. Berlin, 2011: 223–243.

Eduard Kögel. Feng Shui in Germany. The Transculturation of an Exotic Concept by Hugo Häring, Hans Scharoun and Chen Kuen Lee（风水在德国：雨果·黑林、汉斯·夏隆和李承宽对异国概念的文化转移）. Florian Reiter (Ed.): *Feng Shui (Kan Yu) and Architecture*（风水/堪舆与建筑）. Berlin, 2011:113–128.

Eduard Kögel. Early German Research in Ancient Chinese Architecture (1900–1930)（德国对古代中国建筑的早期研究（1900–1930））. Katja Levy (Ed.) *Deutsch-chinesische Beziehungen. Berliner Chinahefte/Chinese History and Society,* 2011, 39:81–91.

Eduard Kögel. Bauhaus–Spuren in Shanghai. [Bauhaus–traces in Shanghai]（上海的包豪斯之迹）. Bauhaus–Archive Berlin (Ed.): *Bauhaus global.* Berlin, 2010: 141–148.

Eduard Kögel. Between Reform and Modernism. Hsia Changshi and Germany（在革新与现代主义之间：夏昌世与德国）. *South Architecture,* 2010(2):16–29.

Eduard Kögel. Zwischen Beaux Arts und Moderne: Chinese Renaissance. [Between Beaux Arts and Modernity: Chinese Renaissance]（布扎与现代性之间：中国的文艺复兴）. *Trans*, Vienna, March 2010 (e–publication unter http://www.inst.at/trans/17Nr/3-2/3-2_koegel17.htm).

Eduard Kögel: Nachruf Feng Jizhong (1915–2009). [Obituary Feng Jizhong (1915–2009)]（悼念冯纪忠（1915–2009））. *Bauwelt,* 2010(5):4.

Eduard Kögel. Solo Architect, Mass Society and a Grass–roots Approach to Branding: with a Brief History of Chinese Modern Architecture（个体建筑师、公众社会与品牌化的草根路径：中国现代建筑简史）. 朱剑飞编著. 中国建筑60年（1949–2009）：历史理论与批评. 北京：中国建筑工业出版社，2009：179–191.

Eduard Kögel. Rudolf Hamburger. Ein Leben zwischen Anpassung und Selbstbehauptung. [Rudolf Hamburger. A Life between Conformation and Self–Assertion]（鲁道夫·汉堡：形态与自我宣示之间的生活）. *Deutschland Archiv, Zeitschrift für das vereinigte Deutschland,* 2009(2): 261–266.

Eduard Kögel. Reise nach China. Architekturfotographien von Ernst Boerschmann. [Travels in China. Architectural Photography of Ernst Boerschmann]（中国之旅：恩斯特·鲍希曼的建筑摄影）.

Bauwelt, 2008(38): 4.

Eduard Kögel. Organische Dezentralisation. [Organic Decentralisation – Shanghai]（上海：有机疏散）. *Archithese,* 2008(6): 74–79.

Eduard Kögel. Using the Past to Serve the Future – The Quest for an Architectural Chinese Renaissance Style Representing Republican China in the 1920s–1930s（用过去服务未来：探寻能够代表 1920 年代和 1930 年代民国建筑文艺复兴的风格）. Peter Herrle, Erik Wegerhoff (Eds.). *Architecture and Identity*（建筑与认同）. Münster 2008:455–468.

Eduard Kögel. Wie Architekten zur Normalisierung zwischen China und Japan beitrugen. [How architects contributed to the normalisation between China and Japan](建筑师对中日邦交正常化的贡献). *Bauwelt*, 2008(29–30):52–55.

Eduard Kögel. Zwei Poelzigschüler in der Emigration. Rudolf Hamburger und Richard Paulick zwischen Shanghai und Ost–Berlin, 1930–1955. [Two Students of Poelzig in Emigration: Rudolf Hamburger and Richard Paulick between Shanghai and East–Berlin (1930–1955)](波尔季齐两位侨居国外的弟子：鲁道夫・汉堡与理查德・鲍立克在上海与东柏林（1930–1955）).Dissertation Bauhaus University Weimar e–publication, 2007 (http://e–pub.uni–weimar.de/volltexte/2007/991/).

Eduard Kögel. Urbanisierung zwischen Kontrolle und Kampagne. [Urbanisation between Control and Campaign]（控制与运动之间的城市化）. Gregor Jansen (Ed.). *Totalstadt: Beijing Case*（集权城市：北京案例）. Cologne, 2006 (German/English):196–199.

Eduard Kögel. Die letzten 100 Jahre: Architektur in China. [The last 100 years: Architecture in China](百年以来的中国建筑). Gregor Jansen (Ed.). *Totalstadt: Beijing Case*(集权城市:北京案例). Cologne, 2006 (German/English):99–123.

Eduard Kögel. Hsia Changshi zum 100 (oder 103). Geburtstag. [Hsia Changshi for His 100th (or 103rd) Birthday]（夏昌世百岁华诞（或 103 岁））. *Bauwelt.* 2006(21):8.

Eduard Kögel. The Glamourboy of Hongkew. Emigration und Politik – Richard Paulick in Shanghai (1933–1949). [The Glamourboy of Hongkew. Emigration and Politics – Richard Paulick in Shanghai (1933–1949)]（虹口的魅力男士：移民与政治——理查德・鲍立克在中国（1933–1949））. Wolfgang Thöner, Peter M ü ller (Eds.). *Bauhaus Tradition und DDR Moderne. Der Architekt Richard Paulick. [Bauhaus Tradition and GDR Modernity. The Architect Richard Paulick]*（包豪斯传统和东德的现代性：建筑师理查德・鲍立克）. Munich, Berlin, 2006.

Eduard Kögel. Kriegshauptstadt Chongqing – Vorposten zur Nationalisierung des Hinterlandes. [War Capital Chongqing – Outpost for the Urbanisation of the Hinterland]（陪都重庆：内地城市化的先声）. *Stadtbauwelt*, 2006(169):44–49.

Eduard Kögel. Stadtöffentlichkeit und leerer Raum. [Urban Publicity and Empty Space]（城市的公共性与空场）. *Stadtbauwelt*, 2005(165):28–33.

Ku Teng（滕固）(ed.). *Yuanmingyuan Oushi gongdian canji.* [Ruins of the European Palaces of the

Yuan Ming Yuan]（圆明园欧式宫殿废墟）. Shanghai, 1933. (Using the photographs of Ernst Ohlmer from the collection of Ernst Boerschmann).

Otto Kümmel. *Die Kunst Chinas und Japans.* [The Art of China and Japan]（中国与日本的艺术）. Wildpark–Potsdam: Athenaion, 1929.

Friedrich Laske. *Der ostasiatische Einfluß auf die Baukunst des Abendlandes vornehmlich Deutschlands im 18. Jahrhundert.* [The East–Asian Influence on the Architecture of the Occident Especially in Germany in 18th Century]（东亚对西方，特别是 18 世纪德国建筑艺术的影响）. Berlin: Ernst & Sohn, 1909.

Hans Helge Madsen. *Prip-Møllers Kina, Arkitekt, missionær og fotograf i 1920rne og 30rne.* [Prip–Møller's China, Architect, Missionary and Photographer]（艾术华的中国：建筑师、传教士、摄影师）. Køvenhavn: Arkitektens Forl, 2003. (Danish).

Friedrich Mahlke. Chinesische Dachformen. Neuer Versuch zur Widerlegung der "Zelttheorie". [Chinese Roof Forms. New Attempt to Disprove the "Tent Theory"]（中国屋顶形式："帐篷理论"之再证伪）. *Zeitschrift für Bauwesen*, 1912: 399–422, 545–570.

Bernd Melchers. *China. Der Tempelbau. Die Lochan von Ling-yän-si. Ein Hauptwerk buddhistischer Plastik.* [China, the Building of Temples. The Luohan of Lingyansi. A Mayor Work of Buddhist Sculpture]（中国，寺庙建筑，灵岩寺罗汉）. Hagen i.W.: Folkwang Verlag, 1921.

Jeffery F. Meyer. Urban Form and Ritual in Traditional Peking（传统北京的城市形态与仪式）. Fachgruppe Stadt (ed.). *Stadt und Ritual.* [City and Ritual]（城市与仪式）. Darmstadt, 1977:74–77.

Alfons Mumm von Schwarzenstein. *Ein Tagebuch in Bildern.* [A Diary in Images]（图像日志）. Berlin, 1902.

Oskar Münsterberg. *Chinesische Kunstgeschichte, Bd. 1, Vorbuddhistische Zeit. Die hohe Kunst: Malerei und Bildhauerei, (1910), Bd. 2, Die Baukunst. Das Kunstgewerbe: Bronze, Töpferei, Steinarbeiten, Buch- und Kunstdruck, Stoffe, Lack- und Holzarbeiten, Glas, Glasschmelzen, Horn, Schildpatt, Bernstein und Elfenbein. (1912).* [Chinese Art History, Vol. I, Pre–Buddhist Times. The High Art: Painting and Sculpture (1910), Vol. II, The Architecture. The Applied Arts: Bronze, Pottery, Stone Works, Book– and Art Printing, Textile, Lacquer and Wood Works, Glass, Horn, Tortoiseshell, Amber, and Ivory (1912)]（中国艺术史。卷一：前佛教时代，高雅艺术——绘画与雕塑（1910）；卷二：建筑，应用艺术——青铜、陶艺、勒石、书籍与艺术品印刷、织造、漆器、木雕、玻璃、动物角、龟壳、琥珀、象牙（1912））. Esslingen: Neff, 1910/1912.

Richard J. Neutra. Umbildung chinesischer Städte [Alteration of Chinese Cities]（中国的城市改造）. *Die Form*, 1932(5)：142–149.

Christoph Peisert. *Peking und die "nationale Form". Die repräsentative Stadtgestalt im neuen China als Zugang zu klassischen Raumkonzepten.* [Beijing and the "National Form". Representative Urban Form in New China as Entry to Classical Space Concepts]（北京和"民族形式"：重新尝试古

典空间概念的新中国代表性城市形态）. Berlin: (Dissertation) Technische Universität, 1996.

P'eng Tso–chih（彭佐治）. Chinesischer Städtebau unter besonderer Berücksichtigung der Stadt Peking. [Chinese urban design with special consideration of Beijing]（中国城市设计及于对北京的特别思考）, (Dissertation at TH Aachen), in *Nachrichten der Gesellschaft für Natur-und Völkerkunde Ostasiens (NOAG)*, 1961, 89/90: 5–80.

George Tso Chih Peng（彭佐治）. The Philosophy of the City Design of Peking（北京的城市设计哲学）. *Ekistics*, 1972(33): 124–129.

George Tso Chih Peng（彭佐治）. The Application of Chinese Philosophy in the Design of Architecture, Landscape and Cities（中国哲学在建筑、景观与城市设计中的运用）. *Daidalos*, 1984(12):109–116.

Johannes Prip–Møller. *Chinese Buddhist Monasteries. Their Plan and its Functions as a Setting for Buddhist Monastic Life*（中原佛寺图考：佛教寺院生活环境的规划及其功能）. Copenhagen: Gadad, 1937.

Roland Rainer. *Die Welt als Garten, China*. [The World as Garden, China]（园林见须弥，中国）. Graz: Akademische Druck und Verlagsanstalt, 1976.

Klaas Ruitenbeek. *Carpentry and Building in Late Imperial China: A Study of the Fifteenth-Century Carpenter's Manual, Lu Ban Jing*（中华帝国晚期的木匠工艺与建筑：15 世纪匠作手册鲁班经研究）. Leiden: Brill, 1996.

Klaas Ruitenbeek. Ansichten über Architektur und die Praxis des Bauens [Opinion about Architecture and the Praxis of Building]（建筑观念与建造实践）. Winfried Nerdinger (ed.). *Die Kunst der Holzkonstruktion. Chinesische Architekturmodelle*. [The Art of Timber Construction. Chinese Architectural Models](木结构建造的艺术：中国建筑模式). Berlin: Jovis, 2009:18–25.

Heinrich Schliemann. *La Chine et le Japon au temps présent*. Paris, 1867. (German translation) Heinrich Schliemann. *Reise durch China und Japan im Jahre 1865*（海因里希·施莱曼：1865 年的中国与日本之行）. Berlin: Merve, 1995.

Alfred Schinz. *Chinesischer Städtebau in der Manchu-Dynastie 1644-1911, dargestellt am Beispiel der Ting-Stadt Hsinchu in Taiwan* (Dissertation). [Chinese Urban Design in Manchu Dynasty 1644–1911, Shown on the Example of the Ting–city Hsinchu in Taiwan]（满清时期（1644–1911）的中国城市设计：以台湾厅城新竹为例）. München, 1976.

Alfred Schinz. *Cities in China*（中国城市）. Berlin/Stuttgart: Borngräber, 1989.

Alfred Schinz. The Magic Square, Cities in Ancient China（神奇的广场：中国古代城市）. Stuttgart/London: Menges, 1996.

Heinrich Schmitthenner. *Chinesische Landschaften und Städte*. [Chinese Landscapes and Cities]（中国的景观与城市）. Stuttgart, 1925.

Heinrich Schubart. Der chinesische T'ing–Stil. Eine baugeschichtliche Untersuchung (dissertation).

[The Chinese T'ing Style. A historical Investigation]（中国亭阁建筑历史调查）. *Zeitschrift für Bauwesen*, 1914:497–526, 733–760.

Michael Schön. *Eine quellenkritische Untersuchung einer Beschreibung der chinesischen Provinzhauptstadt Chengdu aus dem frühen 20. Jahrhundert. Das Chengdu tonglan (umfassende Übersicht über Chengdu, 1909/1910)* (Dissertation). [A Critical Appraisal of the Literature about the Chinese Provincial Capital Chengdu from Early 20th Century]（20 世纪早期以来中国省会城市成都的文献：批判性的评价）. Frankfurt a.M.. Lang, 2005.

Shao Yaohui（邵耀辉）. *Der Grüne Beitrag zum Gesamtkunstwerk Nantong. Zhuang Jian und die Anfänge der modernen Landschaftsgestaltung in China*. [The Green Part of the Gesamtkunstwerk Nantong. Zhang Jian and the Beginnings of Modern Landscape Design in China]（近代南通城建艺术总体中的绿色部分——张謇与中国近代景观设计的肇始）. Berlin: (Dissertation), Technische Universität, 2012.

Stein, Susanne. *Von der Konsumenten- zur Produktionsstadt: Aufbauvisionen und Städtebau im Neuen China, 1949-1957*. [From Consumer to Production City: Design Visions and Urban Design in New China, 1949–1957]（从消费型到生产型城市：设计愿景与新中国城市设计，1949–1957).München. Oldenbourg Wissenschaftsverlag, 2010.

Eva Sternfeld. *Beijing: Stadtentwicklung und Wasserwirtschaft. Sozioökonomische und Ökologische Aspekte der Wasserkrise und Handlungsperspektiven*. [Beijing: Urban Development and Water Economy. Ecological and Socio–economic Determinants of the Beijing Water Crisis and Strategies for Water Management]（北京：城市发展与水务经济，水资源危机与水务管理策略的社会经济与生态因素）. Berlin: (Dissertation) Technische Universität, 1997.

Thomas Thilo. *Klassische chinesische Baukunst: Strukturprinzipien und soziale Funktion*. [Classical Chinese Architecture: Structural Principles and Social Function]（中国古典建筑：结构原理与社会功能）. Leipzig: Tusch, 1977.

Minna Törmä. Meeting Old Friends & Colleagues, Collectors and Dealers: Osvald Sirén's German Contacts in Berlin 1927（会见故交、同事、藏家和画商：1927 年喜龙仁的柏林之行接触到的德国人）. *Ostasiatische Zeitschrift*, 2012,(23): 54–63.

Minna Törmä. *Enchanted by Lohans: Osvald Siren's Journey into Chinese Art*（痴迷罗汉：喜龙仁的中国艺术之旅）. Hong Kong: Hong Kong University Press, 2013.

Albert Tschepe. *Der Tai-schan und seine Kultstätten*. [The Taishan and his Places for Cult]（泰山及其圣庙）. Jentschoufu [Yanzhou]: Katholische Mission, 1906.

Albert Tschepe. *Heiligtümer des Konfuzianismus*. [The Sanctuaries of Confucianism]（儒学圣地，兖州府）. Jentschoufu [Yanzhou]: Katholische Mission, 1906.

Wilhelm Alexander Unkrig. Pokotilow, Der Wu tai Shan und seine Klöster. [Wutai Shan and Its Monasteries]（五台山及其寺院）. *Sinca, Sonderausgabe,* 1935: 38–89.

Anton Volpert. Gräber und Steinskulpturen der alten Chinesen. [Tombs and Stone Sculptures of the Old Chinese]（中国古代陵墓与石雕）. *Anthropos, Internationale Zeitschrift für Völker- und Sprachenkunde*, 1908,3(1): 14–18.

Anton Volpert. Die Ehrenpforten in China. [The Memorial Gates in China]（中国的牌楼）. *Orientalisches Archiv* 1, 1910: 140–148, 190–195.

Anton Volpert. Tsch'öng Huang, der Schutzgott der Städte in China. [Tsch'öng Huang, the Tutelary Deity of Cities in China]（城隍：中国城市的守护神）. *Anthropos, Internationale Zeitschrift für Völker- und Sprachenkunde*, 1910,5(4): 991–1026.

Rudolf Wagner. Political Institutions, Discourse and Imagination in China at Tiananmen（天安门的政治体制、话语和想象）. J. Manor (ed.). *Rethinking Third World Politics*. Harlow: Longman, 1991:121–144.

Rudolf Wagner. The Implied Pilgrim: Reading the Chairman Mao Memorial Hall（暗示性的朝圣：阅读毛主席纪念堂）. Susan Naquin and Chu Yuan–fang (eds.). *Pilgrims and Sacred Sites in China*. Berkeley: University of California Press, 1992: 378–423.

Rudolf Wagner. The Role of the Foreign Community in the Chinese Public Sphere（中国公共领域中外人社区之角色）. *China Quarterly,1995.* 142:423–443.

Rudolf Wagner. Ritual, Architecture, Politics and Publicity during the Republic: Enshrining Sun Yat–sen（供奉孙中山——民国时期的礼制、建筑、政治与公共性）. Jeffrey Cody, Nancy S. Steinhardt, and Tony Atkin. *Chinese Architecture and the Beaux-Arts*. Honululu: University of Hawai'I Press, 2011:223–278.

Thomas Weiss (ed.). *Sir William Chambers und der Englisch-chinesische Garten in Europa*. [Sir William Chambers and the English–Chinese Garden in Europe]（威廉·钱伯斯爵士和欧洲的英式中国花园）. Stuttgart: Hatje, 1997.

Wen–chi Wang. *Chen-kuan Lee (1914-2003) und der Chinesische Werkbund: mit Hugo Häring und Hans Scharoun*. [Chen–kuan Lee and the Chinese Werkbund: with Hugo Häring and Hans Scharoun]（李承宽和中国制造联盟：与雨果·黑林、汉斯·夏隆一起）. Berlin: Reimer, 2010.

Torsten Warner. *German Architecture in China: Architectural Transfer/Deutsche Architektur in China: Architekturtransfer*（德国建筑在中国）. Berlin: Ernst, 1994. (English,German,Chinese).

Wu Liangyong（吴良镛）. *A Brief History of Ancient Chinese City Planning*（中国古代城市规划简史）. Kassel: Gesamthochschulbibliothek, 1985.

Shuang Zhang. *Das Yuan Ming Yuan Ensemble. Der kaiserliche "Park der Vollkommenen Klarheit" in Beijing. Zeitschichtkarten als Instrument der Gartendenkmalpflege.* [The Yuan Ming Yuan Ensemble. The Royal "Garden of Perfect Brightness" in Beijing. Time layers as instrument for garden preservation]（圆明园建筑群，最辉煌的北京皇家园林：作为园林保护手段的时代分层）. Berlin: (Dissertation) Technische Universität, 2002 (online: http://d–nb.info/969953917/34).

索 引

参考文献

十五章

第一节

[1] 包慕萍 . 沈阳近代建筑演变与特征（1858–1948）. 上海：同济大学硕士学位论文，1994.

[2] 包慕萍 . 沈阳近代建筑概说 // 中国近代建筑总览 沈阳篇 . 北京：中国建筑工业出版社，1995：1–21.

[3] 包慕萍等 . 中国近代建筑技术史研究的基础问题 // 中国工业建筑遗产调查与研究 . 北京：清华大学出版社，2009：192–205.

[4] 克拉金著 . 哈尔滨——俄罗斯人心中的理想城市 . 张琦，路立新译 . 哈尔滨：哈尔滨出版社，2007.

[5] 藤森照信, 包慕萍 . 近代建築のアジア　第 1–2 巻 . 東京：柏書房，2013–2014.

[6] 上田恭輔 . 露西亜時代の大連 . 大連：大阪屋号書店，1924.

[7] 大連市史刊行会 . 大連市史 . 大連：1936.

[8] 南満洲鉄道株式会社 . 南満洲鉄道株式会社十年史 . 大連：南満洲鉄道株式会社，1919.

[9] 南満洲鉄道株式会社 . 南満洲鉄道株式会社第二次十年史 . 大連：南満洲鉄道株式会社，1928.

[10] 南満洲鉄道株式会社 . 南満洲鉄道株式会社第三次十年史 . 大連：南満洲鉄道株式会社，1938.

[11] 南満洲電気 . 南満洲電気株式会社沿革史 . 大連 . 1930.

[12] 西澤泰彦 . 満鉄——「満洲」の巨人 . 東京：河出書房新社，2000.

[13] 満洲建築協会雑誌 . 大連 . 1921~1933.

[14] 満洲建築協会雑誌 . 大連 . 1934~1945.

[15] Lancelot Lawton. *Empires of the Far East: a study of Japan and of her colonial possessions, of China and Manchuria and of the political questions of Eastern Asia and the Pacific*. London: Grant Richards, 1912.

[16] Alexander Hosie. *Manchuria, its people, resources, and recent history*. London: Methuen, 1901.

第二节

[1] 王承礼 . 东北沦陷十四年史研究 . 长春：吉林人民出版社，1988.

[2] 张志强 . 沈阳城市史 . 大连：东北财经大学出版社，1993.

[3] 陈伯超，朴玉顺等 . 沈阳城市建筑图说 . 北京：机械工业出版社，2011.

[4] 苏崇民 . 满铁史 . 中华书局，1990.

[5] 沈阳市人民政府地方志编撰办公室 . 沈阳大事记，沈文内登第 105–19 号，1988.

[6] 当代沈阳城市建设编辑部 . 沈阳城市建设大事记 . 当代沈阳城市建设编辑委员会，1987.

[7] 陈伯超，余泓 . 沈阳历史建筑印迹 . 北京：中国建筑工业出版社，2016.

第三节

[1] 包慕萍，沈欣荣 . 30 年代沈阳“满铁”社宅的现代规划及其评价 // 汪坦，张复合 . 中国第五次近代建筑史研究讨论会论文集 . 北京：中国建筑工业出版社，1998：114–124.

[2] 王湘，包慕萍 . 沈阳满铁社宅单体建筑的空间构成 . 沈阳建筑工程学院学报，1997，3：231–236.

[3] 罗玲玲, 包慕萍等 . 沈阳“满铁”社宅建设活动探析——殖民地技术扩散的一个案例 . 自然辩证法研究，2009，1：52–57.

[4] 満洲建築協会 . 満洲住宅図聚（第 4 輯）. 満洲建築協会，1938.

[5] 薬師神賢一 . 国民住宅論考 . 満洲建築雑誌，1941，22(5)：229–238.

[6] 浜田義男，山崎忠夫 . 満洲健康住居の構成 . 満洲建築雑誌，1938，18（3）：21–28；18（4）：10–15；18（5）：15–18.

[7] 布施忠司 . 北満に於ける露人家屋の保温及び凍害防止法の調査 . 満洲建築雑誌，1940，21（7）：259–286.

[8] 荒井善治 . 極寒地住宅採暖報告 . 満洲建築雑誌，21(10)：399–423.

[9] 地方部残務整理委員会編纂係編 . 満鉄附属地経営沿革全史 . 東京：竜渓書舎，1977.

[10] 南満洲鉄道庶務部社会課編 . 満鉄標準社宅平面図 . 大連 .1926.

[11] 建築局住宅規格委員会編 . 滿洲國規格型住宅設計圖集 . 新京：建築局住宅規格委員會，1941.

[12] 南滿洲鐵道株式會社撫順炭坑編纂 . 撫順炭坑 . 撫順：南滿洲鐵道株式會社撫順炭坑，1909.

[13] 南満洲鉄道株式会社撫順炭礦編 . 炭礦読本 . 撫順：南満洲鉄道株式会社撫順炭礦，1937.

[14] 日本建築学会編 . 建築雑誌 . 東京：日本建築学会，1907–1945.

[15] 満鉄建築会編 . 満鉄の建築と技術人 . 東京：満鉄建築会，1976.

[16] 満史会編 . 満洲開発四十年史（補巻）. 東京：満洲開発四十年史刊行会，1965.

[17] 南滿洲鐵道株式會社埠頭事務所華工係編 . 撫順、鞍山

と華工．大連：南滿洲鐵道株式會社埠頭事務所華工係，1925.

[18] 阿久井喜孝．軍艦島実測調査資料集：大正・昭和初期の近代建築群の実証的研究．東京：東京電機大学出版局，1984.

[19] South Manchuria Railway. *Maps: proposed open cut Fushun Colliery*. Fushun: South Manchuria Railway, 1923.

第四节

[1] 国民同志会調査部．欧米に於ける大規模商店に対する小規模商店の対抗競争実策．大阪：国民同志会，1930.

[2] 城始編．郊外住宅実施図聚．大連：滿洲建築協会，1924.

[3] 滿洲建築協会雑誌．大連．1921~1933.

[4] 滿洲建築雑誌．大連．1934~1945.

[5] 西澤泰彦．海を渡った日本人建築家．東京：彰国社，1996.

[6] 内田青藏．日本の近代住宅．東京：鹿島出版社，1992.

[7] 山口廣編．郊外住宅地の系譜：東京の田園ユートピア．東京：鹿島出版社，1987.

[8] 内田青藏等．図説近代日本住宅史．東京：鹿島出版社，2008.

[9] 佐藤滋等．同潤会のアパートメントとその時代．東京：鹿島出版会，1998.

[10] 前川國男．前川國男作品集Ⅱ．東京：美術出版社，1990.

[11] Emer O' Dwyer. *Significant soil: settler colonialism and Japan's urban empire in Manchuria*. Cambridge, Mass: Harvard University Press, 2015.

[12] Henry W. Kinney. *Modern Manchuria and the South Manchuria Railway Company*. Tokyo: Japan Advertiser Press, 1928.

[13] *The Kwantung Government: its functions & works*. Dairen: Kwantung Government, 1929.

[14] David H. James. *The siege of Port Arthur: records of an eye-witness*. London: T. Fisher Unwin, 1905.

[15] *Before Port Arthur in a destroyer: the personal diary of a Japanese naval officer*. translated from the Spanish edition by Captain R. Grant. London: J. Murray, 1907.

[16] *Port Arthur: a descriptive and historical sketch*. Dairen: Japan Tourist Bureau, 1915.

[17] Karl Baedeker. *Russia: with Teheran, Port Arthur and Peking*. Leipzig: K. Baedeker, 1914.

第五节

[1] 王世仁，张复合，村松伸，井上直美主编．中国近代建筑总览．中国建筑工业出版社，1993.

[2] 于维联主编．长春近代建筑．长春出版社，2001.

[3] 林声主编．“九一八”事变图志．辽宁人民出版社，1991：194，196.

[4] 史丁．日本关东军侵华罪恶史．社会科学文献出版社，2005：9.

[5] 李立夫主编．伪满洲国旧影．吉林美术出版社，2001.

[6] 毛泽东．毛泽东选集（合订本）．人民出版社，1964：1018.

[7] 世界知识出版社编辑．反法西斯战争文献．世界知识出版社，1955：317，319.

[8] 解学诗．伪满洲国史新编．人民出版社，1995.

[9] 解学诗．历史的毒瘤——伪满政权兴亡．广西师范大学出版社，1993.

[10] 姜念东，伊文成，解学诗，吕元明，张辅麟．伪满洲国史．大连出版社，1991：345.

[11] 李百浩．日本在中国占领地的城市规划历史研究．同济大学博士学位论文，1997.

[12] 张传杰．日本掠夺中国东北资源史．大连出版社，1996：310.

[13] 爱新觉罗・溥仪．我的前半生．北京群众出版社，1964.

[14] 伪皇宫陈列馆．伪满宫廷秘录．吉林文史出版社，1993.

[15] 王承礼．中国东北沦陷十四年史纲要．中国大百科全书出版社，1991.

[16] 李重．伪满洲国明信片研究（个人印刷）.

[17] 沈燕．长春伪满遗址大观．吉林摄影出版社，2002.

[18] 范世奇．长春市区总体规划与建筑风貌．东北师范大学出版社，1993.

[19] 价值三千日元的建筑材料被盗．大新京日报．八二五三号．1936-2-5：2.

[20] 国务院新筑工事概要．满洲建筑杂志，1937，17（1）：69.

[21] 新发屯面貌一新——新发屯时代的来临并不是遥远的将来的事了．大新京日报．八二一三号．1935-12-24：7.

[22] 满洲国政府第一厅舍工事概要．满洲建筑杂志，1942，23（12）.

[23] 马国馨．赖特和日本．建筑师，1988，29：162-187.

[24] 张贤达．火曜下的伪中银俱乐部现今的长春宾馆．长春晚报．2006-4-24.

[25] 徐苏斌．比较．交往．启示——中国近现代建筑史之研究．天津大学博士学位论文，1992.

[26] 沙永杰．“西化”的历程——中日建筑近代化过程比较研究．上海科学技术出版社，2001.

[27] （伪满洲国）《政府公報》四九九號．1935.11.8：1.

[28] 南京工学院建筑研究所 童寯．日本近代建筑．中国建筑工业出版社，1983：3.

[29] 武云霞．日本建筑之道——民族性与时代性共生．黑龙

江美术出版社，1997：21.
[30] 杨秉德主编．中国近代城市与建筑．中国建筑工业出版社，1993：3.
[31] 潘谷西．中国建筑史．中国建筑工业出版社，2001.
[32] 李健才．近百年来国内外有关中国东北史研究的回顾与展望．博物馆研究，2004，3：18–22.
[33] 宗仁发．认识长春．南方周末．2003-01-23.
[34] 王群．法西斯时代的德国和意大利建筑．时代建筑，2006（4）：193–195.
[35] 汤士安主编．东北城市规划史．辽宁大学出版社，1995.
[36] 于泾著．长春史话（第一集）．长春出版社，2001.
[37] 田志和主编．长春读本．长春出版社，2000.
[38] 李百浩，刘先觉．中国城市规划近代及其百年演变．建筑师．1999（90）.
[39] 赖德霖．中国近代建筑史研究．清华大学出版社，2007.
[40] 傅朝卿．中国古典式样新建筑——二十世纪中国新建筑官制化的历史研究．台北：南天书局，1993.
[41] 杨秉德．中国近代中西建筑文化交融史．湖北教育出版社，2003.
[42] 杨秉德，蔡萌．中国近代建筑史话．机械工业出版社，2004.
[43] 王受之．世界现代建筑史．中国建筑工业出版社，1999.
[44] 西泽泰彦．关于日本人在中国东北地区建筑活动之研究．华中建筑，1987，2.
[45] 徐苏斌．近年来日本关于中国建筑的研究．世界建筑，1997（6）.
[46] 李海清．中国近代建筑史研究的新思维．张复合主编．中国近代建筑研究与保护（二）．清华大学出版社，2001.
[47] 杨秉德．中国近代建筑史分期问题研究．建筑学报，1998（9）.
[48] 陈纲伦．从"殖民输入"到"古典复兴"——中国近代建筑的历史分期与设计思潮 // 汪坦，张复合主编．第三次中国近代建筑史研究讨论会论文集．中国建筑工业出版社，1991.
[49] 徐苏斌．比较．交往．启示——中国近现代建筑史之研究．天津大学博士学位论文，1992.
[50] 童寯．童寯文集．中国建筑工业出版社，2000.
[51] 侯幼彬．中国建筑美学．黑龙江科学技术出版社，1997.
[52] 杨嵩林．中国近代建筑复古之初探．华中建筑，1987（2）.
[53] 侯幼彬．文化碰撞与"中西交融"．华中建筑，1988（3）.
[54] 刘亦师，张复合．20 世纪 30 年代长春的现代主义活动．新建筑，2006（5）.
[55] ［日］藤森照信，汪坦監修．全調査東アジア近代の都市と建築．築摩書房，1996.
[56] ［日］西澤泰彦．海を渡った的日本建築家．彰國社，1996.
[57] ［日］西澤泰彥．圖說滿洲都市物語．河出書房新社，2000.
[58] ［日］越沢明．中国东北都市计划史．黄世孟译．台北：大佳出版社，1989.
[59] ［日］越沢明．殖民地满洲の都市计划．亚洲经济研究所，1978.
[60] ［日］越沢明．满洲国の首都计划．日本经济评论社，1988.
[61] ［日］矢野仁一．近代支那論．京都弘文堂書房．1923：102，27.
[62] ［日］服部卓四郎．大东亚战争全史．本社编辑室译．军事译粹社，1978：920.
[63] ［日］远山茂树．日本近现代史（第三卷）．邹有恒译．商务印书馆，1984：116.
[64] ［日］滿洲國政府國務院國都建設局．國都大新京．新京.1933.
[65] ［日］满洲国史编纂刊行会编．满洲国史（分论、上卷）．东北沦陷十四年史吉林编写组译．赵连泰校译．东北沦陷十四年史总编室出版（内部发行），1990.
[66] ［日］满洲国史编纂刊行会编．满洲国史（总论）．黑龙江省社会科学院历史研究所译．黑龙江省社会科学院出版（内部发行），1990.
[67] ［日］山本有造．"滿洲國"の研究．綠蔭書房，1995.
[68] ［日］喜多一雄．滿洲開拓論．明文堂，1944：156–160.
[69] ［日］經濟調查會编．新京都市建設方案．1935.
[70] ［日］大陸建築座談會．現代建築 8 號．1940（1）.
[71] ［日］滿洲國交通部．交通部要覽．1943：178–185.
[72] ［日］满史会．满洲开发四十年．东北沦陷十四年史吉林编写组译．辽宁省内部图书，1988.
[73] ［日］國都建設局编．國都建設大觀．新京.1933.
[74] ［日］國務院統計處．第一次滿洲國年表．1932：594–595.
[75] ［日］大島大平编．建築法規類纂．滿洲土木建築業協會．1939.
[76] ［日］大島大平輯．土木關係法令輯綴．滿洲土木建築業協會．1940.
[77] ［日］大島大平编．建築法規類纂．員警廳建築工廠，1939.
[78] ［日］國務院統計處．第一次滿洲國年表．1932：594–595.
[79] ［日］新京特別市長官房编．國都新京．1940.
[80] ［日］滿洲建築協會雜誌．
[81] ［日］新京特別市公署．滿洲事情案內所编．新京的概觀．1936.
[82] ［日］滿鐵鐵路總局旅客課编．新京觀光指南．1940.

[83] ［日］三浦一著 . 新京概況 . 新京商工公會發行 . 1939.
[84] ［日］臨時國都建設局編 . 國都建設紀念典志 . 1938.
[85] ［日］新京市公署調查課編 . 國都新京 . 1938.
[86] ［日］新京特別市公署調查科編纂 . 國都新京 . 1939.
[87] ［日］新京商工公會编 . 新京の概况（建国 10 周年纪念发刊）.1942.
[88] ［日］近藤信宜著 . 滿洲住宅圖聚 . 滿洲建築協會 . 1938.
[89] ［日］建設局住宅規格委員會 . 滿洲國規格型滿系住宅設計圖集 . 滿洲國通信社，1942.
[90] ［日］建設局住宅規格委員會 . 滿洲國規格型住宅工事內譯書（第一號）. 1942.
[91] ［日］城始編 . 郊外住宅圖聚 . 滿洲建築協會 .
[92] ［日］近藤政光著 . 新京都市建設方案 .（大連）南滿洲鐵道株式會社經濟調查會 . 1935.
[93] ［日］满洲国政府公报 . 九十四号 . 1933-2-16：1-2.
[94] ［日］满洲国政府公报 . 九十三号 . 1933-2-12：4.
[95] ［日］相賀兼介 . 建國前後的回憶 . 滿洲建築雜誌（二十二卷十號）. 1942（10）：5-14 .
[96] ［日］村田治郎著 . 滿洲建築 . 東京 .1935.
[97] ［日］村田治郎著 . 滿洲建築大觀 . 大連 .1933.
[98] ［日］矢追又三郎 . 建国神庙和建国忠灵庙 . 满洲建筑杂志，1943，23（1）：4-13.
[99] ［日］藤森照信 . 日本の近代建築（上、下）. 岩波新書 . 1993.
[100] ［日］由滿鐵轉入滿洲國的一百六十名滿鐵社員于六日全部發表 . 滿洲國日報（九四四三號晚刊）. 1932.8.6：1.
[101] ［日］牧野正己 . 国粋的建築か、国辱的建築か─現代建築世相批判 . 國際建築，1931（2）、（3）.
[102] ［日］牧野正己 . 建國十年和建築文化 . 满洲建筑杂志，1942，10（22）：15-24.
[103] ［日］佐野博士追悼錄編輯委員會 . 佐野利器追悼錄 . 1957：47.
[104] ［日］伊东忠太著 . 中国建筑史 . 陈清泉译补 . 商务印书馆，1937.
[105] ［日］加藤佑三 . 东亚近代史 . 蒋丰译 . 中国社会科学出版社，1992.
[106] ［日］太平洋戰爭研究會 . 圖說滿洲帝國 . 河出書房新社，1996.
[107] ［日］西澤泰彥 . 圖說滿鐵——“滿洲”の巨人 . 河出書房新社，2000.
[108] ［日］武藤吉治 . 国都建设の现在と将来 . 新京商工公会，1941.
[109] ［日］山内三吾著 . 满洲の家屋建筑 . 东京 .1933.
[110] ［日］本田康喜著 . 滿洲土木建築發達史 . 大連：滿蒙之運輸社出版，1938.
[111] ［日］伊藤清造著 . 支那及滿蒙的建築 . 大阪屋號書店，1929.
[112] ［日］村上正雄編輯 . 新京特別市 . 大同印書館，1935.
[113] ［日］新京特別市公署調查科編纂 . 國都新京（建國十周年紀念）. 1942.
[114] ［日］遺田研一著 . 新京 . 新潮社，1943.
[115] ［日］小原克己編 . 新京事情 . 新京日報社，1942.
[116] ［日］井上信翁著 . 長春沿革史 . 1921.
[117] ［日］及川儀右衛門 . 滿洲通史 . 東京 . 1935.
[118] ［日］建國周年紀念中央委員會編 . 建國一年回顧錄（日譯）. 1933.
[119] ［日］楳本捨三 . 大滿洲建國史 . 1942.
[120] ［日］建築學會新京支部編 . 滿洲建築概說 . 1940.
[121] ［日］临时国都建设局编 . 国都建设に就いて . 1940.
[122] ［日］國務院國都建設局編 . 康德四年八月份國都建設局業務概要月報（油印）. 1937.
[123] ［日］金遺田研一著 . 新京（滿洲建國記事）. 新朝社出版，1943.
[124] ［日］國都建設的全貌（折本）.
[125] ［日］新京地方事務所编 . 新京發展事情概要 .
[126] ［日］民政部土木司編纂 . 設計標準（草案）. 滿洲行政學會 . 1934.
[127] ［日］南滿洲鐵道株式會社 . 建築標準圖，1942.
[128] ［日］照井隆三郎编 . 滿洲土木工事資料 . 滿洲土木協會，1944.
[129] ［日］伊原幸之助著 . 長春發展志 . 隆文堂書店，1921.
[130] ［日］渡邊伊勢次编 . 康德九年大東亞建設博覽會 . 國際報導株式會社，1943.
[131] ［日］新京工業大學編 . 新京工業大學大覽 . 1941.
[132] ［日］國務院國都建設局 . 國都建設事業關係法令、書式集覽 . 1934.
[133] ［日］內務省都市計畫課 . 都市計畫關係法令 . 1928.
[134] ［日］滿鐵經濟調查會 . 滿洲都市建設一般方案 . 1935.
[135] ［日］滿洲國國都建設局 . 滿洲國新京國都建築計畫圖 . 1933.
[136] ［日］國務院國都建設局 . 國都建設局建築指示條項 . 1933.
[137] ［日］交通部都邑計畫司 . 都邑計畫關係事項資料 . 1940.
[138] ［日］新京特別市長官房調查科編纂 . 新京特別市例規類集 . 滿洲行政學會 . 1936.
[139] ［日］满洲事情案内所编 . 数字ニ见ル新京ノ跃进 . 1935.
[140] ［日］牧野正己著 . 滿洲建築隨想 . 新京：滿洲時代社，1944.
[141] ［日］滿洲帝國協和會科學技術聯合會建築部會編 . 建築年鑒，1943.

[142] [日]滿洲株式會社編.建築標準圖.大連.1934.
[143] [日]小園貞助編.共通仕様書.滿洲建築協會,1938.
[144] [日]新京工業大學編.新京工業大學一覽.1940,1941.
[145] [日]滿洲帝國臨時國都建設局編.國都建設畫報.1932.
[146] [日]國務院國都建設局編.國都建設事業關係法令書式集覽.1932.
[147] [日]滿洲中央銀行建築事務所.各支行日人幫經理宿舍新築工事設計圖.1937.
[148] [日]真鍋五郎著.滿洲土建界.大連:亞細亞出版協會,1935.
[149] [日]真鍋五郎著.滿洲土建界的新陣容.大連:亞細亞出版協會,1943.
[150] [日]滿洲土木建築協會.滿洲土木建築業協會概要.
[151] [日]岡村敬二."滿洲國"資料集積機關概觀.不二出版,2004.
[152] [日]伊東孝.日本の近代化遺產-新しい文化財と地域の活性化.岩波新書,2000.
[153] [日]村松伸.1500年-2000年亚洲建筑的构图//张复合主编.中国近代建筑研究与保护(一).清华大学出版社,1999.
[154] [日]村松伸.上海:都市と建筑(1842-1949).株式会社PARCO出版局,1991.

第六节

[1] 呼和浩特市档案馆藏.伪厚和市公署案卷开放目录.编号302-1、302-2资料.
[2] 包慕萍著.モンゴルにおける都市建築史研究.東京:東方書店,2005.
[3] 内田祥三著.大同の都市計画案に就て(1).建築雑誌,1939,53(656):152-165.
[4] 内田祥三著.大同の都市計画案に就て(2).建築雑誌,1939,53(657):165-179.
[5] 越沢明著.满洲の都市計画に関する歴史的研究.东京大学博士学位论文,1982.
[6] 越沢明著.满洲国の首都計画——東京の現在と未来を問う.日本経済評論社,1988.
[7] 蒙古聯合自治政府编.蒙疆年鉴.张家口:蒙疆新闻社,1944.
[8] 駱駝会本部编.内蒙古回顧録——高原千里.1973.

第七节

[1] (伪)建设总署都市局编.建设总署都市局二十七年度工作概要.北平:(伪)建设总署都市局,1939.
[2] 旧都文物整理实施事务处编.旧都文物整理实施事务处第十六次报告书.北京:旧都文物整理实施事务处,1938.
[3] 天津特别市公署工务局编.天津特别市公署工务局工作报告.天津特别市公署工务局.1940,1942(两册).
[4] 华北建筑协会.华北建筑,1938-1943.
[5] 居之芬.日本在华北经济统制掠夺史.天津:天津古籍出版社,1997:78-86.
[6] 薛春莹.北京近代城市规划研究.武汉:武汉理工大学硕士学位论文,2003.
[7] 塩原三郎.都市計画——華北の点線(私家版).1971.
[8] 比田正.凝性.1988.
[9] 外务省外交史料馆.济南工程局.公务员退转金暂行规则关系文件.建设总署,1942年8月1日总字第四百二十四号训令.
[10] 外务省外交史料馆.公务员退转金暂行规则.
[11] 18华北政务委员会建设总署及工务总署14//外务省外交史料馆.政府公务员薪额表.
[12] 5华北政务委员会建设总署及工务总署1//外务省外交史料馆.建设总署职员录.1939-01.
[13] 8华北政务委员会建设总署及工务总署4//外务省外交史料馆.建设总署职员录.1939-08.
[14] 9华北政务委员会建设总署及工务总署5//外务省外交史料馆.建设总署职员录.1939-08.
[15] 6华北政务委员会建设总署及工务总署2//外务省外交史料馆.建设总署日系职员名簿.1941-01-01.
[16] 7华北政务委员会建设总署及工务总署3.//外务省外交史料馆.建设总署日系职员名簿.1941-01-01.
[17] 10华北政务委员会建设总署及工务总署6//外务省外交史料馆.华北政务委员会建设总署职员录.1941-05.
[18] 11华北政务委员会建设总署及工务总署7//外务省外交史料馆.华北政务委员会建设总署职员录.1941-05.
[19] 12华北政务委员会建设总署及工务总署8//外务省外交史料馆.华北政务委员会建设总署职员录.1941-05.
[20] 13华北政务委员会建设总署及工务总署9//外务省外交史料馆.华北政务委员会建设总署职员录.1941-05,1943-03-01.
[21] 13华北政务委员会建设总署及工务总署9//外务省外交史料馆.(名称不详).1943-03-01.
[22] 14华北政务委员会建设总署及工务总署10//外务省外交史料馆.(名称不详).1943-03-01.
[23] 15华北政务委员会建设总署及工务总署11//外务省外交史料馆.(名称不详).1943-03-01.
[24] 16华北政务委员会建设总署及工务总署12//外务省外交史料馆.(名称不详).1943-03-01.

[25] 工务总署日系职员名簿（1944 年 8 月 1 日）// 外务省外交史料馆 . 日系职员名簿 .
[26] 17 华北政务委员会建设总署及工务总署 13// 外务省外交史料馆 . 日系职员名簿 .
[27] 18 华北政务委员会建设总署及工务总署 14// 外务省外交史料馆 . 日系职员名簿 .
[28] 18 华北政务委员会建设总署及工务总署 14// 外务省外交史料馆 . 临时政府公务员薪额表 .
[29] 都市研究会 . 都市公论，1944.
[30] 越沢明 . 日本占領下の北京都市計画（1937–1945）// 第五回日本土木史研究発表会論文集，1985：265–276.

十六章

第一节

[1] 隗瀛涛 . 近代重庆城市史 . 成都：四川大学出版社，1991.
[2] 肖铮主编 . 民国 20 年代中国大陆土地问题资料（第 139 辑）. 台湾影印出版 .
[3] 吴华甫 . 重庆市建筑规则 . 重庆：重庆市工务局出版，1941.
[4] 曹仕恭 . 建筑大师陶桂林 . 北京：中国文联出版公司，1992.
[5] 欧阳桦 . 重庆近代城市建筑 . 重庆：重庆大学出版社，2010.
[6] 南京工学院建筑研究所编 . 杨廷宝建筑设计作品集 . 北京：中国建筑工业出版社，1983.
[7] 何智亚 . 重庆老城 . 重庆：重庆出版社，2010.
[8] 潘文华编 . 九年来之重庆市政 .1936.
[9] 重庆地方志编纂委员会总编辑室 . 重庆大事记 . 重庆：科学技术文献出版社重庆分社，1989.
[10] 汉语大词典 . 上海：汉语大词典出版社，1988.
[11] 董修甲 . 市政新论 . 上海：商务印书馆（1954 年迁入北京），1924.
[12] 重庆商埠月刊 . 1927（9）.
[13] 燕疆 . 疏散人口与住宅问题 . 国是公论，1939（28）.
[14] 林涤非 . 新重庆建设与住宅合作 . 新重庆，1947，创刊号 .
[15] 本市建筑平民住宅近讯 . 四川经济月刊，1936，6（5）.
[16] 重庆市政府疏散区建筑房屋资助贷款办法 . 重庆市政府公报，1939，（6）~（7）.
[17] 林寄华 . 希望于重庆市政当局者 . 国是公论，1938（8）.
[18] 张国瑞 . 战时田园市计划 . 闽政月刊，1939，5（2）.
[19] 重庆市郊外市场营建计划大纲 . 重庆市政府公报，1939，（6）~（7）.
[20] 陈蕴茜 . 论清末民国旅游娱乐空间的变化：以公园为中心的考察 . 史林，2004，80（5）.
[21] 关于办理筹建平民住宅等事宜的呈、指令 . 重庆市档案馆（沙坪坝），全宗号：0064，目录号：0008，案卷号：01242，附卷号：0000.1936.
[22] 关于检送青草坝平民住宅解决办法的呈、批、指令 . 重庆市档案馆（沙坪坝），全宗号：0053，目录号：0020，案卷号：00260，附卷号：0000. 1941.
[23] 关于建筑平民住宅致蒋志澄的咨 . 重庆市档案馆（沙坪坝），全宗号：0064，目录号：0008，案卷号：00002，附卷号：0000. 1938.
[24] 关于告知重庆郊外市场营建委员会成立日期的往来代电 . 重庆市档案馆（沙坪坝），全宗号：0053，目录号：0012，案卷号：00055，附卷号：0000. 1939.
[25] 重庆郊外市场营建委员会第二至二十次常务会报记录 . 重庆市档案馆（沙坪坝），全宗号：0078，目录号：0001，案卷号：00039，附卷号：0000. 1940.
[26] 关于检发平民住宅租赁办法致重庆市社会局的函 . 重庆市档案馆（沙坪坝），全宗号：0060，目录号：0015，案卷号：00183，附卷号：0000. 1940.
[27] 关于检送办理平民住宅、新生活食堂等有关事宜至重庆市政府的公函 . 重庆市档案馆（沙坪坝），全宗号：0053，目录号：0002，案卷号：01021，附卷号：0000. 1940.
[28] 重庆郊外市场营建委员会工作报告 . 重庆市档案馆（沙坪坝），全宗号：0067，目录号：0001，案卷号：00591，附卷号：0000. 1939.
[29] 关于报送太平门码头平面图、预算表、改善太平门、望龙门码头说明书等上重庆市工务局的呈 . 重庆市档案馆（沙坪坝），全宗号：0067，目录号：0004，案卷号：00044，附卷号：0000. 1939.
[30] 关于派员领取修建望龙门平民住宅工程公款的公函、训令 . 重庆市档案馆（沙坪坝），全宗号：0064，目录号：0008，案卷号：00756，附卷号：0000. 1940.
[31] 关于报送望龙门码头平民住宅工程合同、预算及开标记录的指令、呈 . 重庆市档案馆（沙坪坝），全宗号：0067，目录号：0004，案卷号：00055，附卷号：0000. 1940.
[32] 第八十五次市政会议建造文虎新村工程计划根要的会议记录 . 重庆市档案馆（沙坪坝），全宗号：0064，目录号：0001，案卷号：00612，附卷号：0000. 1941.
[33] 关于检送胡文虎建筑平民住宅新村概要及房屋草图的呈、函、训令 . 重庆市档案馆（沙坪坝），全宗号：

0053，目录号：0003，案卷号：01436，附卷号：0000. 1941.

[34] 美丰银行信托北碚支行及新村建筑图样施工说明书、美丰商业银行建设委员会设计忠恕堂房屋建筑图样．重庆市档案馆（沙坪坝），全宗号：0296，目录号：0013，案卷号：00491，附卷号：0000. 时间不详．

[35] 金城银行信托部重庆分部红岩村房屋、沙坪坝办事处房屋蓝图．重庆市档案馆（沙坪坝），全宗号：0304，目录号：0001，案卷号：01244，附卷号：0000. 时间不详．

[36] 金城银行信托部重庆分部红岩村丙种及丁种房屋花园设计图样、都邮街广场办事处建筑草图．重庆市档案馆（沙坪坝），全宗号：0304，目录号：0001，案卷号：01243，附卷号：0000. 时间不详．

[37] 金城银行信托部重庆分部红岩村房屋、沙坪坝办事处房屋草图．重庆市档案馆（沙坪坝），全宗号：0304，目录号：0001，案卷号：01244，附卷号：0000. 时间不详．

[38] 谢璇，吴庆洲 .1937–1949 年重庆城市建设与规划研究．华南理工大学博士学位论文，2011.

[39] 重庆市园林绿化志资料长编——巴渝十二景卷．

[40] 中国人民政治协商会议四川省重庆市委员会．重庆文史资料选辑（第 12 辑）. 1979.

[41] 周春元等．贵州近代史．贵阳：贵州人民出版社，1987.

[42] 贵州省地方志编纂委员会．贵州省志宗教志．贵州民族出版社，2007.

[43] 贵州地方志编纂委员会．贵州省志建筑志．贵州人民出版社，1999.

[44] 童寯．童寯文集（第二卷）. 中国建筑工业出版社，2001.

[45] 林芊．寒凝大地发春华——清末新政与贵州辛亥革命．当代贵州，2011，（5）.

[46] 王尤清．清末民初贵州的绅权势力与地方政治．二十一世纪，2012，(8).

[47] 周春元等．贵州近代史．贵阳：贵州人民出版社，1987.

[48] 贵州省地方志编纂委员会．贵州省志宗教志．贵阳：贵州民族出版社，2007.

[49] 贵州地方志编纂委员会．贵州省志建筑志．贵阳：贵州人民出版社 .1999.

[50] 童寯．童寯文集（第二卷）. 北京：中国建筑工业出版社，2001.

第二节

[1] 王炳毅．南京也有一个日本神社．长沙：湖南档案，2002（11）.

[2] 郷田正萬等联合研究．戦前期・中華民国における海外神社の創立について，<共同研究報告>東アジアにおける国際体制の再編成について(研究ノート). 神奈川大学法学研究所研究年報，2002（20）: 94–150.

第三节

[1] 夏东元主编．二十世纪上海大博览．上海：文汇出版社，1995.

[2] 陈从周，章明．上海近代建筑史稿．上海：三联书店上海分店，1988.

[3] 刘惠吾主编．上海近代史（下）. 上海：华东师范大学出版社，1987.

[4] 蔡育天主编．回眸——上海优秀近代保护建筑．上海：上海人民出版社，2001.

[5] 龙炳颐．香港的城市发展和建筑 // 王赓武．香港史新编．香港：三联出版社，1997：211–279.

[6] 香港屋宇地政署城市设计处．香港城市规划．香港：该处，1986.

[7] 日本"满洲"中国土木建筑名鉴．1941–5.

[8] Bristow, R. *Hong Kong's New Towns: A Selective Review*. Hong Kong: Oxford University Press, 1989.

[9] Hong Kong Housing Society. *Hong Kong Housing Society: Forty Five Years in Housing*. Hong Kong: the Society, 1994.

第四节

[1] 延安市志编纂委员会．延安市志．西安：陕西人民出版社，1994.

[2] 费正清，崔瑞德．剑桥中华民国史（下卷）. 北京：中国社会科学出版社，1994.

[3] 杨洪，赵喜军．延安整风运动与马克思主义中国化 // 毛泽东邓小平理论研究，2008（7）: 53，65–67.

[4] 刘铁明．试论延安整风运动的内容．湖南科技学院学报，2005（6）29–32.

[5] 延安革命纪念馆．延安革命纪念馆陈列内容资料选编（一）. 内部资料，1981.

[6] 贺文敏．延安三十到四十年代红色根据地建筑研究．西安建筑科技大学硕士学位论文，2006.

[7] 刘滢．中共"七大"筹备考略．延安大学学报（社会科学版），2010（7）: 37–40，59.

[8] 文物出版社．延安革命纪念建筑．北京：文物出版社，1959.

[9] 延安革命纪念馆．延安革命纪念馆陈列荟萃（1935–1948）. 北京：中国画报出版社，2011.

[10] 杨作材．我在延安从事建筑工作的经历 // 武衡编．抗日战争时期解放区科学技术发展史资料（第二辑）．北京：中国学术出版社，1984：267-281.

[11] David Bray. *Social Space and Governance: The Danwei System from Origins to Reform. Stanford*, CA: Stanford University Press.

第五节

[1] 吴惠龄，李壑编．北京高等教育史料（第一集）：近现代部分．北京：北京师范学院出版社，1992.

[2] 萧超然等．北京大学校史（1898-1949）（增订本）．北京：北京大学出版社，1988.

[3] 阎玉田．踞析津之阳——天津工商大学．北京：人民出版社，2010.

[4] 徐苏斌．近代中国建筑学的诞生．天津：天津大学出版社，2010.

[5] 赖德霖．中国近代建筑史研究．北京：清华大学出版社，2007.

[6] 赖德霖，王浩娱，袁雪平，司春娟．近代哲匠录——中国近代时期重要建筑家、建筑事务所名录．北京：知识产权出版社，中国水利水电出版社，2006.

[7] 史贵全．中国近代高等工程教育研究．上海：上海交通大学出版社，2004.

[8] 沈振森，王其亨，王蔚．中国近代建筑的先驱者——建筑师沈理源研究．天津：天津大学学位论文，2002.

[9] 温玉清，王其亨，王蔚．中国近代建筑教育背景下天津工商学院建筑系的历史研究（1937-1952）．天津：天津大学学位论文，2002.

[10] 李白羽，宋昆．我国近代建筑教育先驱——华南圭研究．天津：天津大学学位论文，2010.

[11] 赵春婷，宋昆．阎子亨与中国工程司研究．天津：天津大学学位论文，2010.

[12] 张晟，宋昆．京津冀地区土木工学背景下的近代建筑教育研究．天津：天津大学学位论文，2011.

[13] 北京市档案馆、天津市档案馆、北京大学档案馆、清华大学档案馆、河北大学档案馆等地的相关文献.

[14] 之江大学编．之江校刊．1949，（5）.

[15] 之江大学建筑系档案.

[16] 之江大学年刊．1940.

[17] 之江大学年刊．1950.

[18] 杨永生主编．中国四代建筑师．北京：中国建筑工业出版社．2002.

[19] 汪国瑜．怀念夏昌世老师 // 建筑百家言．北京：中国建筑工业出版社．2000.

[20] 汪国瑜．夏昌世教授的思想和作品 // 汪国瑜文集．北京：清华大学出版社．2003.

十七章

第一节

[1] 陈本端．再谈目前营造业的几个问题．建设评论，1947，1（2）：17.

[2] 成骥．中央研究院第一届院士的去向．自然辩证法通讯，2011（2）：36-40，70.

[3] 范文照．中国建筑师学会缘起．中国建筑，1931（创刊号）：3.

[4] 郭卿友．中华民国时期军政职官志．兰州：甘肃人民出版社，1990：648.

[5] 李海清．中国建筑现代转型．南京：东南大学出版社，2004：245，252，255.

[6] 王亚南．抗战胜利至新中国建立前北京的城市建设（1945-1949 年）．北京规划建设，2010（3）：138-143.

[7] 魏枢．大上海计划启示录——近代上海市中心区域的规划变迁与空间演进．南京：东南大学出版社，2011.

[8] 南京工学院建筑研究所 编．杨廷宝建筑设计作品集．南京：南京工学院出版社，1983：55.

[9] 中国建筑年鉴 1998. 北京：中国建筑工业出版社，1999：570.

[10] 上海市建筑协会．建筑月刊，1935，3（6）：32-34.

[11] 内政部营建司．战后全国公共工程管理概况．公共工程专刊（第二集），1946：67-70.

[12] 国民政府公报．民国二十七年（1938 年）12 月 26 日.

[13] 中国第二历史档案馆．内政部有关建筑参考资料．全宗号十二，案卷号 2796.

[14] 中国第二历史档案馆．南京市营造业同业公会会员名册．全宗号四二二，案卷号 4152.

[15] 中国第二历史档案馆．南京市营造业登记案．全宗号十二（6），案卷号 20476-20477.

[16] 南京：中国第二历史档案馆藏国民政府内政部档案——全国都市计划会议规程．典藏号十二（6）-20303.

[17] 南京：中国第二历史档案馆藏国民政府内政部档案——中国建筑师学会案．典藏号十二 -2403.

[18] 南京：中国第二历史档案馆藏国民政府内政部档案——建筑师公会．典藏号十二（6）-20380.

[19] 南京：中国第二历史档案馆藏国民政府内政部档案——建筑行政法令解释．典藏号十二（6）-20319.

[20] 南京：中国第二历史档案馆藏国民政府内政部档案——外籍专家来华协助设计案．典藏号十二（6）-20741.

[21] 南京：中国第二历史档案馆藏国民政府内政部档案——南京市管理营造业规则补充办法案．典藏号十二（6）-20305.

第二节

[1] 陪都建设计划委员会．陪都十年建设计划草案．出版社不详，1946：序文．

[2] 张笃伦．重庆市下水道工程．出版社不详，1947：序言．

[3] 黄宝勋．重庆市建设计划与实施．新重庆，1947（创刊号）．

[4] 罗竟忠．重庆市的新型下水道．新重庆，1947（创刊号）．

[5] 丘秉敏，黎宁．陪都北区干路建筑计划．市政评论，1942（7）：1-2.

[6] 黎宁．论土地重划并试画北区干道．新重庆，1947.

[7] 林涤非．新重庆建设与住宅合作．新重庆，1947(创刊号).

[8] 重庆市平民住宅计划书．重庆市档案馆（沙坪坝），全宗号：0075，目录号：0001，案卷号：00119，附卷号：0000. 1946.

[9] 许行成．市街只计划 // 三水，陆丹林．市政全书：第十卷（三）．上海：道路月刊社，1937.

[10] 三峡博物馆．战胜胜利记功碑建筑记实．三峡博物馆．2013-03-21[2014-03-11]. http://www.3gmuseum.cn/article.asp?7-76-1274. 转引自：申报．民国36年（1947年），10月4日；国民公报．1947-19-11.

[11] 李清中．中华民族抗战的丰碑——抗战胜利纪功碑资料汇编．江北区档案局．2012-07-23[2014-03-11]. http://www.12371.gov.cn/html/zw/zgkzdhf/2012/07/23/135303189521.html.

[12] JOHNSON B.*Waterwater Treatment Comes to Detroit: Law, Politics, Technology and Funding*. Detroit, Michigan: Graduate School of Wayne State University, 2011.

[13] MORRILL, A B. *The Detroit Sewage Treatment Plant*. Sewage Works Journal, 1939, 11（4）: 609-617.

第三节

[1] 丁作韶．我们一致主张建都北平．谨向国民大会建议．1946-11-15.

[2] 北平市政府统计室编．北平市政府统计．1946（2）．

[3] 北平市工务局编．北平市都市计划设计资料集(第一集)．1947.

[4] 北京市档案馆编．北平历届市政府市政会议决议录．北京：中国档案出版社，1998.

[5] 莲子．不怕没饭吃的何思源．大地周报，1946(30)：版面5.

[6] 陈乐人主编．北京档案史料．北京：新华出版社，2005(3).

[7] 习五一，邓亦兵．北京通史·第九卷．北京：中国书店，1994.

[8] 吴家林，徐香花．何思源与北平的城市建设及管理．北京社会科学，2000（1）．

[9] 北京市档案馆馆藏档案．北平市清除垃圾实施办法．1946，档案编号：J184-002-01869.

[10] 北京市档案馆馆藏档案．北平市政府公布北平市查禁抵瘾药品办法．1947，档案编号：J001-003-00275.

[11] 中华人民共和国国家标准．城市规划基本术语标准．GB/T 50280-98.

[12] 沈玉麟．外国城市建设史．北京：中国建筑工业出版社，1989.

[13] 梁思成．北平文物必须整理与保存．大公报 1945（8）；梁思成．北平文物必须整理与保存 // 国民政府内政部主编．公共工程专刊（第一集），1945.

[14] 刘季人．行政院北平文物整理委员会及修缮文物纪实．北京档案史料，2008（3）．

[15] 行政院北平文物整理委员会．行政院北平文物整理委员会三十五年工作概要．1946.

[16] 行政院北平文物整理委员会．行政院北平文物整理委员会三十六年工作概要．1947.

[17] 行政院北平文物整理委员会．行政院北平文物整理委员会三十七年工作概要．1948.

第四节

[1] 黄作燊．一个建筑师的培养 // 黄作燊纪念文集．北京：中国建筑工业出版社，2012.

[2] 罗小未，钱锋．怀念黄作燊 // 杨永生主编．建筑百家回忆录续编．北京：知识产权出版社，中国水利水电出版社．2003.

[3] 罗小未，李德华．原圣约翰大学的建筑工程系（1942-1952）．时代建筑，2004（6）．

[4] 赖德霖．为了记忆的回忆，建筑百家回忆录．北京：中国建筑工业出版社，2000.

[5] 龙炳颐，王维仁．20世纪中国现代建筑概述（第二部分 台湾、香港和澳门地区）// 20世纪世界建筑精品集锦（东亚卷）．北京：中国建筑工业出版社．

[6] 陈迈．台湾50年以来建筑发展的回顾与展望 // 中国建筑学会2000年学术年会会议报告文集．

[7] 陈从周．约园浮梦 // 黄作燊纪念文集．北京：中国建筑工业出版社，2012.

[8] ［意］L·本奈沃洛著．西方现代建筑史．邹德侬 巴竹师 高军 译．天津科学技术出版社，1996.

[9] 陈学恂，田正平编．中国近代教育史资料汇编——留学教育．上海：上海教育出版社，1991.

[10] 璩鑫圭，唐良炎编．中国近代教育史资料汇编——学制演变．上海：上海教育出版社，1991.

[11] 高时良编．中国近代教育史资料汇编——洋务运动时期教育．上海：上海教育出版社，1992.

[12] 潘懋元，刘海峰编．中国近代教育史资料汇编——高等教育．上海：上海教育出版社，1993.

[13] 汤志钧，陈祖恩编．中国近代教育史资料汇编——戊戌时期教育．上海：上海教育出版社，1993.

[14] 璩鑫圭，童富勇，张守智编．中国近代教育史资料汇编——实业教育 师范教育．上海：上海教育出版社，1994.

[15] 舒新城编．中国近代教育史资料（上册）．北京：人民教育出版社，1981.

[16] 中国第二历史档案馆编．中华民国史档案资料汇编（第三辑）：教育．南京：江苏古籍出版社，1991.

[17] 中国第二历史档案馆编．中华民国史档案资料汇编（第五辑第一编）：教育（一）．南京：江苏古籍出版社，1994.

[18] 中国第二历史档案馆编．中华民国史档案资料汇编（第五辑第一编）：教育（二）．南京：江苏古籍出版社，1994.

[19] 中国第二历史档案馆编．中华民国史档案资料汇编（第五辑第二编）：教育（一）．南京：江苏古籍出版社，1994.

[20] 中国第二历史档案馆编．中华民国史档案资料汇编（第五辑第二编）：教育（二）．南京：江苏古籍出版社，1994.

[21] 中国第二历史档案馆编．中华民国史档案资料汇编（第五辑第三编）：教育（一）．南京：江苏古籍出版社，1994.

[22] 中国第二历史档案馆编．中华民国史档案资料汇编（第五辑第三编）：教育（二）．南京：江苏古籍出版社，1994.

[23] 左森等编．回忆北洋大学．天津大学出版社，1989.

[24] 北洋大学—天津大学校史编辑室编．北洋大学—天津大学校史（第一卷）．天津：天津大学出版社，1990.

[25] 北洋大学—天津大学校史编辑室编．北洋大学—天津大学校史（第二卷）．天津：天津大学出版社，1995.

[26] 北洋大学—天津大学校史编辑室编．北洋大学—天津大学校史资料选编（一）．天津大学出版社，1991.

[27] 北洋大学—天津大学校史编辑室编．北洋大学—天津大学校史资料选编（二）．天津大学出版社，1996.

[28] 山西大学校史编纂委员会编．山西大学史稿（1902-1984）．太原：山西人民出版社，1987.

[29] 山西大学纪事编纂委员会编．山西大学百年校史．北京：中华书局，2002.

[30] 山西大学纪事编纂委员会编．山西大学百年纪事（1902-2002）．北京：中华书局，2002.

[31] 王李今．中国近代大学教育创立和发展的路径——从山西大学堂到山西大学（1902-1937）的考察．北京：人民出版社，2007.

[32] 吴惠龄，李壑编．北京高等教育史料第一集（近现代部分）．北京：北京师范学院出版社，1992.

[33] 北京大学校史研究室编．北京大学史料第一卷（1898-1911）．北京：北京大学出版社，1993.

[34] 北京大学校史研究室编．北京大学史料第二卷（1912-1937）．北京：北京大学出版社．

[35] 萧超然等．北京大学校史（1898-1949）增订本．北京：北京大学出版社，1988.

[36] 西南交通大学校史编辑室编．西南交通大学（唐山交通大学）校史（第一卷）．成都：西南交通大学出版社，1996.

[37] 阎玉田．踞桥津之阳——天津工商大学．北京：人民出版社，2010.

[38] 盛懿，孙萍，欧七斤．三个世纪的跨越——从南洋工学到上海交通大学．上海：上海交通大学出版社，2006.

[39] 徐苏斌．近代中国建筑学的诞生．天津：天津大学出版社，2010.

[40] 赖德霖．中国近代建筑史研究．北京：清华大学出版社，2007.

[41] 史贵全．中国近代高等工程教育研究．上海：上海交通大学出版社，2004.

[42] 中国土木工程学会编著．中国土木工程学会史．上海：上海交通大学出版社，2008.

[43] 李白羽，宋昆．我国近代建筑教育先驱——华南圭研究．天津：天津大学，2010.

[44] 张晟，宋昆．京津冀地区土木工学背景下的近代建筑教育研究．天津：天津大学，2011.

[45] 万家峰，吴洪成．中国近代高等工业教育研究．保定：河北大学，2011.

[46] 陈志华．记国徽塑造者高庄老师 // 陈志华．北窗杂记．郑州：河南科学技术出版社，1999：3-4.

[47] 梁思成．清华大学工学院营建系（建筑工程系）学制及学程计划草案．文汇报，1947-7-10 ~ 1947-7-12.

[48] 梁思成．市镇的体系秩序．内政部专刊（公共工程专刊），1945（1）.

[49] 梁思成．建筑U（社会科学U技术科学U美术）．人民日报，1962-4-8.

[50] Walter Gropious. *Scope of Total Architecture*. Collier Books. New York, N. Y., 1962.

[51] Wei Ming Chang et al.(edit). Committee for the Chang Chao Kang Memorial Exhibit. *Chang Chao Kang 1922-1992*. 1993.

[52] Wilma Fairbank, Liang and Lin. *Partners in Exploring China's Architectural Past*. Philadelphia : University of Pennsylvania Press, 1994.

[53] Gwendolyn Wright, Janet Parks. *The History of History in American Schools of Architecture (1865-1975)*. New Jersey: Princeton University Press, 1990.

第五节

[1] 徐国懋．八五自述 // 上海文史资料选辑：72 辑．上海：上海人民出版社，1992.

[2] 黄绍纶．移民企业家：香港的上海工业家．张秀莉译．上海：上海古籍出版社，2003：18，22–23.

[3] 上海市城市规划设计研究院．大上海都市计划．上海：同济大学出版社，2014.

[4] 吴启聪，朱卓雄．建闻筑迹：香港第一代华人建筑师的故事．香港：经济日报出版社，2007：68.

[5] 张镈．我的建筑创作道路．北京：中国建筑工业出版社，1994.

[6] 赖德霖主编．王浩娱，袁雪平，司春娟合编．1949 年以前在台或来台华籍建筑师名录 //2014 台湾建筑史论坛人才技术与信息的国际交流论文集 I. 台湾建筑史学会，2014：109–168.

[7] 王浩娱．陆谦受后人香港访谈录：中国近代建筑师个案研究 // 第四届中国建筑史学国际讨论会论文集．上海同济大学，2007：244–255.

[8] 王浩娱．1949 年后移居香港的华人建筑师．时代建筑，2010（1）：52–59.

[9] 郑宏泰，黄绍伦．香港欧亚混血买办崛起之谜．史林，2010（2）：1–14.

[10] *Hong Kong and Far East Builder.* 1953, 10(2): 23–24; 1957, 13(1): 5.

[11] Hong Kong Public Record Office: HKRS 96–1–9592, HKRS96–5–1935, HKRS 41–1–4882 .

[12] Su, G. D. *Government project*. Hong Kong: Public Record Office.

[13] Su, G. D. *Welfare projects G.D. Su A.A./ Hsin Yeih Architects and Associates*. Hong Kong: Public Record Office.

[14] Chang, C. K. & W. Blaser. *China: Tao in architecture*. Basel: Birkhauser, 1987.

[15] Denison, E. and G. Y. Ren. *Luke Him Sau Architect: China's Missing Modern*. Chichester, West Sussex: John Wiley & Sons, 2014: 234–239.

[16] Gu, D. Q. (Ed.). *Chung Chi Original Campus Architecture: Hong Kong Chinese Architects' Practice of Modern Architecture*. Hong Kong: Chung Chi College, the Chinese University of Hong Kong, 2011.

[17] Hall, P.. *In the Web*. Heswall, Wirral: Peter Hall, 1992.

[18] WANG, H. Y., *Mainland Architects in Hong Kong after 1949: A Bifurcated History of Modern Chinese Architecture*. Hong Kong: The University of Hong Kong, 2008.

[19] Fan, M. *His Works, My History*. The Washington Post, 2009–5–27 (C.1).

结语

[1] 费正清（John K. Fairbank），罗德里克麦克法夸尔（Roderick MacFarquhar）主编．剑桥中华人民共和国史 1949–1965（*The Cambridge History of China*, Vol. 14: The People's Republic, Pt. I, The Emergence of Revolutionary China, 1949–1965）．王建朗等译．上海：上海人民出版社，1990：210–211.

[2] 龚德顺，邹德侬，窦以德．中国现代建筑史纲．天津：天津科学技术出版社，1989：26.

[3] 邹德侬．中国现代建筑史．天津：天津科学技术出版社，2001.

[4] 李富春．关于发展国民经济的第一个五年计划的报告．http://www.hprc.org.cn/wxzl/wxysl/wnjj/diiyigewnjh/200907/t20090728_16961_2.html.

[5] 《上海建筑施工志》编纂委员会编．上海建筑施工志．上海：上海社会科学院出版社，1996：88.

[6] 王弗，刘志先编．新中国建筑业纪事（1949–1989）．北京：中国建筑工业出版社，1989.

[7] 汪晨熙，金建陵编著．汪季琦年谱．北京：现代出版社，2009.

[8] 肖桐．建筑业发展时期产业政策的回顾 // 袁镜身，王弗主编．建筑业的创业年代．北京：中国建筑工业出版社，1988.

[9] 袁镜身．城乡规划建筑纪实录．北京：中国建筑工业出版社，1996.

[10] 袁镜身，王弗主编．建筑业的创业年代．北京：中国建筑工业出版社，1988.

[11] 张镈．我的建筑创作道路．北京：中国建筑工业出版社，1994.

[12] 《中国现代建筑历史（1949–1984）》大事年表．建筑学报，1985（10）.

主编及作者简介

主编简介

赖德霖

1962年生，1992年获（北京）清华大学建筑历史与理论专业博士学位，2007年获美国芝加哥大学中国美术史专业博士学位，现为美国路易维尔大学美术系副教授。主要研究领域为中国近代建筑与城市。曾与王浩娱等合编《近代哲匠录：中国近代重要建筑师、建筑事务所名录》（2006）。主要著作有《中国近代建筑史研究》（2007）、《民国礼制建筑与中山纪念》（2012）、《走进建筑 走进建筑史——赖德霖自选集》（2012）、《中国近代思想史与建筑史学史》（2016）。

伍江

1960年生，1983年获同济大学建筑系学士学位，1986年获该校硕士学位，同年留校任教。1987年攻读同济大学建筑历史与理论专业在职博士研究生，1993年毕业获博士学位。现任同济大学建筑与城市规划学院建筑系教授，法国建筑科学院院士，同济大学副校长，并担任全国历史文化名城委员会副主任委员、上海市建筑学会副理事长等职务。代表性著作有《上海百年建筑史》（1997年初版，2008年第二版）、《历史文化风貌区保护规划编制与管理》（2008）等。

徐苏斌

1962年生，1992年获天津大学工学博士学位，2005年获东京大学工学博士学位。现任天津大学建筑学院教授、天津大学中国文化遗产保护国际研究中心副主任。主要著作有《近代中国建筑学的诞生》（2010）、《中国の都市・建築と日本——「主体的受容」の近代史》（2009）、《日本对中国城市和建筑的研究》（1999）等。曾获教育部第六届高等学校科学研究优秀成果奖著作奖一等奖，日本建筑学会奖、建筑史学会奖、日本都市计画学会奖等。

作者简介

（以本卷出现的先后为序）

包慕萍

1968年生，1994年获同济大学建筑历史与理论专业硕士学位，2003年获日本东京大学工学系研究科建筑学专攻博士学位（工学），同年博士论文获得日本第二届亚洲太平洋研究奖。曾任沈阳建筑大学建筑系客座教授，美国加州大学东亚研究所访问学者，现为东京大学生产技术研究所协力研究员。主要专著有《游牧与定居的重层都市呼和浩特》（2005，日文），与藤森照信共著《近代建筑的亚洲》（2013-2014，两卷，日文），共著《亚洲视角下的日本都市史》（2013）等。

陈伯超

1948年生，1982年获哈尔滨建筑工程学院建筑学专业学士学位。曾任沈阳建筑工程学院院长、院级调研员、校级调研员，现任沈阳建筑大学教授、博士生导师；兼任中国建筑学会常务理事、中国建筑学会工业建筑遗产委员会副会长、辽宁省土木建筑学会副理事长等社会学术组织职务。主要著作有《地域性建筑的理论与实践》、《沈阳故宫建筑》等30余部；发表学术论文“中国近代建筑历史发展过程的特殊性”、“现代建筑在欧洲的新发展”等160余篇。

沈欣荣

1971年生，1994年获沈阳建筑工程学院（今沈阳建筑大学）学士学位，留校任教至今，2002年获东南大学建筑学硕士学位。现为沈阳建筑大学副教授，硕士生导师。代表性著作有电子教材《建筑设计基础——空间构成》、《客运站建筑设计》；发表学术论文“继承与融合——满汉建筑风格在沈阳故宫中的转化过程”、“日本在沈阳殖民时期建设的城市近代化体现”等。

哈静

1976年生，2006年获沈阳建筑大学城市规划专业硕士学位，2011年获西安建筑科技大学建筑学专业博士学位。现为沈阳建筑大学副教授，硕士生导师。代表性著作有《循环经济理念下工业遗存的经济价值》（2014），发表学术论文“基于整体涌现性理论的沈阳工业遗产保护”（2012）。

刘思铎

1981年生，2007年获沈阳建筑大学建筑学硕士学位，2015年获西安建筑科技大学工学博士学位。现任沈阳建筑大学建筑研究所教师、讲师，并担任中国建筑学会建筑史学分会近代建筑史学术委员会学术委员。代表性论文有“沈阳近现代建筑的地域性特征”（2005）、“中国东北井干式传统民居的地域特色研究”（2011）、“沈阳近代建筑师与建筑设计机构的从业环境研究”（2013）、“沈阳近代工业建筑及其构造研究”（2014）。

付雅楠

1989年生，2013年获辽宁工业大学学士学位，2016年获沈阳建筑大学建筑学硕士学位。代表性论文有“影响盛京都城营建的主要思想以及盛京都城的规划保护”（2014）、“浅析城市景观地域性表达”（2014）、“浅析‘中国魅力城市’对国内城市地域性发展导向”（2015）。

吴鹏

1987年生，2016年获沈阳建筑大

学建筑学硕士学位。代表性论文有“浅谈渤海国都城与建筑的地域性”（2014）、“城市形态与历史文化的传承关系”（2014）。

高笑赢

1990年生，2013年获吉林建筑大学城建学院工学学士学位，2016年获沈阳建筑大学建筑学硕士学位。完成硕士毕业论文“近代沈阳日本建筑师作品的设计倾向研究”（2016）；发表学术论文“近代沈阳太原街商业街区的形成与建筑景观特点”（2015）。

莫畏

1967年出生，2007年获哈尔滨工业大学博士学位，日本国东京大学、英国谢菲尔德大学访问学者。现任吉林建筑大学艺术学院副院长、教授、中国东北建筑文化研究中心副主任、吉林省土木建筑学会建筑师分会建筑历史专业委员会主任。一直从事地方建筑历史保护的理论与实践，多次主持国家自然科学基金研究项目，主要论著有《长春近代建筑与城市规划研究（1932–1945）》（2014）。

天津大学中国文化遗产保护国际研究中心

为“天津市普通高等学校人文社会科学重点研究基地”，青木信夫教授为现任中心主任。本书的相关文章包括了青木信夫、徐苏斌、傅东雁、曹苏、王康、季宏、刘征、陈国栋、王宏宇、孙亚男、闫觅、贺美芳、孙媛、李天、陈双辰、郝帅、程枭翀等的研究。执笔者有徐苏斌、陈国栋、闫觅、李天、程枭翀、孙媛、陈双辰、青木信夫。承蒙国家社科基金重大项目（12 & ZD230）、国家自然科学基金（51178293、50978179、51378335）、天津市教委重大项目（2012JWZD4）、天津市哲学社会科学规划一般项目（TJYYWT12–03）、低碳城市与建筑创新引智基地（B13011）等支持。

刘宜靖

1988年生，2014年获重庆大学建筑学专业硕士学位。发表学术论文“浅析陪都时期重庆建筑规则的制定”、“重庆陪都时期防控建筑规则初探”、“陪都时期《重庆市建筑规则》初探”、“浅析不同意识形态下的创作思路——读《建筑师的大脑》的思考”等4篇。

杨宇振

1973年生，1995年获重庆建筑工程学院建筑学学士学位，2002年获重庆大学建筑城规学院建筑学专业工学博士学位。2003年3月–2005年11月在清华大学建筑学院进行博士后研究工作；2007年12月–2008年12月为哈佛大学设计研究生院访问学者；现为重庆大学建筑城规学院教授。兼任中国城市规划学会国外城市规划学术委员会委员、工作学术委员会委员、中国建筑学会建筑师分会理事、重庆城市规划学会理事等。主要著作有《在空间》、《城市与阅读》、《中国西南地域建筑文化研究》等；发表学术论文“权力、资本与空间：中国城市化1908–2008年”等70余篇。

周杰

1985年生，2011年获河南理工大学建筑学专业学士学位，2014年获重庆大学建筑设计及其理论专业硕士学位，现就职于中冶赛迪工程技术股份有限公司建筑设计院。

李珊珊

1987年生，2010年获重庆大学建筑学学士学位，2013年获重庆大学建筑设计及其理论专业硕士学位，现为同济大学建筑历史与理论专业博士研究生。

周坚

1970年生，2006年获昆明理工大学建筑历史与理论专业硕士学位。现任贵州民族大学教授；兼任中国文物学会会员。发表学术论文"西方建筑文化对贵阳近代建筑发展的影响"等30余篇。

季秋

1981年生，2015年获东南大学建筑学专业建筑历史与理论方向工学博士学位，曾赴荷兰代尔夫特理工大学博士生联合培养两年。现任宁波大学建筑工程与环境学院建筑系讲师。发表学术论文"艰难时局下的惨淡经营——对日治时期南京地区的近代建筑师及其活动的初步研究"等十余篇。

姚颖

1978年生，2000年获宁波大学建筑工程与环境学院工学学士与法学学士双学位，2006年获华侨大学建筑学院工学硕士学位；现于同济大学建筑与城市规划学院攻读博士学位。宁波大学建筑与城市规划系讲师。研究方向为中国近代建筑史、建筑教育等。主要论文有"宁波外滩历史街区保护与更新模式初探"(2006)、"基于遗存考订的太平天国王府职能研究"(2011)等。

龙炳颐

1948年生，1978年获美国俄勒冈大学建筑学硕士及文学硕士学位。曾任香港大学建筑学院院长、建筑系主任；现任香港大学建筑系教授。获颁香港银紫荆勋章、大英帝国员佐勋章、香港太平绅士。香港建筑师学会资深会员，香港规划师学会荣誉会员，皇家特许测量师学会资深会员，香港授权建筑师，香港大学"联合国文化遗产资源管理"教席。著有《香港古今建筑》(1992)。代表性学术论文有"How to Interpret Cultural Significance in Hakka Architecture"(2011)、"The First Christian College and the First Generation of Chinese Architects in Hong Kong"(2011)、"Economic Growth and Cultural Identity"(2007)等数十篇。

王浩娱

1976年生，1999年获东南大学建筑学学士学位，2002年获东南大学工学硕士学位，2008年获香港大学建筑哲学博士学位。2009年受聘于香港大学图书馆特藏部，筹建"陆谦受建筑资料库"。2010年受聘于香港大学地理系，参与"中国/上海文化遗产保护管理"研究。现任上海交通大学建筑系讲师。曾与赖德霖合编《近代哲匠录——中国近代重要建筑师、建筑事务所名录》(2006)。主要论文有"从工匠到建筑师：中国建筑创作主体的现代化转变"(2004)、"1949年后移居香港的华人建筑师"(2009)等。

董哲

1988年生，2012年获天津大学建筑学学士学位，2014年获美国路易维尔大学艺术学硕士学位，现于美国弗吉尼亚大学攻读建筑学博士学位。主要学术论文有“一座共产主义领袖的神庙：韶山毛泽东旧居陈列馆的营造”（2016）等。

宋昆

1966年生，1988年、1991年、1997年分获天津大学建筑学专业学士、硕士、博士学位。现任天津大学建筑学院副院长、教授、博士生导师，天津市旧城区改造生态化技术工程中心主任。主要科研方向为居住形态与人居环境、近代建筑遗产保护、建筑教育等；主持承担多项国家自然科学基金、国家科技支撑计划、天津市教委社会科学重大项目、天津市哲学社会科学研究规划项目等纵向科研项目；主编、参编、译著学术著作20余部，发表科研论文90余篇。

张晟

1977年生，分别于2000年、2007年、2012年获天津大学建筑学专业学士、硕士、博士学位。现任天津城建大学建筑学院副教授，国家一级注册建筑师、规划师。研究方向为近代建筑史、建筑教育、绿色建筑等。在国内外期刊先后发表论文十余篇，主持及参与科研多项并曾获得市级、校级教学成果奖。

钱锋

1975年生，1998年获同济大学建筑学学士学位，2001年获同济大学建筑历史与理论专业硕士学位，2006年获同济大学建筑历史与理论专业博士学位。现任同济大学建筑与城市规划学院建筑系副教授，主要教学和研究方向为西方建筑历史和中国近现代建筑史。出版著作《中国现代建筑教育史（1920–1980）》等；发表论文“‘现代’还是‘古典’？——文远楼建筑语言的重新解读”、“从一组早期校舍作品解读圣约翰大学建筑系的设计思想”等；承担国家自然科学基金青年项目“中国早期建筑教育体系的西方溯源及其在中国的转化”等课题。

李海清

1970年生，2002年获东南大学建筑历史与理论专业工学博士学位。现任东南大学教副授、硕士生导师；兼任中国建筑学会建筑史学分会近代建筑史学术委员会学术委员、中国建筑学会建筑师分会建筑技术专业委员会委员、中国城市科学研究会绿色建筑与节能委员会委员等社会学术组织职务。出版著作《中国建筑现代转型》、《叠合与融通：近世中西合璧建筑艺术》、《一隅之耕》等多部。发表学术论文“20世纪上半叶中国建筑工程建造模式地区差异之考量”、“为什么要重新关注工具议题？——基于建造模式解析的建筑学基本问题之考察”等40余篇。

汪晓茜

1971年生，1993年获南京建筑工程学院建筑系工学学士学位，2002年获东南大学建筑学院哲学博士学位。现任职于东南大学建筑学院历史理论与遗产研究所，副教授。主要著作有《大匠筑迹——民国时代的南京职业建筑师》（2014），《叠合与融通：近世中西合壁建筑艺术》（与李海清合著，2015）。学术论文有“中心与边缘——《首都计划》与‘中华民国’南京建设法规的互动及启示”（2015）、“民国时期南京建筑师的执业状况”（2011）、“南京近代都市建设制度之研究”（2010）、“近代中国建筑师职业制度形成之探讨”（2010）等。

赵晓霞

1986年生，2010获重庆大学城市规划专业学士学位，2014年获重庆大学建筑历史与理论专业硕士学位。目前就职于重庆市规划研究中心。发表学术论文“文本中的城市——《扁舟过三峡》解读”、“基于农村土地产权制度的乡村规划初步研究——以乡域政治研究《小镇喧嚣》为例”等5篇。

爱德华·科构（Eduard Koegel）

1960年生，毕业于德国卡塞尔大学建筑与城市景观规划系。1999-2004年任达姆施塔特工业大学非欧洲建筑与城市发展系助教授，1999-2010年任德国国际城市文化协会董事会成员。2007年完成魏玛包豪斯大学博士论文“旅沪[德国]建筑师汉布格尔和鲍立克（1930-1949）”。2009-2011年完成柏林工业大学研究项目“文化迁移语境中鲍希曼之意义及其中国传统建筑研究（1902-1949）之接受与影响”。2013年起任网络期刊ABE编委。研究领域还包括中国建筑与城市规划及跨文化建筑交流等。

刘刚

1974年生，1999年获浙江大学建筑学学士学位，2009年获同济大学建筑历史与理论专业博士学位，2010年留校任教。现任同济大学建筑与城市规划学院建筑系副教授，并担任中国城市规划学会城市影像学术委员会委员。代表性著作有《近代上海法租界第三次扩张区域的城市形态》（2016）等。

青木信夫

1960年生，获东京大学建筑学专业工学博士学位。现任天津大学建筑学院教授，天津大学中国文化遗产保护国际研究中心（天津市高校人文社科重点研究基地）主任。主要著作有《建筑理论 历史文库》（共著，中国建筑工业出版社，2010）、《外国古代园林史》（共著，2011）、《租界建筑新动态》（共著，2010）、《万国博覧会と人間の歴史》（共著，2015）等。2012年获得天津市人民政府颁发的奖励杰出外国专家的友谊奖。

李颖春

1981年生，2013年获香港大学建筑历史与理论专业哲学博士学位。现为同济大学建筑与城市规划学院助理教授。主要研究领域为中国近现代建筑与城市。关注的问题包括环境史、日常生活与居住建筑、中国近现代建筑与“非西方”建筑的互动，以及“非西方”现代建筑的史学史等。主要论文有“平行世界的形状：‘西方’的‘非西方’现当代建筑研究”（《时代建筑》，2016年第1期）。

魏筱丽

1978年生，2004-2015年就读于巴黎索邦大学（巴黎四大），获艺术史与考古学学士、艺术史硕士和艺术史博士学位。作为沙尔特罗艺术史学研究中心成员，其论文取文化转移学方向。曾在法国建筑与遗产之城从事研究与学术交流工作，合作或独立完成多部建筑史学中法文论著及文章的翻译。

后　记

作为一项大型的图书出版计划，本书的正式启动是在 2012 年底。经过所有参写者和出版社历时近三年半的共同努力，全书终于完成。作为主编，我们首先对计划的发起者中国建筑工业出版社以及包括作者和责任编辑在内的所有参与者给予我们的信任和支持表示衷心的感谢。

尽管本书的成书时间并不算长，但它汇集了近 30 年来中国一批近代建筑史学者的主要研究成果。而在此之前与同时，则还有许多中国老一代建筑史家们的开创性工作以及众多域外同行们的携手努力。

早在 1950 年代，梁思成先生就领导了中国建筑“三史”的编写工作，《中国近代建筑史》就是其中一部。他还指导当时的研究生刘先觉完成了硕士论文“中国百年建筑史”。刘先觉先生以及当年参与“三史”调查和编写工作的一些年轻学者，如侯幼彬、王世仁、傅熹年、王绍周、吴光祖等，之后成为中国第一代近代建筑史家。他们的工作和论著为这一研究的继续发展奠定了重要基础。

不幸的是，受政治环境的影响，中国近代建筑史研究在此后的 20 余年时间里遭遇中辍，直至 1986 年，在中国改革开放的大背景之下以及中国自然科学基金委员会的支持和资助下，由清华大学汪坦教授领导的中国近代建筑的大规模普查和研究重新起步。

从 1983 年起，时为东京大学博士研究生的日本村松伸先生就以“中国近代建筑”为论文主题并来华进行实地考察。通过他的介绍，汪坦教授主持的中国近代建筑史研究与藤森照信教授主持的东京大学生产技术研究所建立了合作关系，并获得了丰田财团的支持。在清华大学张复合教授和村松伸博士的协调下，中日学者合作对 16 座中国城市中的近代建筑进行了普查，并在 1992–1996 年出版了《中国近代建筑总览》之 16 座城市的分卷。这也是继中国营造学社在 1930 年代和 1940 年代的中国古代建筑调查之后全国规模最大的建筑遗产调查工作。其意义在于：第一，通过调查，较为全面地记录了尚存的近代建筑实物，并对重点建筑进行了测绘；第二，通过合作，不仅引发了各地学者对于本地近代建筑的重视和研究热情，极大地推动了全国范围内的中国近代建筑史研究的开展，而且协调了调查和研究方法；第三，通过新老配合，培养了一大批年轻的中国近代建筑史学者；第四，通过中外交流，了解了日本学者较为成熟的近代建筑调查和研究经验并借鉴了他们的许多研究成果。这些成绩不仅使中国近代建筑史研究很快迈上了一个新台阶，也为其向史学的深度发展打下了一个良好基础。

从合作研究伊始，汪坦先生就把交流研究成果、推进研究深化作为一项重要考量。为此他从 1986 年起就组办了中国近代建筑史研究讨论会，并出版会议论文集。经张复合教授的继续努力和精心筹划，这一学术盛会两年举办一次，在 2001 年汪坦先生逝世之后依然延续进行。今天活跃在中国建筑界的多数近代建筑史研究学者，特别是中青年学者，包括本书三位主编，都曾在不同程度上获益于这些普查与研讨。

随着中国改革开放的深入，中国近代城市与建筑的研究也进入了一个更加百花齐放的时代并呈现出跨学科和国际化的趋势。

1980 年代以后，由侯幼彬先生为中国高校教材《中国建筑史》（1 ~ 5 版，1982–2005 年）和《中国大百科全书（建筑・园林・城市规划）》（1988 年）所写的“中国近代建筑史”部分和词条，集中代表了前辈学者们从 1950 年代以来对于这一研究领域的持续思考。而他提出的“现代转型”的概念对于理解中国近代城市和建筑的现代化脉络至今依然有效。

在上海，上海社会科学院、上海市规划局、原华东建筑设计院、原上海民用建筑设计院、上海地方志办公室、上海市博物馆等单位以及若干高校同时对这座被西方学者称为“理解现代中国的钥匙”的重要城市及其建筑展开了系统研究。其中，同济大学陈从周、罗小未、王绍周、吴光祖、路秉杰先生等老一辈学者以及他们的学生郑时龄、伍江和常青等人，在 1950 年代调查的基础上更上层楼，不仅身体力行，还带领更多年轻学者完成了大量研究新作。

在天津，天津大学的周祖奭先生、荆其敏先生和杨秉德先生分别展开了对天津租界建筑的研究。杨秉德先生主持并联络各地同道出版的《中国近代城市与建筑》（北京：中国建筑工业出版社，1993 年），是第一部有关中国近代城市史的较为系统的著作。此后他又出版了《中国近代中西建筑文化交融史》（武汉：湖北教育出版社，2003 年）等重要著作。与此同时，邹德依先生也在努力将中国现代建筑史的研究与近代史结合，并在日后指导学生邓庆坦博士完成了《中国近现代建筑历史整合研究论纲》（北京：中国建筑工业出版社，2008 年）。

一些国外或境外学者也在这一时期来到中国大陆展开近代建筑的调查和研究。其中除村松伸外，还包括他的日本同道越泽明、同门西泽泰彦，美国的江似虹（Tess Johnston）、郭杰伟（Jeffrey W. Cody），德国的华纳（Torsten Warner），以及来自海峡对岸的傅朝卿、李乾朗、吴光庭、黄健敏、黄俊铭等人。他们与中国大陆学者共同交流、相互切磋、分享成果，甚至并肩考察，共同推动了中国近代建筑史研究的深入发展。

本书的三位主编就是在这一大背景下，同时在 1988 年开始了各自对中国近代建筑史的研究。赖德霖进入清华大学汪坦教授的门下，以先生主持的中国自然科学基金课题“中国近代建筑史研究”为题完成了博士论文；伍江师从同济大学罗小未教授，完成了博士论文“上海百年建筑史”；徐苏斌师从天津大学彭一刚教授，完成了博士论文“比较·交往·启示——中日近现代建筑史之研究”。我们在 1990 年相识于在大连召开的“第三次中国近代建筑史国际研讨会”，从此成为志同道合的学友。当年我们投身学科建设的志向能够在今天成为共同担当的基础，当年我们为学科奉献的只砖片瓦能够在今天与更多同行的成果汇聚一道、构筑成一座学科的新厦，对此我们感到由衷欣慰。

回首往昔，我们衷心感谢前辈学者们在中国近代城市与建筑史研究方面筚路蓝缕的开拓之功以及各自导师当年的教导之恩。而在中国新时期中国近代建筑研究的开拓者汪坦教授 100 周年诞辰之际，我们愿以此书作为对他的一份纪念。

本书的成绩属于所有同行和责任编辑。作为主编，我们为自己因学识未精而见解失偏以及时间有限而审读不细在书中留下的所有遗憾承担全部责任。恳请所有读者不吝赐教，并期待出版社继续给我们机会，完善本书。

赖德霖　伍江　徐苏斌

2016 年 5 月 14 日

出版后记

从19世纪中叶开始，面临着内外交困的局面与多元文化的冲击，中国的社会、经济、政治、军事以及文化等都进入了一段艰难的转型期。长久以来，中国的城市和建筑一直处于相对封闭的一元文化影响之下，此时它也受外来影响，踏上了近代化之路。百余年间的中国近代建筑发展纷繁复杂，见证了一个延续了数千年的传统建筑体系在外来影响的冲击之下，开始艰难地迈入现代文明的曲折过程，是世界现代建筑史中极具代表性的一章，其重要性不言而喻。

由梁思成先生率先倡导和主持，我国学者从20世纪50年代开始了对于中国近代建筑史的研究。1959年建筑工程部建筑科学研究院曾编印内部资料《中国近代建筑史（初稿）》；1962年中国工业出版社（中国建筑工业出版社前身）曾配合出版了由建筑工程部建筑科学研究院建筑历史及理论研究室主编的《中国建筑简史第二册（中国近代建筑简史）》。由于受政治运动干扰，这项研究不久即告中辍。20世纪80年代后期，汪坦先生又组织并联合国内多所高校与地方机构开展了对于中国近代建筑的普查和研讨，中国建筑工业出版社继续配合出版了《中国近代建筑总览》16座城市的分卷。

几代建筑史学人经过数十年的不懈努力，积累了大量珍贵的研究资料，并取得了大量内容广泛且具有学术深度的研究成果，厥功甚伟。然而成果尽管丰硕，却多分散在各位研究者处。因此，整合前人已有成果，组织学者共同编写一套完整、系统的"中国近代建筑史"丛书，十分必要。这既是几代学者们的共同心声，也是专业出版社的责任，同时亦具有重要的出版价值，也将为今后研究提供一个新的起点。

有鉴于此，2011年底，中国建筑工业出版社开始着手策划"中国近代建筑史"丛书，并于2012年申报了国家"十二五"重点规划出版项目。我们向中国建筑史界一些卓有建树的专家请教了对于本丛书编纂工作的建议。结合专家意见，我们决定以当前活跃在中国近代建筑史研究第一线的中青年学者为主要作者，同时选定赖德霖、伍江和徐苏斌三位教授作为本书主编。三位教授凭借其在本领域长期耕耘所获得的综合认识，首先在近代史错综复杂的材料中厘清了若干主线，为本丛书的历史叙述搭建了一个非常清晰并具有可行性的框架大纲，得到了出版社方面的肯定和赞同。之后，出版社和主编们又广泛联系了全国各地相关研究的专家和学者，获得了大家的积极响应和支持。

经过为期一年的准备，中国建筑工业出版社在2012年12月25日邀集了三位主编和12位各地学者，于北京召开了"中国近代建筑史第一次编写会议"，正式启动编写计划。此次会议的主要任务是进一步推敲编写大纲，并初步落实了各部分负责人，各位老师亦就编写工作提出了建议。经过初步探讨，我们更加明确了出版社的目标：希望本套丛书能在前人研究基础上建构一个相对全面、综合的叙述框架，并力图在历史观点、历史材料与研究方法等方面寻求创新与突破，争取为中国近代建筑史的研究打下更坚实的基础。

大型丛书的编写工作无疑是一项浩繁的工程。不仅参编人数众多，每位作者都有各自擅长的写作方式。若要统一编写方式，使各部分书稿风格相对协调，绝非一次会议就能解决。2013 年 6 月 16 日，出版社又在同济大学召开了第二次编写会议。此次参会学者增加到 22 人，大家对丛书编写大纲进一步讨论、修改与扩充，并讨论了部分初稿内容，亦充实丰富了新的研究成果。一年后，2014 年 6 月 14–15 日，出版社又于天津大学建筑学院召开了第三次编写会议，讨论初稿的具体问题，统一修改和调整意见，并交流了研究方法，出版社强调了编写及交稿要求。此次参会学者已增至 36 人。之后，又有新的作者陆续加入，截至全书完稿，参与作者总数已达 75 人。毫无疑问，本丛书的编写工作汇聚了中国近代建筑研究领域一批年富力强、成绩斐然的学者，而本丛书就是他们代表性成果的一次总汇和整合，令人欣喜。

从出版社角度看，本丛书作者群的研究最大特点有三：

第一是具有很宽的跨文化视野。大部分作者都得益于中国的改革开放时代，或有着出国留学或出国进修的经历，或有着较强的外文阅读能力，因而对中国建筑近代化过程中的外国参照系有较为清晰的了解，所以在讨论外国对中国建筑的影响时能够尽力做到追本溯源。这些影响来自意、英、法、美、日、俄、德等国，甚至比利时和荷兰。而对它们的研究则极大地丰富了学界对于中国近代建筑丰富性和复杂性的认识。

第二是能够深入挖掘大量第一手资料。中国近代建筑史研究从 1950 年代起就以实地调查为基本工作方法。而参与本计划的许多作者还曾参加过由汪坦教授主持的《中国近代建筑总览》的调查工作，养成了脚踏实地、实事求是的工作作风。在前辈学者们的带动下，更多的作者在自己的研究中都能做到以实地调查、文献检索、档案查阅，甚至拓展至口述访谈、国外的图书馆藏、基金会档案资料调阅等方式进行众多原始资料的收集和梳理。

第三是具有很强的方法论自觉。作为新时期成长起来的一代学人，本书大部分作者都能突破专业史的藩篱，积极借鉴其他社会科学、人文科学相关研究领域的视角，从过去对风格、类型和技术问题的关注转向更为广阔的民族主义、现代主义、中外文化交流、文化认同、地方自治、公权社会、历史叙述。他们的工作极好地体现了科技史与社会史和视觉文化史的跨学科结合，在丰富了学界对于中国建筑内涵认识的同时，也极大地扩展了中国建筑史研究的内容。

我们相信，本丛书的编辑和出版一定会是中国近代史研究的一个里程碑，它必将成为这一学科继续深入发展的一个新的起点。它的这些特点不仅是本丛书成就的体现，也是中国建筑史学发展历程的一个标志。作为出版社的代表，我们向三位主编和所有作者表示衷心的感谢和祝贺。

我们同时衷心感谢包括傅熹年先生、侯幼彬先生、王贵祥先生在内的所有顾问学者在本书的立项和出版过程中给予的支持、指导和帮助。感谢出版社王伯扬、李根华、吴文侯三位老总对本丛书的高度重视，亲自审阅全书并做文字编辑和加工。我们还要感谢国家出版基金对这套书的资助，这一支持不仅是本丛书编写和编辑出版工作在经费方面的有力保证，它所体现的信任也是对所有本书参与者在精神上的热情鼓励。

作为出版者，能与三位主编和各位编委一同组织本丛书的编写工作，完成鸿篇巨著的出版，实在是一件幸事。三次编写会议共78位学者和编辑参会，历时三年收稿，参写人数达60余位，全书400余万字，珍贵的历史照片2300余幅。这些数字将定格在我们的记忆之中。我们还相信，这次经历，必定会大大增加所有参与者的专业信心，使大家在今后的工作中去追求更高标准、迎接更大挑战！

在本书的立项和编写过程中，业内多位资深学者就如何写就“中国近代建筑史”给出了非常好的专业分析和中肯的建议，也一致认为想要编好丛书非常之难！作为出版者，我们清楚地知道，新书的出版之日就是它开始接受社会批评之时。虽然主编和出版社都尽了最大努力，但书中的一些不足依然未能避免。又因为作者众多，协调难免不周，导致书中少数内容或有重复或未及展开。更因为卷帙浩繁而编辑时间有限，目前全书体例有欠统一之处尚多。对于这些不足，我们定会在今后的修订中加以补充和完善。

王莉慧

2016年5月26日